LES MATIÈRES COLORANTES

DE SYNTHÈSE

ET LES

PRODUITS INTERMÉDIAIRES

SERVANT A LEUR FABRICATION

JOHN CANNELL CAIN

D. Sc. (Manchester),
Éditeur du Journal of the Chemical Society;
Ancien membre du Comité technique de la Société British Dyes, Ltd.
et Chimiste en chef des Usines Dalton Works, Huddersfield;
Examinateur à l'École « City and Guiles of London Institute».

JOCELYN FIELD THORPE

C. B. E., D. Sc. (Manchester), F. R. S., F. I. C.,
Professeur de chimie organique à The Imperial College of Science and Technology
Ancien chargé de cours à l'Université de Manchester pour les Matières colorantes.

TRADUIT D'APRÈS LA QUATRIÈME ÉDITION ANGLAISE

par

G. DELMARCEL

Ingénieur,
Professeur à l'Université de Louvain

ET

M. DRAPIER

Docteur ès sciences.

PARIS

DUNOD, ÉDITEUR

47 ET 49, QUAI DES GRANDS-AUGUSTINS (VIᴱ)

1922

LES
MATIÈRES COLORANTES
DE SYNTHÈSE
ET LES
PRODUITS INTERMÉDIAIRES
SERVANT A LEUR FABRICATION

LES
MATIÈRES COLORANTES
DE SYNTHÈSE
ET LES
PRODUITS INTERMÉDIAIRES
SERVANT A LEUR FABRICATION

PAR

JOHN CANNELL CAIN

D. Sc. (Manchester);
Éditeur du Journal of the Chemical Society ;
Ancien membre du Comité technique de la Société British Dyes, Ltd.
et Chimiste en chef des Usines Dalton Works, Huddersfield ;
Examinateur à l'École « City and Guilds of London Institute ».

ET

JOCELYN FIELD THORPE

C. B. E., D. Sc. (Manchester), F. R. S., F. I. C.,
Professeur de chimie organique à The Imperial College of Science and Technology,
Ancien chargé de cours à l'Université de Manchester pour les Matières colorantes.

TRADUIT D'APRÈS LA QUATRIÈME ÉDITION ANGLAISE

par

G. DELMARCEL

Ingénieur,
Professeur à l'Université de Louvain

ET

M. DRAPIER

Docteur ès sciences.

PARIS

DUNOD, ÉDITEUR

47 ET 49, QUAI DES GRANDS-AUGUSTINS (VIᵉ)

1922

PRÉFACE A LA PREMIÈRE ÉDITION FRANÇAISE

Plusieurs des découvertes fondamentales qui servent de base à la partie de la chimie organique appelée chimie des colorants synthétiques ont été faites en France et les chimistes français ont contribué dans une importante mesure à l'énorme accumulation de recherches qui a donné à l'industrie des matières colorantes des bases solides et sûres, établies de façon rationnelle et scientifique. Aucune industrie n'illustre aussi remarquablement la vérité de cette proposition que le développement des connaissances est absolument indispensable au progrès industriel. Il suffit de réfléchir un moment pour se convaincre de l'exactitude de ce principe et pour voir qu'il s'applique, avec plus ou moins de rigueur, à toutes les autres industries de quelque importance. Il s'ensuit donc qu'un pays ne disposant pas d'une organisation judicieuse lui permettant de développer ses connaissances doit se trouver sérieusement désavantagé dans la concurrence contre un autre pays possédant une telle organisation.

Le développement des connaissances ne peut être obtenu que par la recherche, et la recherche ne peut être conduite que par ceux qui sont familiarisés avec les méthodes scientifiques qui seules permettent d'atteindre des résultats fructueux. Le temps est bien passé où l'on pouvait faire des découvertes par des méthodes spéciales empiriques et basées sur des raisonnements faux. Il n'y a plus aucune chance qu'un chimiste découvre un colorant nouveau et intéressant en suivant l'exemple du chercheur qui, par analogie avec ce qui se fait pour la plaque photographique, essayait de fixer une couleur fugitive au moyen d'hyposulfite. Il n'y a plus, de nos jours, de telle « route royale » et le chercheur doit non seulement être

familiarisé avec les contrées connues qu'il doit traverser avant
d'atteindre le pays neuf et vierge qui se trouve par delà les fron-
tières, mais doit également connaître les méthodes par lesquelles les
pionniers qui ont dressé la carte des pays connus sont parvenus à
mener leur œuvre à bon terme.

En premier lieu, l'initiation aux méthodes de recherches doit être
laissée aux mains des hommes de science qui sont les professeurs et
les chercheurs des universités et des instituts universitaires. Elle ne
pourrait être mieux conduite que par eux, car il est essentiel avant
tout que l'entraînement initial de l'esprit scientifique soit obtenu
par des méthodes scientifiques et que l'on se familiarise avec les
méthodes de recherches dites de science pure. Nous ne voudrions
pas, cependant, qu'il y eût de malentendu au sujet de cette dernière
phrase. Par ces mots de « entraînement initial » nous entendons
l'initiation — d'une durée de un ou de deux ans — aux méthodes
de recherches, après que l'étudiant a acquis une connaissance complète de la théorie et de la pratique du sujet. Pendant cette période,
son esprit se trouve dans des conditions extrêmement réceptives et
il faudra que soit évitée soigneusement toute forme d'enseignement
qui ne le conduirait pas à la conviction que le véritable esprit de la
science est d'atteindre à la connaissance pour elle-même. Un enseignement dit technique — et nous entendons par là un enseignement
relatif à des questions ayant comme objet immédiat un intérêt
commercial — serait capable, à ce stade, d'inspirer tous les défauts
antiscientifiques ou quelques-uns d'entre eux, tels que la dissimu-
lation, la cupidité et autres analogues, aussi doit-il être différé.
Après que l'étudiant a reçu son éducation, ainsi qu'il vient d'être
suggéré, alors il est en mesure d'acquérir la connaissance des
méthodes industrielles et d'y appliquer sa science. Une marche
inverse de celle-là ne pourrait conduire qu'à des déboires. Avant tout,
développons l'âme scientifique avant de plonger le corps dans l'océan
du commercialisme. L'enseignement qui est dispensé dans un laboratoire universitaire de recherches où tout est ouvert et où les idées
et les critiques s'échangent librement constitue l'éducation morale
et intellectuelle la plus élevée qui puisse être donnée.

C'est donc aux universités et aux instituts universitaires que doit
rester confiée l'initiation des étudiants à la théorie et à la pratique

de son sujet ainsi qu'aux méthodes de recherches scientifiques. C'est dans l'espoir qu'elle pourra être utile pour l'enseignement de la partie de la chimie organique dont elle traite, que la présente traduction a été publiée. Nous espérons, d'autre part, que ce livre inspirera à l'étudiant le désir de pousser plus loin ses études.

L'excellente traduction de MM. Delmarcel et Drapier est tout à fait conforme au texte de la quatrième édition anglaise, sauf en un ou deux endroits, au sujet desquels les traducteurs ont été assez aimables pour me présenter certaines suggestions que j'ai été heureux d'incorporer dans le texte. Ce nous est un profond regret de songer que notre collègue, feu le Dr J.-C. Cain soit disparu avant de voir la publication d'une traduction à laquelle il s'intéressait vivement.

En somme, on pourrait estimer qu'il était superflu de traduire un livre traitant d'un sujet qui est familier à tant d'éminents chimistes français. A ce propos il n'est peut-être pas inopportun de reproduire un extrait de la préface écrite par le Pr Charles Moureu pour l'édition anglaise de son livre « Les Principes fondamentaux de la Chimie organique ».

« De même que nombre d'ouvrages scientifiques anglais sont hautement appréciés en France dans leur traduction française, de même je serais heureux que ce livre fût d'une manière générale trouvé utile et qu'il rendit les services que j'espère. De plus, il est à souhaiter que de tels échanges intellectuels deviennent dans l'avenir de moins en moins rares. Outre l'intérêt scientifique général qu'ils présentent, ils ne peuvent que renforcer les liens précieux d'estime et d'amitié. »

Le sentiment exprimé ici est si juste que j'ai demandé aux traducteurs de le rendre aussi exactement que possible? Il ne reste qu'à espérer que d'autres savants français imiteront le brillant exemple de mon ami M. le Pr Ch. Moureu et nous donneront d'autres livres aussi admirables que le sien.

The Imperial College of Science   J. F. THORPE.
and Technology, Londres.

Novembre 1921.

PRÉFACE DES TRADUCTEURS

Au lendemain de la guerre, au moment où la lutte se transportait sur le terrain économique, la plupart des pays alliés devaient naturellement songer en tout premier lieu à rompre le formidable monopole de fait que l'Allemagne s'était créé dans le domaine de l'industrie des colorants.

On avait vu, en effet, au début de la guerre, se muer en la plus puissante industrie de guerre que l'on pût concevoir, les nombreuses usines allemandes qui alimentaient naguère le monde entier de matières colorantes. Nous ne pouvions pas courir le risque de nous retrouver devant un tel danger.

Si l'on a pu dire que la puissance d'une nation était fonction de la puissance de son industrie du fer et de l'extension de ses gisements houillers, la guerre a surabondamment prouvé que l'industrie chimique est, elle aussi, un des facteurs essentiels de la force et de la sécurité d'un pays.

Dès 1915, un effort énorme fut réalisé dans presque tous les pays alliés, particulièrement en Angleterre, pour créer une industrie chimique destinée à nous procurer le matériel chimique indispensable à la défense militaire et qui fût susceptible de se transformer ensuite en vue de la fabrication des colorants.

Dans la voie nouvelle où elle s'est engagée ainsi, l'industrie chimique aura de plus en plus besoin de techniciens et de chercheurs. C'est à son admirable organisation scientifique autant que technique que l'industrie chimique allemande a dû en grande partie son merveilleux développement et il est indispensable que, de notre côté, nous disposions du nombreux état-major sans lequel il serait impossible de développer l'œuvre ébauchée.

C'est pourquoi il nous a paru que nous ferions œuvre utile en présentant aux chimistes de langue française une traduction du livre si clair et si complet dans sa concision, de MM. Cain et Thorpe. Nous tenons à cette occasion à remercier les auteurs de la confiance qu'ils nous ont témoignée.

Nous nous sommes préoccupés avant tout de rendre fidèlement le texte des auteurs, plus soucieux de l'exactitude de la traduction que de l'élégance de la forme.

Nous présentons notre travail à tous les chimistes qu'intéressent les problèmes de la synthèse des matières colorantes et spécialement aux jeunes, universitaires et autres, qui désirent s'initier tant aux principes de cette importante industrie qu'aux applications des colorants à la teinture.

Nous espérons qu'il sera fait bon accueil à cette traduction et nous formons le vœu que notre travail contribue, dans une mesure si minime soit-elle, à l'étude, dans les pays de langue française, des questions si intéressantes et parfois si complexes, relatives à la synthèse industrielle des matières colorantes et de leurs produits intermédiaires.

PRÉFACE A LA QUATRIÈME ÉDITION ANGLAISE

Bien que l'on n'ait réalisé que peu de progrès dans le domaine des colorants et de leurs produits intermédiaires depuis la publication de la dernière édition de ce livre, les auteurs espèrent y avoir apporté, à certains égards, des améliorations. Il a été tenu compte de la fabrication en Angleterre de divers colorants qui avaient jusqu'ici été produits exclusivement sur le continent, et il y a lieu de penser que la description sommaire de l'équipement d'un laboratoire technique rendra des services.

J.-C. CAIN.

Londres.

J.-F. THORPE.

Londres.

PRÉFACE A LA PREMIÈRE ÉDITION ANGLAISE

Ce livre n'a pas la prétention d'épuiser le sujet dont il traite. Nous avons eu comme but d'écrire un manuel qui pût servir de guide de laboratoire aux étudiants dans les laboratoires des écoles techniques et des universités où l'on donne des cours sur les questions industrielles relatives à cette partie de la chimie organique détaillée. Nous espérons également que ce livre pourra être utile aux chimistes des établissements industriels qui s'occupent de matières colorantes.

Le besoin d'un tel livre nous a été fréquemment signalé par des professeurs dirigeant des laboratoires où l'on n'effectue que la série ordinaire de préparations organiques et qui ont pu se rendre compte des lacunes que l'on y trouve.

Il est absolument indispensable de dire aux étudiants qui désirent se créer une situation de quelque importance comme chimistes dans les usines qui utilisent à un titre quelconque les colorants organiques, qu'ils doivent être intimement familiarisés avec les questions ordinaires de la chimie organique. Dans le présent ouvrage, nous avons admis que le lecteur possédait ces connaissances théoriques.

Nous pouvons donner l'assurance que, en possession de ces éléments, tout étudiant moyen peut sans crainte aborder les principes fondamentaux de la chimie des colorants organiques. L'essentiel pour lui est de ne pas s'attacher à retenir les noms techniques et la constitution de tous les colorants existants, ce qui serait une tâche impossible.

Tout colorant appartient à un certain groupe de composés organiques dont les autres membres ont des propriétés et des réactions analogues aux siennes. Lorsque l'étudiant connaît les réactions et les caractéristiques de l'un des membres du groupe, il peut en déduire, avec une certaine réserve que lui enseignera l'expérience, les propriétés des autres composés du même groupe.

Nous donnons donc dans la première partie de ce livre une description théorique détaillée des produits intermédiaires et des colorants.

Dans la seconde partie, nous décrivons la préparation d'un ou plusieurs corps-types de chacun des groupes de produits intermédiaires et de colorants.

Les méthodes de préparation ont été décrites et les quantités recommandées ont été établies de telle façon que l'on puisse les réaliser dans les appareils ordinaires de laboratoire, mais nous avons limité le choix des matériaux à ceux qu'un chimiste a réellement à employer dans une usine chimique. C'est ainsi que l'usage de l'éther a été évité, sauf dans les cas où il était absolument nécessaire.

Nous espérons, de cette façon, mettre l'étudiant en mesure de passer du laboratoire universitaire au laboratoire d'usine en évitant la sérieuse perte de temps qu'il éprouve souvent actuellement avant qu'il se soit adapté au milieu entièrement différent dans lequel il entre.

Après le chapitre consacré à la préparation des colorants, on trouvera une description sommaire des procédés de teinture ainsi que des méthodes d'obtention de teintures quantitatives sur la fibre, au laboratoire.

Par suite de la complexité de la nature de beaucoup de colorants commerciaux, l'analyse chimique en est extrêmement peu sûre. Aussi, se base-t-on le plus souvent, dans la pratique industrielle, sur des essais comparatifs de teinture pour juger de la valeur du produit dont on a à s'occuper.

Il est donc indispensable, pour ceux qui ont l'intention de se consacrer à l'industrie des colorants, de connaître les méthodes qui permettent de fixer quantitativement les différents colorants sur les fibres.

Nous avons décrit également les différentes méthodes qui permettent de déterminer la valeur d'un colorant au point de vue de la façon dont, une fois fixé sur la fibre, il se comporte vis-à-vis des réactifs et dans les conditions où il peut se trouver placé ensuite. Ces renseignements seront utiles non seulement aux chimistes qui ont à examiner la nature d'un produit commercial nouveau, mais également au chercheur qui sera ainsi mis à même de déterminer la valeur du produit nouveau qu'il pourrait avoir isolé.

Dans les préparations des matières premières et des colorants nous avons adopté des dispositions telles que chaque préparation constitue autant que possible une image réduite de la fabrication industrielle correspondante.

Parmi les produits intermédiaires préparés, certains auront à être utilisés ensuite à la préparation des colorants. Lorsque ces produits ne sont pas d'usage courant et qu'on ne se les procure pas facilement, les instructions données ont été prévues de façon que la préparation soit faite sur des quantités telles que l'étudiant obtienne suffisamment de produit pour la manipulation ultérieure.

Dans la troisième partie, nous nous occupons de l'identification et de l'analyse des produits intermédiaires et des colorants. Là aussi, nous avons décrit les procédés réellement employés industriellement. Certains d'entre eux sont nécessairement plus ou moins empiriques. Nous nous sommes bornés à décrire ceux qui, d'après notre expérience personnelle, donnent les résultats les plus satisfaisants. D'autre part, plusieurs de ces procédés — comme par exemple le procédé KNECHT pour la titration des colorants azoïques — n'ont pas encore, à notre connaissance, été appliqués dans l'industrie; nous les avons cependant décrits parce que nous sommes d'avis qu'on les y emploiera plus tard.

L'expérience montrera aux étudiants que le seul moyen d'arriver à connaître les réactions des colorants tant à l'état solide que sur la fibre, est de connaître à fond leur constitution; aucun tableau de réaction ne peut suppléer à l'ignorance de cette question.

Ces connaissances ne peuvent s'acquérir qu'en étudiant la théorie du sujet et en examinant avec soin les propriétés et les réactions d'un ou deux corps de chaque groupe. On ne saurait certainement pas surestimer l'importance, pour les usines consacrées à l'industrie de la teinture, de la collaboration de chimistes disposant du moyen de vérifier la pureté et les caractères des produits qu'elles traitent. Nous espérons que ce livre permettra aux étudiants d'acquérir une connaissance et une pratique sérieuses des méthodes employées dans la technique, ce que l'on n'obtient pas d'ordinaire par la série de préparations organiques que l'on fait actuellement.

Pour plusieurs tables et pour les questions relatives à l'application des colorants, nous avons eu recours aux excellents manuels publiés par les diverses usines allemandes de colorants, particulièrement à ceux des Farbwerke vorm. MEISTER LUCIUS et BRUNING, à Höchst a/M., de Léopold CASSELLA et Cᵒ, à Francfort a/M. et de la AKTIEN GESELLSCHAFT FUR ANILINFABRIKATION, à Berlin.

Nous sommes reconnaissants à Miss L. DREY, de l'Université de Manchester, pour le soin avec lequel elle a bien voulu refaire plusieurs des préparations décrites.

J.-C. CAIN.   J.-F. THORPE.

Manchester, mai 1905.

ABRÉVIATIONS

E. P.,	Brevet anglais.
A. P.,	Brevet américain.
D. P.,	Brevet allemand.
F. P.,	Brevet français.
Amer. Chem. J.,	American Chemical Journal.
Ann ,	Annalen der Chemie und Pharmacie.
A. Ch.,	Annales de Chimie et de Physique.
Ann. Chim. anal.,	Annales de Chimie analytique appliquée à l'Industrie, à l'Agriculture, à la Pharmacie et à la Biologie.
Ber.,	Berichte der deutschen Chemischen Gesellschaft.
Brit. A. Rep.,	British Association for Advancement of Science Report.
Chem. Zeit.,	Chemiker Zeitung.
Chem. Zeitsch ,	Chemische Zeitschrift.
Dingl. pol. J.,	Dingler's Polytechnisches Journal.
J. C. S.,	Journal of the Chemical Society.
J. Ind. Eng. Chem.,	Journal of Industrial and Engineering Chemistry.
J. Prak. Chem.,	Journal für praktische Chemie.
J. S. C. I.,	Journal of the Society of Chemical Industry.
J. Soc. Dyers,	Journal of the Society of Dyers and Colourists.
Monatsh.,	Monatshefte für Chemie.
Rec. trav. chim.,	Recueil des travaux chimiques des Pays-Bas et de la Belgique.
Zeit. angew. Chem.,	Zeitschrift für angewandte Chemie.
Zeit. Farb. Chem ,	Zeitschrift für Farben- und Textil-Chemie.
Zeit. Farbenind.,	Zeitschrift für Farbenindustrie.

NOMS DES FIRMES CITÉES

[A],	. . .	Aktiengesellschaft für Anilinfabrikation, Berlin.
[B],	. . .	Badische Anilin- und Sodafabrik, Ludwigshafen-sur-Rhin.
[BK],	. . .	Leipziger Anilinfabrik (Beyer und Kegel, Lindenau-Leipzig).
[Bl],	. . .	Basler chemische Fabrik, Bâle.
[By],	. . .	Farbenfabriken vorm Fr. Bayer und Co., Elberfeld.
[C],	. . .	Leopold Cassella & Co., Francfort s/M.
[Cl Co],	. . .	The Clayton Aniline Co., Ltd., Clayton près Manchester.
[D],	. . .	Wülfing, Dahl & Co., Barmen.
[DH],	. . .	Durand, Huguenin & Co., Bâle.
[G],	. . .	J. R. Geigy & Co., Bâle.
[H],	. . .	Read Holliday and sons (depuis 1915, British Dyes, Ltd.), Huddersfield.
[J],	. . .	Société pour l'Industrie chimique, Bâle.
[K],	. . .	Kalle & Co., Briebrich- sur-Rhin.
[KS],	. . .	Sandoz & Co., Bâle.
[L],	. . .	Leonhardt & Co. (Farbwerke) Mülheim- sur-Mein.
[Lev],	. . .	Levinstein, Ltd , Crumpsall Vale, Manchester.
[M],	. . .	Farbwerke vorm. Meister, Lucius & Brüning, Höchst s/M.
[Mo],	. . .	Société chimique des Usines du Rhône (Monnet et Cartier).
[O],	. . .	K. Oehler, Offenbach sur/M.
[P],	. . .	Société anonyme des matières colorantes de Saint-Denis
[Sch],	. . .	The Schöllkopf Aniline & Chemical Co., Buffalo.

TABLE DES MATIÈRES

CHAPITRE XIX

CHAPITRE XX

CHAPITRE XXI

CHAPITRE XXII

CHAPITRE XXIII

CHAPITRE XXIV

CHAPITRE XXV

DEUXIÈME PARTIE

PRATIQUE

CHAPITRE XXVI

CHAPITRE XXVII

CHAPITRE XXVIII

CHAPITRE XXIX

TROISIÈME PARTIE

ANALYSE

CHAPITRE XXX

CHAPITRE XXXI

CHAPITRE XXXII

CHAPITRE XXXIII

CHAPITRE XXXIV

MATIÈRES COLORANTES DE SYNTHÈSE

PREMIÈRE PARTIE

THÉORIE

§ 1. — LES PRODUITS INTERMÉDIAIRES

CHAPITRE PREMIER

LE GOUDRON, SA PRODUCTION ET SON TRAITEMENT

Le goudron est produit par la distillation sèche de la houille et constitue par conséquent un sous-produit de la fabrication du gaz.

La houille étant une substance riche en carbone et pauvre en hydrogène fournit, par distillation sèche, des substances qui appartiennent presque exclusivement à la série aromatique. La très grande majorité des composés aromatiques employés à la préparation des matières colorantes artificielles sont produits soit directement à partir du goudron de houille, soit au moyen de produits intermédiaires dérivant des substances qui se trouvent dans le goudron.

Longtemps encore après la découverte du gaz de houille, le goudron était considéré uniquement comme un encombrement et était utilisé presque uniquement comme peinture ou comme combustible.

La découverte, par A.-W. Hofmann, en 1845, de la présence de benzène dans le goudron, conduisit son élève Mansfield à étudier une méthode de production commerciale de ce corps. Cependant, à ce moment, la première matière colorante artificielle n'avait pas encore été préparée ; l'on ne se doutait pas de l'énorme importance de cette substance. Ce ne fut qu'après la découverte de la mauvéine en 1856, et de la fuchsine (magenta) en 1859, toutes deux préparées indirectement à partir du benzène, qu'une tentative sérieuse fut faite pour séparer les différents constituants du goudron.

La composition du goudron varie beaucoup avec la température de distillation.

Les produits de la distillation de la houille obtenus à basse température, soit 400 à 450° C., consistent surtout en composés des séries paraffinique et oléfinique. Les termes inférieurs de ces séries sont liquides et les termes supérieurs sont solides, de sorte que la houille distillée à basse température donne relativement peu de gaz (permanent).

Si l'on élève la température de distillation, les paraffines sont détruites, il se forme des hydrocarbures benzéniques, du carbone libre et il y a accroissement de la production du gaz.

La température atteinte dans la pratique courante varie de 980 à 1100°, température à laquelle on obtient la production maximum de benzène, toluène, phénol, etc., dans le goudron et le pouvoir éclairant maximum pour le gaz.

Si la température est supérieure, il y a une production plus forte de gaz mais son pouvoir éclairant est moindre.

En outre, le goudron produit à très haute température contient un pourcentage élevé de naphtalène, phénanthrène, pyrène, etc., et la quantité de benzène, etc., est réduite en proportion (Newbigging, *Handbook for Gas Engineers and Managers*, 1904).

Cette variation dans la composition du goudron de houille se comprend aisément si l'on tient compte des recherches de Berthelot, Anschütz et autres sur la polymérisation des hydrocarbures.

Ainsi Berthelot, en faisant passer des hydrocarbures à travers des tubes chauffés au rouge, a trouvé que des hydrocarbures aromatiques prenaient naissance à partir d'hydrocarbures de la série aliphatique par polymérisation et perte d'hydrogène.

De cette façon :

1. Le méthane peut être transformé en propylène, benzène et naphtalène.

2. L'acétylène peut être transformé en hydrogène, éthane, éthylène, benzène, styrène et naphtalène.

3. Un mélange de benzène et d'éthylène peut être transformé en styrène, naphtalène, anthracène, etc.

Le schéma suivant montre ces transformations :

$$CH \equiv CH,\ CH \equiv CH,\ CH \equiv CH \rightarrow \text{Benzène} + \text{2 molécules d'acétylène} \rightarrow \text{Naphtalène} + H_2$$

3 molécules d'acétylène. — Benzène. — 2 molécules d'acétylène. — Naphtalène.

(Berthelot, *A. Ch.* [4] IX. 469.)

L'anthracène peut aussi être formé à partir de naphtalène et d'acétylène.

$$\text{Naphtalène} + \text{2 molécules d'acétylène} \rightarrow \text{Anthracène} + H_2$$

Naphtalène. — 2 molécules d'acétylène. — Anthracène.

Le fractionnement du goudron se fait par distillation. Le goudron brut qui contient une quantité considérable d'eau ammoniacale est d'abord séparé de celle-ci par gravité. Il est alors introduit dans les chaudières de distillation. Celles-ci sont verticales et sont réunies à un serpentin entouré d'eau qui peut être, suivant les cas, refroidie ou chauffée.

Le goudron, dans les chaudières, est agité au moyen d'un appareil mécanique ou au moyen d'un courant de vapeur surchauffée.

La première opération consiste à séparer par distillation les fractions suivantes :

I. Première fraction, jusqu'à 110°.

II. Huiles légères, jusqu'à 210°.

III. Huiles à phénol, jusqu'à 240°.

IV. Huiles lourdes ou créosotées jusqu'à 270°.

V. Huiles à anthracène au-dessus de 270°.

Le résidu de la cornue est décanté et s'appelle « brai ». De la première fraction et des huiles légères on retire le benzène, le toluène et le xylène ; les huiles phéniquées consistent en phénol, crésol et naphtaline ; et les huiles anthracéniques donnent l'anthracène.

La première fraction et les huiles légères sont soumises à la distillation fractionnée et séparées en trois fractions principales. La fraction de point d'ébullition inférieur, contenant de l'acétonitrile, du sulfure de carbone et des hydrocarbures gras est mise de côté, et la fraction de point d'ébullition supérieur est mélangée aux huiles à phénol ou créosotées. La fraction moyenne est lavée à la soude caustique pour enlever les phénols, puis à l'acide sulfurique concentré pour enlever les bases, et finalement à l'eau. Le produit, appelé « benzol brut », est alors distillé et séparé ainsi en benzène, toluène et xylène purs. La fraction distillant après le xylène est employée comme « solvent naphta ».

La naphtaline cristallise des huiles phéniquées et des huiles lourdes et est séparée par turbinage et pressage. Elle se dépose également dans le résidu qui reste dans la cornue après distillation de la première fraction et des huiles légères. La naphtaline brute est lavée avec une solution chaude de soude caustique pour enlever les phénols, puis avec de l'acide sulfurique concentré pour enlever les bases et finalement avec de la soude caustique très diluée. Elle est alors sublimée ou distillée (voir: *The Dyer*, 1917, XXXVIII. 14).

L'anthracène se dépose dans les huiles anthracéniques sous forme d'une masse boueuse verte qui est partiellement purifiée par pressage. Sous cette forme, la masse contient 12 à 14 pour 100 d'anthracène.

Il y a plusieurs procédés pour purifier suffisamment l'anthracène brut pour sa transformation en anthraquinone, état sous lequel il trouve son application la plus importante, notamment pour la préparation de l'alizarine synthétique.

I. L'anthracène brut est extrait au moyen de solvent naphta qui dissout les impuretés et laisse un produit contenant environ 40 pour 100 d'anthracène. Celui-ci n'est d'ordinaire pas purifié davantage mais est oxydé directement pour donner l'anthraquinone, réaction qui élimine les diverses impuretés, ainsi:

(*a*) L'anthracène brut contient d'autres hydrocarbures tels que le phénantrène, le fluorène, le pyrène, etc.; qui, par traitement au bichromate de potasse et à l'acide sulfurique, restent pour la plus grande partie inaltérés tandis que l'anthracène est oxydé complètement en anthraquinone ; en traitant le mélange oxydé par de l'acide sulfurique moyennement concentré, l'anthraquinone reste inaltéré tandis que les hydrocarbures sont convertis en acides sulfoniques.

(*b*) En versant la solution dans l'eau, les acides sulfoniques se dissolvent et l'anthraquinone précipite. Celle-ci est finalement purifiée par sublimation au moyen de vapeur surchauffée.

II. Une autre méthode consiste à chauffer l'anthracène brut avec l'acide sulfureux, traitement par lequel l'ensemble des impuretés passe en solution tandis qu'il reste un produit contenant environ 85 à 90 pour 100 d'anthracène.

III. D'autres dissolvants peuvent être avantageusement employés dans ce traitement. Ce sont l'acétone et la pyridine ; au moyen de ce dernier dissolvant on peut obtenir un produit contenant de 95 à 98 pour 100 d'anthracène.

Le phénol est récupéré des eaux de lavage alcalines des divers distillats par acidification. Pour cette opération, l'acide carbonique, au lieu d'un acide minéral, a trouvé récemment une importante application.

La plus grande quantité de phénol est obtenue des « huiles créosotées » qui forment le distillat intermédiaire entre les huiles légères et les huiles moyennes. Il est purifié par distillation fractionnée, les fractions de point d'ébullition supérieur qui contiennent les crésols étant employées pour le créosotage des bois et pour faire des désinfectants.

Près de 200 substances ont été isolées du goudron de houille. Les pourcentages moyens des principaux constituants sont :

	Teneur moyenne pour 100 en poids du goudron.
Benzène	0,6-0,8
Toluène	0,2-0,4
Xylènes	0,2-0,3
Phénol	0,2-0,3
Crésols	0,5-0,8
Naphtalène	2-10
Anthracène	0,2-0,4

L'analyse suivante est celle d'un goudron type (Hooper, *J. S. C. S.*, 1910, xxix. 1438) :

	Pour 100 en poids.			
Eau (ammoniacale).	3,00			
Huile légère. . . .	3,40	contenant 4,0	p. 100 de benzène.
Huile moyenne. . .	7,68	—	1,5	— de toluène et solvent-naphta
Huile créosotée. . .	10,45	—	8,12	— de naphtalène.
Huile à anthracène.	11,64	—	0,3	— d'anthracène.
Brai..	64,00			
Pertes.	3,43			

De très grandes quantités de benzène et de toluène sont obtenues pour le moment des gaz de fours à coke. Ces gaz renferment jusque 42 grammes d'hydrocarbures par mètre cube ; ceux-ci en sont généralement séparés en lavant les gaz dans un scrubber au moyen des huiles de goudron de point d'ébullition élevé.

L'énorme importance du toluène et, à un degré moindre, du benzène en temps de guerre a conduit à l'élaboration de maints autres procédés de préparation de ces composés. Il paraît entre autres qu'un procédé qui fait appel au « cracking » du pétrole en présence d'un catalyseur a donné des résultats d'une grande valeur.

CHAPITRE II

NITRATION (SÉRIE BENZÉNIQUE)

D'une manière générale, le groupe NO_2 est indroduit dans les noyaux aromatiques par l'action directe de l'acide nitrique.

Cette réaction, qui est caractéristique des composés aromatiques, peut être représentée par l'équation

$$C_6H_6 + NO_2OH \rightarrow C_6H_5NO_2 + H_2O \, ;$$

l'action ultérieure de l'acide nitrique donne naissance à des composés qui contiennent deux groupes nitrés ou plus, conformément à l'équation

$$C_6H_5NO_2 + NO_2OH \rightarrow C_6H_4(NO_2)_2 + H_2O$$

Ce ne sont pas seulement les hydrocarbures (aromatiques) qui donnent naissance à des dérivés nitrés mais encore les divers dérivés de ces hydrocarbures obtenus par remplacement des atomes d'hydrogène par les groupes hydroxyle (OH), amine (NH_2), aldéhyde (CHO), carboxyle (COOH), etc. La formation du composé nitré se fait avec plus ou moins de facilité suivant la nature de la substance.

Ainsi, dans les cas où le composé est très facilement nitré, l'action de l'acide nitrique dilué est suffisante pour amener la formation du composé nitré, tandis que, dans d'autres cas, la présence de l'acide sulfurique est nécessaire pour que la nitration s'effectue.

Dans la nitration au moyen de l'acide nitrique en présence d'acide sulfurique, il est d'ordinaire prudent d'ajouter graduellement la substance à nitrer à la solution sulfo-nitrique bien refroidie (ex. naphtaline), bien que dans certains cas on ait avantage à dissoudre la substance dans l'acide sulfurique concentré et à ajouter graduellement l'acide nitrique à cette solution (ex. acides nitrosulfoniques) ou encore à ajouter le mélange des acides à la substance pure (ex. benzène, etc.). Dans beaucoup de cas la nitration peut se faire en ajoutant du nitrate de soude en poudre à la solution de la substance à nitrer dans l'acide sulfurique (Voir Grandmougin, *La Technique Moderne*, 5, [1], 217).

Industriellement l'opération se fait dans une chaudière en fonte munie d'un agitateur. La chaudière est disposée de telle façon qu'elle puisse être refroidie par un courant d'eau froide extérieur, les nitrations se faisant d'ordinaire entre $0°$ et $40°$.

Si l'acide nitrique ou le mélange d'acides nitrique et sulfurique doit être ajouté à la substance contenue dans la chaudière, il est jaugé dans un réservoir en grès ou en fonte placé à une hauteur convenable au-dessus de la chaudière.

Le produit de la nitration qui est ordinairement liquide est séparé après repos et décantation, en le faisant passer par un robinet qui se trouve dans le fond de la chaudière. Si la substance nitrée est un acide sulfonique, le produit est ordinairement dilué avec de l'eau et isolé en le transformant en sel de calcium.

Réactions du radical nitré. — Les composés nitrés des hydrocarbures sont des substances indifférentes et neutres comme les hydrocarbures eux-mêmes, mais l'entrée du groupe nitré dans le noyau aromatique qui contient déjà un radical soit acide soit basique modifie les réactions de ces groupes.

Ainsi le phénol (C_6H_5OH) qui est un acide suffisamment fort pour former un sel stable de sodium avec la soude caustique mais pas assez énergique pour décomposer les carbonates devient, après transformation en trinitrophénol (acide picrique) $C_6H_2(NO_2)_3 OH$, un acide fort qui réagit déjà avec les carbonates. Le même changement se produit par la transformation de l'α-naphtol en jaune de naphtol (voir page 72).

Réciproquement, l'aniline, $C_6H_5NH_2$ est transformée par nitration en nitro-aniline $C_6H_4(NO_2)NH_2$, substance qui est beaucoup moins basique que l'aniline elle-même.

La réaction principale du radical nitré, et qui le rend si important dans la préparation des matières colorantes et des produits intermédiaires, est sa façon de se comporter à la réduction.

Lorsqu'on le traite par l'hydrogène naissant, ce radical est transformé en radical aminé conformément à l'équation

$$R.NO_2 + 3H_2 \rightarrow R.NH_2 + 2H_2O$$

(voir page 31).

Orientation des radicaux nitrés. — Vu la nature symétrique de l'anneau benzénique, un seul nitrobenzène prend naissance par nitration du benzène.

Lorsqu'il y a un radical alkyle, le groupement nitré entre en position *ortho* et *para*, mais non *méta*. Ainsi

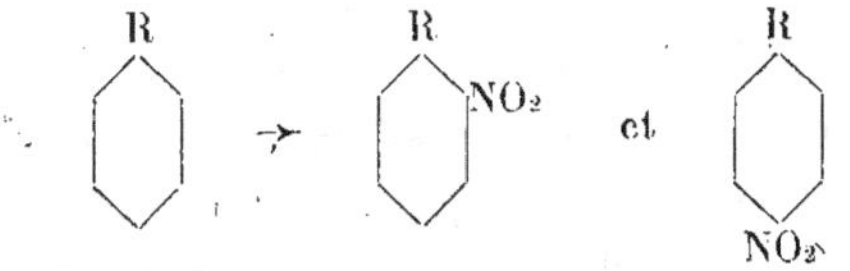

Les mêmes positions sont occupées lorsque l'anneau benzénique contient un groupement hydroxyle. Ainsi c'est l'*ortho-* et le *para*-nitrophénol qui se forment par la nitration du phénol C_6H_5OH.

Lorsqu'il y a dans l'anneau benzénique un groupement soit aldéhyde (CHO), soit carboxyle (COOH), soit nitrile (CN), c'est le *méta*-nitro-composé qui se produit par nitration. Ainsi la benzaldéhyde (C_6H_5CHO), l'acide benzoïque (C_6H_5COOH) et le benzonitrile (C_6H_5CN) donnent par nitration, respectivement

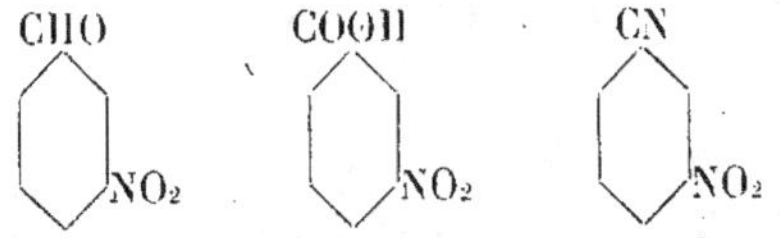

m-nitro-benzaldéhyde.

Acide m-nitro-benzoïque.

m-nitrobenzonitrile.

C'est la position méta qui est occupée également lorsqu'un dérivé du benzène contenant déjà un groupement nitré est soumis à une nouvelle nitration.

Ainsi le nitrobenzène donne par une nitration ultérieure le méta-dinitrobenzène

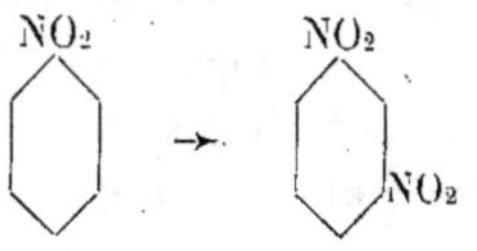

et l'ortho-nitrotoluène et l'ortho-nitrophénol donnent par nitration, respectivement

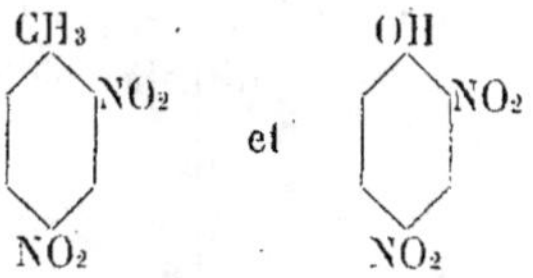

De même, les *méta*-nitro-composés obtenus par nitration de composés contenant les groupes $COOH$, COH ou CN conduisent par une nouvelle nitration à des corps qui contiennent le groupe nitré en position *méta* par rapport au premier.

Ainsi l'acide m-nitro-benzoïque, la m-nitrobenzaldéhyde et le m-nitrobenzonitrile donnent, par une nouvelle nitration, respectivement

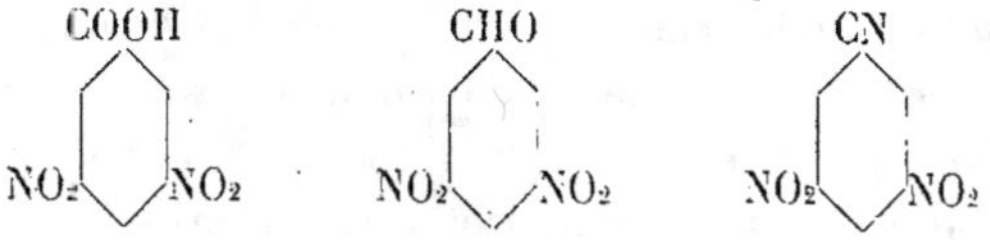

NITRATION (SÉRIE NAPHTALÉNIQUE)

Les méthodes d'introduction du radical nitré qui ont été indiquées pour les dérivés du benzène s'appliquent également aux dérivés de la naphtaline et les réactions des composés nitrés obtenus sont les mêmes.

Une différence se présente cependant dans l'orientation, vu le caractère asymétrique de la molécule de la naphtaline.

La constitution de la naphtaline est représentée par la formule

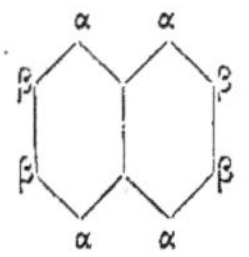

L'existence de deux positions différentes dans le noyau fait que la naphtaline peut donner deux dérivés mono-substitués, ce qui est représenté par les signes α et β, respectivement. Une autre méthode consiste à numéroter les positions de la façon indiquée par la formule suivante

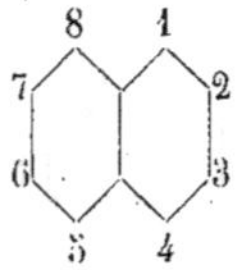

Dans ce cas les positions 2, 3, 6, 7 et 1, 4, 5, 8 sont équivalentes.

L'orientation dans la série naphtalénique est indiquée dans le tableau de la page 12 (Reverdin et Fulda).

Par nitration de la naphtaline, c'est la position α qui est occupée et par nitration ultérieure ce sont les positions α, 5 ou 8.

Ainsi la naphtaline donne l'α-nitronaphtaline

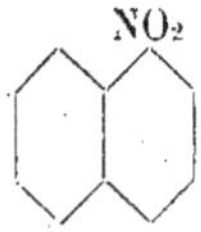

laquelle, par une nouvelle nitration, se transforme en

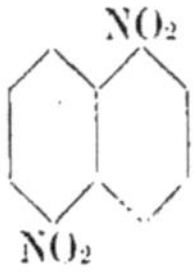

et

La formation de dérivés β-nitrés par nitration directe de la naphtaline n'a jamais été observée.

Si dans la naphtaline un atome d'hydrogène est remplacé

Par	Cl		Br		OH		OR		NO_2		NH_2		NHR		SO_3H		CN		COOH	
Dans la position	1	2	1	2	1	2	1	2	1	2	1	2	1	2	1	2	1	2	1	2
Le nouveau groupe entre dans la position																				
Cl	4		4		2?	1								1			5	5ou8	5	
Br	4 5ou8	? 5ou8	4 5	8		1			5ou8				4	1	5		5		5	
NO_2	4	8	4	8	2(1)	1(1)	2 4	1 6ou7 8	5 8(2)		5 8	5 8	2 4	1	4 5 8	4 5 8	5 ?		5 8	5 8 ? ?
SO_3H au-dessous de 100°	4 5	6 8	4 ?	6 8	2 4	6 8			5 6 7		4	5 8			5 6	5	5?		α β β	α
SO_3H au-dessus de 100°	5	6			2	6 7					5 6	6 7				5 6 7				
NO					2 4	1														
COOH					2	1 3(3)														

(1) au moyen de NO_2 (2) à 60° 1:3 est formé en même temps que 1:5, pas 1:8
(3) à des températures supérieures.

CHAPITRE III

SULFONATION (SÉRIE BENZÉNIQUE)

Les composés aromatiques possèdent la propriété caractéristique de donner des acides sulfoniques par traitement à l'acide sulfurique concentré.

Ainsi, le benzène se transforme, dans ces conditions, en acide benzène-sulfonique :

$$C_6H_6 + OH.SO_3H \rightarrow C_6H_5SO_3H + H_2O.$$

L'aniline, par traitement à l'acide sulfurique, se transforme en acide aniline-sulfonique (acide p-sulfanilique) :

$$C_6H_5NH_2 + OHSO_3H \rightarrow C_6H_4(SO_3H)NH_2 + H_2O.$$

Le groupement sulfonique est fortement négatif et son entrée dans un hydrocarbure aromatique transforme celui-ci en un acide fort. Même lorsque, comme dans l'acide sulfanilique, il entre dans un noyau contenant déjà un radical basique, son influence acide est plus que suffisante pour neutraliser l'influence basique du groupement amine, en sorte que l'acide sulfanilique a des propriétés acides.

L'entrée du groupe sulfonique est presque toujours obtenue par l'action de l'acide sulfurique — la concentration de l'acide et la température de la sulfonation devant varier selon la nature de la substance. Dans certains cas il est nécessaire d'employer un acide contenant une forte proportion de SO_3 libre ; parfois aussi on emploie l'acide chloro-sulfonique ; dans d'autres, même, il suffit d'employer le bisulfite de soude ($NaHSO_3$).

Une méthode générale intéressante pour introduire le radical sulfonique est celle qui est décrite par Gattermann (*Ber.*, 1899 xxxii

1136) et qui consiste à préparer un acide sulfinique (SO_2H) par l'action du cuivre finement divisé sur une solution diazoïque saturée d'anhydride sulfureux et à oxyder le produit au moyen de permanganate en solution alcaline.

Une autre méthode, qui a été appliquée plus particulièrement à la préparation des acides naphtalène-polysulfoniques, consiste à oxyder les composés de substitution sulfurés des acides polysulfoniques de la naphtaline. Ceux-ci sont obtenus en partant des composés amidés correspondants en traitant le sel diazoïque par le xanthate de potassium $(K(C_2H_5)CS_2O)$ et en hydrolysant le produit par les alcalis (E. P. 11, 865$_{7}^{02}$).

Un autre procédé pour l'introduction du groupement sulfonique consiste à chauffer le sulfate acide d'une base. Ainsi, par exemple, le sulfate acide d'aniline chauffé à 180° subit un changement intramoléculaire et l'acide p-sulfanilique se produit quantitativement (voir p. 356).

$$\text{C}_6\text{H}_5\cdot\text{NH}_2\cdot\text{H}_2\text{SO}_4 \quad \rightarrow \quad \text{C}_6\text{H}_4(\text{NH}_2)(\text{SO}_3\text{H}) \quad + \quad \text{H}_2\text{O}$$

Ce procédé est employé industriellement pour la fabrication de l'acide naphtionique à partir du sulfate acide d'z-naphtylamine ; mais, en dépit du cas précédent, il est difficile de le réaliser en petit, de sorte que l'on a adopté l'emploi d'un excès d'acide sulfurique dans l'exemple de la p. 376.

$$\text{C}_{10}\text{H}_7\cdot\text{NH}_2\cdot\text{H}_2\text{SO}_4 \quad \rightarrow \quad \text{C}_{10}\text{H}_6(\text{NH}_2)(\text{SO}_3\text{H}) \quad + \quad \text{H}_2\text{O}$$

Le fait que les acides sulfoniques sont le plus souvent solubles dans l'eau oblige à rechercher des procédés pour les séparer de l'excès d'acide sulfurique employé dans la sulfonation.

Ici, de nouveau, des méthodes spéciales doivent être employées dans chaque cas particulier. Celles qui habituellement se montrent les plus efficaces sont :

1. Précipitation de l'acide sulfonique de la solution au moyen d'une solution saturée d'un sel tel que le chlorure de sodium, le chlorure de potassium, etc.

2. Traitement du mélange d'acides sulfurique et sulfonique par le carbonate soit de calcium, soit de baryum, soit de plomb, et filtration. Dans beaucoup de cas les acides sulfoniques forment des sels solubles avec ces métaux : ils passent donc en solution tandis que les sulfates restent sur le filtre. C'est le sel de calcium qui est ordinairement employé dans l'industrie.

3. Dans certains cas l'acide sulfonique est insoluble dans l'acide sulfurique froid et il suffit de filtrer la solution à travers l'amiante ou la laine de verre pour l'obtenir pur.

L'orientation du radical sulfonique est la même que celle qui a été indiquée pour les nitro-composés. Ainsi l'acide benzène-sulfonique, par une sulfonation ultérieure, est transformé en acide benzène-méta-disulfonique.

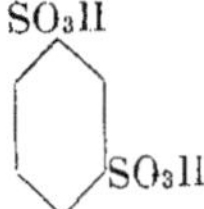

Réactions. — La réaction la plus importante du radical sulfonique est son remplacement par le groupement hydroxyle (OH) par fusion avec la soude caustique.

Ainsi l'acide benzène-sulfonique, dans ces conditions, est transformé en phénol :

$$C_6H_5SO_3H + NaOH \rightarrow C_6H_5OH + NaHSO_3$$

(voir page 43).

Une autre réaction importante et qui est parfois employée pour préparer des composés intéressants pour les matières colorantes est la production de nitriles par fusion de l'acide sulfonique avec le cyanure de potassium, ainsi :

$$R.SO_3H + KCN \rightarrow R.CN + KHSO_3.$$

L'introduction du groupement sulfonique est aussi d'une importance considérable dans le cas des matières colorantes finies elles-mêmes car, par ce moyen, une matière colorante insoluble dans l'eau peut être rendue soluble, et une couleur soluble, plus soluble. Ce point, cependant, sera traité plus loin.

SULFONATION (SÉRIE NAPHTALÉNIQUE)

Conformément à la loi découverte par Armstrong et Wynne, le groupement sulfonique entre en position α à basse température et en position β à haute température.

Ainsi, en traitant la naphtaline par l'acide sulfurique concentré à 80°, il se produit de l'acide naphtalène-α-sulfonique

$$SO_3H$$

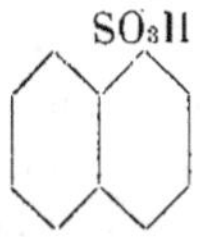

tandis qu'à 180°, le produit principal est l'acide naphtalène -β- sulfonique[1]

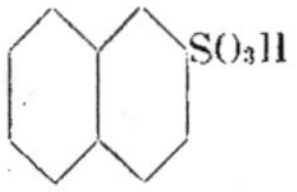

$$SO_3H$$

La même loi s'applique pour des sulfonations plus profondes. Ainsi le second groupe sulfonique prend le plus souvent, à basse température, la place la plus éloignée et, à haute température, la place β la plus éloignée.

Ainsi l'acide sulfonique

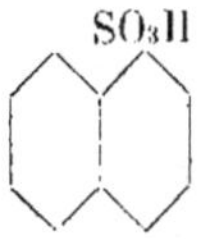

$$SO_3H$$

donne par sulfonation ultérieure à froid

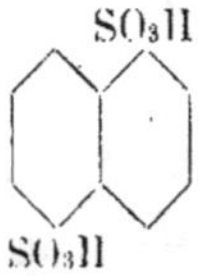

$$SO_3H$$
$$SO_3H$$

comme produit principal, et, à haute température, l'acide sulfonique

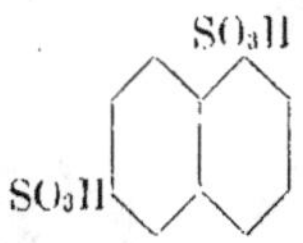

$$SO_3H$$
$$SO_3H$$

1. Pour la sulfonation de la naphtaline, voir Euwes, *Rec. trav. chim.*, 1909, XXVIII. 298, et Will, *Ber.*, 1915, XLVIII. 743.

tandis que l'acide β-sulfonique donne, par sulfonation ultérieure à
160°, les acides 2 : 6 et 2 : 7

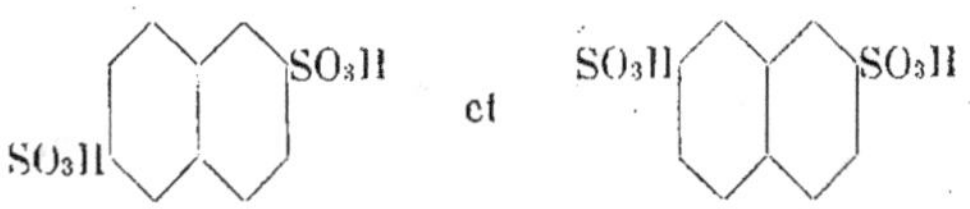

comme produits principaux.

Le schéma suivant montre la production des acides sulfoniques de
la naphtaline importants au point de vue technique (*Heumann*).

$$S = SO_3H$$

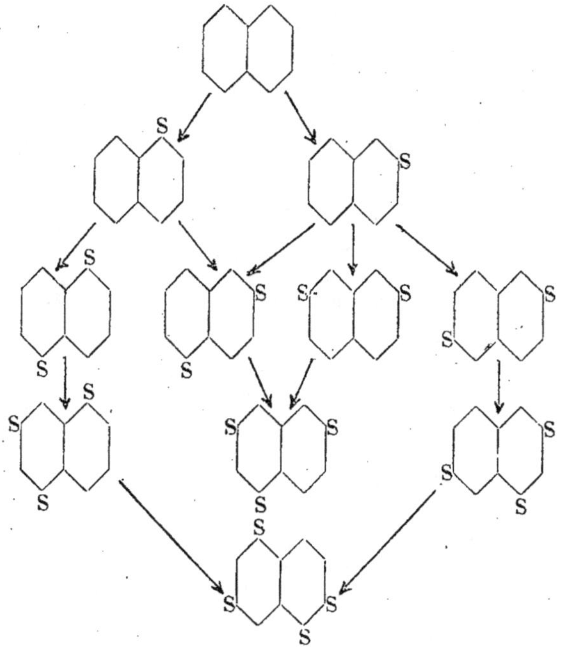

Les acides naphtalène-sulfoniques présentent un intérêt considérable car c'est avec eux qu'on prépare les importants naphtols, par
fusion avec la soude caustique.

Cependant les divers acides sulfoniques dérivés des naphtylamines et des naphtols obtenus, soit en les traitant directement par l'acide sulfurique soit par des moyens indirects sont beaucoup plus importants encore.

Ces substances trouvent de nombreuses applications dans la préparation des couleurs azoïques. Nous donnerons donc dès maintenant les méthodes spéciales de préparation et les propriétés des plus importants d'entre eux.

Acides naphtylamine-sulfoniques.

On les obtient au moyen des méthodes générales suivantes :

1. Par sulfonation d'une amine.

2. Par sulfonation d'un composé nitré et réduction ultérieure.

2. Par nitration d'un acide sulfonique et réduction ultérieure.

Nous considérerons d'abord les deux dernières méthodes et, comme les opérations générales de nitration et de sulfonation ont déjà été discutées, le schéma suivant (*Heumann*) indiquera clairement les différents produits qui se forment :

Le produit principal est désigné par   ———►

Le produit secondaire est désigné par   -------►

$$S = SO_3H.$$

ACIDES NAPHTALÈNE-MONOSULFONIQUES

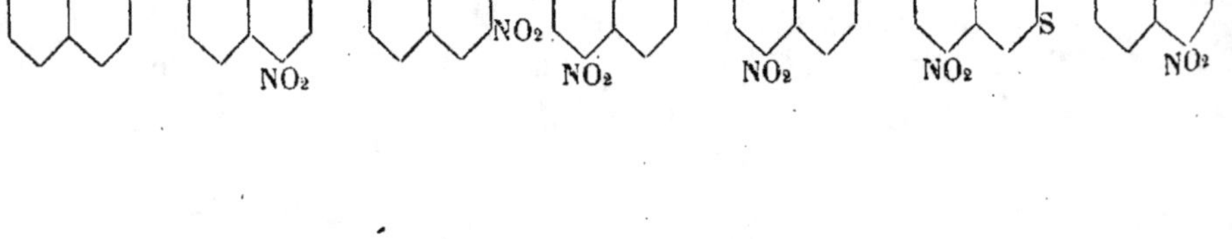

ACIDES NAPHTALÈNE-DISULFONIQUES

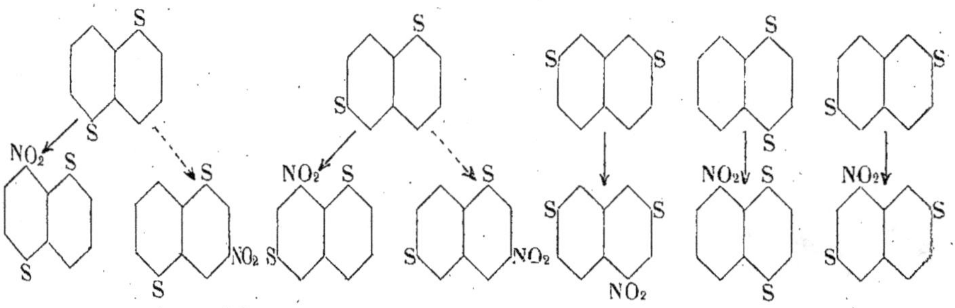

Dans l'application de la première méthode, l'α- et la β-naphtylamine sont employées sur une grande échelle.

Le schéma suivant montre les acides sulfoniques dérivés de l'α-naphtylamine par sulfonation (*Heumann*) :

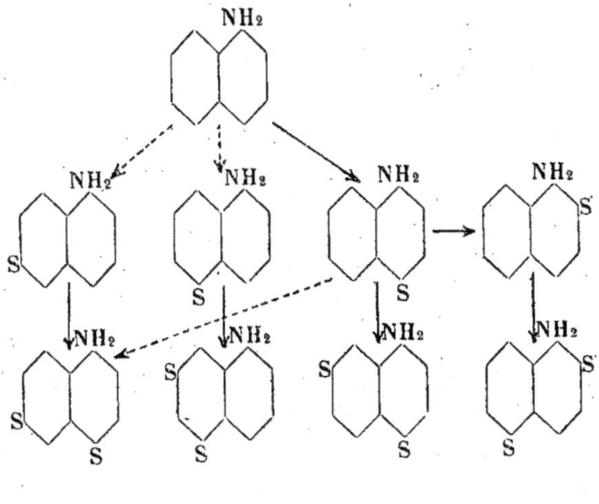

Acides sulfoniques dérivés de la β-naphtylamine par sulfonation (*Heumann*) :

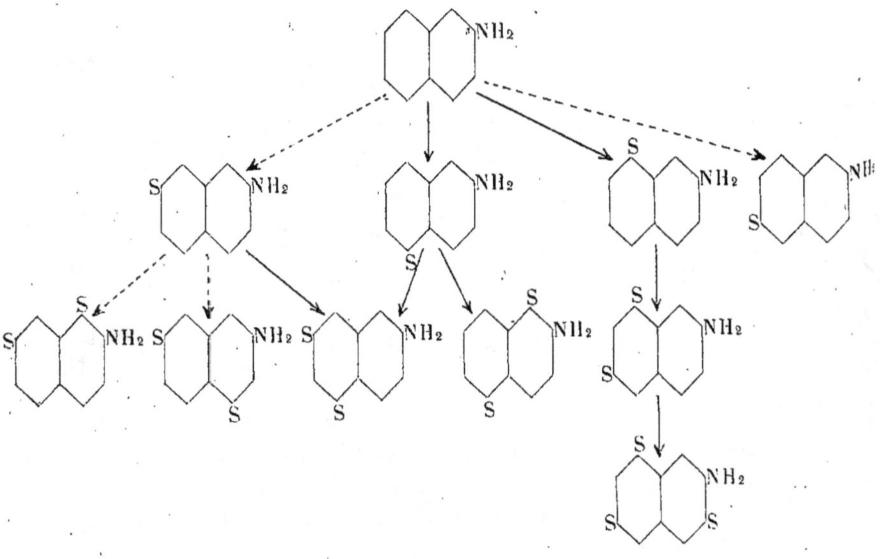

On trouvera ci-après une courte description des acides naphtalène-
sulfoniques les plus importants ; pour une description plus détaillée
et plus complète il convient de consulter un ouvrage plus important (voir Green, *Organic Colouring Matters*, 1904 ; Täuber et
Norman, *Derivate des Naphtalins*, 1896, etc.) :

Acide naphtionique

$$NH_2 \quad SO_3H$$

Il est préparé industriellement en chauffant le sulfate acide d'α-
naphtylamine mélangé à environ 3 pour 100 de son poids d'acide
oxalique, à 170-180°. L'acide libre est peu soluble dans l'eau froide,
mais assez soluble dans l'eau chaude. Le sel de sodium « naphtionate » cristallise avec quatre molécules d'eau. Le diazo-composé
est jaune et insoluble dans l'eau.

En chauffant le sel de sodium avec quatre parties de naphtaline une transposition moléculaire se produit et il se forme de l'acide ortho-naphthionique

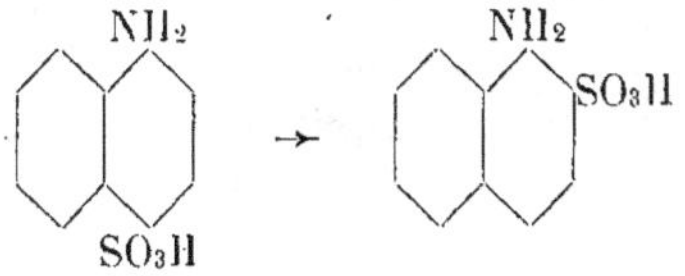

$$\text{NH}_2 \quad \text{(-- SO}_3\text{H)} \quad \rightarrow \quad \text{NH}_2\text{--SO}_3\text{H}$$

Cet acide est préparé industriellement, mais en quantité peu importante.

Par nitration à froid de l'acide naphtalène-α-sulfonique et réduction ultérieure du produit, on obtient deux acides, savoir :

l'acide S (Schœllkopf) (acide α-naphtylamine-sulfonique 1 : 8) et l'acide L (Laurent) (acide α-naphtylamine-sulfonique 1 : 5).

L'acide 1 : 8 est le plus important et le produit principal. L'acide libre est presque insoluble dans l'eau froide.

Lorsqu'on nitre puis réduit l'acide naphtalène-β-sulfonique on obtient les 3 acides dits « de Clève », c'est-à-dire les acides α-naphtylamine-sulfoniques 1 : 6, 1,7 et 1,3. Les deux premiers se forment en quantités à peu près égales et constituent le produit principal, le dernier ne se trouvant qu'à l'état de traces.

Le mélange réduit est ordinairement combiné directement avec des diazo-composés pour la production de noirs polyazoïques pour coton (directs).

Par précipitation physique du mélange réduit ou par acidification, l'acide 1 : 6 se sépare. Celui-ci donne des nuances meilleures que le 1 : 7.

Les plus importants des acides monosulfoniques de la β-naphtylamine sont les acides 2 : 6 et 2 : 7. Le premier (acide de Brönner) est obtenu à partir de l'acide de Schäffer (page 24) en le chauffant avec une solution concentrée d'ammoniaque en autoclave à 180°. L'acide libre est modérément soluble dans l'eau froide; le sel de sodium est très soluble.

L'acide 2 : 7 ou acide F est obtenu de façon analogue en partant de l'acide β-naphtol-sulfonique correspondant (p. 25). Cet acide est plus soluble dans l'eau chaude que le précédent, son sel de sodium se dissout facilement dans l'eau.

Parmi les acides polysulfoniques des deux naphtylamines les suivants sont importants au point de vue technique :

Acide 1-naphtylamine-3 : 6-disulfonique (acide de Freund). L'acide naphtalène-2 : 7-disulfonique est nitré et l'acide 1-nitronaphtaline-3 : 6-disulfonique produit est réduit par le fer et l'acide chlorhydrique. Cet acide est employé à la préparation de noirs pour laine (colorants azoïques).

L'acide 1-naphtylamine-4 : 7-disulfonique (acide de Dahl n° III). Lorsque l'acide naphtionique est soumis à une nouvelle sulfonation, on obtient un mélange de deux acides disulfoniques, savoir, environ 66 pour 100 de l'acide de Dahl n° III et environ 33 pour 100 d'acide 1 : 4 : 6 (acide de Dahl n° II). Ce dernier est sans valeur pour la préparation de colorants azoïques ; le premier, au contraire, est employé pour la préparation de noirs pour laine. L'acide est facilement soluble dans l'eau chaude, modérément soluble dans l'eau froide.

Acide 1-naphtylamine-4 : 8-disulfonique (acide δ ou S). Il est préparé en traitant l'acide 1-naphtylamine-8-sulfonique par l'acide sulfurique fumant ou, en même temps que l'acide 1-naphtylamine-3 : 8-disulfodique, par nitration et réduction du mélange des acides naphtaline-1 : 5 et 1 : 6-disulfoniques obtenus en sulfonant la naphtaline avec l'acide sulfurique fumant à la température ordinaire.

Acide 2-naphtylamine-3 : 6-disulfonique (acide amido R) est obtenu en chauffant l'acide naphtol-sulfonique correspondant avec l'ammoniaque aqueuse en autoclave. L'acide est beaucoup employé car il copule avec des diazo-composés pour former des couleurs azoïques ; il peut aussi être diazoté lui-même et combiné avec d'autres composants.

Acide 2-naphtylamine-6 : 8-disulfonique (acide amido G) est obtenu en chauffant l'acide naphtol-sulfonique correspondant (sel G) avec une solution aqueuse d'ammoniaque en autoclave ; on l'obtient encore par sulfonation de la β-naphtylamine par l'acide sulfurique fumant (voir page 382).

L'acide libre est facilement soluble dans l'eau.

Les composés diazoïques ne se combinent pas avec lui. Il est employé sous forme de composé diazoïque dans la production de noirs pour laine.

Cet acide est aussi un produit intermédiaire important dans la fabrication de l'acide γ (acide amidonaphtol-monosulfonique) (voir p. 27).

L'acide 1-naphtylamine-3 : 6 : 8-*trisulfonique*. — Le point de départ pour cet acide est le naphtalène-β-sulfonate de sodium. Celui-ci est chauffé avec de l'acide sulfurique fumant et le mélange de sulfonation est nitré directement. Le mélange de nitration est neutralisé par la chaux éteinte, traité au carbonate de soude et le sel de sodium soluble est réduit.

La solution du sel trisodique de cet acide donne par évaporation et acidification un précipité de sel disodique ; celui-ci, par fusion avec la soude caustique, est transformé en acide amidonaphtol-disulfonique H (p. 28)[1].

L'acide 1-naphtylamine-4 : 6 : 8-*trisulfonique* est obtenu par la nitration et la réduction de l'acide naphtalène-1 : 3 : 5-trisulfonique.

L'acide 2-naphtylamine-3 : 6 : 8-*trisulfonique* est obtenu en chauffant l'acide 2-naphtol-3 : 6 : 8-trisulfonique avec une solution concentrée d'ammoniaque en autoclave.

Cet acide est un produit intermédiaire important pour la fabrication de l'acide amido-naphtol-disulfonique 2 G (acide γ-disulfonique).

ACIDES NAPHTOL-SULFONIQUES

Ces acides sont obtenus soit (1) par sulfonation des naphtols ou (2) par transformation des acides naphtylamine- ou chloro-naphtalène-sulfoniques ou des acides naphtalène-polysulfoniques en acide naphtol-sulfoniques correspondants par traitement à l'acide nitreux et ébullition subséquente du composé diazoïque ou par fusion avec de l'alcali caustique.

Le plus important des acides α-naphtol-sulfoniques est l'acide 1 : 4 ou acide de Nevile et Winther.

$$OH$$

$$SO_3H$$

<hr>

1. L'acide 1-naphtylamine-3 : 6 : 8-trisulfonique s'obtient également en sulfonant l'acide naphtalène-2 : 7-disulfonique qui est ainsi transformé en acide 1 : 3 : 6-trisulfonique que l'on nitre puis réduit.

Celui-ci est préparé (1) par ébullition du composé diazoïque dérivant de l'acide naphtionique, avec l'acide sulfurique dilué; (2) en chauffant le naphtionate de soude avec une solution de soude caustique à 50 pour 100 en autoclave; (3) en chauffant l'acide naphtionique avec du bisulfite de soude et en décomposant le produit par les alcalis. L'acide forme des tables très solubles, transparentes. Lorsqu'il est préparé par la première méthode, la solution est invariablement colorée en rouge par suite de la formation d'un colorant azoïque (acide naphtionique diazoté + acide N. et W.); et lorsqu'il est préparé de cette façon, l'acide n'est généralement pas isolé et la solution est employée directement.

L'*acide 1-naphtol-3 : 8-disulfonique* (acide ε) est obtenu par ébullition du composé diazoïque de l'acide α-naphtylamine-3 : 8-disulfonique correspondant avec l'acide sulfurique dilué; le produit est l'acide sulfone-sulfonique.

$$C_{10}H_5 \left\{ \begin{array}{l} SO_3H \\ SO_2 \\ O \end{array} \right\rangle$$

qui est transformé en l'acide ε par dissolution dans les alcalis. Cet acide est aussi obtenu en chauffant le sel acide de sodium du même acide naphtylamine-3 : 8-disulfonique avec quatre parties d'eau à 180° à l'autoclave. Il est employé à la préparation de l'érika B et du benzo-violet.

(L'acide α-naphtylamine-3 : 8-disulfonique est obtenu par nitration et réduction de l'acide naphtalène -1 : 6-disulfonique.)

ACIDES β-NAPHTOL-SULFONIQUES

Par sulfonation du β-naphtol avec une petite quantité (2 parties) d'acide sulfurique concentré, on obtient un mélange de deux acides monosulfoniques, savoir:

Acide crocéique.   Acide de Schaeffer.

Si la température est peu élevée, l'acide crocéique prédomine, mais si la température est plus haute c'est l'acide de Schäffer qui se produit surtout. Si l'on augmente la proportion d'acide sulfurique, il se forme des acides disulfoniques et, ici encore, la quantité de l'un et de l'autre varie avec la température à laquelle la sulfonation est effectuée.

A basse température, nous avons surtout

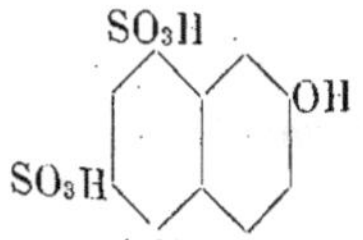

$$\text{Acide G.} \qquad \text{et à haute température, surtout} \qquad \text{Acide R.}$$

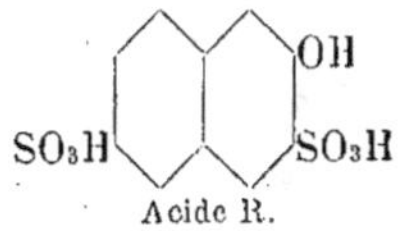

Une petite quantité d'acide de Schäffer se forme également. Donc, l'acide G résulte d'une sulfonation ultérieure de l'acide crocéique ; et l'acide R, de l'acide de Schäffer. Au point de vue chimique, l'acide crocéique et l'acide G correspondent l'un à l'autre, de même que l'acide de Schäffer correspond à l'acide R.

Ainsi, les deux premiers (acides crocéique et G) se combinent beaucoup plus difficilement avec les composés diazoïques que les derniers ; ils sont aussi beaucoup plus solubles dans l'eau, la solution saline et l'alcool que les derniers et les méthodes de séparation de ces acides les uns des autres reposent sur l'une ou l'autre de ces différences.

Lorsqu'ils sont combinés avec les composés diazoïques, l'acide crocéique et l'acide G donnent des nuances jaunes (d'où le nom du dernier : gelb = jaune) ; et l'acide de Schäffer et l'acide R donnent des nuances rouges (rot = rouge).

Par sulfonation ultérieure des acides G ou R on obtient l'acide 2-naphtol-3 : 6 : 8-trisulfonique.

La seconde méthode de préparation des acides naphtol-sulfoniques est appliquée dans le cas de l'acide 2-naphtol-7-sulfonique (acide F) que l'on obtient en chauffant l'acide naphtalène -2 : 7-disulfonique (sulfonation de l'acide naphtalène-β-sulfonique) avec la soude caustique. En réglant soigneusement les quantités et la température, un seul groupe sulfonique est attaqué. A plus haute température on obtient le 2 : 7-dihydroxynaphtalène.

Les acides naphtylamine- et naphtol-sulfoniques précédents sont souvent soumis à un traitement ultérieur pour obtenir des produits de plus de valeur pour la production des colorants.

En fondant l'acide naphtylamine- ou naphtol-di- ou trisulfonique avec de la soude caustique, un seul radical sulfonique, en règle générale, est attaqué (dans des conditions spéciales de température, etc.) et il en résulte un acide amido-naphtol- ou dihydroxynaphtalène- mono- ou disulfonique.

Les principaux acides de ce groupe sont les suivants :

L'acide 1 : 8- *dihydroxynaphtalène-4-monosulfonique* (S)

$$OH \quad OH$$
$$SO_3H$$

est préparé par fusion, avec la soude caustique, de l'acide α-naphtol-4 : 8-disulfonique (obtenu en partant de l'acide α-naphtylamine--4 : 8- disulfonique par ébullition du composé diazoïque avec de l'acide dilué); ou en chauffant l'acide 1 : 8-diamido-naphtalène -4- sulfonique avec du lait de chaux sous pression.

Cet acide est employé à la préparation de colorants azoïques.

L'acide 1 : 8-*dihydroxynaphtalène*-3 : 6-*disulfonique* (acide chromotropique)

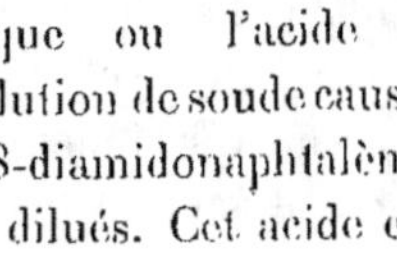

$$OH \quad OH$$
$$SO_3H \qquad SO_3H$$

est préparé en fondant l'acide α-naphtol-3 : 6 : 8-trisulfonique avec la soude caustique; on l'obtient aussi en chauffant l'acide α-naphtylamine-3 : 6 : 8-trisulfonique ou l'acide 1 : 8-amidonaphtol-3 : 6-disulfonique avec une solution de soude caustique; ou troisièmement, en chauffant l'acide 1 : 8-diamidonaphtalène-3 : 6-disulfonique avec des acides ou des alcalis dilués. Cet acide est employé à la préparation des importants colorants azoïques chromotropes.

L'acide 1 : 2-amidonaphtol-4-monosulfonique

est préparé en traitant le nitroso-β-naphtol avec du bisulfite de sodium.

L'acide 1 : 8-amidonaphtol-4-monosulfonique (acide S)

est préparé en fondant l'acide 1-naphtylamine-4 : 8-disulfonique (voir p. 22) avec la potasse caustique.

Cet acide est beaucoup employé pour la préparation de colorants azoïques bleus.

L'acide 2 : 5-amidonaphtol-7-monosulfonique (acide J)

est préparé en fondant l'acide 2-naphtylamine-5 : 7-disulfonique avec de la soude caustique.

L'acide 2 : 8-amidonaphtol-6-monosulfonique (acide γ)

Cet acide, le plus important peut-être de tous les acides sulfoniques dérivés de la naphtaline, est préparé par fusion de l'acide 2-naphtylamine-6 : 8 disulfonique (p. 22) avec la soude caustique en autoclave (voir aussi p. 383).

L'acide 1 : 8-*amidonaphtol*-2 : 4-*disulfonique* (acide 2S)

$$OH\ NH_2\ SO_3H\ SO_3H$$

est obtenu en fondant avec la soude caustique l'acide 1-naphtylamine-
2 : 4 : 8-trisulfonique

$$SO_3H\ NH_2\ SO_3H\ SO_3H \qquad \text{ou son anhydride} \qquad SO_2—NH\ SO_3H\ SO_3H$$

(préparé en soumettant à une nouvelle sulfonation l'acide α-naphtyl-
amine-8-sulfonique ou l'acide 4 : 8-disulfonique). Il est employé
spécialement pour faire des couleurs azoïques bleu brillant pour
coton.

L'acide 2 : 8-*amidonaphtol*-3 : 6-*disulfonique* (acide 2R)

$$OH\ NH_2\ SO_3H\ SO_3H$$

est obtenu en fondant l'acide 2-naphtylamine-3 : 6 : 8-trisulfonique
(p. 23) avec les alcalis. Cet acide est employé pour faire des colorants
teignant le coton en noir directement.

L'acide 1 : 8-*amidonaphtol*-3 : 6-*disulfonique* (acide H)

$$OH\ NH_2\ SO_3H\ SO_3H$$

est préparé par fusion de l'acide 1-naphtylamine-3 : 6 : 8-trisulfo-
nique avec la soude caustique. On l'obtient aussi en partant de

l'acide 1 : 8-diamidonaphtalène-3 : 6-disulfonique (préparé par dinitration et réduction de l'acide naphtalène-2 : 7-disulfonique

$$SO_3H \quad \rightarrow \quad NH_2 \ NH_2 \quad SO_3H \quad SO_3H$$

que l'on chauffe avec de l'acide sulfurique dilué sous pression.

L'acide 1 : 8 amidonaphtol-4 : 6-disulfonique (acide K)

$$OH \ NH_2 \quad SO_3H \quad SO_3H$$

est préparé en fondant avec la soude caustique l'acide 1-naphtylamine-4 : 6 : 8-trisulfonique.

Ce dernier est obtenu par nitration et réduction de l'acide naphtalène-1 : 3 : 5-trisulfonique, que l'on prépare en soumettant à une nouvelle sulfonation l'acide naphtalène-1 : 5-disulfonique. L'acide 1 : 8-amidonaphtol-4 : 6-disulfonique, de même que l'acide précédent (acide H), est beaucoup employé dans la fabrication de colorants azoïques bleus pour coton.

Par introduction d'un second groupement aminé dans l'acide naphtylamine-sulfonique, on obtient les acides diamido-naphtalène-sulfoniques.

Cette introduction s'effectue soit (1) par nitration et réduction de l'acide naphtylamine sulfonique, le groupe aminé ayant été protégé par transformation en un groupement acétamidé ; ou (2) par combinaison d'un composé diazoïque avec l'acide et réduction de la matière colorante azoïque formée.

L'acidé 1 : 4-diamidonaphtalène-6-monosulfonique

$$NH_2 \quad SO_3H \quad NH_2$$

est obtenu (sous forme de composé mono-acétylé) en partant de l'acide 1 : 6 ou 1 : 7-naphtylamine sulfonique (acides de Clève) ou d'un mélange de ces deux acides, en nitrant le composé acétylé et en réduisant l'acide nitré (par le fer et l'acide *acétique*).

Une autre méthode consiste à combiner les acides ou un mélange des acides avec le chlorure de diazobenzène ce qui donne le colorant azoïque

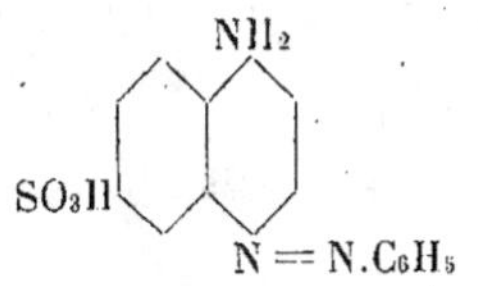

$$SO_3H \quad \text{(naphtalène)} \quad NH_2 \qquad N = N.C_6H_5$$

et à réduire alors celui-ci. Il se produit un acide diamidé et l'autre produit de réduction — c'est-à-dire l'aniline — est séparé par entraînement à la vapeur.

L'acide diamidé est transformé en composé mono-acétylé par ébullition avec l'acide acétique.

Pour diazoter cet acide, il est nécessaire de faire l'opération en deux phases, car les deux groupes amidés ne peuvent pas être diazotés en même temps. A cet effet, on protège l'un d'eux par acétylation ; l'autre peut alors être converti quantitativement en groupe diazoïque. Lorsque celui-ci a été combiné avec un composant, la substance résultante est hydrolysée et le second groupe amidé peut alors être diazoté avec succès et combiné avec un composant convenable.

Les couleurs azoïques formées ainsi avec l'acide précédent appartiennent à la classe des diaminogènes.

CHAPITRE IV

COMPOSÉS AMIDÉS (NH₂). (SÉRIE BENZÉNIQUE)

Monoamines.

L'introduction du radical amine s'obtient d'ordinaire par réduction du groupement nitré, conformément à l'équation

$$R.NO_2 + 3H_2 \rightarrow R.NH_2 + 2H_2O.$$

Pratiquement tout agent réducteur acide peut être employé dans
ce but. Au laboratoire, on emploie habituellement l'étain et l'acide
chlorhydrique : industriellement, vu son bon marché, le fer remplace
généralement l'étain.

De plus l'usage du fer a un autre avantage. En effet, on peut
employer dans ce cas beaucoup moins d'acide chlorhydrique.
(environ 1/40 de la quantité indiquée par la théorie).

Cela s'explique par les équations suivantes (Raikow, *Zeit. angew.
Chem.*, 1916, XXIX, 1. 196, 239).

$$R.NO_2 + 3Fe + 6HCl \rightarrow 3FeCl_2 + 2H_2O + R.NH_2.$$
$$2R.NH_2 + FeCl_2 + 2H_2O = 2R.NH_2.HCl + Fe(OH)_2.$$
$$2R.NH_2.HCl + Fe = 2R.NH_2 + FeCl_2 + 2H.$$

Cette théorie, basée sur l'idée de la décomposition hydrolytique
du chlorure ferreux, est confirmée par le fait que l'addition de sels
tels que le chlorure de magnésium à un mélange de fer, d'eau et
de nitrobenzène produit la réduction.

Les composés nitrés sont réduits aussi au moyen de bisulfite de
soude, réaction dans laquelle se produit souvent un acide sulfonique ;
ainsi le m-dinitrobenzène donne l'acide nitraniline-sulfonique. Dans

certains cas on fait usage du sulfure de sodium comme agent réducteur (voir p. 33).

Une autre méthode d'introduction du groupement amine fréquemment employée consiste à réduire un dérivé azoïque.

Un bon exemple de cette méthode et qui peut servir à expliquer le procédé est le suivant :

L'o-toluidine est un sous-produit de la fabrication de la fuchsine. Par traitement à l'acide nitreux en présence d'une petite quantité d'acide minéral elle est transformée en amidoazotoluène .

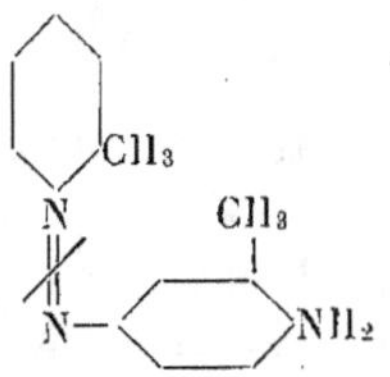

qui, par réduction se scinde de la façon indiquée par le trait et donne un mélange d'o-toluidine et de p-toluylènediamine.

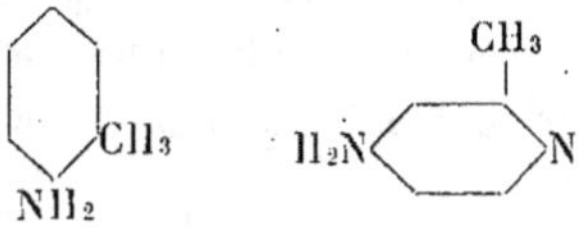

Le mélange de ces deux bases est ensuite employé à la préparation de la safranine (voir p. 446).

Une méthode tout à fait différente est celle qui est employée pour la préparation de la p-nitraniline (Clayton Aniline Cᵒ ; E. P. 24,869⁰²). Elle consiste à chauffer le p-chloronitrobenzène avec un excès d'ammoniaque aqueuse à 130-180°.

Diamines.

Les principales diamines de la série benzénique qui sont employées à la fabrication des matières colorantes sont la m-phénylènediamine, la m-toluylènediamine et la p-phénylènediamine (sous la forme de son dérivé monoacétylé).

Les métadiamines sont employées surtout comme composants dans la préparation de colorants azoïques et du brun Bismarck tandis que le dérivé para est employé comme diazo- (ou tetrazo-) composé.

La m-phénylène et la m-toluylènediamine sont obtenues par réduction des composés dinitrés correspondants au moyen du fer et d'un peu d'acide chlorhydrique. L'acide nitreux les transforme en brun Bismarck, bien que, en traitant la m-phénylènediamine par l'acide nitreux ajouté brusquement, il se forme du nitroso-m-phénylènediamine aussi bien que du brun Bismarck (Täuber et Walder, *Ber.*, 1900, XXXIII. 2116).

Comme la p-phénylènediamine ne peut pas elle-même être diazotée d'une façon satisfaisante, on la prépare habituellement sous forme de composé mono-acétylé par réduction de la p-nitracétanilide au moyen de tournures de fer et d'acide acétique (voir exemple p. 355). L'amido-acétanilide ou acétyl-p-phénylènediamine est aisément et quantitativement diazotée et peut être copulée avec un composant quelconque. Si alors le produit est chauffé avec les alcalis, le groupement acétyle est enlevé et le second groupement amine peut ensuite, de la même façon, être transformé en un groupement diazoïque. Un autre moyen d'arriver au même produit final, bien qu'il ne soit pas d'application aussi commode, consiste à partir de la p-nitraniline, à la diazoter, et à la copuler avec un composant. Le produit est alors réduit soigneusement (de façon à laisser le groupe azoïque $N = N$ inattaqué) au moyen de sulfure de sodium et on diazote comme plus haut le groupement amine obtenu[1].

Une catégorie extrêmement importante de diamines est celle qui appartient à la série du diphényle car beaucoup d'entre elles donnent, par tétrazotation et copulation avec des composants convenables, des matières colorantes teignant directement le coton sans mordançage. Cette propriété n'est pas, en réalité, spéciale aux dérivés du diphényle, mais elle appartient à la p-phénylènediamine elle-même, aux diamines de la série de la diphénylamine et à d'autres.

Le représentant le plus simple de ce groupe est le p-p-diamidodiphényle ou benzidine.

$$NH_2\langle\ \rangle-\langle\ \rangle NH_2$$

---

1. Pour la fabrication de la p-phénylènediamine, voir Jansen. *Zeit. Farbe Ind.*, XII. 197; *Chem. Zeitsch.*, XII. 109.

Celle-ci est préparée par réduction alcaline (Zn et NaOH) du nitrobenzène : on obtient ainsi l'hydrazobenzène $C_6H_5NH—NHC_6H_5$ qui, par dissolution dans l'acide chlorhydrique à froid, subit une transposition moléculaire remarquable qui donne naissance à la benzidine

$$C_6H_5NH—NHC_6H_5 \rightarrow NH_2—C_6H_4—C_6H_4NH_2$$

La réduction du nitrobenzène en hydrazobenzène a aussi été faite ces dernières années par électrolyse (voir Elbs : *Préparations électrolytiques*, 1903 ; F. M. Perkin. *Practical methods of Electrochemistry*, 1905).

En soumettant l'o-nitrotoluène à la même réaction (réduction alcaline ou électrolytique) il se forme de l'hydrazotoluène qui, de la même façon, par action des acides, se transforme en p-p-diamido-ditolyle ou *tolidine*.

$$2C_6H_4\!<\!^{NO_2}_{CH_3} \rightarrow C_6H_4\!<\!^{CH_3}_{NH}\!\!—\!\!^{CH_3}_{NH}\!>\!C_6H_4$$

et

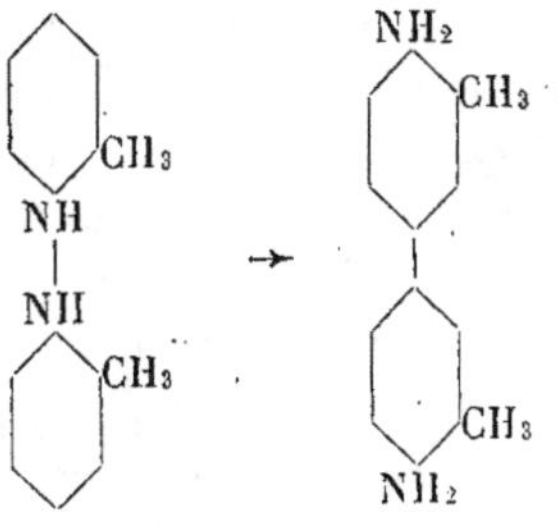

Cette base donne des matières colorantes azoïques très semblables, comme propriétés tinctoriales, à celles dérivant de la benzidine.

Nous citerons encore :

La *dianisidine*, obtenue exactement de la même façon que la tolidine en partant de l'o-nitroanisol

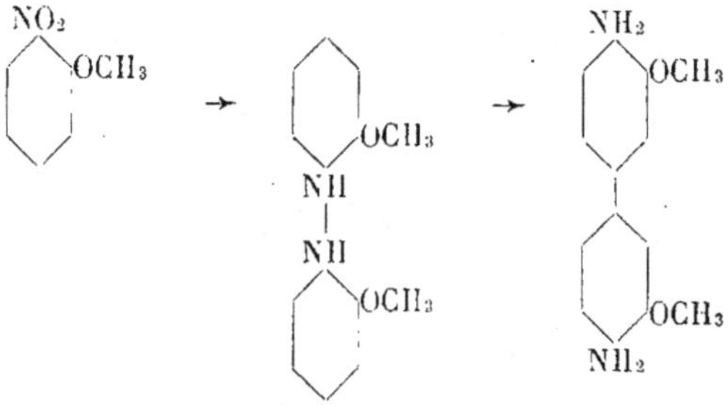

Cette base donne des colorants azoïques qui teignent le coton en une nuance beaucoup plus bleue que les bases ci-dessus[1].

La *dichlorobenzidine*, obtenue par chloration et saponification subséquente de la diacétylbenzidine et aussi par le procédé décrit plus haut, à partir de l'o-nitrochlorobenzène.

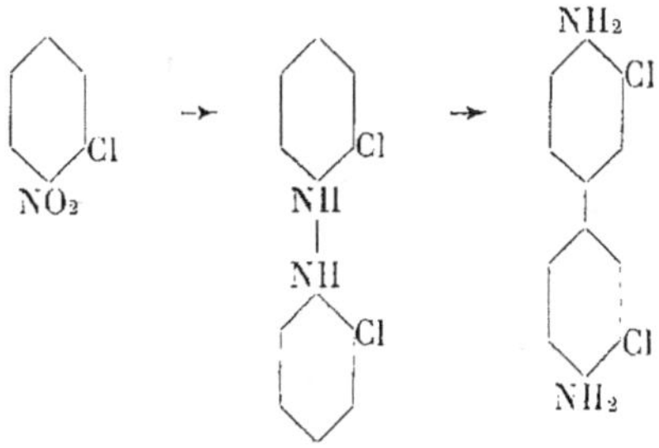

Le seul exemple de base asymétrique employée sur une grande échelle est l'*éthoxybenzidine* qui est obtenue comme suit :

(1) Le phénol est sulfoné et transformé en acide p-sulfonique.

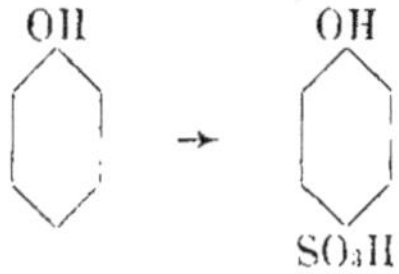

(2) Le chlorure de diazobenzène est combiné avec celui-ci

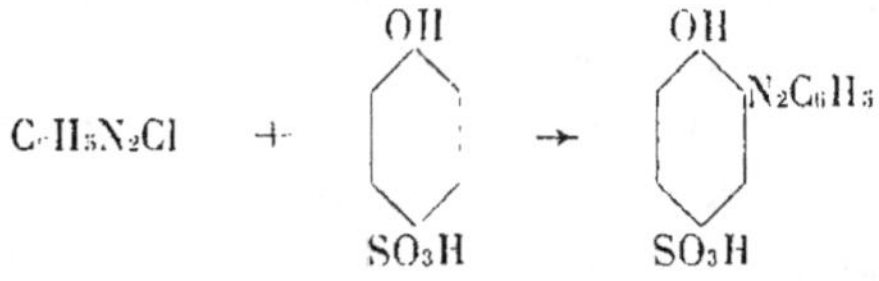

$$C_6H_5N_2Cl \; + \; \text{(OH, SO}_3\text{H)} \; \rightarrow \; \text{(OH, N}_2C_6H_5, SO_3H)}$$

1. Pour la fabrication de la dianisidine, voir Jansen, *Zeit. Farbenind*, XII. 247; *Chem. Zeitsch.*, XII. 171.

Et (3) le produit est éthylé et donne l'acide benzènazophénétol-sulfonique

$$\begin{array}{c} OC_2H_5 \\ \bigcirc\!-N_2C_6H_5 \\ SO_3H \end{array}$$

Celui-ci, par réduction alcaline, donne le composé hydrazoïque

$$\begin{array}{c} OC_2H_5 \\ \bigcirc\!-NH-NHC_6H_5 \\ SO_3H \end{array}$$

et, avec les acides, l'acide éthoxybenzidine-monosulfonique

$$\begin{array}{c} NH_2 \\ SO_3H\!-\!\bigcirc\!-OC_2H_5 \\ \bigcirc \\ NH_2 \end{array}$$

lequel, par chauffage avec l'eau à 170° C, donne l'éthoxybenzidine

$$NH_2\!-\!\bigcirc\!\!\overset{OC_2H_5}{\bigcirc}\!-\!\bigcirc\!-NH_2 \quad + \quad H_2SO_4$$

Réactions du radical amine. — La propriété des amines aromatiques de donner des chlorures diazoïques en traitant leurs chlorures par l'acide nitreux leur confère une importance considérable dans l'industrie des colorants, non seulement à cause du fait que ces chlorures diazoïques sont la base des colorants azoïques, mais aussi à cause du grand nombre de dérivés importants de ces hydrocarbures qu'ils peuvent former.

Les chlorures diazoïques sont préparés par l'action de l'acide nitreux sur le chlorure de l'amine à froid, conformément à l'équation

$$R . NH_2HCl + NOOH \rightarrow R . N_2Cl + 2H_2O.$$

Il en sera question en détail plus loin.

Les réactions les plus importantes de ces sels diazoïques sont les suivantes :

(1) $\quad R . N_2Cl + H_2O$ (à chaud) $\rightarrow R . OH + HCl + N_2.$

(2) $\quad R . N_2I \xrightarrow{\text{en chauffant}} R . I + N_2.$

(3) ou $\begin{cases} R . N_2Cl + C_2H_5OH & \rightarrow R . OC_2H_5 + HCl + N_2. \\ R . N_2Cl + C_2H_5OH & \rightarrow R . H + N_2 + CH_3CHO + HCl. \end{cases}$

(4) $\quad R . N_2Cl \qquad \rightarrow R . Cl + N_2$ ⎫
(5) $\quad R . N_2Br \qquad \rightarrow R . Br + N_2$ ⎬ en présence du sel cuivreux correspondant.
(6) $\quad R . N_2CN \qquad \rightarrow R . CN + N_2$ ⎭

Les réactions 4, 5 et 6 sont connues sous le nom de réactions de Sandmeyer et sont d'application générale.

Les composés amidés peuvent être transformés en composés nitrés par nitration ou en acides sulfoniques par sulfonation.

Ainsi l'aniline $C_6H_5NH_2$, par nitration de l'acétanilide $C_6H_5NHCOCH_3$ se transforme en o- et p-nitracétanilide qui donnent les nitranilines correspondantes par hydrolyse.

En nitrant la benzylidènaniline $C_6H_5N = CHC_6H_5$, c'est le dérivé para qui se forme presque exclusivement. La m-nitraniline s'obtient en partant du m-dinitrobenzène, par réduction au moyen d'un mélange de sulfure de sodium et de soufre.

L'acide sulfonique le plus important de l'aniline est le composé para

On le prépare par traitement direct de l'aniline avec l'acide sulfurique, ou mieux, par l'action de la chaleur sur le sulfate acide d'aniline (voir p. 356).

Par l'action de l'alcool méthylique et de l'acide sulfurique sur l'aniline, on obtient l'importante diméthylaniline $C_6H_5N (CH_3)_2$ qui,

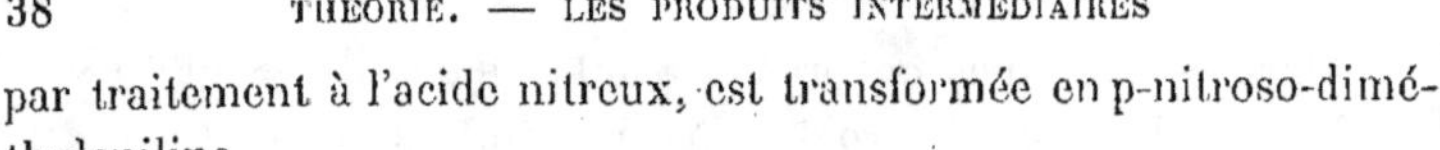

par traitement à l'acide nitreux, est transformée en p-nitroso-dimé-
thylaniline

$$N(CH_3)_2 - \bigcirc - NO$$

très employée pour la préparation de matières colorantes. L'importance considérable qu'ont acquise récemment les colorants au soufre
préparés en partant de la diphénylamine et de ses dérivés a donné
un grand intérêt industriel à cette substance.

La diphénylamine est préparée en chauffant l'aniline avec le chlorhydrate d'aniline sous pression

$$C_6H_5NH_2HCl + C_6H_5NH_2 \rightarrow C_6H_5NHC_6H_5 + NH_4Cl.$$

Ses dérivés peuvent être préparés en chauffant un dérivé nitré
contenant un atome d'halogène en position ortho par rapport au
groupe nitré avec une amine primaire, en présence d'acétate de
sodium, par ex.

$$NO_2 - \bigcirc - Cl + H_2N - \bigcirc - OH \rightarrow O_2N - \bigcirc - NH - \bigcirc - OH + HCl$$
$$\quad\quad NO_2 \quad\quad\quad\quad\quad\quad\quad\quad\quad\quad\quad NO_2$$

COMPOSÉS AMIDÉS (NH_2) (SÉRIE NAPHTALÉNIQUE)

Les remarques déjà faites au sujet de la formation des composés
amidés de la série benzénique s'appliquent également aux dérivés α
de la naphtaline.

Comme, par nitration de la naphtaline, il ne se forme que des
dérivés α, les α-naphtylamines seules peuvent être obtenues par
réduction de ces composés.

Ainsi, l'α-nitronaphtaline donne l'α-naphtylamine.

$$NO_2 - \text{(naphtaline)} + 3H_2 \rightarrow NH_2 - \text{(naphtaline)} + 2H_2O$$

La β-naphtylamine doit donc être obtenue par d'autres moyens. On la prépare en chauffant le β-naphtol avec l'ammoniaque

$$\text{(naphtol)} \quad OH \quad + \quad NH_3 \quad \rightarrow \quad \text{(naphtylamine)} \quad NH_2 \quad - \quad H_2O$$

Ces deux amines donnent, par traitement à l'acide nitreux, des sels diazoïques qui ont une importance considérable dans l'industrie des colorants.

Préparation des sels diazoïques. — La préparation des solutions de sels diazoïques sur une petite échelle est complètement décrite dans les exemples donnés pp. 389-410, mais il y a quelques points qui peuvent être avantageusement examinés au sujet de la diazotation des amines et diamines au point de vue industriel.

La première phase de la réaction consiste à mettre l'amine en solution ou, en tout cas, dans un état de grande division.

Pour des substances telles que l'aniline, la toluidine, etc., on y arrive facilement en ajoutant la quantité voulue d'acide chlorhydrique et d'eau. Pour les solides, tels que les naphtylamines, la benzidine, la tolidine, etc., on les mélange avec de l'eau chaude à 50-60° et ils se dissolvent aisément en ajoutant la quantité calculée d'acide chlorhydrique. Pour quelques autres substances, par exemple la dianisidine, on prend habituellement de l'eau bouillante.

Dans beaucoup de cas, l'addition de la quantité supplémentaire d'acide chlorhydrique nécessaire pour la diazotation produit un précipité de chlorhydrate de la base (en général le chlorhydrate est beaucoup plus soluble que le sulfate, de sorte qu'on emploie généralement l'acide chlorhydrique) et, pour cette raison, on diffère cette addition jusqu'à ce que la solution ait été refroidie pour la diazotation. L'addition d'acide précipite alors le chlorhydrate mais dans des conditions beaucoup plus favorables pour l'attaque par l'acide nitreux que si la précipitation avait été faite lorsque la solution était encore chaude.

Dans le cas de l'aniline et des bases dont les chlorhydrates sont facilement solubles dans l'eau, tout l'acide nécessaire peut être ajouté en une fois.

De quelque façon que le chlorhydrate ait été préparé, il doit être fortement refroidi avant d'être transformé en sel diazoïque. Même dans la préparation de sels diazoïques très stables, la solution doit être refroidie pour éviter le dégagement d'acide nitreux.

D'une manière générale, comme les sels diazoïques sont relativement instables, par exemple les chlorhydrates de diazo-benzène, — toluène, — xylène, etc., la solution doit être refroidie à 0° et elle ne peut monter au delà de 4-5°. Une quantité considérable de chaleur se dégage lorsque le nitrite de sodium est introduit dans la solution acide, de sorte qu'il faut toujours opérer dans la glace. Dans le cas de sels plus stables, tels que les chlorures diazoïques préparés à partir de la benzidine, de la tolidine, de la dianisidine, etc., la température de début peut être de 8-10° et celle de la fin, de 15°[1]. La quantité d'acide chlorhydrique nécessaire pour la diazotation est, conformément à l'équation

$$XNH_2 + 2HCl + NaNO_2 = XN_2Cl + NaCl + 2H_2O,$$

de deux molécules pour une de base. Cependant, pratiquement, il faut prendre un excès considérable d'acide, sinon il se formerait un composé diazoamidé. La quantité ordinaire est de deux et demi à trois molécules pour une de la base (ou groupe NH_2), mais parfois, six ou sept molécules d'acide sont nécessaires pour éviter la formation du précipité de composé diazoamidé (comme dans le cas de la p-nitraniline).

La pratique de la diazotation est très simple ; elle consiste simplement à faire couler une solution de la quantité nécessaire de nitrite de soude jusqu'à ce qu'on obtienne une réaction avec le papier iodo-amidonné après que la solution a été agitée pendant cinq à dix minutes. La solution diazoïque doit être tout à fait claire et exempte d'écume.

Dans certains cas, où une base insoluble doit être diazotée, on l'agite habituellement longtemps avec de l'acide et un excès de solution de nitrite jusqu'à ce que la diazotation soit terminée. Naturellement on ne peut s'en assurer au moyen du papier réactif mais

---

1. Pour la comparaison de la stabilité des différents sels diazoïques employés dans la pratique, voir Cain et Nicoll. *J. C. S.* 1902, LXXXII. 1412 ; 1903 LXXXIII 206, 470 et aussi *J. Soc. Dyers* 1902, n° d'avril.

bien en observant le changement de couleur, de solubilité, etc., de la substance en traitement.

Le composé diazoïque est alors d'ordinaire copulé avec un composant, comme dans la préparation des azo-couleurs; ou bien il est ajouté lentement à une solution bouillante d'acide sulfurique (dans la décomposition du sel diazoïque préparé en partant de l'acide naphtionique, le composé diazoïque jaune filtré est agité avec de l'eau avant de le faire couler dans l'acide chaud) afin de remplacer le groupement N_2Cl par le groupement OH.

Constitution des sels diazoïques[1]. — Pour représenter la constitution du chlorure de diazobenzène, Kékulé en 1866 a suggéré la formule

$$C_6H_5.N = N.Cl.$$

qui offre une explication facile de la formation d'hydrazines par réduction

$$C_6H_5N - NCl + 4H = C_6H_5N — NCl.$$
$$H \qquad 3H$$

Cette manière de voir fut généralement acceptée jusque vers 1894, époque où la formule proposée par Blomstrand (1869), Strecker (1871), et Erlenmeyer (1874), savoir

$$C_6H_5N \diagdown\!\!\diagup \begin{matrix} N \\ Cl \end{matrix}$$

fut préférée, en raison surtout de la grande ressemblance entre ces sels et les sels d'ammonium au point de vue de leurs propriétés physiques et chimiques. Le nom de « diazonium » date d'alors et est employé pour indiquer la similitude avec les composés ammoniacaux.

Le fait remarquable qu'aucune amine dans laquelle l'atome d'azote basique est attaché à un anneau ou à un complexe complè-

---

1. Voir Morgan « Our Present Knowledge of Aromatic diazo-Compounds » *Brit. Ass. Reports.*, 1902. Hantzsch, *Die Diazoverbindungen*, 1902. Eibner, *Zur Geschichte der Aromatischen Diazoverbindungen*, 1903. Cain, *The chemistry of the Diazo-compounds*, 1908. Morgan, « Diazo compounds » Thorpe's *Dictionary of applied Chemistry*, 1912, vol. II, p. 223.

tement saturé n'a donné un sel diazoïque a conduit, en 1907, à penser
que les sels diazoïques peuvent être représentés par la formule

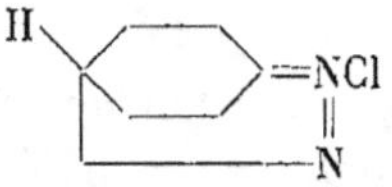

$$\text{H} \diagdown \hspace{-0.5em} \bigcirc \hspace{-1em} \begin{array}{c} =\text{NCl} \\ \| \\ \text{N} \end{array}$$

et le développement de cette idée a conduit à admettre que la liaison
de l'azote et du carbone para pouvait osciller entre cette position et
les deux positions ortho.

On aurait ainsi

$$\hexagon\begin{array}{c}\text{NCl}\\ \|\\ \text{N}\end{array} \rightleftharpoons \hexagon\begin{array}{c}\text{NCl}\\ \|\\ \text{N}\end{array} \rightleftharpoons \hexagon\begin{array}{c}\text{NCl}\\ \|\\ \text{N}\end{array}$$

ce qui a en outre l'avantage d'expliquer d'une façon satisfaisante, par
une adaptation simple, les différents composés diazoïques de la série
non-aromatique.

CHAPITRE V

COMPOSÉS HYDROXYLÉS (OH) (SÉRIE BENZÉNIQUE)

Le radical hydroxyle peut être introduit dans le noyau benzénique
de plusieurs façons. Les plus importantes sont les suivantes :

(1) Par fusion de l'acide sulfonique ou de son sel alcalin, avec la
soude caustique :

$$R.SO_3Na + 2NaOH \rightarrow R.ONa + Na_2SO_3 + H_2O,$$

ce qui donne le sel alcalin du phénol, du sulfite de sodium et de l'eau.

(2) Par ébullition du sel diazoïque de l'amine avec l'eau,

$$R.N_2Cl + H_2O \rightarrow R.OH + N_2 + HCl.$$

La première méthode est appliquée dans la préparation de la
résorcine (m-dihydroxybenzène) par fusion de l'acide m-disulfo-
nique avec la soude caustique.

La seconde méthode est employée pour la préparation de l'acide
de Neville et Winther (acide z-naphtol-4-sulfonique) en partant
de l'acide naphtionique.

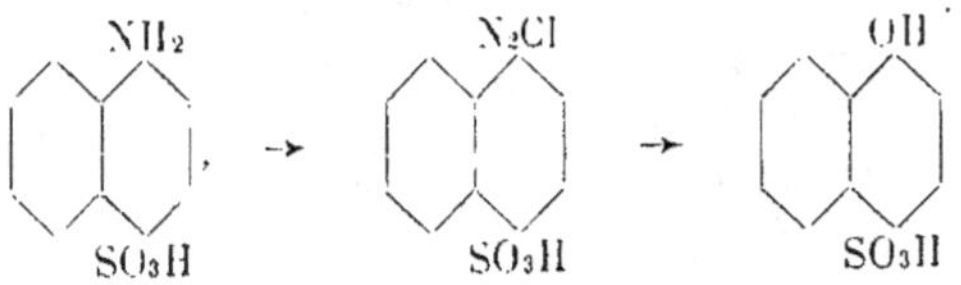

Par nitration du phénol on obtient des nitro-phénols qui, par
réduction fournissent les amidophénols correspondants.

Les plus importants de ceux-ci sont les dialkyl -m- amidophénols

$$\text{OH}$$
$$\text{N}(R^2)$$

qui sont beaucoup employés dans la préparation des rhodamines.

Le phénol, par traitement à l'acide sulfurique, est transformé en acides phénolsulfoniques. On obtient les dérivés ortho et para :

$$\text{OH} \quad \text{SO}_3\text{H}$$
$$\text{OH} \quad \text{SO}_3\text{H}$$

Le dérivé para se forme presque exclusivement à la température de 100-110°. Ses dérivés nitramidé et diamidé trouvent leur application dans la fabrication de nombreux colorants azoïques.

Réactions du radical hydroxyle. — Contrairement à ce qui se passe pour le groupe hydroxyle des composés aliphatiques, le groupement phénolique possède des propriétés acides marquées. Ainsi, avec la soude caustique diluée, il y a formation d'un sel de sodium stable en solution aqueuse. Il ne constitue cependant pas un acide suffisamment fort pour décomposer les carbonates et ce n'est que par l'augmentation de la nature négative du groupement phényle (C_6H_5), par l'introduction, par exemple, de groupes nitrés, que l'hydrogène de l'hydroxyle devient suffisamment acide pour décomposer les carbonates.

Ainsi l'acide picrique $(C_6H_2 (NO_2)_3)$ OH, obtenu par la nitration du phénol, décompose les carbonates.

Le groupement hydroxyle, de même que le groupement amine, est un constituant de presque tous les colorants et il arrive parfois que la nature acide de ce groupement est d'un effet fâcheux sur le caractère du colorant dans lequel il intervient.

On remédie à cet inconvénient en transformant le groupement phénol (dans le colorant fini) en son sel d'alkyle, ce qui peut être facilement réalisé en traitant son sel de sodium par le composé halogéné d'alkyle ou le sulfate d'alkyle.

COMPOSÉS HYDROXYLÉS (OH) (SÉRIE NAPHTALÉNIQUE)

L'introduction du groupement hydroxyle dans la série naphtalénique s'obtient également par fusion de l'acide sulfonique avec la soude caustique. Ainsi les acides α- et β-naptalène-sulfoniques donnent les α- et β-naphtols

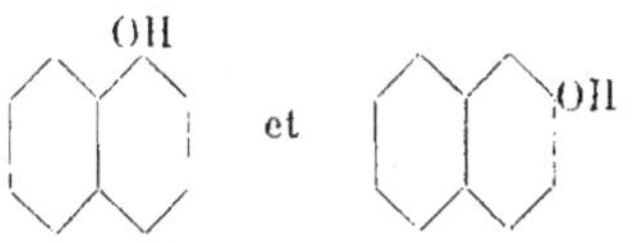

OH

et

OH

lorsqu'on les fond avec de la soude caustique.

De même que le phénol, les α- et β-naphtols sont des acides faibles qui réagissent avec la soude caustique pour donner des sels alcalins stables.

Par sulfonation, ils se transforment en acides sulfoniques dont il a déjà été parlé.

COMPOSÉS HYDROXYLÉS (OH) (SÉRIE ANTHRACÉNIQUE)

Il est évident qu'il existe trois dérivés monohydroxylés de l'anthracène, qui peuvent être représentés par les formules

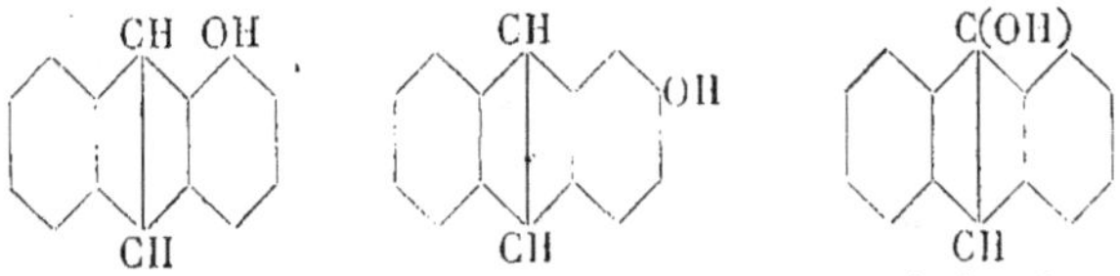

CH OH   CH   C(OH)

CH   CH   CH

Dérivé α Dérivé β Anthranol.
(α-anthrol).   (β-anthrol).

Les deux premiers dérivent des acides sulfonés correspondants ; nous en parlerons page 182.

Le troisième est desmotrope de l'anthrone $C_6H_4\diagdown\genfrac{}{}{0pt}{}{CO}{CH_2}\diagup C_6H_4$, et peut être produit par l'action de l'acide sulfurique concentré sur l'acide o-benzyl-benzoïque (*Ber.*, 1894, XXVII. 2789) $C_6H_4\Big\langle{}^{CH_2 \cdot C_6H_5}_{CO_2H}$ de même que par d'autres moyens (*Ann.*, 1911, CCCLXXIX. 15, 55).

L'anthrone est insoluble dans les alcalis, mais en chauffant il passe en solution en formant des sels d'anthranol. L'anthranol peut être préparé en acidifiant soigneusement ce sel avec de l'acide sulfurique dilué.

CHAPITRE VI

COMPOSÉS CARBOXYLÉS (COOH)

Les acides carboxyliques les plus importants pour l'industrie des colorants sont ceux qui appartiennent à la série benzénique.

Le groupement carboxyle peut être introduit de plusieurs façons. Les deux suivantes sont les plus importantes:

(1) Oxydation d'un hydrocarbure benzénique renfermant une chaîne latérale.

Ainsi le toluène, par oxydation au moyen du bioxyde de manganèse et de l'acide sulfurique, donne l'acide benzoïque,

$$C_6H_5CH_3 + 3O \rightarrow C_6H_5COOH + H_2O.$$

(2) Hydrolyse du groupe nitrile:

Ainsi le benzonitrile donne l'acide benzoïque (sel d'ammonium).

$$C_6H_5CN + 2H_2O = C_6H_5COONH_4.$$

Les acides carboxyliques les plus importantes sont : l'acide benzoïque, l'acide salicylique, l'acide gallique, l'acide phtalique et l'acide tannique et, comme il n'y a pas de méthode d'application générale pour leur préparation, nous les examinerons séparément.

L'acide benzoïque C_6H_5COOH est obtenu, soit par la méthode (1). soit en partant du trichlorure de benzyle $C_6H_5CCl_3$ qu'on chauffe avec de l'eau en présence d'un sel de fer.

L'acide salicylique $C_6H_4OH.COOH$ (1 : 2) est préparé par la méthode de Kolbe, c'est-à-dire en faisant passer de l'anhydride carbonique sur du phénate de sodium chauffé, conformément aux équations suivantes :

I. $C_6H_5ONa + CO_2 \rightarrow C_6H_5OCOONa.$

II. $C_6H_5OCOONa \rightarrow C_6H_4\begin{cases} OH \\ COONa. \end{cases}$

III. $C_6H_4\begin{cases} OH \\ COONa \end{cases} + C_6H_5ONa \rightarrow C_6H_4\begin{cases} ONa \\ COONa \end{cases} + C_6H_5OH.$

Une variante de cette synthèse, qui permet de transformer directement tout le phénol en acide salicylique, est la synthèse de Schmitt. Dans cette méthode, le carbonate de sodium et de phényle est chauffé en autoclave sous pression à 140°, par suite de quoi il est transformé complètement en salicylate de sodium, conformément à l'équation II.

L'acide gallique se prépare en faisant bouillir avec de l'acide sulfurique dilué l'acide gallo-tannique. Celui-ci, appelé aussi acide tannique ou tanin est obtenu à partir de la noix de galle en extrayant les noix pulvérisées au moyen de l'éther et de l'alcool et en épuisant l'acide tannique de l'extrait par agitation avec l'eau.

L'acide phtalique

$$C_6H_4\begin{cases} COOH \\ COOH \end{cases}$$

était préparé autrefois par oxydation de la naphtaline ou de ses dérivés par l'acide nitrique ou l'acide chromique. Mais aujourd'hui on le prépare en traitant la naphtaline par l'acide sulfurique en présence de mercure.

L'acide sulfurique joue le rôle d'agent oxydant et il est lui-même réduit à l'état d'acide sulfureux (EP 18221[96]). L'acide phtalique est obtenu à l'état d'anhydride.

L'anhydride phtalique est fort employé dans la préparation des phtaléines (voir p. 153).

CÉTONES (CO)

Peu de cétones aromatiques trouvent une application dans la préparation des colorants.

Les plus importantes sont probablement ces dérivés de la benzophénone employés à la production de composés de la série du triphénylméthane et dont le type est la tétraméthyldiamidobenzophénone.

$$CO\begin{cases} C_6H_4N(CH_3)_2 \\ C_6H_4N(CH_3)_2 \end{cases}$$

Cette substance est préparée par l'action du phosgène ($COCl_2$) sur la diméthylaniline.

Le premier produit formé dans cette réaction est évidemment le chlorure de diméthylamidobenzoyle

$$CO\begin{cases} Cl \\ Cl \end{cases} + C_6H_5N(CH_3)_2 \;\rightarrow\; CO\begin{cases} C_6H_4N(CH_3)_2 \\ Cl \end{cases} + HCl$$

qui réagit ensuite avec la diméthylaniline pour former la cétone :

$$CO\begin{cases} C_6H_4N(CH_3)_2 \\ Cl \end{cases} + C_6H_5N(CH_3)_2 \;\rightarrow\; CO\begin{cases} \overset{(1)}{C_6}H_4N(CH_3)_2\overset{(4)}{} \\ \underset{(1)}{C_6}H_4N(CH_3)_2\underset{(4)}{} \end{cases}$$

La tétraméthyldiamidobenzophénone, par réduction, donne le tétraméthyldiamidobenzhydrol

$$CHOH\begin{cases} \overset{(1)}{C_6}H_4N(CH_3)_2\overset{(4)}{} \\ \underset{(1)}{C_6}H_4N(CH_3)_2\underset{(4)}{} \end{cases}$$

qui est employé aussi à la préparation de composés de la série du triphénylméthane.

Cet alcool secondaire peut aussi (et mieux) être préparé par l'oxydation du tétraméthyldiamidodiphénylméthane,

$$CH_2\begin{cases} C_6H_4N(CH_3)_2 \\ C_6H_4N(CH_3)_2 \end{cases}$$

qui est obtenu par la condensation de la formaldéhyde et de la diméthylaniline :

$$CH_2O + \begin{cases} C_6H_5N(CH_3)_2 \\ C_6H_5N(CH_3)_2 \end{cases} \;\rightarrow\; CH_2\begin{cases} C_6H_4N(CH_3)_2 \\ C_6H_4N(CH_3)_2 \end{cases} + H_2O$$

Une cétone importante, appartenant à la série anthracénique, est l'*anthraquinone*

$$\text{CO} \quad / \quad \text{CO}$$

qui est préparée en oxydant l'anthracène par l'acide chromique. L'acide monosulfonique, fondu avec la soude caustique, donne l'alizarine et les deux acides disulfoniques que l'on obtient par une sulfonation ultérieure fournissent respectivement l'isopurpurine et la flavopurpurine.

La phénanthraquinone

$$\text{CO} — \text{CO}$$

est préparée de la même façon à partir du phénanthrène par oxydation au moyen de l'acide chromique.

ALDÉHYDES (CHO)

L'aldéhyde aromatique la plus importante employée dans la fabrication des colorants est la benzaldéhyde.

Elle est préparée en chauffant le chlorure de benzyle avec du bioxyde de manganèse et de l'eau (1) ou en chauffant le chlorure de benzylidène contenant du benzylchloroforme $C_6H_5CCl_3$ avec du lait de chaux (2) :

(1) $C_6H_5CH_2Cl + O \rightarrow C_6H_5CHO + HCl$
(2) $C_6H_5CHCl_2 + Ca(OH)_2 \rightarrow C_6H_5CHO + CaCl_2 + H_2O$

Elle est employée à la préparation du vert malachite. Les nitro-dérivés de la benzaldéhyde sont d'une importance considérable.

La *m-nitrobenzaldéhyde*

$$C_6H_3 \begin{cases} NO_2 & (3) \\ CHO & (1) \end{cases}$$

est la seule qui soit préparée facilement par nitration directe. Elle donne par réduction la m-amidobenzaldéhyde qui, par diazotation et ébullition avec l'eau, est transformée en m-hydroxybenzaldéhyde

$$C_6H_4 \begin{cases} OH & (1) \\ CHO & (3) \end{cases}$$

employée à la préparation des colorants du type du bleu patenté (voir p. 125).

L'*o-nitrobenzaldéhyde* est employée dans la préparation de l'indigo artificiel (M. L. Br.). On la prépare (*Homolka*) par condensation du chlorure d'o-nitrobenzyle

$$C_6H_4 \begin{cases} CH_2Cl & (1) \\ NO_2 & (2) \end{cases}$$

avec l'aniline pour former

$$C_6H_4 \begin{cases} CH_2NHC_6H_5 & (1) \\ NO_2 & (2) \end{cases}$$

qui, par oxydation, est transformé en o-nitrobenzylidèneaniline

$$C_6H_4 \begin{cases} CH : N . C_6H_5 & (1) \\ NO_2 & (2) \end{cases}$$

donnant, par hydrolyse au moyen des acides, l'o-nitrobenzaldéhyde et l'aniline

$$C_6H_4 \begin{cases} CH : NC_6H_5 \\ NO_2 \end{cases} + H_2O \rightarrow C_6H_4 \begin{cases} CHO \\ NO_2 \end{cases} + C_6H_5NH_2$$

Les procédés de Gattermann pour la préparation des aldéhydes sont d'un intérêt exceptionnel.

L'un d'eux consiste à faire passer de l'oxyde de carbone et de l'acide chlorhydrique gazeux secs (à 60-70°) à travers un mélange de chlorure cuivreux et de chlorure d'aluminium avec l'hydrocarbure aromatique dans lequel on veut introduire un groupement aldéhyde.

Le mélange d'oxyde de carbone et d'acide chlorhydrique réagit vraisemblablement comme un chlorure de formyle hypothétique lequel, comme les autres chlorures d'acides, réagit sur l'hydrocarbure suivant l'équation

$$C_6H_5 \boxed{H} + \boxed{\overset{H}{\underset{CO}{}} \cdot Cl} \rightarrow C_6H_5CHO + HCl$$

Un autre procédé consiste à traiter les phénols avec l'acide cyanhydrique et l'acide chlorhydrique en présence de chlorure d'aluminium.

Les produits qui se forment d'abord sont des aldimides (contenant le groupe $CH = NH$) qui sont dissociés par l'action des agents hydrolytiques en aldéhyde et ammoniaque.

Cette méthode donne de meilleurs résultats dans la série naphtalénique que dans la série benzénique et a été employée par son inventeur pour la préparation d'un grand nombre de dérivés aldéhydiques importants de la naphtaline.

On a trouvé également (BASF) que le groupe aldéhyde peut être introduit par oxydation du groupe méthyle (CH_3) contenu dans des hydrocarbures aromatiques.

Ainsi, le toluène peut être transformé en benzaldéhyde par oxydation au moyen du bioxyde de manganèse et de l'acide sulfurique.

L'acide ortho-sulfonique de la benzaldéhyde

$$C_6H_4 \begin{cases} CHO & (1) \\ SO_3H & (2) \end{cases}$$

est employé dans la fabrication des colorants de la classe du bleu patenté.

Il est préparé en chauffant l'o-chlorobenzaldéhyde $\quad C_6H_4 \begin{cases} CHO \\ Cl \end{cases}$ avec du sulfite de soude.

La *formaldéhyde* CH_2O, vu les nombreuses réactions dans lesquelles elle entre, est le composé aliphatique le plus important employé comme produit intermédiaire. Elle est également employée sous le nom de formaline (solution à 40 %) comme désinfectant.

La méthode de préparation consiste à oxyder les vapeurs d'alcool méthylique par l'oxygène de l'air en présence d'un catalyseur.

Le *phosgène* ($COCl_2$) se prépare en faisant passer de l'oxyde de carbone et du chlore sur du noir animal et par l'action de l'acide sulfurique fumant sur le tétrachlorure de carbone. Il est employé dans la préparation des cétones décrites à la page 49, qui sont utilisées dans la fabrication de colorants de la série du triphényl-méthane.

CHAPITRE VII

APPLICATION DES MATIÈRES COLORANTES

Plusieurs théories ont été successivement mises en avant pour expliquer le phénomène de la teinture.

Parmi elles il faut mentionner :

(I) La théorie mécanique,

(II) La théorie chimique,

(III) La théorie des solutions solides,

(IV) La théorie de l'absorption.

Aucune d'elle, cependant, ne donne une explication satisfaisante des faits et le phénomène de la teinture doit toujours être regardé comme énigmatique.

La *théorie mécanique* suppose qu'il y a absorption purement mécanique du colorant par les pores des fibres lesquels, fermés par des astringents, retiennent la couleur.

La *théorie chimique* admet qu'il y a une combinaison directe entre la base colorante et la fibre que l'on suppose posséder (dans le cas de la laine) des propriétés à la fois acides et basiques.

L'un des arguments essentiels en faveur de cette théorie fut découvert par Knecht qui trouva que lorsqu'on fait bouillir une solution aqueuse de fuchsine (chlorure) avec la laine, tout l'acide chlorhydrique restait dans le bain, tandis que la base (incolore) se combinait avec un constituant acide quelconque de la laine pour former la couleur.

Depuis lors, cependant, on a montré que la base rosaniline, sous l'une de ses formes, est colorée et que la dissociation complète

CLASSIFICATION DES COLORANTS   (Schaposchnikoff)

Iᵉ Classe — Colorants acides		IIᵉ Classe — Colorants salins	IIIᵉ Classe — Colorants basiques	IVᵉ Classe — Colorants indifférents	
Iᵉʳ Groupe — Colorants qui teignent en bain acide	IIᵉ Groupe — Colorants qui teignent sur mordants métalliques	IIIᵉ Groupe — Colorants qui teignent en bain neutre ou alcalin.	IVᵉ Groupe — Colorants qui teignent en bain neutre	Vᵉ Groupe — Colorants développés sur la fibre	VIᵉ Groupe — Colorants qu'on fait adhérer mécaniquement sur la fibre.
(1) Les colorants nitrés (2) La plupart des colorants azoïques (colorants amido azoïques, oxyazoïques et disazoïques) (3) Les acides sulfoniques des colorants du triphényl-méthane, de l'induline et de la quinoléine, l'Indigocarmin. (4) Les colorants hydrazones et pyrazolones (5) Les chromotropes (peuvent aussi être rangés dans le groupe suivant)	(6) Certains colorants azoïques (jaune d'alizarine, jaune diamant azarine etc) (7) Les colorants oxiquinones et quinono-ximes. (8) Quelques colorants quinoneimides (Gallocyanine) (9) Les colorants oxycétones, de la xanthone et de la flavone (10) Les colorants de la phtaléine et de l'acide rosohque (11) Les colorants naturels	(12) Les colorants dérivés de sels tetrazoïques (dérivés de la benzidine etc) (13) Les colorants du thiazol (Primuline etc) (14) Certains colorants naturels, colorants au soufre.	(15) Les colorants azoïques basiques (Chrysoïdine etc) (16) Les colorants du di- et du triphénylméthane (17) La plupart des colorants quinoneimides (Indamines, thiazines, oxazines, azines, etc) (18) Les colorants de la quinoléine et de l'acridine	(19) Métaux (20) Les composés azoïques insolubles (21) Les couleurs minérales (22) L'Indigo et l'Indophénol (23) Le noir d'Aniline (24) Certains colorants naturels (Cachou etc)	(25) Les colorants à l'albumine (fixés au moyen d'albumine, de caséine etc.)

Les colorants d'Indanthrène se rangent dans (22)

du chlorure de rosaniline est obtenue par ébullition de sa solution aqueuse en présence de substances inertes telles que le verre, etc.

En fait, les lois de la combinaison chimique ne sont pas suivies dans la teinture et cette théorie ne peut pas être regardée comme l'expression adéquate des faits.

La *théorie de la solution solide* admet que la fibre joue, vis-à-vis du colorant, le rôle d'un dissolvant solide. Ici encore, cependant, les lois des solutions ne sont généralement pas observées et la théorie doit être regardée comme inexacte.

La *théorie de l'absorption*, récemment proposée par V. Georgievics, établit que « la teinture est un phénomène d'absorption, la couleur étant retenue sur et dans la fibre par adhésion ».

Au sujet de cette théorie, le lecteur se reportera au livre du Pr V. Georgievics : *Chemical Technology of the Textile Fibres*, traduit par Ch. Salter, p. 130.

La classification des colorants au point de vue pratique doit se baser sur leur manière de se comporter vis-à-vis des différentes fibres.

Elles peuvent ainsi être divisées en six classes :

(1) Colorants acides.

(2) Colorants basiques ou au tanin.

(3) Colorants salins ou colorants substantifs pour coton.

(4) Colorants à mordants.

(5) Colorants de cuve.

(6) Colorants de développement.

L'expression de colorants *substantifs* signifie que le colorant possède une affinité directe pour la fibre particulière pour lequel il est substantif.

L'expression *adjectif* signifie que le colorant n'a pas d'affinité directe pour la fibre particulière mais qu'il peut être fixé au moyen d'une troisième substance, acide ou autre, c'est-à-dire d'un mordant.

(1) **Les colorants acides** sont les sels de sodium des acides sulfoniques ou encore des colorants renfermant à la fois des groupes phénols et nitrés.

Ils sont substantifs pour la laine sur laquelle ils se fixent d'eux-mêmes dans un bain acidifié par du bisulfate de potasse ou de l'acide sulfurique dilué.

Ils ne forment pas de laques avec le tanin et peuvent, par là, être facilement distingués des colorants basiques ou au tanin. Ils ont peu d'affinité pour le coton et sont rarement employés pour teindre cette fibre.

(2) Colorants basiques ou au tanin. — Ce sont, pour la plupart, des bases colorées combinées à l'acide chlorhydrique ou au chlorure de zinc. Bien qu'ils soient substantifs pour la laine et puissent être fixés directement sur cette fibre, ils ont été, jusqu'aujourd'hui, presque exclusivement employés pour l'impression du coton sur mordant au tanin, pour la teinture du papier et pour la fabrication des laques.

La *laine* prend le colorant basique d'une manière uniforme sans l'aide d'addition quelconque au bain.

Coton. — Les colorants basiques sont, jusqu'à un certain point, substantifs pour le coton, mais les couleurs obtenues sont extrêmement peu solides et de peu d'intérêt pratique.

La meilleure méthode pour teindre le coton avec ces matières colorantes consiste à préparer d'abord l'article avec ou bien (*a*) de l'acide tannique et du tartre émétique ou (*b*) du sulforicinate de soude.

Dans les deux cas, la couleur se produit en chauffant le coton mordancé dans un bain du colorant à 60° pendant une demi-heure à une heure.

L'emploi d'un sel d'acide gras de l'alumine au lieu d'acide tannique et de tartre émétique produit, dans certains cas, une différence très marquée dans la couleur du tissu teint.

Ainsi les rhodamines donnent, sur une fibre mordancée au tanin, une nuance lilas foncé, tandis que les mêmes teintures sur un coton imprégné avec du sulforicinate de soude (ou du savon monopole) sont d'une nuance rouge extrêmement brillante, rappelant exactement la couleur produite par l'action des rhodamines sur la laine.

L'acide gras employé dans ce but est connu sous le nom d'huile pour rouge turc. Une description en sera donnée au chapitre des couleurs à mordants.

(3) Colorants directs ou substantifs pour coton (colorants salins). La découverte, en 1884, par Böttiger, de colorants teignant directement le coton a causé une révolution dans l'industrie de la teinture du coton. Ce sont presque tous des composés azoïques dérivés de la benzidine

$$C_6H_4 — NH_2$$
$$|$$
$$C_6H_4 — NH_2$$

ou de bases analogues à la benzidine au point de vue de la constitution.

Une description en sera donnée plus loin au chapitre des colorants azoïques et il suffira de mentionner ici que la relation entre la propriété d'un colorant de se fixer directement sur la fibre du coton et sa composition n'est pas encore clairement connue.

Les colorants substantifs pour coton sont dépassés en brillant par les colorants basiques et, en solidité, par les colorants à mordant ; de plus, ils sont plus sensibles que ceux-ci aux impuretés existant dans l'article à teindre et s'abiment plus facilement au cours du finissage.

Plusieurs colorants substantifs pour coton conviennent mieux à la teinture de la laine que du coton. Leur mode d'emploi est le même que pour les colorants acides.

(4) **Couleurs ingrain.** — Il arrive fréquemment que le colorant substantif employé pour teindre la fibre de coton renferme un groupement amine qui est, dans beaucoup de cas, susceptible d'être diazoté ultérieurement. Lorsque c'est le cas, le colorant absorbé peut être directement traité sur la fibre par l'acide nitreux qui, en transformant le groupement amine en groupement diazoïque, lui permet de se combiner avec un naphtol ou une amine pouvant servir de second composant. On peut de cette façon produire des nuances solides.

(5) Les **colorants à mordant** comprennent un grand nombre de colorants de constitution très différente. Tous possèdent un caractère acide et doivent à la présence, dans leur molécule, de groupements hydroxyles ou carboxyles, leur propriété de former des laques avec les mordants.

Les méthodes par lesquelles les couleurs à mordant peuvent être fixées sur ses fibres sont très diverses. Elles dépendent (1) de la nature du colorant et (2) de la fibre. Nous ne nous occuperons ici que de quelques exemples typiques.

Laine. — C'est dans la teinture de la laine que les colorants à mordant reçoivent leurs applications les plus importantes. On peut procéder de deux façons :

(*a*) Teinture de la laine préalablement mordancée.

(*b*) Teinture dans un seul bain.

Coton. — L'application la plus importante de colorants à mordant pour coton est la teinture au rouge turc.

Cette couleur, qui est connue depuis très longtemps, est produite sur la fibre de coton par l'action de l'alizarine, de l'alumine, de la chaux et de l'acide gras.

Le mécanisme chimique exact de ce procédé n'est pas encore défini, bien qu'on ait trouvé (*Rosenstiehl*) que la formation de la laque d'alizarine et d'alumine ne peut se faire qu'en présence de chaux, fait confirmé par Liechti et Suida qui trouvèrent que tous les articles teints au rouge turc contiennent de la chaux.

Le rôle joué par l'huile pour rouge turc est toujours obscur.

(6) **Colorants de cuve.** — A cette classe appartiennent l'indigo, l'indophénol et, jusqu'à un certain point, les colorants au soufre. Ces colorants sont insolubles dans l'eau et, par conséquent, ne peuvent être employés directement pour la teinture. Cependant, par réduction, ils sont transformés en « leuco »-composés[1] qui sont solubles dans l'alcali dilué, qui ont (en solution alcaline) une affinité marquée pour la fibre et, de plus, possèdent la propriété d'être facilement retransformés en colorant par l'action d'agents faiblement oxydants.

En conséquence, pour teindre avec ces composés, il suffit d'imprégner la fibre avec la couleur réduite, en solution alcaline et, par exposition à l'action de l'air, de provoquer la réoxydation du leuco-composé et sa transformation en colorant insoluble qui reste alors solidement fixé sur et dans la fibre. Les couleurs produites de cette manière sont parmi les plus solides et les recherches faites ces quelques dernières années ont révélé l'existence d'un grand nombre de substances appartenant à ce groupe qui, sous le nom de couleurs d'indanthrène, de couleurs Algol, de couleurs Ciba, etc., ont permis

---

1. Les « leuco »-composés de la série de l'indanthrène sont des substances colorées.

au teinturier de réaliser presque toutes les nuances de couleurs par ce procédé. Une description de ces composés sera donnée plus loin.

(7) **Les couleurs de développement.** — Comme leur nom l'indique elles sont développées sur la fibre par la combinaison des éléments qui les constituent.

Elles peuvent être divisées en deux classes :

(*a*) Les colorants à la glace.

(*b*) Le noir d'aniline.

(*a*) Les colorants à la glace sont produits sur la fibre de coton par la combinaison d'un second composant quelconque (avec lequel la fibre a été imprégnée) et d'une solution d'un sel diazoïque refroidie avec de la glace.

La nature de l'amine fait varier considérablement la couleur, comme le montre la liste suivante :

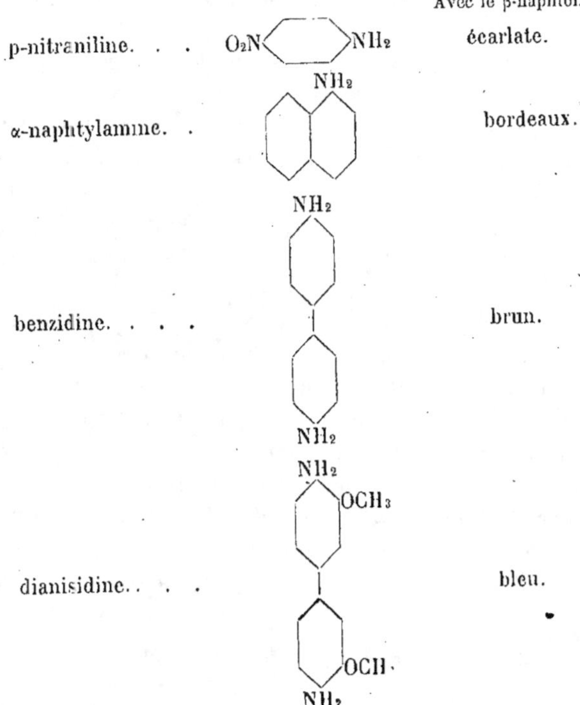

(*b*) Le noir d'aniline est le noir formé par oxydation d'un sel d'aniline et peut être produit soit par oxydation d'une fibre imprégnée d'un sel d'aniline, soit par chauffage de la fibre avec une solution d'un sel d'aniline contenant un agent oxydant.

La première méthode, et la plus ancienne, est appliquée en imbibant la fibre d'une solution de chlorhydrate d'aniline contenant l'agent oxydant (chlorate de potasse) avec du chlorure d'ammonium et un sel de vanadium (transporteur d'oxygène). Le noir est développé par le procédé qui consiste à soumettre la fibre imprégnée à l'action de l'air, à température modérément élevée.

La *seconde méthode* consiste à teindre la fibre dans un bain contenant le chlorhydrate d'aniline, du bichromate de potasse et de l'acide soit chlorhydrique, soit sulfurique.

CHAPITRE VIII

CLASSIFICATION DES MATIÈRES COLORANTES

Les nombreux colorants organiques qui ont été préparés synthétiquement montrent que les propriétés colorantes dépendent de la structure et que les colorants appartiennent à certaines classes bien définies de composés organiques.

Ce fait a été exprimé par O. N. Witt de la façon suivante :

(1) Le caractère du colorant est dû à la présence d'un certain groupement qu'il appelle « chromophore ».

(2) La substance fondamentale qui contient le chromophore est appelée par lui « chromogène ».

(3) Le « chromogène » n'est pas un colorant, mais il est transformé en colorant par l'introduction d'un groupe quelconque lui permettant de former un sel et qui fait disparaître le caractère d'inertie chimique du chromogène.

Le meilleur exemple pour illustrer cette théorie de Witt est l'amidoazobenzène $C_6H_5N : NC_6H_4NH_2$. Ici, le groupe chromophore est le groupe azoïque $-N = N-$; le chromogène est l'azobenzène $C_6H_5N = NC_6H_5$ qui n'est pas un colorant mais devient la base d'un colorant par l'introduction du groupement amine qui le rend capable de former un sel.

Les groupements qui confèrent au chromogène la propriété de former un sel sont habituellement le groupement amine (NH_2) et le groupement hydroxyle (OH), et ceux-ci sont appelés par Witt « auxochromes ».

D'une manière générale, seuls les composés organiques contenant des groupements soit acides soit basiques peuvent être des colorants.

De plus, ce sont des composés « non saturés » et ils sont facilement réduits par l'hydrogène naissant qui les transforme en « leuco »-composés, qui reproduisent le colorant par oxydation, ou bien les scinde en composés de poids moléculaire moindre, qui ne peuvent plus être transformés en colorants par oxydation. Nous reviendrons plus loin sur ce caractère important des matières colorantes car c'est un moyen de les identifier soit sur la fibre, soit à l'état solide.

La classification théorique des matières colorantes est basée sur la généralisation de la théorie de Witt, c'est-à-dire en considérant le groupe chromophore qu'elles contiennent.

Cependant, pour la pratique, il est plus facile de les classer d'après leur manière de teindre les fibres textiles et c'est cette méthode que nous suivrons lorsque nous nous occuperons, dans un chapitre suivant, de leur application pratique.

La classification d'après la structure les répartit dans les grands groupes suivants :

Nom du groupe de colorants.	Chromophore.	Colorant-type.
(1) Nitrosé ou oxime. . .		(Vert résorcine.)
(2) Nitré. . . .		(Jaune de naphtol S.)
(3) Azoïque.	(a) $-N=N-$	(Sel.)
	(b)	(Libre.) (p-oxyazobenzine.)
(4) Triphénylméthane. .		(Fuchsine.)

Nom du groupe de colorants.	Chromophore.	Colorant-type.
(5) Oxycétone (mordant).		(Alizarine.)
(6) Pyronines.		(Rhodamine.)
(7) Diphénylamine. . .		
(a) Indamines. . .		(Bleu phénylène.)
(b) Indophénols. .		(Bleu d'indophénol.)
(c) Thiazines. . .		(Bleu méthylène.)
(d) Oxazines.. .		(Bleu de Meldola.)

Nom du groupe de colorants.   Colorant-type.

   (e) Safranines. . .

(Safranine.)

Le rapport existant entre la couleur, c'est-à-dire, la production de bandes d'absorption dans la partie visible du spectre, et la présence de liaisons multiples dans la molécule, a été, ces dernières années, clairement établi.

Bien que ce ne soit pas strictement correct, il est nécessaire, au point de vue de la chimie des couleurs, de distinguer entre les couleurs visibles et invisibles. Ainsi les recherches de Hartley, Baly et autres ont montré que maintes substances apparemment incolores qui contiennent les divers noyaux aromatiques tels que, par exemple, le benzène, donnent des bandes d'absorptions définies dans la région ultra-violette du spectre. En conséquence, ces substances incolores peuvent raisonnablement être regardées comme possédant une couleur qui ne peut être perçue par l'œil.

Il a été prouvé qu'il est possible de retarder suffisamment les vibrations intramoléculaires dans les noyaux aromatiques qui produisent l'absorption ultra-violette, pour rejeter l'absorption dans la région visible du spectre et ainsi de produire une couleur visible. Cet effet se produit toujours lorsque la « liaison quinonique » apparaît dans un composé aromatique et, par conséquent, toute substance contenant cette liaison est colorée de façon visible. La liaison quinonique peut être, dans la série benzénique, soit de la forme para, soit de la forme ortho :

ou, dans la série naphtalénique,

$$\alpha \qquad ou \qquad \beta$$

La même liaison se présente dans l'anthraquinone

et se trouve dans des termes plus élevés encore de la série, tels que l'indanthrène.

En fait, il est probable que la cause de la couleur visible dans les colorants organiques de la série benzénique peut être attribuée à la présence d'une ou plusieurs liaisons quinoniques et, comme les seuls colorants importants appartiennent à la série benzénique, on peut établir que la forme de double liaison conjuguée appelée liaison quinonique est l'unique chromophore au sens que Witt donne à ce terme[1].

Colorants à mordants. — On désigne sous le nom de *mordants* des substances qui forment des laques colorées avec les colorants.

Ainsi, la fuchsine, colorant basique qui est absorbé facilement par la laine, a peu ou pas d'affinité pour les fibres végétales mais possède la propriété de former avec l'acide tannique une laque colorée insoluble. Donc, en trempant la fibre de coton dans une solution d'acide tannique et en fixant ensuite celui-ci dans la fibre au moyen du tartre émétique (qui forme un composé insoluble avec l'acide tannique) on peut obtenir une fibre végétale imprégnée d'un sel d'acide tannique qui, trempée dans une solution de chlorure de fuchsine, se colore d'une laque tannique de fuchsine. Donc, l'acide tannique est, strictement parlant, un mordant. Le terme, cependant, a un sens

---

1. La question est toujours ouverte de savoir si les matières colorantes azoïques confirment cette hypothèse.

un peu plus restreint et il est appliqué à certains oxydes métalliques qui possèdent la propriété de former des laques colorées avec certaines catégories bien définies de composés organiques.

On a trouvé (*Liebermann* et *v. Kostanecki*) que, seuls, les dérivés de l'anthraquinone qui contiennent les groupements hydroxyles dans la position ortho l'un par rapport à l'autre et par rapport aux groupements carboxyles du chromophore, possèdent la propriété de former des laques avec les oxydes des divers métaux tels que le fer, l'étain, l'aluminium, le chrome, etc.

La formation de ces laques peut être obtenue en trempant dans une solution de l'acétate du métal, la fibre de coton qui, par ébullition, s'imprègne de l'oxyde (par suite de la décomposition de l'acétate). Le coton ainsi mordancé, bouilli dans une solution aqueuse du colorant, se teint d'une laque.

La loi de Liebermann et v. Kostanecki n'est pas d'application générale et l'on connaît plusieurs exemples où elle est en défaut.

Il y a cependant des ortho-dérivés, en dehors de la série de l'alizarine, qui forment des laques avec les mordants. Ainsi les composés azoïques tels que $C_6H_5N = NC_6H_3(OH)COOH$ préparé en partant de l'acide salicylique et du chlorure de diazobenzène, forment des laques avec les oxydes métalliques, de sorte que des composés de ce type qui sont déjà des colorants, peuvent être transformés en laques par traitement sur la fibre avec des mordants métalliques.

Cette propriété appartient aussi à certains nitroso-phénols ; ainsi le vert de naphtol B (Cassella) est le composé ferrique du nitroso-β-naphtol monosulfonate de soude

$$C_{10}H_5 \begin{matrix} \diagup SO_3Na \quad SO_3Na \diagdown \\ = O \qquad\qquad O = \\ \diagdown NO - Fe - ON \diagup \end{matrix} C_{10}H_5$$

(voir page 69).

CHAPITRE IX

LES COMPOSÉS NITROSÉS (QUINONE-OXIMES)

Les nitrosophénols sont obtenus par l'action de l'acide nitreux sur les phénols, suivant l'équation

$$OH\langle\ \rangle\ +\ NOOH\ \rightarrow\ NO\langle\ \rangle OH\ +\ H_2O$$

Le fait, cependant, que le même nitrosophénol est produit par l'action de l'hydroxylamine sur la p-quinone suivant l'équation

$$O=\langle\ \rangle=O\ +\ H_2N.OH\ \rightarrow\ O=\langle\ \rangle=NOH\ +\ H_2O$$

Quinone.   Quinone-oxime.

montre que, très probablement, ces substances peuvent réagir comme des quinone-oximes, ce qui rend mieux compte de leur façon de se comporter comme agents de teinture, puisque l'anneau quinonique

$$=\langle\ \rangle=$$

se rencontre dans beaucoup de colorants comme chromophore.

L'importance des colorants nitrosés est due spécialement à la propriété des ortho-composés de former des laques (vertes) avec le fer.

Ainsi le *vert solide* ou *vert de résorcine* est la dinitrosorésorcine qui est produite par l'action de l'acide nitreux sur la résorcine et répond, par conséquent, à la formule

Le *vert de naphtol* B [C] est le composé ferrique du nitroso-β-naphtol monosulfonate de soude et a pour formule

$$NaO_3S\text{—}\langle\text{...}\rangle\text{=O}\quad O\text{=}\langle\text{...}\rangle\text{—}SO_3Na$$

D'autres colorants de ce groupes sont :

La gambine Y [H]. . . . . .

α-nitroso-β-naphtol.

La dioxine [L].
La gambine B [H].

Nitrosodihydroxynaphtalène.

Ces matières colorantes ne sont que faiblement solubles dans l'eau froide et ne se trouvent dans le commerce qu'à l'état solide ou à l'état de suspension dans l'eau (pâte).

CHAPITRE X

LES COMPOSÉS NITRÉS

L'entrée du groupement nitré dans la molécule des phénols aromatiques les transforme en matières plus ou moins colorantes.

Les colorants nitrés sont, sans exception, des colorants acides ; c'est-à-dire que ce sont les sels des différents nitrophénols et nitronaphtols (ou leurs acides sulfoniques) formés par l'action des alcalis sur les composés hydroxylés fortement acides contenant des groupements nitrés dans le même noyau.

Plusieurs nitrophénols comme, par exemple, le p-nitrophénol, sont incolores, mais leurs sels sont colorés. L'o-nitrophénol, d'autre part, est un corps coloré.

On a suggéré (*Armstrong*) que la différence qui existe entre les dérivés ortho et para pouvait peut-être être due à la différence de structure. Ainsi, pour le para-nitrophénol (incolore), il propose la formule ordinaire $OHC_6H_4NO_2$; mais pour le composé ortho, jaune, il considère la structure quinonique comme une des plus probables

$$O{=}C_6H_4{=}N{\Big\langle}{\begin{array}{l}O\\OH\end{array}}$$

Cependant, le fait que le p-nitrophénol donne des sels colorés semblerait indiquer que la substance, à l'état d'acide libre, a la structure ordinaire des composés nitrés ; mais qu'à l'état de sel il possède la structure quinonique représentée par la formule

$$O{=}C_6H_4{=}N{\Big\langle}{\begin{array}{l}O\\ONa\end{array}}$$

L'analogie étroite qui existe entre les composés nitrés et les colorants dits nitrosés porte à considérer comme probable la similitude de leur structure et à admettre que les colorants nitrés sont des dérivés de la quinone ayant comme chromophore l'anneau

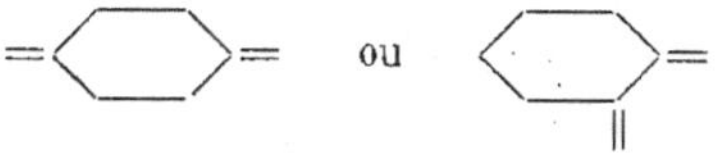

Les composés nitrés sont parmi les plus anciens colorants artificiels et ils ont été, tout un temps, beaucoup employés par les teinturiers pour la teinture de la laine et de la soie. Leur caractère fugitif a, cependant, conduit, ces temps derniers, à les remplacer par les couleurs azoïques jaunes.

La plupart d'entre eux possèdent les propriétés caractéristiques des composés nitrés aromatiques, c'est-à-dire la couleur jaune plus ou moins prononcée, la nature explosive de leurs sels et leur caractère vénéneux.

Des exemples typiques des colorants nitrés sont :

L'acide picrique

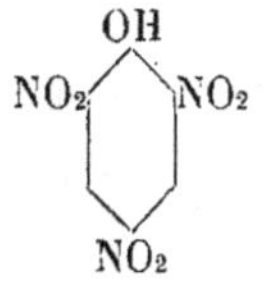

qui est le colorant le plus ancien de ce groupe et qui est préparé par traitement de l'acide phénolsulfonique par l'acide nitrique concentré. Bien qu'il ait eu pendant un certain temps une importance considérable, il n'est plus que peu en usage aujourd'hui dans la teinture, mais il trouve un emploi considérable dans la fabrication des explosifs tels que la mélinite, la lyddite et la shimose.

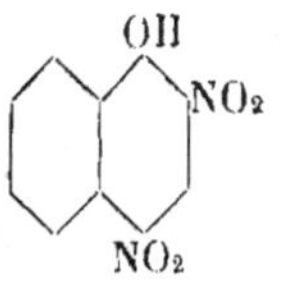

Le *jaune de Martius*, sel de sodium, de calcium ou d'ammonium du dinitro-α-naphtol, est préparé par nitration de l'acide 1-naphtol-2 : 4-disulfonique et était autrefois beaucoup employé pour la teinture de la laine. A présent il est employé comme pigment coloré et pour la coloration du savon.

Le *jaune de naphtol* S est le sel de potassium (ou de sodium) de l'acide 2 : 4-dinitro-1-naphtol-7-sulfonique

et c'est le colorant le plus important du groupe[1].

Il est préparé, soit ;

(1) par nitration de l'acide 1-naphtol-2 : 4 : 7-trisulfonique, soit

(2) par nitration de l'acide nitroso-α-naphtol-2 : 7-disulfonique (méthode ordinaire).

Le jaune de naphtol est beaucoup plus solide que les autres colorants nitrés et trouve un emploi considérable dans la teinture des fibres textiles animales.

Le *jaune amido* E[M],

est préparé par condensation de l'acide amidotolyl phénylamine sulfonique avec le chlorodininitrobenzène (E. P. 13,672 de 1912, A. P. 1,059, 571, F. P. 443, 809, D. P. 262, 655).

Le *pigment chlorine* GG

obtenu par la condensation de la nitrotoluidine avec la formaldéhyde,

1. Voir Knecht et Hibbert, *Ber.*, 1904, XXXVII. 3475.

et le *jaune lithol solide* GG [B], préparé d'une manière analogue
au moyen de la 3-chloro-6-nitraniline sont employés pour former
des laques.

Les colorants du stilbène.

Les colorants de ce groupe sont préparés en chauffant l'acide p-
nitrotoluènesulfonique ou l'acide dinitrodibenzyle-disulfonique avec
la soude caustique dans des conditions diverses de température, de
concentration, etc., soit seuls, soit avec des amines, des agents
oxydants, etc.

On les considérait autrefois comme des dérivés du nitroso- ou de
l'azoxy-stilbène mais Green et ses élèves[1] ont démontré qu'ils doivent
être regardés comme des colorants azoïques. L'action de la soude
caustique sur l'acide p-nitrotoluènesulfonique donne un acide dini-
trosostilbène sulfonique. Deux molécules de celui-ci se condensent
alors, une molécule étant oxydée par l'autre et les deux atomes
d'azote, privés de leurs atomes d'oxygène, se combinant pour donner
un groupe azoïque.

Le premier composé formé a pour formule

$$CH.C_6H_3(SO_3H)NO$$
$$\|$$
$$CH.C_6H_3(SO_3H)NO$$

et celui-ci donne alors le produit de condensation

$$CH.C_6H_3(SO_3H).N \!=\!\!=\! N \ . \ C_6H_3(SO_3H)CH$$
$$\| \qquad\qquad\qquad\qquad \|$$
$$CH.C_6H_3(SO_3H).NO_2 \quad NO_2.C_6H_3(SO_3H)CH$$

C'est la constitution du *jaune de stilbène* 8G [Cl. Co], le jaune
le plus vert de la série.

Le *jaune direct* RT [Cl. Co], *jaune direct* F [Sch.] ou *jaune
naphthamine* G [K] est considéré comme ayant la constitution

$$CH.C_6H_3(SO_3H).N \!=\!\!=\! N.C_6H_3(SO_3H).CH$$
$$\| \qquad\qquad\qquad\qquad\qquad \|$$
$$CH.C_6H_3(SO_3H).N \diagdown\!\!\diagup N.C_6H_3(SO_3H).CH$$
$$O$$

1. J. C. S., 1904, LXXXV. 1422, 1432; 1906, LXXXIX. 1602; 1907, XCI. 2076;
1908, XCIII. 1721 ; J. Soc. Dyers, 1907, XXIII. 162.

Lorsque la réaction entre l'acide p-nitrotoluène sulfonique et la soude caustique se produit en présence de substances oxydables telles que la glycérine, l'amidon, etc., le produit contient deux molécules de stilbène reliées entre elles par deux groupements azoïques. Le colorant est connu sous le nom d'*orangé stilbène* 4R [Cl. Co] ou *orangé chloramine* G [By].

La *diphénylcitronine* G [G] est préparée par condensation de l'acide dinitrodibenzyldisulfonique ou acide dinitrostilbène-disulfonique avec la soude caustique et l'aniline et la *curcuphénine* [Cl. Co], par condensation de l'acide p-nitrotoluènesulfonique avec l'acide déhydrothio-p-toluidine-sulfonique en solution faiblement alcaline.

Le jaune solide diphényle [G] est le produit de condensation de l'acide dinitrodibenzyldisulfonique ou de l'acide dinitrostilbène-disulfonique avec l'acide déhydrothio-p-toluidine ou l'acide primuline sulfonique par la soude caustique.

CHAPITRE XI

LES COLORANTS AZOÏQUES

Les colorants azoïques forment un groupe bien défini de composés ayant comme caractère commun de renfermer le groupement chromophore $-N = N-$.

Ce groupe divalent attaché à deux noyaux aromatiques forme le chromogène $R - N = N - R$ qui, par l'entrée de l'auxochrome (NH_2 ou OH), devient la base ou l'acide dont le colorant est le sel.

D'autre part, il faut rappeler que les composés azoïques, dans leur forme d'hydrazone ont les anneaux quinoniques  et 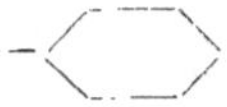 comme chromophores ; le chromogène est par conséquent

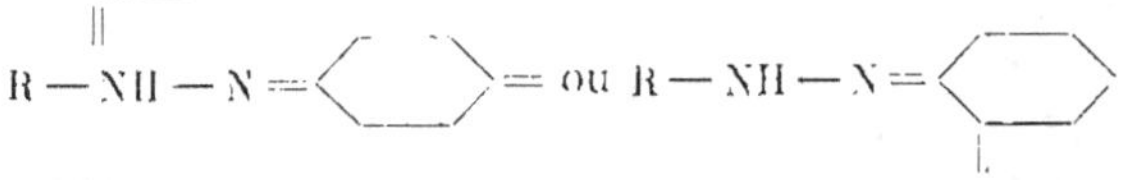

$$R - NH - N = \langle\rangle = \quad ou \quad R - NH - N = \langle\rangle$$

Cette question sera discutée plus loin dans ce chapitre.

1. Méthodes générales de formation. — D'une manière générale les composés azoïques sont préparés par la combinaison d'un sel diazoïque (premier composant) et d'un composé aromatique hydroxylé ou d'une amine (second composant), la réaction se faisant suivant l'équation

$$R . N_2Cl + R\genfrac{}{}{0pt}{}{OH}{NH_2}\ ou\ \rightarrow R . N_2R\genfrac{}{}{0pt}{}{OH}{NH_2}\ ou\ + HCl$$

Composé oxyazoïque ou amidoazoïque.

Les deux méthodes principales de formation sont les suivantes :

(1) Le second composant est un phénol (naphtol).

La solution aqueuse du sel (chlorure) d'une amine primaire est d'abord traitée par le nitrite de sodium et l'acide chlorhydrique en présence de glace. Il se forme ainsi un sel diazoïque.

$$C_6H_5NH_2 . HCl + NaNO_2 + HCl \rightarrow C_6H_5N_2Cl + NaCl + 2H_2O$$

La solution du sel diazoïque est ensuite copulée avec le phénol en la faisant couler graduellement dans une solution alcaline du phénol.

Il est nécessaire de maintenir l'alcalinité de la solution pendant la réaction car la formation du composé azoïque est retardée par la présence d'un acide minéral libre.

Lorsque le diazo-composé dissous a été mélangé au phénol, on attend que la réaction soit terminée, ce dont on s'assure en prélevant un échantillon du mélange et en vérifiant que le phénol ne réagit plus avec une solution de chlorure de diazobenzène.

Le colorant, dans certains cas, précipite sous forme de composé alcalin peu soluble ; dans d'autres cas, il reste en solution et peut être récupéré sous forme de sel, par précipitation au moyen de l'acide chlorhydrique ou à l'état libre, par addition d'acide.

(2) Le second composant est une amine.

Le principe de la méthode est le même, sauf que la réaction du sel diazoïque avec l'amine dissoute est faite en solution neutre ou faiblement acide.

Lorsque le second composant renferme à la fois un groupe hydroxyle et un groupe amidé, la constitution du composé azoïque obtenu varie selon que la copulation se fait en solution acide ou alcaline. Ainsi dans le cas de l'acide amidonaphtolsulfonique γ

$$NH_2 \diagdown \diagup OH \diagdown \diagup SO_3H$$

si la benzidine diazotée est le premier composant, on obtient :

en solution acide. . . . . le violet diamine,
en solution alcaline. . . , . . . le noir diamine,

(Voir toutefois p. 81.)

Dans le cas des composés dihydroxylés, la copulation se fait souvent en solution faiblement acide afin d'éviter la formation d'un composé disazoïque (copulant par rapport aux deux groupes OH).

La formation du composé azoïque est d'ordinaire quantitative et, dans la préparation, on emploie la quantité calculée de constituants.

La meilleure méthode pour préparer la solution du sel diazoïque consiste à prendre 1 molécule de l'amine, 1 molécule de nitrite de sodium et 2 molécules 1/2 d'acide chlorhydrique, la demi-molécule en excès étant, dans la suite, neutralisée par l'addition de la quantité voulue d'acétate de soude, l'acide acétique libre formé ainsi ne nuisant pas à la formation du colorant azoïque.

La stabilité des sels diazoïques est très variable. Dans certains cas, ils se décomposent déjà en azote et phénol correspondant, à une température supérieure à 10°. Dans ces cas, la diazotation doit être faite en présence de glace.

Donc, quand on travaille avec l'aniline, la toluidine et d'autres bases de ce type, il faut employer de la glace pour leur diazotation.

Les acides diazo-sulfoniques tels que l'acide diazo-sulfanilique et l'acide diazonaphtionique sont plus stables et peuvent souvent être préparés à la température ordinaire (Cf. *J. C. S.*, 1902, LXXXI. 1412 ; 1903, LXXXIII. 206, 470).

Le composé diazoïque de l'o-dianisidine est remarquablement stable et peut être chauffé pendant longtemps à 100° sans subir de décomposition complète (cf. *J. C. S.*, 1903, LXXXVIII. 688).

Les composés diazoïques stables qui peuvent être conservés à l'état solide, et qui peuvent être aisément employés par le teinturier, trouvent une application considérable car on les utilise à la préparation de couleurs « développables » ou « à la glace ».

Plusieurs méthodes ont été imaginées pour leur préparation :

(1) La Badische Anilin und Soda Fabrik traite le chlorure diazoïque de la p-nitraniline

$$C_6H_4\left\langle\begin{matrix}NO_2\\N_2Cl\end{matrix}\right.$$

par la soude, qui le transforme en un sel stable appelé sel de nitrosamine (anti-sel) suivant l'équation

$$C_6H_4\left\langle\begin{matrix}NO_2\\N_2Cl\end{matrix}\right. + 2NaOH = C_6H_4\left\langle\begin{matrix}NO_2\\N=N-ONa\end{matrix}\right. + NaCl + H_2O$$

Elle vend ce sel de sodium sous le nom de *rouge de nitrosa-*

mine en pâte. Il est tout à fait stable dans les conditions ordinaires et il est transformé quantitativement en chlorure diazoïque par traitement à l'acide chlorhydrique dilué.

$$C_6H_4\!\!<^{NO_2}_{N=N-ONa} + 2HCl \rightarrow C_6H_4\!\!<^{NO_2}_{N_2Cl} + NaCl + H_2O$$

(2) Diverses autres firmes obtiennent des composés diazoïques stables en évaporant leurs solutions fortement acides à 45° dans le vide et en les mélangeant avec du sulfate anhydre de sodium. Le rouge azophore PN, le nitrazol C, le rouge azogène et le benzonitrol sont la diazo-p-nitraniline ; le bleu azophore D est la diazo-o-dianisidine [1].

II. Lois régissant la formation des composés azoïques. — Dans la copulation des sels diazoïques avec les phénols et les amines de la série benzénique, il semble y avoir une loi d'après laquelle le groupement diazoïque entre en position para par rapport au groupement hydroxyle ou amine.

Si cette position est occupée, le groupement diazoïque entre en position ortho par rapport au OH ou au NH_2 ; et si celle-ci est également occupée, alors ou bien, et c'est le cas le plus fréquent, il n'y a pas formation de composé azoïque, ou bien le groupement occupant la position para est déplacé par le groupement diazoïque.

Lorsque des phénols contenant des positions ortho et para libres sont copulés avec des sels diazoïques en solution alcaline, une petite quantité de composé orthoazoïque se forme en même temps que le composé paraazoïque.

Les dérivés diamidés et dihydroxylés du benzène se combinent aussi avec les sels diazoïques pour donner des azo-composés ; mais on a trouvé que cette formation ne se produit que lorsque les dérivés diamidés ou dihydroxylés appartiennent à la série méta. Ainsi, seules la m-phénylènediamine et la résorcine réagissent avec le chlorure de diazobenzène pour former des composés azoïques.

La matière colorante obtenue ainsi avec la m-phénylènediamine

---

1. Le paranil est un composé stable de diazo-p-nitraniline et d'acide naphtalène-β-sulfonique, $NO_2 . C_6H_4N_2 . SO_3 . C_{10}H_7 + NaSO_3 . C_{10}H_7 + H_2O$.

s'appelle « chrysoïdine » d'où le nom de loi de la chrysoïdine donné à cette loi.

Cette « loi » cependant ne s'applique qu'à la copulation du sel diazoïque dans les conditions ordinaires, car on a trouvé (Hill et *Johnson*) que la pyrocatéchine et l'hydroquinone peuvent dans certaines conditions donner des composés azoïques avec le chlorure de diazobenzène. D'une manière générale on tâche d'obtenir des composés ortho-, oxy- et orthoamidoazoïques lorsque le produit doit servir comme colorant car les composés paraazoïques ne conviennent pas aussi bien pour cet usage.

Cependant si on veut préparer des composés polyazoïques par diazotation ultérieure du composé amidoazoïque, la combinaison doit être effectuée en position para car les groupements aminés en position ortho par rapport au groupe azoïque sont pour la plupart incapables de réagir avec l'acide nitreux pour former des sels diazoïques.

Les lois régissant la formation de composés azoïques dans la série naphtalénique sont les suivantes :

(I) Un groupement hydroxyle ou un groupement amine se trouve dans la position α (1).

La combinaison se fait dans la position (4).

Si celle-ci est occupée, ou si les positions (3) ou (5) sont occupées par des groupes sulfoniques, la combinaison a lieu en position (2).

Dans les composés suivants, la croix indique la position qu'occupera le groupement azoïque :

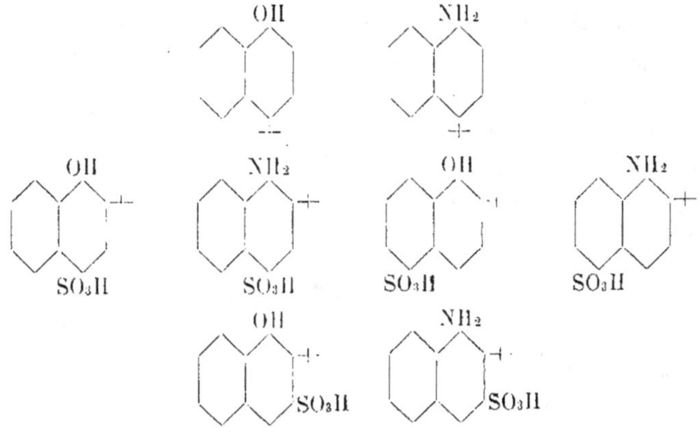

La présence du groupement sulfonique dans toute autre position que (3), (4) et (5) provoque la combinaison en position (4).

Ceci s'applique également aux dérivés disulfoniques des α- et β-naphtols et des α- et β-naphtylamines.

(II) Un groupement hydroxyle ou un groupement amine se trouve dans la position β (2).

La combinaison a lieu en position (1); si cette position est occupée, il n'y a pas de formation de composé azoïque.

Ainsi le β-naphtol et la β-naphthylamine se combinent avec les sels diazoïques dans la position indiquée par la croix

Alors que les sels diazoïques n'entrent qu'une fois dans la molécule du β-naphtol, l'α-naphtol se combine avec deux molécules pour former un composé disazoïque. Dans le composé ainsi formé, le second groupement azoïque entre en position (2) en donnant un corps de formule

A plusieurs égards, ces composés « disazoïques » sont semblables aux colorants substantifs pour coton dérivés de la benzidine et décrits à la page 108.

Comme dans la série benzénique, les composés orthoamidoazoïques de la série naphtalénique ne sont importants que comme colorants, le groupement amine n'étant plus susceptible d'une diazotation ultérieure.

Le groupement amine, dans les composés paraamidoazoïques, peut être ultérieurement diazoté. Aussi ces corps sont-ils beaucoup employés dans la préparation des colorants contenant plusieurs groupements azoïques.

Cependant ils sont, par eux-mêmes, de peu d'emploi comme

colorants car l'action des acides et des alcalis en altère aisément la couleur.

La β-naphtohydroquinone

OH
OH

et son acide sulfonique

OH
OH
SO₃H

forment des colorants azoïques avec ces sels diazoïques.

Les acides sulfoniques de l'amidonaphtol, dans beaucoup de cas, réagissent de différentes façons avec les sels diazoïques selon que la copulation est effectuée en solution acide ou alcaline.

Ainsi, par exemple, l'acide γ-amidonaphtolsulfonique

OH
NH₂
SO₃H

donne, en solution acide, un composé azoïque de la formule

OH   N=N—R
NH₂
SO₃H

tandis qu'en solution alcaline, on obtient le composé

OH
R—N=N   NH₂
SO₃H

Cependant si, dans ce cas, la combinaison d'une molécule de composé diazoïque a été réalisée (en solution soit acide, soit alcaline) il est impossible d'introduire une seconde molécule du composé diazoïque. Une telle formation d'un colorant disazoïque est cependant facilement obtenue dans le cas des acides 1 : 8, savoir :

NH₂ NH₂
SO₃H   SO₃H

NH₂ OH
SO₃H   SO₃H

OH OH
SO₃H   SO₃H

OH NH₂

SO₃H

Tous ces corps réagissent avec deux molécules d'un sel diazoïque qui se combinent dans les positions adjacentes au groupe NH_2 ou OH dans chaque cas.

Les diamido-, dioxy-, et oxyamidonaphtalènes et leurs acides sulfoniques réagissent de la manière suivante avec les sels diazoïques.

La position dans laquelle entre le groupe azoïque est, dans chaque cas, marquée d'une croix.

Le 1 : 8-diamido- ou dioxynaphtalène

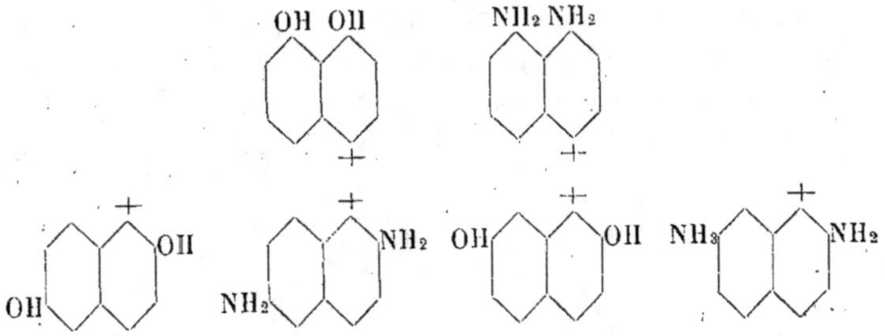

en solution acide ou alcaline.

L'acide 1 : 8-diamido- ou dioxynaphtalène-4-sulfonique

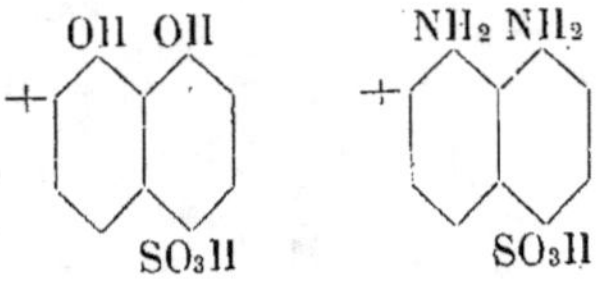

L'acide 1 : 8-diamido- ou dioxynaphtalène-3 : 6-disulfonique.

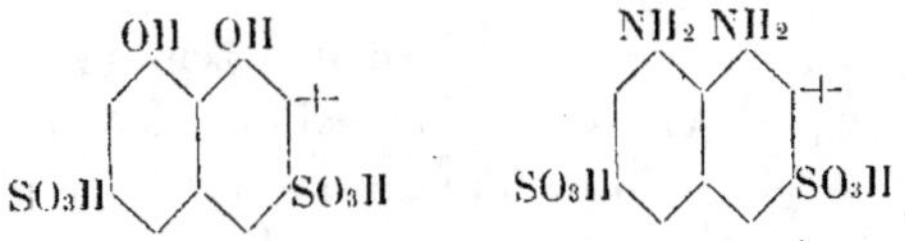

Les conditions sont variables dans le cas des acides amidonaphtol-sulfoniques.

Bülow (*Chem. Ztg.*, xix. 1011) les classe de la façon suivante :

1. Ceux qui ne sont pas susceptibles d'être copulés ou qui, l'étant, ne peuvent l'être que dans des conditions spéciales.

À cette catégorie appartiennent les acides sulfoniques des amido-naphtols 1 : 2 et 2 : 1.

2. Ceux qui sont facilement copulés et donnent toujours le même produit, savoir par exemple : l'acide 1 : 8-amidonaphtol-5 : 7-disulfonique.

3. Ceux qui donnent des composés orthoamidoazoïques en solution acide et des colorants ortho-oxyazoïques en solution alcaline, par exemple :

l'acide 1 : 8-amidonaphtol-3 : 6-disulfonique (acide H),

l'acide 2 : 8-amidonaphtol-6-sulfonique (acide γ) et

l'acide 2 : 5-amidonaphtol-7-sulfonique.

Certains d'entre eux, par exemple les acides 1 : 8-amidonaphtol-4- et 5-sulfoniques donnent des colorants « disazoïques » en solution alcaline.

III. Anomalies. — La réaction entre les sels diazoïques et les phénols ou amines se fait parfois de façon anormale.

(1) Ainsi, lorsque le chlorure de diazobenzène réagit avec l'aniline, le produit ne consiste pas en un véritable composé amidoazoïque mais, en raison de la réaction du chlore du sel diazoïque et de l'hydrogène du groupe amidé, il se forme un composé diazoamidé conformément à l'équation

$$C_6H_5N_2Cl + H\,NHC_6H_5 \rightarrow C_6H_5N = N.NHC_6H_5 + HCl$$

Le même phénomène se produit avec l'o- toluidine et les m- et p-xylidines.

Le diazoamidobenzène peut, comme l'a montré Kékulé, être facilement converti en amidoazobenzène. Il suffit de le chauffer avec de l'aniline ou du chlorhydrate d'aniline, la réaction se passant suivant l'équation

$$C_6H_5N = N\,NHC_6H_5 + H\,C_6H_4NH_2 \rightarrow C_6H_5N = N.C_6H_4NH_2 + C_6H_5NH_2$$

La formation des composés diazoamidés au cours de la diazotation des amines peut être ordinairement évitée en employant une solution de nitrite légèrement acidifiée.

(2) Les phénols contenant des groupes nitrés et, par suite, de caractère fortement acide, réagissent de la même façon avec les sels diazoïques.

Ainsi l'acide picrique $C_6H_2(NO_2)_3OH$ se combine avec le chlorure de diazobenzène pour former un composé oxydiazoïque répondant à la formule :

$$C_6H_5N = N.O.C_6H_2(NO_2)_3$$

(3) La réaction entre l'acide diazosulfanilique et le chlorhydrate d'aniline se fait, jusqu'à un certain point, de façon normale avec formation d'un véritable composé amidoazoïque

$$C_6H_4\!\!\begin{array}{c}SO_3\\|\\N_2\end{array} + C_6H_5NH_2HCl \quad \rightarrow \quad C_6H_4\!\!\begin{array}{c}SO_3H\\ \\N = N.C_6H_4NH_2\end{array} + HCl$$

Mais en même temps il se produit une curieuse transposition moléculaire avec formation d'amidoazobenzène.

Les équations représentant la réaction anormale sont évidemment les suivantes :

$$(1) \quad C_6H_4\!\!\begin{array}{c}SO_3\\|\\N_2\end{array} + C_6H_5NH_2HCl \quad \rightarrow \quad C_6H_4\!\!\begin{array}{c}SO_3H\\ \\NH_2\end{array} + C_6H_5N_2Cl$$

$$(2) \quad C_6H_5N_2Cl + C_6H_5NH_2 \quad \rightarrow \quad C_6H_5N = N - C_6H_4NH_2 - HCl$$

(4) Dans le cas de certains dérivés des amidonaphtols, il peut y avoir formation de composés azoïques internes lorsqu'on traite les sels diazoïques par les alcalis.

Ainsi l'acide 2 : 8-amidonaphtol-6-sulfonique réagit de la manière suivante :

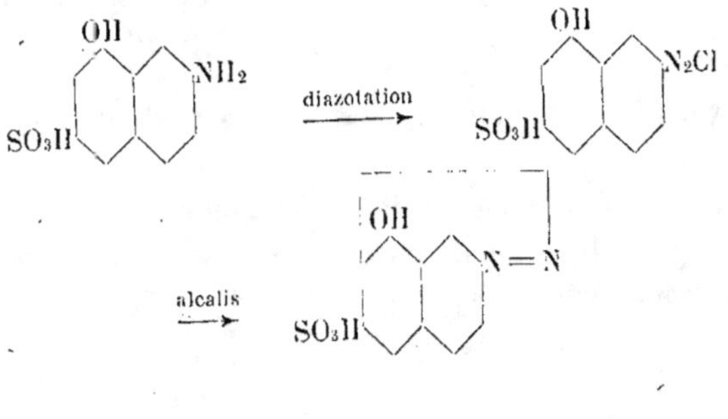

IV. **Constitution.** — La constitution des composés azoïques est déterminée principalement par leur manière de se comporter à la réduction.

Lorsqu'on les traite par l'hydrogène naissant, ils se scindent à la liaison des deux atomes d'azote en donnant une molécule de la base dont dérive le composé azoïque et une molécule du dérivé amidé du second composant contenant le groupement amine dans la position occupée antérieurement par le groupement azoïque.

Ainsi l'amidoazobenzène, par réduction complète, donne l'aniline et la p-phénylènediamine.

$$\langle\ \rangle N = N \langle\ \rangle NH_2 \rightarrow \langle\ \rangle NH_2 + NH_2 \langle\ \rangle NH_2$$

Cette propriété, qui est utilisée dans l'analyse de colorants azoïques, sera décrite plus complètement à la page 517.

L'action de l'acide sulfurique concentré sur les composés azoïques produit des couleurs caractéristiques qui dépendent apparemment de la constitution.

Ces couleurs sont les mêmes que celles qui se forment par l'action de l'acide sulfurique concentré sur l'hydrocarbure azoïque fondamental.

Ainsi l'azobenzène $C_6H_5N = N . C_6H_5$ se dissout dans l'acide sulfurique concentré en donnant une solution d'un jaune brun, et la même coloration se produit par l'action de l'acide concentré sur l'amido-azobenzène $C_6H_5N = N . C_6H_4NH_2$ et sur l'oxyazobenzène $C_6H_5N = N . C_6H_4OH$.

L'α-azonaphtalène, $C_{10}H_7N = N\text{-}C_{10}H_7$ se dissout dans H_2SO_4 concentré en formant une solution bleue et la même coloration s'obtient avec des dérivés hydroxylés et amidés.

Dans les colorants azoïques contenant un anneau benzénique et un anneau naphtalénique, la manière de se comporter vis-à-vis de l'acide sulfurique concentré est la même. La présence du groupement sulfonique fait cependant que la substance donne des colorations différentes suivant que le groupement sulfonique se trouve dans le noyau benzénique ou naphtalénique.

Ainsi le benzène-azo-β-naphtol $C_6H_5N = N\text{-}C_{10}H_6(OH)$ß donne une coloration rouge-violet avec l'acide sulfurique concentré, probablement celle de l'hydrocarbure azoïque $C_6H_5N = NC_{10}H_7$. La même coloration se produit lorsqu'un groupement sulfonique se trouve dans l'anneau benzénique. Cependant, si ce groupement est dans le noyau naphtalénique, il se produit une coloration jaune ; c'est-à-dire la même qui se forme par l'action de l'acide sulfurique sur l'azobenzène.

Avec les colorants polyazoïques, on obtient des couleurs caractéristiques semblables.

Par exemple.

Les colorants azoïques dérivés	donnent une coloration
des acides amidoazobenzène sulfoniques + β-naphtol.	verte.
de l'amidoazobenzène et des homologues + acides β-naphtolsulfoniques.	rouge-violet.
des acides amidoazobenzènesulfoniques + acides β-naphtolsulfoniques.	bleue.

La question de savoir si les colorants azoïques sont de véritables composés azoïques ou s'ils ont la constitution hydrazoquinonique à donné lieu à maintes recherches. Des conclusions ont été tirées dans un sens ou dans l'autre, d'observations à la fois chimiques et spectroscopiques et la constitution ne peut pas être considérée, selon nous, comme définitivement établie.

Il y a cependant une différence de propriétés marquée entre les composés qui ont les groupements auxochromes en position ortho par rapport aux atomes d'azote copulant et ceux qui ont ces groupe- en position para.

Ainsi les composés o-amidoazoïques ne sont pas diazotables mais sont des colorants ; les composés para sont diazotables mais ne sont pas de bons colorants. Si l'on admet, ce qui est probable, que la possibilité pour un composé d'agir comme colorant dépend de la dissociation de son sel en solution, il est raisonnable de supposer que la non-diazotabilité des composés ortho et le pouvoir tinctorial de leurs sels sont dus à ce qu'ils ont une structure quinonique (I) tandis que la diazotabilité des composés para et la stabilité de leurs sels sont dues à ce qu'ils possèdent la structure de véritables azoïques (II)

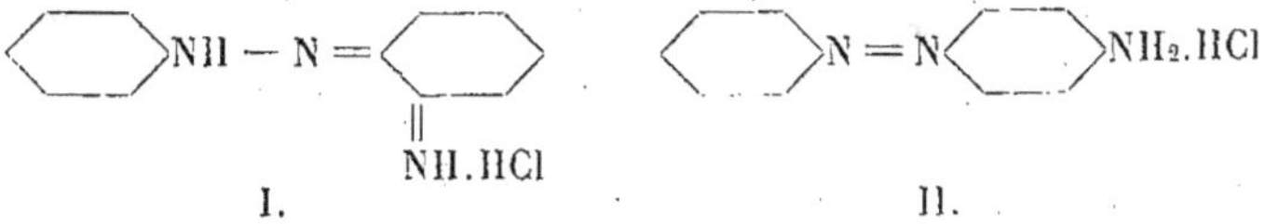

$$\langle\!\!=\!\!\rangle\text{NH}-\text{N}=\langle\!\!=\!\!\rangle \qquad\qquad \langle\!\!=\!\!\rangle\text{N}=\text{N}\langle\!\!=\!\!\rangle\text{NH}_2.\text{HCl}$$
$$\quad\quad\overset{\|}{\text{NH}.\text{HCl}}$$

I.   II.

V. Influence des groupements et de la constitution sur la couleur des composés azoïques. — Les colorants azoïques les plus simples sont jaunes. Par accroissement du nombre des groupes chromophores, ou par accroissement du poids moléculaire, la couleur se fonce, passant soit au rouge et au violet, soit au brun.

Les colorants azoïques qui ne contiennent que des anneaux benzéniques sont le plus souvent jaunes, jaune-orange, ou bruns.

Par l'entrée de noyaux naphtaléniques il se forme des rouges et les colorants azoïques ne contenant que des anneaux naphtaléniques sont violets, bleus ou noirs.

Par copulation de l'acide salicylique avec les sels diazoïques dérivés de certains composés de la série du triphénylméthane, on obtient des colorants à mordant donnant des laques vertes avec les sels de chrome.

Ainsi l'azo vert [By] est l'acide m-amidotétraméthyl-diamidotriphé-nylcarbinol-azo-salicylique

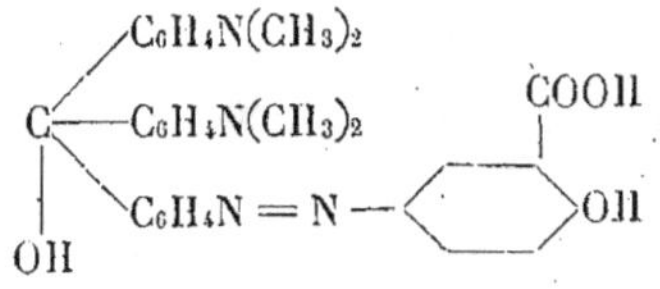

$$\text{C}\!\!\!\begin{cases}\text{C}_6\text{H}_4\text{N}(\text{CH}_3)_2\\ \!\!-\text{C}_6\text{H}_4\text{N}(\text{CH}_3)_2\\ \text{C}_6\text{H}_4\text{N}=\text{N}-\langle\!\!=\!\!\rangle\!\!\begin{smallmatrix}\text{COOH}\\ \text{OH}\end{smallmatrix}\end{cases}$$
$$\quad|\\ \text{OH}$$

Le groupement sulfonique, en entrant dans la molécule d'un colorant azoïque, ne change pas de façon appréciable la nature de la couleur; toutefois, naturellement, il n'accroît pas seulement la solubilité du composé dans l'eau, mais il le transforme en colorant acide formant des sels stables avec les alcalis.

On introduit parfois les groupements sulfoniques dans le colorant fini, mais plus habituellement ils se trouvent dans les composants qui forment le composé azoïque.

La position occupée par le radical sulfonique n'est pas tout à fait sans influence sur la couleur du colorant, comme on le voit en comparant les trois composés isomères ci-après, qui donnent trois nuances distinctes de rouge :

Écarlate de crocéïne.

Crocéïne brillante.

Écarlate de Biebrich.

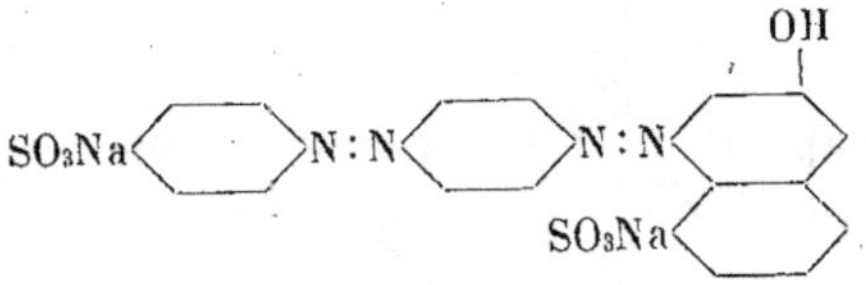

On se rend compte nettement de l'influence de la position du groupement sulfonique sur la couleur des composés azoïques lorsque l'on compare les colorants azoïques dérivés des deux acides β-naphtol-sulfoniques 2 : 3 : 6 et 2 : 6 : 8.

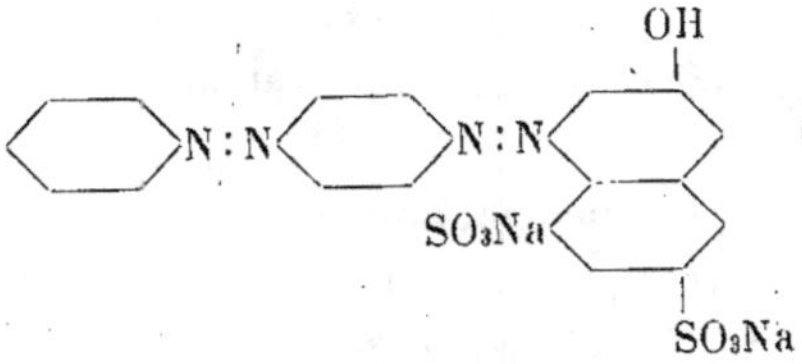

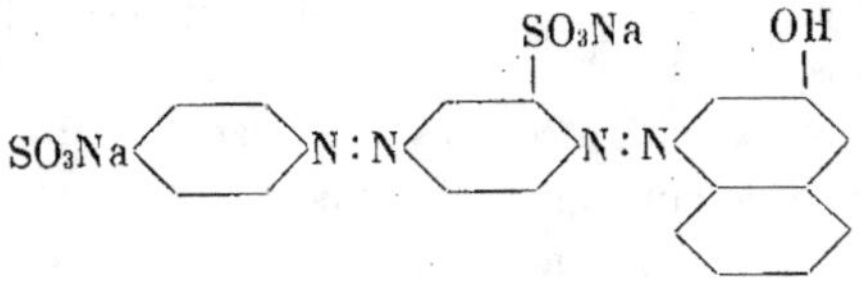

Ces acides sulfoniques (ou plutôt leurs sels de sodium) sont dénommés sel R et sel G

(Sel R).

(Sel G).

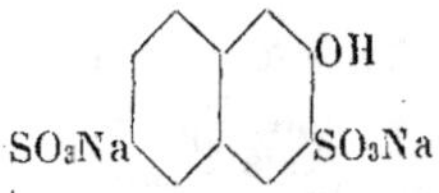

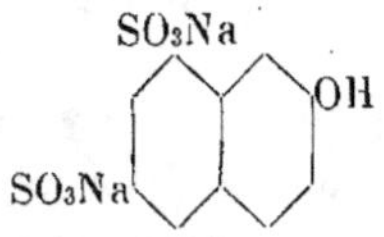

la lettre R indiquant qu'on obtient des nuances rouges ; la lettre G, que le colorant azoïque contenant ce sel est de couleur rouge jaunâtre (gelb = jaune).

La position des deux groupements azoïques dans l'anneau benzénique copulant contenu dans ces composés tétrazoïques a une influence extrêmement nette sur la couleur du composé.

Ainsi le colorant

$$(SO_3Na)_2\text{, }(3)(OH)\text{--}C_{10}H_4\text{. }N:N\text{---}C_6H_4\text{. }N:N\text{---}C_{10}H_4\text{--}(SO_3Na)_2\text{, }OH(3)$$

est bleu lorsque les deux groupements azoïques sont en position para, rouge lorsqu'ils sont en position méta.

L'influence des groupements auxochromes OH et NH_2 sur la couleur des colorants azoïques apparaît nettement dans la série de la benzidine (voir *Colorants substantifs pour coton*, p. 108).

Les sels de tétrazobenzidine[1] combinés avec les acides amido-naphtalène sulfoniques donnent des colorants rouges ; avec les acides naphtolsulfoniques, des colorants bleus; et, lorsqu'ils forment des combinaisons mixtes (v. p. 109) avec à la fois l'acide naphtylamine-sulfonique et l'acide naphtol-sulfonique, ils donnent des colorants qui sont un mélange de rouge et de bleu, c'est-à-dire violets.

Ainsi :

Chlorure de tétrazobenzidine + acide naphtionique (sel de Na) donnent le rouge Congo

Chlorure de tétrazobenzidine + acide de Neville et Winther (sel de Na) donnent un colorant bleu-rougeâtre

1. Par sels de tétrazobenzidine, on entend le sel tétrazoïque du diphényle

$$ClN_2\text{---}C_6H_4\text{---}C_6H_4\text{---}N_2Cl$$

qui est, en effet, dérivé de la benzidine. Cette nomenclature est plus usuelle que celle, plus correcte, qui comme dans le cas du « chlorure de diazobenzène » indique l'hydrocarbure dont le sel diazoïque est dérivé.

Chlorure de tétrazobenzidine + 1 mol. d'acide naphtionique et 1 mol. d'acide de Neville et Winther donnent le Congo Corinthe (violet)[1].

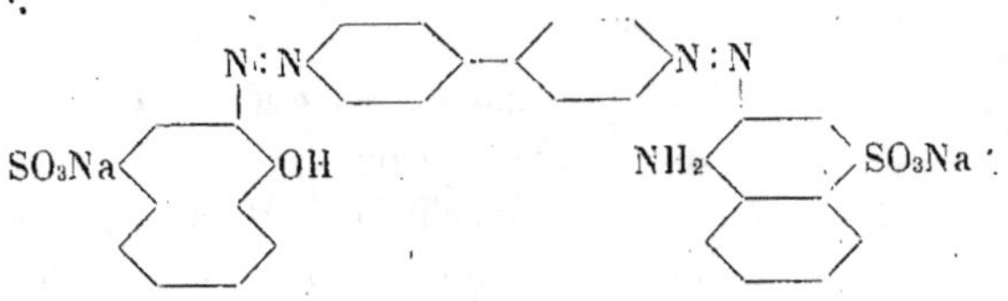

$$N:N\ \langle\ \rangle - \langle\ \rangle\ N:N$$
$$SO_3Na \langle\ \rangle OH \qquad NH_2 \langle\ \rangle SO_3Na$$

L'entrée de groupements tout à fait indifférents — comme par exemple le groupement OCH_3 — a souvent une influence marquée sur la couleur.

Ainsi les colorants dérivés de la dianisidine

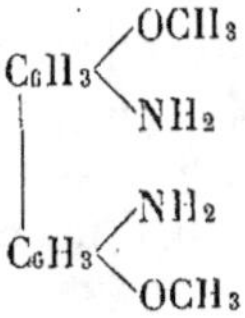

$$C_6H_3 \langle\ {}^{OCH_3}_{NH_2}$$
$$C_6H_3 \langle\ {}^{NH_2}_{OCH_3}$$

sont beaucoup plus bleus que ceux dérivés de la benzidine et du même second composant.

Colorants substantifs pour coton.

Jusqu'en 1885, on devait toujours soumettre la fibre de coton à un traitement préalable avant que le colorant artificiel pût y être appliqué. Cette année-là, l' « Aktien-Gesellschaft für Anilinfabrikation » de Berlin lança dans le commerce le rouge Congo qui avait été découvert l'année précédente par Böttiger et qui possédait la propriété de se fixer sur la fibre de coton sans l'aide d'aucun mordant.

Le rouge Congo est obtenu par la combinaison des sels de tétrazobenzidine avec le naphtionate de soude et a par conséquent pour formule

$$C_6H_4N:N . C_{10}H_5(NH_2)SO_3Na$$
$$C_6H_4N:N . C_{10}H_5(NH_2)SO_3Na$$

---

1. La même différence se retrouve dans les trois colorants dérivés de la tolidine au lieu de la benzidine.

La propriété de ce colorant de se fixer directement sur la fibre de coton est due apparemment à la présence du résidu diphényle dans sa molécule, car d'autres colorants dérivés de la même façon de la benzidine et de ses homologues possèdent cette propriété. La benzidine est le di-p-diamidodiphényle ayant pour formule

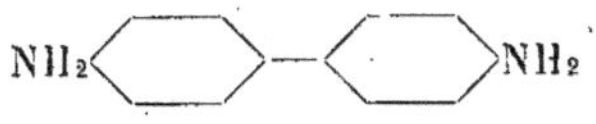

$$NH_2 \langle \rangle - \langle \rangle NH_2$$

et il semble qu'une condition de la formation de colorants substantifs pour coton soit que la base dont ils dérivent soit une diamine, car les dérivés monoamidés du diphényle ne donnent pas de composés azoïques substantifs pour le coton.

De plus, les deux groupements amines doivent être en position para par rapport à la liaison de copulation car on a trouvé que d'autres dérivés amidés du diphényle ne donnent pas de colorants de cette nature.

Des homologues de la benzidine, contenant le groupe substituant en position ortho par rapport au groupement amine, possèdent aussi cette propriété. Ainsi :

l'o-tolidine

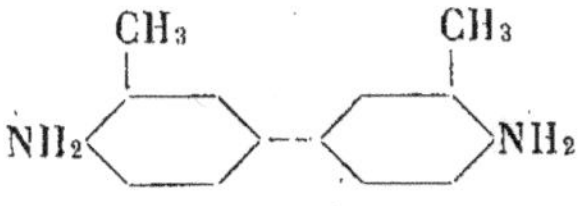

$$\overset{CH_3}{\underset{NH_2 \langle \rangle - \langle \rangle}{|}} \overset{CH_3}{\underset{NH_2}{|}}$$

la dianisidine

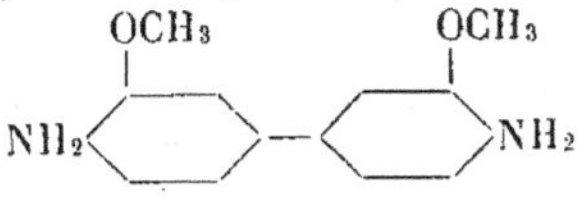

$$\overset{OCH_3}{\underset{NH_2 \langle \rangle - \langle \rangle}{|}} \overset{OCH_3}{\underset{NH_2}{|}}$$

la diphénétidine

$$\overset{OC_2H_5}{\underset{NH_2 \langle \rangle - \langle \rangle}{|}} \overset{OC_2H_5}{\underset{NH_2}{|}}$$

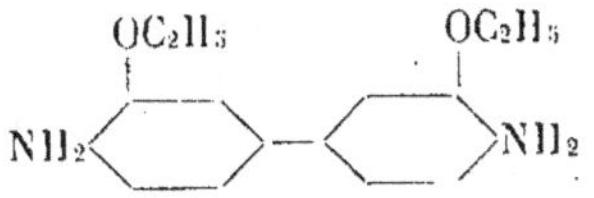

et l'éthoxybenzidine

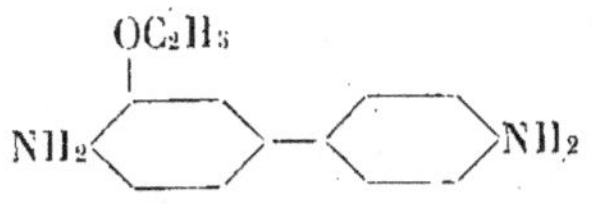

$$\overset{OC_2H_5}{\underset{NH_2 \langle \rangle - \langle \rangle}{|}} NH_2$$

sont toutes des bases qui conviennent pour la préparation des colorants azoïques substantifs pour coton.

La même remarque s'applique aussi aux dérivés de la benzidine contenant des halogènes en position ortho par rapport au groupement amine. Ainsi
l'o-dichlorobenzidine

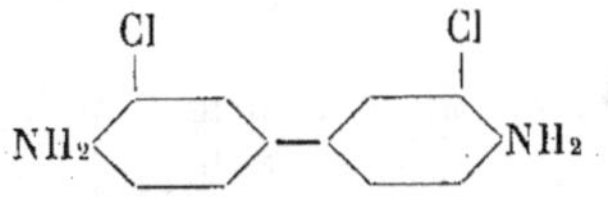

et l'o-dibromobenzidine

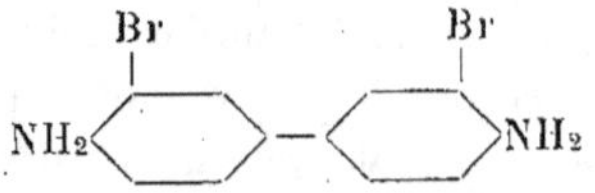

donnent des colorants azoïques substantifs pour coton.

Cependant, si des radicaux entrent dans la molécule de benzidine dans la position ortho par rapport à la liaison copulante, et par conséquent dans la position méta par rapport au groupe amidé, les composés formés ne donnent pas de colorants azoïques substantifs pour coton.

Ainsi:
la m-dichlorobenzidine

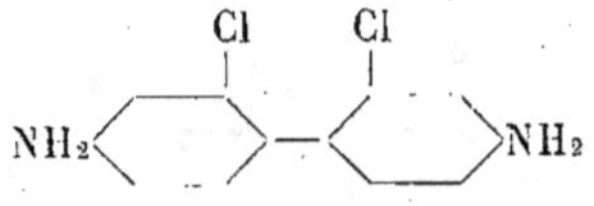

l'acide diamido-diphénique

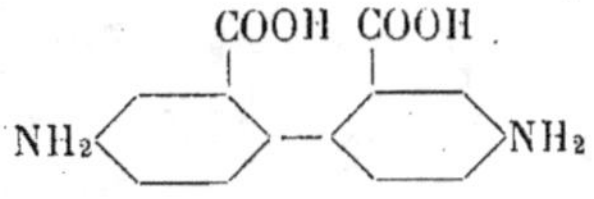

l'acide benzidine-méta-disulfonique

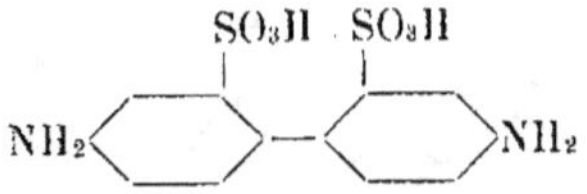

l'acide tolidine-disulfonique

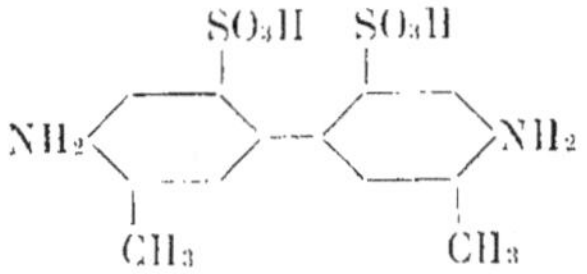

$$NH_2 \langle \overset{SO_3H}{\underset{CH_3}{\bigcirc}} - \overset{SO_3H}{\underset{CH_3}{\bigcirc}} \rangle NH_2$$

donnent des composés azoïques qui n'ont pas d'affinité pour la fibre végétale.

Cependant s'il y a formation d'un anneau dans la position ortho par rapport à la liaison de copulation, les bases donnent des colorants azoïques substantifs.

Ainsi :

le diamidocarbazol

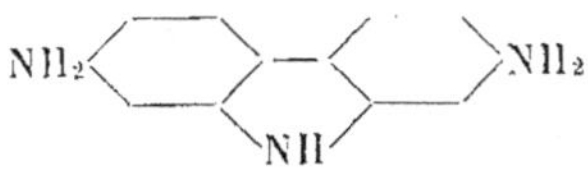

$$NH_2 \langle \bigcirc - \bigcirc \underset{NH}{} \rangle NH_2$$

la benzidine sulfone

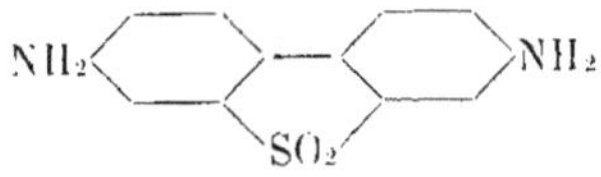

$$NH_2 \langle \bigcirc - \bigcirc \underset{SO_2}{} \rangle NH_2$$

et le diamidofluorène

$$NH_2 \langle \bigcirc - \bigcirc \underset{CH_2}{} \rangle NH_2$$

donnent des colorants azoïques substantifs pour coton.

Cependant, ce ne sont pas seulement les dérivés de la benzidine et de ses homologues qui donnent des colorants azoïques substantifs pour coton. Il y a beaucoup d'autres bases qui sont aussi des para-diamines, mais dans lesquelles les deux anneaux benzéniques ne sont pas directement combinés entre eux.

Ainsi les bases suivantes donnent d'importants colorants substantifs pour coton :

le diamidoazobenzène

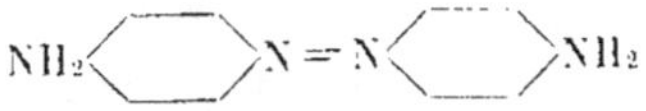

$$NH_2 \langle \bigcirc \rangle N = N \langle \bigcirc \rangle NH_2$$

la p-phénylène diamine-azo-p-xylidine

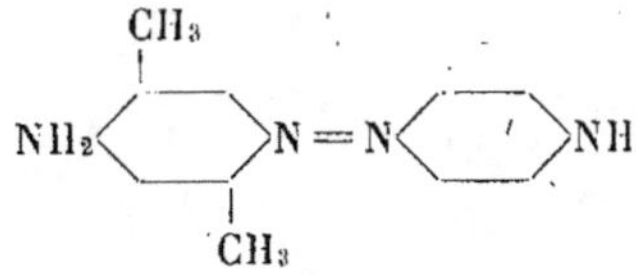

la diamidodiphénylamine

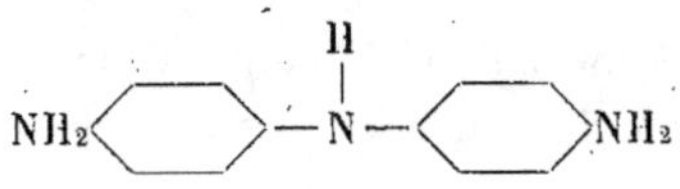

la diamidodiphénylurée

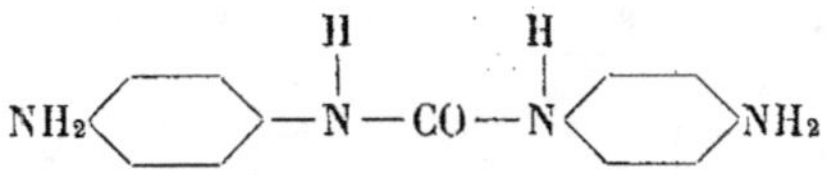

la diamidodiphénylthiourée

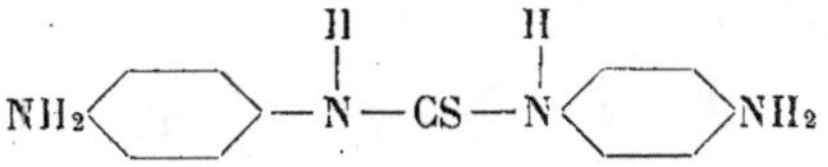

le diamidostilbène

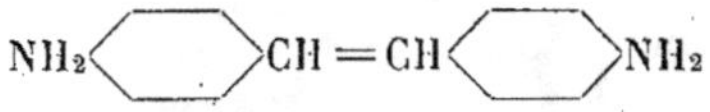

l'acide diamidostilbène-disulfonique

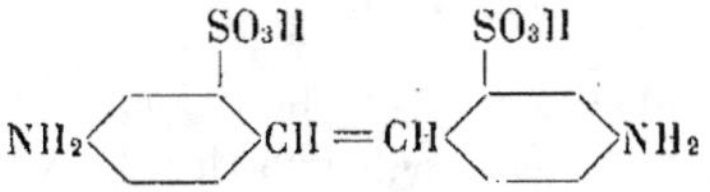

    D'autre part
le p-diamido-diphénylméthane

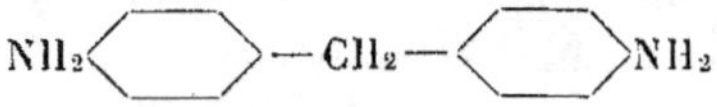

et le p-diamidodibenzyle

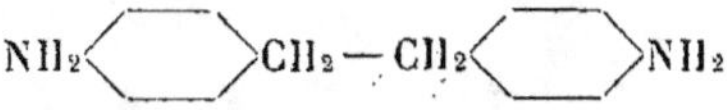

ne donnent pas de colorants azoïques substantifs pour coton.

La p-diamine la plus simple, c'est-à-dire la p-phénylène-diamine

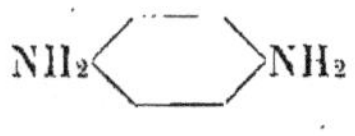

$$NH_2 \diagup\!\!\!\!\diagdown \quad \diagup\!\!\!\!\diagdown NH_2$$

donne aussi des colorants azoïques substantifs pour coton, tandis que la m-phénylènediamine n'en donne pas.

Certaines diamines de la série naphtalénique, comme par exemple le 1 : 5-diamidonaphtalène, le 1 : 4-diamidonaphtalène

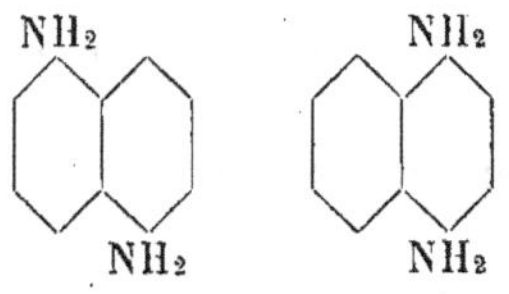

et l'acide 1 : 5-diamidonaphtalène-3 : 7-disulfonique

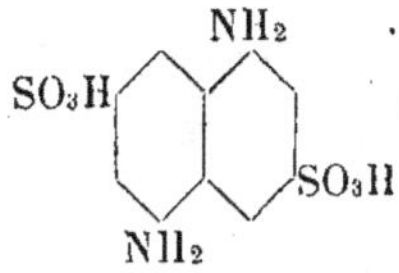

donnent aussi des colorants azoïques substantifs pour coton.

Il s'ensuit donc que, bien qu'un grand nombre de bases différentes donnent des colorants azoïques qui possèdent la propriété de teindre directement la fibre végétale, elles ont toutes une constitution fort semblable.

(1) Elles sont toutes des p-diamines ;

(2) Les groupements amines sont dans la position para, soit par rapport à la liaison joignant deux anneaux benzéniques, soit par rapport au point de jonction d'une chaîne réunissant deux anneaux benzéniques.

(3) La chaîne est non saturée.

(4) Dans le cas de dérivés du diphényle, la position ortho par rapport à la liaison copulante doit être libre.

Si cette position est occupée, les colorants substantifs pour coton ne se forment que s'il se produit un anneau entre la position ortho de l'un des anneaux benzéniques et celle de l'autre.

Il y a cependant une relation caractéristique entre la couleur des composés diazoïques formés à partir des diamines et leur propriété de teindre le coton non mordancé, relation grâce à laquelle on peut toujours s'assurer si une base donnée fournira un colorant substantif. Les bases qui donnent ces colorants donnent avec les acides naphtolsulfoniques des composés bleus et violets et avec les acides naphtylaminé-sulfoniques, des colorants rouges.

Les composés isomériques qui ne fournissent pas de teintures substantives pour coton donnent avec les acides naphtolsulfoniques des colorants rouges, et avec les acides naphtylaminesulfoniques des colorants jaune orange.

Il faut rappeler, cependant, que la grande et importante classe des colorants substantifs qui dérivent de l'acide 2 : 5-diamido-naphtaline-7-sulfonique ne confirme pas cette généralisation et que, pour autant que leurs constitutions soient connues, les colorants substantifs du groupe de la primuline font aussi exception. De plus une matière colorante substantive bien définie peut être préparée à partir de l'acide amidoazobenzènesulfonique et de la nitro-m-phénylènediamine.

Historique

En 1864, Peter Griess (*Ann.* 1886, cxxxvii. 60) montra que, par l'action des composés diazoïques sur les amines, il se formait des composés amidoazoïques.

Les composés oxyazoïques furent d'abord préparés en 1870 par Kékulé et Hidegh (*Ber.*, 1870, iii. 223) par l'action des composés diazoïques sur les phénols.

Le premier colorant azoïque, l'amidoazobenzène, avait déjà été préparé par Griess en 1859 (*Ann.* 1862, cxxi. 262) par la transposition moléculaire du diazoamidobenzène sans que l'auteur ait pu toutefois se représenter la nature de la réaction. Ce colorant fut fabriqué en 1863 par Simpson, Maule et Nicholson sous le nom de jaune d'aniline et sa constitution fut déterminée trois ans plus tard par Martius et Griess (*Zeitschr.*, 1865, ii. 132).

En 1863, Martius découvrit le brun phénylène (brun Bismarck) et le fabriqua plus tard. Ce colorant qui fut identifié par Caro et Griess

(*Zeitsch.*, 1867, iii. 278) avec le triamidobenzène, trouve encore une application considérable dans l'industrie de la teinture.

La chrysoïdine (diamidoazobenzène) fut découverte à la fin de 1875, par Caro, et immédiatement après (en janvier 1876) par Witt (*Ber.*, 1877, x. 654) et fut préparée industriellement en 1876 par Williams, Thomas et Dower de Brentford.

Peu après, Roussin prépara les premiers colorants azoïques des naphtols qui furent introduits dans le commerce au printemps de 1877 par Poirrier sous le nom d'Orangé I et d'Orangé II.

En 1876, Griess prépara plusieurs colorants azoïques par l'action de l'acide p-diazobenzène-sulfonique sur différentes bases, colorants qui furent, la même année, préparés indépendamment par Witt. On les appela plus tard les tropéolines. En 1877 Griess fit breveter en Angleterre un grand nombre de colorants azoïques parmi lesquels une couleur jaune préparée à partir du diazodinitrophénol et du phénol et qui fut fabriqué par Joseph Storey, de Lancaster, sous le nom de jaune Lancaster.

Le même brevet comporte le premier colorant azoïque rouge préparé par l'action de l'acide diazophénolsulfonique sur le β-naphtol.

En 1878 la firme Meister, Lucius et Brüning de Höchst a/Mein fit breveter les colorants connus sous le nom de ponceaux et de bordeaux. Ce fut le premier exemple de l'emploi des acides disulfoniques des naphtols.

Le premier colorant disazoïque (secondaire) fut l'écarlate de Biebrich, préparé en 1879 par Nietzki (*Ber.*, 1880, xiii. 800, 1838) ; et le premier colorant disazoïque (primaire) fut le brun de résorcine découvert par Wallach en 1881 (*Ber.*, 1882, xv. 22).

En 1884. Paul Böttiger prit un brevet (E. P., 4415⁸⁴) pour la préparation du premier colorant substantif pour coton — le rouge Congo — préparé par l'action de la tétrazobenzidine sur le naphtionate de sodium. Cette découverte donna un élan considérable à l'industrie des colorants azoïques et amena la préparation d'un grand nombre d'autres colorants de constitution semblable.

Le premier noir azoïque satisfaisant fut le noir de naphtol découvert en 1885 par Hoffmann et Weinberg (E. P. 9214⁸⁵, A. P., 345, 901).

En 1887, Green trouva que la primuline, précédemment découverte par lui, possédait la propriété de teindre directement le coton, et que de telles teintures pouvaient être diazotées sur la fibre et développées avec divers composants donnant des couleurs différentes.

Cette découverte donna l'essor à la préparation de plusieurs composés azoïques contenant des groupements amines libres qui pourraient être diazotés et développés de la même façon sur la fibre, donnant des couleurs particulièrement résistantes à la lumière et au lavage.

L'année 1889 marqua la découverte, par Gans, du premier noir direct pour coton (le noir diamine RO) et celui-ci fut suivi par les diverses variétés du noir Colombie (A).

En 1891, Hoffman et Daimler préparèrent le premier colorant vert direct (le vert diamine).

Ces dernières années, des progrès considérables ont été faits dans la production, directement sur la fibre, de composés azoïques insolubles.

Ainsi le rouge de nitraniline préparé en traitant le coton imprégné de β-naphtol par une solution de diazo-p-nitraniline, est un colorant d'une importance très considérable.

Par suite de la grande facilité avec laquelle les matières colorantes azoïques peuvent être appliquées sur la fibre, la question de leur solidité au lavage, à la lumière, etc., était peut-être jadis plus ou moins négligée.

Cependant la persistance de l'emploi des colorants à mordants plus solides, du noir d'aniline, et même de certains colorants naturels, stimula les recherches dans le champ des couleurs azoïques et, depuis 1894 environ, plusieurs nouveaux composés ont été proposés comme colorants particulièrement remarquables par leur résistance à la lumière et aux réactifs courants.

Classification des colorants azoïques.

Les colorants azoïques peuvent être divisés en quatre grandes classes :

(1) Ceux qui contiennent un groupement azoïque — colorants monoazoïques.

(2) Ceux qui contiennent deux groupements azoïques — colorants disazoïques.

(3) Ceux qui contiennent trois groupements azoïques — colorants trisazoïques.

(4) Ceux qui contiennent quatre groupements azoïques — colorants tétrazoïques.

Chaque classe peut être subdivisée à son tour, de la façon suivante :

(1) (*a*) Composés amidoazoïques,
    (*b*) Composés oxyazoïques.
(2) (*a*) Composés disazoïques primaires,
    (*b*) Composés disazoïques secondaires,
    (*c*) Colorants dérivés de sels tétrazoïques avec deux molécules semblables ou deux molécules différentes d'une amine ou d'un phénol.
(3) Aucune subdivision.
(4) Sont généralement produits tels quels sur la fibre par développement.

Une courte description de chaque subdivision sera donnée dans les pages suivantes en même temps qu'un ou deux exemples pour chacune d'elles ; pour une description plus détaillée des composés azoïques, le lecteur se reportera aux ouvrages plus étendus sur la question, par exemple : Schultz, *Chemie des Steinkohlentheers* Tome II ; Green, *Organic Colouring Matters* ; Léon Lefèvre, *Matières colorantes artificielles* ; ou quelques-uns des traités mentionnés page 320[1].

Composés amidoazoïques. — L'amidoazobenzène

$$C_6H_5N = NC_6H_4NH_2$$

qui est le composé amidoazoïque le plus simple n'est plus guère employé maintenant dans le commerce.

Cependant il trouve une application considérable, sous la forme de ses acides sulfoniques, dans la préparation de certains colorants disazoïques qui seront mentionnés plus loin (voir *Ecarlate de Biebrich*).

Le *jaune acide* est un mélange des acides mono- et disulfoniques du jaune d'aniline et est préparé en traitant celui-ci par l'acide sulfurique fumant.

1. Au sujet des colorants azoïques, voir aussi l'article qui leur est consacré dans le *Dict. of applied Chem.* de Thorpe, vol. I, p. 358.

La *chrysoïdine*

$$C_6H_5N : N . C_6H_3 \diagdown \begin{matrix} NH_2 \\ NH_2HCl \end{matrix}$$

est préparée par copulation du chlorure de diazobenzène avec la m-phénylènediamine. Elle trouve encore un emploi considérable comme colorant.

La chrysoïdine possède à un très haut degré la propriété d'absorber les rayons actiniques de la lumière ce qui le fait beaucoup employer par les photographes pour couvrir les fenêtres des chambres noires, etc.

Les couleurs amidoazoïques sont des colorants basiques, excepté leurs acides sulfoniques qui peuvent, grâce à la présence de groupements sulfoniques, former des sels avec des alcalis ; ce sont naturellement alors des colorants acides.

D'autres colorants de ce groupe sont :

La chrysoïdine R [H] ; [Williams Bros].. . . . . Aniline + m-toluylènediamine.

Le violet pour laine S [B]. . Dinitraniline + acide diéthylmétanilique.

Le jaune beurre ; jaune d'huile [Williams Bros]. . . . . Aniline + diméthylaniline.

Le jaune métanil [B]. . . . Acide métanilique + diphénylamine.

L'orangé III. . . . . . . Acide sulfanilique + diméthylaniline.

L'orangé IV [B]. . . . . . Acide sulfanilique + diphénylamine.

L'orangé G pour coton [B]. . Primuline + acide m-phénylènediamine-disulfonique.

Le brun de chrome P [P]. . . Acide picramique + m-amidophénol.

Le brun palatin au chrome W [B]. Acide o-amidophénol-p-sulfonique + m-phénylènediamine.

Le bleu sulfone à l'acide R [By]. Acide H (p. 29) + acide phényl-α-naphtylamine-8-sulfonique.

Le brun métachrome B [A]. . Acide picramique + m-toluylènediamine.

Composés oxyazoïques. — Le colorant insoluble le plus important appartenant à ce groupe est le *rouge de p-nitraniline*.

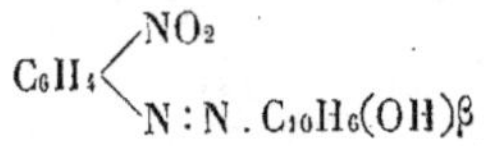

$$C_6H_4 \diagdown \begin{matrix} NO_2 \\ N : N . C_{10}H_6(OH)\beta \end{matrix}$$

Ce colorant ne se trouve jamais dans le commerce à l'état fini, excepté comme pigment, mais il est toujours produit par le teinturier directement sur la fibre en traitant d'abord la fibre de coton par une solution alcaline de β-naphtol et ensuite, soit en la trempant dans une solution de p-nitraniline diazotée, soit en l'imprimant avec cette solution.

Un produit analogue est le rouge de phénétidine (M. L. Br.), colorant rouge bleuâtre préparé au moyen de la nitrophénétidine et du β-naphtol.

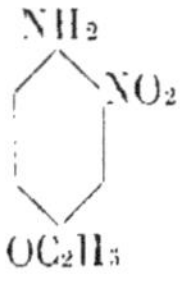

$$\begin{array}{c} NH_2 \\ NO_2 \\ OC_2H_5 \end{array}$$

Le *rouge de nitrosamine* comme il a été dit plus haut (p. 77) est le sel de sodium du p-nitrobenzène *anti*-diazohydroxyde

$$C_6H_4 \begin{cases} NO_2 \\ N = N . ONa \end{cases}$$

et est préparé par l'action de l'alcali caustique sur le chlorure de diazo-p-nitraniline.

Par traitement aux acides, il donne un sel de diazo-p-nitraniline (chlorure de nitrobenzène diazonium) qui peut être alors employé par le teinturier pour préparer le rouge de p-nitraniline (rouge de nitrosamine).

La pâte de nitrosamine mélangée au β-naphtol peut aussi être imprimée sur la fibre. Alors, en passant le tissu imprimé dans l'acide dilué, la couleur est développée.

Des colorants de composition analogue au rouge de p-nitraniline peuvent aussi être préparés au moyen des diazonaphtylamines et de la dianisidine.

Les composés oxyazoïques solubles sont les sels de sodium des divers acides sulfoniques et sont préparés en combinant les acides sulfoniques du phénol et des naphtols avec des sels diazoïques.

Les *ponceaux* sont des composés préparés par copulation de divers sels diazoïques avec les acides naphtolsulfoniques.

Deux exemples typiques sont :

Le *ponceau* 4GB[A]

$$C_6H_5N : N . C_{10}H_5 \begin{cases} OH & (\beta) \\ SO_3Na \end{cases}$$

préparé en partant du chlorure de diazobenzène et de l'acide β-naphtol monosulfonique (acide de Schäffer) et le *ponceau cristallisé* [B], ponceau cristallisé 6B[C]

$$C_{10}H_7N : NC_{10}H_4 \begin{cases} OH & (\beta) \\ (SO_3Na)_2 \end{cases}$$

préparé au moyen de chlorure de diazonaphtalène et de l'acide β-naphtol disulfonique G.

Ce sont des colorants acides et ils conviennent très bien pour la teinture de la laine.

Le *rouge solide* A[B] est un exemple de colorant de ce groupe qui contient deux anneaux naphtaléniques ; il a pour formule

$$C_{10}H_6 \begin{cases} SO_3Na \\ N : N — C_{10}H_6OH \end{cases}$$

On le prépare au moyen de l'acide diazonaphtionique et du β-naphtol.

Certains colorants appartenant à cette série sont préparés avec l'acide salicylique

$$C_6H_4 \begin{cases} OH & (1) \\ COOH & (2) \end{cases}$$

comme second composant.

Par exemple :

Le *jaune d'alizarine* GG[M]

$$C_6H_4 \begin{cases} NO_2 \\ N : N . C_6H_3 \begin{cases} OH \\ COOH \end{cases} \end{cases}$$

préparé au moyen de la m-nitraniline et de l'acide salicylique et le *jaune diamant* G[By]

$$C_6H_4 \begin{cases} COOH \\ N : N — C_6H_3 \begin{cases} OH \\ COOH \end{cases} \end{cases}$$

préparé à partir du sel diazoïque de l'acide m-amidobenzoïque et de l'acide salicylique.

Par suite de la présence des groupements OH et COOH en position ortho dans le radical acide salicylique, ces composés sont des colorants à mordants et trouvent comme tels un emploi considérable dans l'industrie textile.

A cet égard, les colorants azoïques dérivés de l'acide chromotropique sont également intéressants.

Cet acide est l'acide 1 : 8-dioxynaphtalène-3 : 6-disulfonique

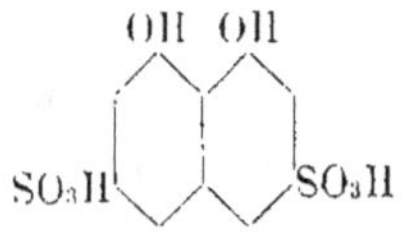

$$OH \quad OH$$
$$SO_3H \qquad SO_3H$$

et son sel de sodium donne, par combinaison avec les sels diazoïques, les colorants connus sous le nom de chromotropes. Ici encore la position péri des groupes hydroxyles dans l'acide chromotropique fait que les colorants azoïques qui en dérivent forment des laques avec les sels métalliques.

Ils peuvent être appliqués comme suit :

La laine est teinte en rouge en bain acide contenant le chromotrope ; par traitement ultérieur avec une solution de bichromate de potassium, elle prend une teinte qui va du bleu sombre au noir. Les teintures ainsi produites sont exceptionnellement solides.

D'autres colorants de ce groupe sont :

Le ponceau 2G [A]. . . .	Aniline + acide β-naphtoldisulfonique R.
L'orangé G [A].	Aniline + acide β-naphtoldisulfonique G.
Le chromotrope 2R [M]. .	Aniline + acide chromotropique.
Le chromotrope 2B [M]. .	p-nitraniline + acide chromotropique.
Le jaune d'alizarine R [By].	p-nitraniline + acide salicylique.
Le violet Victoria 4BS [M]. .	Réduction alcaline du chromotrope 2B.
Le chromotrope 6B [M]. .	p-amidoacétanilide + acide chromotropique.
L'orangé GT [By]. . . .	Toluidine + acide β-naphtolsulfonique S.
L'azofuchsine B [By]. . .	Toluidine + acide dioxynaphtalènesulfonique S.
L'azococcine 2R [A]. . .	Xylidine + acide α-naphtolsulfonique N-W.
L'écarlate palatin [B]. . .	m-xylidine + acide α-naptol-3 : 6 disulfonique.

L'orangé brillant R [M].. . .	Xylidine + acide β-naphtolsulfonique S.
Le ponceau 2R [A]. . . .	Xylidine + acide β-naphtoldisulfonique R.
Le ponceau 3R [A]. . . .	ψ-cumidine + acide β-naphtoldisulfonique R.
Le rouge palatin [B]. . .	α-naphtylamine + acide α-naphtol-3 : 6-disulfonique.
Le rouge solide BT [By]. .	α-naphtylamine + acide β-naphtolsulfonique S.
Le rouge solide B [By].. .	α-naphtylamine + acide β-naphtoldisulfoque R.
Le chromotrope 10B [M]. .	α-naphtylamine + acide chromotropique.
L'azoéosine [By].	o-anisidine + acide α-naphtolsulfonique NW.
L'érika B [A].	Déhydro-thio-m-xylidine + acide α-naphtol-3 : 6-disulfonique.
La chrysoïne [B].. . . .	Acide sulfanilique + résorcine.
L'orangé II [B].	Acide sulfanilique + β-naphtol.
L'azofuchsine G [By]. . .	Acide sulfanilique + acide dioxynaphtalène-sulfonique S.
L'azorubine [Lev.]. . . .	Acide naphtionique + acide α-naphtolsulfonique N-W.
Le rouge solide [A].. . .	Acide naphtionique + acide β-naphtolsulfonique S.
La nouvelle coccine [B]. .	Acide naphtionique + acide β-naphtoldisulfonique G.
Le chromotrope 8B [M].. .	Acide naphtionique + acide chromotropique.
Le rouge lithol [B]. . . .	Acide β-naphtylamine-1-sulfonique + β-naphtol.
L'écarlate double brillant G [A].	Acide β-naphtylamine-monosulfonique Br + β-naphtol.
Le jaune de chrome D [By].	Acide β-naphtylamine-monosulfonique Br + acide salicylique.
Le jaune crumpsall [Lev.].	Acide β-naphtylaminedisulfonique G + acide salicylique.
Le jaune diamant R [By]. .	Acide o-amidobenzoïque + acide salicylique.
Le rouge sorbine [B]. . . ⎫ La lanafuchsine [C].. . . ⎭	p-amidoacétanilide + acide α-naphtol-3 : 6 disulfonique.
Le noir diazine [K]. . . .	Safranine + phénol.
Le bleu indoïne R [B]. . .	Safranine + β-naphtol.
Le noir diamant PV [By]. .	Acide o-amidophénol-p-sulfonique + 1 : 5 dioxynaphtalène.
Le vert palatin au chrome G [B]. ⎫ Le vert solide au chrome G [I]. ⎭	4-nitro-2-amidophénol + acide 1 : 8 amido-naphtol-3 : 6-disulfonique.
Le noir d'alizarine à l'acide R [M].	Acide 6-nitro-2-amidophénol-4-sulfonique + β-naphtol.

La cyanine solide au chrome G [I]. . . . . — Le bleu-noir erio au chrome B [G]. . . . . Acide 1-amido-β-naphtolsulfonique + α-naphtol.

Le noir erio au chrome T [G]. — Acide 8-nitroamido-β-naphtol-4-sulfonique + α-naphtol.

Le noir d'anthracène au chrome [C]. . . . . . . — Acide 3-amido-β-naphtol-7-sulfonique + β-naphtol.

Le noir palatin au chrome GB [B]. . . . . — Le bleu-noir erio au chrome R [G]. . . . . Acide 1-amido-β-naphtol-4-sulfonique + β-naphtol.

Le bleu lanacyl BB [C]. . . — Acide 1 : 8-amidonaphtol-3 : 6-disulfonique H + 1 : 5-amidonaphtol.

La rosophénine 10 B [Cl. Co]. — Acide déhydrothio-p-toluidinesulfonique + acide α-naphtolsulfonique N-W.

Colorants disazoïques. — (1) *Primaires.* — Ce sont les composés azoïques qui sont formés par l'action successive de deux sels diazoïques semblables ou différents — obtenus par la diazotation d'une monoamine — sur une amine ou un phénol, de sorte que les deux groupes diazoïques se lient à des atomes de carbone différents du phénol ou de l'amine employés.

Le premier colorant de cette classe fut la disazophénolaniline

$$C_6H_5N:N\diagdown \atop C_6H_5N:N\diagup C_6H_3OH$$

préparée en 1864, par Griess, par l'action du carbonate de potassium sur le nitrate de diazobenzène et appelée par lui oxytétrabenzène ou phénol bidiazobenzène (*Ann.* 1866, CXXXVII. 84).

Les deux colorants suivants sont des membres typiques de cette série, et sont d'une importance considérable :

Le *noir palatin* [B]; *noir pour laine* 4B et 6B [A]; *noir Buffalo* [Sch].

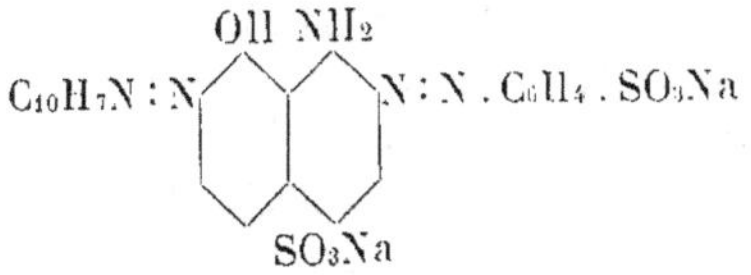

$$C_{10}H_7N:N \diagdown \diagup N:N.C_6H_4.SO_3Na$$

avec OH NH₂ en position supérieure et SO₃Na en position inférieure.

ou

acide sulfanilique, α-naphtylamine ⟩ acide 1-amido-8-naphtol-4-sulfonique.

est préparé en traitant l'acide 1-amido-8-naphtol-4-sulfonique d'abord en solution acide par l'acide sulfanilique diazoté et ensuite en solution alcaline par l'α-naphtylamine diazotée.

Le *bleu noir coomassie* [Lev.] ; le *bleu noir naphtol* [C]

$$\text{C}_6\text{H}_5\text{N}:\text{N}\underset{\text{SO}_3\text{Na}}{\overset{\text{OH}}{\bigcirc}}\underset{\text{SO}_3\text{Na}}{\overset{\text{NH}_2}{\bigcirc}}\text{N}:\text{NC}_6\text{H}_4\text{NO}_2$$

ou

$$\left.\begin{array}{l}\text{p-nitraniline}\\ \text{aniline}\end{array}\right\rangle \text{acide amidonaphtoldisulfonique H.}$$

D'autres colorants de ce groupe sont :

Le brun de résorcine . . . $\left.\begin{array}{l}\text{m-xylidine}\\ \text{acide sulfanilique}\end{array}\right\rangle$ résorcine.

Le vert patenté au chrome N [K].. . . . . . . $\left.\begin{array}{l}\text{aniline}\\ \text{acide picramique}\end{array}\right\rangle$ acide 1-amido-8-naphtol-4 : 6-disulfonique.

Les benzoécarlates solides [By]. . . . . . . 2 molécules d'un composé diazoté combiné avec le produit de l'action du phosgène sur l'acide 2-amido-5-naphtol-7-sulfonique.

Le brun d'anthracène à l'acide [C]. . . . . $\left.\begin{array}{l}\text{acide sulfanilique}\\ \text{p-nitraniline}\end{array}\right\rangle$ acide salicylique.

(2) *Secondaires.* — Ce sont les composés obtenus par combinaison des colorants amido-azoïques avec les amines et les phénols.

Cette série comporte plusieurs colorants importants qui sont employés dans la teinture de la laine et du coton.

Les suivants sont des exemples types :

Ecarlate de Biebrich. — Ce colorant est préparé à partir du composé diazoïque du jaune solide combiné avec le β-naphtol. Il consiste, par conséquent, en deux composés, l'un obtenu en partant de l'acide monosulfonique du jaune d'aniline et ayant la formule

$$\text{C}_6\text{H}_3\left\langle\begin{array}{l}\text{SO}_3\text{Na}\\ \text{N}:\text{NC}_6\text{H}_4\text{N}:\text{N}.\text{C}_{10}\text{H}_6\text{OH}\end{array}\right. ;$$

et un autre obtenu en partant de l'acide disulfonique et ayant la formule

$$C_6H_3\underset{N:N.C_6H_3}{\overset{SO_3Na}{\diagdown}}\underset{N:N.C_{10}H_6OH}{\overset{SO_3Na}{\diagdown}}$$

L'acide disulfonique prédomine cependant en général.

Le *noir diamant* F [By] ; le *noir éra* F [Lev.] ; le *noir au chrome solide* B [Sch]. — L'acide p-amidosalicylique est diazoté et combiné avec l'α-naphtylamine et le colorant amidoazoïque ainsi obtenu est diazoté et combiné avec l'acide α-naphtol-4-sulfonique (NW).

La constitution est donnée par la formule

$$C_6H_3(OH)(CO_2H)N:N.C_{10}H_6.N:N.C_{10}H_5\underset{OH}{\overset{SO_3H}{\diagdown}}$$

D'autres colorants de la série sont :

Le soudan III..	Amidoazobenzène + β-naphtol.
La crocéine brillante M [C]. .	Amidoazobenzène + acide β-naphtoldisulfonique G.
Le rouge pour drap B [By].	Amidoazotoluène + acide α-naphtolsulfonique NW.
La crocéïne 3B [Sch]. . .	Amidoazotoluène + acide α-naphtoldisulfonique Sch.
Le rouge pour laine B [C]. .	Amidoazotoluène + acide β-naphtoldisulfonique R.
Le bordeaux BX [By]. . .	Amidoazoxylène + acide β-naphtolsulfonique S.
Le bordeaux solide Union [Lev]..	Amidoazoxylène + acide β-naphtoldisulfonique R.
Le ponceau 4RB [A]. . .	Acide amidoazobenzènesulfonique + acide β-naphtol-8-sulfonique.
L'écarlate de crocéïne O extra [K].	Acide amidobenzènedisulfonique + acide β-naphtol-8-sulfonique.
L'écarlate de crocéïne 8B [By].	Acide amidoazotoluènesulfonique + acide β-naphtol-8-sulfonique.
La sulfone cyanine [By] ; bleu tolyl [M].	Acide métanilique-azo-α-naphtylamine + acide phényl-α-naphtylamine-8-sulfonique.

Le noir naphtylamine D [C] ; le noir pour laine coomassie D [Lev] ; le noir Buffalo AD [Sch]. . . .	Acide α-naphtylaminedisulfonique - azo - α - naphtylamine + α-naphtylamine.
Le noir naphtol 6B [C]. . .	Acide α-naphtylaminedisulfonique-azo- α-naphtylamine + acide β-naphtoldisulfonique R.
Le noir naphtol B [C]. . .	Acide β-naphtylamine 6-8-disulfonique-azo-α-naphtylamine + acide β-naphtoldisulfonique R.
Le vert diamant [By]. . .	Acide amidosalicylique-azo-α-naphtylamine + acide dioxynaphtalènemonosulfonique S.
Le noir pour laine coomassie R [Lev].	Acétyle-p-phénylènediamine-azo-α-naphtylamine + acide β-naphtolsulfonique S (le produit final est hydrolysé).
Le noir pour laine coomassie S [Lev].	Semblable au précédent sauf que l'on emploie l'acide β-naphtoldisulfonique R comme composant final.
Le noir diaminogène [C] pour coton.	Acide acétyl + 1 : 4-naphtylènediamine-6 ou 7-sulfonique-azo-α-naphtylamine + acide amidonaphtolsulfonique γ (le produit final est hydrolysé).
Le bleu diaminogène BB [C].	Semblable au précédent sauf que l'on emploie l'acide β-naphtolsulfonique S comme composant final.
Le nérol B [A].	Acide p-amidodiphénylamine-o-sulfonique-azo-α-naphtylamine + acide-β-naphtoldisulfonique R.

Colorants dérivés des sels tétrazoïques. — Ils sont préparés par combinaison des sels tétrazoïques, obtenus en partant d'une diamine primaire, avec deux amines ou phénols, semblables ou différents. Les membres les plus importants de cette classe sont ceux qui dérivent de la benzidine et de ses homologues et qui possèdent, comme il a été dit antérieurement, la propriété de teindre directement la fibre de coton.

La formation du colorant disazoïque est obtenue par le moyen habituel. La diamine est traitée par l'acide nitreux et convertie en sel tétrazoïque, réaction qui, dans le cas de la benzidine et de ses homologues, se produit très facilement.

La seule différence qu'il y ait alors entre la formation du composé azoïque et celle du composé disazoïque est que, dans ce dernier cas, il faut prendre deux molécules de l'amine ou du phénol employé comme second composant.

La formation des colorants disazoïques se fait en deux stades distincts. Dans le premier, une molécule du second composant se combine avec le sel tétrazoïque, en formant un produit intermédiaire bien défini qui contient encore un groupe diazoïque libre.

Ces produits intermédiaires peuvent être isolés dans la plupart des cas. Ce sont des composés bien caractérisés, souvent cristallins.

Par ébullition avec l'eau, le groupement diazoïque est remplacé par un hydroxyle, mais les colorants qui se forment ont peu de valeur au point de vue technique[1].

Si le produit intermédiaire est ultérieurement combiné avec une autre molécule de la même amine ou du même phénol, on obtient les colorants de benzidine simples ; et si on emploie une molécule de quelque autre amine ou phénol, on obtient des couleurs de benzidine mixtes. Ainsi :

le chlorure de tétrazobenzidine

$$C_6H_4N_2Cl$$

$$C_6H_4N_2Cl$$

se combine immédiatement avec 1 mol. de naphtionate de soude pour former le composé intermédiaire

$$C_6H_4N : N . C_{10}H_5 \begin{cases} NH_2 & (1) \\ SO_3H & (4) \end{cases}$$
$$| \quad C_6H_4N_2Cl$$

Ce sel diazoïque, par combinaison avec une nouvelle molécule de naphtionate de sodium donne l'acide dont le *rouge Congo* est le sel de sodium

$$C_6H_4N : N . C_{10}H_5 \begin{cases} NH_2 & (1) \\ SO_3Na & (4) \end{cases}$$

$$C_6H_4N : N . C_{10}H_5 \begin{cases} NH_2 & (1) \\ SO_3Na & (4) \end{cases}$$

1. A l'exception toutefois de la flavine diamant.

Toutefois l'entrée de la seconde molécule du second composant se fait lentement et, dans certains cas, il est nécessaire d'attendre deux ou trois jours avant que la combinaison soit complète.

Si le composé intermédiaire précédent est combiné (en solution alcaline) avec, par exemple, 1 mol. d'acide de Neville et Winther (acide 1 : 4-naphtolsulfonique) on obtient un colorant mixte de la benzidine, le *Congo Corinthe*

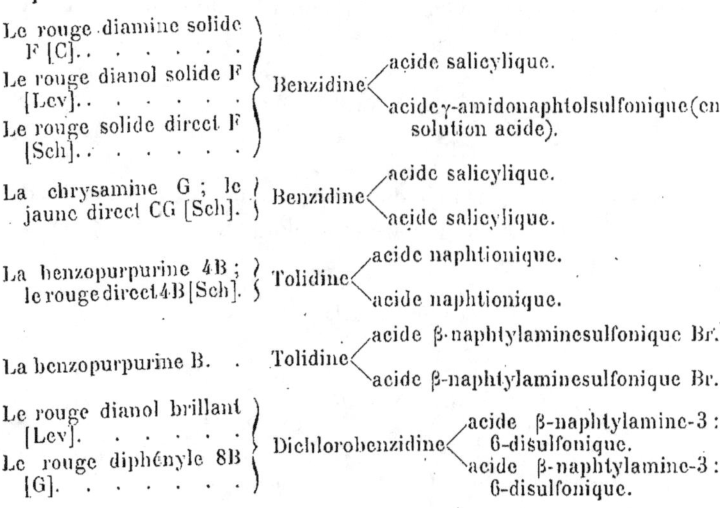

Diverses bases employées à la préparation des colorants substantifs pour coton ont déjà été mentionnées aux pp. 91 et suivantes et il est facile de comprendre que ces bases, en combinaison soit simple, soit mixte, avec les nombreux acides naphtol- et naphtylamine-sulfoniques que l'on peut employer à cet effet, produisent un nombre très considérable de colorants azoïques substantifs pour coton lesquels ont été préparés et sont journellement en usage.

La liste suivante comprend les colorants disazoïques les plus importants dérivés des p-diamines :

Le rouge diamine solide F [C].. Le rouge dianol solide F [Lev].. Le rouge solide direct F [Sch]..	Benzidine <	acide salicylique. acide γ-amidonaphtolsulfonique (en solution acide).
La chrysamine G ; le jaune direct CG [Sch].	Benzidine <	acide salicylique. acide salicylique.
La benzopurpurine 4B ; le rouge direct 4B [Sch].	Tolidine <	acide naphtionique. acide naphtionique.
La benzopurpurine B.	Tolidine <	acide β-naphtylaminesulfonique Br. acide β-naphtylaminesulfonique Br.
Le rouge dianol brillant [Lev]. Le rouge diphényle 8B [G].	Dichlorobenzidine <	acide β-naphtylamine-3 : 6-disulfonique. acide β-naphtylamine-3 : 6-disulfonique.

La benzocyanine R [By].   Benzidine ⟨ acide amidonaphtoldisulfonique H.
                                      acide amidonaphtolsulfonique S.

Le bleu diamine BX [C].
Le benzobleu BX [Lev]..   Tolidine ⟨ acide α-naphtolsulfonique NW.
Le bleu Niagara BX [Sch].   acide amidonaphtoldisulfonique H.

La benzoazurine G [Lev].
Le bleu direct G extra   Dianisidine ⟨ acide α-naphtolsulfonique NW.
  [Sch].. . . . . .   acide α-naphtolsulfonique NW.

Le jaune pour coton G [B]. Di-p-amidodiphénylurée ⟨ acide salicylique.
                                                     acide salicylique.

Le brun diamine M [C]..
Le brun direct solide   Benzidine ⟨ acide salicylique.
  Crumpsall B [Lev]. .   acide amidonaphtolsulfonique γ (en
Le brun direct 3RB [Sch].   solution alcaline).

L'écarlate foulon [M]. .   4·4'-diamido-2 : 2'-diméthyldiphénylméthane +
                              2 mols d'acide α-naphtol-5-sulfonique.

Le benzoviolet R [By]. .   Benzidine ⟨ acide α-naphtolsulfonique NW.
                                        acide α-naphtol-3 : 6-disulfonique.

Le noir diamine BH [C].
Le noir diazine H extra   Benzidine ⟨ acide amidonaphtolsulfonique γ.
  [Sch].. . . . . .   acide amidonaphtoldisulfonique H.

La benzopurpurine 10B
  [By]. . . . . . .   Dianisidine ⟨ acide naphtionique.
Le Cardinal Buffalo 7B   acide naphtionique.
  [Sch]. . . . . .

Le bleu Chicago 6B [A]..   Dianisidine ⟨ 2 mols d'acide 1 : 8-amidonaph-
Le bleu brillant dianol   tol-2 : 4-disulfonique.
  6B [Lev].. . . . .

Le bleu ciel diamine ; le   acide amidonaphtoldisulfonique
  bleu Niagara 4B [Sch] ; Dianisidine ⟨   H.
  le bleu chlorazol 6G [H].   acide amidonaphtoldisulfonique
                                           H.

Le noir palatin au chrome
  F [B].. . . . . .   Acide 2-6-diamido- ⟨ β-naphtol.
                             phénol-4-sulfonique β-naphtol.

La chrysophénine G. .   Acide diamidostilbènedisulfonique ⟨ phénétol.
                                                                phénétol.

La dianthine [Claus et Co].
La rosophénine 4B [Cl. Co]. . . . . . . } Diamidoazoxytoluène< acide α-naphtolsulfonique NW.
acide α-naphtolsulfonique NW.

Le rouge anthracène acide 3B [By]. . . . Acide-o-tolidinedisulfonique< β-naphtol.
β-naphtol.

Le *brun Bismarck* dérive de la m-phénylènediamine par traitement à l'acide nitreux. C'est un des plus anciens colorants azoïques.

Il a été découvert en 1864 par Martius et préparé industriellement par Roberts, Dale et Cᵒ en 1866.

Il résulte de la combinaison de 2 mol. de m-phénylène-diamine avec la tétrazo-m-phénylène-diamine et a, par conséquent, pour formule

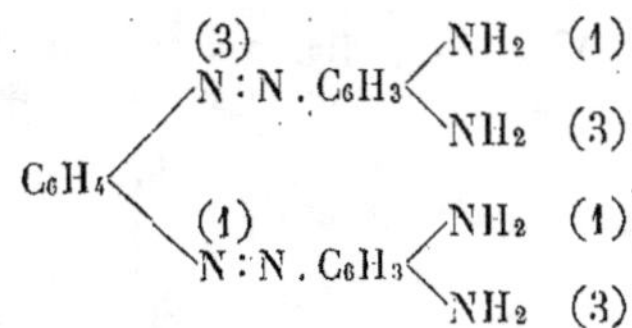

C'est un colorant basique teignant la laine en rouge-brun. Il n'a pas d'affinité pour la fibre de coton et il ne peut être fixé sur celle-ci qu'à l'aide de tanin.

Colorants trisazoïques. — Ces colorants peuvent être préparés par de nombreuses méthodes. L'une d'elles consiste à faire en sorte que l'un des seconds composants de la couleur de la benzidine contienne un groupe amidé diazotable. Ainsi :

Le *bronze diamine* G [C] est

Benzidine< acide salicylique.
acide amidonaphtolsulfonique H + m-phénylènediamine.

Le *noir direct* V [S] est

Benzidine< acide amidonaphtolsulfonique γ.
acide 7-amido-α-naphtol-3 : 6-disulfonique + α-naphtylamine.

Le *brun trisulfone* B [S] est

Benzidine < acide salicylique.

acide 2-amido-8-naphtol-3 : 6-disulfonique + m-phénylènediamine.

Le *benzo bleu solide* B [By] est

Dianisidine < acide α-naphtol-3 : 8-disulfonique.

α-naphtylamine + acide α-naphtol-3 : 8-disulfonique.

Une autre méthode de préparation de ces colorants consiste à faire réagir un sel diazoïque sur un des composants du colorant de la benzidine. Ainsi :

le *vert diamine* G [C]; le *vert dianol* G [Lev]; le *vert chlorazol* G [H]; le *vert erie direct* MT, BT [Sch] est

Benzidine < acide salicylique.

acide amidonaphtoldisulfonique H.

p-nitraniline

le *brun Congo* G [A]; le *brun direct* GR [Sch] est

Benzidine < acide salicylique.

résorcine.

Acide sulfanilique

le *vert Colombie* [A] est

Benzidine < acide salicylique.

acide amidonaphtolsulfonique-1 : 8 : 4.

Acide sulfanilique

D'autres colorants de ce groupe sont :

Le *noir chloramine* H [S] est

Benzidine < m-phénylènediamine.

2-5-dichloraniline + acide amidonaphtoldisulfonique H.

Le *noir erié direct* GX [Sch]; le *noir foncé direct* EW extra [By]

Benzidine < m-phénylènediamine.

acide amidonaphtol-disulfonique H.

Aniline

CAIN et THORPE.   8

Le *noir diamine* HW [C] ; le *noir ingrain* G [H]

$$\text{Benzidine} \left\langle \begin{array}{l} \text{acide amidonaphtolsulfonique } \gamma. \\[1em] \text{acide amidonaphtoldisulfonique H.} \end{array} \right.$$

p-nitraniline

Le *jaune d'alizarine* FS [DH].   .   Fuchsine + acide salicylique.

Le *noir Colombie* FB, FF extra [A] ; le *noir dianol*, FB, FF [Lev] ; le *noir panama*, R, F [Sch].

$$\text{p-pbénylènediamine} \left\langle \begin{array}{l} \text{acide } \alpha\text{-naphtylaminesulfonique (Cleve).} \\[1em] \text{acide amidonaphtolsulfonique } \gamma + \text{m-phény-} \\ \qquad\qquad \text{lènediamine.} \end{array} \right.$$

Colorants tétrakisazoïques. — Pour la plupart, les colorants de ce groupe sont produits directement sur la fibre par la diazotation et le développement du tissu teint avec une teinture substantive quelconque pour coton, contenant deux groupes amidés diazotables.

Les couleurs obtenues sont connues sous le nom de « Couleurs ingrain » et la méthode a été d'abord introduite par Green, qui l'appliqua à la Primuline (voir p. 264).

Il y a cependant quelques colorants de ce groupe qui sont mis dans le commerce à l'état fini :

le *benzo-brun* G [By]

$$\begin{array}{l} \text{Acide sulfanilique} \\[0.5em] \text{m-phénylènediamine} \\[0.5em] \text{Acide sulfanilique} \end{array} \left. \begin{array}{l} \\ \\ \end{array} \right\rangle \begin{array}{l} \text{m-phénylènediamine.} \\[1em] \text{m-phénylènediamine.} \end{array}$$

préparé en partant du brun Bismarck par traitement avec deux molécules d'acide diazo-sulfanilique :

le *brun de Hesse* BB [L]

$$\begin{array}{l} \text{Acide sulfanilique} \\[0.5em] \text{Benzidine} \\[0.5em] \text{Acide sulfanilique} \end{array} \left. \begin{array}{l} \\ \\ \end{array} \right\rangle \begin{array}{l} \text{résorcine.} \\[1em] \text{résorcine.} \end{array}$$

Le *brun direct* J [l]

$$\begin{array}{l} \text{Acide m-amidobenzoïque} \\[0.5em] \text{m-phénylènediamine} \\[0.5em] \text{Acide m-amidobenzoïque} \end{array} \left. \begin{array}{l} \\ \\ \end{array} \right\rangle \begin{array}{l} \text{m-phénylènediamine.} \\[1em] \text{m-phénylènediamine.} \end{array}$$

D'autres colorants de ce groupe sont :

Le *brun d'anthracène à l'acide* B (C)

$$
\begin{array}{c}
\text{Acide nitroamidosalicylique} \\
\searrow \alpha\text{-naphtylamine.} \\
\text{m-phénylènediamine} \\
\nearrow \alpha\text{-naphtylamine.} \\
\text{Acide nitroamidosalicylique}
\end{array}
$$

Le *brun de toluylène* [By]

$$
\begin{array}{c}
\text{Acide naphtionique} \\
\searrow \text{m-phénylènediamine.} \\
\text{Acide toluylènediaminesulfonique} \\
\nearrow \text{m-phénylènediamine.} \\
\text{Acide naphtionique}
\end{array}
$$

Le *brun póur coton* A [C]

$$
\begin{array}{c}
\text{Acide naphtionique} \\
\searrow \text{m-phénylènediamine.} \\
\text{Benzidine} \\
\nearrow \text{m-phénylènediamine.} \\
\text{Acide naphtionique}
\end{array}
$$

Le *noir dianil* PR [M]

$$
\begin{array}{c}
\text{m-phénylènediamine} \\
\searrow \text{acide amidonaphtolsulfonique } \gamma \\
\text{Acide benzidinemonosulfonique} \\
\nearrow \text{acide amidonaphtolsulfonique } \gamma \\
\text{m-phénylènediamine}
\end{array}
$$

CHAPITRE XII

PYRAZOLONES

Le colorant le plus important de cette série est la *Tartrazine*, qui fut découverte en 1884 par Ziegler (Ber., 1887, XX. 834), qui la prépara par l'action de l'acide phénylhydrazine sulfonique sur le dioxytartrate de sodium. Il la considéra comme une hydrazone, mais Anschütz (*Ann.*, 1897, CCXIV. 219) montra que c'était un dérivé de pyrazolone, sa formation pouvant être représentée par le schéma

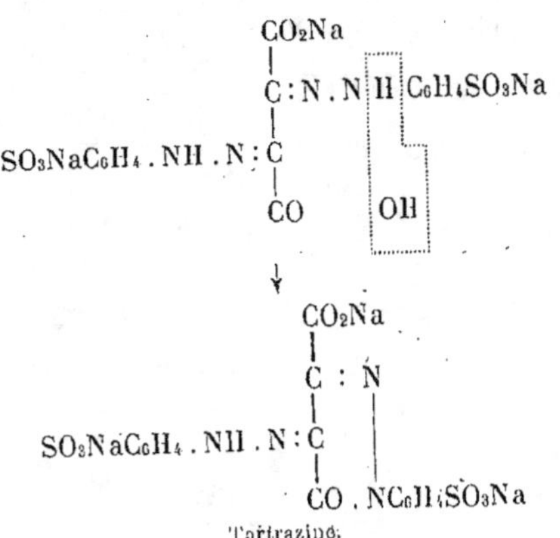

On le prépare aussi en condensant une molécule d'acide phénylhydrazine-sulfonique avec de l'oxalacétate éthylique, en traitant le produit par l'acide sulfanilique diazoté et en hydrolysant l'éther résultant.

La tartrazine est un beau colorant jaune pour la laine, extrêmement solide à la lumière; peu de colorants lui sont supérieurs à cet égard.

Le *jaune lumière solide* G [By], la *flavazine* L [M] préparée par
l'action de l'aniline diazotée sur le 1-p-sulfophényl-3-méthyl-5-pyra-
zolone, a la formule

$$CO$$
$$C_6H_5N : N . CH \quad N . C_6H_4SO_3Na$$
$$CH_3C = N$$

Les *jaunes xylène* [KS] sont préparés en traitant le 1-o-m-dichlor-
p-sulfophényl-3-méthyl-5-pyrazolone par des composés diazotés tels
que l'acide sulfanilique et la combinaison de l'acide primulinesulfo-
nique diazoté avec le phénylméthylpyrazolone et ses dérivés donne
naissance aux *jaunes dianil* [M]. De ce dernier pyrazolone et de
l'acide 1-amido-2-naphtol-4-sulfonique diazoté on obtient le *rouge
crié au chrome* B [G] (Pour plus de détails voir Cohn, « *Die Pyrazo-
lonfarbstoffe* » Stuttgart 1910).

CHAPITRE XIII

AURAMINE

H. Caro et A. Kern en 1883 (EP 5512[84]) préparèrent un colorant par fusion de la tétraméthyldiamidobenzophénone avec du chlorure d'ammonium et du chlorure de zinc à 150-160°. Ce colorant fut lancé par la Badische Anilin und Soda Fabrik sous le nom d'Auramine.

Son mode de préparation peut être représenté par l'équation suivante :

$$CO\begin{cases} C_6H_4N(CH_3)_2 \\ C_6H_4N(CH_3)_2 \end{cases} + NH_3 \rightarrow C\begin{cases} C_6H_4N(CH_3)_2 \\ =NH \\ C_6H_4N(CH_3)_2 \end{cases} + H_2O$$

Tétraméthyldiamidobenzophénone.　　　　　　Base auramine.

Cependant aujourd'hui ce colorant est préparé par une méthode suggérée en 1889 par Sandmeyer (EP 12,549[89] et 16,666[90]) et qui consiste à chauffer le tétraméthyldiamidodiphénylméthane avec du soufre, du chlorure d'ammonium et du sel de cuisine dans un courant de gaz ammoniac.

Dans cette réaction, il se forme de la thiocétone

$$C\begin{cases} C_6H_4N(CH_3)_2 \\ =S \\ C_6H_4N(CH_3)_2 \end{cases}$$

comme produit intermédiaire

L'auramine est un colorant basique pour laine ou un colorant au tanin pour coton. On le trouve le plus souvent sous la forme de son chlorhydrate. Il est exceptionnellement résistant à la lumière mais, malheureusement, il est facilement hydrolysé par ébullition avec l'eau. Aussi son emploi exige-t-il qu'on prenne soin de ne pas porter la température du bain au delà de 60-70°.

Ses propriétés l'apparentent étroitement aux composés de la série du triphénylméthane dont il sera question plus loin.

Ainsi, par réduction, il est converti en composé « *leuco* » ou incolore qui est retransformé en colorant par oxydation.

La constitution de la base auramine donnée plus haut a été proposée par Graebe. Cependant Stock considère (*J. prak. Chem.*, 1893, XLVII. 401) que c'est la structure quinonique représentée par la formule

$$C\begin{cases} C_6H_4N(CH_3)_2 \\ NH_2 \\ C_6H_4 = N(CH_3)_2Cl \end{cases}$$

qui représente le mieux la constitution du chlorure d'auramine. Il base son opinion sur la présence d'un groupement imide dans le chlorure de phénylauramine

$$C\begin{cases} C_6H_4N(CH_3)_2 \\ NH . C_6H_5 \\ C_6H_4 = N(CH_3)_2Cl \end{cases}$$

Cette formule représente le chlorure d'auramine comme un dérivé du triphénylméthane dans lequel un des groupements phényles a été remplacé par un groupement amine.

Des recherches récentes de Semper (*Ann.*, 1911, CCCLXXXI. 234) viennent cependant à l'appui de la formule de Graebe.

Il trouve, par exemple, que l'acétylauramine jaune

$$(CH_3)_2N . C_6H_4 . C . C_6H_4 . N(CH_3)_2$$
$$\| $$
$$N . COCH_3$$

donne des sels violet sombre ou gris bleu complètement distincts de ceux de l'auramine elle-même. Les propriétés des sels du dérivé acétylé montrent qu'il possède une structure quinonoïde

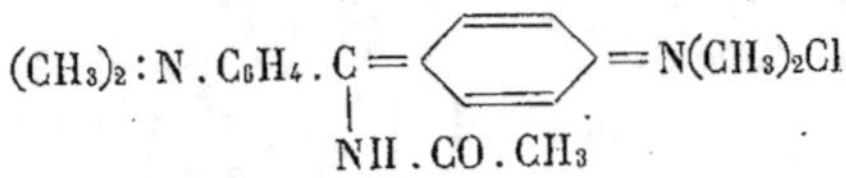
$(CH_3)_2 : N . C_6H_4 . C =$
$= N(CH_3)_2Cl$
$NH . CO . CH_3$

et le passage de la forme imide jaune au sel fortement coloré est si net que la substance peut être employée comme indicateur.

Il s'ensuit donc que les sels jaunes de l'auramine ne peuvent avoir la structure quinonique.

L'auramine G [B] est préparée en chauffant le diméthyl-diamido-di-o-tolylméthane sym. avec du soufre, dans un courant de gaz ammoniac.

La constitution est représentée par la formule

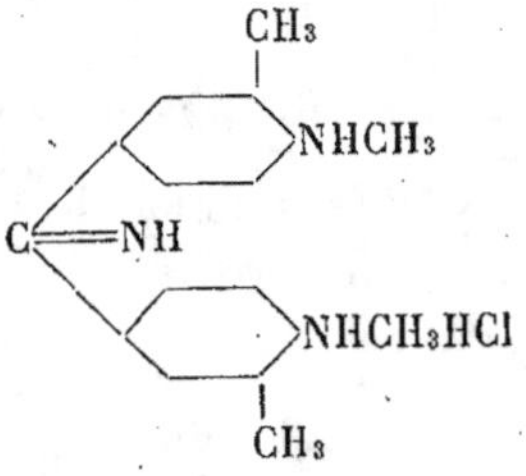
CH_3
$NHCH_3$
C
NH
$NHCH_3HCl$
CH_3

CHAPITRE XIV

COLORANTS DU TRIPHÉNYLMÉTHANE

L'hydrocarbure triphénylméthane (1)

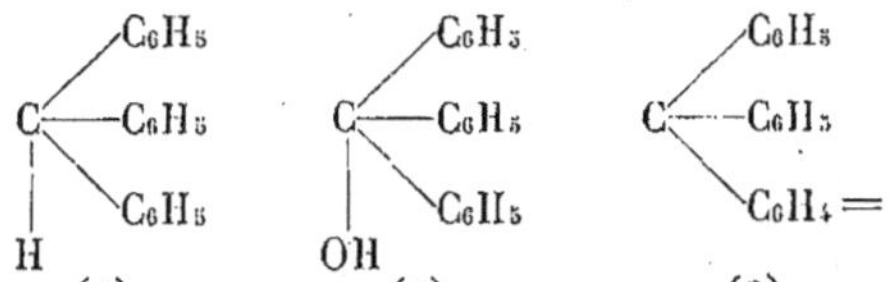

$$C \Big\langle \begin{matrix} C_6H_5 \\ C_6H_5 \\ C_6H_5 \end{matrix} \quad \Big|\, H \qquad\qquad C \Big\langle \begin{matrix} C_6H_5 \\ C_6H_5 \\ C_6H_5 \end{matrix} \quad \Big|\, OH \qquad\qquad C \Big\langle \begin{matrix} C_6H_5 \\ C_6H_5 \\ C_6H_4 = \end{matrix}$$

(1)   (2)   (3)

est à la base d'un grand nombre de colorants importants qui peuvent
tous être considérés comme des anhydrides du triphénylcarbinol (2).

Ces colorants sont les sels des bases ou acides formés par l'entrée
de groupements amines ou hydroxyles dans la molécule du triphénylcarbinol. La formation du sel se produit toujours avec élimination
d'eau et formation de l'anneau quinonique (3) (voir p. 132).

On peut faire entrer un, deux ou trois groupements hydroxyles,
mais seuls les di- et tri- dérivés sont importants comme colorants.

De plus il est nécessaire que ces groupes entrent dans des anneaux
benzéniques différents et dans la position para par rapport à l'atome
de carbone du méthane.

Il convient de regarder les matières colorantes de cette série comme
des dérivés de la fuchsonimine ou des dérivés hydroxylés de la
fuchsone, comme l'a suggéré v. Baeyer. La fuchsonimine (4) est
une substance colorée formant des sels rouge-orange (5) qui ne peuvent être employés que pour teindre le coton passé au tanin

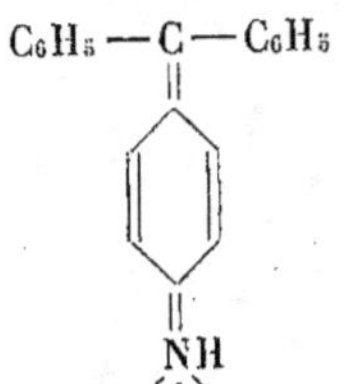

$$C_6H_5-C-C_6H_5 \qquad C_6H_5-C-C_6H_5$$

(avec noyaux benzéniques)

$$NH \qquad\qquad H.N.H$$
$$(4) \qquad\qquad\qquad Cl$$
$$(5)$$

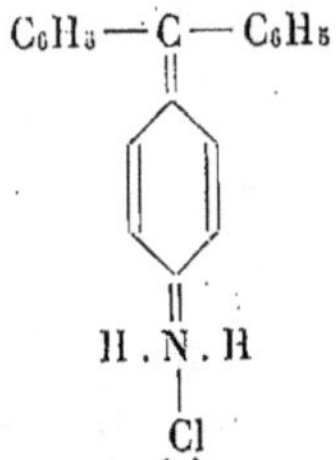

Par l'entrée d'un groupement aminc en position para par rapport à l'atome de carbone du méthane dans un d'es groupements phényles, on obtint le premier colorant véritable de la série, le violet de Döbner (6) et l'entrée d'un autre groupement aminc en position para dans le noyau benzénique restant conduit à la pararosaniline rouge bleu (7)

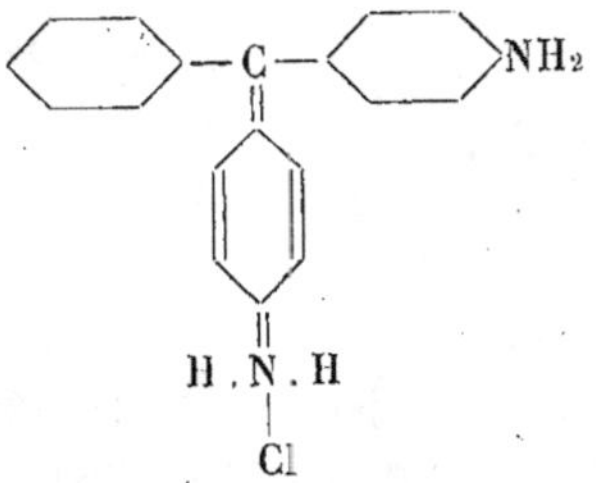

$$-C- \quad NH_2 \qquad H_2N- \quad -C- \quad NH_2$$

$$H.N.H \qquad\qquad H.N.H$$
$$Cl \qquad\qquad\qquad Cl$$
$$(6) \qquad\qquad\qquad (7)$$

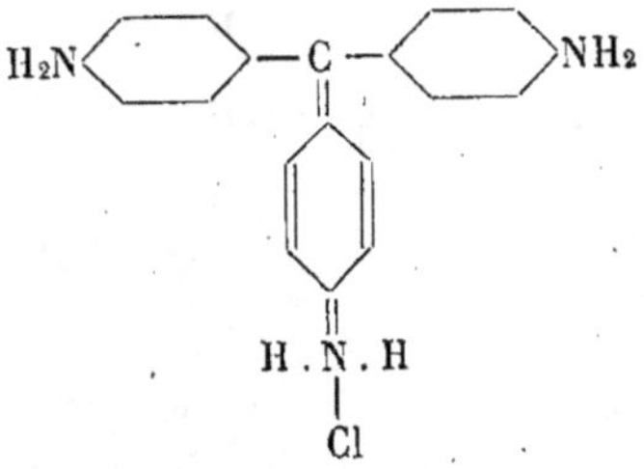

L'alkylation des groupements amines dans ces composés conduit alors à des substances de nuances différentes, selon le nombre et la nature des groupements alkyles substituants. De ces corps, on peut prendre comme types le vert malachite (8) et le violet cristalli sé (9)

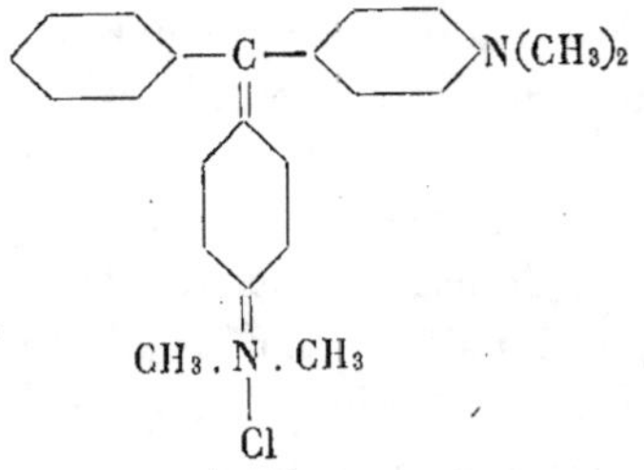

$$-C- \quad N(CH_3)_2 \qquad (CH_3)_2N- \quad -C- \quad N(CH_3)_2$$

$$CH_3.N.CH_3 \qquad\qquad CH_3.N.CH_3$$
$$Cl \qquad\qquad\qquad Cl$$
$$(8) \qquad\qquad\qquad (9)$$

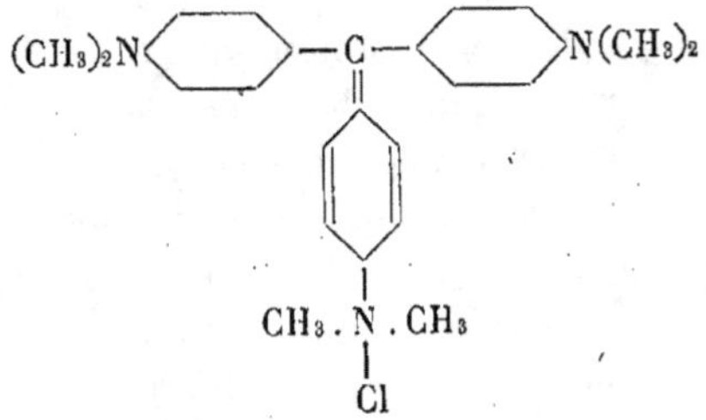

De même, les dérivés hydroxylés de la série peuvent être regardés comme dérivés de la fuchsone par entrée de groupements hydroxyles dans la position para des deux noyaux benzéniques, ainsi :

$$C_6H_5—C—C_6H_5$$

(Fuchsone).

$$OH—\langle\ \rangle—C—\langle\ \rangle—OH$$

(Aurine).

Les colorants du triphénylméthane seront, par conséquent, étudiés sous les rubriques suivantes :

a) Ceux qui contiennent deux groupements basiques. — Série du vert malachite.

b) Ceux qui contiennent trois groupements basiques. — Série de la rosaniline.

c) Ceux qui contiennent trois groupements hydroxyles. — Série de l'acide rosolique.

a) *Série du vert malachite.*

Les plus anciens colorants de ce groupe sont verts et ce ne fut qu'en 1888 que l'on prépara des colorants bleus — les bleus patentés.

Le *vert malachite* se trouve ordinairement dans le commerce à l'état de chlorure double de zinc ayant la formule

$$3\quad C\begin{cases}C_6H_5\\—C_6H_4N(CH_3)_2\\C_6H_4=N(CH_3)_2Cl\end{cases}\quad+\quad 2ZnCl_2\quad+\quad H_2O$$

mais plus souvent sous forme d'oxalate, et se prépare par une méthode qui sera décrite en détail à la p. 414.

C'est une des plus anciennes matières colorantes artificielles ; elle fut découverte en 1877 par O. Fischer (*Ber.*, 1877, X. 1624) qui la prépara par la méthode employée aujourd'hui pour sa fabrication industrielle.

Le *vert brillant* est le dérivé tétraéthylique correspondant, de formule (sulfate)

$$C\Big\langle\genfrac{}{}{0pt}{}{\genfrac{}{}{0pt}{}{C_6H_5}{C_6H_4N(C_2H_5)_2}}{C_6H_4=N(C_2H_5)_2SO_4H}$$

Son mode de préparation est analogue à celui du vert malachite.

Le *vert solide nouveau* 2B [I]

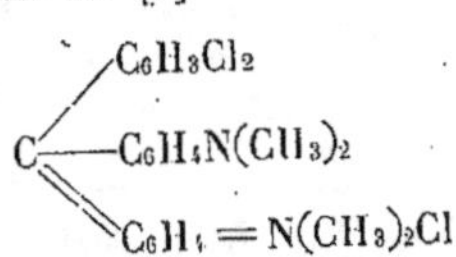

$$C\Big\langle\genfrac{}{}{0pt}{}{\genfrac{}{}{0pt}{}{C_6H_3Cl_2}{C_6H_4N(CH_3)_2}}{C_6H_4=N(CH_3)_2Cl}$$

est intéressant car il montre l'influence exercée sur la couleur d'un composé de cette série par l'entrée d'atomes de chlore dans l'anneau benzénique intact. On le prépare à partir de la dichlorobenzaldéhyde $(CHO : Cl : Cl = 1 : 2 : 5)$ et de la diméthylaniline, avec oxydation, ultérieure de la leuco-base formée.

La nuance de vert de ce colorant est beaucoup plus bleue que celle du vert malachite.

Acides sulfoniques de la série du vert malachite. — La préparation de dérivés sulfoniques de corps de la série du triphénylméthane sera étudiée plus en détail au chapitre consacré aux acides sulfoniques dérivés des colorants de la série de la rosaniline car ils sont plus importants que ceux dérivés, par sulfonation, de colorants de la série du vert malachite.

Le *vert Helvetia* qui est le sel de sodium de l'acide sulfonique obtenu par sulfonation directe du vert malachite n'est plus fabriqué et a été remplacé par le colorant suivant :

Le *vert acide* (GG) [By], ou vert lumière (SF jaunâtre) [B] préparé par sulfonation du produit de condensation de la benzaldéhyde avec la benzyléthylaniline et, par conséquent (comme sel sodique), possédant la constitution

$$C\Big\langle\genfrac{}{}{0pt}{}{\genfrac{}{}{0pt}{}{C_6H_4SO_3Na}{C_6H_4.N(C_2H_5).CH_2.C_6H_4.SO_3Na}}{C_6H_4.N(C_2H_5).CH_2.C_6H_4.SO_3Na}$$
$$\underset{OH}{|}$$

La forme sous laquelle la matière colorante se fixe sur la fibre est probablement

$$C\!\!\begin{cases} C_6H_4SO_2 \text{———————} \\ C_6H_4 . N(C_2H_5) . CH_2 . C_6H_4 . SO_3H \\ C_6H_4 = N(C_2H_5) . CH_2 . C_6H_4 . SO_3H \\ \quad | \\ \quad O \text{————————} \end{cases}$$

Un autre colorant intéressant de cette série est :

Le *vert solide* [By] que l'on prépare en condensant d'abord la m-nitro-benzaldéhyde avec la diméthylaniline ; en transformant alors le groupement nitré en groupement amine ; et, finalement, après conversion du composé amidé en son dérivé dibenzylique, en passant à l'acide disulfonique par sulfonation.

La formule (du sel de sodium) est donc :

$$OH : C\!\!\begin{cases} \overset{(1)}{} \quad \overset{(4)}{C_6H_4N(CH_3)_2} \\ \overset{(4)}{C_6H_4N(CH_3)_2} \\ \overset{(3)}{C_6H_4N(CH_2C_6H_4SO_3Na)_2} \end{cases}$$

Bleus Patentés. — En 1888, Hermann (EP. 12, 796[ss], AP. 412, 613 ; 412, 614 ; 412, 615), découvrit que, par condensation de la m-oxybenzaldéhyde avec les dérivés symétriques ou asymétriques alkylés de l'aniline, il se produisait des leuco-composés qui pouvaient être transformés en excellents colorants bleu verdâtre par sulfonation et oxydation subséquente.

Les mêmes composés peuvent aussi être obtenus en prenant comme point de départ le dérivé m-nitré ou m-aminé de la benzaldéhyde par conversion du groupe nitré ou aminé, en hydroxyle par les méthodes ordinaires, après condensation avec l'aniline dialkylée.

Un corps typique de cette série est :
le *bleu patenté* V qui, d'après Erdmann (*Ann.*, 1897, CCXCIV. 376) possède la constitution

$$\begin{array}{l} OH \\ (Ca_{\frac{1}{2}})O_3S \end{array}\!\!\!\left\langle \begin{array}{l} C\!\!\begin{cases} C_6H_4 . N(C_2H_5)_2 \\ C_6H_4 = N(C_2H_5)_2 \\ \quad | \\ SO_2 \text{———} O \end{cases} \end{array}\right.$$

On le prépare par l'une ou l'autre des méthodes suivantes :

(1) Condensation de 1 mol. de m-nitrobenzaldéhyde avec 2 mol. de diéthylaniline, suivie de réduction.

Conversion du m-amidotétréthyldiamidotriphénylméthane ainsi produit en dérivé hydroxylé correspondant, au moyen de l'acide nitreux.

Sulfonation.

Conversion en sel de calcium (ou de magnésium).

Oxydation.

(2) Condensation de la m-oxybenzaldéhyde avec la diéthylaniline.

Sulfonation du m-oxytétréthyldiamidotriphénylméthane ainsi obtenu.

Conversion en sel de calcium.

Oxydation.

C'est une teinture importante pour laine, particulièrement résistante à la lumière et à l'alcali.

D'autres colorants de ce groupe sont :

Le *cyanol extra* (Weinberg 1891) ou bleu acide 6G, préparé en employant la monoéthyl-o-toluidine au lieu de diéthylaniline dans l'une ou l'autre des méthodes indiquées pour préparer le Bleu patenté V.

Le *bleu patenté* A, préparé au moyen d'éthylbenzylaniline au lieu de diéthylaniline.

L'*azo vert* appartient à la fois aux colorants azoïques et du triphénylméthane. On le prépare par diazotation du m-amidotétraméthyldiamidotriphénylméthane

$$\text{NH}_2-\underset{\text{H}}{\underset{|}{\text{C}_6\text{H}_3}}-\text{C}\underset{\text{C}_6\text{H}_4\text{N(CH}_3)_2}{\overset{\text{C}_6\text{H}_4\text{N(CH}_3)_2}{<}}$$

et combinaison du composé diazoïque ainsi formé avec l'acide salicylique. Cette leucobase est finalement oxydée.

C'est un important colorant vert à mordant.

Des matières colorantes analogues contenant le groupement azoïque dans la position para par rapport à l'atome de carbone du méthane sont décrites par Green et Sen (*J. C. S.*, 1912, Cl. 1113).

Leur mode de préparation et leurs propriétés peuvent être exposées en se référant au composé formé par la condensation de l'acide phénétol-azobenzaldéhyde-sulfonique avec l'acide 2-hydroxy-m-toluique, c'est-à-dire

Ces substances, en tant qu'elles possèdent la structure du triphénylméthane, sont des composés « leuco », mais grâce aux groupements azoïques, ce sont des colorants jaunes.

La laine est donc teinte en jaune-orange, mais la couleur est oxydée et changée en noir sur la fibre par l'action du bichromate de potassium.

L'oxydation du composé « leuco » par le sulfate de nitrosyle donne

composé rouge foncé possédant des propriétés polygénétiques.

L'*érioglaucine* provenant de l'acide benzaldéhyde-o-sulfonique et de l'acide éthylbenzylaniline-sulfonique est

Autres colorants appartenant à la série du vert malachite :

Bleu glacier [J]

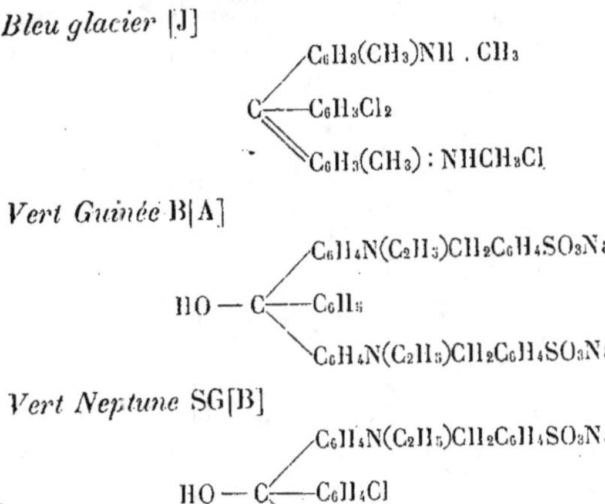

$$C \!\!\begin{cases} C_6H_3(CH_3)NH \cdot CH_3 \\ C_6H_3Cl_2 \\ C_6H_3(CH_3) : NHCH_3Cl \end{cases}$$

Vert Guinée B[A]

$$HO - C \!\!\begin{cases} C_6H_4N(C_2H_5)CH_2C_6H_4SO_3Na \\ C_6H_5 \\ C_6H_4N(C_2H_5)CH_2C_6H_4SO_3Na \end{cases}$$

Vert Neptune SG[B]

$$HO - C \!\!\begin{cases} C_6H_4N(C_2H_5)CH_2C_6H_4SO_3Na \\ C_6H_4Cl \\ C_6H_4N(C_2H_5)CH_2C_6H_4SO_3Na \end{cases}$$

b) La série de la rosaniline.

En 1859, le Pr Verguin, de Lyon, découvrit qu'il se formait un colorant rouge par oxydation de l'aniline au moyen du chlorure d'étain.

Il appela ce produit « fuchsine » et installa sa fabrication commerciale, d'accord avec la firme Renard Frères, de Lyon.

La production de ce colorant important conduisit à rechercher l'action d'autres agents oxydants sur l'aniline. Il en résulta qu'entre 1859 et 1861 un grand nombre de brevets furent pris pour la production de la fuchsine à partir d'aniline à l'aide d'agents oxydants divers.

Parmi eux les principaux sont :

Broomann..	chlorure mercurique.
Medlock. . ⎫	
Nicholson.. ⎪	
Girard. . . ⎬	acide arsénique.
De Laire. . ⎭	
Lauth. . . ⎫	
Laurent. . ⎪	
Castelhaz.. ⎬	nitrobenzène.
Coupier. . ⎭	

En même temps, de nombreux chimistes se mirent à étudier la constitution de la fuchsine et son procédé de fabrication. Parmi eux se trouvent A.-W. Hofmann, O. et E. Fischer, Rosenstiehl, Döbner, Caro, Dale, Schorlemmer et d'autres.

La première recherche scientifique importante sur ce sujet fut celle publiée par A.-W. Hoffman, en 1862, (*J. pr. Chem.*, 1862, LXXXVII. 226) qui trouva que cette substance était un sel d'une base qu'il appela rosaniline et qui, par réduction, était transformé en une base — leucaniline — caractérisée par le fait qu'elle donne, avec les acides, des sels incolores.

L'élucidation complète de la constitution de la fuchsine est due à Otto et Emil Fischer (*Ber.*, 1880, XIII, 2704) qui montrèrent que la leucaniline est une triamine primaire qui, par traitement avec l'acide nitreux et ébullition avec l'alcool absolu, est transformée en triphénylméthane.

Ils trouvèrent ensuite que cet hydrocarbure, par traitement à l'acide nitrique fumant, est converti en dérivé trinitré qui peut être réduit à l'état de leucaniline.

Ainsi

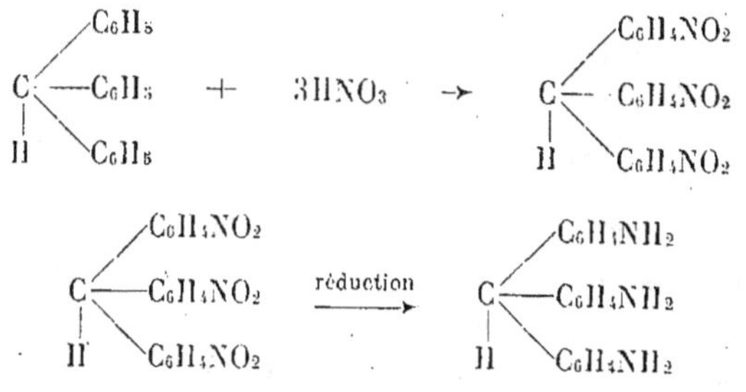

$$
\underset{H}{\overset{C_6H_5}{\underset{C_6H_5}{C}}}\!\!-\!C_6H_5 \;+\; 3HNO_3 \;\rightarrow\; \underset{H}{\overset{C_6H_4NO_2}{\underset{C_6H_4NO_2}{C}}}\!\!-\!C_6H_4NO_2
$$

$$
\underset{H}{\overset{C_6H_4NO_2}{\underset{C_6H_4NO_2}{C}}}\!\!-\!C_6H_4NO_2 \;\xrightarrow{\text{réduction}}\; \underset{H}{\overset{C_6H_4NH_2}{\underset{C_6H_4NH_2}{C}}}\!\!-\!C_6H_4NH_2
$$

Et encore

$$
\underset{H}{\overset{C_6H_4NH_2}{\underset{C_6H_4NH_2}{C}}}\!\!-\!C_6H_4NH_2 \;\xrightarrow[\text{et alcool}]{\text{acide nitreux}}\; \underset{H}{\overset{C_6H_5}{\underset{C_6H_5}{C}}}\!\!-\!C_6H_5
$$

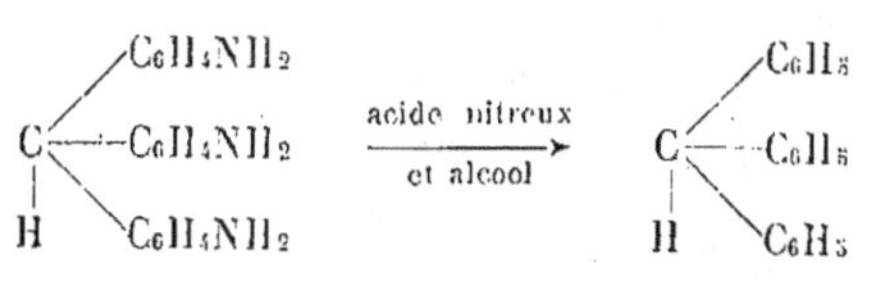

En conséquence la leucaniline est un triamidotriphénylméthane et la base rosaniline obtenue à partir de ce corps est un triamido-triphénylcarbinol.

Cain et Thorpe.

9

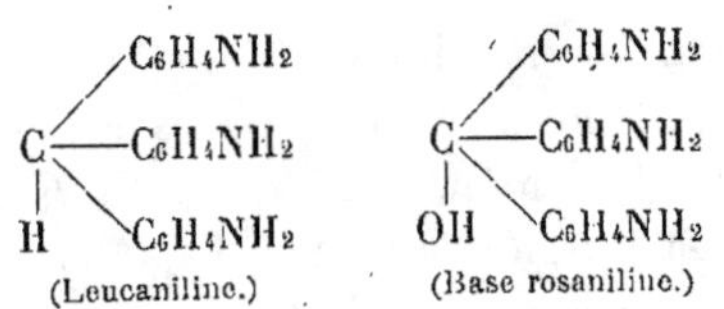

On détermina de la façon suivante les positions des groupements amines dans les trois radicaux phényles :

Lorsque la benzaldéhyde est condensée avec l'aniline en présence de chlorure de zinc, il se produit du diamidotriphénylméthane

Dans les mêmes conditions, la p-amidobenzaldéhyde se condense avec l'aniline pour former un triamidotriphénylméthane (leucaniline) dans lequel la position d'un groupement amine par rapport à l'atome de carbone du méthane est fixée par la méthode de formation

Ce groupement amine n'est pas un de ceux contenus dans le diamidotriphénylméthane mentionné plus haut, il suffit par conséquent de déterminer les positions des deux groupements amines dans cette substance pour élucider la constitution de la leucaniline.

On y parvint de la façon suivante :

Le diamidotriphnéylméthane, par traitement à l'acide nitreux et ébullition avec l'eau, est converti en dihydroxytriphénylméthane

qui, par fusion avec la potasse caustique, est converti en diparadioxybenzophénone conformément à l'équation

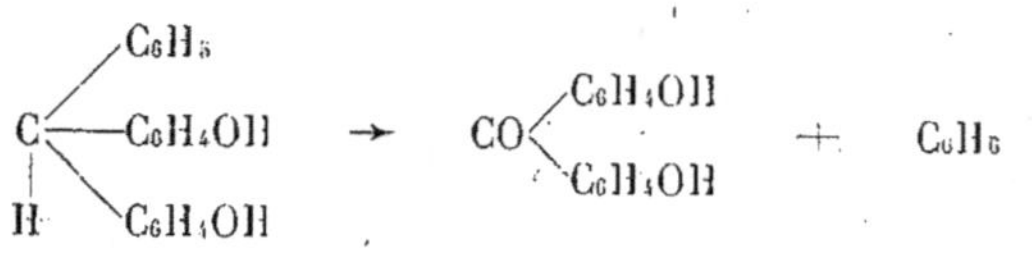

$$C \diagdown \begin{matrix} C_6H_5 \\ C_6H_4OH \\ C_6H_4OH \end{matrix} \quad \rightarrow \quad CO \diagdown \begin{matrix} C_6H_4OH \\ C_6H_4OH \end{matrix} \quad + \quad C_6H_6$$

Cette substance avait été antérieurement préparée par Döbner (Ber., 1879, xii. 1466) et la position para des deux groupements hydroxyles par rapport au groupement cétonique y avait été clairement établie.

Il s'ensuit donc que les deux groupements amines, dans le diamidotriphénylméthane, sont dans la position para par rapport à l'atome de carbone méthanique, et, de là, que les trois groupes amidés contenus dans la leucaniline sont aussi en position para.

Les formules de la leucaniline et de la rosaniline sont donc

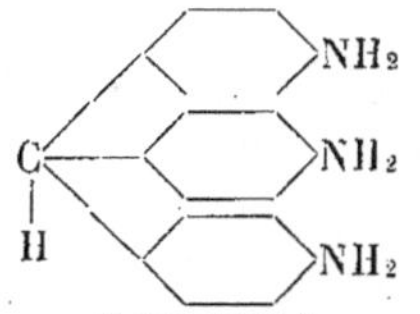

(Leucaniline.) 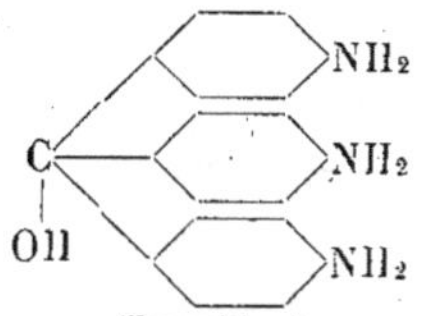   (Rosaniline.)

Peu après la découverte de la fuchsine, Hofmann (Ann., 1864, cxxxii. 296) montra que l'aniline pure ne donnait pas ce colorant par oxydation, mais que la présence de p-toluidine est nécessaire pour sa formation. Cela s'explique en admettant que l'agent oxydant agit d'abord sur le groupement méthyle de la p-toluidine, en le transformant en groupement aldéhydique qui, alors, copule avec 2 molécules d'aniline pour former la base du colorant. Ainsi :

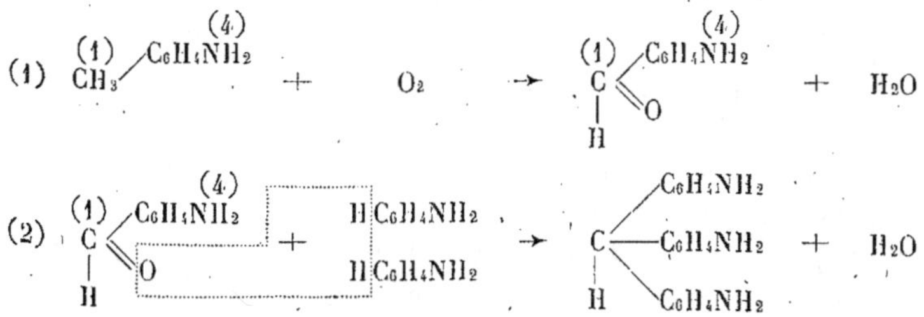

(1) $\quad \overset{(1)}{CH_3} \diagup \overset{(4)}{C_6H_4NH_2} \quad + \quad O_2 \quad \rightarrow \quad \overset{(1)}{C} \diagup \overset{(4)}{C_6H_4NH_2} \quad + \quad H_2O$

(2) $\quad \overset{(1)}{C} \diagdown \overset{(4)}{C_6H_4NH_2} \quad + \quad \begin{matrix} H\,C_6H_4NH_2 \\ H\,C_6H_4NH_2 \end{matrix} \quad \rightarrow \quad C \diagdown \begin{matrix} C_6H_4NH_2 \\ C_6H_4NH_2 \\ C_6H_4NH_2 \end{matrix} \quad + \quad H_2O$

(Base rosaniline.)

Dans la pratique, on emploie toujours un mélange équimoléculaire d'aniline, de para- et d'orthotoluidine pour produire la fuchsine; par conséquent, il y a toujours une seconde rosaniline qui se forme suivant l'équation

$$C \underset{H}{\overset{C_6H_4NH_2}{<}} O \;+\; \underset{H}{\overset{H}{}}\,C_6H_4NH_2 \;\; H\,C_6H_3 \underset{NH_2\,(2)}{\overset{CH_3\,(1)}{<}} \;\rightarrow\; \underset{H}{\overset{(1)}{}} C \underset{C_6H_3 \underset{NH_2\,(4)}{\overset{CH_3\,(3)}{<}}}{\overset{\overset{4}{C_6H_4NH_2}}{\underset{(4)}{C_6H_4NH_2}}} \;+\; H_2O$$

(Homorosaniline.)

On lui a donné le nom de homorosaniline pour la distinguer de l'autre qui avait été appelée para-rosaniline.

Ce dernier nom, cependant, ne se référait en aucune façon aux positions des groupements amines, car à l'époque où ce nom fut donné, ces positions étaient inconnues.

Lois régissant la formation des colorants de la série de la rosaniline. — Après l'explication précédente de la constitution de la base rosaniline, il est évident que, pour que des bases puissent servir à la préparation de ces colorants, elles doivent répondre à certaines conditions bien définies.

Ainsi, en premier lieu, l'une des bases doit contenir un groupement para-méthyle, sinon l'atome de carbone méthanique para nécessaire ne peut être obtenu par oxydation.

En conséquence, ni l'ortho- ni la méta-toluidine, soit seules, soit conjointement à l'aniline, ne peuvent donner les rosanilines par oxydation.

De même, il est évident que deux molécules des bases employées doivent avoir leurs positions para libres puisque c'est en ces points que l'union avec l'atome de carbone méthanique se fait.

Ainsi la para-toluidine oxydée seule ne peut donner de colorants de la rosaniline.

Rosensthiehl et Gerber répartissent comme suit les homologues de l'aniline en trois classes:

(1) Les dérivés para, qui donnent les rosanilines lorsqu'on les oxyde en même temps que deux molécules des bases de la classe (2) ou d'aniline, mais non par eux-mêmes.

(2) Les dérivés ortho qui donnent des rosanilines lorsqu'on les oxyde avec les bases de la classe (1), mais non lorsqu'on les oxyde seuls ou avec l'aniline.

(3) Les dérivés méta qui, dans aucun cas, ne donnent de rosaniline par oxydation.

Le fait qu'il peut exister des rosanilines contenant des groupements méthyles en position méta par rapport au groupement amine a été démontré par E. Nœlting qui a préparé une leuco-base de formule

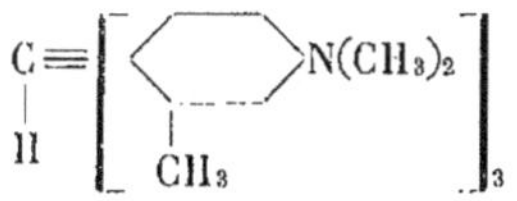

$$C \equiv \left[\underset{CH_3}{\bigcirc} N(CH_3)_2 \right]_3 H$$

qui donne des colorants bleus de rosaniline par oxydation. Ils sont cependant préparés par des méthodes indirectes.

Nœlting a montré aussi qu'il est possible de préparer des colorants de rosaniline dans lesquels un des groupements amines est dans la position ortho ou méta par rapport à l'atome de carbone méthanique.

Ainsi les leuco-bases

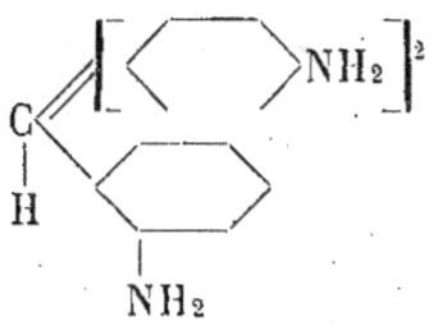

$$\underset{H}{C} \left[\bigcirc NH_2 \right]^2 \underset{NH_2}{\bigcirc} \qquad et \qquad \underset{H}{C} \left[\bigcirc NH_2 \right]^2 \underset{NH_2}{\bigcirc}$$

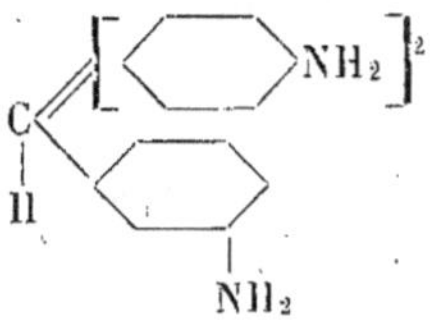

donnent des colorants de rosaniline par oxydation.

Toutefois, s'il y a moins de deux des groupements amines en position para, il ne se forme pas de colorants de rosaniline par oxydation des leuco-bases.

Formation du colorant à partir de la base colorante. Constitution des couleurs de rosaniline. — Comme il a déjà été mentionné, la formation du colorant à partir de la base colorante est obtenue par l'action d'acides dilués.

En traitant la base carbinol par l'acide chlorhydrique, une molécule d'eau est éliminée et il se forme un monochlorure; par l'action

plus profonde de l'acide chlorhydrique il se forme un di- et un trichlorure, mais ceux-ci se produisent sans élimination d'eau et doivent
être considérés comme de véritables sels obtenus par la transformation de l'azote trivalent en azote pentavalent.

De plus, le monochlorure seul est le colorant véritable, l'action
ultérieure de l'acide détruisant graduellement la couleur.

Il est certain que, dans la transformation de la base colorante en
sel colorant, il se produit un changement de constitution, la base
ayant la structure du triphénylméthane et le sel, la structure quinonique (*Nietzki*).

Ainsi

$$C{<}\begin{cases} C_6H_4NH_2 \\ C_6H_4NH_2 \\ C_6H_4NH_2 \\ OH \end{cases} + HCl \longrightarrow C{<}\begin{cases} C_6H_4NH_2 \\ C_6H_4NH_2 \\ C_6H_4{=}NH\,.\,HCl \end{cases} + H_2O$$

(Base colorante.)   (Sel quinonique.)

L'existence d'une structure quinonique dans les colorants de cette
série a été confirmée par la découverte de V. Georgievics pour la
fuchsine, et de Homolka, pour la nouvelle fuchsine, d'une seconde
base de rosaniline qui est colorée et qui, selon toute probabilité, est
la base ammonium correspondant au sel quinonique indiqué plus
haut.

$$C{<}\begin{cases} C_6H_4NH_2 \\ C_6H_4NH_2 \\ C_6H_4{=}NH_2Cl \end{cases} \longrightarrow C{<}\begin{cases} C_6H_4NH_2 \\ C_6H_4NH_2 \\ C_6H_4{=}NH_2OH \end{cases}$$

[Chlorure de rosaniline (fuchsine).]   (Base rosaniline ammonium.)

L'existence de cette seconde base de rosaniline fut confirmée par
des mesures de conductivité électrique (Hantzsch et G. Osswald,
Ber., 1908, XXXII. 303) et on trouva qu'elle était colorée et dissociée par la potasse et, par suite, qu'elle se comportait comme une
véritable base ammonium.

La base carbinol, comme déjà mentionné, est incolore, et n'est
pas dissociée d'une manière appréciable.

La base carbinol de la fuchsine est donc susceptible de se transformer directement en sels.

Suivant Hantzsch, c'est une « pseudo-base » et, lorsqu'elle est transformée en sel, elle passe d'abord à l'état de base ammonium appelée par lui « base rosaniline » .

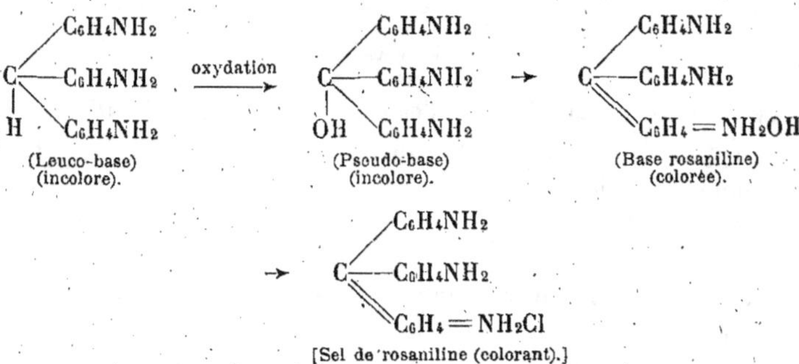

(Leuco-base) (incolore). —oxydation→ (Pseudo-base) (incolore). → (Base rosaniline) (colorée).

→ [Sel de rosaniline (colorant).]

Selon Hantzsch et Osswald, les autres bases colorées de cette série se comportent de la même façon, la formule générale de ces bases ammonium étant

$$C\diagdown_{C_6H_4 = NR_2OH}$$

où $R =$ hydrogène ou un radical hydrocarburé monovalent quelconque.

Une autre manière de voir au sujet de la constitution du chlorure de rosaniline est celle proposée par Rosenstiehl d'après lequel la rosaniline est un alcool tertiaire et son chlorure, l'éther chloré de cet alcool,

(Base rosaniline.)   →   (Chlorure de rosaniline.)

Cependant, sans parler du caractère salin du chlorure de rosaniline, cette manière de voir est rendue peu plausible par les propriétés d'un cyanure de cette formule préparé par E. Fischer et W.-L. Jennings (*Ber.*, 1893, xxvi. 2224).

Cette substance qui, sans aucun doute, a la constitution

$$C\underset{\underset{CN}{|}}{\overset{\nearrow C_6H_4NH_2}{\longleftarrow C_6H_4NH_2}}_{\searrow C_6H_4NH_2}$$

est incolore, insoluble dans l'eau et insensible aux alcalis froids.

Il est intéressant de noter que Otto Fischer a trouvé que l'alcool p-amidobenzylique

$$OH . CH_2 — C_6H_4 . NH_2$$

se comporte de façon très semblable à la rosaniline par conversion en chlorure.

Ainsi, lorsqu'il est traité par l'acide chlorhydrique, on obtient le chlorure normal incolore

$$OH . CH_2 — C_6H_4NH_2HCl$$

Si celui-ci est chauffé à 100°, de l'eau est éliminée et il se produit un chlorure coloré qui possède la propriété de teindre la soie en jaune en solution alcoolique.

Par dissolution dans l'eau, le chlorure coloré devient de nouveau incolore par suite de sa retransformation en chlorure normal.

Méthodes de formation. — Les méthodes suivantes sont employées pour la préparation des substances de la série de la rosaniline.

(1) Oxydation des p-amines mélangées avec des bases capables de donner des rosanilines (voir p. 132).

$$C_6H_4\underset{\searrow CH_3}{\overset{\nearrow NH_2}{}} + 2C_6H_5NH_2 + O \rightarrow C\underset{\underset{OH}{|}}{\overset{\nearrow C_6H_4NH_2}{\longleftarrow C_6H_4NH_2}}_{\searrow C_6H_4NH_2} + 2H_2O$$

(p-toluidine.)   (Aniline.)   (Base rosaniline.)

Les agents oxydants les plus habituellement employés sont l'acide arsénique et le nitrobenzène. Ce dernier a, cependant, aujourd'hui pratiquement supplanté le premier, car par suite de l'impossibilité de débarrasser le colorant fini des dernières traces d'arsenic, le produit obtenu est fréquemment vénéneux.

Le procédé est décrit plus complètement à la page 417.

Dans la préparation de la fuchsine, on obtient comme sous-produit un colorant jaune, la chrysaniline ; celle-ci se forme sans doute par suite d'une condensation partielle en ortho, donnant naissance à la substance

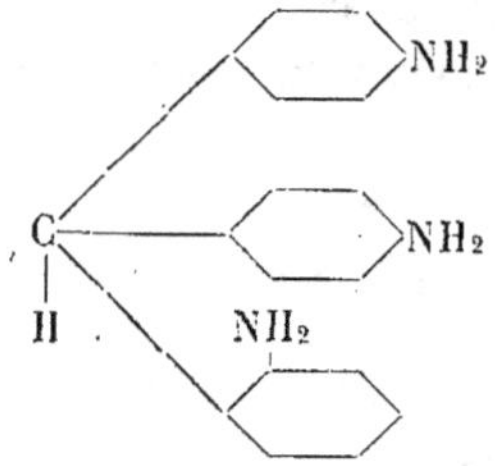

qui, par oxydation ultérieure, est transformée en chrysaniline.

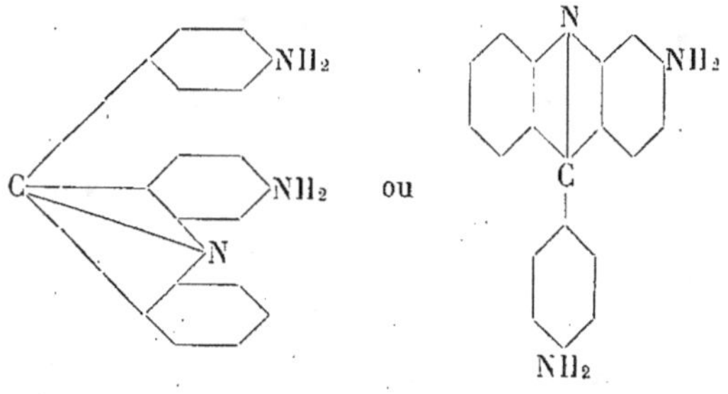

La chrysaniline est, par conséquent, une diamidophénylacridine.

(2) Le *procédé de la nouvelle fuchsine* [M]. La formaldéhyde est condensée avec l'ortho-toluidine pour former l'anhydroformaldéhyde-o-toluidine.

$$CH_2O + H_2NC_6H_4CH_3 \rightarrow CH_2:N.C_6H_4CH_3 + H_2O$$

(Formaldéhyde.) (Toluidine). (Anhydroformaldéhyde-o-toluidine.)

En chauffant cette substance avec l'o-toluidine et le chlorhydrate d'o-toluidine, elle se transforme, par transposition moléculaire, en diamidotri-o-tolyl-méthane

$$CH_2:N.C_6H_4CH_3 + C_6H_4CH_3NH_2 \rightarrow CH_2=(C_6H_4CH_3NH_2)_2$$

Cette dernière substance est facilement transformée en nouvelle-fuchsine en la chauffant avec du chlorhydrate d'o-toluidine en présence d'un agent oxydant; et le procédé est susceptible d'une large application car plusieurs bases autres que la toluidine peuvent être employées, donnant naissance à d'autres colorants de cette série.

(3) *Procédé au phosgène* [*B*]. — Lorsqu'on fait réagir le gaz phosgène $COCl_2$ sur la diméthylaniline en présence de chlorure de zinc, il se forme de la tétraméthyldiamidobenzophénone

$$COCl_2 \; + \; \begin{matrix} H C_6H_4N(CH_3)_2 \\ H C_6H_4N(CH_3)_2 \end{matrix} \rightarrow \; CO\begin{matrix} C_6H_4N(CH_3)_2 \\ C_6H_4N(CH_3)_2 \end{matrix} \; + \; 2HCl$$

Cette cétone, par traitement à l'oxychlorure de phosphore, est transformée en dichlorure

$$CCl_2\begin{matrix} C_6H_4N(CH_3)_2 \\ C_6H_4N(CH_3)_2 \end{matrix}$$

qui se condense avec différentes bases pour former des dérivés de la rosaniline.

(4) Par condensation du tétra-alkyl-diamidobenzhydrol

$$CHOH\begin{matrix} C_6H_4N(CH_3)_2 \\ C_6H_4N(CH_3)_2 \end{matrix}$$

préparé par l'oxydation du tétra-méthyldiamidotriphénylméthane, avec des bases et des phénols [By].

Description générale des colorants de la série de la rosaniline. — Les colorants de la rosaniline, sauf sous la forme de leur acide sulfonique (qui sera décrit plus loin), sont des colorants basiques teignant directement la laine et la soie, mais qui exigent l'emploi du tanin pour se fixer sur la fibre de coton.

La *fuchsine* se trouve dans le commerce sous forme de chlorure (plus rarement d'acétate) de para- et d'homorosaniline.

Le mélange de bases, aniline, o- et p-toluidine, employé pour sa fabrication est connu dans la technique sous le nom de « huile d'aniline pour rouge ».

La forme la plus pure de fuchsine est connue sous le nom de fuchsine diamant et est employée plutôt pour la préparation d'autres colorants de la série que comme colorant.

La *nouvelle fuchsine* [M] est le chlorure de tritolylrosaniline

$$C \left\langle \begin{array}{l} \overset{(3)}{C_6H_3(CH_3)} - \overset{(4)}{NH_2} \\ \overset{(3)}{C_6H_3(CH_3)} - \overset{(4)}{NH_2} \\ \overset{(3)}{C_6H_3(CH_3)} = \overset{(4)}{NH_2Cl} \end{array} \right.$$

et s'obtient à partir de l'o-toluidine par le procédé de la nouvelle fuchsine (voir plus haut).

Si les hydrogènes du groupement amine de la fuchsine sont remplacés par des groupements alkyles, il se forme des colorants violets qui se rapprochent plus ou moins du bleu ou du rouge suivant que le nombre de groupements alkyles est plus grand ou plus petit.

Les *violets de méthyle* comprennent un grand nombre de colorants appartenant à cette série et auxquels on ajoute les lettres R, 2R, 3R, B, 2B, 3B, etc., pour indiquer la nuance rouge ou bleue du colorant.

La méthode la plus ordinairement adoptée pour leur préparation consiste à oxyder la diméthylaniline par le chlorure de cuivre en présence de phénol. La marche de cette réaction est la suivante :

Un groupement méthyle de la diméthylaniline est oxydé et transformé en formaldéhyde qui se condense avec la méthylaniline résultante et deux molécules de diméthylaniline non altérée pour former la pentaméthylrosaniline.

Le violet de méthyle le plus bleu qui puisse être préparé par cette méthode, le *violet de méthyle* 6B, est obtenu en traitant la pentaméthylrosaniline par le chlorure de benzyle et la transformant ainsi en dérivé benzylique. Il a, par suite, la formule

$$C \left\langle \begin{array}{l} C_6H_4N(CH_3)_2 \\ C_6H_4N(CH_3)_2 \\ C_6H_4 = N \left(\begin{array}{l} CH_3 \\ CH_2 . C_6H_5 \end{array} \right) Cl \end{array} \right.$$

Le chlorure d'hexaméthylrosaniline est connu sous le nom de *violet cristallisé*

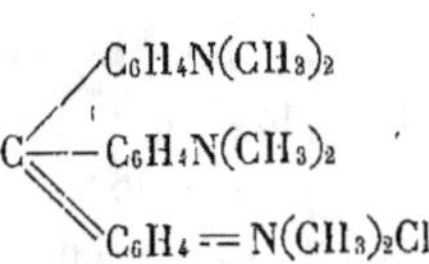

$$C \Big\langle \begin{matrix} C_6H_4N(CH_3)_2 \\ C_6H_4N(CH_3)_2 \\ C_6H_4 = N(CH_3)_2Cl \end{matrix}$$

et est préparé par la méthode au phosgène.

Le *violet d'Hofmann* fut le premier colorant violet de cette série. Il n'a plus maintenant qu'un intérêt historique. C'est l'iodure de triéthylrosaniline

$$C \Big\langle \begin{matrix} C_6H_4NH \cdot C_2H_5 \\ C_6H_4NH \cdot C_2H_5 \\ C_6H_4 = NHC_2H_5I \end{matrix}$$

Par l'addition d'iodure et de chlorure d'alkyles aux colorants de rosaniline violets, il se forme une série de colorants verts qui sont des produits d'addition du sel de rosaniline alkylé et du composé alcoylhalogène.

Ils ont, pour la plupart, été remplacés par d'autres colorants verts car, comme ce sont des sels quaternaires, ils se décomposent à température relativement basse, en donnant le composé alcoylhalogène et le colorant violet dont ils sont dérivés.

Le *vert à l'iode* est préparé en traitant le violet de méthyle par l'iodure de méthyle. Sa formule est

$$C \Big\langle \begin{matrix} C_6H_4N(CH_3)_2 \\ C_6H_4N(CH_3)_2 \\ C_6H_4 = N(CH_3)_2I \end{matrix} \qquad + \qquad CH_3I$$

Pendant un certain temps ce colorant fut fort employé, mais il fut bientôt remplacé par le *vert de méthyle* correspondant,

$$C \Big\langle \begin{matrix} C_6H_4N(CH_3)_2 \\ C_6H_4N(CH_3)_2 \\ C_6H_4N(CH_3)_2Cl \end{matrix} \qquad + \qquad CH_3Cl$$

préparé de la même façon en partant du violet de méthyle et du chlorure de méthyle.

Ce colorant est encore employé sur une certaine échelle pour la teinture du coton mordancé au tanin, usage pour lequel il convient mieux que le vert malachite.

Dérivés phényliques et tolyliques de la rosaniline. — En chauffant la rosaniline avec l'aniline ou la toluidine en présence d'acides acétique ou benzoïque, il se forme, dans le premier cas, des colorants violets qui consistent en mono- et diphényl- (ou tolyl) rosanilines ; celles-ci, par action ultérieure de l'aniline ou de la toluidine, se transforment en colorants bleus connus sous le nom de *bleus de rosaniline*.

Le composé formé avec l'aniline et la rosaniline a donc pour formule (chlorure).

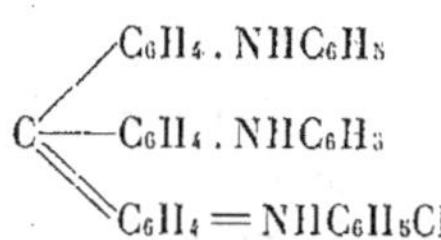

et a été découvert par Girard et de Laire en 1861. Le produit du début qui était insuffisamment phénylé et avait par suite une nuance violette, fut vendu sous le nom de bleu de Lyon.

L'aniline employée dans la fabrication de ce bleu de rosaniline doit être tout à fait pure ; elle est connue dans le commerce sous le nom de « huile d'aniline pour bleu ».

L'introduction de trois groupements phényles dans la molécule de para-rosaniline, chacun étant rattaché à chaque atome d'azote des trois groupements amines, indique jusqu'à quel point la rosaniline peut être phénylée. Il est évidemment impossible de fixer deux groupements phényles sur le même atome d'azote. Les colorants préparés de cette façon sont insolubles dans l'eau, mais ils deviennent facilement solubles par traitement à l'acide sulfurique (voir bleu alcalin, etc.). Ils sont par conséquent de peu d'importance par eux-mêmes, mais ils servent à la préparation de leurs acides sulfoniques qui sont importants.

Le *bleu de diphénylamine*, qui est isomérique mais non identique au bleu de rosaniline, fut préparé en 1866 par Girard et de Laire en chauffant la diphénylamine avec l'acide oxalique et, pendant longtemps, il concurrença avec succès le bleu de rosaniline.

Beaucoup de colorants importants de ce groupe sont fabriqués par la Badische Anilin und Soda Fabrik à partir des tétra-alkyldiamido-benzophénones.

Ainsi, le *bleu Victoria* B est préparé en condensant la tétraméthyldiamidobenzophénone avec la phényl-α-naphtylamine et a par conséquent comme constitution

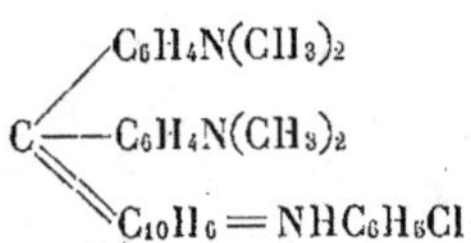

D'autres colorants préparés au moyen de cette cétone sont :

le *bleu Victoria* 4R, avec la méthylphényl-α-naphtylamine et

le *bleu Victoria* R, avec l'éthyl-α-naphtylamine.

Le *bleu de nuit* est préparé à partir de la tétraéthyldiamidobenzophénone et de la p-tolyl-α-naphtylamine. Il possède la curieuse propriété de former des composés insolubles avec certains colorants — comme par exemple l'acide picrique et le jaune naphtol S — ce qui le fait employer dans le dosage de ces composés (voir p. 528).

Une autre série intéressante de matières colorantes qui appartiennent à la série du triphénylméthane est constituée par les couleurs au chrome de Fr. Bayer et Cᵒ. Elles sont préparées par la condensation de tétraalkyldiamidobenzhydrols avec certains acides aromatiques tels que l'acide benzoïque, l'acide salicylique, l'acide oxynaphtoïque, etc., en présence d'acide sulfurique, et oxydation subséquente du produit :

Exemple :

Le *bleu au chrome* obtenu par condensation du tétraméthyldiamidobenzhydrol avec l'acide α-oxynaphtoïque suivie d'oxydation. Sa constitution est

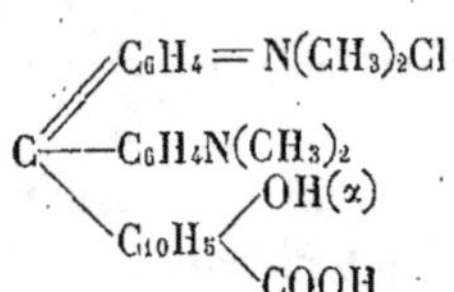

C'est un colorant à mordant qui forme des laques vertes avec les sels de chrome.

D'autres colorants de cette nature, préparés de la même façon en partant du tétraméthyldiamidobenzhydrol sont :

le *violet au chrome* avec l'acide salicylique et
le *vert au chrome* avec l'acide benzoïque.

Acides sulfoniques des colorants de la rosaniline. — Nicholson découvrit, en 1862, que le chlorure de triphénylrosaniline (bleu de rosaniline), traité par l'acide sulfurique concentré, était converti en acide sulfonique dont le sel de sodium était soluble dans l'eau et pouvait être employé comme colorant acide pour la teinture de la laine.

Cette importante découverte conduisit à la préparation d'un grand nombre d'autres colorants acides par la sulfonation de corps de la série de la rosaniline qui conviennent beaucoup mieux pour la teinture de la laine que les colorants basiques dont ils dérivent.

La méthode de Nicholson de sulfonation des colorants est d'une grande importance pratique et peut être appliquée à toute une catégorie de couleurs.

Les groupes sulfoniques peuvent être introduits soit (*a*) en sulfonant le colorant, soit (*b*) en sulfonant la leuco-base, soit (*c*) en employant pour la préparation du colorant des substances contenant déjà des groupements sulfoniques.

La *fuchsine* S est d'ordinaire le sel acide de sodium d'un mélange d'acides mono- et disulfoniques obtenu par sulfonation de la fuchsine.

Les *violets acides*. — On rencontre dans le commerce beaucoup de colorants de ce nom, que l'on distingue par l'adjonction de différentes lettres.

Ce sont pour la plupart des sels de sodium des différents acides sulfoniques obtenus par sulfonation des violets de méthyle (voir p. 139).

Le *violet acide* 6BN [B] est une couleur au phosgène et est préparé par sulfonation du produit de condensation de la tétraméthyldiamidobenzophénone avec la m-éthoxyphényl-p-tolylamine

$$\langle\rangle NH . C_6H_4CH_3$$
$$OC_2H_5$$

Les colorants suivants sont formés par la sulfonation du bleu de rosaniline :

Le *bleu de Nicholson* ou *bleu alcalin* est le sel de sodium de l'acide monosulfonique ou bleu de rosaniline.

Il est beaucoup employé comme colorant acide pour laine. Son mode d'emploi est, cependant, particulier.

La laine est d'abord bouillie dans une solution du colorant rendue alcaline par le borax. La couleur est alors fixée sous la forme d'un dérivé presque incolore.

La couleur est développée par un traitement à l'acide sulfurique dilué.

Bleu à l'eau, bleu pour coton, bleu navy, bleu soluble, etc., sont les noms donnés à plusieurs colorants bleus acides qui sont pour la plupart des mélanges de sels d'ammonium (ou de sodium) des acides di- et trisulfoniques du bleu de rosaniline.

Il est à remarquer que ces acides sulfoniques sont, jusqu'à un certain point, capables de former des laques avec le tanin et peuvent par suite être employés pour teindre le coton mordancé au tanin.

D'autres colorants de la série de la rosaniline non mentionnés plus haut sont :

Le *violet à l'éthyle* [B]

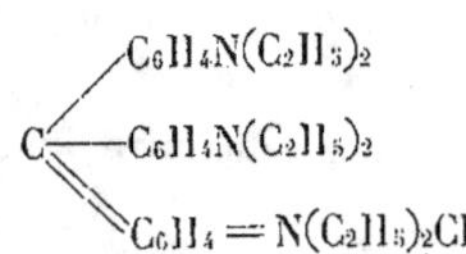

$$C\begin{cases} C_6H_4N(C_2H_5)_2 \\ C_6H_4N(C_2H_5)_2 \\ C_6H_4 = N(C_2H_5)_2Cl \end{cases}$$

Le *violet rouge* 5RS [B]

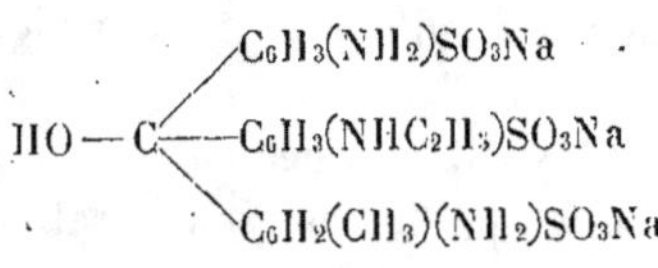

$$HO - C\begin{cases} C_6H_3(NH_2)SO_3Na \\ C_6H_3(NHC_2H_5)SO_3Na \\ C_6H_2(CH_3)(NH_2)SO_3Na \end{cases}$$

Le *violet rouge* 4RS [B]

$$OH - C \begin{cases} C_6H_3(NHCH_3)SO_3Na \\ C_6H_3(NHCH_3)SO_3Na \\ C_6H_2(CH_3)(NH_2)SO_3Na \end{cases}$$

Le *violet acide solide* 10B [By]

$$HO - C \begin{cases} C_6H_4N(CH_3)_2 \\ C_6H_4N(CH_3)_2 \\ C_6H_2(SO_3Na) . N(C_2H_5)CH_2 . C_6H_4SO_3Na \end{cases}$$

Le *violet alcalin* [B]

$$HO - C \begin{cases} C_6H_4N(C_2H_5)_2 \\ C_6H_4N(C_2H_5)_2 \\ C_6H_4N(CH_3)C_6H_4 . SO_3Na \end{cases}$$

Le *violet acide* 7B [B]

$$HO - C \begin{cases} C_6H_4N(C_2H_5)_2 \\ C_6H_4N(CH_3)C_6H_4SO_3Na \\ C_6H_4N(CH_3)C_6H_4SO_3Na \end{cases}$$

(c) Les colorants de l'acide rosolique.

L'acide rosolique appartient aux plus anciens des colorants artificiels car il a été préparé par Runge en 1834.

En 1861, Kolbe et Schmidt, et Jul. Persoz, indépendamment l'un de l'autre, découvrirent qu'il pouvait être préparé en chauffant ensemble du phénol, de l'acide oxalique et de l'acide sulfurique.

La constitution de l'amine découle du fait que son leuco-composé peut être préparé au moyen de la leucaniline en traitant celle-ci par l'acide nitreux et faisant bouillir avec de l'eau

$$C \begin{cases} C_6H_4NH_2 \\ C_6H_4NH_2 \\ | \\ H \quad C_6H_4NH_2 \end{cases} \xrightarrow[\text{et ébullition avec de l'eau}]{HNO_2} C \begin{cases} C_6H_4OH \\ C_6H_4OH \\ | \\ H \quad C_6H_4OH \end{cases}$$

(Leucaniline.)   (Leucaurine.)

et aussi du fait que, en la chauffant avec de l'eau à 220°, elle se scinde
en phénol et p-dioxybenzophénone

$$C\!\!<\!\!\begin{array}{l}C_6H_4OH\\ C_6H_4OH\\ C_6H_4\!=\!O\end{array}\qquad H_2O\;\longrightarrow\;\substack{(4)\\(1)\\CO\!\!<\!\!\begin{array}{l}C_6H_4OH\\ C_6H_4OH\end{array}\\(1)\\(4)}\quad+\quad C_6H_5OH$$

(Aurine.)

Le colorant acide rosolique (*Aurine*) est formé directement par
l'oxydation de son leuco-composé.

$$C\!\!<\!\!\begin{array}{l}C_6H_4OH\\ C_6H_4OH\\ H\quad C_6H_4OH\end{array}\;\longrightarrow\;C\!\!<\!\!\begin{array}{l}C_6H_4OH\\ C_6H_4OH\\ C_6H_4\!=\!O\end{array}$$

Le carbinol intermédiaire

$$C\!\!<\!\!\begin{array}{l}C_6H_4OH\\ C_6H_4OH\\ OH\quad C_6H_4OH\end{array}$$

ne paraît pas pouvoir exister, bien que Herzig ait réussi à préparer
son dérivé triacétylé.

Puisque l'aurine peut être préparée à partir de la rosaniline il est
évident qu'il existe deux colorants correspondant respectivement à la
para- et à l'homorosaniline. Ils sont appelés

$$C\!\!<\!\!\begin{array}{l}C_6H_4OH\\ C_6H_4OH\\ C_6H_4\!=\!O\end{array}$$

[Acide pararosolique (paraaurine)].

dérivé de la pararosaniline, et

$$C\!\!<\!\!\begin{array}{l}C_6H_3\!\!<\!\!\begin{array}{l}CH_3\\ OH\end{array}\\ C_6H_4OH\\ C_6H_4\!=\!O\end{array}$$

[Acide homorosolique (homoaurine).]

dérivé de l'homorosaniline.

Comme il a été déjà signalé, l'aurine est préparée par l'action de l'acide sulfurique sur un mélange de phénol et d'acide oxalique.

Cette réaction s'explique en admettant que l'anhydride carbonique (provenant des acides sulfurique et oxalique) fournit l'atome de carbone méthanique nécessaire, et que la condensation s'opère conformément à l'équation

$$C\begin{cases}O\\\\O\end{cases}\quad\begin{array}{l}H\ C_6H_4OH\\H\ C_6H_4OH\\C_6H_4\ H\ O\ H\end{array}\quad\rightarrow\quad C\begin{cases}C_6H_4OH\\-C_6H_4OH\\C_6H_4=O\end{cases}$$

L'aurine n'est plus employée comme colorant au sens propre du mot. Cependant, vu sa grande sensibilité aux alcalis, elle est souvent employée comme indicateur en alcalimétrie.

La *péonine* (rouge corail) est préparée en chauffant l'aurine brute (jaune corail) avec l'ammoniaque sous pression. Elle est employée pour produire des nuances variant de la fuchsine à la cochenille, et consiste probablement en partie en un sel acide rosolique de la p-rosaniline.

Récemment, des composés appartenant à ce groupe ont été préparés par un procédé analogue à celui qui a été décrit à la p. 137 pour la nouvelle fuchsine.

Ainsi l'aurine peut être préparée de la façon suivante :

$$CH_2O+\begin{array}{l}H\ C_6H_4OH\\H\ C_6H_4OH\end{array}\quad\rightarrow\quad CH_2\begin{cases}C_6H_4OH\\C_6H_4OH\end{cases}$$

(Formaldéhyde.) (Phénol.)   (Dioxydiphénylméthane.)

$$C\begin{cases}C_6H_4OH\\=H_2\\C_6H_4OH\end{cases}+\ C_6H_5OH+O_2\quad C\begin{cases}C_6H_4OH\\-C_6H_4OH\\C_6H_4=O\end{cases}+\ 2H_2O$$

(Aurine.)

En remplaçant le phénol par d'autres substances — telles que la résorcine, le pyrogallol, etc., — on peut préparer des colorants analogues à l'aurine.

Ainsi le *violet au chrome* [R. Geigy de Bâle] est

$$C \begin{cases} C_6H_3 \begin{cases} OH \\ COOH \end{cases} \\ C_6H_3 \begin{cases} OH \\ COOH \end{cases} \\ C_6H_3(COOH) = O \end{cases}$$

et est préparé au moyen de formaldéhyde et d'acide salicylique.

L'influence des groupements et de la constitution sur la couleur des composés de la série du triphénylméthane. — Il n'est probablement pas d'autre série de colorants qui illustre à un tel point l'influence des groupements auxochromes, NH_2 et **OH**, que la série des composés du triphénylméthane.

Ainsi la fuchsine est rouge, l'hexaméthylfuchsine (violet cristallisé) est violette

$$C \begin{cases} C_6H_4NH_2 \\ C_6H_4NH_2 \\ C_6H_4 = NH_2Cl \end{cases} \qquad C \begin{cases} C_6H_4N(CH_3)_2 \\ C_6H_4N(CH_3)_2 \\ C_6H_4 = N(CH_3)_2Cl \end{cases}$$
$$\text{(Rouge.)} \qquad\qquad \text{(Violet.)}$$

et les différentes marques des violets de méthyle sont de couleur intermédiaire entre le rouge et le violet, selon que plus ou moins d'hydrogènes des groupements aminés sont remplacés par le méthyle.

Cependant, si les groupements méthyles entrent dans les noyaux benzéniques, la couleur du colorant n'est pas affectée de façon appréciable. Ainsi la nouvelle fuchsine

$$C \begin{cases} C_6H_3 \begin{cases} CH_3 \\ NH_2 \end{cases} \\ C_6H_3 \begin{cases} CH_3 \\ NH_2 \end{cases} \\ C_6H_3(CH_3) = NH_2Cl \end{cases}$$

est rouge.

Par élimination de l'un des groupements amines dans la fuchsine, il se produit des colorants verts : par exemple, le vert malachite

$$C\begin{cases} C_6H_4N(CH_3)_2 \\ C_6H_5 \\ C_6H_4 = N(CH_3)_2Cl \end{cases}$$

Le même changement de couleur se produit si, au lieu d'éliminer le groupement amine, on détruit son caractère basique par l'introduction de groupements acétyles.

Des colorants verts de la série du triphénylméthane se produisent aussi par l'addition de chlorure de méthyle au chlorure violet d'hexaméthylrosaniline.

Ainsi le *vert de méthyle* est

$$C\begin{cases} C_6H_4N(CH_3)_2 \\ C_6H_4N(CH_3)_2 \\ C_6H_4 : N(CH_3)_2Cl \end{cases} \quad + \quad CH_3Cl$$

Si deux groupements amines manquent dans la rosaniline, la couleur du composé n'est pas complètement supprimée.

Ainsi, le chlorure de p-monoamidotriphénylméthane

$$C\begin{cases} C_6H_4 = NH_2Cl \\ C_6H_5 \\ C_6H_5 \end{cases}$$

est jaune orange et se fixe sur le coton mordancé au tanin.

Par substitution de groupements phényles aux hydrogènes des groupements amines, dans la rosaniline, la couleur passe graduellement du rouge au bleu.

Ainsi la rosaniline la plus phénylée — le chlorure de triphénylrosaniline

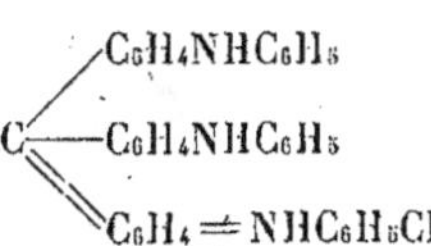

$$C\begin{cases} C_6H_4NHC_6H_5 \\ C_6H_4NHC_6H_5 \\ C_6H_4 = NHC_6H_5Cl \end{cases}$$

est bleue.

Le remplacement de groupements amines par des groupements hydroxyles donne naissance aux aurines qui sont jaunes

$$C\begin{cases} C_6H_4NH_2 \\ C_6H_4NH_2 \\ C_6H_4 = NH_2Cl \end{cases} \quad \rightarrow \quad C\begin{cases} C_6H_4OH \\ C_6H_4OH \\ C_6H_4 = O \end{cases}$$

(Rouge.)   (Jaune.)

L'entrée de groupements sulfoniques dans la molécule de rosaniline et de ses dérivés ne semble pas affecter de façon appréciable le ton de la couleur, bien que la puissance colorante soit beaucoup diminuée par le fait.

Ce résultat pourtant est contrebalancé par l'accroissement de solubilité du colorant dans l'eau.

CHAPITRE XV

LES COLORANTS DE LA PYRONINE

Les colorants de ce groupe renferment comme chromophore l'anneau paraquinonique

et, comme chromogène, l'anneau pyronine

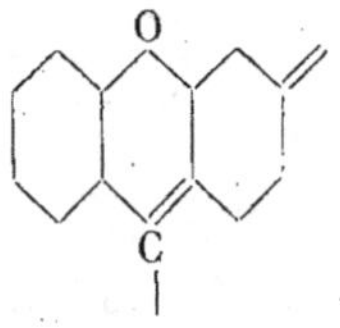

Ils peuvent être divisés en :

(1) Dérivés du diphénylméthane, comprenant les pyronines ;

(2) Dérivés du triphénylméthane, comprenant les phtaléines.

(1) *Les Pyronines.*

Les colorants de cette classe sont obtenus par la condensation de m-amidophénol dialkylé avec des aldéhydes et des acides de la série aliphatique.

La *pyronine* G[L]

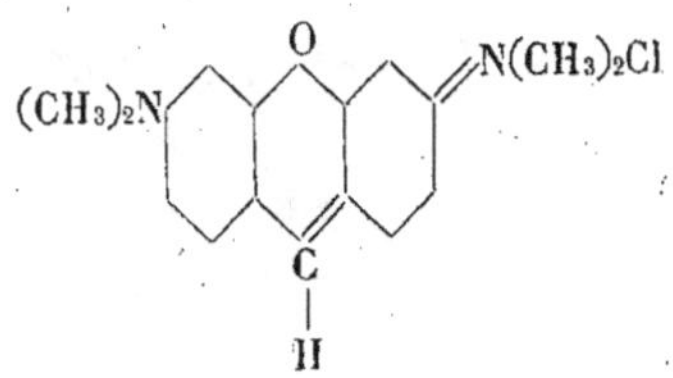

est préparée (E. P. 8 673[89], 13 217[89] et 18 606[91], A. P. 445 684),
par la condensation de la formaldéhyde avec le diméthyl-m-amido
phénol pour former le tétraméthyldiamidodioxydiphénylméthane

(Formaldéhyde.)　　　(Diméthyl-m-amidophénol.)　　　(Tétraméthyldiamidodioxy-
diphénylméthane.)

Dans ce composé les groupements hydroxyles sont dans la position
ortho par rapport à l'atome de carbone méthanique et, par conséquent, ainsi que c'est toujours le cas pour les colorants de la série
de la pyronine et de celle de la phtaléine, il se produit facilement
une déshydratation avec formation d'un anhydride interne

(Oxyde de tétraméthyldiamidodiphénylméthane.)

qui, par oxydation et transformation en sel, forme le colorant .

Par oxydation avec $KMnO_4$ la pyronine G est transformée en
rouge d'acridine (EP., 1231[92])

Les pyronines sont des colorants basiques plus ou moins rouge-jaunâtre, fluorescents, qui s'emploient surtout pour teindre le coton mordancé au tanin.

D'après le DP. 65,739 on peut préparer des colorants de cette classe contenant du soufre au lieu d'oxygène, par l'action de S_2O_3 sur les diamidodiphénylméthanes alkylés dissous dans H_2SO_4 concentré. Leur constitution serait représentée par la formule

$$C \underset{\diagdown C_6H_3N(CH_3)_2Cl}{\overset{\diagup C_6H_3N(CH_3)_2}{=\!\!=\!\!H}} S$$

(2) *Les Phtaléines.*

Ces colorants sont obtenus par la condensation de l'anhydride phtalique avec le phénol ou avec des amidophénols, la condensation se pratiquant habituellement en présence d'un agent déshydratant tel que le chlorure de zinc, l'acide sulfurique, etc.

L'exemple le plus typique de formation d'une phtaléine est la formation de la phénolphtaléine à partir de l'anhydride phtalique et de phénol (Baeyer, 1871).

Ces substances se combinent, conformément à l'équation

$$C_6H_4\underset{C\,|\,O|}{\overset{CO}{\diagdown\diagup}}O \quad \begin{vmatrix} H\ C_6H_4OH \\ H\ C_6H_4OH \end{vmatrix} \rightarrow \quad C_6H_4\underset{C\diagdown C_6H_4OH}{\overset{CO}{\diagdown\diagup}}O \overset{\diagup C_6H_4OH}{\underset{}{}} \quad +\quad H_2O$$

les hydrogènes en position para des deux molécules de phénol réagissant avec l'oxygène de l'un des groupements carboxyles.

L'exactitude de cette formule est confirmée par le fait que le chlorure de phtalyle

$$C_6H_4\underset{CCl_2}{\overset{CO}{\diagdown\diagup}}O$$

se combine aussi avec le phénol pour former la phénolphtaléine.

Cependant, dans la préparation de la phénolphtaléine, une certaine quantité du produit consiste en anhydride d'o-phénolphtaléine qui s'est évidemment formée par la combinaison des molécules de phénol en position ortho, avec élimination subséquente d'eau

$$C_6H_4 \left\langle \begin{array}{c} CO \\ C \end{array} \right. \cdots \begin{array}{c} OH \\ OH \end{array} \quad \rightarrow \quad C_6H_4 \left\langle \begin{array}{c} CO \\ C \end{array} \right. \cdots O \cdots O \quad + \quad H_2O$$

(Anhydride d'ó-phénolphtaléine.)

ou, en l'écrivant comme un dérivé de la pyronine,

$$\begin{array}{c} O \\ C \cdots O \\ CO \end{array}$$

C'est cette substance qui peut être considérée comme le chromogène des colorants de la phtaléine car, par l'entrée de groupements auxochromes dans sa molécule, il se forme des bases ou des acides qui, par leur conversion en sels, donnent les rhodamines et les éosines.

Exactement comme dans la série du triphénylméthane et dans la série de la pyronine, la transformation des bases ou des acides de ces colorants en leurs sels est probablement accompagnée d'un changement de constitution avec passage de la forme phtaléine à la structure quinonique (voir p. 166).

Ainsi

$$C_6H_4 \left\langle \begin{array}{c} CO \\ C \end{array} \right. \begin{array}{c} C \cdots OH \\ O \\ OH \end{array} \qquad ou \qquad \begin{array}{c} OH \quad O \quad OH \\ C \cdots O \\ CO \end{array}$$

[Fluorescéine (acide).]

donne le sel de sodium (uranine)

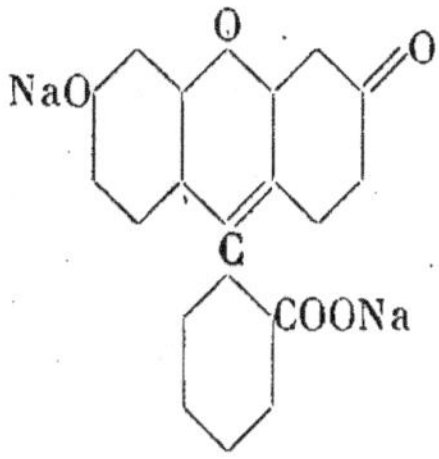

$$NaO \cdots \quad O \quad O \quad COONa$$

et la rhodamine B[B] (base)

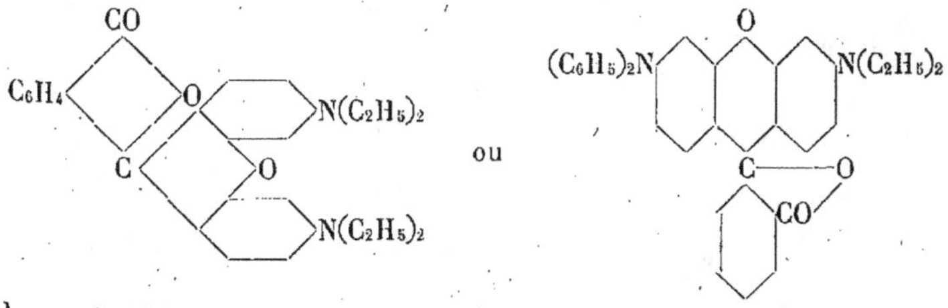

ou

donne le chlorure

$$(C_2H_5)_2N \cdots O \cdots N(C_2H_5)_2Cl \quad COOH$$

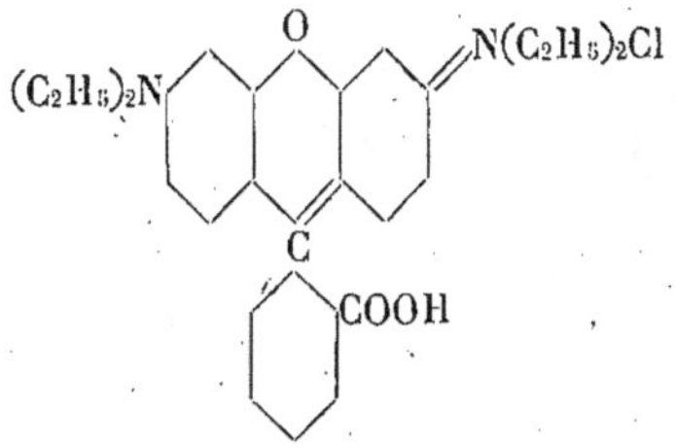

La relation qui existe entre les corps de la série de la phtaléine et ceux de la série du triphénylméthane est rendue évidente par les faits suivants :

Le chlorure de phtalyle se condense avec le benzène en présence de chlorure d'aluminium (*Friedel* et *Crafts*) pour former la phtalo-phénone

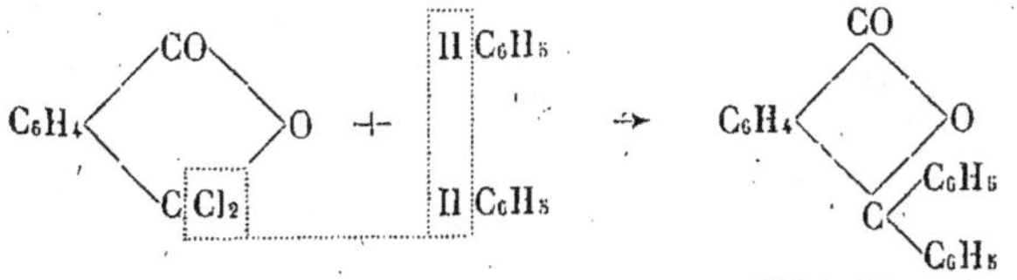

(Phtalophénone.)

ou, si on l'écrit comme un dérivé du triphénylméthane,

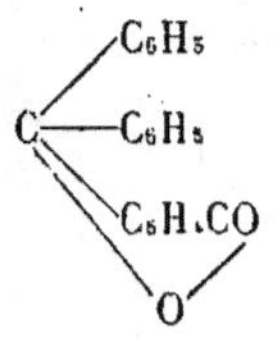

$$C\left\{ \begin{array}{l} C_6H_5 \\ C_6H_5 \\ C_6H_4CO \end{array} \right\rangle O$$

Cette substance peut, ou bien (1) être convertie en phénolphtaléine par nitration, réduction, diazotation et ébullition avec l'eau

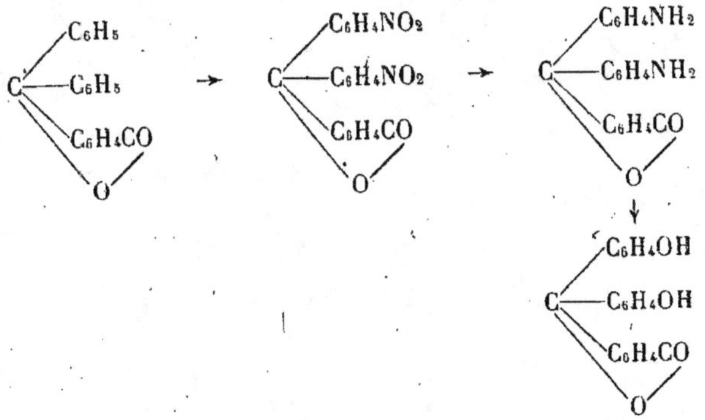

$$C\left\{ \begin{array}{l} C_6H_5 \\ C_6H_5 \\ C_6H_4CO \end{array} \right\rangle O \;\rightarrow\; C\left\{ \begin{array}{l} C_6H_4NO_2 \\ C_6H_4NO_2 \\ C_6H_4CO \end{array} \right\rangle O \;\rightarrow\; C\left\{ \begin{array}{l} C_6H_4NH_2 \\ C_6H_4NH_2 \\ C_6H_4CO \end{array} \right\rangle O$$

$$\downarrow$$

$$C\left\{ \begin{array}{l} C_6H_4OH \\ C_6H_4OH \\ C_6H_4CO \end{array} \right\rangle O$$

(Phénolphtaléine.)

ou bien (2) être convertie en triphénylméthane par traitement à la potasse alcoolique, réduction et distillation sèche

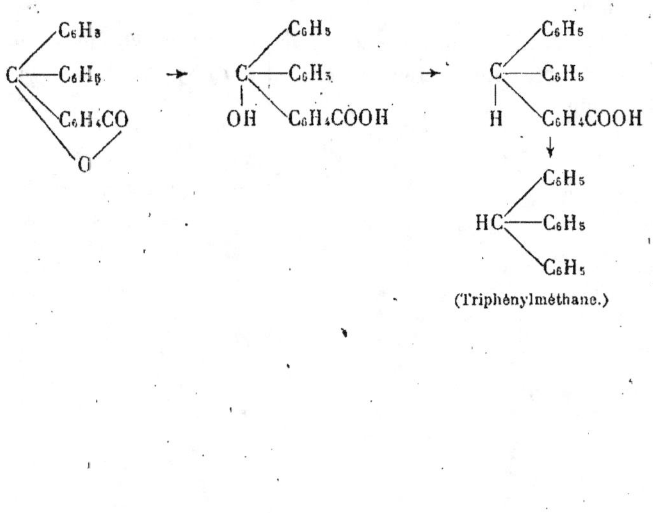

$$C\left\{ \begin{array}{l} C_6H_5 \\ C_6H_5 \\ C_6H_4CO \end{array} \right\rangle O \;\rightarrow\; C\left\{ \begin{array}{l} C_6H_5 \\ C_6H_5 \\ OH \quad C_6H_4COOH \end{array} \right. \;\rightarrow\; C\left\{ \begin{array}{l} C_6H_5 \\ C_6H_5 \\ H \quad C_6H_4COOH \end{array} \right.$$

$$\downarrow$$

$$HC\left\{ \begin{array}{l} C_6H_5 \\ C_6H_5 \\ C_6H_5 \end{array} \right.$$

(Triphénylméthane.)

Les Rhodamines.

Ces colorants sont des phtaléines provenant de la combinaison d'un dialkyl-m-amidophénol avec l'anhydride phtalique. La structure de la rhodamine B, déjà signalée, est la structure-type des composés de cette série.

Ce sont des colorants basiques, teignant directement la laine et la soie en rouge bleu donnant une forte fluorescence. Sur le coton traité au tanin cette fluorescence disparaît et la couleur obtenue est une nuance terne de lilas; mais elle se maintient si le coton a été mordancé à l'huile pour rouge turc ou à l'alumine.

Par éthérification (remplacement de l'hydrogène du groupement carboxyle par C_2H_5), la rhodamine B se transforme en *rhodamine 3B[B]*

$$Cl(C_2H_5)_2N=\quad O \quad N(C_2H_5)_2$$
$$C$$
$$COOC_2H_5$$

Un colorant intéressant appartenant à ce groupe est obtenu en condensant l'anhydride succinique avec le diméthyl-m-amido-phénol. Il est connu sous le nom de *rhodamine S[B]* et a la constitution (chlorure)

$$Cl(CH_3)_2N=\quad O \quad N(CH_3)_2$$
$$C$$
$$C_2H_4COOH$$

C'est un colorant substantif pour coton, qui teint le coton non mordancé en une nuance rose très solide.

D'autres colorants appartenant à ce groupe sont:

La rhodamine 6G[B]

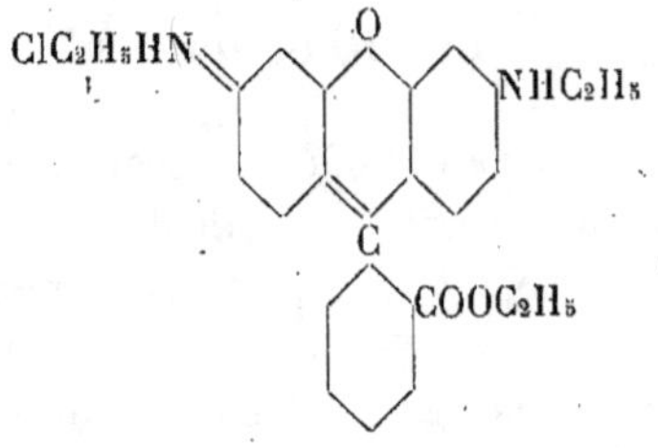

$$ClC_2H_5HN \qquad O \qquad NHC_2H_5$$
$$C$$
$$COOC_2H_5$$

La rhodamine G[B]

$$Cl(C_2H_5)_2N \qquad O \qquad NHC_2H_5$$
$$C$$
$$COOH$$

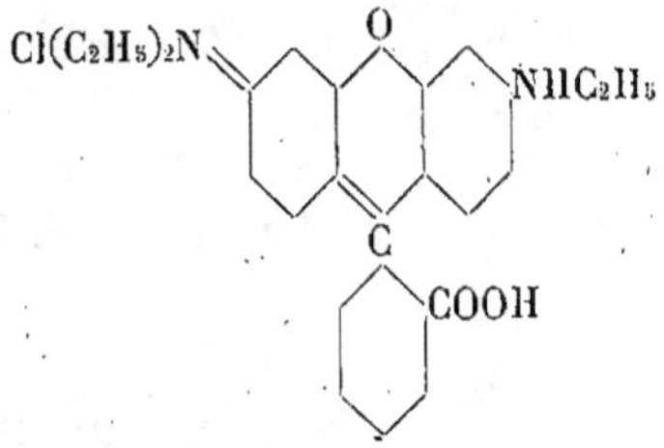

et les acides sulfoniques suivants (obtenus par la sulfonation du produit de condensation) :

Le violet acide solide B[M] — Violamine B

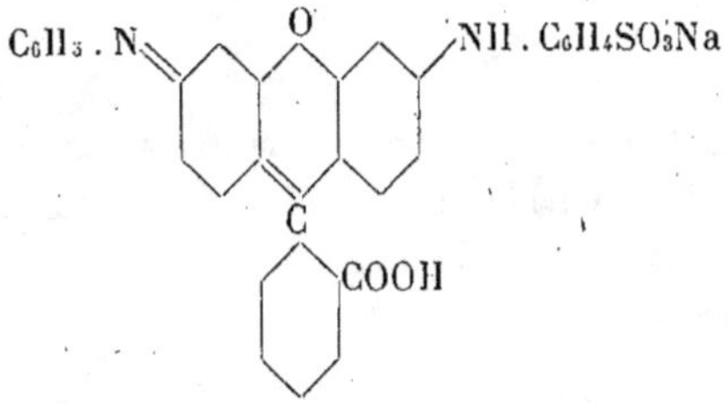

$$C_6H_3 . N \qquad O \qquad NH . C_6H_4SO_3Na$$
$$C$$
$$COOH$$

Le violet acide solide A, 2R[M] — Violamine R

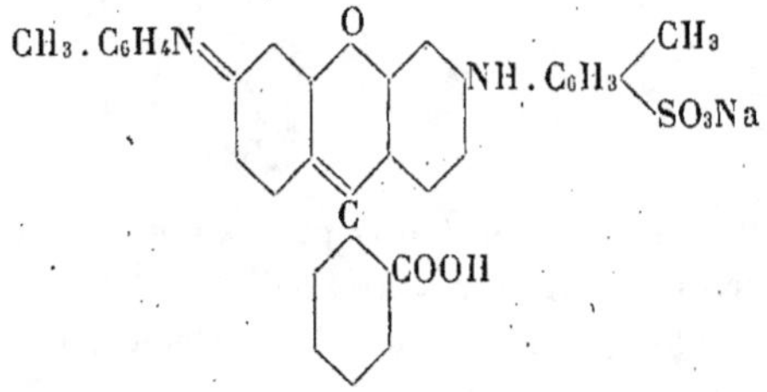

$$CH_3 . C_6H_4N \qquad O \qquad NH . C_6H_3 \big\langle {}^{CH_3}_{SO_3Na}$$
$$C$$
$$COOH$$

La rosamine acide A[M] — Violamine G

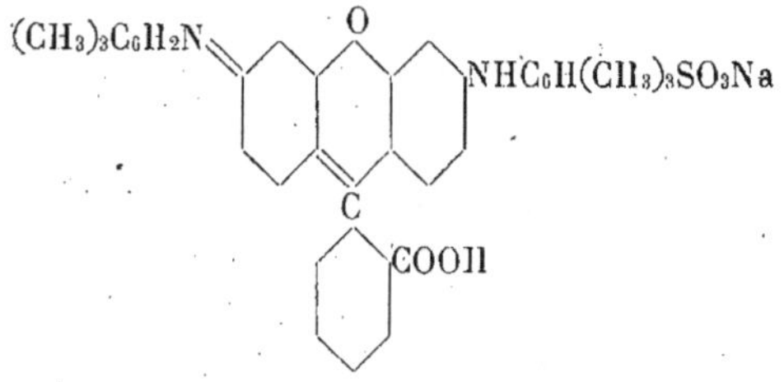

$$(CH_3)_3C_6H_2N=\quad O \quad=NHC_6H(CH_3)_3SO_3Na$$
$$C$$
$$COOH$$

et le bleu acide solide R[M] — Violamine 3B

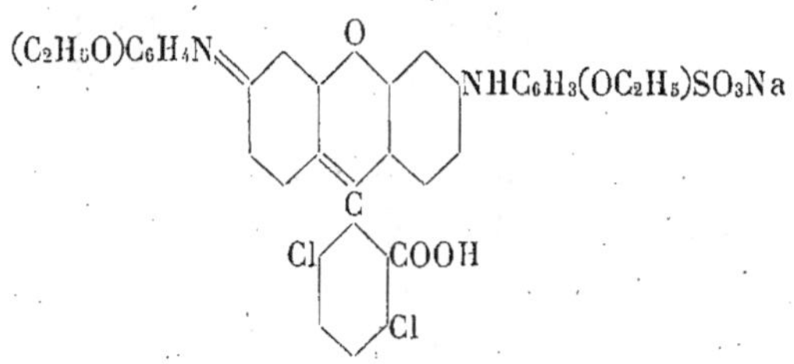

$$(C_2H_5O)C_6H_4N=\quad O \quad=NHC_6H_3(OC_2H_5)SO_3Na$$
$$C$$
$$Cl \quad COOH$$
$$Cl$$

Les Éosines.

Ces colorants sont obtenus par la condensation de l'anhydride phtalique avec les phénols bi et trivalents.

La plupart des termes de ce groupe dérivent, cependant, de la fluorescéine, qui est préparée par la condensation de l'anhydride phtalique et de la résorcine en présence de chlorure de zinc.

Le phénol libre a donc comme constitution

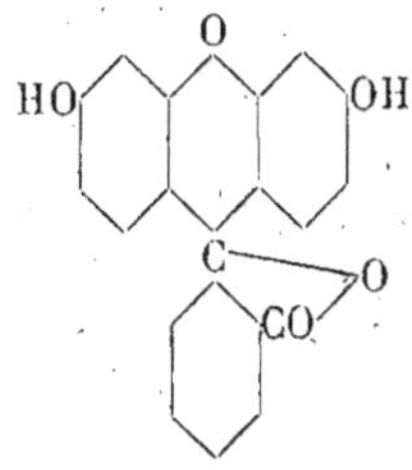

$$HO\quad O \quad OH$$
$$C$$
$$CO \!\!\!> O$$

tandis que le sel de sodium qui se trouve dans le commerce sous le nom d'*uranine* a la constitution

$$O \quad ONa \quad C \quad COONa$$

C'est un colorant acide, formant des solutions aqueuses qui ont une remarquable fluorescence verte. Il a cependant peu d'importance.

Un autre colorant de ce groupe est la *chrysoline* (Mo) qui fut préparée en 1877 par Reverdin au moyen de la résorcine, de l'anhydride phtalique et du chlorure de benzyle en présence d'acide sulfurique. Son sel sodique est le mieux représenté par la formule

$$O \quad ONa \quad CH_2C_6H_5 \quad C \quad COONa$$

Il est surtout important comme colorant pour la soie.

En 1874, Caro trouva que la fluorescéine pouvait absorber du brome et se transformait ainsi en un colorant rouge auquel il donna le nom de éosine.

L'*éosine* A[B] est une tétrabromofluorescéine contenant deux atomes de brome sur chacun des anneaux benzéniques des deux radicaux de résorcine et dont le sel de sodium a la constitution

$$Br \quad O \quad Br \quad ONa \quad Br \quad Br \quad C \quad COONa$$

Ces positions ont été déterminées de la façon suivante :

Par ébullition de l'éosine avec la soude caustique, il se forme un acide dibromodihydroxybenzoylbenzoïque (*A. Baeyer*)

$$C_6H_4 \Big\langle \begin{array}{l} COOH \\ CO . C_6H(OH)_2Br_2 \end{array}$$

Dans ce corps, les atomes de brome doivent nécessairement occuper les mêmes positions que dans l'un des anneaux benzéniques de l'éosine.

Sa constitution a été déterminée par G. Heller qui réussit, à l'aide d'acide sulfurique fumant, à le transformer en une dibromoxanthopurpurine déjà connue

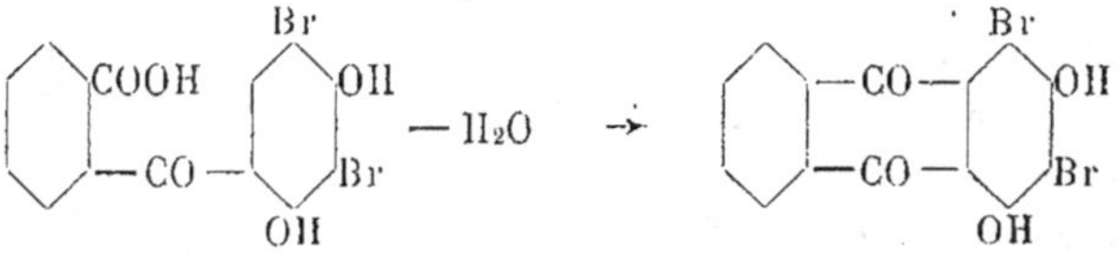

Finalement, R. Meyer, en le chauffant à une température supérieure à son point de fusion le transforma en éosine et acide phtalique.

Cette réaction, qui se passe évidemment suivant les équations suivantes :

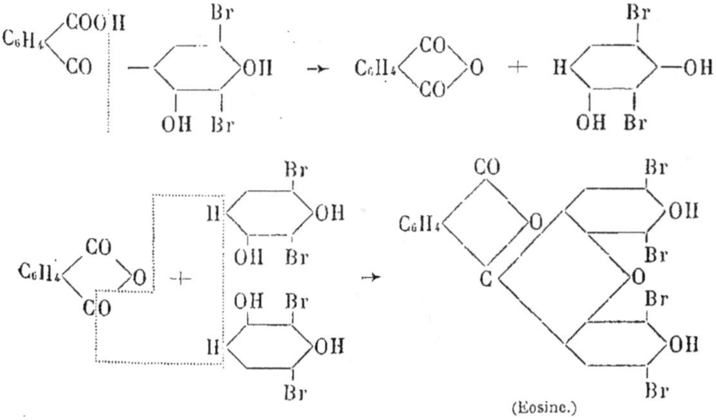

ou

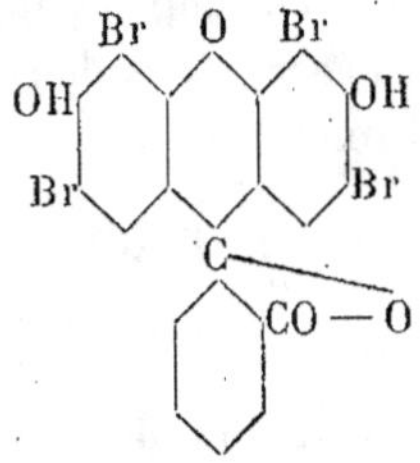

établit définitivement les positions des atomes de brome dans l'éosine.

L'éosine est employée plus spécialement pour teindre la soie sur laquelle elle donne des tons rouge-jaunâtre qui ont une fluorescence marquée.

La liste suivante donne les divers colorants de ce groupe qui sont produits, les uns par l'entrée d'autres halogènes dans la fluorescéine, d'autres par la conversion de l'éosine en ses dérivés.

L'éosine à l'alcool [TM] et l'éosine S[B] sont respectivement les éthers méthylé et éthylé de l'éosine et leur constitution est donnée par la formule

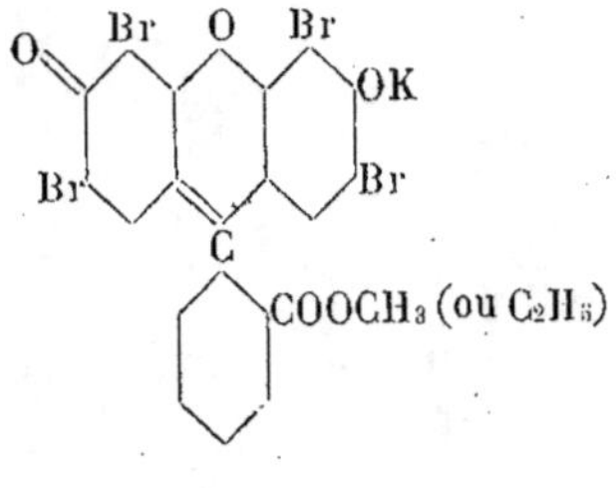

l'éosine BN[B]

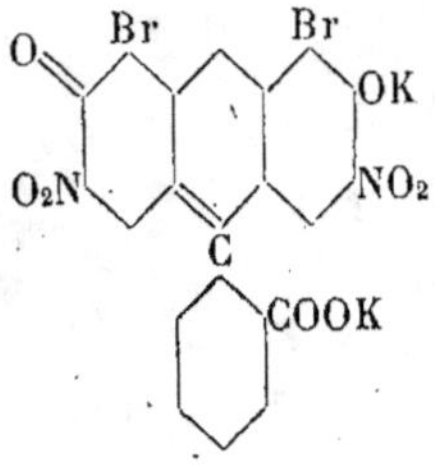

l'érythrosine G[B]

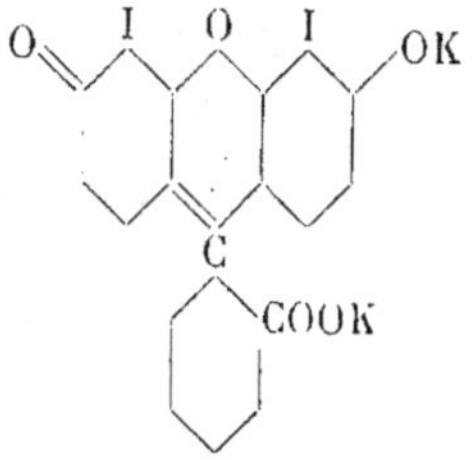

l'érythrosine [B]

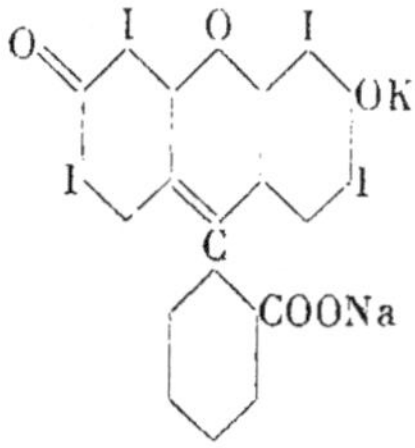

la phloxine P[B]

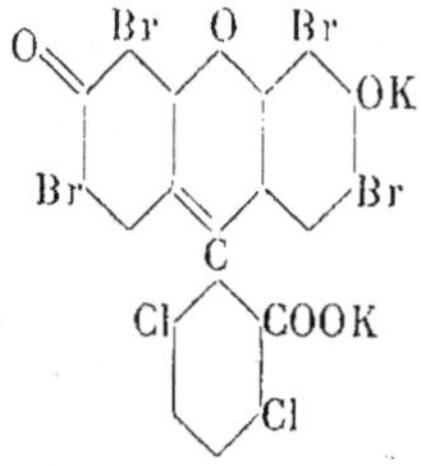

la cyanosine à l'alcool [M] est l'éther méthylique de phloxine P.
le rose Bengale [B]

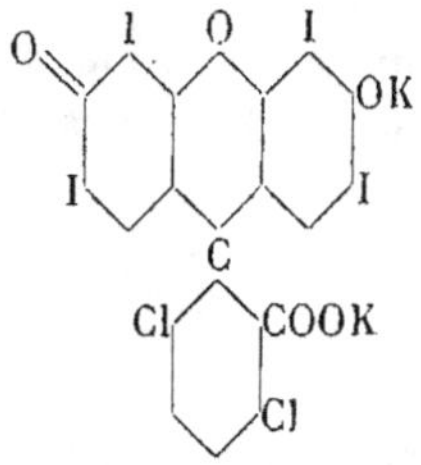

la phloxine [M]

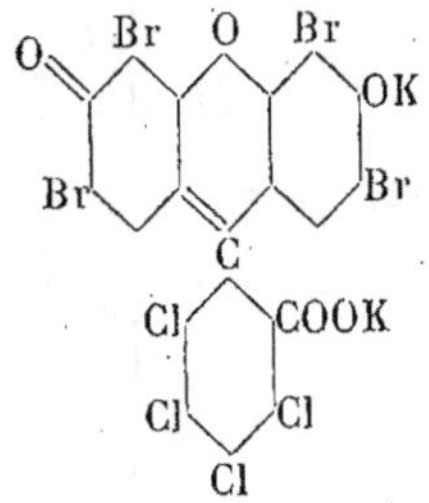

et le rose Bengale 3B[M]

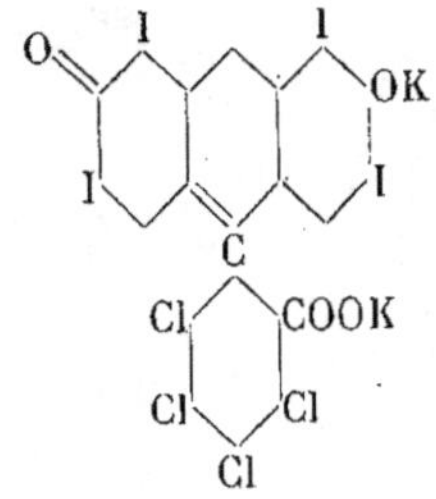

Les composés ci-dessus qui contiennent du chlore dans le radical phtalique sont dérivés de l'acide dichloro- et tétrachlorophtalique respectivement.

Galléine et Cœruléine.

Ce sont deux colorants qui, par leur mode de préparation, sont classés parmi les phtaléines mais qui, par leur mode d'application, s'apparentent davantage au groupe suivant de colorants, ceux de la série de l'alizarine.

Ce sont des couleurs à mordants qui forment, avec les sels de chromes, des laques bleues dans le cas de la galléine et vertes dans le cas de la cœruléine.

La *galléine* [B] s'obtient en chauffant l'anhydride phtalique avec l'acide gallique à 200°.

Comme, à cette température, l'acide gallique se scinde en anhydride carbonique et acide pyrogallique, c'est évidemment celui-ci qui se condense avec l'anhydride phtalique conformément à l'équation

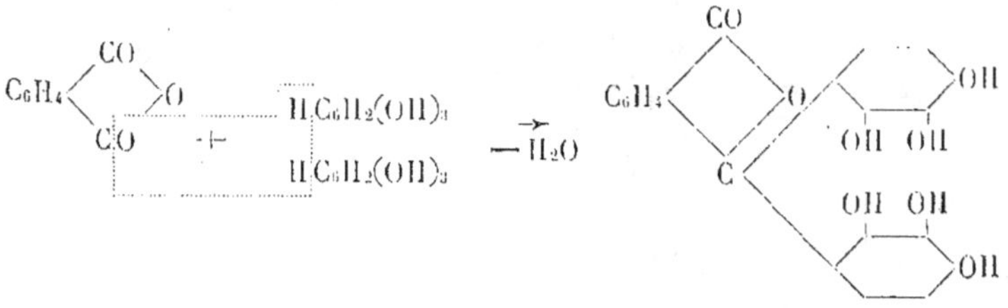

$$C_6H_4 \begin{array}{c} CO \\ CO \end{array} O \quad + \quad \begin{array}{c} H.C_6H_2(OH)_3 \\ H.C_6H_2(OH)_3 \end{array} \quad \xrightarrow{- H_2O}$$

Cependant la formule brute de la galléine est $C_{20}H_{12}O_7$ et sa constitution, selon Orndorff et Brewer (*Amer. Chem. J.*, 1901, 97 et *J. C. S.*, 1901, abs. 1, 724), est

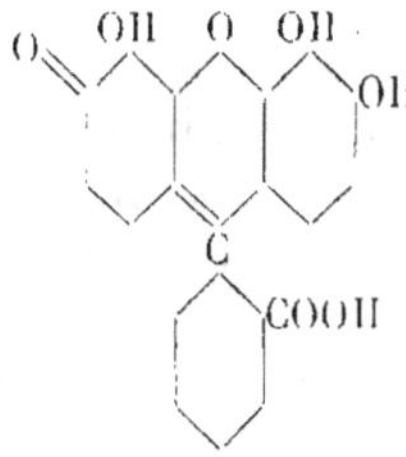

Cette formule dérive de la précédente par l'élimination d'eau et transformation en un corps de formule quinonique

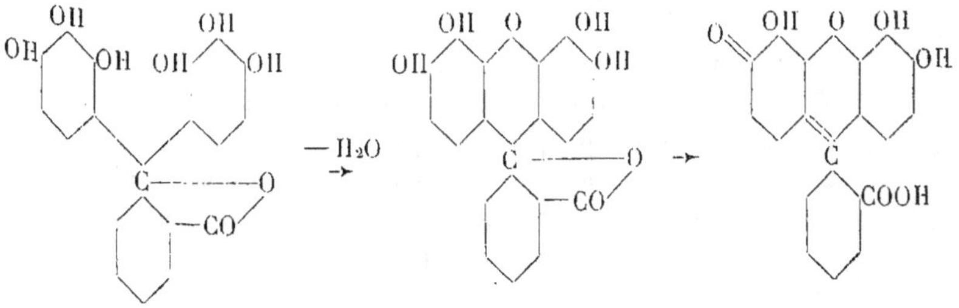

La *cœruléine* [B] est préparée en chauffant la galléine avec de l'acide sulfurique concentré à 200°.

Selon Orndorff et Brewer (*loc. cit.*) sa constitution est représentée par la formule

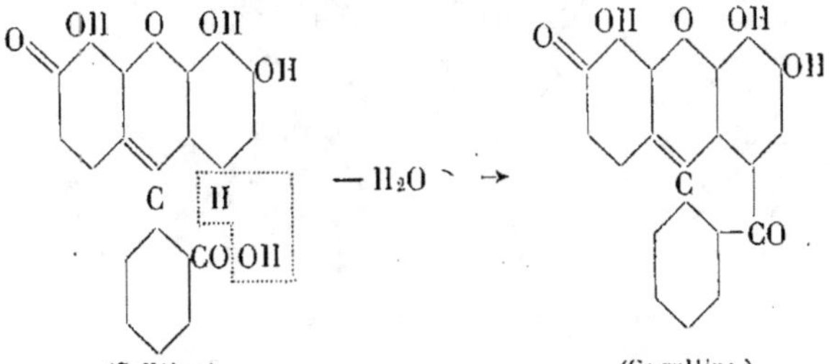

$$- H_2O \rightarrow$$

(Galléine.)   (Cœruléine.)

De même que la galléine, elle est insoluble dans l'eau et est ordinairement fixée sur la fibre à l'état de laque chromée. Elle se trouve généralement dans le commerce sous forme de pâte à 10 %.

Sous la forme de son composé bisulfitique soluble elle est connue sous le nom de *cœruléine* S.

La constitution des pyronines. — L'hypothèse d'après laquelle la transformation de la base rhodamine incolore en sel de coloration intense est accompagnée d'un changement de constitution et passage de la forme lactone à la forme quinone

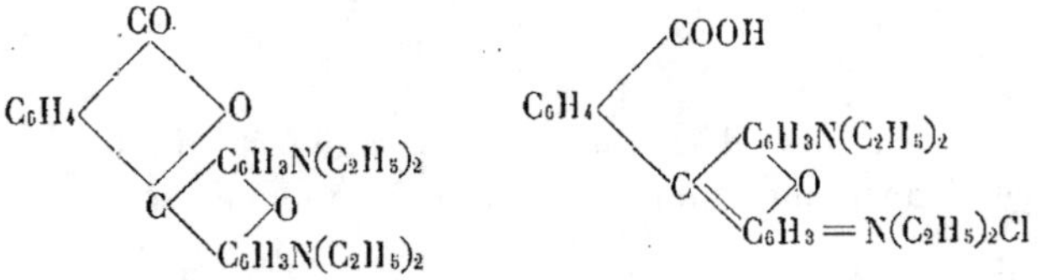

est basée sur les faits suivants :

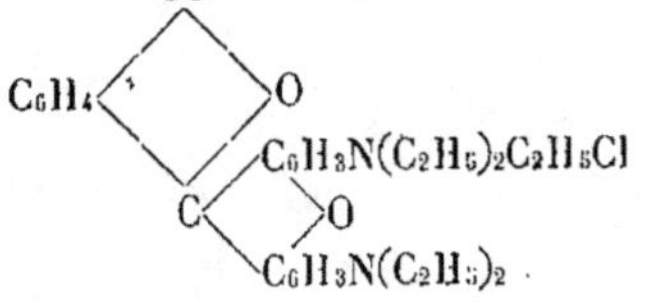

Une rhodamine ayant la constitution précédente donne un éther-sel lorsqu'on la traite par un agent éthérifiant tel que l'alcool et l'acide chlorhydrique. Cet éther-sel est facilement hydrolysé et transformé en acide correspondant et ne peut donc pas être un sel ammonium quaternaire de formule mais doit avoir la constitution représentée par la formule

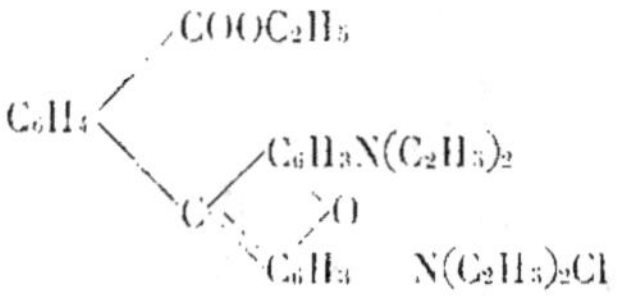

$$C_6H_4 \diagdown \diagup \begin{matrix} COOC_2H_5 \\ C_6H_3N(C_2H_5)_2 \\ C \diagdown O \\ C_6H_3 \quad N(C_2H_5)_2Cl \end{matrix}$$

Un fondement solide a été donné à cette manière de voir par le travail de Nœlting et Paira qui condensèrent la nitrobenzaldéhyde avec le m-amidophénol, fermèrent l'anneau pyronique par élimination d'eau des groupes hydroxyles et finalement déplacèrent le groupement nitré par le groupement carboxyle.

Les colorants ainsi formés qui doivent, d'après leur mode de préparation, contenir un groupe carboxyle, sont très semblables comme caractère aux rhodamines ; ils sont représentés par les formules

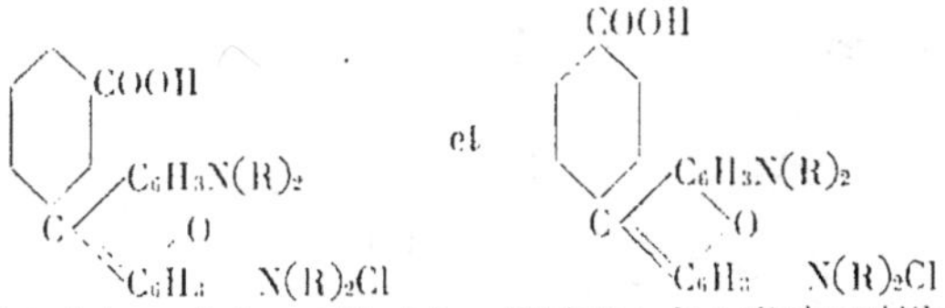

$$\begin{matrix} COOH \\ C_6H_3N(R)_2 \\ C \diagdown O \\ C_6H_3 \quad N(R)_2Cl \end{matrix} \qquad et \qquad \begin{matrix} COOH \\ C_6H_3N(R)_2 \\ C \diagdown O \\ C_6H_3 \quad N(R)_2Cl \end{matrix}$$

(Dérivés de la m-nitrobenzaldéhyde.)   (Dérivés de la p-nitrobenzaldéhyde.)

Par analogie, la fluorescéine aurait la constitution

$$C_6H_4 \diagdown \diagup \begin{matrix} CO \\ O \\ C_6H_3OH \\ C \diagdown O \\ C_6H_3OH \end{matrix}$$

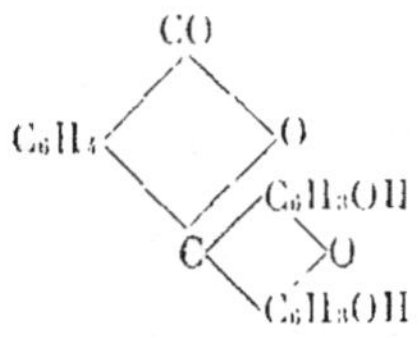

tandis que son sel de sodium fortement coloré aurait la constitution

$$C_6H_4 \diagdown \diagup \begin{matrix} COONa \\ C_6H_3OH \\ C \diagdown O \\ C_6H_3 = O \end{matrix}$$

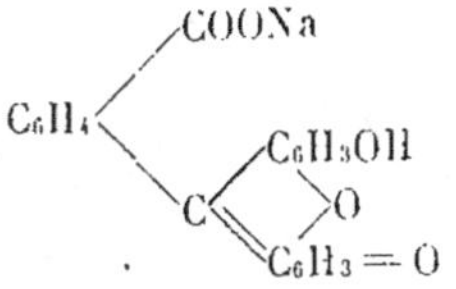

Cette question a été sérieusement étudiée par les recherches de

O. Fischer, Hepp, Nietzki et Schrœter qui trouvèrent que cette substance peut exister à la fois sous les formes lactone et quinone, la
première étant la plus stable des deux. Par exemple, Nietzki et
Schrœter trouvèrent qu'en traitant la fluorescine (obtenue par réduction de la fluorescéine) avec de l'alcool et de l'acide chlorhydrique
elle était transformée en sel d'éthyle

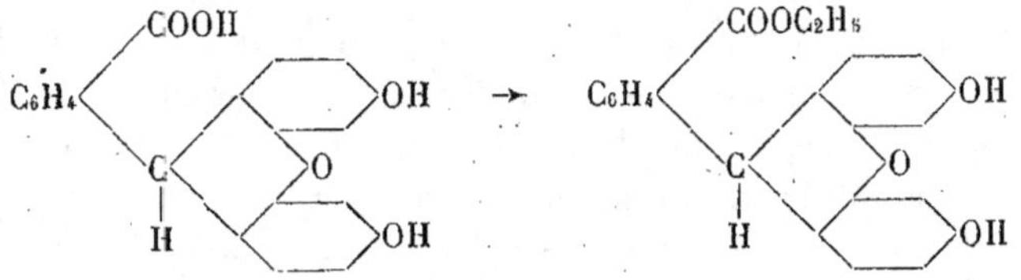

(Fluorescine.)

qui par oxydation et élimination d'eau, est transformé en un sel
d'éthyle correspondant qui doit avoir une structure quinonique

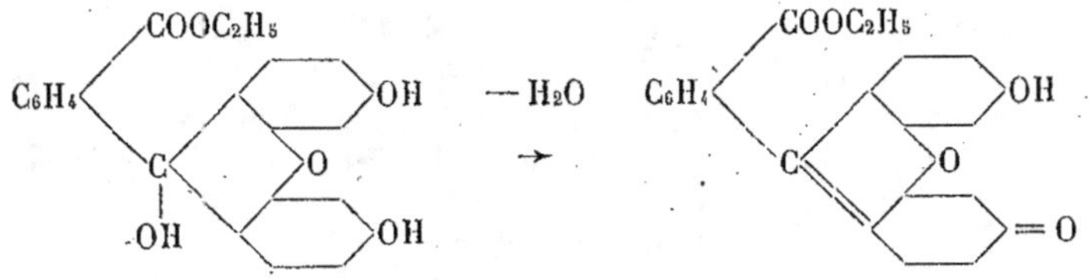

Par la bromuration de cet éther quinone ils obtinrent un sel
d'éthyle de l'éosine. Il s'ensuit donc que les éosines également possèdent une structure quinonique.

Par éthérification ultérieure du sel quinonique mono-éthylique
de la fluorescéine mentionné plus haut, ils obtinrent un sel diéthylique ayant la constitution

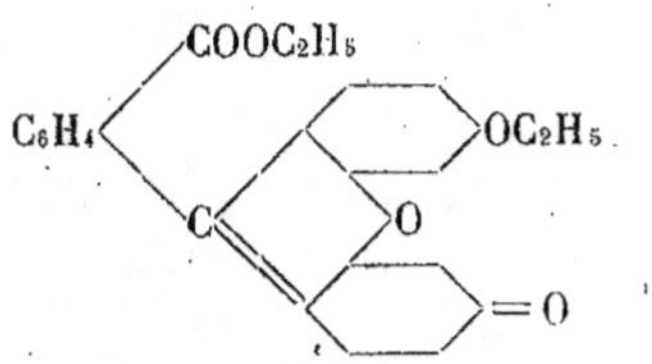

(Jaune.) P.F. 159°.

qui est isomère, mais non identique, avec le sel diéthylique ayant
la constitution

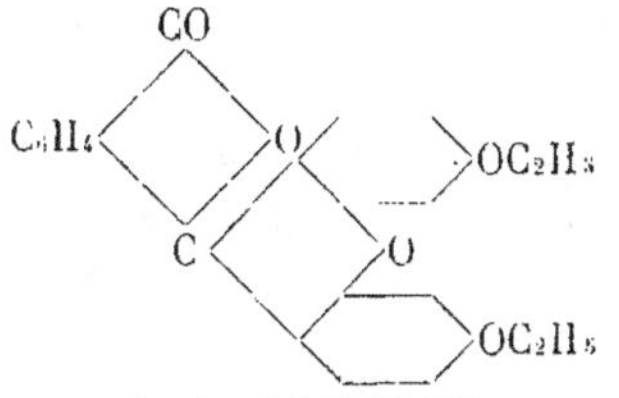

$$CO\quad C_6H_4\!\!<\quad O\quad >OC_2H_5\quad C\quad O\quad >OC_2H_5$$

(Incolore.) P.F. 181-182°.

(Nietzki et Schrœter, *Ber.*, XXVIII, 47).

Lors de l'alkylation des sels de fluorescéine, la production du sel
quinonique diéthylique coloré est toujours accompagnée de celle du
sel lactonique diéthylique incolore.

Le changement de couleur remarquable qui se produit lorsque la
phénolphtaléine incolore est transformée en sel alcalin serait due également, selon Bernthsen et Friedländer, à un passage de la forme
lactone à la forme quinone

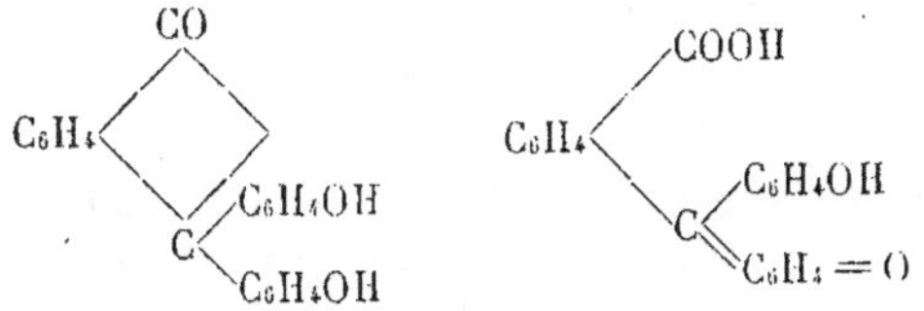

$$CO\quad C_6H_4\!\!<\quad C\!\!<\!\!{}^{C_6H_4OH}_{C_6H_4OH}\qquad\qquad C_6H_4\!\!<\!\!{}^{COOH}\quad C\!\!<\!\!{}^{C_6H_4OH}_{C_6H_4=O}$$

(Forme lactone.)   (Forme quinone.)

Il n'y a cependant pas de preuve directe de l'existence de cette
substance sous la forme quinone, la phénolphtaléinoxime

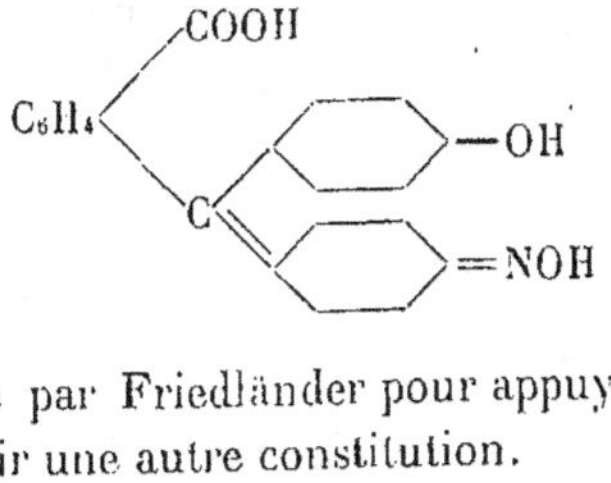

$$C_6H_4\!\!<\!\!{}^{COOH}\quad C\!\!<\!\!{}^{-OH}_{=NOH}$$

qui a été préparée par Friedländer pour appuyer cette manière de
voir paraissant avoir une autre constitution.

Dans la suite, Herzig et Meyer préparèrent un sel d'éthyle lactonique incolore par alkylation de la phénolphtaléine en solution alca-

line, c'est-à-dire dans les conditions où on lui supposait une structure quinonique ; et Bistrzycki et Nencki, dans les mêmes conditions, préparèrent aussi un dérivé benzoylé coloré, par l'action du chlorure de benzoyle.

La manière exacte de se comporter de la phénolphtaléine avec les alcalis est la suivante :

Lorsque l'alcali est ajouté à une solution incolore de phénolphtaléine dans l'alcool dilué, il se produit une coloration rouge intense qui disparaît par addition d'un excès d'alcali ou d'alcool.

Ce phénomène fut expliqué par Ostwald (*Wissenschaftl. Grundlagen der Analyt. Chemie*, 11ᵗᵉ Aufl., p. 116) par la théorie de la dissociation électrolytique en admettant que, tandis que la phénolphtaléine même et ses sels non dissociés sont incolores, ses ions sont rouges et que la disparition de la couleur par addition d'un excès d'alcali ou d'alcool marque la suppression ou la rétrogradation de l'ionisation.

Cette manière de voir fut adoptée par Herzig et Richard Meyer (Herzig, *Ber.*, 1895, XXVIII, 3258 ; 1896, XXIX, 138 ; R. Meyer *Jahrbuch d. Chem.*, 1899, IX, 404), par O. Fischer (*Zeit. Farb. Ind.*, 1902, 1, 281) et par R. Meyer et O. Spengler (*Ber.*, 1903, XXXVI, 2949).

La manière de se comporter de la phénolphtaléine vis-à-vis des alcalis peut évidemment s'expliquer par la théorie quinonique après le travail plus récent de R. Meyer et de ses collaborateurs (*Ber.*, 1905, XXXVIII, 1318 ; 1908, XLI, 2446 ; 1911, XLIV, 1954) rapprochés de celui de Green et Perkin (*J. C. S.*, 1904, LXXXV 398).

R. Meyer trouve que le composé sodé rouge de la phénolphtaléine a pour formule $C_{20}H_{12}O_4Na_2$ et que sa structure peut par conséquent être représentée comme suit :

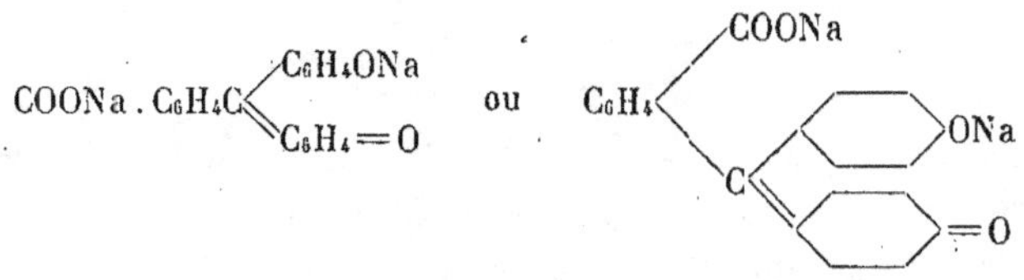

$$COONa \cdot C_6H_4C \begin{cases} C_6H_4ONa \\ C_6H_4 = O \end{cases} \quad ou \quad C_6H_4 \cdots$$

D'autre part, Green et Perkin montrent que, lorsque la solution incolore formée par addition d'un excès d'alcali est neutralisée par l'acide acétique, elle contient un sel alcalin de la formule $C_{20}H_{15}O_5K$.

Il est donc évident que la suite de ces changements peut être représentée comme suit :

(1) L'alcali agit sur la solution du composé incolore de forme lactonique, produisant le composé alcalin rouge du type quinonique

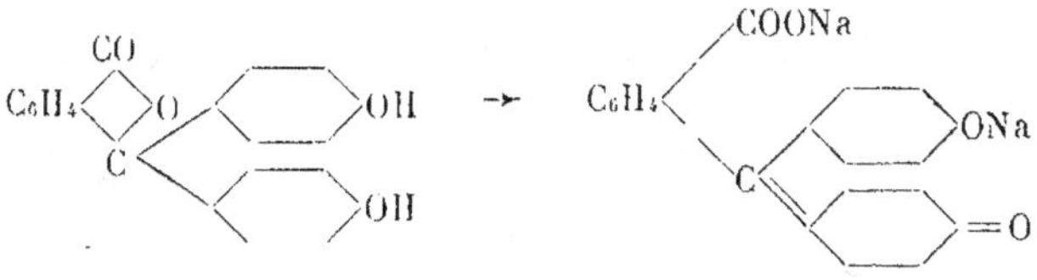

$$C_6H_4 \diagdown \overset{\displaystyle CO}{\underset{\displaystyle C}{\diamond}} O \diagdown OH \diagup OH \longrightarrow C_6H_4 \diagdown \overset{\displaystyle COONa}{\underset{\displaystyle C}{}} \diagdown ONa ,\ =O$$

(2) L'action ultérieure de l'alcali conduit à l'addition des éléments de l'hydroxyle formant le sel carbinol incolore de formule (I)

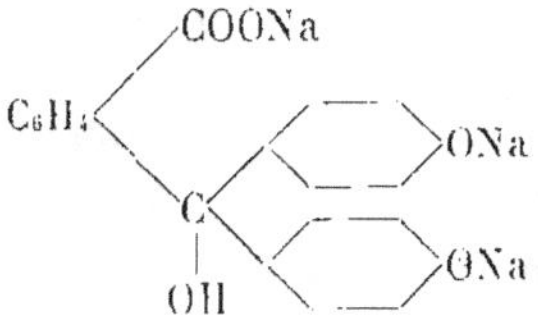

$$C_6H_4 \diagdown \overset{\displaystyle COONa}{\underset{\displaystyle \underset{OH}{C}}{}} \diagdown ONa ,\ ONa \qquad\qquad C_6H_4 \diagdown \overset{\displaystyle COONa}{\underset{\displaystyle \underset{OH}{C}}{}} \diagdown OH ,\ OH$$

$$\text{(I)} \qquad\qquad\qquad\qquad \text{(II)}$$

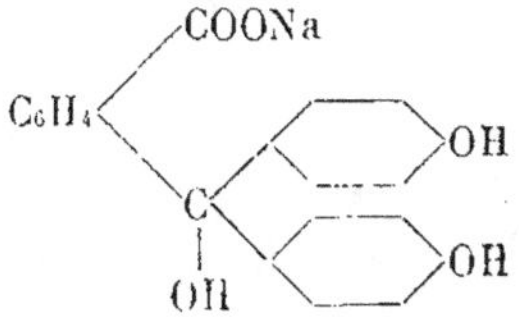

(3) Lorsque l'excès d'alcali est neutralisé par l'acide acétique les hydroxyles phénoliques légèrement acides sont restaurés et la solution incolore contient alors le sel $C_{20}H_{15}O_5Na$ (II).

(4) Lorsqu'on fait bouillir la solution incolore de ce sel elle devient rouge foncé et il se sépare un précipité de phénolphtaléine. Il s'ensuit que, dans ces conditions, le sel carbinol est décomposé en phénolphtaléine lactonique et alcali libre

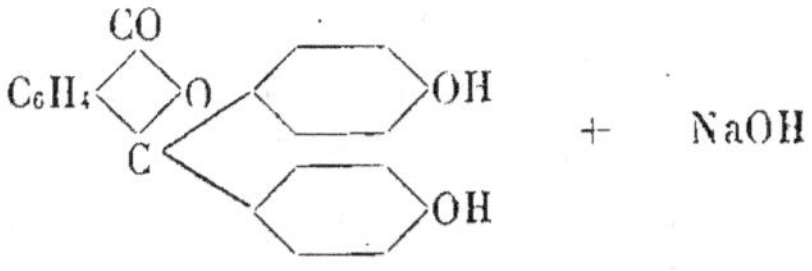

$$C_6H_4 \diagdown \overset{\displaystyle CO}{\underset{\displaystyle C}{\diamond}} O \diagdown OH \diagup OH \qquad + \qquad NaOH$$

et que l'alcali mis en liberté réagit alors avec une quantité équivalente de la phénolphtaléine libérée pour former le sel disodique coloré.

La principale objection à la structure quinonique de ces sels réside dans le fait qu'il est difficile d'expliquer de la même façon la manière de se comporter fort semblable de l'hydroquinone-phtaléine.

L'hydroquinonephénolphtaléine se forme en partant de l'hydroquinone et de l'anhydride phtalique et sa lactone incolore a la structure (III)

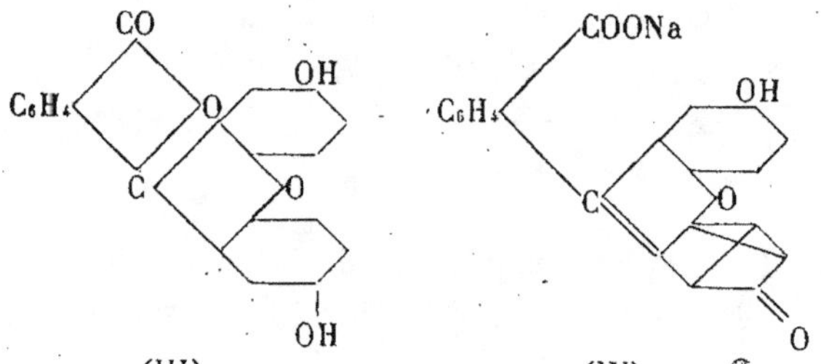

$$C_6H_4 \quad (III) \qquad\qquad C_6H_4 \quad (IV)$$

Elle donne un sel alcalin violet ayant la formule $C_{20}H_{10}O_5Na_2$ auquel R. Meyer assigne la structure méta-quinonique (IV) mais que Green et Perkin regardent comme un dérivé orthoquinonique, dont le sel disodique serait (V)

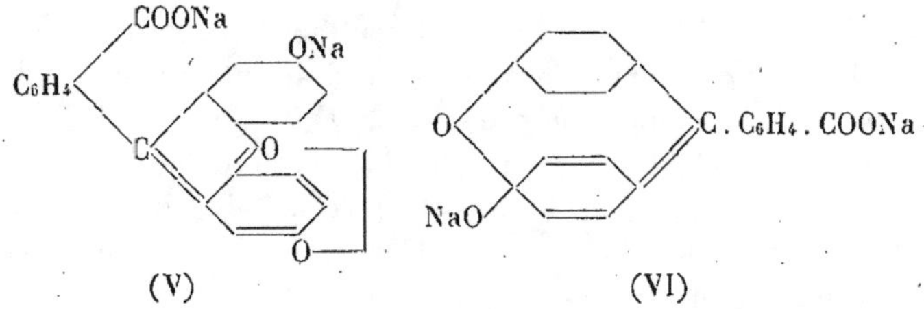

$$C_6H_4 \quad (V) \qquad\qquad (VI)$$

D'autres explications ont été proposées par v. Baeyer (*Ann.* 1910, CCCLXXII, 133) et par Kehrmann (*ibid.*, 337) mais les vues de ces chimistes ne s'accordent pas avec la formule établie pour le sel coloré (cf. R. Meyer et Posner, *Ber.*, 1911, XLIV, 1954).

Acree et ses collaborateurs (*Amer. Chem. J.*, 1908, XXXIX, 528, 789; 1909, XLII, 115) considèrent que la structure quinonique n'est pas, dans le sens strict du mot, la cause de la couleur; celle-ci serait due à la présence d'un groupement phénol et quinone

OK.C_6H_4.C = C_6H_4 = O. Ils regardent comme la cause essentielle de la couleur la présence d'un sel tautomérique (VI) formé par transposition moléculaire entre le CO du groupement quinonique et le groupe phénolique ONa.

D'autres vues sur cette question ont été exprimées par Silberrad (*J. C. S.*, 1906, LXXXIX, 1793; *Proc.*, 1908, 209; voir aussi Green, *Proc.*, 1907, 12; 1908, 206).

CHAPITRE XVI

LES COLORANTS DE L'ACRIDINE

A ce groupe appartiennent un petit nombre de colorants importants
au point de vue industriel. Ce sont des dérivés amidés de la phénylacridine et de l'acridine

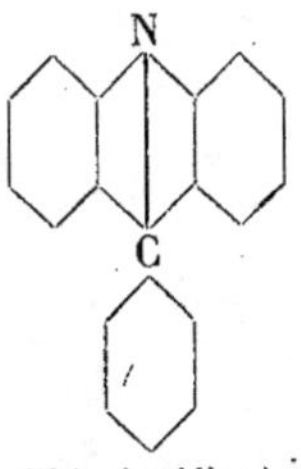

(Phénylacridine.) 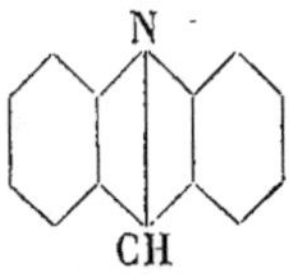   (Acridine.)

Il a déjà été fait mention d'un colorant de ce groupe — la *chrysaniline* — qui fut découvert par Nicholson dans les eaux-mères de
la fuchsine préparée par la méthode à l'acide arsénique.

Cette substance est une diamidophénylacridine ayant la constitution (Fischer et Körner, *Ber.*, 1884, XVII, 203)

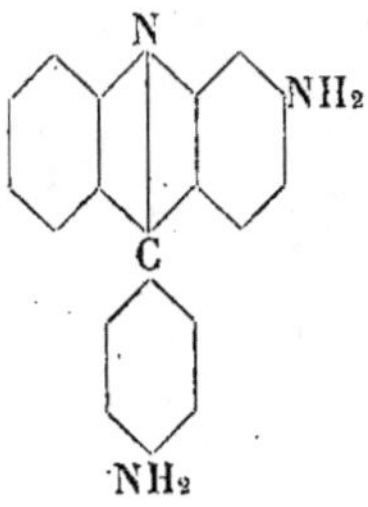

Son mode de formation est donné à la page 137.

Le produit impur se trouve dans le commerce sous le nom de phosphine, colorant basique jaune qui est beaucoup employé pour la teinture du cuir.

En 1887, Rudolph (EP. 9614[ss], A.P. 382, 832) découvrit d'autres colorants de ce groupe qui sont préparés par condensation d'une aldéhyde avec une m- diamine, élimination d'ammoniaque du produit de condensation et oxydation subséquente.

Un exemple en est donné par la benzoflavine [0]

$$
\begin{array}{c}
\text{N} \\
\text{NH}_2 \diagup \bigcirc \diagdown \text{NH}_2 . \text{HCl} \\
\text{CH}_3 \qquad \text{CH}_3 \\
\text{C} \\
\text{C}_6\text{H}_5
\end{array}
$$

qui est préparée de la façon suivante :

(1) La benzaldéhyde est condensée avec la m-toluylène-diamine pour former le tétraamidoditolylphénylméthane

$$
\text{C}_6\text{H}_5\text{CHO} \; + \;
\begin{array}{l}
\text{H C}_6\text{H}_2(\text{CH}_3) \diagup^{\text{NH}_2}_{\text{NH}_2} \\
\text{H C}_6\text{H}_2(\text{CH}_3) \diagup^{\text{NH}_2}_{\text{NH}_2}
\end{array}
\rightarrow \;
\text{C}_6\text{H}_5\text{CH}
\begin{array}{l}
\diagup \text{C}_6\text{H}_2(\text{CH}_3) \diagup^{\text{NH}_2}_{\text{NH}_2} \\
\diagdown \text{C}_6\text{H}_2(\text{CH}_3) \diagup^{\text{NH}_2}_{\text{NH}_2}
\end{array}
$$

(Tétraamidoditolylphénylméthane.)

(2) Lorsque celui-ci est traité par l'acide chlorhydrique, il se sépare de l'ammoniaque et il se forme la dihydro-diamidodiméthylphényl-acridine

$$
\cdots \xrightarrow{- \text{NH}_3} \cdots
$$

(Dihydrodiamidodiméthylphénylacridine.)

(3) Le colorant est alors obtenu par oxydation de cette dernière

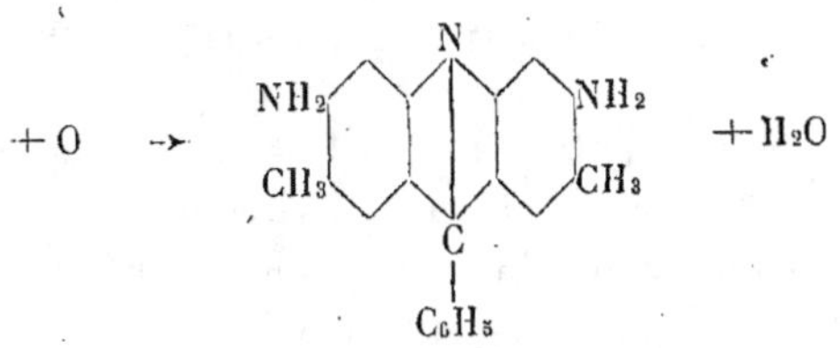

$$+ O \rightarrow \quad [\text{Benzoflavine}] \quad + H_2O$$

(Benzoflavine.)

Comme colorant basique, la benzoflavine trouve une application considérable dans la teinture en jaune de la laine, de la soie et du coton (mordancé au tanin).

Des colorants analogues sont :

Le jaune d'acridine [L], dérivé de la formaldéhyde + m-toluylène diamine

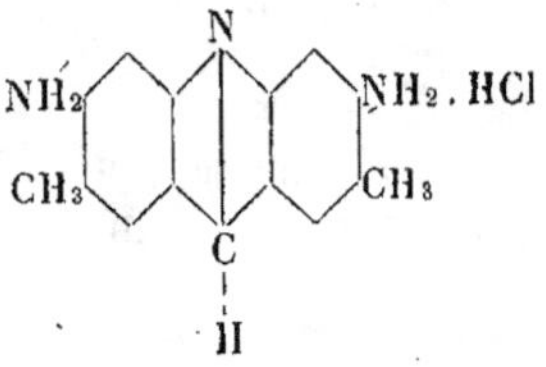

L'orangé d'acridine [L], de la formaldéhyde + m-amidodiméthyl-aniline

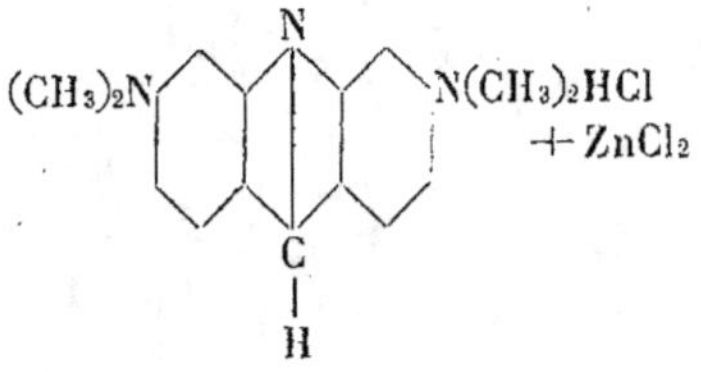

et l'orangé d'acridine R extra [L], de la benzaldéhyde + m-amido-diméthylaniline

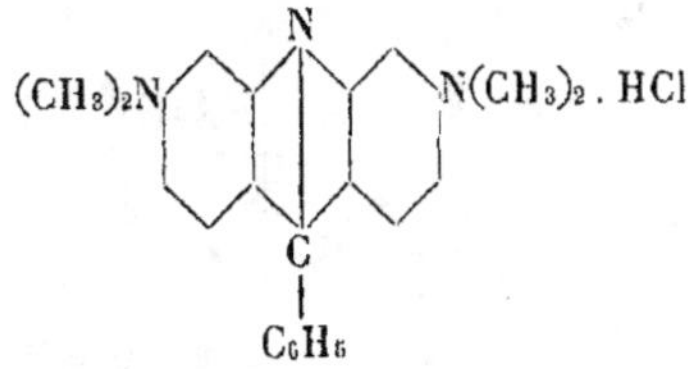

CHAPITRE XVII

COLORANTS ANTHRACÉNIQUES

Par raison de commodité, nous répartirons ces matières colorantes en trois groupes, savoir:

(1) Colorants oxycétoniques.

(2) Colorants dérivés des composés oxyamidés et aryloamidés de l'anthraquinone.

(3) Colorants de cuve dérivés de l'anthraquinone.

(1) *Colorants oxycétoniques.*

Les colorants de ce groupe contiennent un anneau aromatique dans lequel deux groupements hydroxyles ortho sont dans la position ortho par rapport à un groupement carbonyle.

Ce sont donc des colorants à mordant formant des laques colorées avec divers oxydes métalliques et qui se caractérisent par une grande solidité tant à la lumière qu'au lavage.

Bien que le colorant le plus important de ce groupe soit l'alizarine, il y a cependant un petit nombre d'autres colorants non dérivés de l'anthracène mais qu'une communauté de propriétés fait classer avec l'alizarine.

A ces colorants appartiennent:

Le *jaune d'alizarine* C [B] que l'on prépare par l'action de l'acide acétique et du chlorure de zinc sur l'acide pyrogallique et qui a pour formule

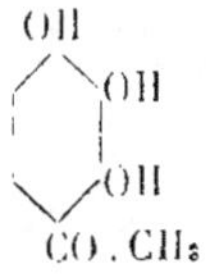

$$
\begin{array}{c}
\text{OH} \\
\text{OH} \\
\text{OH} \\
\text{CO . CH}_3
\end{array}
$$

Le *jaune d'alizarine* **A** [B] dérivé de l'acide benzoïque ou du chlorure de benzoyle et de l'acide pyrogallique

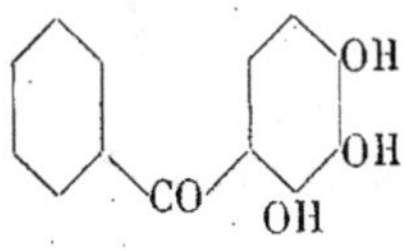

et le *noir d'alizarine* S [B] qui s'obtient en traitant la dinitronaphtaline par une solution de soufre dans l'acide sulfurique fumant; la dioxynaphtoquinone ainsi formée est traitée par le bisulfite de /sodium.

La formule (cétone) est

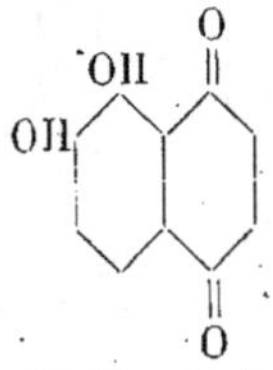

(Naphtazarine.)

La laque de chrome de ce colorant est noire.

Colorants d'alizarine.

A cette classe appartiennent une série de colorants qui dérivent de l'anthraquinone

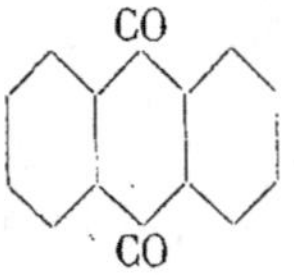

et qui contiennent deux groupements ortho-hydroxyles en position ortho par rapport à l'un des groupements carbonyles (voir *Loi de Liebermann et v. Kostanecki* p. 67).

L'alizarine (dioxyanthraquinone)

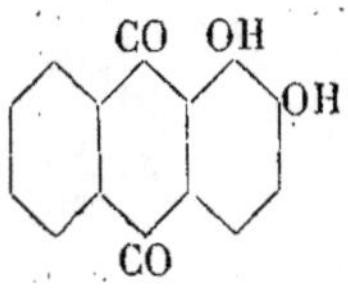

se préparait autrefois au moyen de la racine de la garance (*Rubia tinctorum*, L.) dans laquelle elle se trouve sous la forme d'un glucoside, l'acide rubérythrique, qui peut être transformé en sucre et alizarine par ébullition avec les acides dilués. Mais depuis 1868 elle est préparée synthétiquement.

La culture de la garance était une industrie très considérable et en 1868 environ 70 000 tonnes de garance furent produites dans les divers pays qui la cultivaient.

En cette année, Graebe et Liebermann firent une découverte qui fit époque : c'est que le colorant essentiel de la garance, l'alizarine, est un dérivé de l'anthracène car elle peut être transformée en cet hydrocarbure par distillation avec du zinc en poudre, méthode de réduction qui avait été découverte peu auparavant par Baeyer (*Ann.*, 1866, CXL, 295).

Graebe et Liebermann trouvèrent aussi de la même façon que la purpurine, colorant qui accompagne l'alizarine dans la garance, donne de l'anthracène par distillation avec le zinc en poudre.

Avant cette époque, cependant, un nombre considérable de travaux avaient été faits au sujet de l'alizarine en vue de déterminer sa constitution et, de 1848 à 1852, plusieurs mémoires avaient été publiés par Schunck, Schunck et Gerhardt, Wolff et Strecker, etc. D'après leurs résultats, l'alizarine était considérée comme un dérivé de la naphtaline.

A cette époque, les quinones n'avaient pas encore été découvertes et, en 1868, Graebe (*Ann.*, 1868, CXLVI, 30) publia un mémoire sur cette question.

Il trouva que *l'acide chloranilique* $C_6H_2Cl_2O_4$, préparé par l'action des alcalis sur le *chloranile* $C_6Cl_4O_2$ ne renfermait pas de groupe carboxyle comme les autres acides organiques, mais que c'était une dioxydichlorquinone qu'il formulait comme suit

$$C_6Cl_2(OH)_2 \left\{ \begin{matrix} O \\ O \end{matrix} \right\rangle$$

Il trouva de même que l'acide chloroxynaphtanilique constitué de façon analogue était une *chloroxynaphtoquinone*

$$C_{10}H_4Cl(OH) \left\{ \begin{matrix} O \\ O \end{matrix} \right\rangle$$

et qu'un composé de formule $C_{10}H_6O_3$, que Martius et Griess (*Ann.*, 1865, CXXXIV, 376) avaient préparé à partir de naphtaline, et qu'ils avaient confondu avec l'alizarine, était en réalité l'*oxynaphto-quinone*

$$C_{10}H_5(OH)\begin{Bmatrix} O \\ O \end{Bmatrix}$$

L'analogie dans les propriétés de l'acide chloranilique, de l'acide chloroxynaphtanilique et de l'alizarine, et le fait déjà mentionné que cette dernière substance donnait de l'anthracène par distillation sèche avec le zinc en poudre conduisirent Graebe et Liebermann (*Ber.*, 1868, I. 49) à supposer que l'alizarine était une dioxyanthraquinone, et la purpurine une trioxyanthraquinone

$$C_6Cl_2\begin{Bmatrix} OH \\ OH \\ O \\ O \end{Bmatrix} \qquad C_{10}H_4Cl\begin{Bmatrix} OH \\ O \\ O \end{Bmatrix} \qquad C_{10}H_5\begin{Bmatrix} OH \\ O \\ O \end{Bmatrix}$$

(Acide chloranilique.) (Acide chloroxynaphtalinique.) (Oxynaphtoquinone.)

$$C_{14}H_6\begin{Bmatrix} OH \\ OH \\ O \\ O \end{Bmatrix} \qquad C_{14}H_5\begin{Bmatrix} OH \\ OH \\ OH \\ O \\ O \end{Bmatrix}$$

(Alizarine.) (Purpurine.)

Ces formules furent modifiées dans la suite par la découverte de Zincke et Fittig d'après laquelle l'anthraquinone était une dicétone de formule

$$C_6H_4\begin{Bmatrix} CO \\ CO \end{Bmatrix}C_6H_4$$

Continuant leurs investigations, Graebe et Liebermann trouvèrent que le composé précédemment préparé par Laurent par l'oxydation directe de l'anthracène était identique avec l'anthraquinone. En vue de convertir celle-ci en dioxydérivé, ils la transformèrent d'abord en dérivé dibromé et ensuite, par fusion avec la potasse, ils obtinrent la dioxyanthraquinone identique à l'alizarine de la racine de garance.

Cette première préparation synthétique d'un colorant naturel fut appliquée sur une échelle industrielle par la Badische Anilin und Soda Fabrik, mais dès le principe on rencontra une grande difficulté dans la préparation d'anthracène suffisamment pur.

Cependant on découvrit bientôt que l'alizarine pouvait être obtenue beaucoup plus facilement en partant de l'acide anthraquinone-monosulfonique.

Quelque temps auparavant, Graebe et Liebermann avaient essayé, mais sans succès, de préparer les acides sulfoniques de l'anthraquinone par sulfonation. C'est Caro qui montra le premier que, en traitant l'anthraquinone par l'acide sulfurique à 200°, il se formait un acide sulfonique qui, par fusion avec la potasse, donnait l'alizarine.

Pratiquement en même temps, la même réaction était découverte par W. H. Perkin en Angleterre.

Le brevet de Caro, Graebe et Liebermann porte la date du 25 juin 1869 ; celui de W. H. Perkin, la date du 26 juin 1869.

Une autre méthode de préparation de l'acide anthraquinonedisulfonique fut encore une fois découverte simultanément par Graebe et Liebermann (*Ann.*, 1871, CLX. 137) et par W. H. Perkin (*Ann.*, 1871, CLVIII, 319) et brevetée par ce dernier le 17 novembre 1869.

Cette méthode consiste à traiter le dichloro- ou le dibromo-anthracène par l'acide sulfurique. Il est ainsi transformé en acide dichloro- ou dibromoanthracène-disulfonique qui, par traitement ultérieur à l'acide sulfurique (*Graebe, Libermann et Perkin*) ou par oxydation au moyen de MnO_2 (*Perkin*), est transformé en acide anthraquinonedisulfonique.

Par fusion avec la potasse, cet acide disulfonique donne l'isopurpurine.

Les acides disulfoniques de l'anthraquinone sont cependant préparés aujourd'hui par sulfonation directe au moyen d'acide sulfurique contenant 40 % d'anhydride, à 280-350° (*Koch*).

De cette façon il se forme deux acides sulfoniques

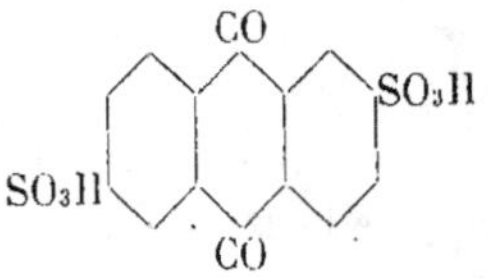

(Acide α-anthraquinonedisulfonique.) 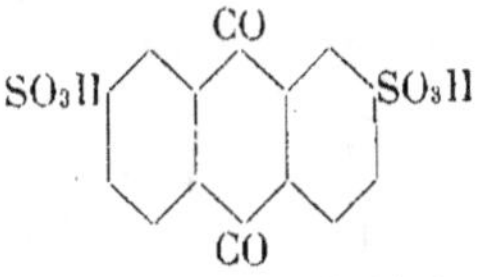   (Acide β-anthraquinonedisulfonique.)

Par fusion avec la soude caustique, le premier donne la flavopurpurine; le second, l'iso- ou l'anthrapurpurine.

Au début, lorsque l'alizarine était préparée en partant de l'acide anthraquinonesulfonique, on pensait que l'acide disulfonique seul réagissait. Mais on découvrit bientôt que seul l'acide β-monosulfonique peut donner l'alizarine avec la potasse, l'acide disulfonique étant transformé en dérivé trihydroxylé de l'anthraquinone.

L'équation représentant la formation de l'alizarine est évidemment la suivante :

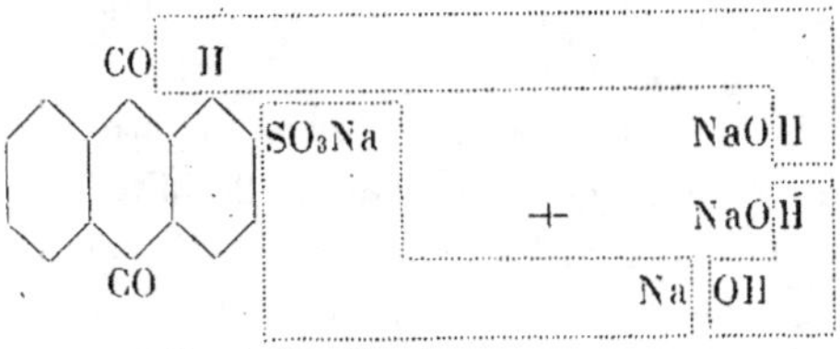

β-anthraquinonemonosulfonate de sodium.)

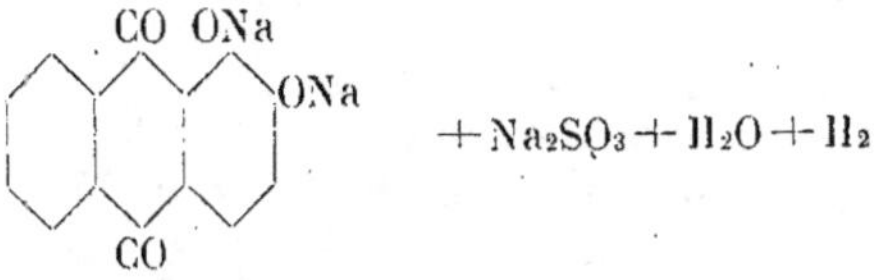

$+ Na_2SO_3 + H_2O + H_2$

(Sel de sodium de l'alizarine.)

La découverte de la nature exacte de la réaction expliqua la perte d'alizarine que l'on observait dans les débuts de sa fabrication et qui était évidemment due à la réduction de l'anthraquinone par l'hydrogène naissant.

On obvie maintenant à cet inconvénient par l'addition de chlorate de sodium à la fonte (*Koch*).

Les positions des groupements hydroxyles dans l'alizarine et la purpurine ont été déterminées de la façon suivante (*Baeyer* et *Caro*).

(1) L'anhydride phtalique, par condensation avec la pyrocatéchine en solution dans l'acide sulfurique concentré, donne l'alizarine

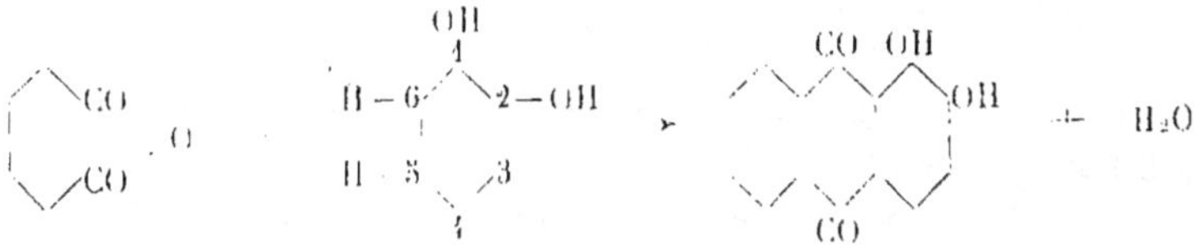

$$\text{phtalique} + \text{pyrocatéchine} \longrightarrow \text{alizarine} + H_2O$$

Il résulte de cette synthèse que les deux groupements hydroxyles se trouvent en position ortho l'un par rapport à l'autre.

Mais cette préparation ne détermine pas leur position par rapport aux groupements carbonyles car la condensation pourrait s'être faite dans les positions 4, 5 au lieu de 5, 6.

(2) L'anhydride phtalique se condense de même avec l'hydroquinone pour former la quinizarine.

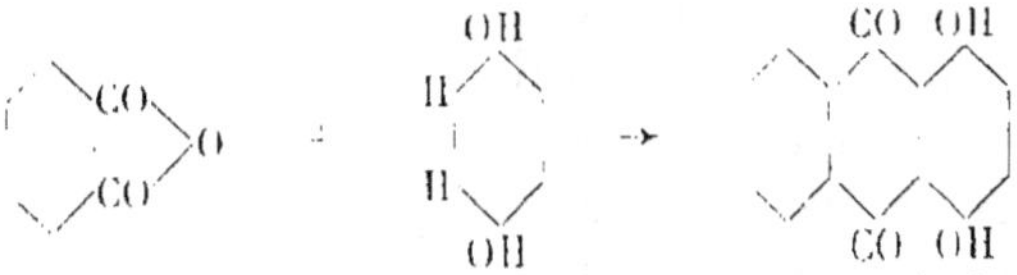

$$\text{(Quinizarine.)}$$

(3) L'alizarine et la quinizarine donnent toutes deux la purpurine par oxydation.

Les seules formules qui s'accordent avec ces faits sont celles données dans les équations suivantes :

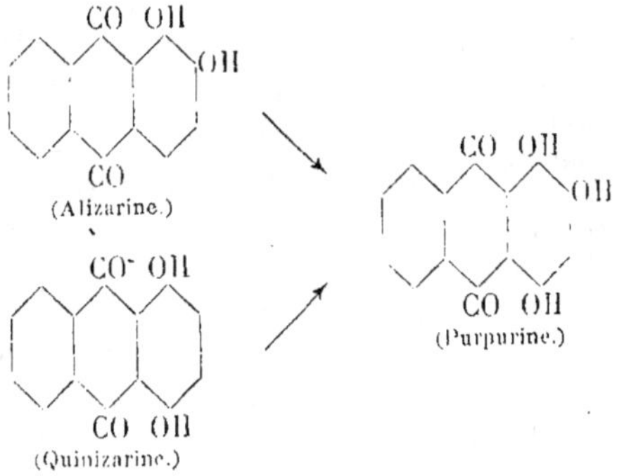

(Alizarine.)

(Quinizarine.)

(Purpurine.)

L'alizarine est insoluble dans l'eau froide et on la rencontre toujours sous forme de pâte.

Autrefois elle consistait en 10 pour 100 d'alizarine en suspension dans l'eau, mais aujourd'hui on la fait presque exclusivement à la concentration de 20 pour 100. Le prix de la pâte à 10 pour 100 était en 1870 de 6 s. à 7 s. la livre et en 1913 la pâte à 20 pour 100 était à 5 1/2 d. la livre.

Sous cette forme, l'alizarine est assez finement divisée pour avoir une solubilité appréciable dans l'eau chaude ; mais une fois séchée, elle perd cette propriété et ne convient plus guère pour la teinture et l'impression.

Pour le transport par eau on la met souvent sous forme de poudre qui est dissoute dans la soude caustique et reprécipitée par l'acide chlorhydrique par le teinturier lorsqu'elle est à destination.

On la prépare également sous forme de poudre mélangée à l'amidon ; lorsqu'on la met dans l'eau, l'amidon gonfle et la poudre est transformée en une pâte fine excellente pour la teinture.

Les colorants à mordants peuvent être répartis en deux classes :

(1) Colorants polygénétiques ;

(2) Colorants monogénétiques ;

les premiers donnant des laques de couleurs différentes avec les différents mordants ; les seconds donnant des laques de même couleur quelle que soit la nature du mordant employé.

L'alizarine est un colorant polygénétique dans le sens le plus large du mot et donne les couleurs suivantes avec les mordants ci-dessous :

Magnésium.	violet.
Calcium.	rouge-pourpre.
Baryum..	rouge-pourpre.
Strontium.	rouge-violet.
Aluminium.	rouge-rosé.
Chrome..	brun-violet.
Fer (ferreux).	noir-violet.
Fer (Ferrique).	brun-noir.
Cuivre.	brun-violet.
Plomb.	rouge-pourpre.
Étain (stanneux).	rouge-violet.
Étain (stannique).	violet.
Mercure.	noir-violet.

Dans la pratique courante, seules les laques d'alumine, de fer, d'étain et de chrome sont employées.

Les méthodes d'application de l'alizarine sur les fibres sont données à la page 503.

Dérivés de l'alizarine. — Dérivés *nitrés*. — Des six nitro-alizarines théoriquement possibles, deux seulement ont été sérieusement étudiées :

L'*z-nitroalizarine*

$$CO \quad OH$$
$$OH$$
$$CO \quad NO_2$$

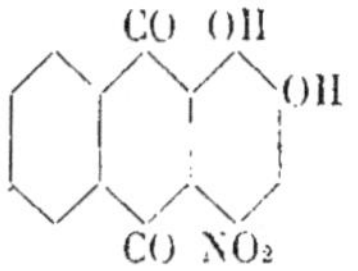

fut préparée d'abord par Perkin par l'action de l'acide nitrique sur la diacétylalizarine.

Elle n'a, par elle-même, pas d'importance comme colorant, mais par réduction elle est convertie en *z-amidoalizarine*

$$CO \quad OH$$
$$OH$$
$$CO \quad NH_2$$

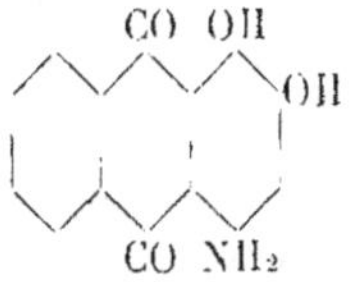

qui se trouve dans le commerce sous le nom de *grenat d'alizarine* R[M] et d'*alizarine cardinal* [By].

La β-*nitroalizarine* — *Orangé d'alizarine*

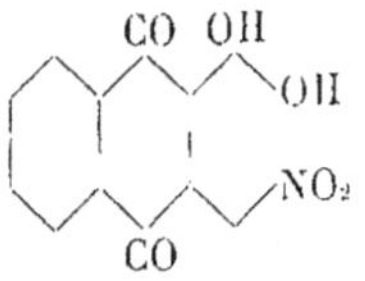

$$CO \quad OH$$
$$OH$$
$$NO_2$$
$$CO$$

fut préparée d'abord en 1874 par Strobel en traitant l'article teint avec l'alizarine par les vapeurs d'acide nitreux.

Elle peut aussi être préparée par nitration directe de l'alizarine. C'est un colorant puissant qui forme des laques oranges avec l'alumine, et rouge-violet avec les sels de fer.

Par réduction elle est transformée en *β-amido-alizarine — marron d'alizarine* [B]

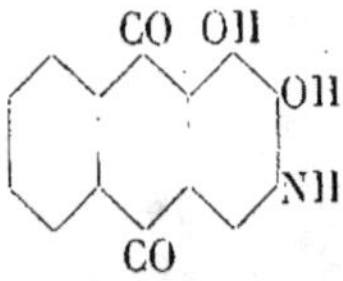

qui forme une laque rouge avec l'alumine et grise avec le fer.

Le *rouge d'alizarine* S[B] est l'acide alizarine-monosulfonique et est préparé par sulfonation directe de l'alizarine. Sa formule est

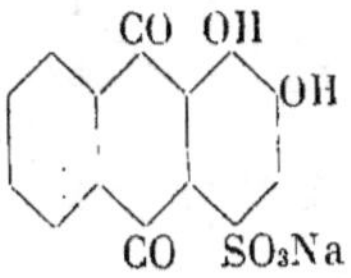

Il est surtout employé pour la teinture de la laine mordancée, mais aussi comme colorant en un bain avec traitement subséquent à l'alun (pour rouge vif) ou au bichromate (pour bordeaux ou dans des tons combinés).

Le *bleu d'alizarine* [B]. — Ce colorant important fut d'abord préparé par Prud'homme en chauffant la β-nitroalizarine (orangé d'alizarine) avec de la glycérine et de l'acide sulfurique.

La détermination de la constitution de cette substance est due à Graebe (*Ann.* 1880, CCI. 333) qui trouva que c'était une anthraquinoléine de la formule

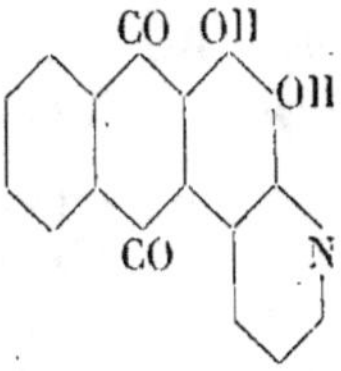

Dans la suite, la formation d'un dérivé de la quinoléine dans cette réaction fut confirmée par Skraup qui prépara la quinoléine en chauffant un mélange d'aniline et de nitrobenzène avec la glycérine et l'acide sulfurique.

Actuellement, le bleu d'alizarine se fait de la même façon, c'est-à-dire en chauffant un mélange de nitro- et d'amidoalizarine avec de la glycérine et de l'acide sulfurique à 105°.

Le bleu d'alizarine n'est que faiblement polygénétique. Il donne des laques bleues avec la plupart des mordants. La plus importante est la laque de chrome.

Le *bleu d'alizarine* S est le composé bisulfitique du bleu d'alizarine. C'est la forme la plus courante sous laquelle le bleu d'alizarine se rencontre dans le commerce.

Le *vert d'alizarine* S[M] est le composé bisulfitique de l'α-alizarine-quinoléine correspondante. On la prépare au moyen de l'α-amido-alizarine. Sa formule est

$$+\ 2NaHSO_3$$

Isomères de l'alizarine. — La *quinizarine*

qui est préparée industriellement par oxydation de l'anthraquinone au moyen d'acide sulfurique fumant en présence d'acide borique ou bien au moyen de nitrite de soude, n'a pas d'importance par elle-même comme colorant car, vu les positions des groupes hydroxyles, elle ne se combine pas avec les mordants pour former des laques.

Elle se transforme cependant en colorants acides de valeur par condensation avec les amines aromatiques primaires et sulfonation subséquente. Le vert cyanine d'alizarine et le bleu pur d'alizarine sont des colorants ainsi obtenus. Ce ne sont pas des colorants à mordants.

L'*anthrarufine*

se forme, d'après Schunck et Römer (*Ber.*, 1878, XI. 1176) lorsque l'on traite l'acide m-oxybenzoïque par l'acide sulfurique ou (Liebermann et Böck, *Ber.*, 1878, XI. 1616) par oxydation de l'acide anthracène-β-disulfonique et fusion de l'acide anthraquinone-disulfonique ainsi formé avec la potasse[1].

C'est la substance mère de l'important colorant acide bleu pour laine, l'alizarine saphirol (bleu Solvay) [By] qui est probablement l'acide diamidoanthrarufine-disulfonique.

Trïoxyanthraquinones. — La *purpurine* [B]

$$\text{CO}\quad\text{OH}\quad\text{OH}$$
$$\text{CO}\quad\text{OH}$$

accompagne l'alizarine dans la garance et est obtenue synthétiquement par oxydation soit de l'alizarine, soit de la quinizarine.

Ses laques avec les mordants sont fort semblables comme teintes à celles qui se forment avec l'alizarine.

Le *brun d'anthracène* [B] (Anthragallol)

$$\text{CO}\quad\text{OH}\quad\text{OH}\quad\text{OH}$$
$$\text{CO}$$

est obtenu (Seuberlich, *Ber.*, 1877, X. 38) en chauffant l'acide gallique et l'acide benzoïque avec l'acide sulfurique. Sa laque de chrome est brune.

La *flavopurpurine* (Alizarine X [By]), (Alizarine GI ou RG[B])

$$\text{CO}\quad\text{OH}\quad\text{OH}$$
$$\text{OH}\quad\text{CO}$$

1. L'anthrarufine est préparée industriellement en chauffant sous pression l'acide anthraquinone-1 : 5-disulfonique avec la chaux.

est préparée par fusion de l'acide α-disulfonique de l'anthraquinone

$$\underset{CO}{\overset{CO}{\bigcirc}}\ SO_3H \qquad SO_3H$$

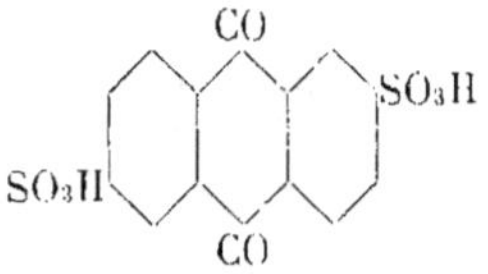

avec la potasse.

Elle a des propriétés fort semblables à celles de l'alizarine.

L'*alizarine* SSS est l'acide sulfonique (sel de sodium). C'est une importante teinture pour laine.

L'*orangé d'alizarine* G[M] est le dérivé β-nitré

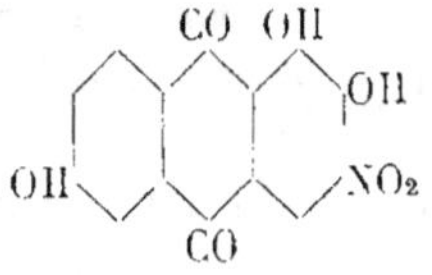

$$\underset{CO}{\overset{CO\ \ OH}{\bigcirc}}\ OH \qquad OH \qquad NO_2$$

En traitant celui-ci par la glycérine et l'acide sulfurique, on obtient le dérivé quinoléine, le *noir d'alizarine* P[M]

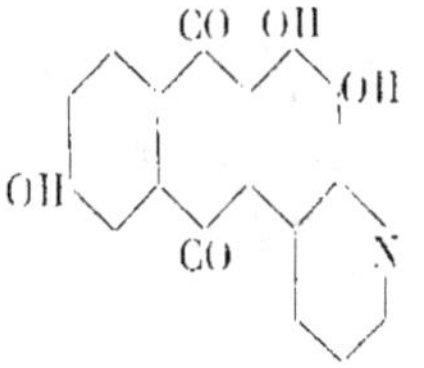

$$\underset{CO}{\overset{CO\ \ OH}{\bigcirc}}\ OH \qquad OH \qquad N$$

La combinaison bisulfitique est le noir d'alizarine S[M].

L'*isopurpurine* (alizarine GD[B]), (alizarine RX[M]), (alizarine SX extra [By])

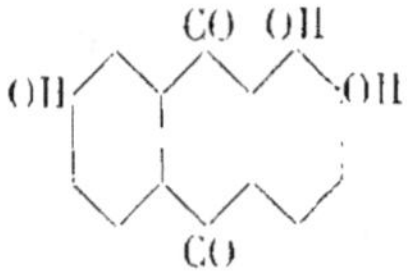

$$\overset{CO\ \ OH}{OH\ \bigcirc\ OH} \qquad CO$$

est préparée par la fusion de l'acide β-disulfonique de l'anthraquinone

$$\underset{CO}{\overset{CO}{SO_3H\ \bigcirc\ SO_3H}}$$

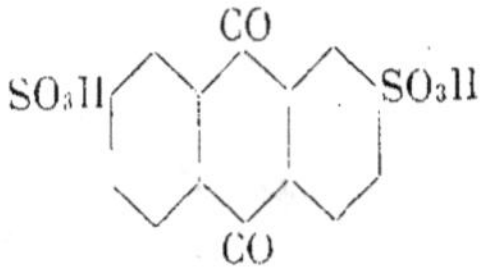

avec la soude caustique.

Ses propriétés sont analogues à celles des autres corps de ce groupe.

Comme teinture pour la laine, on emploie son acide sulfonique dont le sel de sodium est l'alizarine SS.

Tétraoxyanthraquinones. — En 1890, Bohn (*Ber.*, XXIII. 3739) découvrit le fait important que, par l'action de l'acide sulfurique fumant sur l'anthraquinone et les dérivés anthraquinoléiques, on pouvait y introduire de nouveaux groupes hydroxyles.

Cette réaction que la présence d'acide borique favorise beaucoup fut généralisée dans la suite par R.-E. Schmidt. Il en résulta la préparation de beaucoup de dérivés polyhydroxylés de l'alizarine et du bleu d'alizarine.

Les éthers sulfuriques (ou les éthers boriques) qui sont des produits intermédiaires de cette réaction donnent les dérivés polyhydroxylés libres par hydrolyse au moyen des acides. Les groupes nouveaux entrent, quand c'est possible, dans la position para du noyau non substitué.

Ainsi l'oxydation de l'alizarine pour obtenir le *bordeaux d'alizarine* B[By] au moyen de l'acide sulfurique fumant contenant 80 °/₀ de SO_3, se produit en trois étapes

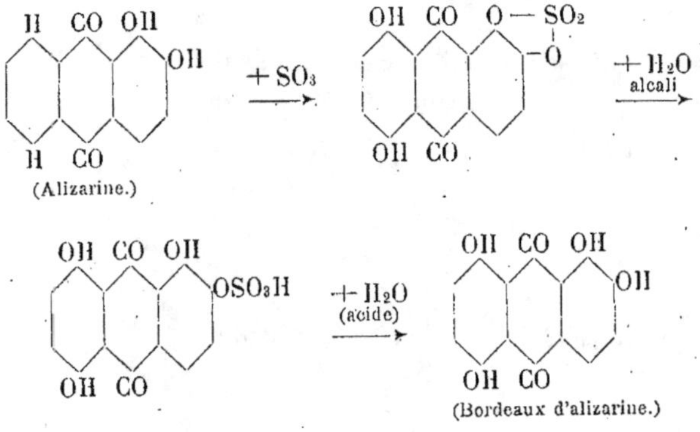

(Alizarine.)

(Bordeaux d'alizarine.)

Le bordeaux d'alizarine donne des laques rouge-bordeaux avec les sels d'aluminium, et bleu violet avec les sels de chrome. Un autre colorant du même type est le *vert d'alizarine* S[B], combinaison

bisulfitique de

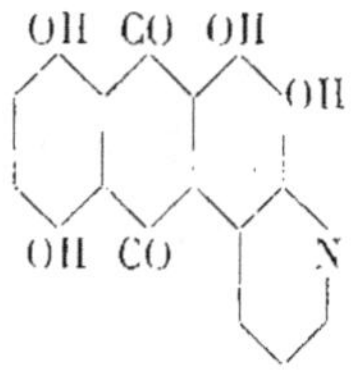

qui est obtenu en traitant le bleu d'alizarine par l'acide sulfurique fumant.

C'est une importante teinture pour laine, qui forme une laque bleu vert avec le chrome.

Pentaoxyanthraquinones. — La *cyanine d'alizarine* R[By]

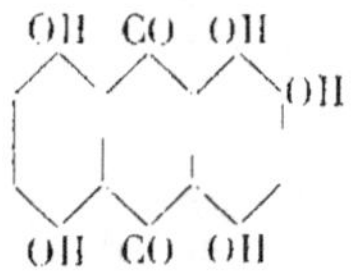

préparée par l'oxydation du bordeaux d'alizarine au moyen du bioxyde de manganèse et de l'acide sulfurique forme une laque de chrome bleue fort employée pour la teinture de la laine.

Le *bleu indigo d'alizarine* S[B], combinaison bisulfitique de

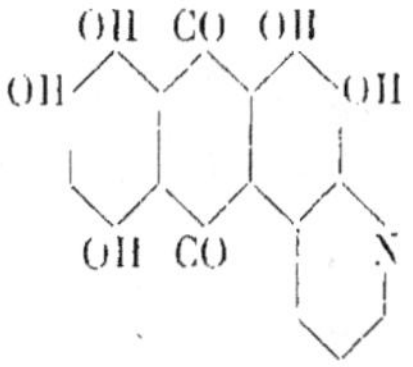

est préparé par l'action de l'acide sulfurique à 200° sur le vert d'alizarine.

La laque de chrome est de couleur bleu indigo.

Hexaoxyanthraquinones. — Le *rufigallol* [B]

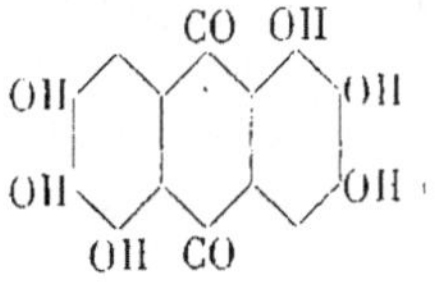

fut préparé d'abord par Robiquet (*Ann.*, 1836, XIX, 204) en chauffant l'acide gallique avec l'acide sulfurique concentré à 140°. Sa constitution a été déterminée par Klobukowsky.

C'est un colorant polygénétique donnant avec

l'aluminium. . . . . une laque rouge.
le fer. . . . . une laque violette.
le chrome. . . . . une laque brune.

Les couleurs ne sont pourtant pas de ton pur.

Le *bleu d'anthracène* WR[B]

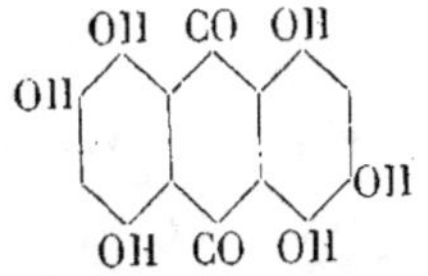

$$
\begin{array}{ccc}
 & OH\ CO\ OH & \\
OH & \bigcirc\bigcirc\bigcirc & OH \\
 & OH\ CO\ OH & \\
\end{array}
$$

est préparé (EP., 19589[91], 13029[92], AP., 502,603) en chauffant la dinitroanthraquinone 1 : 5 avec l'acide sulfurique fumant (40 % de SO_3) avec ou sans agent réducteur, et en traitant l'éther sulfurique formé par l'acide sulfurique ordinaire.

C'est une teinture pour laine donnant des laques violettes avec l'aluminium et bleues avec le chrome.

Le *bleu acide d'alizarine* BB et GR[M] est un acide disulfonique de ce colorant.

(2) *Couleurs dérivées des composés oxyamidés et aryloamidés de l'anthraquinone.*

L'action de l'ammoniaque sur les dérivés polyhydroxylés de l'anthraquinone conduit à un remplacement partiel des groupements hydroxyles par des groupements amines, et par conséquent à la formation de nouvelles matières colorantes. L'*alizarine cyanine* G en est un exemple. Elle est obtenue par l'action de l'ammoniaque sur l'alizarine cyanine R et est beaucoup employée pour la teinture de la laine sous forme de laque de chrome bleu verdâtre.

Des matières colorantes de plus grande importance encore et qui, de plus, sont des colorants à la fois acides et à mordants, sont préparées à partir des dérivés de l'anthraquinone par une série d'opérations comprenant la sulfonation, la nitration et la réduction. Un bon exemple en est fourni par :

l'alizarine saphirol, composé qui est préparé en partant de l'anthrarufine, en la transformant d'abord par sulfonation en acide anthrarufinedisulfonique ; en nitrant celui-ci pour passer à l'acide dinitro-anthrarufine-disulfonique ; et finalement en transformant ce composé en acide diaminoanthrarufine-disulfonique par réduction. L'alizarine saphirol est le sel de sodium de cet acide sulfonique.

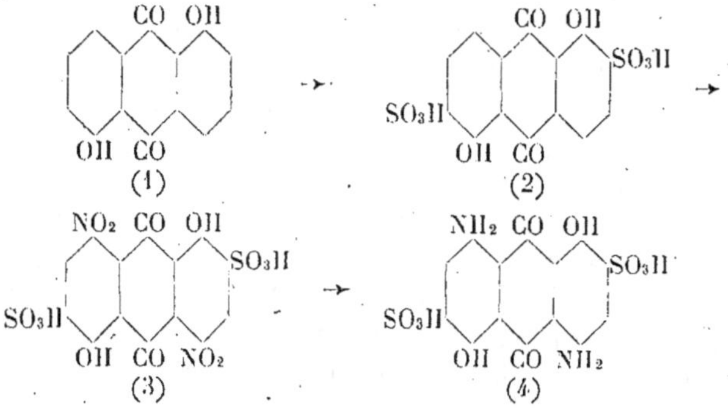

$$CO \quad OH \qquad (1) \qquad \rightarrow \qquad CO \quad OH, SO_3H, SO_3H, OH \quad CO \qquad (2) \qquad \rightarrow$$

$$NO_2 \quad CO \quad OH, SO_3H, SO_3H, OH \quad CO \quad NO_2 \qquad (3) \qquad \rightarrow \qquad NH_2 \quad CO \quad OH, SO_3H, SO_3H, OH \quad CO \quad NH_2 \qquad (4)$$

En bain acide, l'alizarine saphirol teint la laine en bleu pur ; sur laine mordancée au chrome elle donne des nuances bleu verdâtre.

Des matières colorantes analogues sont obtenues à partir de dérivés hydroxylés de l'anthraquinone en les chauffant en présence d'un agent de condensation, tel que l'acide borique, avec certaines amines aromatiques primaires. Ainsi :

L'alizarine irisol est obtenu par l'action de la p-toluidine sur la quinizarine et sulfonation du produit obtenu.

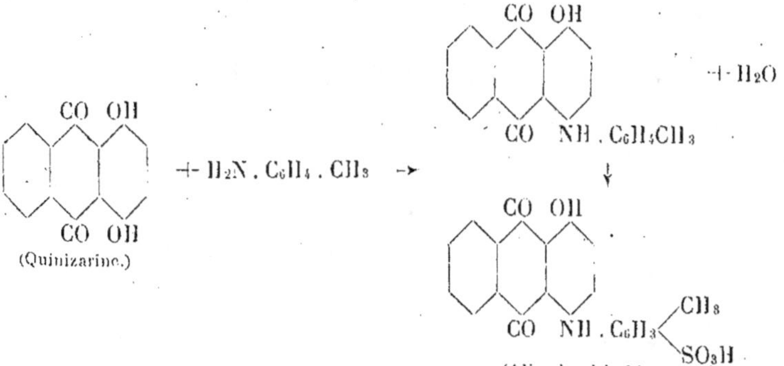

$$CO \quad OH \qquad CO \quad OH \qquad + H_2N . C_6H_4 . CH_3 \rightarrow \qquad + H_2O$$

(Quinizarine.)

$$CO \quad OH, \quad CO \quad NH . C_6H_4 CH_3$$

$$\downarrow$$

$$CO \quad OH, \quad CO \quad NH . C_6H_3 \diagup CH_3 \diagdown SO_3H$$

(Alizarine irisol.)

L'alizarine irisol donne des teintes bleu-violet solides sur laine mordancée au chrome.

Une autre couleur importante de ce groupe est *l'alizarine viridine* que l'on obtient en partant du bordeaux d'alizarine par condensation avec la p-toluidine

$$OH \quad CO \quad HO \qquad\qquad CH_3.C_6H_4.HN \quad CO \quad OH$$

(Bordeaux d'alizarine.)   (Alizarine viridine).

La laine mordancée au chrome est teinte en vert solide par cette matière colorante.

Bien que les dérivés de l'anthraquinone cessent d'être des colorants à mordants lorsque les groupements hydroxyles n'existent plus, on obtient cependant encore des matières colorantes acides importantes lorsqu'on fait entrer dans le complexe anthraquinone des radicaux arylo-amidés.

Les matières colorantes suivantes le prouvent :

Le *bleu pur d'alizarine* est

$$CO \quad NH_2$$
$$Br$$
$$CO \quad NH.C_6H_4.SO_3H$$

et le *bleu d'alizarine* GG est l'homologue supérieur

$$CO \quad NH_2$$
$$Br$$
$$CO \quad NH.C_6H_3 \begin{cases} CH_3 \\ SO_3H \end{cases}$$

Ces deux composés teignent la laine en bleu pur en bain acide. Des composés analogues sont :

Le *vert cyanine d'alizarine*

$$CO \quad NH.C_6H_3 \diagdown \begin{matrix} CH_3 \\ SO_3H \end{matrix}$$

$$CO \quad NH.C_6H_3 \diagdown \begin{matrix} CH_3 \\ SO_3H \end{matrix}$$

et le *vert d'anthraquinone* GX

$$CO \quad NH.C_6H_4.SO_3H$$

$$CO \quad NH.C_6H_3$$

qui tous deux teignent la laine en vert vif, solide, en bain acide.

(3) *Colorants de cuve dérivés de l'anthraquinone.*

La grande solidité des couleurs produites par le procédé de teinture à la cuve (voir pp. 59 et 500) a engagé beaucoup de chimistes à orienter leurs recherches vers la production de colorants de ce type et, ces dernières années, un grand nombre de matières colorantes importantes ont été introduites dans le commerce.

L'indigo, le plus important de tous les colorants, était, il y a quelques années, l'unique représentant de ce groupe et, lorsque la structure de l'indigo eut été définitivement établie, il devint évident que les recherches des chimistes devaient être dirigées dans deux voies, savoir, en premier lieu, préparer des dérivés de l'indigo ; et, en second lieu, isoler des substances ayant des propriétés analogues.

Pendant plusieurs années, les recherches dans ces deux voies furent vaines et ce ne fut qu'en 1901 que le premier dérivé halogéné de l'indigo, important au point de vue industriel, c'est-à-dire le 5 : 7 : 5' : 7'-tétrachloroindigo, fut préparé par la Badische Anilin und Soda Fabrik. Depuis lors plusieurs dérivés de ce type ont été préparés et une description en est donnée dans un chapitre suivant (voir p. 285). Finalement, la découverte d'un composé sulfuré analogue à l'indigo, le thio-indigo, par Friedländer, en 1906, élargit considérablement ce champ de recherches.

L'étude de colorants de cuve ayant une structure différente de celle de l'indigo aboutit heureusement en 1901 lorsque R. Bohn prépara l'indanthrène par fusion de la 2-aminoanthraquinone avec la potasse. Depuis lors, le nombre et l'importance des colorants de ce type se sont accrus si rapidement que, actuellement, on peut dire que c'est la série la plus importante de couleurs que le teinturier ait à sa disposition.

Il y a cependant une différence importante entre les colorants de cuve de la classe de l'indigo et ceux de la série de l'indanthrène : car, tandis que les cuves formées par la réduction de l'indigo et de ses dérivés sont incolores ou, du moins, jaune pâle, les hydro-dérivés des corps de la série de l'indanthrène sont eux-mêmes des substances colorées qui sont substantives en solution alcaline pour la fibre de coton ; par conséquent les cuves obtenues au moyen des corps de cette série ont une coloration intense.

Par raison de commodité, il convient de répartir les termes de cette série en cinq classes (Bohn, *Ber.*, 1910, XLIII. 998), à savoir :

1. Indanthrène (bleu d'indanthrène).
2. Flavanthrène (jaune d'indanthrène).
3. Couleurs de benzanthrone.
4. Anthraquinone-imides.
5. Dérivés acylés de l'amidoanthraquinone.

1. *Indanthrène* [B], *bleu chloranthrène* B. D. [H], *bleu duranthrène* [Claus et Cⁱᵉ], *bleu caledon* [Solway Dyes Cⁱᵉ]. — Littérature : E. P. 3239ⁱⁱ, 12,185⁰¹, 22,762⁰¹, A. P. 682,523 ; Scholl et autres (*Ber.*, 1903, XXXVI. 3410, 3427, 3710 ; 1907, XL. 320, 326, 390, 395, 924, 933) ; Bohn (*Ber.*, 1903, XXXVI. 1258 ; 1910, XLIII. 999) ; et Kauffler (*Ber.*, 1903, XXXVI. 930, 1721).

FORMATION. — Lorsqu'on fond la 2-aminoanthraquinone avec de la potasse à 200-300° (voir préparation p. 435), on obtient le sel de potassium bleu, soluble, de l'hydrodérivé de l'indanthrène ; l'action de l'air sur cette solution précipite la matière colorante insoluble. De l'alizarine se forme aussi dans cette réaction (cf. Liebermann, *Ann.*, 1882, CCXII. 63) surtout si la fusion avec la potasse est faite à une température inférieure (150-200°).

A plus haute température, l'alizarine est convertie en un produit brun soluble dans l'alcali, mais dans les deux cas l'indanthrène peut être isolé facilement grâce à son insolubilité dans l'alcali. L'indanthrène produit de cette façon n'est pas une substance homogène, mais un mélange de deux composés bleus, l'indanthrène A et l'indanthrène B, celui-ci étant sans valeur comme matière colorante. Les deux composés diffèrent l'un de l'autre par leur solubilité dans l'aniline, la quinoléine et le nitrobenzène, l'indanthrène A étant moins soluble que l'indanthrène B. Les deux produits donnent par réduction des hydrodérivés qui peuvent être distingués l'un de l'autre par la différence de solubilité de leurs sels alcalins dans l'eau.

On peut toutefois réaliser des conditions expérimentales telles que l'on obtienne comme produit principal soit l'indanthrène A, soit l'indanthrène B. Par exemple, si la fusion est effectuée en présence d'agents oxydants tels que le nitrate de potassium, l'indanthrène A est le produit principal et l'indanthrène B ne se forme qu'en très petite quantité. D'autre part, en présence d'un agent réducteur, c'est l'indanthrène B qui est le produit principal; ainsi on obtient l'indanthrène B lorsque la 2-aminoanthraquinone est chauffée avec de la potasse alcoolique à 140-150°.

Lorsque la 2-amidoanthraquinone est fondue avec de la potasse à une température encore plus élevée (330°-350°) il se forme une matière colorante jaune, le flavanthrène.

Constitution. — L'analyse du flavanthrène et la détermination de son poids moléculaire par ébullioscopie dans la quinoléine montrent qu'il a comme formule brute $C_{28}H_{14}O_4N_2$. Il doit par conséquent être formé de deux molécules de 2-amidoanthraquinone avec perte de quatre atomes d'hydrogène, donc

$$2C_{14}H_9O_2N - 4H = C_{28}H_{14}O_4N_2$$

Du fait que l'indanthrène ne donne, par réduction, ni la 2-amidoanthraquinone, ni un produit de réduction de cette substance, il résulte qu'il ne peut être un dérivé azoïque et que les quatre atomes d'hydrogène éliminés n'appartenaient pas aux groupements amines des deux molécules de la substance mère. D'autre part, l'absence d'un groupement amine libre dans l'indanthrène montre que les

groupements amines doivent avoir pris part à la condensation et la
formation concomitante d'alizarine conduit à penser que l'union
des deux radicaux d'anthraquinone s'est faite par déplacement
des atomes d'hydrogène en position ortho par rapport aux groupements amines. Il y a donc deux formules possibles pour l'indanthrène, savoir :

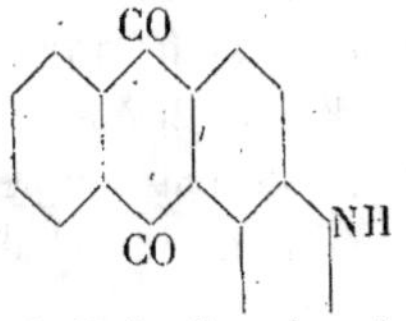

(Radical anthraquinone.)

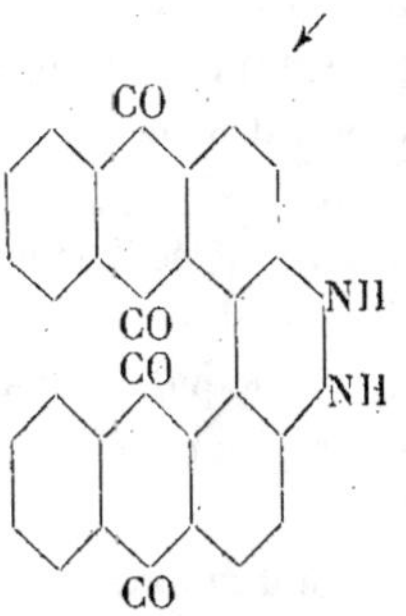

(Formule ortho-diazine.)

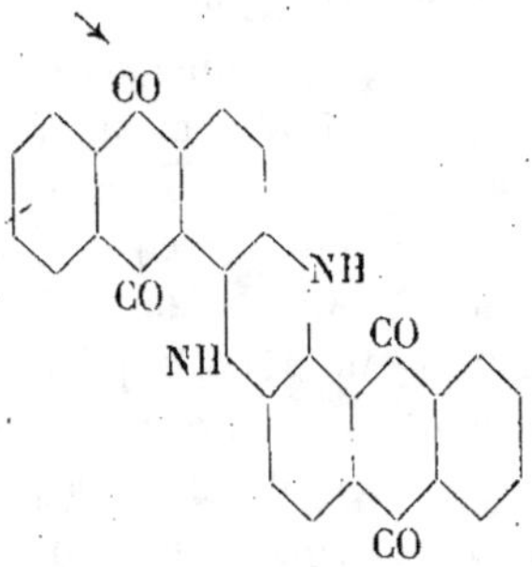

(Formule para-diazine.)

Puisque l'indanthrène n'est pas converti en une diamine par réduction, il ne peut avoir la formule ortho-diazine. Il doit donc être une
para-diazine, savoir N-dihydro-1 : 2 : 2′ : 1′-anthraquinoneazine.
Les réactions de l'indanthrène s'accordent parfaitement avec cette
formule ; en outre, plusieurs synthèses de cette matière colorante
ont été faites, qui mettent hors de discussion la question de la structure. Parmi elles on peut mentionner :

(1) La condensation de la 1 : 2-diamidoanthraquinone avec la 1 : 2-
anthraquinone (β-anthraquinone) et oxydation et réduction subsé-
quentes (Lagodzinski, D. P. 170, 562).

(2) La condensation de l'anthraquinone 1 : 2-amidohalogène avec
elle-même (Kugel, D. P. 158, 287).

(3) La condensation de la 1-amidoanthraquinone avec elle-même

par l'intervention des acides dilués sous pression (Isler, D. P. 186, 636 et 186, 637).

Propriétés. — Le bleu d'indanthrène est une poudre bleu-indigo foncé qui est très faiblement soluble dans les dissolvants organiques à l'ébullition. Il peut être obtenu sous la forme caractéristique d'aiguilles courbes ayant un reflet cuivré marqué lorsqu'on refroidit sa solution dans la quinoléine bouillante. C'est une des substances les plus stables que l'on connaisse. Elle peut être chauffée à l'air à 470°, avec de l'acide chlorhydrique concentré à 400° ou avec de la potasse fondue à 300° sans subir de décomposition. L'hypochlorite de soude qui détruit les matières colorantes les plus résistantes oxyde à peine l'indanthrène pour le transformer en azine vert-jaunâtre (voir plus bas), substance qui est reconvertie en indanthrène par réduction au moyen de l'hydrosulfite de soude.

Réduction. — Lorsque le bleu d'indanthrène est réduit par l'hydrosulfite de soude en présence d'alcali caustique dilué, il est transformé en une cuve bleue qui contient le sel alcalin du dihydro-dérivé en solution. Le coton trempé dans cette cuve est teint en bleu car le dihydrodérivé est substantif pour le coton ; mais lorsque la fibre teinte est exposée à l'air, le dihydrodérivé est rapidement transformé en indanthrène par oxydation. La préparation de la cuve avec la poudre de zinc donne une solution brun jaunâtre dont cependant l'indanthrène est également précipité par l'action de l'air. Il n'y a pas de doute que la cuve bleue contient le sel disodique du N-dihydro-1 : 2 : 2' : 1'-anthraquinone-anthrahydroquinoneazine (1) et que la cuve jaune contient le sel de sodium du N-dihydro-1 : 2 : 2' : 1'-anthrahydroquinoneazine (2)

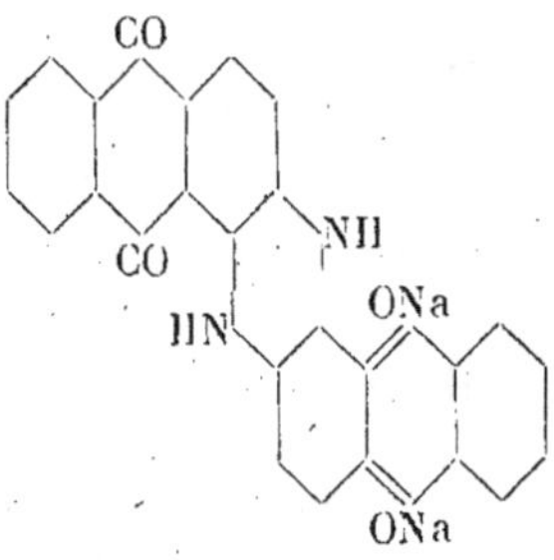

(1) 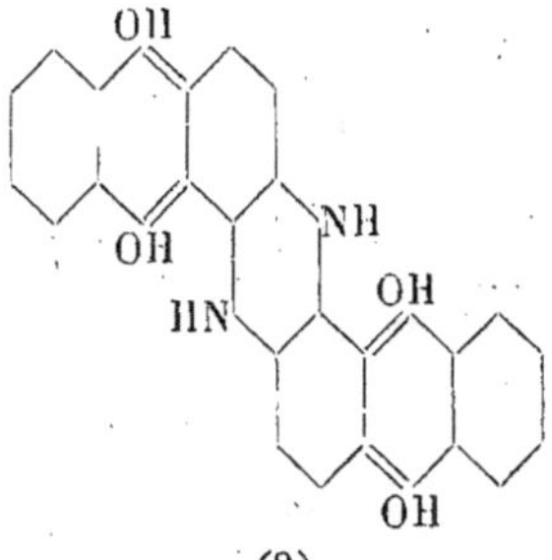   (2)

Le sel disodique de formule (1) qui cristallise de la cuve bleue par refroidissement se trouve dans le commerce sous le nom de *indanthrène* S.

La réduction complète de l'indanthrène par le phosphore et l'acide iodhydrique à 210-220° ou par distillation avec la poudre de zinc conduit à l'anthrazine

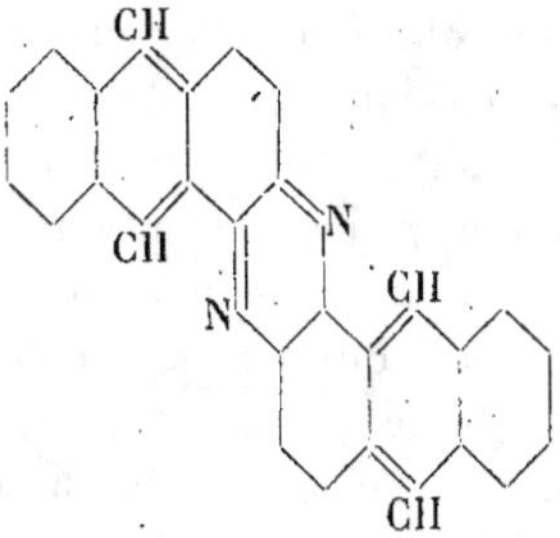

et plusieurs produits intermédiaires entre cette substance et l'indanthrène ont été isolés par Scholl et ses collaborateurs (*loc. cit.*).

Oxydation. — L'indanthrène est une base faible. Il forme avec les acides forts des sels qui sont dissociés par l'eau. Les deux atomes d'hydrogène des groupements imidés sont facilement enlevés par oxydation et la base est alors transformée en $1:2:2':1'$-anthraquinoneazine vert-jaunâtre

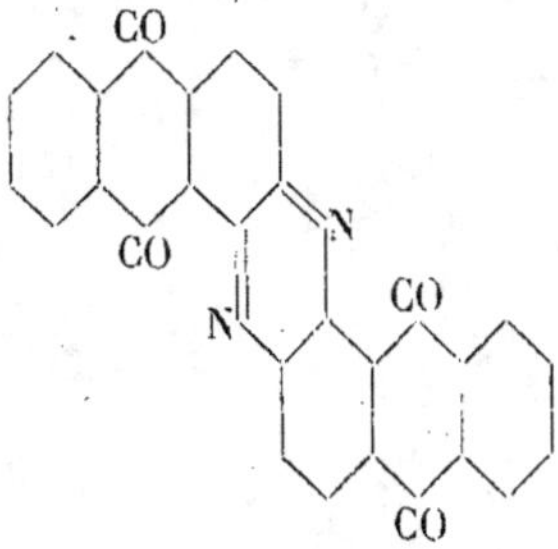

L'azine est facilement réduite en indanthrène, transformation qui peut être opérée par l'action directe des rayons solaires. Ainsi la

fibre de coton qui a été teinte par l'indanthrène et traitée ensuite par une solution d'hypochlorite de soude pour transformer le composé bleu en azine jaune reprendra, par exposition au soleil, sa couleur primitive. Cette réaction est un moyen rapide de distinguer les tissus teints à l'indanthrène.

Les dérivés halogénés de l'indanthrène. — L'entrée d'atomes d'halogène dans la molécule d'indanthrène fait virer la nuance au vert ; en même temps, la sensibilité des groupements hydrazines aux agents oxydants est beaucoup diminuée. Pour introduire un atome d'halogène, l'indanthrène est d'abord oxydé par l'acide nitrique et transformé en anthraquinoncazine et cette substance, chauffée avec l'acide halogéné sous pression, est convertie en dérivé monohalogéné de l'indanthrène, de formule

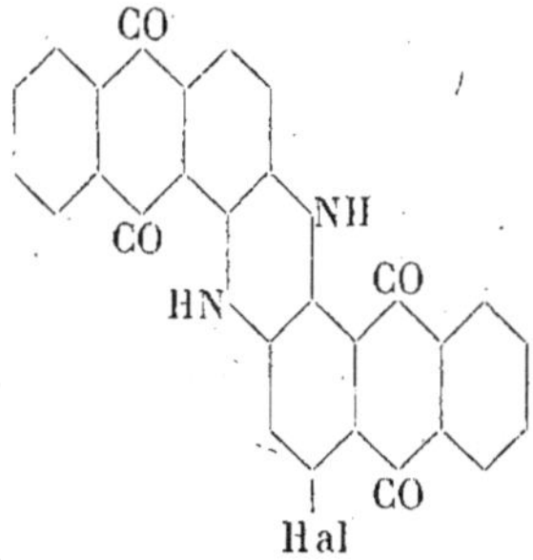

$$\text{(3)} \qquad \qquad \text{(4)}$$

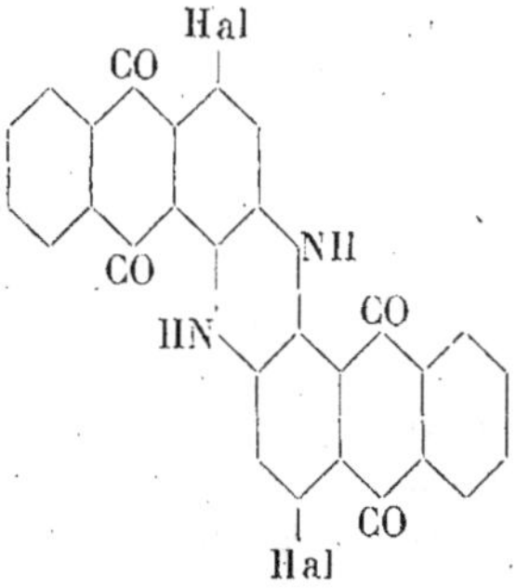

Un second atome d'halogène peut être introduit par oxydation du dérivé monohalogéné qui est transformé en dérivé halogéné correspondant de l'anthraquinoncazine et traitement de celui-ci par l'acide halogéné concentré à haute température, sous pression. Le dérivé dihalogéné de l'indanthrène ainsi obtenu a la structure représentée par la formule (4).

Les dérivés halogénés de l'indanthrène importants au point de vue technique sont :

Le *bleu d'indanthrène* C ou GC (E.P. 4035^{02}, A. P. 739, 579) qui est un mélange de di- et de tribromonindanthrène et est obtenu par l'action du brome sur une solution d'indanthrène dans l'acide

sulfurique concentré à 60-80° et le *bleu d'indanthrène* GCD (E. P.
23179[03], A. P. 753, 659), dérivé chloré qui est obtenu sous forme
d'azine en faisant bouillir l'indanthrène avec l'eau régale. Le *bleu
d'indanthrène* CE et le *bleu algol* CF sont aussi des dérivés chlorés.

L'*anthraflavone* G (Isler, E. P. 10,677[05], A. P. 837, 840) est le
diphtaloylstilbène et non le diphtaloylanthracène comme on le pensait
naguère (*Ber.*, 1913, XLVI. 709, 712). Elle est obtenue par l'oxydation de deux molécules de 2-méthyl-anthraquinone au moyen de
l'oxyde de plomb :

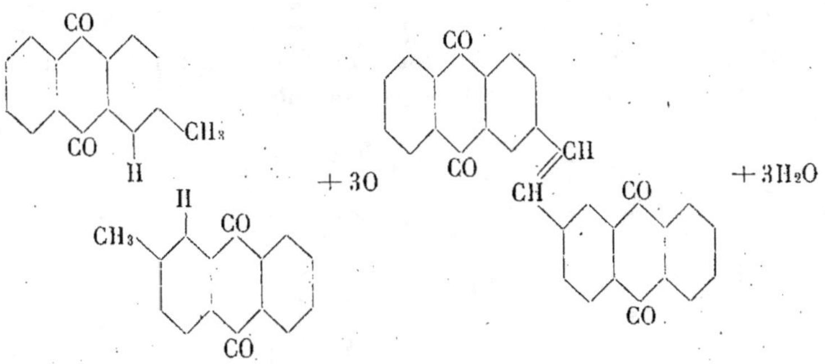

$$+ 30 \qquad\qquad + 3H_2O$$

Cette substance teint le coton en jaune citron peu solide à la
lumière ; lorsqu'elle est mélangée à l'indanthrène elle donne cependant
des teintes vertes qui ne sont dépassées par aucun autre colorant
vert sous le rapport de la solidité.

(2) *Flavanthrène* (*jaune d'indanthrène* [B], *jaune chloranthrène*
[H], *jaune caledon* [Solway Dyes Co]). — Littérature : E.P. 24,354[01],
A.P. 739,145 ; Scholl (*Ber.*, 1907, XL, 1691 ; 1908, XLI, 2304) ;
Scholl et Neovius (*ibid.* 2534) ; Scholl et Mansfeld (*Ber.*, 1910,
XLIII. 1734).

Formation. — Le flavanthrène est obtenu par la fusion de la 2-
amidoanthraquinone avec la potasse à 330-350°. Il fut d'abord isolé
par Bohn de cette façon. Actuellement on le prépare industriellement
en traitant la 2-amidoanthraquinone dissoute dans le nitrobenzène
bouillant au moyen du pentachlorure d'antimoine (voir p. 438). Il
peut aussi être préparé par l'action d'agents oxydants acides sur la
2 : amidoanthraquinone (Kunz), et par les méthodes synthétiques
décrites au paragraphe suivant.

Constitution. — L'analyse élémentaire du flavanthrène et la détermination du poids moléculaire de la substance mère ne renfermant pas d'oxygène conduit à la formule brute $C_{28}H_{12}O_2N_2$. Il dérive donc de deux molécules de 2-amido-anthraquinone de la façon suivante :

$$2C_{14}H_9O_2N = C_{28}H_{12}O_2N_2 + 2H + 2H_2O$$

L'élimination d'eau dans cette réaction suggère d'emblée l'idée d'une réaction entre les atomes d'hydrogène des deux groupements amines, et les atomes d'oxygène de deux groupements carbonyles des deux molécules de 2-amidoanthraquinone. D'après cette hypothèse la réaction peut être représentée comme se faisant en deux stades, savoir :

(1)

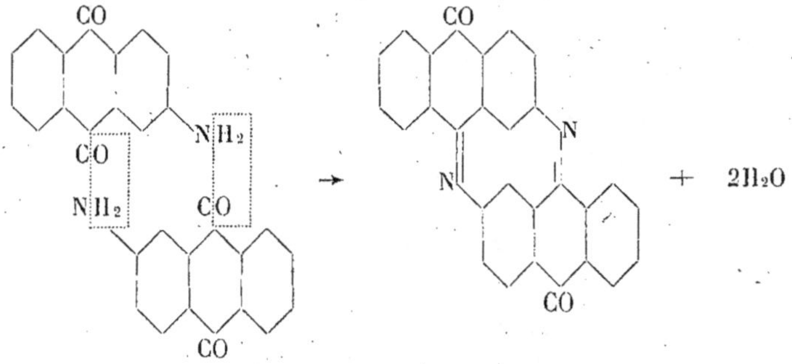

(2)

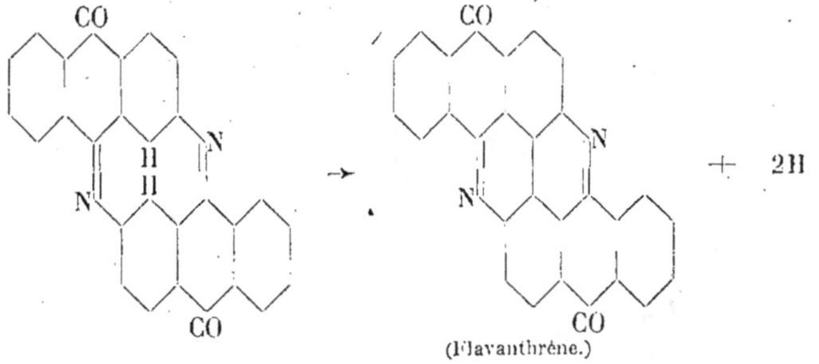

(Flavanthrène.)

L'hydrogène n'est pas éliminé à l'état libre mais il réduit la matière colorante pour la transformer en dihydro-dérivé, état sous lequel elle se trouve dans la fonte à la potasse.

Cette structure du flavanthrène a été confirmée par sa synthèse par deux voies différentes lesquelles sont dues toutes deux à Scholl et à ses collaborateurs.

(1) La 2-méthyl-1-amidoanthraquinone (1) est convertie au moyen du sel de diazonium en dérivé iodé et ensuite, par l'action du cuivre en poudre, en 2 : 2′-diméthyl-1 : 1′-dianthraquinolyle (2). Cette substance est alors oxydée et transformée en acide dicarboxylique (3) et celui-ci est transformé, en passant par le chlorure d'acide, en amide (4). Un essai de préparation de l'amine (5) à partir de l'amide par l'action du brome et de l'alcali caustique conduisit à la production de flavanthrène.

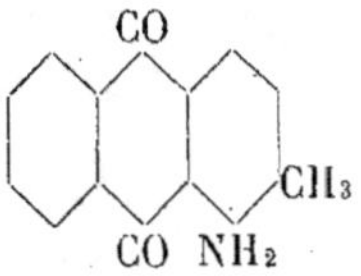

(1) 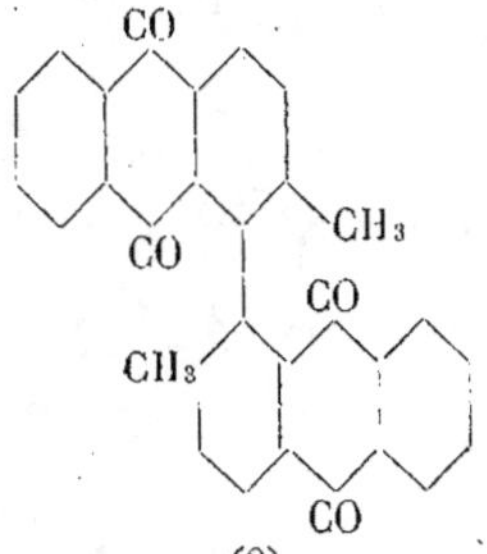   (2) 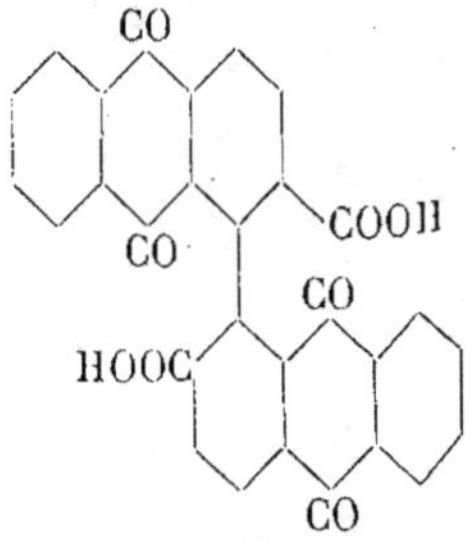   (3)

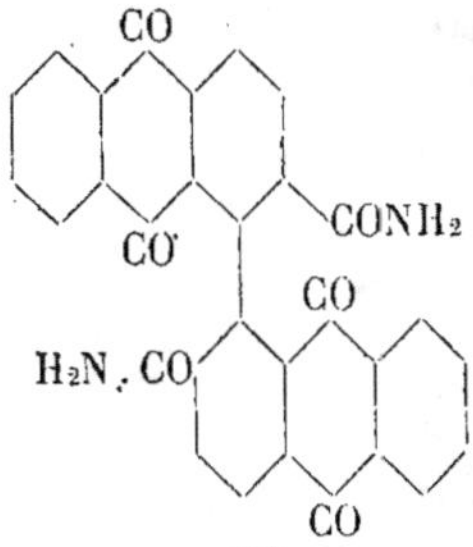

(4) 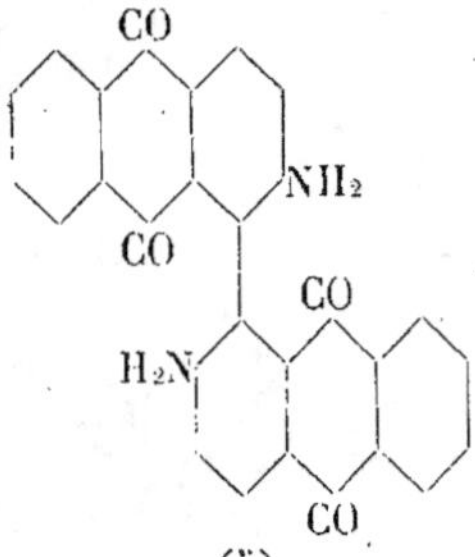   (5) 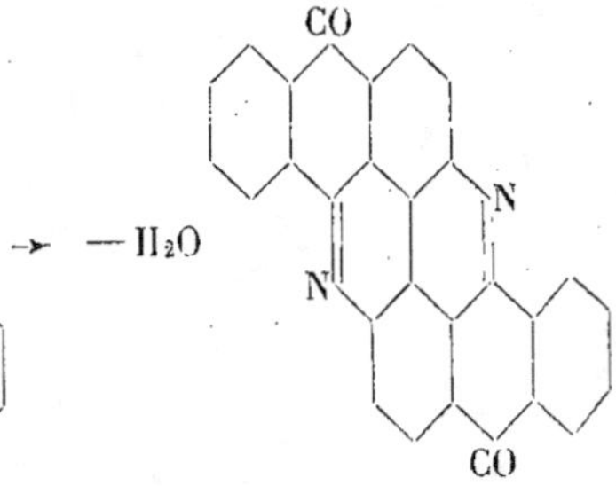   (Flavanthrène.)

(2) La 1-amidoanthraquinone (6) est transformé, en passant par le sel de diazonium, en dérivé iodé et celui-ci est transformé en 1 : 1′ ou α-dianthraquinonyle (7) par l'action du cuivre en poudre. La nitration convertit partiellement cette substance en dérivé dinitré (8) qui, par réduction au moyen du sulfure de sodium donne le flavanthrène, la diamine (9) intermédiaire étant transformée spontanément en matière colorante.

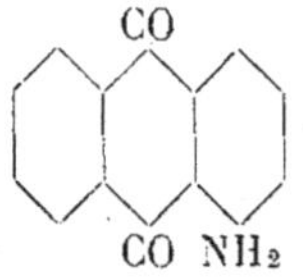

(6)

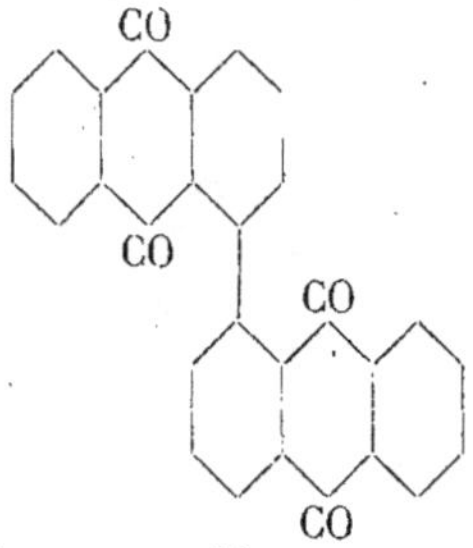

(7)

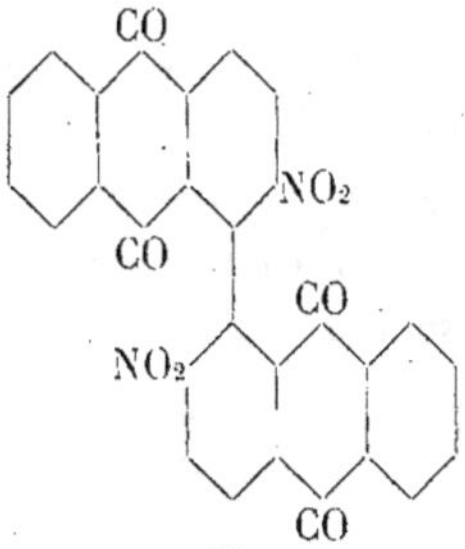

(8)

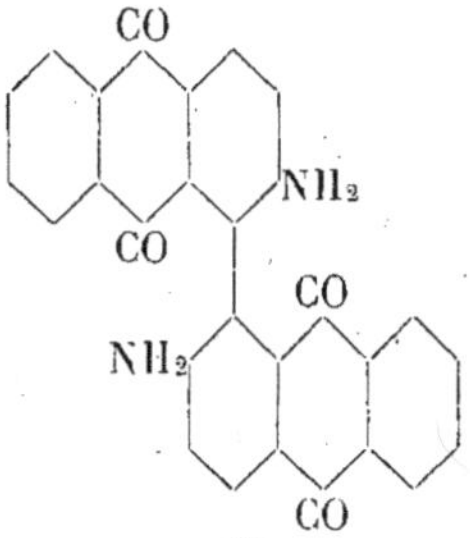

(9)

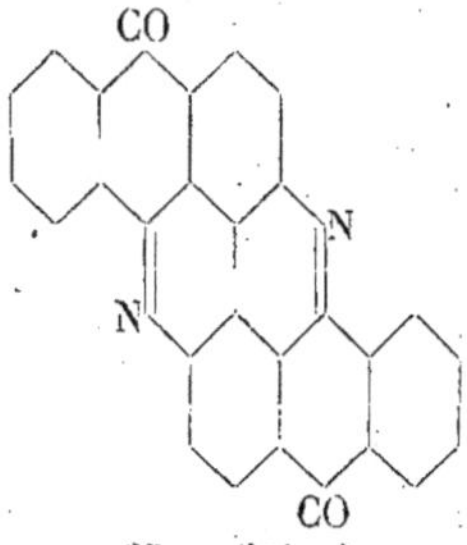

(Flavanthrène.)

Propriétés et réactions. — Le traitement du flavanthrène par une solution alcaline d'hydrosulfite à 60-70° conduit à la formation d'une cuve bleu-violet dans laquelle le coton est substantivement teint en bleu. Lorsque la fibre ainsi imprégnée est exposée à l'air, la couleur bleue se transforme rapidement en jaune brillant de flavanthrène. La cuve bleu-violet contient le sel disodique d'hydrate de dihydro-flavanthrène $C_{28}H_{14}O_2N_2,H_2O$, substance qui se sépare sous forme d'un précipité vert bleuâtre par addition d'acide acétique. La constitution de ce dihydrodérivé diffère de celle de la substance correspondante dérivée de l'indanthrène. Le sel disodique se précipite, comme dans ce cas, lorsqu'on laisse refroidir la cuve, mais ce n'est pas le sel disodique du diphénol et il a la structure qui est très bien repré-sentée par la formule $C_{28}H_{13}O_2N_2Na,NaOH$. C'est-à-dire qu'un seul atome de sodium est combiné sous forme de sel phénolique; l'autre se trouve à l'état d'hydrate de sodium, d'une manière très sem-blable à ce qui se produit dans la cuve d'indigo (cf. Binz. *Zeit. für Ang. Chem.*, 1906, XXIX, 1445). Il s'ensuit donc que ce composé sodique est complètement hydrolysé dans la cuve, mais qu'il donne

un dérivé monobenzoylé avec le chlorure de benzoyle au lieu du
dérivé benzoylé qu'il donnerait si le dihydrodérivé avait eu la structure dihydroxylique semblable à celle du dihydroindanthrène. La
constitution de l'hydrate de dihydroflavanthrène et de son composé
sodé peut donc être représentée par les formules suivantes :

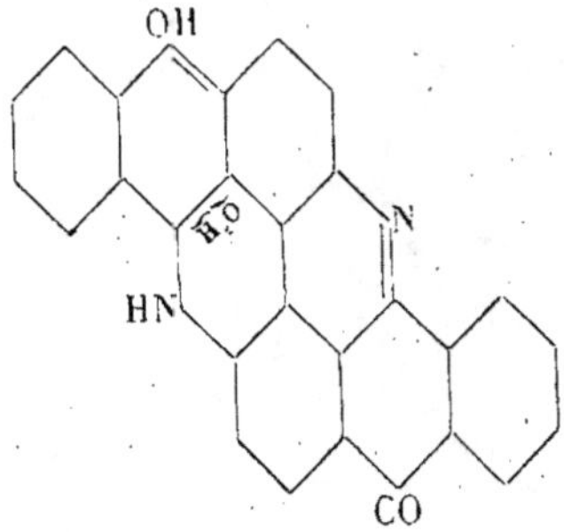

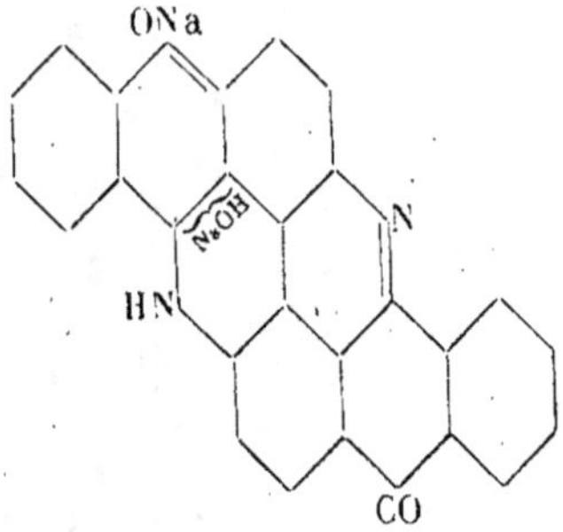

La réduction du flavanthrène par la poudre de zinc et l'alcali
conduit à la formation d'une cuve brune qui contient l'hydrate
d'α-tétrahydroflavanthrène sous forme de sel alcalin. Un autre
dérivé tétrahydroxylé, savoir le β-tétrahydroflavanthrène, qui ne
forme pas d'hydrate, est obtenu par l'action du phosphore et de l'acide
iodhydrique sur le flavanthrène à 170°. L'α-dérivé est si facilement
oxydé qu'il ne peut pas être isolé à l'état libre : lorsqu'il est mis en
liberté de ses sels il est transformé instantanément en hydrate de
dihydroflavanthrène. La structure de cette substance est donc représentée par la formule

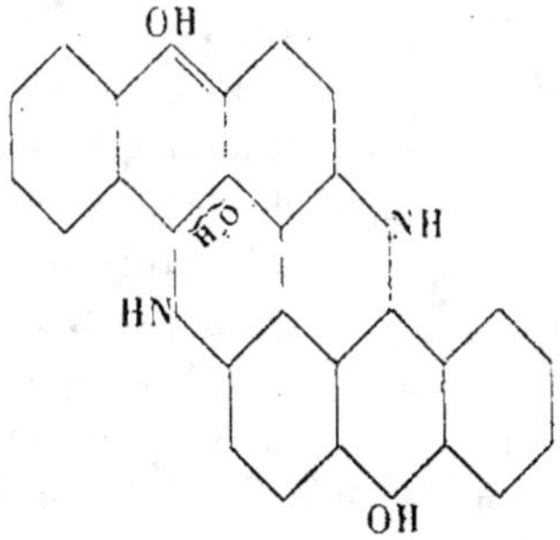

(Hydrate d'α-tétrahydroflavanthrène.)

Le dérivé β-tétrahydroxylé, d'autre part, est extrêmement stable et se sépare sous forme d'un précipité vert lorsqu'on acidifie sa solution alcaline rouge.

Le changement de couleur est probablement dû au desmotropisme entre les formes cétonique et énolique, et peut être représenté par les formules

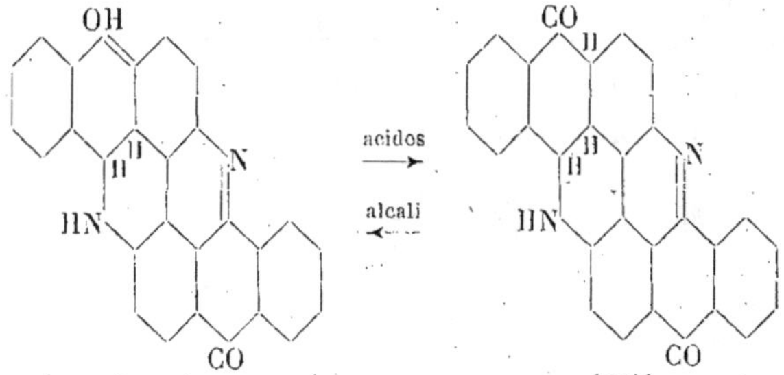

acidos →

alcali ←

(rouge.)   (vert.)

La solution alcaline rouge du dérivé β donne avec la poudre de zinc une cuve jaune qui contient du β-hexahydroflavanthrène $C_{28}H_{18}N_2O_2$.

Pyranthrène (or orangé d'indanthrène), E.P. 14,578[05], 24,486[10], A.P. 856,811 ; *Ber*, 1910, XLIII. 346 ; 1911, XLIV. 1448. — Cet important colorant de cuve orangé a une constitution semblable à celle du flavanthrène mais il possède deux groupes méthines au lieu des atomes d'azote. Ce composé est formé par la condensation intramoléculaire du 2 : 2′-diméthyl-1 : 1′-dianthraquinonyle (Cf. *Ber.*, 1907, XL, 1694) conformément au schéma

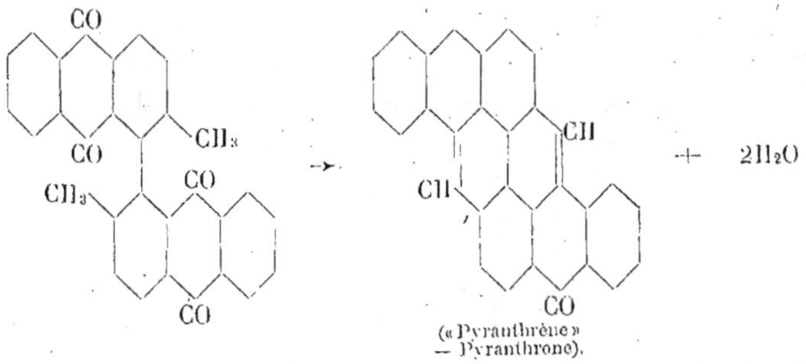

→   + $2H_2O$

(« Pyranthrène »
— Pyranthrone).

La condensation peut être réalisée par plusieurs méthodes dont les suivantes sont les plus importantes :

(1) En chauffant le diméthylanthraquinolyle à 350-380° pendant une demi-heure ;

(2) En le fondant avec 30 parties de chlorure de zinc à 280° pendant 15 minutes ;

(3) En le fondant avec 15 parties d'alcali caustique et 7 parties d'acétate de soude anhydre à 240° pendant une demi-heure.

Le nom de pyranthrène est donné à cette substance pour indiquer son analogie avec le flavanthrène et l'indanthrène. Strictement parlant, c'est le pyranthrone ; le pyranthrène est l'hydrocarbure qui en dérive par réduction au moyen du phosphore et de l'acide iodhydrique et qui a la constitution

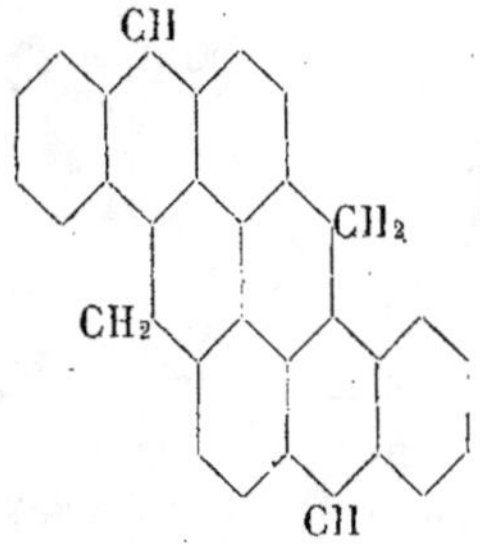

$$CH \qquad CH_2 \qquad CH_2 \qquad CH$$

(Pyranthrène.)

Nous donnons ici le nom de pyranthrène à la matière colorante.

Lorsqu'il est réduit par l'hydrosulfite alcalin le pyranthrène donne une cuve rouge pourpre dans laquelle le coton non mordancé est teint en pourpre brillant. La fibre ainsi colorée devient orangé brillant lorsqu'elle est exposée à l'action oxydante de l'air. Contrairement au flavanthrène et à l'indanthrène, le pyranthrène est réduit directement et transformé en dérivé tétrahydroxylé dans la cuve d'hydrosulfite et c'est le composé sodé de cette substance qui donne à la cuve sa couleur rouge-pourpre

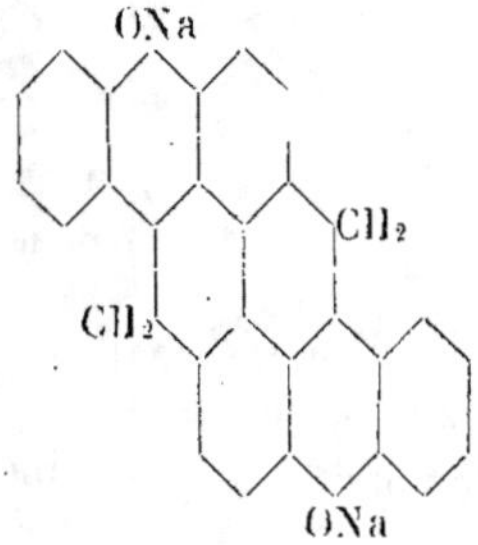

$$ONa \qquad CH_2 \qquad CH_2 \qquad ONa$$

L'introduction d'atomes d'halogènes dans la molécule de pyranthrène fait tirer la nuance sur le rouge et parmi ces composés
le dibromopyranthrène (E.P. 12,568[09], A.P. 955, 105) est le plus
rouge.

3. *Les couleurs de benzanthrone.* — Au cours d'expériences
sur la préparation de dérivés quinoliniques de l'anthraquinone au
moyen de la réaction de Skraup, O. Bally (*Ber.*, 1905, XXXVIII.
194) trouva que lorsqu'on traite la 2-amidoanthraquinone par la
glycérine et l'acide sulfurique en l'absence d'un agent oxydant (*Ber.*,
1911, XLIV. 1657) deux radicaux de glycérine prennent part à la
réaction avec production de benzanthronequinoléine ; ainsi :

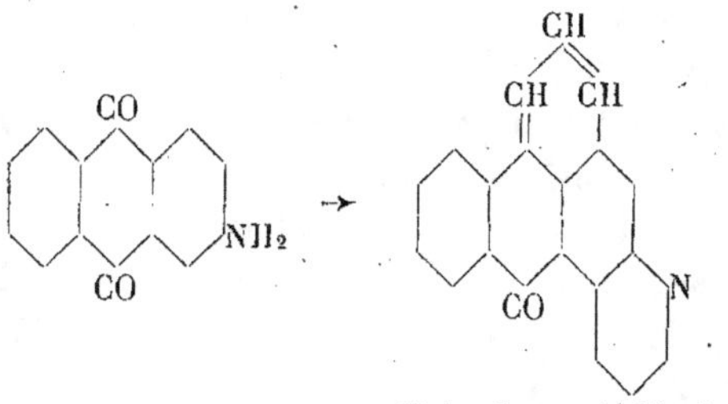

(Benzanthronequinoléine.)

Il s'ensuit donc que lorsque l'anthraquinone est traitée de la même
façon, elle est transformée en la substance mère de ce groupe de
colorants, c'est-à-dire le benzanthrone

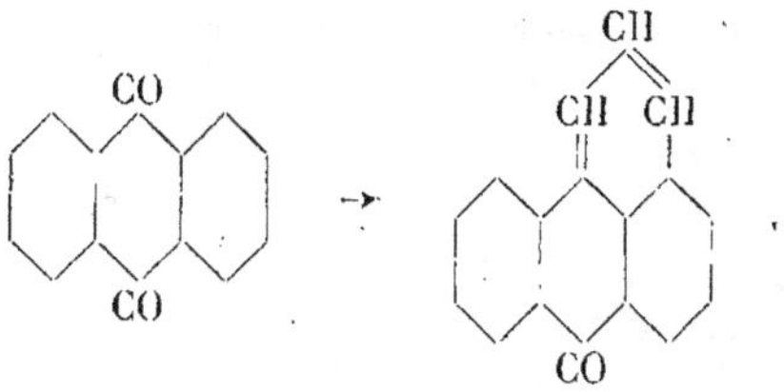

(Benzanthrone.)

Le benzanthrone peut également être préparé par d'autres
méthodes, par exemple, à partir de l'anthranol au moyen de la
glycérine et de l'acide sulfurique (Bally et Scholl, *Ber.*, 1911, XLIV.
1665) et au moyen de la phényl-α-naphtylecétone à l'aide du chlorure
d'aluminium (E.P. 16,271[10]) :

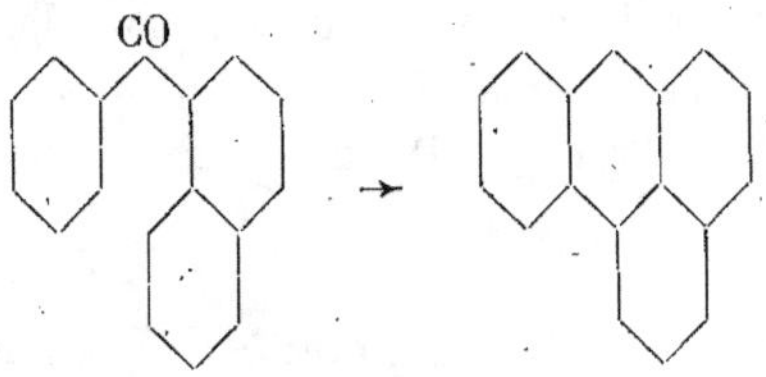

CO

→

Le benzanthrone donne avec l'hydrosulfite alcalin une cuve jaune verdâtre qui contient du dihydrobenzanthrone, mais le composé est sans intérêt comme matière colorante. Les termes de cette série, importants au point de vue technique, dérivent du benzanthrone et de ses dérivés par fusion avec la potasse et sont obtenus par condensation de deux molécules de la cétone avec perte de quatre atomes d'hydrogène. A ce groupe appartiennent le *bleu foncé d'indanthrène* BO (E.P.16,538[04], A.P. 818,992) et son dérivé chloré, le *violet d'indanthrène* RT (E.P. 22,519[05], 7931[99], A.P. 837,775, 906,367, 1,003,268). Le *vert d'indanthrène* B (A.P. 796,393) est obtenu par la nitration du bleu foncé d'indanthrène BO. Le *bleu foncé d'indanthrène* BT est un mélange de bleu foncé d'indanthrène BO et de violet d'indanthrène RT (*Chem. Zeit.*, 1917, XLI. 713.

La position exacte des anneaux copulant dans ces composés n'a pas encore jusqu'ici été déterminée, bien qu'il soit évident qu'ils doivent avoir une structure très semblable à celle du violanthrène (E.P. 16,528[04], A.P. 818,992, *Ann.*, 1913, CCCXCVIII. 82), dont la constitution est indiquée par le fait qu'il prend naissance lorsque le dibenzoyle-1 : 1'-dinaphtyle est traité par le chlorure d'aluminium; ainsi :

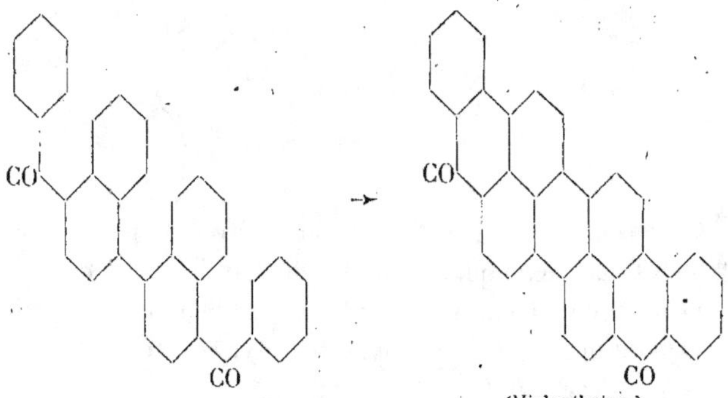

CO

CO

→

CO

CO

(Violanthrène.)

Lorsqu'on chlore le vert d'indanthrène, il se produit un noir foncé solide.

Hélianthrène (*meso*-benzodianthrone, Scholl et Mansfeld, *Ber.*, 1910, XLIII, 1734). L'action du cuivre en poudre sur le 1 : 1' ou α-dianthraquinonyle dissous dans l'acide sulfurique concentré conduit à une condensation interne conformément au schéma :

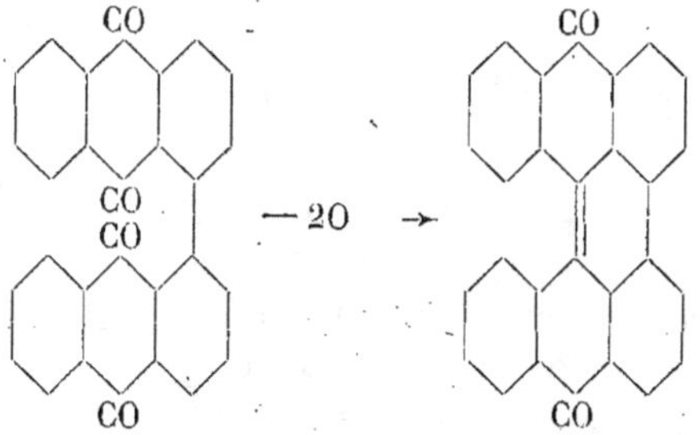

(*Méso*-benzodianthrone.)

Ce composé donne avec l'hydrosulfite alcalin une cuve verte qui contient le sel alcalin du dérivé dihydroxylé

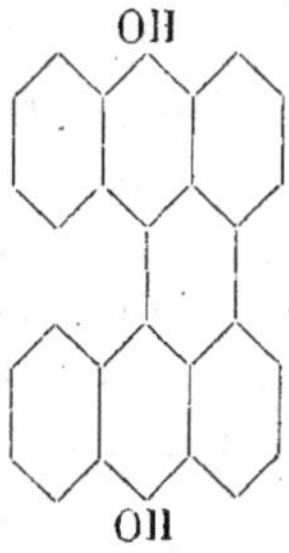

et dans laquelle le coton non mordancé est teint en vert. L'article teint se colore en jaune par exposition à l'air. L'action de l'eau de brome fonce la nuance par suite de la bromuration de la matière colorante sur la fibre.

L'action du chlorure d'aluminium sur le *méso*-benzodianthrone conduit à une nouvelle condensation interne conformément à l'équation

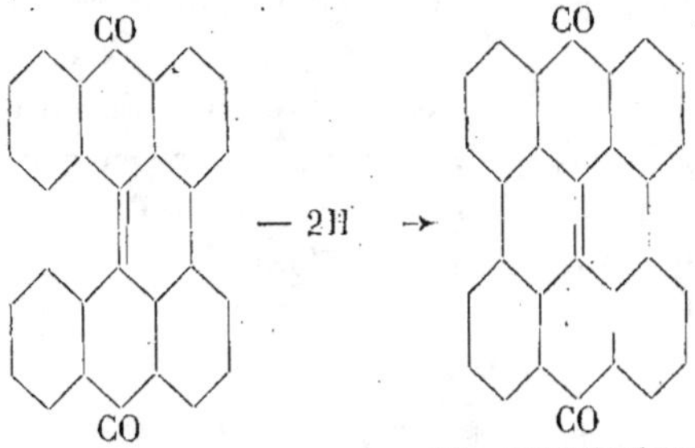

$$ \text{(structure)} \quad - 2H \; \rightarrow \quad \text{(structure)} $$

(*Méso*-naphtodianthrone.)

Le *meso-naphtodianthrone* forme une cuve couleur chair avec l'hydrosulfite alcalin. Le coton non mordancé y est teint en rouge-orange. La fibre teinte passe au jaune par exposition à l'air.

Les méthodes de préparation données ci-dessus donnent une idée du grand nombre de composés de cette série qui sont susceptibles d'être isolés.

4. *Anthraquinoneimides.* — Dans cette classe se trouvent beaucoup de substances qui contiennent deux radicaux d'anthraquinone où plus, réunis entre eux par un ou plusieurs groupements imides, ces radicaux étant rattachés l'un à l'autre par un seul groupement imide et non par deux comme c'est le cas pour l'indanthrène. Plusieurs matières colorantes importantes appartiennent à cette série comme par exemple le rouge algol, le vert algol, le bleu algol et le brun algol de même que le bordeaux d'indanthrène et le rouge d'indanthrène. La structure de ces substances et leur mode de préparation peuvent être illustrés par le rouge algol qui est préparé de la façon suivante : La 1-bromoanthraquinone (1) est transformée en 1-méthylamido-anthraquinone (2) par l'action de la méthylamine. Ce composé est alors converti en dérivé acétylé (3) qui est transformé en N-méthyl-anthraquinonepyridone (4) à l'aide d'agents déshydratants. La bromuration de ce composé conduit au 4-bromo-N-méthylanthraquinone-pyridone (5) qui est transformé en rouge algol (6) par condensation avec la 2-amidoanthraquinone.

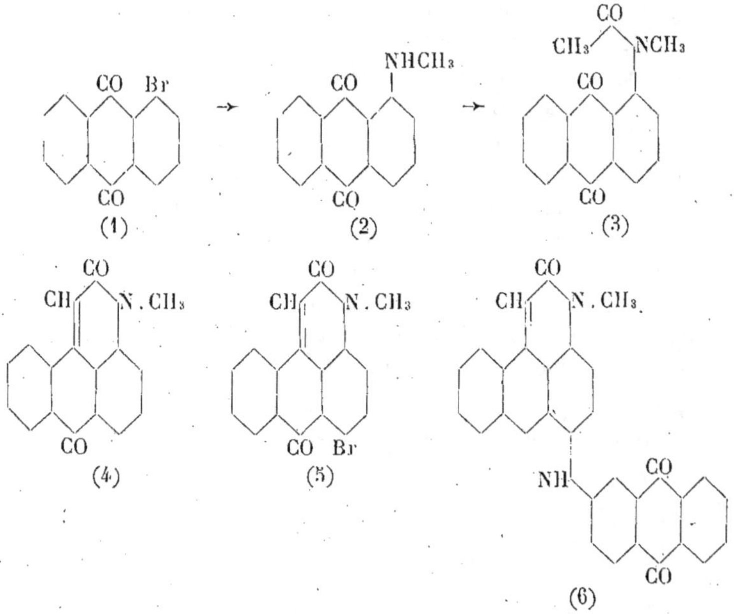

$$CO \quad Br \quad \rightarrow \quad CO \quad NHCH_3 \quad \rightarrow \quad CH_3 \overset{CO}{\diagdown} NCH_3$$

(1)   (2)   (3)

(4)   (5)   (6)

(Rouge algol.)

Les composés de ce groupe sont semblables, comme propriétés,
aux autres colorants de cuve de cette série. Lorsqu'ils sont réduits
par l'hydrosulfite de soude alcalin ils donnent des cuves colorées
contenant en solution le sel de sodium du dérivé dihydroxylé. Le
coton teint dans ces cuves reprend la couleur de la substance primitive par exposition à l'air.

5. *Dérivé acylés de l'amidoanthraquinone*. — Dans cette classe
se rangent certains dérivés acylés plus simples de l'amino anthraquinone qui, d'après les recherches de la firme Baeyer d'Elberfeld, donnent des cuves colorées dans lesquelles le coton est teint substantivement de la couleur du dérivé dihydroxylé; la fibre ainsi teinte reprend
la couleur des dérivés acylés primitifs par exposition à l'air. Le jaune
Algol, le rose Algol et l'écarlate Algol appartiennent à ce groupe.

Finalement il y a beaucoup de matières colorantes préparées au
moyen de certains dérivés de l'anthraquinone auxquels, bien qu'ils
aient une grande importance technique, on n'a pas encore assigné

une structure satisfaisante ; ces substances peuvent être sommairement signalées comme suit :

a) En partant des méthylènamidoanthraquinones (des amidoanthraquinones et de la formaldéhyde): Fuscanthrène, brun d'indanthrène etc.

b) En partant des diamidoanthraquinones, par fusion avec la potasse : mélanthrène et marron d'indanthrène.

c) En partant des dérivés acétylés des amidoanthraquinones par l'action de l'oxychlorure de phosphore : orangé d'indanthrène, cuivré d'indanthrène et olive d'indanthrène.

d) En partant de la méthylanthraquinone et de ses dérivés, jaune cibanone, orangé cibanone, brun cibanone, brun leucol, gris foncé leucol, gris algol et brun hélindone.

ADDENDUM. — Le *jaune d'indanthrène* GN [B] et *l'or orangé d'indanthrène* GN [B] (A.P. 1,044,673, 1,044,674, 1,044,675) ont pour formules, respectivement :

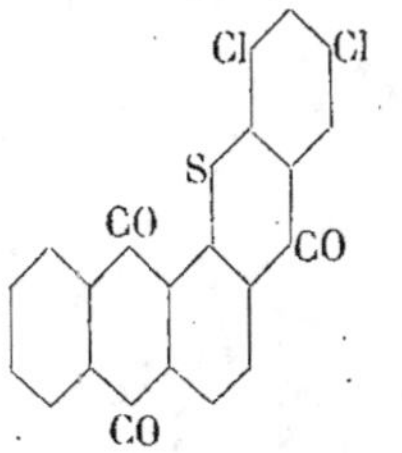

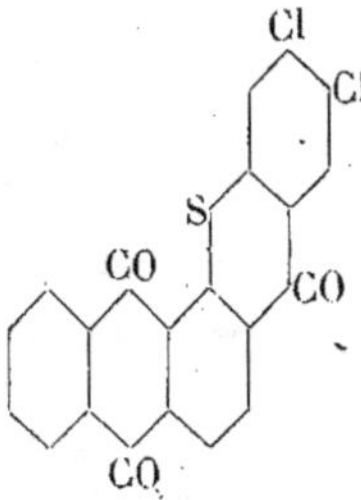

Le *jaune hydrone* G [C] obtenu en condensant le N- éthylcarbazol avec l'anhydride phtalique (E.P. 28,874[11]) a comme formule

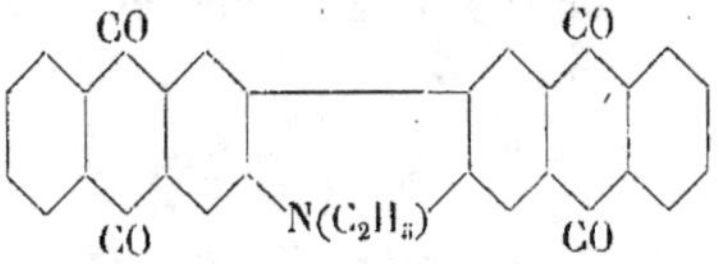

Le *noir d'alizarine cyanine* G [By], obtenu par oxydation de la β-nitroanthrapurpurine au moyen du bioxyde de manganèse est

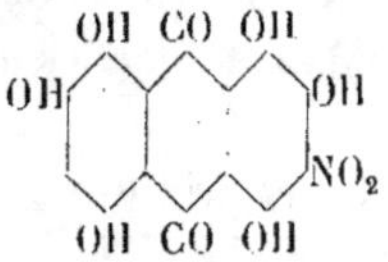

Le *pourpre caledon*, le *violet caledon* et le *vert caledon* (Solway Dyes Co.), correspondent respectivement au bleu foncé d'indanthrène BO, au violet d'indanthrène RT et au vert d'indanthrène B (voir page 210).

CHAPITRE XVIII

COLORANTS DE LA DIPHÉNYLAMINE

Dans cette classe se rencontrent plusieurs colorants qui se rattachent tous plus ou moins à la diphénylamine

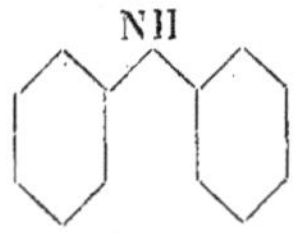

De plus ils dérivent tous, soit de la p-quinone-di-imide

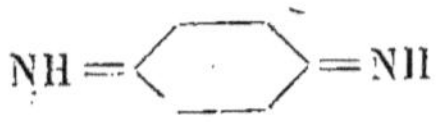

soit de l'o-quinone-di-imide

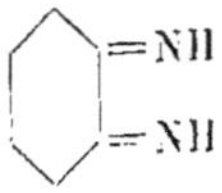

soit de la p-quinone-monoimide.

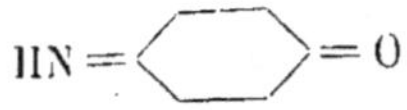

l'anneau quinonique étant, dans chaque cas, le chromophore du colorant.

On peut faire, dans ce groupe, les classes suivantes dont les relations les unes avec les autres apparaissent clairement:

Classe.   Structure.   Colorant-type.

(1) Indophénols. . . .

(Indophénol.)

(2) Thiazines. . . . .

$(CH_3)_2N$ ⋯ $N(CH_3)_2Cl$

(Bleu méthylène.)

(3) Oxazines. . . . .

$N(CH_3)_2Cl$

(Bleu de Meldola.)

(4) Indamines. . . . .

H_2N ⋯ NH

[Bleu phénylène (base).]

(5) Les colorants azini-
ques comprenant :
(a) Les Eurhodines.

$(CH_3)_2N$ ⋯ NH_2

[Violet neutre (base).] [1]

(b) Aposafranines. .

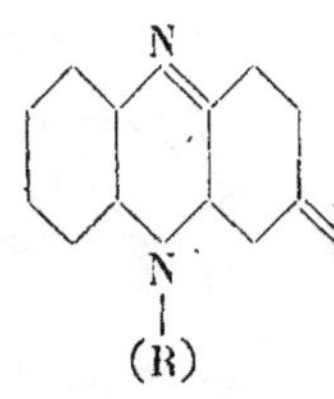

$N(CH_3)_2Cl$

(R) C_6H_5

(Bleu neutre.)

1. Pour les formules orthoquinoniques de ces substances, voir p. 238.

Classe.	Structure.	Colorant-type.

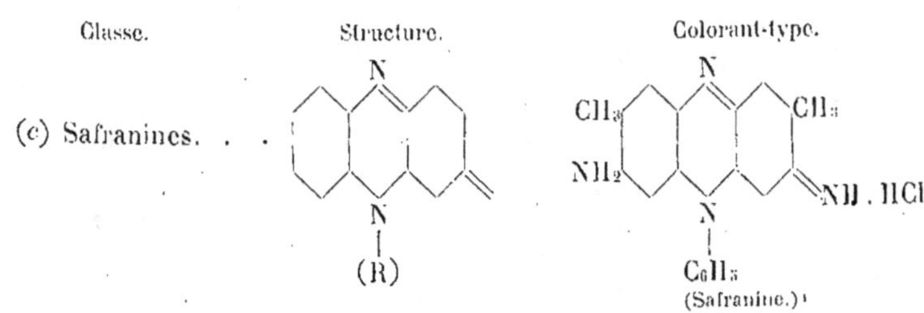

(d) Les Indulines et Nigrosines.

R = anneau benzénique ou naphtalénique, et parfois un radical hydrocarboné aliphatique.

Les aposafranines et les safranines sont placées dans des classes différentes par raison de commodité. Elles ne diffèrent pas quant à la structure.

Des recherches plus récentes semblent indiquer que les oxazines et les thiazines possèdent une formule semblable à celles des eurhodines et des safranines (voir plus loin) chez lesquelles la formation de sel se produit par transformation de l'oxygène divalent en oxygène tétravalent et du soufre divalent en soufre tétravalent.

Ainsi le chlorure du bleu de Meldola aurait la formule

N   au lieu de   N
O   N(CH₃)₂   O   N(CH₃)₂Cl
Cl

et le chlorure de bleu de méthylène, la formule

N   au lieu de   N
(CH₃)₂N   S   N(CH₃)₂   (CH₃)₂N   S   N(CH₃)₂Cl
Cl

---

1. Pour les formules orthoquinoniques de ces substances, voir p. 238.

Dans cet ouvrage les anciennes formules ont été conservées pour ces corps car les auteurs sont d'avis qu'il n'est pas raisonnable, dans l'état actuel de nos connaissances, d'admettre que la formation de sel se fait par l'intermédiaire de l'atome faiblement basique d'oxygène ou de soufre, alors qu'il y a en même temps dans la molécule un atome fortement basique d'azote.

Pour la même raison, les auteurs préfèrent conserver la formule de la safranine donnée à la page précédente au lieu de

en se basant sur le fait que l'atome d'azote azinique portant le radical négatif phényle serait moins basique que les autres atomes d'azote qui se trouvent dans la molécule.

Il convient de rappeler que, vu les transformations tautomériques que subissent certainement ces substances en présence de réactifs, les preuves expérimentales au sujet de leur structure sont souvent peu sûres (pour une étude générale de ce sujet, voir Kehrmann, *Ann.*, 1910, CCCLXXII, 337):

1. *Les indophénols.*

Comme on l'a vu d'après le tableau précédent, les indamines et les indophénols sont fort semblables comme structure. La seule différence est que, dans les indophénols, l'oxygène remplace le groupe $= NH$ des indamines.

(Indophénol.)   (Indamine.)

Étant donné que les indamines sont étroitement apparentées aux eurhodines et aux safranines et qu'elles se présentent comme produits intermédiaires dans leur préparation, nous nous en occuperons plus loin en même temps que de ces colorants.

Les indophénols sont obtenus par l'oxydation d'un mélange d'une p-diamine et d'un phénol ou par l'action de la nitrosodiméthylaniline sur les phénols.

Le seul indophénol important au point de vue technique est préparé au moyen de la nitrosodiméthylaniline et de l'α-naphtol.

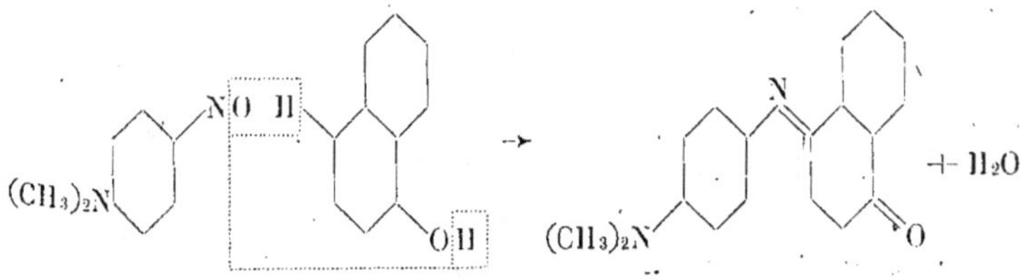

$$(CH_3)_2N \quad NO \quad H \quad \longrightarrow \quad N \quad (CH_3)_2N \quad O \quad + H_2O$$

et aussi par l'oxydation d'un mélange de p-amidodiméthylaniline et d'α-naphtol (*Köchlin* et *Will*).

C'est une poudre brun foncé insoluble dans l'eau. Elle est appliquée sur la fibre exactement de la même façon que l'indigo (voir p. 500), c'est-à-dire en la réduisant en indophénol blanc.

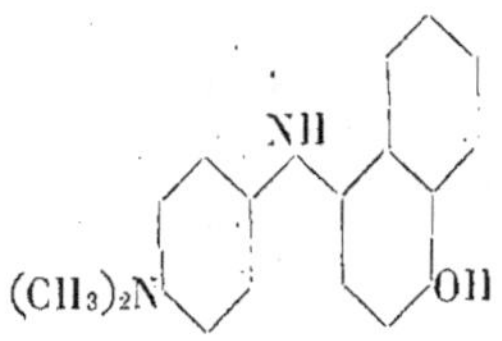

$$(CH_3)_2N \quad NH \quad OH$$

qui, en solution alcaline, a de l'affinité pour les fibres sur lesquelles il peut être ramené au bleu par réoxydation ou par exposition à l'air.

2. Thiazines.

Le premier colorant de cette série fut découvert par Ch. Lauth en 1876 (*Compt. rend.* LXXXII, 1444) qui prépara un colorant violet, appelé par lui, violet de Lauth, en oxydant par le chlorure ferrique une solution de p-phénylène-diamine contenant de l'hydrogène sulfuré.

Sa constitution et celle d'autres corps de cette série a été déterminée par Bernthsen (*Ber.*, 1883, XVI. 1025, 2896; 1884, XVII. 611, 2854, 2857, 2860; et *Ann.*, 1885, CCXXX. 70) de la façon suivante :

L'action du soufre sur la diphénylamine donne la thiodiphénylamine

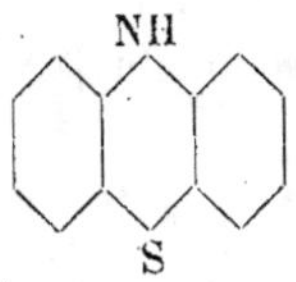

qui, par nitration, donne le dérivé p-dinitré

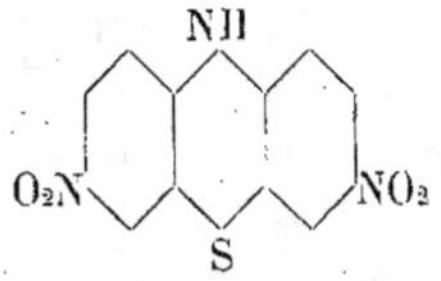

Celui-ci à son tour est transformé par réduction en di-p-amido-thiodiphénylamine

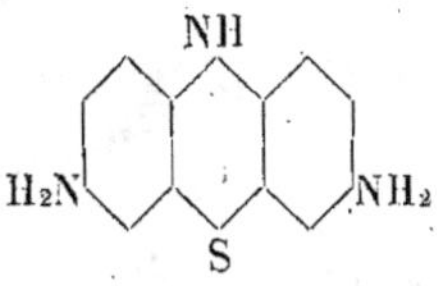

qui est la leuco-base du violet de Lauth et qui donne le colorant par oxydation et transformation en chlorure.

En conséquence, le violet de Lauth a la constitution

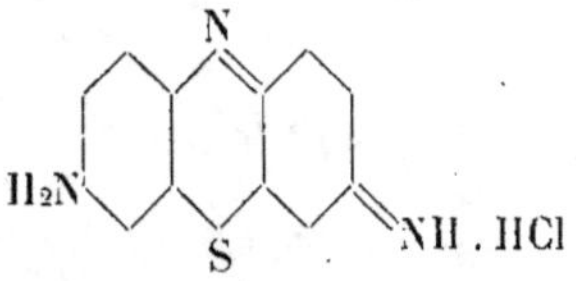

Il est actuellement de peu d'importance[1] et il a été remplacé par le corps le plus important de cette série :

___

[1]. Ce colorant n'a jamais été fabriqué sur une grande échelle, son faible rendement (à peine 20 %) rendant sa préparation trop coûteuse.

Le *bleu méthylène* B[B]

Ce colorant fut d'abord préparé en 1876 par Caro qui appliqua la réaction de Lauth à l'*asym*-diméthyl-p-phénylènediamine et qui, avec le concours de la Badische Anilin und Soda Fabrik le prépara industriellement (E.P. 3751^) par oxydation de l'amidodiméthyl-aniline, préparée au moyen de la nitrosodiméthylaniline, en présence d'hydrogène sulfuré.

Actuellement le bleu méthylène est produit uniquement par le « procédé à l'hyposulfite » qui consiste à oxyder la diméthyl-p-phénylènediamine et la diméthylaniline en présence d'hyposulfite de sodium et de chlorure de zinc.

Le processus de la réaction peut être représenté par les équations suivantes :

(1) $+ H_2S_2O_3 + O \rightarrow$ (Asym-diméthyl-p-phénylènediamine.) (Acide thiosulfonique.) $+ H_2O$

(2) (Diméthylaniline.) $+ O_2 \rightarrow$ $+ 2H_2O$

(3)

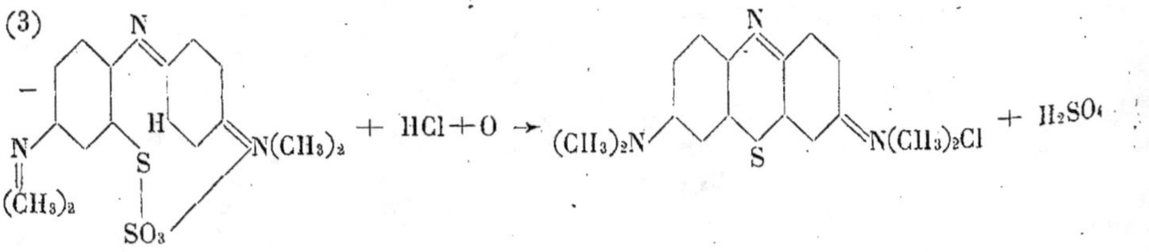

$$ \cdots + HCl + O \rightarrow \cdots + H_2SO_4 $$

Le bleu méthylène se rencontre ordinairement dans le commerce combiné au chlorure de zinc sous forme de sel double. C'est un colorant très important pour coton sur lequel il est fixé à l'aide du tanin. Il ne convient pas bien pour la teinture ni de la soie ni de la laine.

D'autres colorants de cette série sont:

Le vert de méthylène [M] provenant du bleu méthylène et de l'acide nitrique

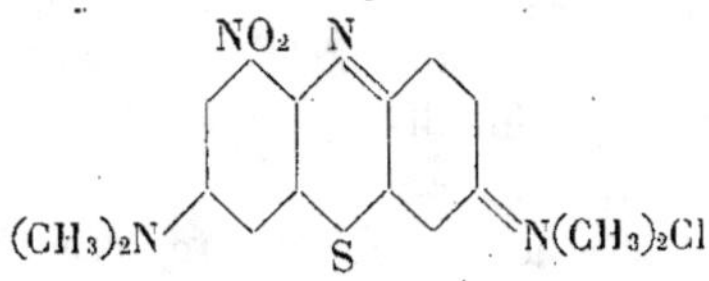

Le bleu thionine G[M]

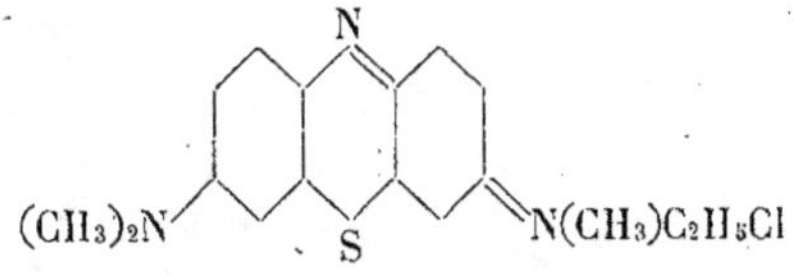

Le thiocarmin R[C]

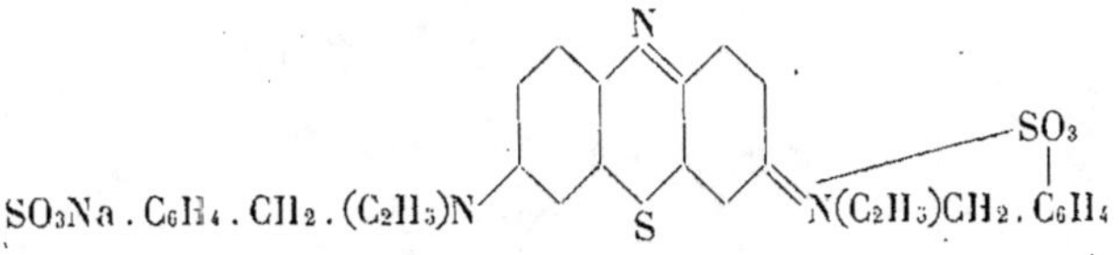

Le bleu méthylène nouveau N[C]

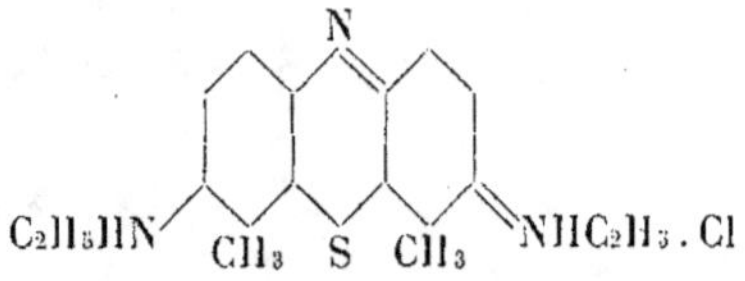

Le bleu brillant d'alizarine GR[Bý]

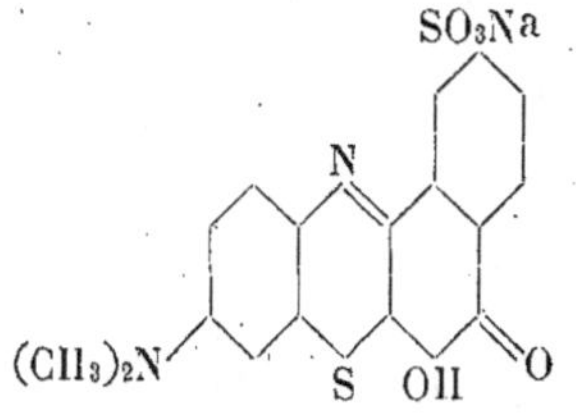

L'indochromogène S[S]

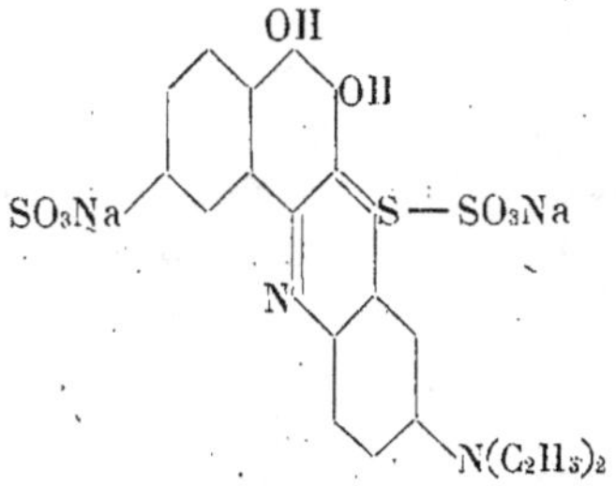

3. *Oxazines.*

Le premier colorant de ce groupe fut découvert par Meldola en 1879. Il le prépara en condensant le β-naphtol avec le chlorure de nitrosodiméthylaniline en solution dans l'acide acétique glacial.

Sa constitution est représentée par la formule

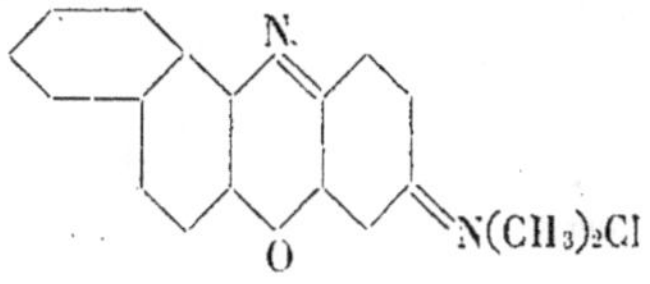

(Bleu de Meldola.)

Il se trouve dans le commerce sous les noms de bleu solide, bleu nouveau R[C], bleu pour coton R[B], etc.

Ce colorant est actuellement obtenu en employant l'alcool comme dissolvant au lieu de l'acide acétique glacial. Il convient d'employer les proportions suivantes de β-naphtol et de nitrosodiméthylaniline :

1 molécule β-naphtol : 2 molécules du second.

(*Communication privée*, R. Meldola).

Il est beaucoup employé pour la teinture du coton mordancé au tanin.

Une découverte importante au sujet du comportement de certaines matières colorantes de cette série a été faite récemment par Lorrain Smith de l'Université de Manchester. Ce physiologiste a montré que lorsque des coupes microscopiques contenant une matière protéique mélangée à des globules de graisse neutre sont teintes, par exemple, au moyen de bleu de Nil A (p. 228), la matière protéique est colorée de la manière ordinaire en bleu, mais, en même temps, les globules graisseux deviennent rouge sombre. Ce phénomène remarquable de coloration différentielle s'est retrouvé pour d'autres matières colorantes de la série tels que le nouveau bleu de méthylène GG ; le bleu de Nil BB et le bleu de Meldola, bien que ces couleurs n'aient pas cette propriété à un degré aussi marqué que le bleu de Nil A.

On a démontré que la cause de ce phénomène est la suivante (*J. C. S.*, 1907, XCI. 324) :

L'action de l'eau ou des acides minéraux très dilués sur le bleu de Nil A provoque l'hydrolyse du groupement amine, en position (6) et donne l'oxazone correspondante.

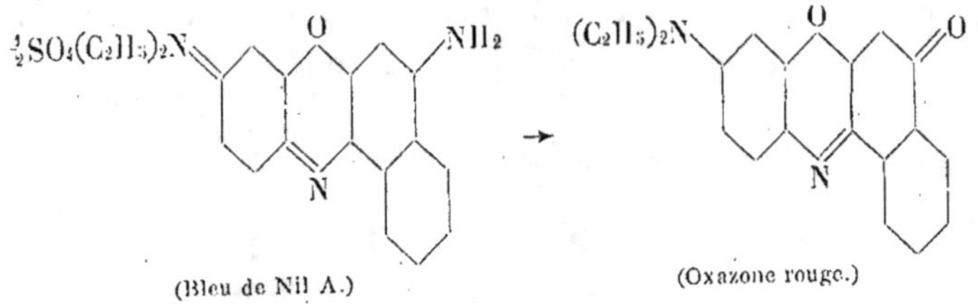

(Bleu de Nil A.)   (Oxazone rouge.)

Le degré de transformation dépend du temps pendant lequel l'acide réagit et de la température, mais un état d'équilibre entre les sels des deux bases semble être atteint après ébullition avec l'eau ou l'acide dilué pendant quinze minutes.

Les deux sels sont bleus et, par conséquent, il n'y a pas de changement de couleur de la solution, mais le sel de l'oxazone, base plus faible, est facilement dissocié et la base libre rouge peut être complètement extraite en agitant la solution avec, par exemple, du xylène qui n'a aucune action sur le sel de bleu de Nil en solution. Il s'ensuit donc que, lorsqu'une coupe est plongée dans la solution bouillante, la matière protéique est colorée en bleu par le bleu de Nil intact de la solution tandis que les globules de graisse neutre s'emparent de la base oxazone de la solution de son sel et sont par conséquent colorés en rouge.

Cette propriété peut encore être illustrée par la teinture de la laine dans la solution bouillante de la matière colorante car la fibre teinte en bleu devient pourpre par lavage à l'eau, par suite de la formation d'une oxazone rouge sur la fibre.

La raison pour laquelle le bleu de Nil A a cette propriété à un degré plus marqué que les autres corps de la série est due à la présence du groupement amine libre dans la position (6).

Lorsque les atomes d'hydrogène de ce groupe sont substitués, la formation de l'oxazone dépend de la nature des groupements substituant. Ainsi le nouveau bleu méthylène GG est transformé en oxazone presque aussi facilement que le bleu de Nil A

$$Cl(CH_3)_2N \cdots \quad \longrightarrow \quad (CH_3)_2N \cdots$$

(Bleu méthylène nouveau G.G.)   (Oxazone.)

et cette matière colorante peut être employée pour la teinture différentielle. D'autre part, le bleu de Nil 2B (p. 228) n'est pas altéré par l'eau bouillante mais est transformé en oxazone par ébullition prolongée avec les acides minéraux dilués.

$$Cl(C_2H_5)_2N \cdots NH.CH_2C_6H_5 \quad \longrightarrow \quad (C_2H_5)_2N \cdots$$

(Bleu de Nil 2B.)   (Oxazone.)

Le caractère réactionnel remarquable de la position (6) dans les composés de ce type est illustré également par le comportement du bleu de Meldola, car cette matière colorante donne aussi une coloration différente après ébullition avec un acide minéral dilué.

L'expérience montre que, dans ce cas, l'oxazone est produite par l'oxydation de l'atome d'hydrogène en position (6) conformément au schéma

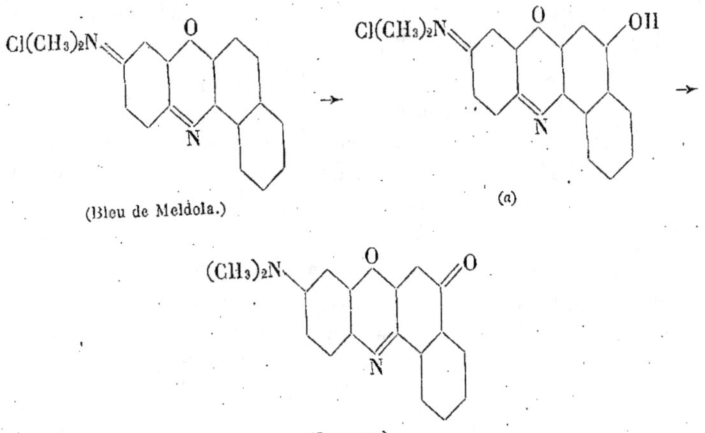

(Bleu de Meldola.)   (a)

(Oxazone.)

Le fait que les sels des oxazones sont bleus fait supposer qu'ils ont une structure représentée par la formule (a) et qu'une transposition moléculaire se produit lorsque le sel est transformé en oxazone rouge. Cette hypothèse est fortement corroborée par le fait que la laine est teinte en bleu dans un bain de l'oxazone contenant assez d'acide pour éviter la dissociation et que, lorsque la fibre ainsi teinte est lavée à l'eau, elle devient rouge.

D'autres colorants de cette série sont :

Le bleu Capri GON[By], nitrosodiméthylaniline + diéthyl-m-amidocrésol

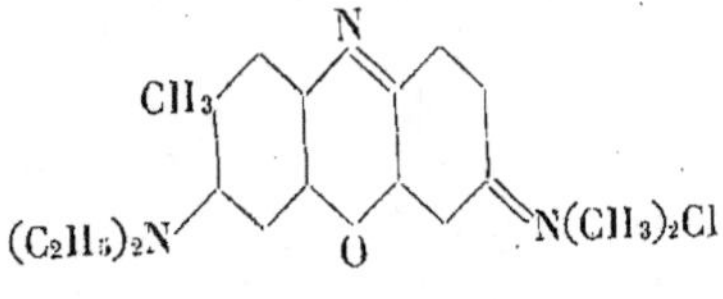

La gallocyanine DH[DH], nitrosodiméthylaniline + acide gallique

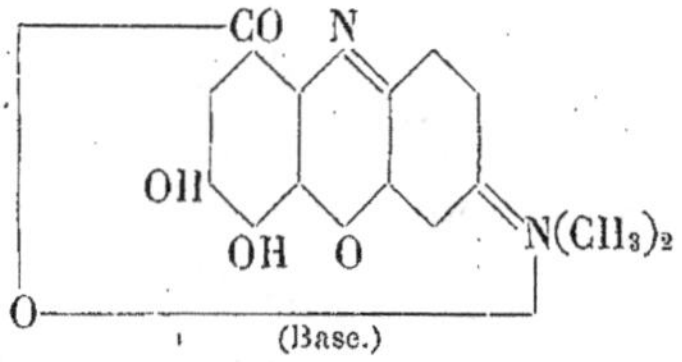

$$CH_3OOC \quad N$$

(Base.)

Le bleu dauphin [S], gallocyanine + aniline et sulfonation

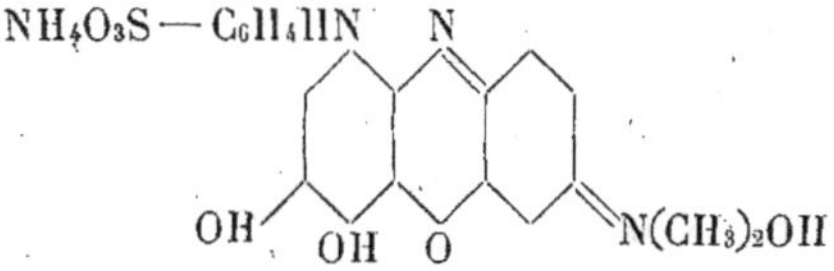

$$NH_4O_3S — C_6H_4HN \quad N$$

(Sel d'ammonium.)

Le prune pur [S], nitrosodiméthylaniline + éther méthylique de l'acide gallique

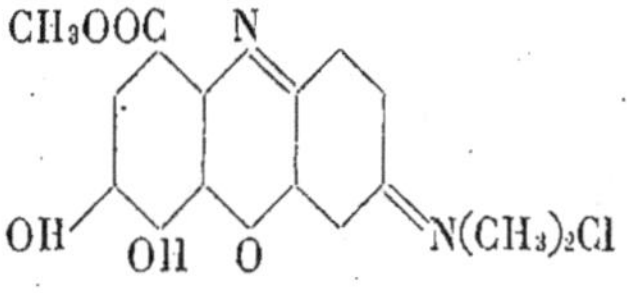

$$CH_3OOC \quad N$$

Le bleu gallamine [By], nitrosodiméthylaniline + acide gallami-
nique (gallamide)

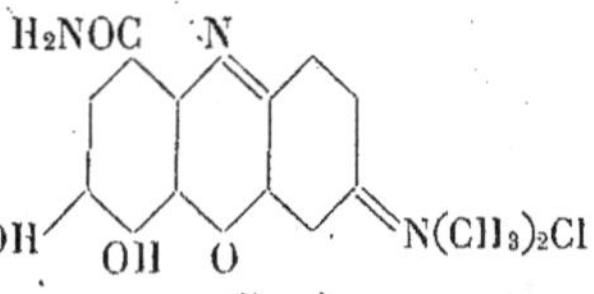

$$H_2NOC \quad N$$

(Base.)

La coréine RR[DH], nitrosodiéthylaniline + gallamide

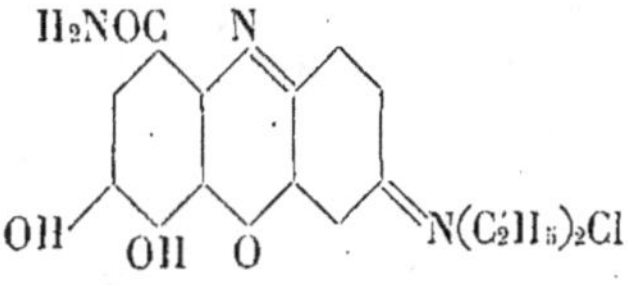

$$H_2NOC \quad N$$

Le bleu d'iris [B], nitrosorésorcine + résorcine et bromuration

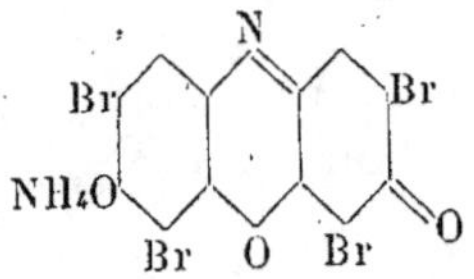

Le bleu méthylène nouveau GG[C], diméthylamine + bleu de Meldola et oxydation

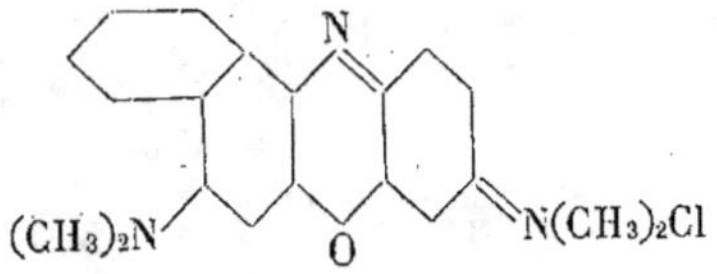

Le bleu de Nil A[B], nitrosodiéthyle-m-amidophénol + α-naphtylamine

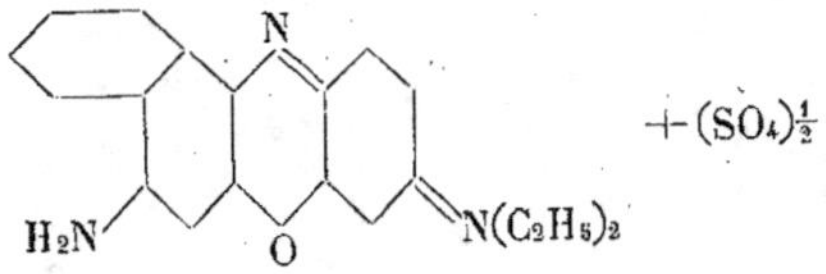

Le bleu de Nil 2B[B], nitrosodiéthyle-m-amidophénol + benzyl-α-naphtylamine

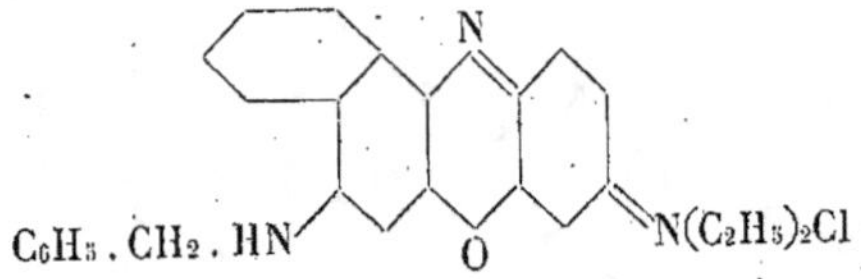

La muscarine [DH], nitrosodiméthylaniline + 2 : 7-dioxynaphtaline

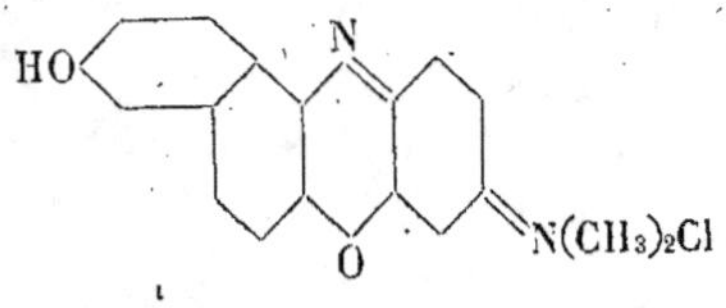

Le vert d'alizarine G [D], acide β-naphtoquinone sulfonique + acide

1-amido-2-naphtol-6-sulfonique

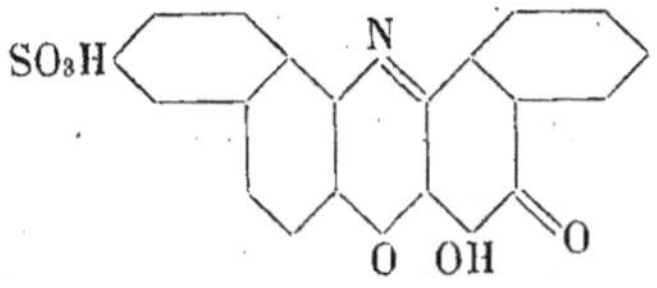

Le vert d'alizarine B [D], acide β-naphtoquinone sulfonique+acide 2-amido-1-naphtol-4-sulfonique

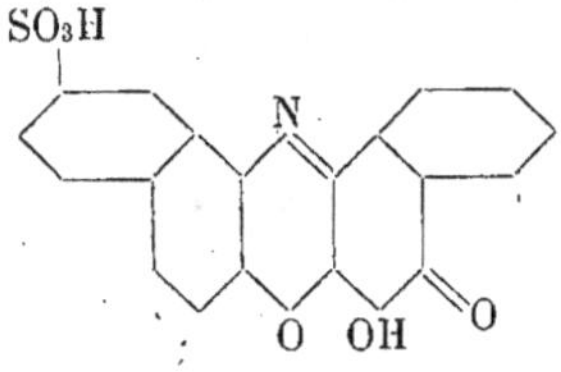

Le noir solide [L], nitrosodiméthylaniline + m-oxydiphénylamine

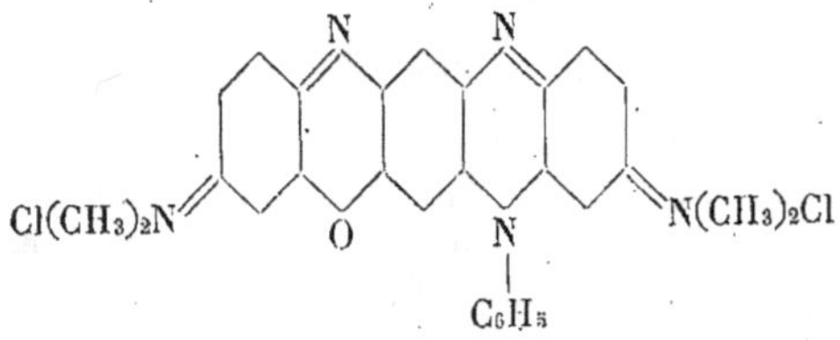

4. *Indamines.*

Les colorants de ce groupe appartiennent aux plus anciennes des matières colorantes. Certaines d'entre elles ont été obtenues par Runge et Perkin dans leurs expériences d'oxydation de l'aniline.

Elles sont surtout intéressantes comme produits intermédiaires de la fabrication des eurhodines et des safranines.

L'indamine la plus simple est le *bleu de phénylène*

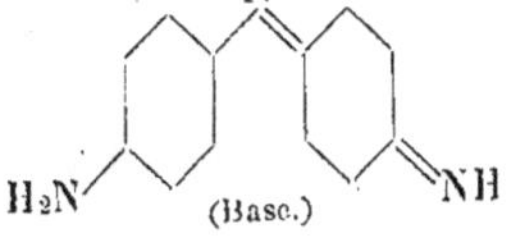

qui peut être préparé par l'oxydation d'un mélange de p-phénylènediamine et d'aniline

$$NH_2\text{—}C_6H_4\text{—}NH_2 + C_6H_5\text{—}NH_2 + O_2 \rightarrow H_2N\text{—}C_6H_4\text{—}N=C_6H_4\text{—}NH + 2H_2O$$

Les indamines peuvent aussi être préparées en remplaçant la p-
phénylènediamine dans la réaction précédente par des corps tels que
la nitrosodiméthylaniline

$$C_6H_4\begin{cases} N(CH_3)_2 & (1) \\ NO & (4) \end{cases}$$

et la dichloroquinoneimide

$$C_6H_4\begin{cases} NCl \\ | \\ NCl \end{cases}$$

qui donne des p-diamines par réduction.

Les colorants de ce groupe ne sont pas importants au point de vue
technique. Deux d'entre eux, cependant, présentent un intérêt théorique par leur étroite relation avec les eurhodines et les safranines.

Le *vert de Bindschedler*, diméthyle-p-phénylènediamine + diméthylaniline

$$(CH_3)_2N\text{—}C_6H_4\text{—}N=C_6H_4\text{—}N(CH_3)_2Cl$$

et le *bleu de toluylène* (Witt), diméthyl-p-phénylènediamine + m-
toluylènediamine

$$(CH_3)_2N\text{—}C_6H_4\text{—}N=C_6H_2(CH_3)(NH_2)\text{—}NH.HCl$$

qui a une importance théorique considérable car, en le chauffant avec
de l'eau, il se transforme en eurhodine, rouge neutre.

De même, la p-phénylènediamine et la m-toluylènediamine donnent l'indamine

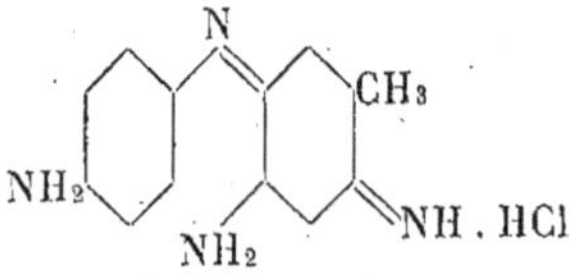

$$NH_2 \quad NH_2 \quad N \quad CH_3 \quad NH \cdot HCl$$

qui, par ébullition avec l'eau, donne l'eurhodine, le rouge de toluylène (voir plus bas).

(5) *Le groupe des azines.*

Les colorants aziniques peuvent être considérés comme dérivés de
la phénazine

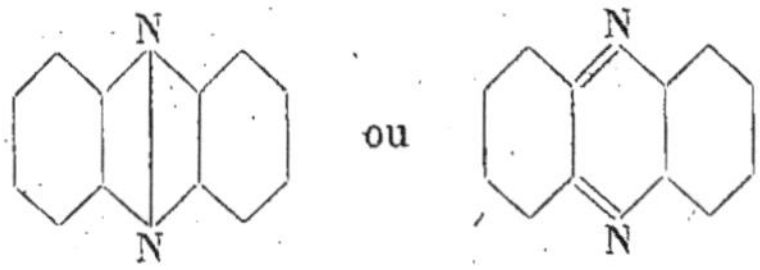

$$N \quad N \quad ou \quad N \quad N$$

et comprennent (*a*) les eurhodines, (*b*) les aposafranines, (*c*) les
safranines, (*d*) les indulines et nigrosines.

(*a*) **Les eurhodines.** — Ces colorants sont des dérivés amidés de la
phénazine et leur constitution à été déterminée de la façon suivante :

La phénazine fut obtenue par Merz et Ris en condensant la pyrocatéchine avec l'o-phénylènediamine

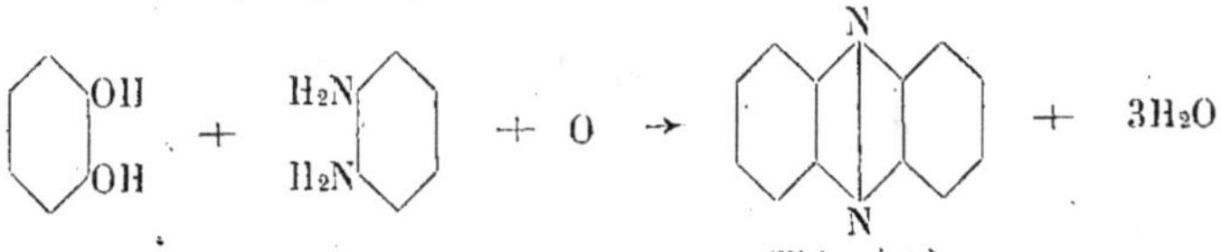

$$OH \quad OH \quad + \quad H_2N \quad H_2N \quad + \quad O \quad \rightarrow \quad N \quad N \quad + \quad 3H_2O$$

(Pyrocatéchine.)   (o-Phénylènediamine.)   (Phénazine.)

De la même façon ils préparèrent la méthylphénazine

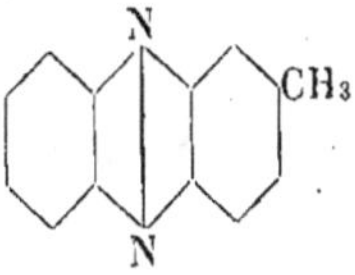

$$N \quad CH_3 \quad N$$

en partant de la pyrocatéchine et de l'o-toluylènediamine.

Bernthsen et Schweitzer (*Ann.*, 1886, CCXXXVI. 332) trouvèrent que le rouge de toluylène donnait la même méthylphénazine par élimination de ses deux groupements amines.

Il doit donc être une diamidométhylphénazine de formule

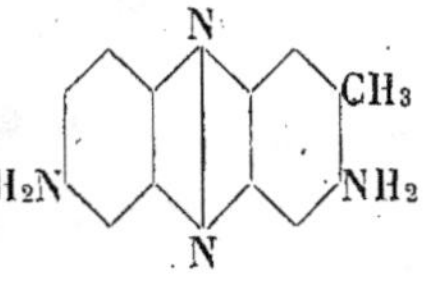

et sa formation à partir de l'indamine peut être représentée par le schéma suivant :

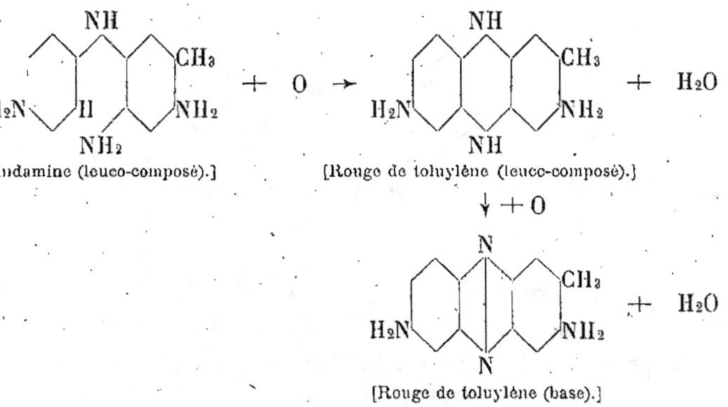

[Indamine (leuco-composé).]   [Rouge de toluylène (leuco-composé).]

[Rouge de toluylène (base).]

De même, le *rouge neutre* [C] cité plus haut comme ayant été préparé en partant du bleu de toluylène a la formule (base)

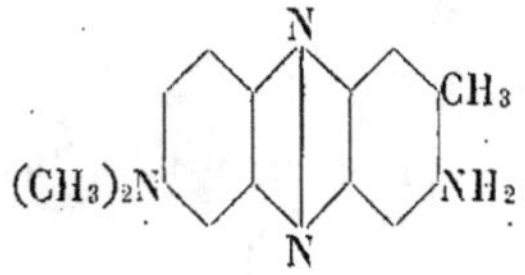

La seule autre eurhodine importante est le *violet neutre* [C] préparé par l'oxydation d'un mélange de p-amidodiméthylaniline et de m-phénylènediamine.

Il a comme formule (la base)

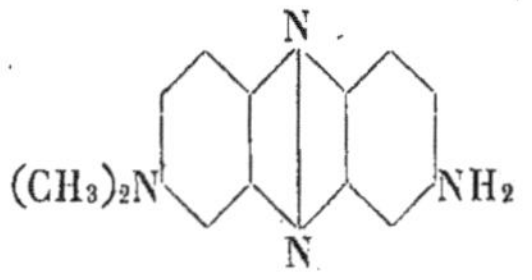

$$(CH_3)_2N \underset{N}{\overset{N}{\bigotimes}} NH_2$$

Les aposafranines, safranines et indulines diffèrent des eurhodines en ce que l'un des atomes d'azote de la molécule de phénazine est combiné avec un autre anneau benzénique ou naphtalénique.

Les aposafranines sont des dérivés monoamidés ou monohydroxylés. Les safranines sont des dérivés diamidés et les indulines, des dérivés tri- ou tétraamidés de la phénazine ainsi substituée.

Constitution et histoire des aposafranines et des safranines.

Certaines substances appartenant au groupe des safranines sont parmi les plus anciennes matières colorantes dérivées du goudron car la mauvéine, le premier colorant artificiel qui ait été préparé (Perkin, *Proc. R. S.*, XXXV. 717) appartient à ce groupe.

Des liqueurs-mères de la mauvéine, Perkin (*Chem. News*, 1861, III, 348) isola un colorant rouge auquel il donna le nom de « Pink » (*Chem. News*, 1869, XIX. 181) et qu'il supposa (*ibid.*, 1870, XXII. 80) être identique à la safranine.

La première préparation industrielle de la safranine sous ce nom fut réalisée au moyen des brevets français de Félix Duprey[1] en 1865, mais sans succès ; et ce ne fut qu'en 1868 que Lotz, de Bâle, la produisit en quantité appréciable sous le nom de « Safflorsurrogat ».

La première préparation industrielle en Allemagne fut pratiquée par Caro qui employa d'abord la méthode de Duprey mais qui adopta ensuite le procédé découvert par Nietzki et qui consiste à chauffer la p-toluidine-azo-o-toluidine et l'o-toluidine-azo-o-toluidine en solution acétique avec une petite quantité d'acide nitrique au bain d'eau.

En 1877, Witt (*Ber.*, X. 874) proposa une formule de structure de la safranine basée sur le fait qu'elle peut être préparée en chauffant l'amidoazotoluène avec l'o-toluidine en solution alcoolique.

---

1. Les méthodes consistaient en 1°) oxydation de la mauvéine au moyen du peroxyde de baryum ; 2°) chauffage de l'aniline en solution acétique avec le nitrate de plomb.

Il donna l'équation suivante pour représenter la réaction :

$$C_6H_4 \begin{cases} (2)\ C \\ (1)\ N \\ \| \\ (1)\ N \end{cases} \begin{matrix} H \\ H \\ H \\ H \\ H \end{matrix} \Bigg\} N(1)C_6H_4(2)CH_3$$

$$C_6H_3 \begin{cases} (3)\ C - \begin{cases} H \\ H \\ H \end{cases} \\ (4)\ NH_2 \end{cases}$$

(Amidoazotoluène.)   (o-toluidine.)

$$\rightarrow\quad 4H\quad +\quad C_6H_4 \begin{cases} (2)\ CH_2 \\ (1)\ N \\ \| \\ (1)\ N \end{cases}$$
$$C_6H_3 \begin{cases} (3)\ CH_2 \\ (4)\ NH_2 \end{cases} \Bigg\} N(1)C_6H_4(2)CH_3$$

(Safranine.)

Et une formule azoïque semblable fut proposée pour ce corps en 1879 par Perkin (*J. C. S.*, 1879, XXXV. 717).

L'inexactitude de ces formules fut démontrée par la découverte, par Witt, en 1878, de la phénosafranine qu'il prépara par l'oxydation d'un mélange de p-phénylènediamine et d'aniline. On trouva dans la suite que les safranines sont formées par l'oxydation combinée de 1 mol. de p-diamine et de 2 mol. d'une monoamine.

Le premier pas vers la détermination de la constitution exacte des safranines fut fait par Nietzki qui prépara une safranine par l'oxydation d'un nombre égal de molécules de diéthyl-p-phénylènediamine et d'aniline ce qui rendait probable l'existence, dans la safranine, de deux radicaux monoamines avec leurs anneaux benzéniques attachés à l'azote.

Nietzki encore prépara une safranine tétraéthyle qui donna une preuve nouvelle de la présence de deux groupements amines dans la molécule de safranine.

Il donna alors à ce colorant la formule suivante qui indique un rapport avec la p-rosaniline

$$\begin{matrix} H_2N.C_6H_4 \searrow & C_6H_4 \\ & N \diagup | \\ H_2N.C_6H_4 \nearrow & N \\ & \diagup \ \diagdown \\ & H\quad Cl \end{matrix} \qquad \begin{matrix} H_2N.C_6H_4 \searrow & C_6H_4 \\ & C \diagup | \\ H_2N.C_6H_4 \nearrow & N.H \\ & \diagup \ \diagdown \\ & H\quad Cl \end{matrix}$$

(Chlorhydrate de safranine.)   (Chlorhydrate de rosaniline.)

Il considéra la leuco-safranine (préparée par réduction de la safranine) comme une triamidotriphénylamine

$$N \begin{cases} C_6H_4NH_2 \\ -C_6H_4NH_2 \\ C_6H_4NH_2 \end{cases}$$

Mais l'inexactitude de ces formules devint bientôt évidente lorsqu'on trouva que la phénosafranine avait pour formule brute $C_{18}H_{14}N_4HCl$, et contenait donc deux atomes d'hydrogène de moins que ne le supposait Nietzki.

La première étape dans la solution de ce problème fut franchie par Witt (*Ber.*, 1885, XVIII. 1119) qui découvrit que, par la condensation de l'amidoazotoluène (obtenu en partant de la p-toluidine) avec le chlorhydrate d'α-naphtylamine, il se formait un composé jaune étroitement apparenté aux safranines et non pas un colorant compliqué indulinique tel qu'en donnent d'autres amines primaires.

Il trouva ultérieurement que des composés analogues se formaient lorsque d'autres composés amidoazoïques contenant le groupement amine en position ortho par rapport au groupe azoïque étaient chauffés avec l'α-naphtylamine.

Witt appela eurhodines les composés ainsi obtenus et il proposa, pour le composé formé en partant de l'amidoazotoluène et de l'α-naphtylamine, la formule

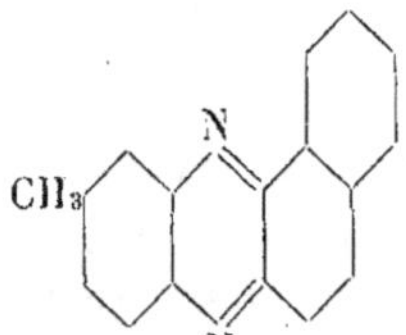

Vers cette époque fut publié le travail déjà cité de Merz et Ris sur la phénazine et il en résulta l'explication de la constitution du rouge de toluylène donnée par Bernthsen et Schweitzer. Ces faits, en même temps que la découverte de la relation étroite existant entre les indamines et la safranine, d'une part, et, d'autre part, l'analogie entre le rouge de toluylène et la safranine, conduisirent Bernthsen (*Ber.*, 1886, XIX. 2691) à supposer que le leuco-composé de la phénosafranine résultait de la réaction entre un nombre égal de molécules de p-diamidodiphénylamine et d'aniline et que sa formation pouvait être représentée par l'équation suivante :

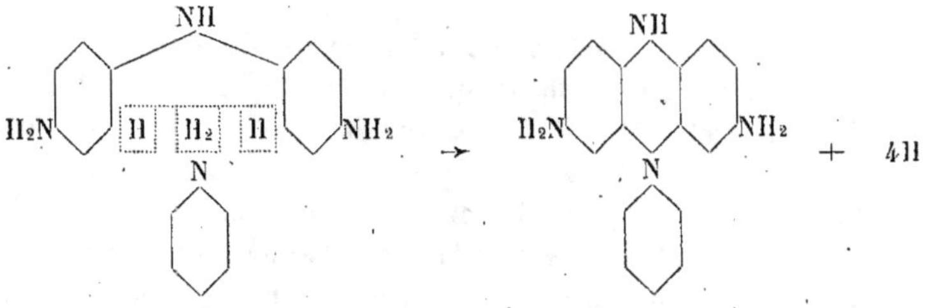

Pour le colorant que l'on obtient par l'oxydation de la leuco-base et la transformation ultérieure en sel, il proposa deux formules

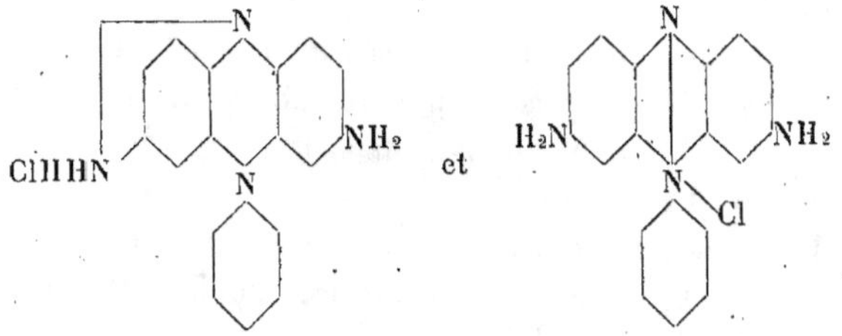

(I)   et   (II)

La formule I ne renferme pas les deux groupements amines que l'on attribue à la safranine et par conséquent la formule II seule permet d'expliquer sa constitution.

A cette formule, Nietzki (*Ber.*, 1886, XIX. 3164) reprocha de ne pas expliquer l'existence de deux diméthylsafranines isomères qu'il avait préparées et dont la différenciation résultait d'une étude approfondie de leur forme cristalline et de leur solubilité.

Bernthsen (*Ber.*, 1887, XX. 179) examina ces diméthylsafranines et arriva également à la conclusion qu'elles étaient différentes. Il adopta donc, avec Nietzki, une formule asymétrique proposée par Witt (*Ber.*, 1886, XIX. 3121).

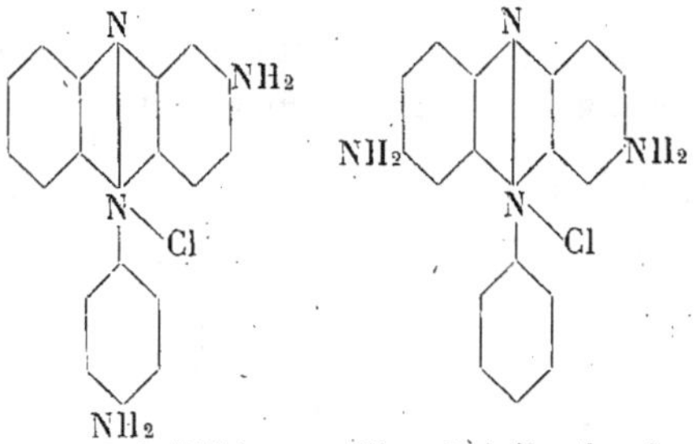

(Formule de Witt.)   (Formule de Beruthsen.)

Witt expliqua par l'équation suivante la formation de la safranine de
cette formule en partant de la di-p-amidodiphénylamine et de l'aniline :

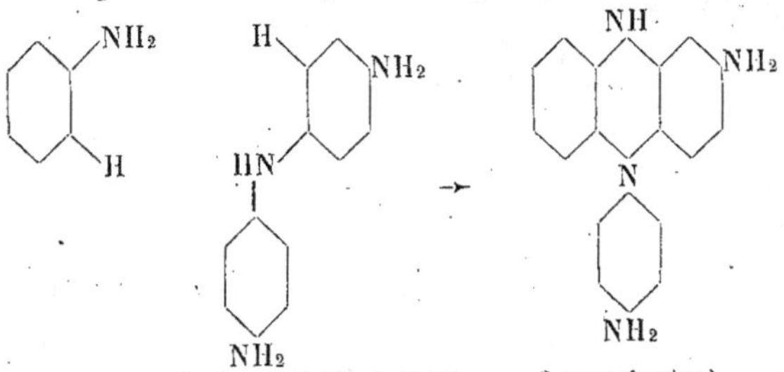

(Aniline.)   (p-diamidodiphénylamine.)   (Leucosafranine.)

Pendant un certain temps, la formule asymétrique fut considérée
comme exacte, jusqu'à ce que Körner et Schraube eurent montré
qu'elle était basée sur une erreur et que les deux diméthylsafranines
isomères de Nietzki étaient en réalité identiques.

Cela conduisit à revenir à la formule symétrique qui a, depuis, été
vérifiée par un grand nombre de faits expérimentaux.

En 1888, Witt, (*Ber.*, XXI. 719) publia plusieurs expériences qui
indiquent clairement le rapport étroit qui existe entre les eurhodines
et les safranines.

Si la nitrosodiméthylaniline est condensée avec la β-naphtylamine,
il se produit de la diméthylphénylnaphteurhodine, conformément à
l'équation

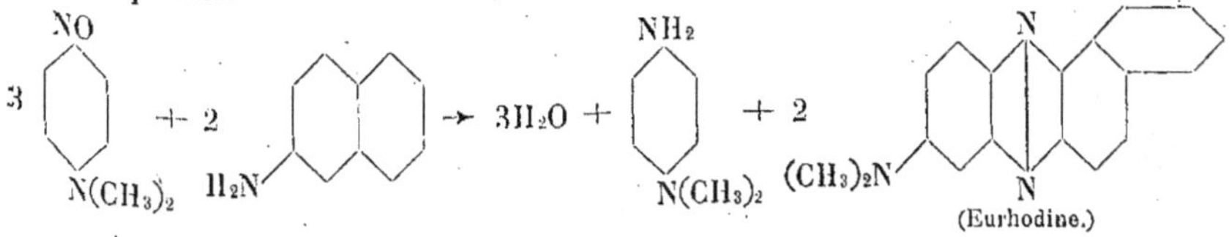

(Eurhodine.)

Cependant si la β-naphtylamine est remplacée par une base secondaire qui en dérive, il se produit une safranine conformément à l'équation

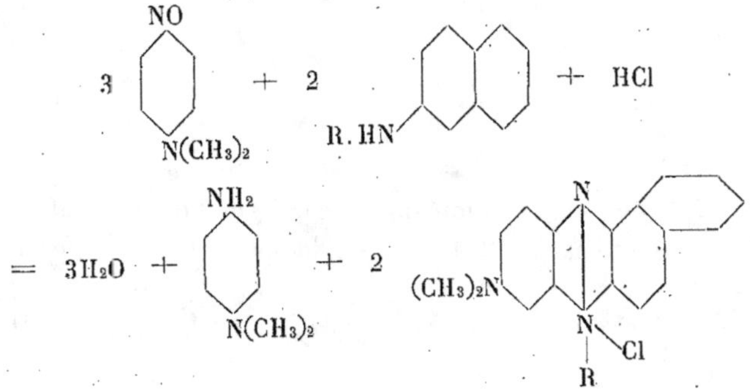

$$
3 \;\; \underset{N(CH_3)_2}{\overset{NO}{\bigcirc}} \;\; + \;\; 2 \;\; R.HN{-}\text{(naphtalène)} \;\; + \;\; HCl
$$

$$
= \;\; 3H_2O \;\; + \;\; \underset{N(CH_3)_2}{\overset{NH_2}{\bigcirc}} \;\; + \;\; 2 \;\; \text{(Safranine.)}
$$

D'autres recherches sur la constitution de la safranine ont été publiées plus récemment par Kehrmann et Messinger (*Ber.*, 1891, XXIV. 584, 2167), Kehrmann (*ibid.*, 1894, XXVII. 3349), Jaubert, (*ibid.*, 1895, XXVIII. 270, 508, 1581 ; 1896, XXIX. 414), Nietzki (*ibid.*, 1895, XXVIII. 1354 ; 1896, XXIX. 1442), O. Fischer et Hepp (*ibid.*, 1893, XXVI. 1195, 1655 ; 1895, XXVIII. 2283 ; 1896, XXIX. 361 ; *Ann.*, 1895, CCLXXXVI. 211) et O. Fischer (*Ber.*, 1896, XXIX. 1870 ; voir aussi Kehrmann, *Ann.*, 1910, CCCLXXII. 337).

L'objet principal de ces recherches était de déterminer laquelle des deux formules suivantes représente la constitution du chlorure de safranine :

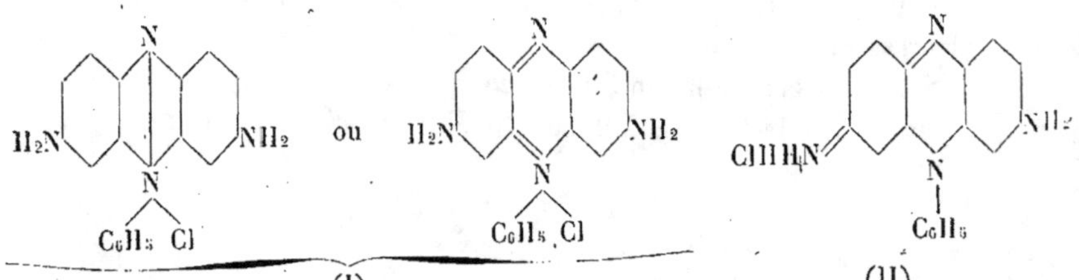

(I)   ou   (II)

L'un des points principaux qu'il s'agissait d'expliquer était le suivant :

La safranine donne facilement avec l'acide nitreux un sel diazoïque qui, par ébullition avec l'alcool, donne l'aposafranine, substance qui ne réagit pas avec l'acide nitreux dans les conditions ordinaires et, par conséquent, ne renferme vraisemblablement pas de groupement amine primaire.

Cette propriété ne peut s'expliquer qu'en admettant que c'est la formule II qui représente la constitution de la safranine

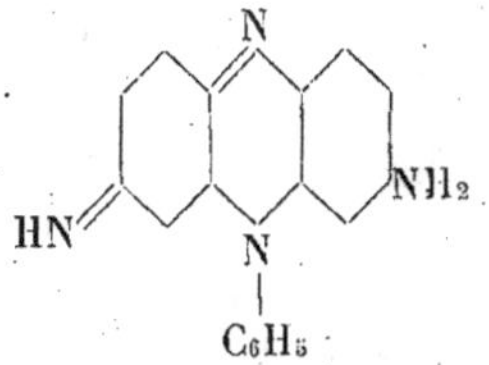

(Safranine.)

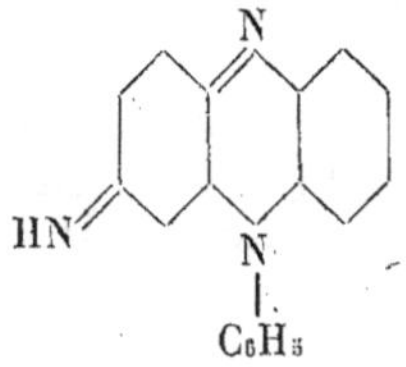

(Aposafranine.)

Les dérivés hydroxylés correspondant, l'aposafranol et le safranol, présentent une propriété analogue.

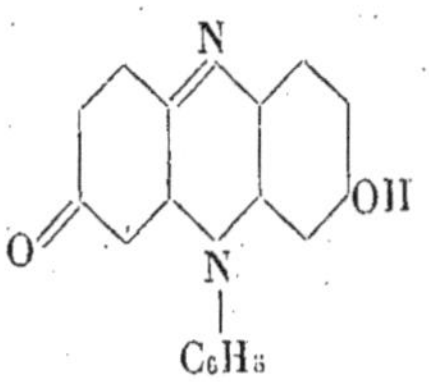

(Safranol.)

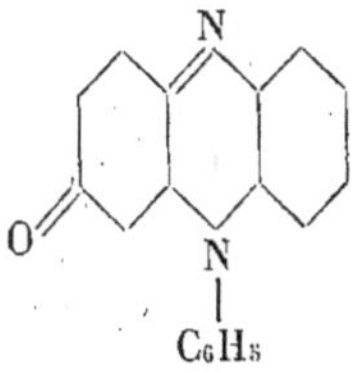

(Aposafranol.)

Dans le safranol on ne peut déceler qu'un seul groupe hydroxyle et dans l'aposafranol, aucun.

O. Fischer et Hepp ont cependant préparé certains dérivés chlorés de l'aposafranol et du safranol, dont la formation ne peut s'expliquer qu'en admettant que ces substances ont la structure orthoquinonique représentée par la formule I. Kehrmann a montré aussi que l'aposafranine pouvait être diazotée en la dissolvant dans l'acide sulfurique concentré et en traitant la solution verte ainsi obtenue par l'acide nitreux.

En faisant bouillir ce sel diazoïque avec de l'alcool, il obtint une base azonium — le phénylphénazonium

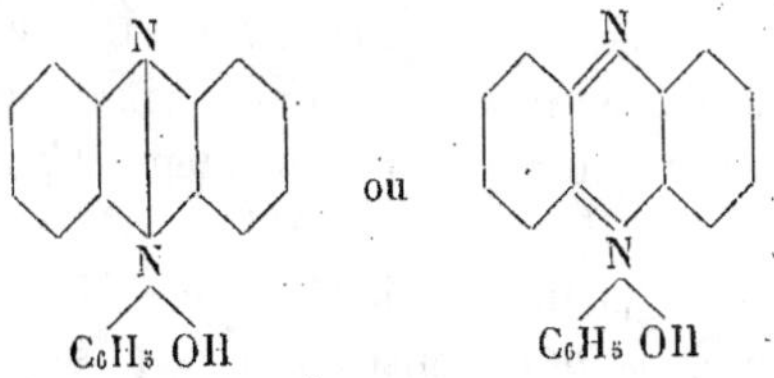

Le comportement de l'aposafranine semble indiquer que, de toute façon, en solution dans l'acide sulfurique concentré, elle renferme un groupement aminé primaire et que, par conséquent, dans ces conditions, elle a une structure orthoquinonique; et ces considérations, jointes à celles déjà mentionnées, sembleraient indiquer que la safranine peut réagir soit comme un dérivé para- soit comme un dérivé ortho-quinonique selon la nature de la réaction envisagée.

Dans le cas des diamidoeurhodines les deux groupements aminés sont aisément diazotables. Il n'y a donc pas de raison pour leur supposer une structure paraquinonique; mais, ainsi que Kehrmann l'a montré par les expériences suivantes, elles semblent aussi réagir sous deux formes.

La rosinduline s'obtient au moyen de la phényl-o-phénylènediamine et de l'oxynaphtoquinoneimide

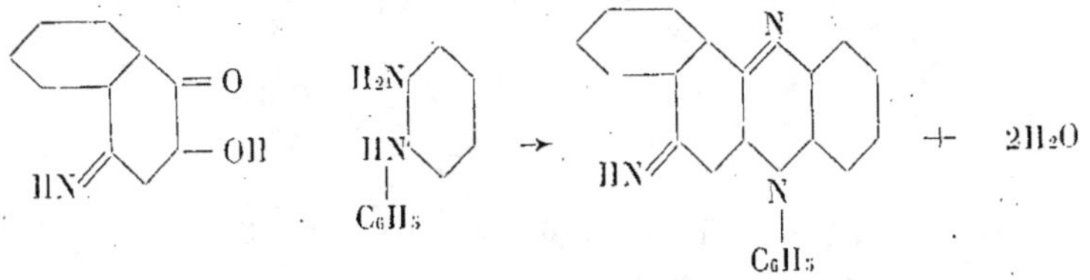

(Rosinduline.)

Si l'on remplace la phényl-o-phénylènediamine par l'o-phénylènediamine, il se forme une eurhodine

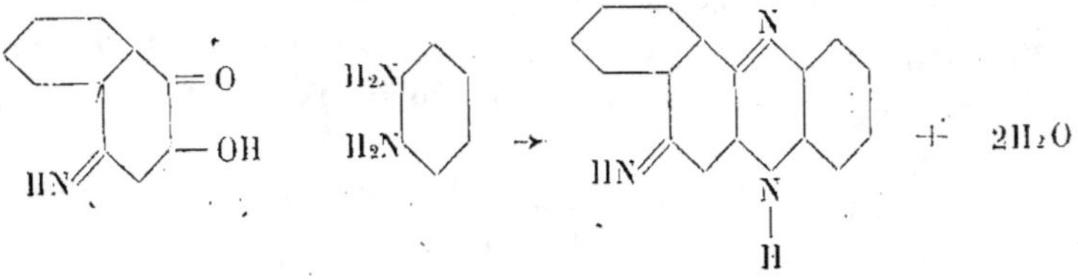

(Eurhodine.)

D'après ces expériences, les eurhodines sembleraient donc être des dérivés p-quinoniques.

Kehrmann et Messinger tentèrent de trancher cette question en méthylant une eurhodine de formule

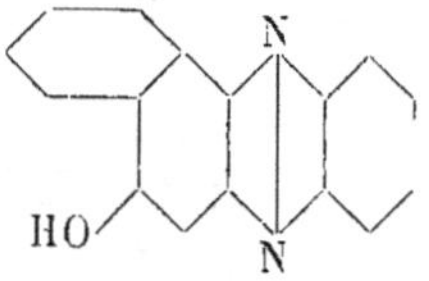

L'éther méthylique formé aurait alors l'une des deux formules :

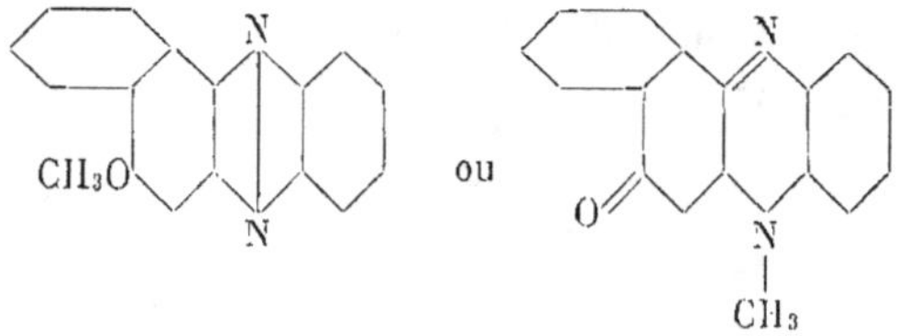

ou

et si il répondait à cette dernière, il serait identique à l'eurhodine préparée par la condensation de l'oxynaphtoquinone avec la méthyl-p-phénynèlediamine.

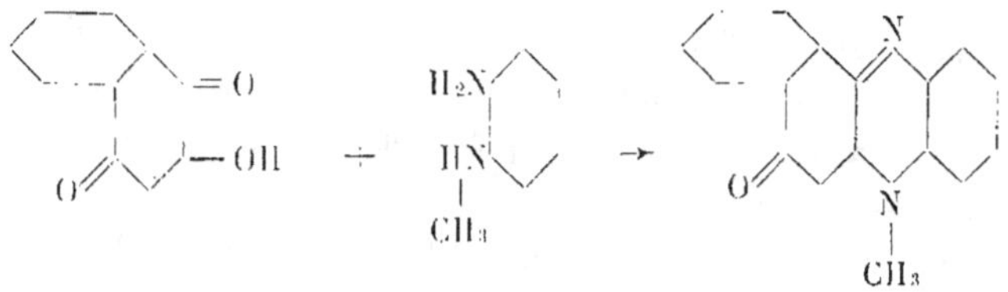

Kerhmann et Messinger trouvèrent que les deux éthers méthyliques se forment par la méthylation de l'eurhodol cité plus haut et l'un d'eux est identique au méthyleurhodol obtenu par la condensation citée.

Par conséquent les eurhodines, comme les safranines, semblent être des substances desmotropiques.

(*b*) **Les aposafranines.**

Ces colorants, ainsi qu'il a déjà été signalé, sont des dérivés monoamidés et monohydroxylés des phényl- ou naphtylphénazines.

Plusieurs d'entre eux sont préparés par fusion d'un mélange d'un composé amidoazoïque et d'une base primaire et de son sel. Une explication de cette réaction sera donnée au chapitre des indulines.

Les deux colorants suivants appartiennent à ce groupe :

L'*azocarmin* G[B] est préparé par fusion de l'aniline-azo-α-naphtylamine + aniline + chlorhydrate d'aniline et sulfonation ultérieure par l'acide sulfurique fumant.

C'est le sel de sodium de l'acide phénylrosinduline-disulfonique

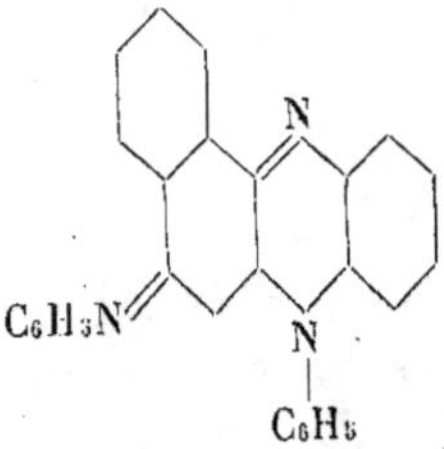

$$C_6H_5N \quad\quad N \quad\quad N$$

(Phénylrosinduline.)

L'*azocarmin* B[B] est le sel de sodium de l'acide phénylrosindulinetrisulfonique obtenu par un nouveau traitement de la phénylrosinduline par l'acide sulfurique fumant.

En traitant cet acide trisulfonique par l'eau à 160-180° il est transformé en *rosinduline* 2G[K] qui est le sel de sodium d'un acide rosindone-monosulfonique

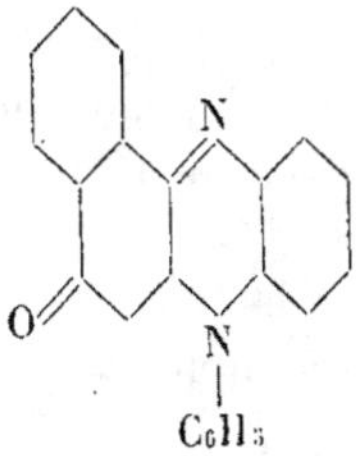

(Rosindone.)

Un autre acide sulfonique (sel de sodium), savoir la *rosinduline* G [K]

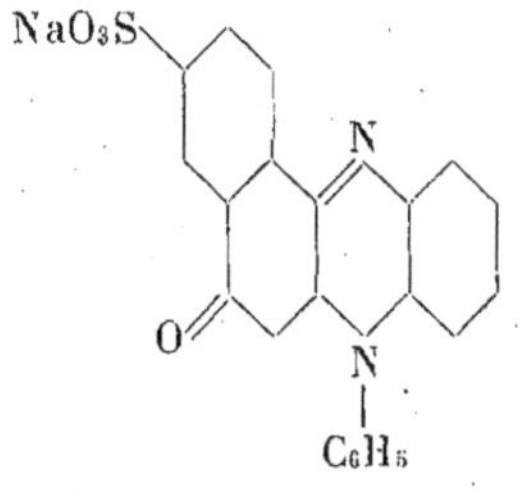

est préparé en chauffant l'acide phénylrosinduline-6-(naph)-mono-sulfonique avec de l'eau sous pression.

Ces substances sont d'importants colorants acides pour laine. Le *bleu neutre* [C], nitrosodiméthylaniline+phényl-β-naphtylamine, est

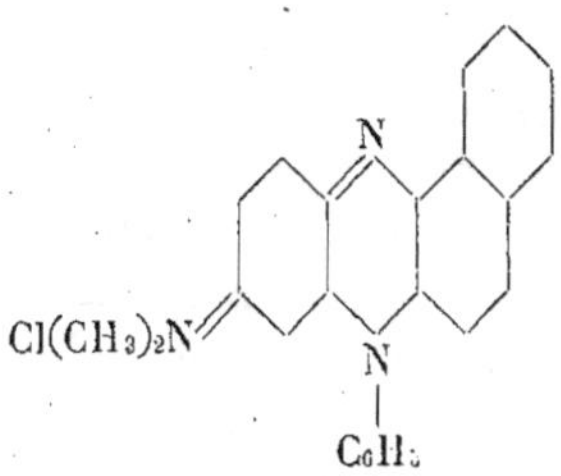

et son dérivé: le *bleu de Bâle* R[DH], nitrosodiméthylaniline+2:7-ditolylnaphtylène diamine.

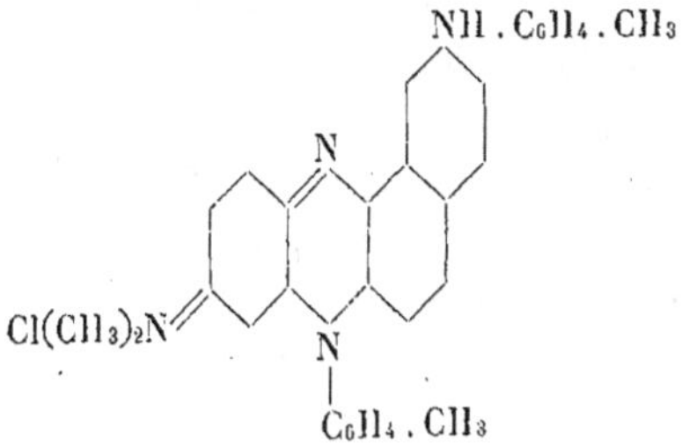

Ce sont d'importants colorants pour coton mordancé au tanin.

L'acide sulfonique (sel de sodium) obtenu par sulfonation de ce colorant est appelé *bleu de Bâle* S[DH].

A ce groupe appartient aussi l'*écarlate d'induline* [B]

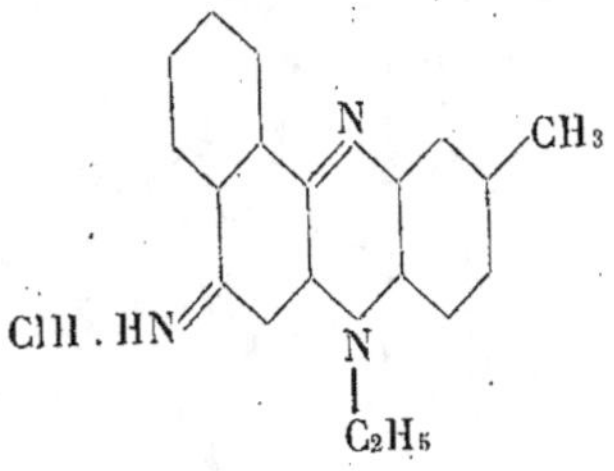

obtenu par fusion du dérivé azoïque de la monoéthyl-p-toluidine avec le chlorhydrate d'α-naphtylamine.

(c) Les safranines:

Ces colorants sont les dérivés diamidés de la phényl- ou de la naphtylphénazine.

Ils peuvent être préparés :

(1) Par l'oxydation d'une indamine (ou du mélange basique qui donnerait une indamine) et d'une monoamine ; c'est-à-dire, par l'oxydation de deux molécules d'une monoamine et d'une molécule d'une paradiamine dans les conditions suivantes :

(*a*) Un seul groupe de la p-diamine peut être substitué ;

(*b*) Une molécule de la monoamine doit avoir sa position para libre ;

(*c*) L'autre molécule de la monoamine doit être primaire.

La préparation de la safranine (p. 446) est un exemple d'application de cette méthode.

(2) Par réaction entre une nitrosodialkylaniline et des bases secondaires dérivées de la m-phénylènediamine.

Un exemple en est fourni par l'*indazine* M[C], nitrosodiméthyl-aniline + diphényl-m-phénylènediamine.

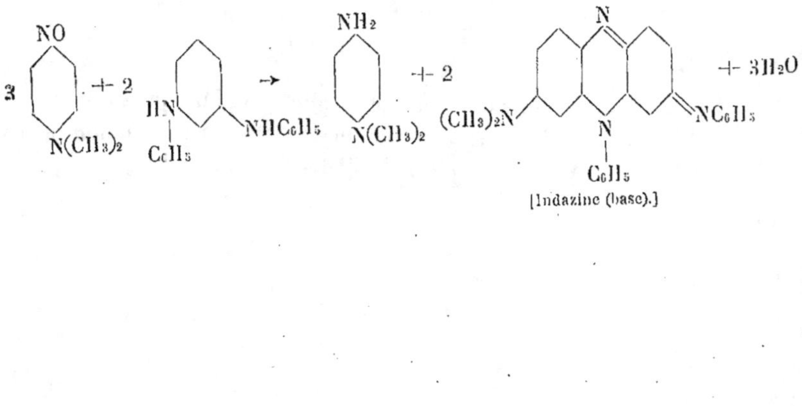

[Indazine (base).]

C'est un colorant bleu pour coton mordancé au tanin.

(3) Par fusion de certains composés amidoazoïques avec des bases primaires (voir p. 253).

Un exemple de préparation par cette méthode est celle du *bleu foulon* [K] (bleu de naphtyle), aniline-azo-α-naphtylamine $+$ α-naphtylamine HCl $+$ aniline

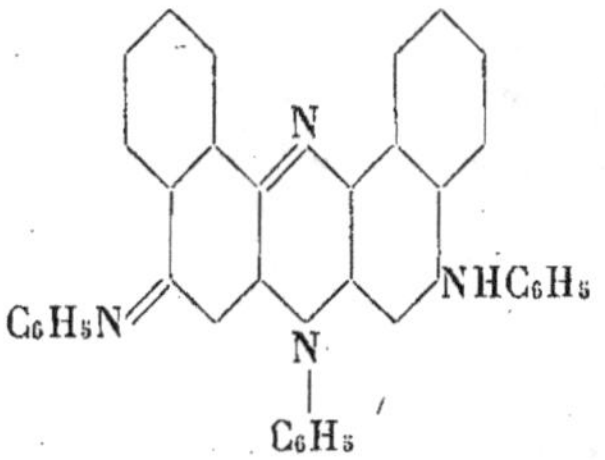

(Sulfoné.)

Cette réaction peut s'expliquer en admettant qu'il y a décomposition du composé amidoazoïque en bases convenant à la production de safranines.

Le bleu foulon est un colorant pour laine ; il est fixé sur la fibre à l'aide de sels de chrome.

Le corps le plus important de ce groupe est la safranine T [B]

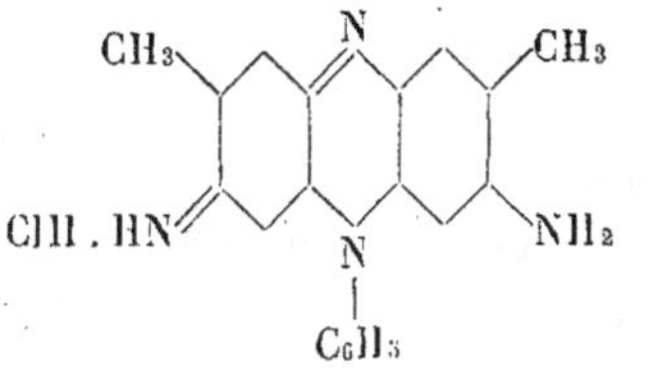

Il est obtenu par l'oxydation d'un nombre égal de molécules de p-toluylènediamine et d'o-toluidine. Il y a ainsi formation d'indamine qui est transformée en safranine par oxydation avec l'aniline.

On le prépare aussi parfois en partant d'aniline riche en o-toluidine (huile d'aniline pour safranine) et du mélange basique connu sous le nom de « *échappés* » qui distille pendant la fabrication de la fuchsine.

Ce mélange basique qui contient de grandes quantités d'o-toluidine donne, par traitement avec l'acide nitreux, le composé azoïque

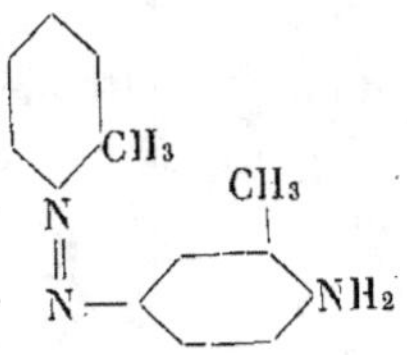

qui est d'abord réduit en o-toluidine et p-toluylènediamine. Ces deux bases sont alors oxydées avec de l'aniline pour donner la safranine.

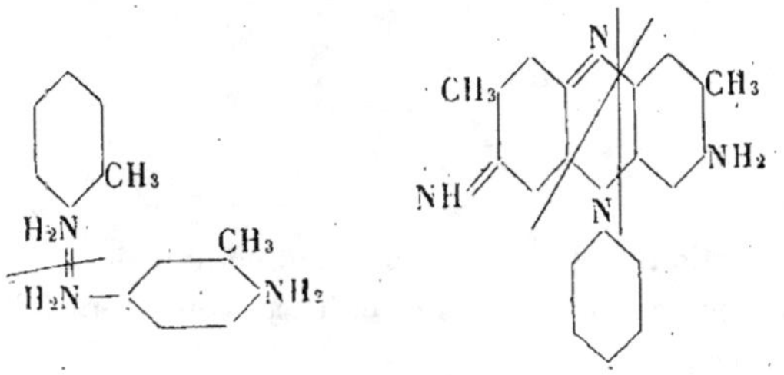

La safranine est un colorant basique qui convient bien pour la teinture du coton en rouge après mordançage au tanin. Elle donne des colorations caractéristiques avec l'acide sulfurique fort: elle s'y dissout et donne une solution verte qui, par dilution progressive, devient rouge en passant par le bleu et par le violet.

Lorsqu'on la traite par l'acide nitreux elle donne un sel diazoïque qui, en se combinant au β-naphtol, donne le bleu indoïne R[B], colorant important qui teint en bleu indigo solide le coton, qu'il soit ou non mordancé au tanin.

D'autres colorants de ce groupe sont :

Le *violet neutre solide* B[C], nitrosodiméthylaniline + diéthyl-m-phénylène diamine

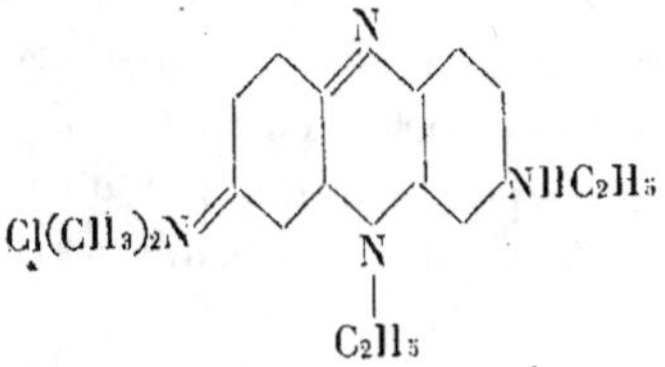

qui teint en violet solide le coton mordancé au tanin.

Le *violet de méthylène* RRA, 3RA[M], oxydation de diméthyl-p phénylènediamine + aniline.

$$Cl(CH_3)_2N \cdots NH_2 \quad (N) \quad C_6H_5$$

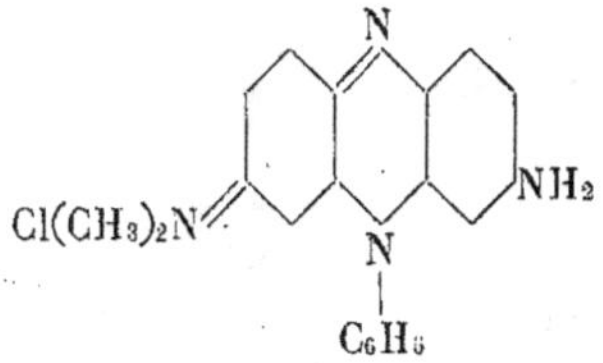

qui teint en rouge violet le coton mordancé au tanin.

La *safranine* MN -oxydation de diméthyl-p-phénylènediamine + aniline + o- ou p-toluidine ; par exemple

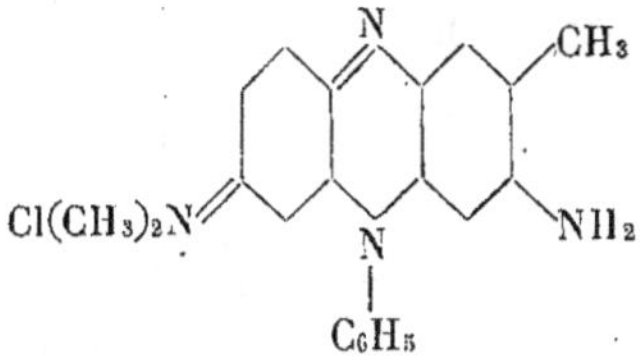

$$Cl(CH_3)_2N \cdots CH_3 \quad NH_2 \quad (N) \quad C_6H_5$$

qui produit également des tons rouge-violet sur coton tanné.

Le *giroflé* [DH], nitrosodiméthylaniline + un mélange de m- et p-xylidine ; par exemple :

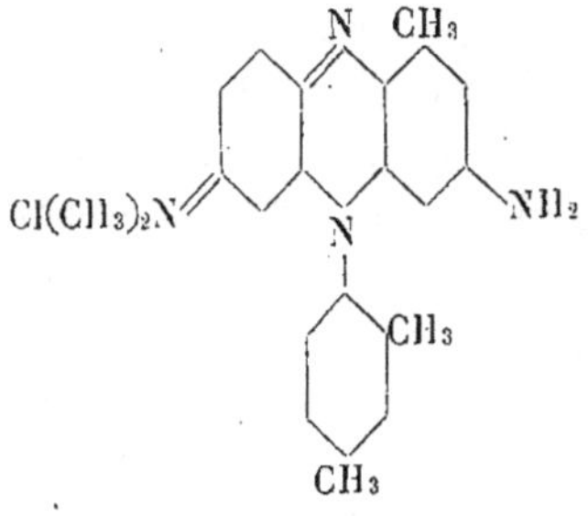

$$Cl(CH_3)_2N \cdots CH_3 \quad NH_2 \quad (N) \quad CH_3 \quad CH_3$$

teignant le coton tanné en rouge violet.

Le *violet d'améthyste* [K], oxydation de diéthyl-p-phénylène-diamine + diéthylaniline + aniline.

teignant la soie en violet à fluorescence rouge.

La *mauvéine*, oxydation d'aniline contenant de la toluidine ; par exemple

Ce colorant est extrêmement intéressant au point de vue historique car c'est le premier colorant artificiel qui ait été préparé.

En 1856, Perkin (*Zeitsch. f. Ch.*, 1861, 700) essaya de préparer la quinine par oxydation de l'allyltoluidine

$$2C_6H_4(CH_3)NH . C_3H_5 + 2O_2 \rightarrow C_{20}H_{24}N_2O_3 + H_2O$$

mais il obtint à la place un précipité de couleur noirâtre. Une substance semblable fut obtenue par l'action du bichromate de potasse sur le sulfate d'aniline. Ce corps, après étude plus approfondie, donna un colorant violet que Perkin breveta en Angleterre le 26 août 1856 et qu'il commença à fabriquer sur une grande échelle sous le nom de « mauve ».

La mauvéine est aujourd'hui peu employée. Jusque dans les derniers temps, elle fut employée pour imprimer les timbres-poste mauves de 1 penny du siècle dernier.

La constitution de la mauvéine est démontrée par la synthèse de la phénomauvéine en partant de la nitrosoaniline et de la diphényl-m-phénylènediamine (*Fischer* et *Hepp*).

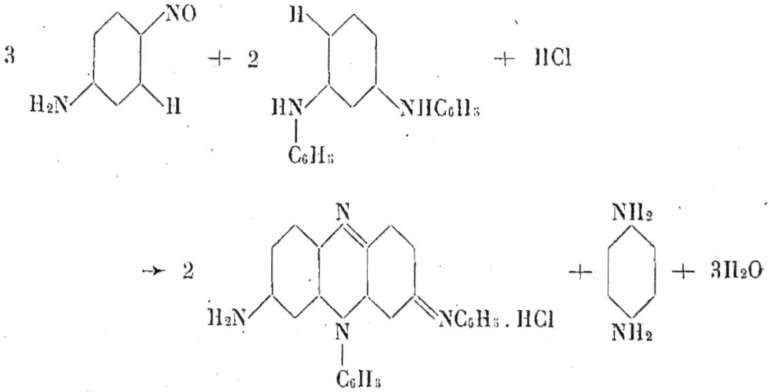

Le *bleu de métaphénylène* B[C], nitrosodiméthylaniline + di-o-tolyl-m-phénylènediamine

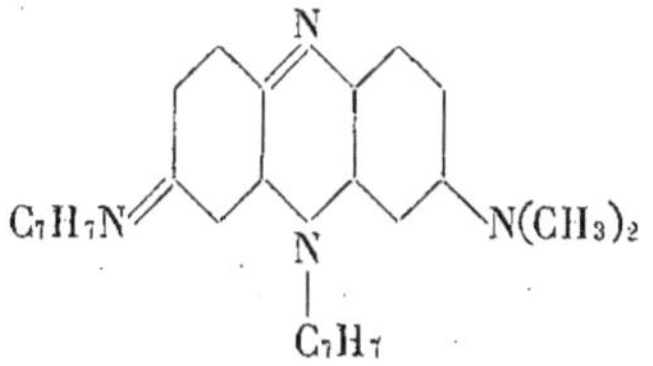

teint le coton mordancé au tanin en bleu indigo.

Le *bleu de naphtazine* [D][M], nitrosodiméthylaniline + acide β-dinaphtyl-m-phénylènediamine disulfonique

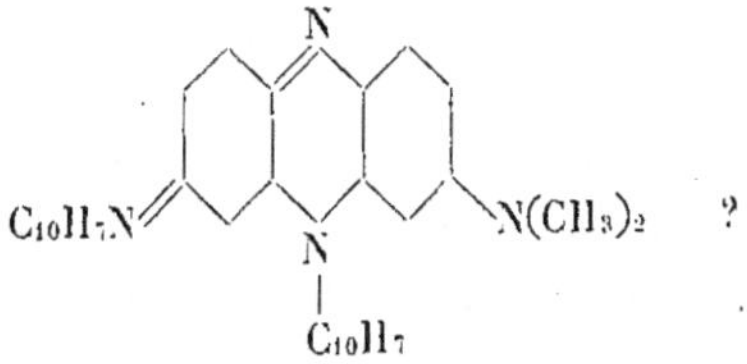

(Base.)

est un colorant acide bleu pour laine.

Le *rouge Magdala*, α-amidoazonaphtalène + α-naphtylamine; *bases :*

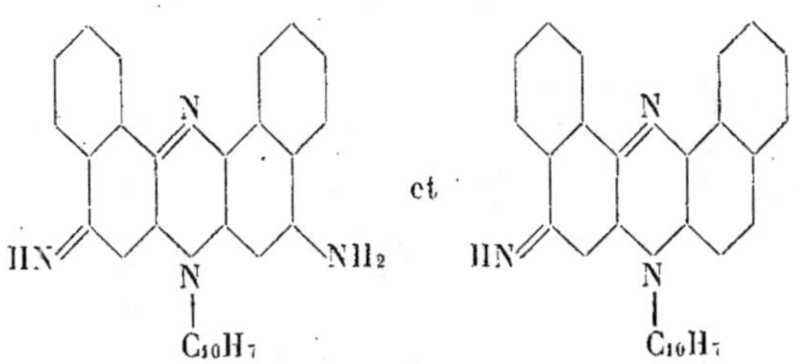

et

est employé pour la teinture de la soie.

Le rouge de naphtyle [K] et le bleu de naphtyle [K] sont deux colorants pour soie qui sont les sels de sodium de rosindulines sulfonées semblables au bleu de naphtyle décrit plus haut.

Ce sont les acides sulfoniques des bases

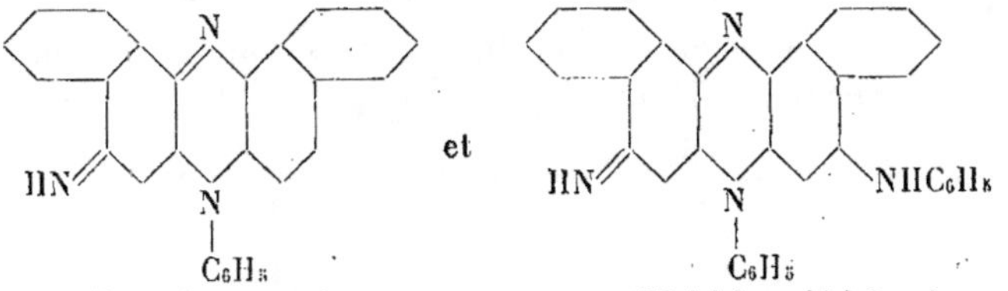

et

(Rouge de naphtyle.)   (Violet de naphtyle.)

(*d*) Les indulines et nigrosines.

On désigne sous les noms d'induline, bleu solide, nigrosine, bengaline, etc., une série de colorants bleus, violets, gris et noirs qui sont connus presque depuis le début de l'industrie du goudron de houille.

Les uns sont insolubles dans l'eau, ce sont les chlorures ou sulfates des bases induliniques ; d'autres sont solubles, ce sont les sels de sodium des acides sulfoniques obtenus par sulfonation de ces bases.

En général ces colorants qui sont préparés par la méthode de Caro, à savoir, par chauffage d'un mélange d'un composé azoïque avec l'aniline et le chlorhydrate d'aniline sont dénommés indulines.

Le terme nigrosine est actuellement appliqué aux colorants préparés au moyen du nitrobenzène et du nitrophénol.

Indulines provenant de l'amidoazobenzène. — La première induline fut préparée par Dale et Caro (E. P., 3307, 1863) en chauffant du chlorhydrate d'aniline avec du nitrite de sodium. Elle fut fabriquée sous ce nom par Roberts, Dale et C°, de Manchester, en 1864.

On s'aperçut bientôt que ce colorant prenait naissance par réaction entre le chlorhydrate d'aniline et l'amidoazobenzène qui se formait au moyen du chlorhydrate d'aniline et du nitrite de sodium et son mode de préparation fut étudié scientifiquement par Martius et Griess (*Zeitsch. f. Chem.*, 1866, 136) et A.-W. Hofmann et Geyger (*Ber.*, 1872, V. 472). Ces chimistes trouvèrent que, en chauffant un nombre égal de molécules d'amidoazobenzène et de chlorhydrate d'aniline avec de l'alcool en tube scellé à 160°, on obtenait l'induline la plus simple (bleu d'azodiphényle) $C_{18}H_{15}N_3.HCl$.

Le bleu d'azodiphényle fut alors fabriqué sur une grande échelle en chauffant ensemble de l'amidoazobenzène et du chlorhydrate d'aniline dans une solution d'aniline.

La nature de cette réaction fut étudiée ultérieurement par Witt et Thomas (*J. C. S.*, 1883, I. 182 ; *Ber.*, 1883, XVI. 1102) qui trouvèrent que le premier produit formé en chauffant le mélange à 100° était l'azophénine (dianilidoquinonedianilide).

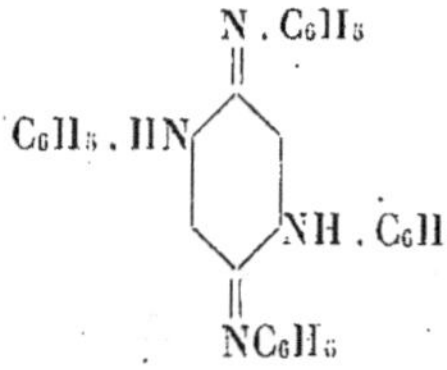

$$\begin{array}{c} N.C_6H_5 \\ \| \\ C_6H_5.HN\text{---}\langle\ \rangle\text{---}NH.C_6H_5 \\ \| \\ NC_6H_5 \end{array}$$

substance qui avait été antérieurement préparée par Kimich (*Ber.*, 1875, VIII. 1028).

En chauffant le mélange à 130°, le produit disparaît : il se transforme en induline B (bleu d'azodiphényle) et induline 3B — $C_{30}H_{23}N_5HCl$ — et dans certaines conditions définies par Witt et Thomas (E.P., 3307⁶³) il se forme une induline beaucoup plus bleue, l'induline 6B.

La constitution de la base de l'induline 3B a été déterminée par Fischer et Hepp (voir paragraphe suivant) comme étant :

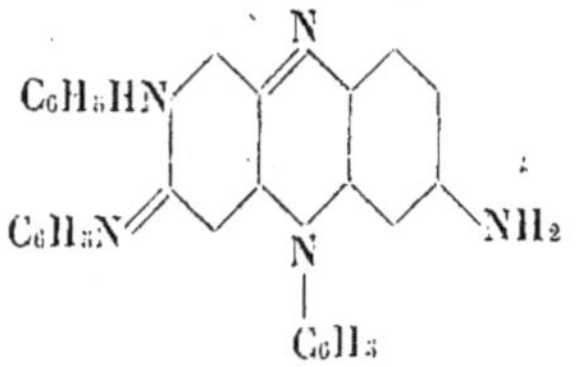

$$\begin{array}{c} N \\ C_6H_5HN\text{---}\langle\ \rangle\langle\ \rangle\text{---} \\ C_6H_5N\text{---}\langle\ \rangle\langle\ \rangle\text{---}NH_2 \\ N \\ | \\ C_6H_5 \end{array}$$

Mode de formation de colorants à partir de composés ami-doazoïques. — O. Fischer et Hepp, *Ann.*, 1890, CCLVI. 233 ; 1891, CCLXII. 237; 1891, CCLXVI. 256; 1893, CCLXXII. 306 ; 1895, CCLXXXVI. 187; *Ber.*, 1887, XX. 2479; 1888, XXI. 676, 2617 ; 1890, XXIII. 838 ; 1892, XXV. 2731 ; 1893, XXVI. 1655; 1895, XXVIII. 2289 ; 1896, XXIX. 361.

Par réaction entre le chlorure de 4-nitrosoéthyl-α-naphtylamine et l'aniline en solution dans l'acide acétique il se forme du $1:2:4$-trianilidonaphtalène

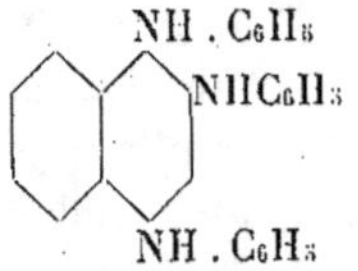

$$NH.C_6H_5$$
$$NHC_6H_5$$
$$NH.C_6H_5$$

Ce corps, par oxydation au moyen de HgO en solution benzénique est transformé d'abord en 2-anilidonaphtoquinone-$1:4$-dianile

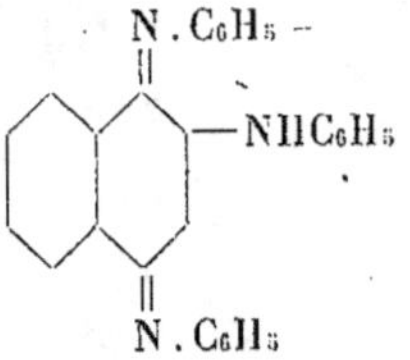

$$N.C_6H_5$$
$$NHC_6H_5$$
$$N.C_6H_5$$

puis en phénylrosinduline (base de l'azocarmin G)

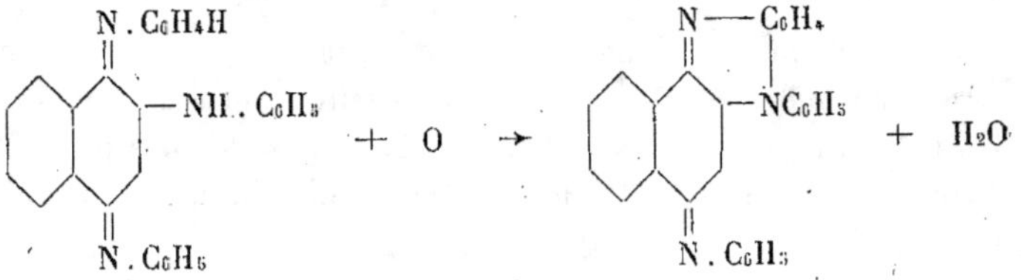

$$N.C_6H_4H$$
$$NH.C_6H_5$$
$$N.C_6H_5$$
$$+\ O\ \rightarrow$$
$$N{=\!=}C_6H_4$$
$$NC_6H_5$$
$$N.C_6H_5$$
$$+\ H_2O$$

ou

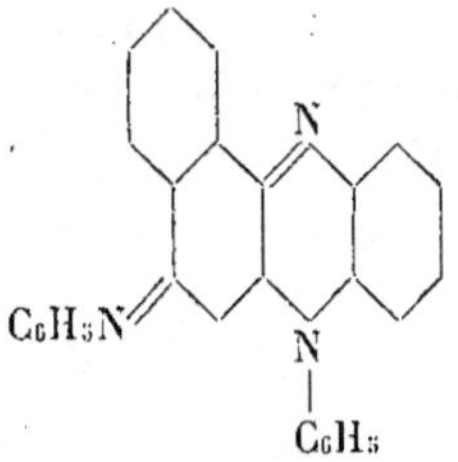

$$N$$
$$C_6H_5N$$
$$N$$
$$C_6H_5$$

(Phénylrosinduline.)

Le même colorant se forme également (voir p. 245) en fondant l'aniline-azo-α-naphtylamine avec l'aniline et le chlorhydrate d'aniline.

Cette formation peut être expliquée de la manière suivante :

(1) Le composé amidoazoïque réagit sous sa forme hydrazonique

—N = N . C₆H₅ → =N . NH . C₆H₅

H₂N   (Forme azoïque.)   HN   (Forme hydrazonique.)

(2) Il se produit une transposition entre un hydrogène de l'anneau et le groupement anilide

=N . NHC₆H₅ → =NH —NH . C₆H₅

HN   (Forme hydrazonique.)   HN   (Anilidonaphtoquinonediimide.)

D'autres exemples de transformation moléculaire de cette espèce sont connus.

Ainsi le benzène-azo-α-naphtol chauffé pendant huit heures avec l'acide acétique glacial est transformé en 2-anilidonaphtoquinone avec formation d'une petite quantité de 2-anilidonaphtoquinone-1-imide

N : N . C₆H₅   N . NHC₆H₅   NH   O

→   →   NH . C₆H₅   →   NH . C₆H₅

OH   O   O   O

[Benzène-azo-α-naphtol   (Forme   (2-anilidonaphto-   (2-anilidonaptoquinone.)
(forme azoïque)].   hydrazonique.)   quinone-1-imide.)

(3) La formation de la phénylrosinduline se produit alors comme suit :

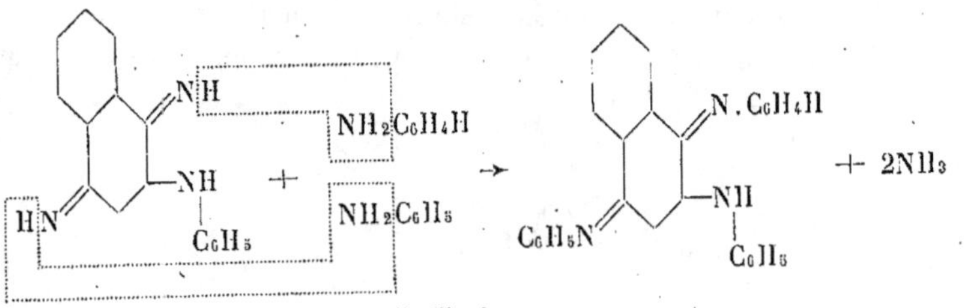

(2 mol. d'aniline.)

et

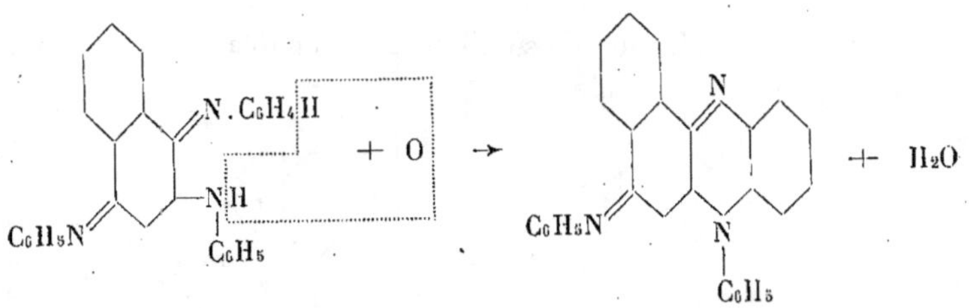

(Phénylrosinduline.)

Si l'on modifie la méthode de préparation de la phénylrosinduline indiquée plus haut et que l'on chauffe le benzène-azo-α-naphtylamine avec l'aniline et l'alcool sous pression on obtient la rosinduline la plus simple ayant la formule

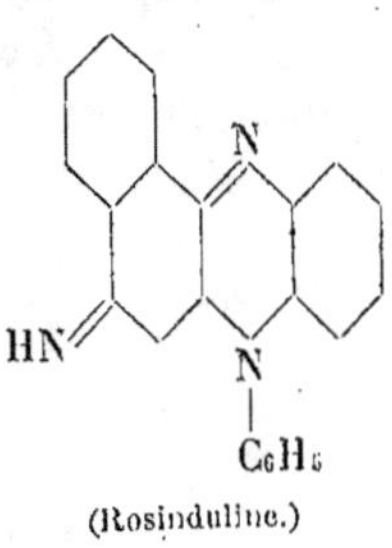

(Rosinduline.)

Et lorsque celle-ci est chauffée avec de l'acide chlorhydrique concentré sous pression, il se produit la rosindone correspondante

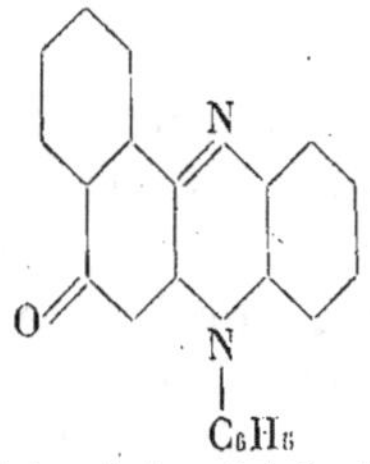

[Rosindone (voir rosinduline 2G).]

et la substance donne, par distillation avec le zinc en poudre, l'α-naphtophénazine

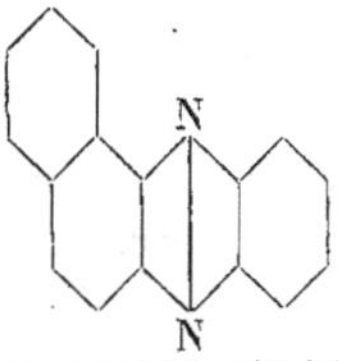

(α-naphtophénazine.)

Ces faits, rapprochés de la synthèse de la rosinduline par Kehrmann et Messinger (*Ber.*, 1891, XXIV. 587) en partant de l'oxynaphtoquinoneimide et de la phényl-o-phénylènediamine

$+\ 2H_2O$

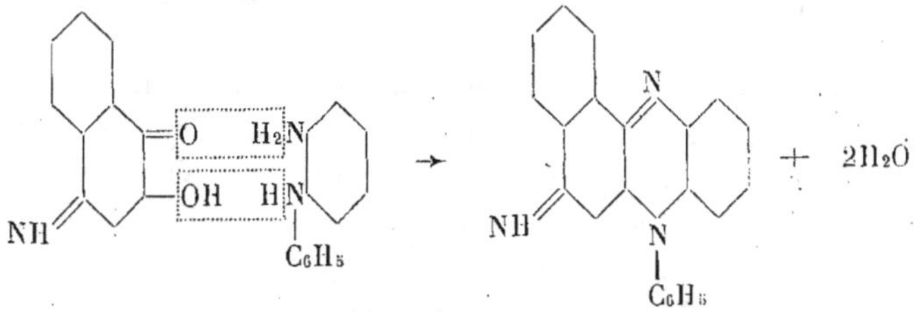

et de la synthèse de la rosindone à partir de l'oxynaphtoquinone et de la phényl-o-phénylènediamine

$+\ 2H_2O$

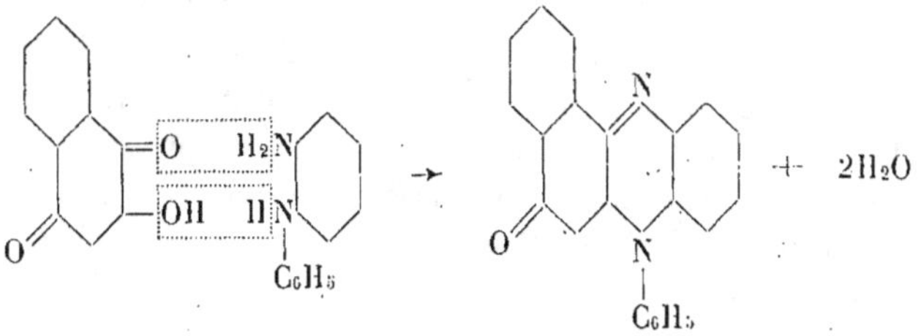

montrent clairement que les rosindulines dérivent de la 4-naphto-quinone-1-imide, et que les indulines sont des dérivés analogues contenant d'autres groupements amines, ou amido-substitués.

Les *bleus solides* (solubles dans l'alcool). — On trouve sous ce nom dans le commerce un grand nombre de colorants que l'on distingue par la lettre R ou B selon la nature de leur nuance.

On les prépare en chauffant ensemble de l'amidoazobenzène et du chlorhydrate d'aniline pendant un temps plus ou moins prolongé. Plus le chauffage est prolongé, plus bleu est le colorant obtenu.

Pour la plupart ils s'emploient comme pigments mais on les utilise également en solution dans le tartrate d'éthyle, l'acide lévulinique ou l'acétine (préparée par l'action de l'acide acétique sur la glycérine) pour l'impression sur coton.

Sous ces formes ils sont connus dans le commerce sous les noms de bleu d'impression [A], bleu acétine [B] et bleu lévuline [M], etc.

Bleus solides (solubles). — Ces colorants sont les sels de sodium des acides sulfoniques préparés par la sulfonation des divers bleus solides solubles dans l'alcool.

On les emploie comme colorants acides pour teindre la soie et la laine. Ils teignent également le coton mordancé au tanin.

Nigrosines provenant du nitrobenzène. — La fuchsine est préparée par oxydation de l'aniline, de la toluidine, du nitrobenzène et du nitrotoluène en présence de fer et d'acide chlorhydrique. Les nigrosines sont obtenues exactement dans les mêmes conditions au moyen d'aniline et de nitrobenzène pur.

Cette méthode de préparation fut découverte par Städeler en 1865. Il employait 2 mol. de chlorhydrate d'aniline et 1 mol. de nitrobenzène et chauffait le mélange à 230°.

V. Dechend et Wichelhaus (*Ber.*, 1875, VIII. 1609) étudièrent cette réaction et trouvèrent que, en chauffant le nitrobenzène et le chlorhydrate d'aniline avec un peu de chlorure ferrique à 240° en tube scellé, il se formait une base $C_{18}H_{15}N_3$ (?) de propriétés analogues à celles du bleu d'azodiphényle préparé au moyen de l'amidoazobenzène et du chlorhydrate d'aniline.

On obtient la même base en chauffant ensemble l'azoxybenzène et le chlorhydrate d'aniline à 230°.

Nigrosines provenant du nitrophénol. — La formation de ces composés est obtenue en chauffant du nitrophénol brut, préparé par la nitration du phénol, avec l'aniline et le chlorhydrate d'aniline à 180°-200°, jusqu'à ce qu'une prise d'essai dissoute dans l'alcool donne la nuance voulue.

Les nigrosines solubles dans l'alcool ainsi obtenues sont transformées en nigrosines solubles dans l'eau en les chauffant avec de l'acide sulfurique fumant à 80°.

Noir d'aniline.

Runge en 1834 et plus tard Fritzsche (*J. p. Chem.*, 1840, XX. 454) firent remarquer que par l'oxydation des sels d'aniline au moyen de l'acide chromique il se formait des composés vert-foncé et bleu-noir, et en 1843, Fritzsche (*J. p. Chem.*, 1843, XXVIII. 202) en traitant le chlorhydrate d'aniline par le chlorate de potasse, obtint une substance bleu indigo foncé contenant 16 pour 100 de chlore.

Perkin également, en 1856, obtint un précipité foncé par l'oxydation de sulfate d'aniline (contenant de la toluidine) avec l'acide chromique, précipité dont il isola la mauvéine (voir p. 248).

On trouva dans la suite que cette substance pouvait être obtenue par l'action d'autres agents oxydants sur l'aniline et aussi par électrolyse (*Goppelsröder*).

Le fait que la formule brute du noir d'aniline est $(C_6H_5N)x$ (*Goppelsröder, Kayser* et *Nietzki*) et que, par réduction énergique, il donne la di-p-diamidodiphénylamine, semblerait indiquer que c'est une induline très complexe. Sa constitution n'a cependant pas encore été déterminée définitivement. Des agents réducteurs modérés transforment le noir d'aniline en leuco-composé, et lorsqu'on le chauffe pendant plusieurs heures avec l'acide sulfurique fumant, il donne un acide sulfonique soluble dans l'eau (Nietzki).

L'action de l'acide sulfureux transforme le noir d'aniline en un composé vert, l'éméraldine, qui peut être considéré comme un produit intermédiaire se formant dans sa préparation car, par oxydation, il est retransformé en noir.

Le noir d'aniline, sauf comme pigment, n'est pas vendu à l'état fini. Il est toujours produit sur la fibre.

Vu sa solidité il constitue encore l'un des colorants noirs les plus importants, en particulier pour teindre le coton.

Le composé analogue préparé par Piria au moyen de la naphtylamine et connu sous le nom de *violet de naphtylamine* n'a pas d'intérêt pratique.

Des recherches sur la chimie des noirs d'aniline ont été faites par Willstätter et Moore (*Ber.*, 1907, XL. 2665) Willstätter et Dorogi (*Ber.*, 1909, XLII. 2147, 4118), Green et Woodhead (*J. C. S.*, 1910, XCVII. 2388; 1912, CI, 1117) Green et Wolff (*Ber.*, 1911, XLIV. 2570).

Green et Woodhead ont isolé une série de produits intermédiaires dans la formation du noir d'aniline. Nous nous bornerons à citer les suivants.

Leucoéméraldine

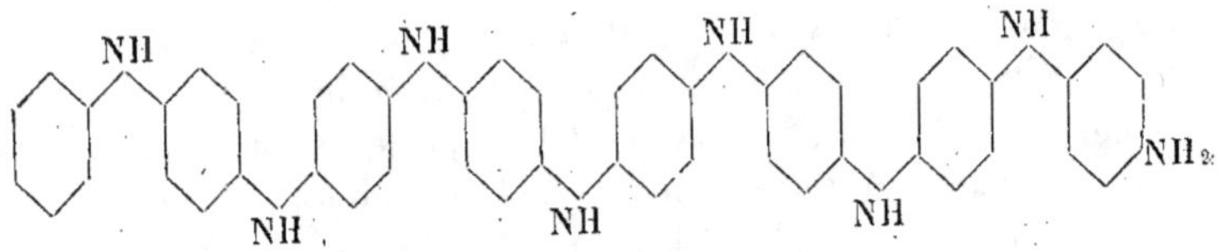

base amorphe incolore.

La *protoéméraldine* (stade monoquinonique)

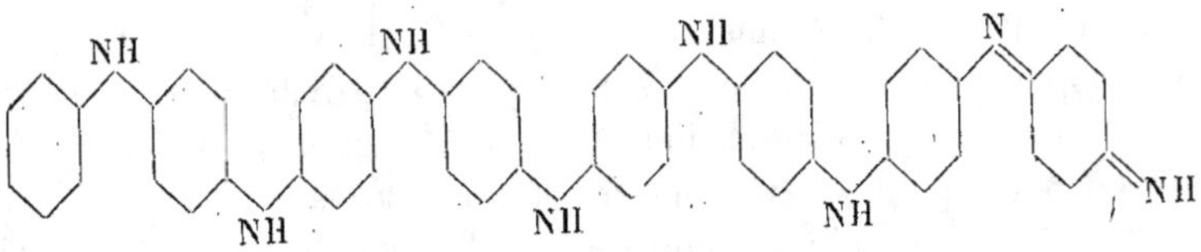

base violette formant des sels vert jaunâtre.

L'*éméraldine* (stade diquinonique)

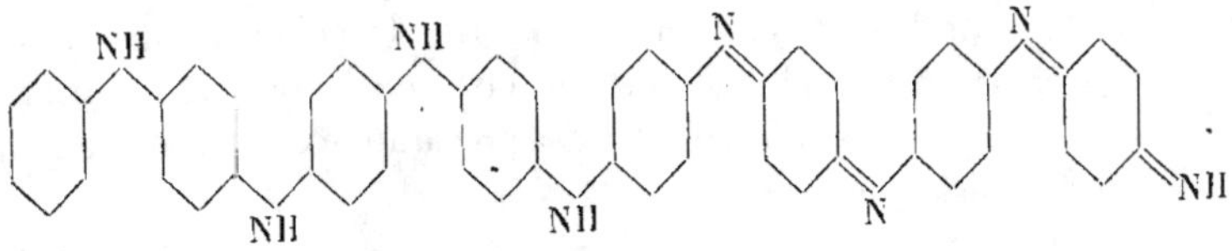

base bleu violet formant des sels verts.

La *nigraniline* (stade triquinonique)

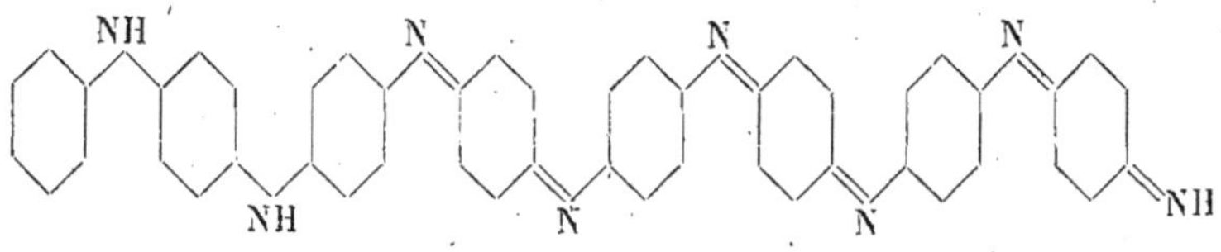

base bleu foncé formant des sels bleus.

La *pernigraniline* (stade tétraquinonique)

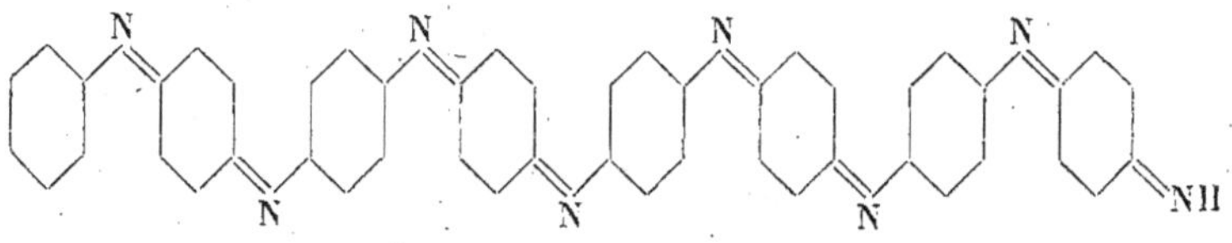

base pourpre formant des sels pourpres.

Il semble donc que, contrairement à la manière de voir de Willstätter et de ses élèves, aucun de ces composés ne puisse être considéré comme le noir d'aniline mais qu'ils sont simplement des produits intermédiaires de sa formation.

CHAPITRE XIX

COLORANTS DE LA QUINOXALINE

Ces colorants sont des dérivés de la quinoxaline

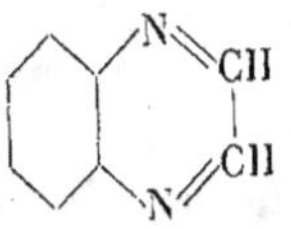

qui fut préparée par Hinsberg en traitant l'o-phénylènediamine par
le glyoxal

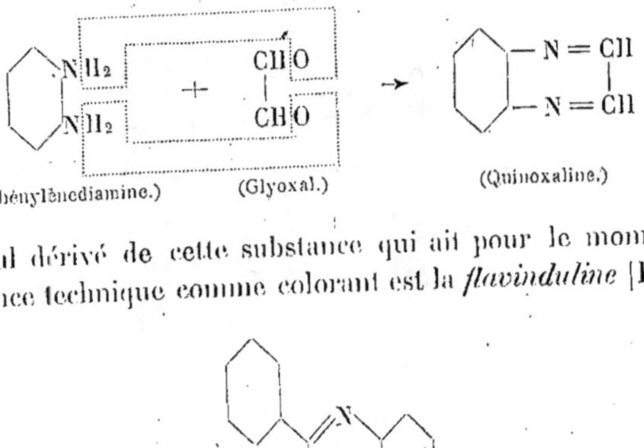

(o-phénylènediamine.)   (Glyoxal.)   (Quinoxaline.)

Le seul dérivé de cette substance qui ait pour le moment une
importance technique comme colorant est la *flavinduline* [B]

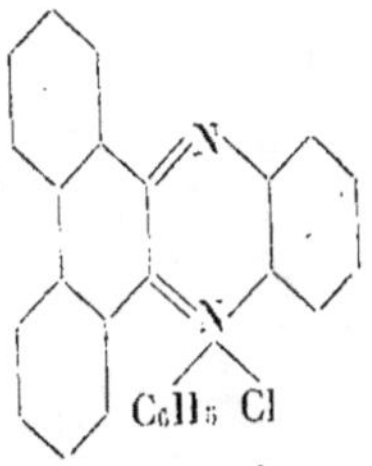

qui fut préparée par C. Schraube (E. P. 48374[93], A. P. 543784[95]) par l'action de l'o-amidodiphénylamine sur la phénanthrènequinone en solution dans l'acide acétique glacial.

Le produit commercial est une poudre rouge-orange soluble dans l'eau, qui teint en jaune le coton mordancé au tanin.

Il est à remarquer que ce colorant ne renferme aucun groupement auxochrome.

CHAPITRE XX

COLORANTS DU THIAZOL

Ces colorants renferment l'anneau thiazol

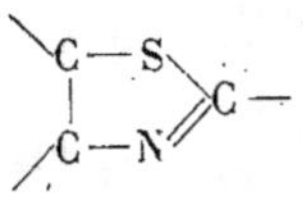

$$\begin{array}{c} C-S \\ | \quad \quad \diagdown C- \\ C-N \diagup \end{array}$$

et dérivent de la dehydrothiotoluidine.

La constitution de cette substance a été déterminée de la façon suivante :

Merz et Weith (*Ber.*, IV. 393) obtinrent de la thiotoluidine par l'action du soufre sur la p-toluidine en présence d'oxyde de plomb à 140°

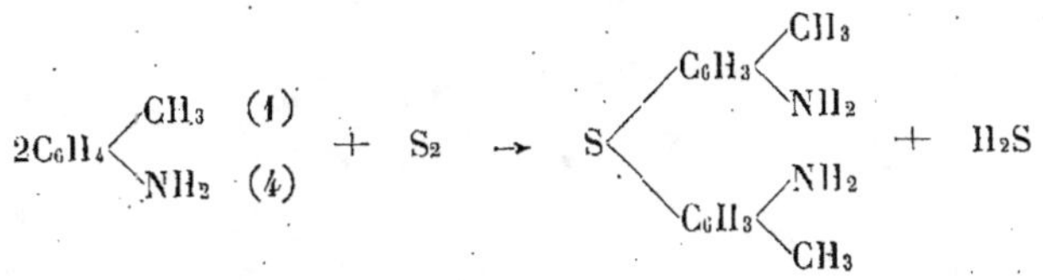

$$2C_6H_4 \diagup \overset{CH_3 \ (1)}{\underset{NH_2 \ (4)}{}} \; + \; S_2 \; \rightarrow \; S \diagup \overset{C_6H_3 \diagup \overset{CH_3}{\underset{NH_2}{}}}{\underset{C_6H_3 \diagup \overset{NH_2}{\underset{CH_3}{}}}{}} \; + \; H_2S$$

Plus tard, Jacobson (*Ber.*, XXII. 333) et Gattermann (*Ber.*, XXII. 424 ; XXV. 1084) obtinrent un corps contenant 4 atomes d'hydrogène de moins. Ils le préparaient en chauffant la p-toluidine avec du soufre, d'abord pendant dix-huit heures à 180-190°, et ensuite de nouveau pendant 6 heures à 200-220°.

Ils appelèrent cette substance déhydrothiotoluidine et lui donnèrent pour formule

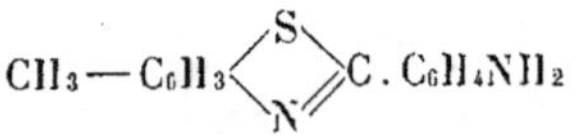

$$CH_3-C_6H_3 \diagup \overset{S}{\underset{N}{}} \diagdown C . C_6H_4NH_2$$

car, par traitement à l'acide nitreux et ébullition avec l'alcool absolu, elle était transformée en benzényle-3 : 4-amidothiocrésol

$$CH_3 - C_6H_3 \underset{N}{\overset{S}{\diamond}} C . C_6H_5$$

que Hess (*Ber.*, XIV. 493) avait préparé par l'action du chlorure de benzoyle sur le 4-amidothiocrésol, $CH_3.C_6H_3(NH_2)SH$.

L'homologue inférieur, le benzénylamidothiophénol

$$C_6H_4 \underset{N}{\overset{S}{\diamond}} C . C_6H_5$$

a été préparé par Hofmann (*Ber.*, XII. 2360 ; XIII. 1223) par l'action du soufre sur la benzanilide

$$C_6H_5CONHC_6H_5 + S \rightarrow C_6H_4 \underset{N}{\overset{S}{\diamond}} C . C_6H_5 + H_2O$$

et par chauffage de l'o-amidothiophénol avec le chlorure de benzoyle.

La déhydrothiotoluidine n'est pas un colorant, mais si on emploie dans sa préparation une température plus élevée et plus de soufre il se forme une base qui, par sulfonation, donne le *jaune primuline*, colorant découvert par Green en 1887 (*J. S. C. I.*, 1888, VII. 179). On le prépare en chauffant 2 mol. de p-toluidine avec 4-5 atomes de soufre à 200-280° et en sulfonant la base ainsi formée au moyen de l'acide sulfurique fumant.

C'est évidemment un mélange des sels de sodium des acides mono-sulfoniques des dérivés supérieurs de la déhydro-p-toluidine avec une certaine quantité de sel de sodium d'acide déhydrothio-p-toluidine-sul-fonique ; par exemple $C_{28}H_{17}N_4O_3S_4Na$

$$C \underset{N}{\overset{S}{\diamond}} C_6H_3 . C \underset{N}{\overset{S}{\diamond}} C_6H_3CH_3$$
$$C_6H_3 \underset{N}{\overset{S}{\diamond}} C . C_6H_3 \diamond{\overset{SO_3Na}{NH_2}}$$

La primuline est un colorant substantif pour coton. Elle donne sur cette fibre un jaune de nuance très pure qui, cependant, vu son caractère fugace, n'a pas beaucoup d'intérêt pratique.

Elle peut cependant être diazotée sur la fibre et être développée avec divers composés en donnant plusieurs couleurs différentes. Ce mode d'emploi des couleurs dites « ingrain » a été appliqué d'abord à la primuline et a été, depuis, utilisé pour diverses couleurs azoïques.

Le sel diazoïque préparé par diazotation de la primuline est extrêmement sensible à la lumière et on peut par ce moyen obtenir des impressions photographiques sur tissus de coton.

La méthode adoptée est la suivante : le tissu de coton est teint avec de la primuline à 5 pour 100 et traité alors par l'acide nitreux (sol. de $NaNO_2$ acidifiée par H_2SO_4) et séché dans une chambre noire.

Il est ensuite exposé derrière un positif pendant le temps voulu. Par développement avec une solution alcaline de β-naphtol, les parties sombres du positif deviennent rouges tandis que les parties éclairées restent incolores par suite de la décomposition du sel diazoïque sous l'influence de la lumière.

D'autres colorants de ce groupes sont :

La *thioflavine* T [C]

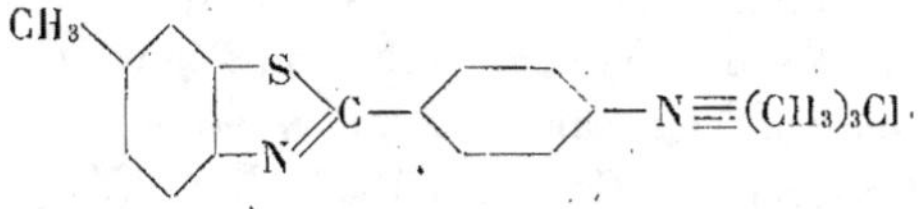

$$CH_3\text{—}\underset{N}{\overset{S}{\diagup}}C\text{—}\langle\ \rangle\text{—}N\equiv(CH_3)_3Cl$$

préparée (E. P. 6319[88], 14884[88] ; A. P. 412,978) par la méthylation de la déhydrothio-p-toluidine avec l'alcool méthylique et l'acide chlorhydrique ou sulfurique. Elle teint le coton mordancé au tanin en jaune de nuance verdâtre.

Le *jaune de chloramine* [By] est un colorant jaune direct pour coton. On le prépare par oxydation de l'acide déhydrothiotoluidine sulfonique.

La *thioflavine* S [C] est préparée par méthylation de la primuline. Elle teint le coton directement en jaune canari en bain de sulfate.

Le *mimosa* G est obtenu en traitant le composé diazoïque de la primuline par l'ammoniaque. Il teint le coton non mordancé en jaune d'or.

La *chromine* G [K] est apparentée à la thioflavine S. On la prépare en fondant un nombre égal de molécules de déhydrothiotoluidine avec du soufre, méthylant et, finalement, sulfonant par l'acide sulfurique fumant. Il teint en jaune citron le coton non mordancé en bain alcalin.

CHAPITRE XXI

COLORANTS DE LA QUINOLÉINE

La quinoléine

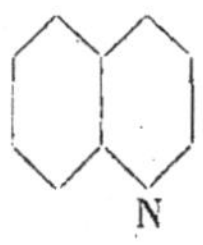

ne peut, par elle-même, servir à la préparation de colorants, mais par l'entrée d'atomes d'hydrogène dans l'anneau azoté elle donne des tétrahydro-dérivés qui peuvent se combiner avec les sels diazoïques pour donner des composés azoïques. Elle peut aussi être transformée en colorants de la série du triphénylméthane.

Williams en 1856 (E. P. 1090) prépara le premier colorant de cette série — la *cyanine* ou *bleu de quinoléine* [G] — par l'action des alcalis caustiques sur le produit de la réaction de l'iodure d'amyle avec un mélange équimoléculaire de quinoléine et de lépidine.

Sa formule brute est $C_{29}H_{35}N_2I$. Ce colorant n'est pas utilisé en teinture mais il est employé dans la coloration de plaques photographiques orthochromatiques.

Le *rouge de quinoléine* [A] est préparé par l'action de benzène trichloré sur un mélange de quinaldine

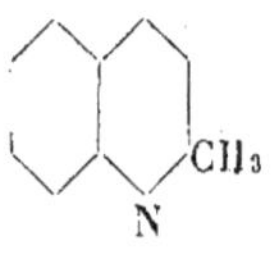

et d'isoquinoléine

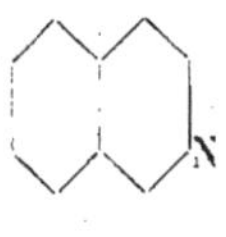

en présence de chlorure de zinc. C'est probablement un dérivé du triphénylméthane et, comme la cyanine, il est employé dans la préparation de plaques photographiques orthochromatiques. On le trouve, à cet effet, dans le commerce, mélangé à la cyanine, sous le nom de *azaline*.

Le colorant le plus important de ce groupe est le *jaune de quinoléine* S [A], [B], [By] qui est le sel de sodium de l'acide sulfonique obtenu par la sulfonation du jaune de quinoléine (soluble dans l'alcool) — quinophtalone — au moyen de l'acide sulfurique fumant.

C'est un colorant acide fort employé dans la teinture de la soie et de la laine.

Le *jaune de quinoléine* (soluble dans l'alcool) — quinophtalone — est préparé par la condensation de l'anhydride phtalique avec la quinaldine en présence de chlorure de zinc.

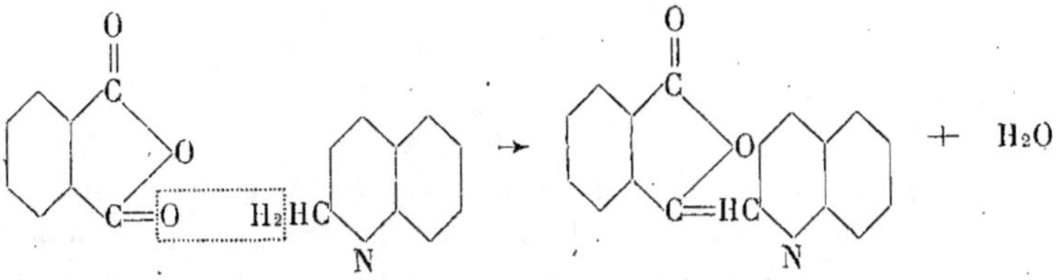

(Anhydride phtalique.) (Quinaldine.) (Quinophtalone.)

CHAPITRE XXII

MATIERES COLORANTES INDIGOIDES

Le nombre des colorants de cuve dérivés de l'indigo ou des colorants analogues à ceux-ci et qui ont en commun le chromogène $CO.C = C.CO$ s'est considérablement accru pendant ces dernières années. Aussi convient-il de les classer en différents groupes.

Dans le tableau suivant (Bohn, *Ber.*, 1910, XLIII. 892) les matières colorantes ont été divisées en deux classes, savoir les colorants symétriques et asymétriques; chaque classe est ensuite divisée en trois familles

Chromogène $CO.C = C.CO$.

<table>
<tr><td colspan="3" align="center">CLASSE I
Colorants symétriques (du type Indigo)</td></tr>
<tr><td align="center">FAMILLE I</td><td align="center">FAMILLE II</td><td align="center">FAMILLE III</td></tr>
<tr><td align="center">Chromogène</td><td align="center">Chromogène</td><td align="center">Chromogène</td></tr>
<tr><td align="center">

$$\begin{array}{c}NH \\ \diagup \quad \diagdown \\ C=C \\ \diagup \quad \diagdown \\ CO \end{array}$$

</td><td align="center">

$$\begin{array}{c}S \quad NH \\ C=C \\ CO \quad CO \end{array}$$

</td><td align="center">

$$\begin{array}{c}S \quad S \\ C=C \\ CO \quad CO \end{array}$$

</td></tr>
<tr><td align="center">*Indigo & ses dérivés*</td><td align="center">*Violet Ciba & ses dérivés*</td><td align="center">*Thioindigo B & ses dérivés*</td></tr>
<tr><td colspan="3" align="center">CLASSE II
Colorants asymétriques (du type Indirubine)</td></tr>
<tr><td align="center">FAMILLE IV</td><td align="center">FAMILLE V</td><td align="center">FAMILLE VI</td></tr>
<tr><td align="center">Chromogène</td><td align="center">Chromogène</td><td align="center">Chromogène</td></tr>
<tr><td align="center">

$$\begin{array}{c}NH \quad CO \\ C=C \quad NH \\ CO \end{array}$$

</td><td align="center">

$$\begin{array}{c}S \quad CO \\ C=C \quad NH \\ CO \end{array}$$

</td><td align="center">

$$\begin{array}{c}S \quad CO \\ C=C \\ CO \end{array}$$

</td></tr>
<tr><td align="center">*Indirubine & ses dérivés*</td><td align="center">*Thioindigo écarlate et ses dérivés*</td><td align="center">*Ecarlate Ciba G et ses dérivés*</td></tr>
</table>

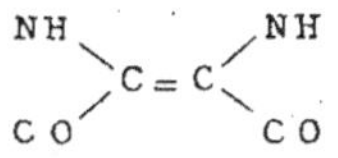

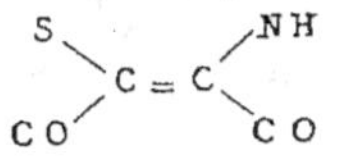

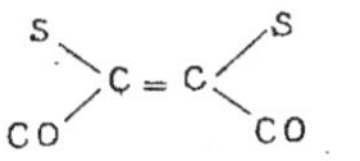

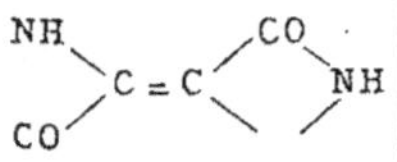

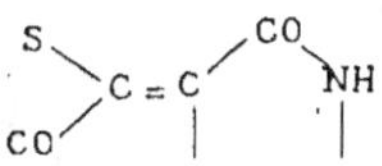

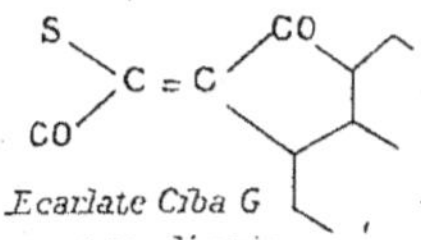

Actuellement plusieurs de ces familles ne sont représentées que par un ou deux membres importants au point de vue technique mais il n'est pas douteux que dans un avenir prochain maints colorants nouveaux s'ajouteront à cette importante série. Dans ce chapitre nous suivrons l'ordre indiqué dans le tableau.

Un système de nomenclature de ces composés a été suggéré par Jacobson (*Ber.*, 1906, XXXIX. 1062) et Friedländer (*Ber.*, 1908, XLI. 773). Les indigos de constitution symétrique sont désignés d'après le nom du demi-constituant précédé du préfixe *bis*. Ainsi le thioindigo (I) est l'indigo 2-2-bis-thionaphtène et l'indigo-naphtalène de Wichelhaus (II) est l'indigo 2-2-bis-naphtindol

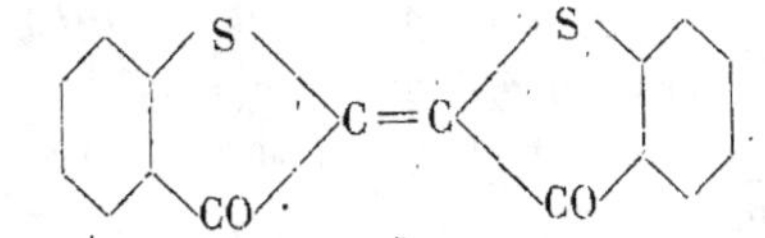

I

(Indigo-2-2-bis-thionaphtène.)

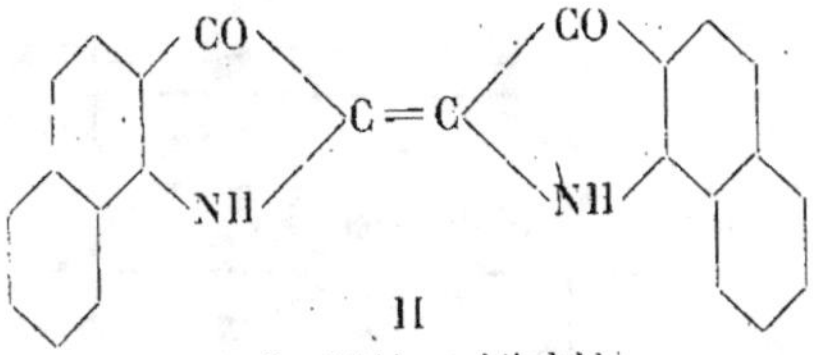

II

(Indigo-2-2-bis-naphtindol.)

De la même manière, on désigne comme suit les indigos asymétriques :

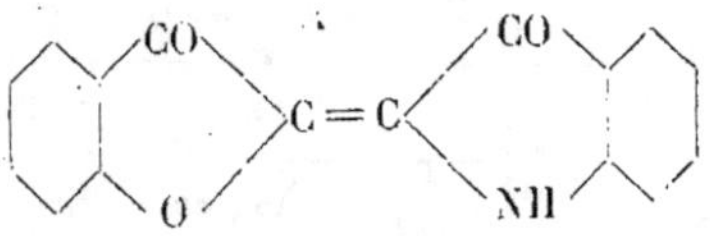

(Indigo-2-cumaran-2-indol.)

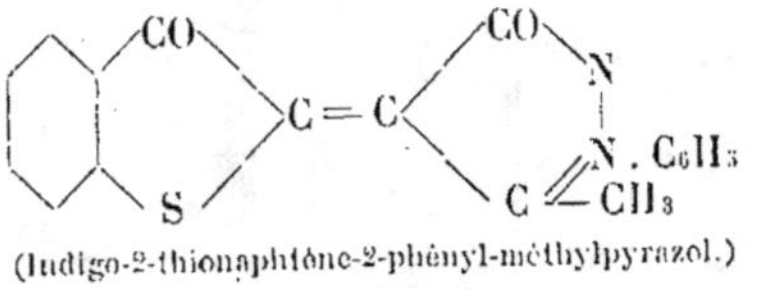

(Indigo-2-thionaphtène-2-phényl-méthylpyrazol.)

Les indigos du type de l'indirubine sont désignés comme suit :

(Indigo-3-thionaphtène-2-indol.)

(Indigo-2-3-bis-thionaphtène)
(Thio-indirubine.)

1. *Indigo et ses dérivés.*

L'indigo se rencontre dans plusieurs plantes — particulièrement du groupe *indigofera,* sous la forme d'un glucoside — indican — qui, par hydrolyse au moyen d'acides ou par l'action de ferments, est décomposé en indigo bleu (indigotine) et sucre, l'indiglucine.

Ce colorant est connu depuis l'antiquité et aujourd'hui encore c'est la plus importante des matières colorantes.

C'est la raison pour laquelle il a été l'objet de recherches de la part d'un grand nombre de chimistes. Les premiers travaux ont été publiés entre 1840 et 1848 par Erdmann, Dumas, Laurent, Liebig et Fritzsche.

Entre 1848 et 1883, plusieurs formules de structure ont été proposées pour l'indigo, parmi lesquelles les plus importantes sont :

Baeyer, 1868

$$\left.\begin{array}{l} C_6H_4C_2HN \\ C_6H_4C_2HN \end{array}\right\} O_2 \qquad \left.\begin{array}{l} C_6H_4C_2HNOH \\ C_6H_4C_2HNH \end{array}\right\} O_2$$

(Indigo.)   (Indigo blanc.)

Strecker, 1868

Emmerling et Engler, 1870

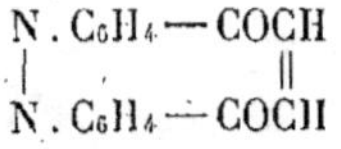

$$N . C_6H_4 — COCH$$
$$N . C_6H_4 — COCH$$

E. v. Sommaruga, 1878

$$CH = NC_6H_4C — O \qquad CH = N . C_6H_4C . OH$$
$$CH = NC_6H_4C — O \qquad CH = N . C_6H_4C . OH$$

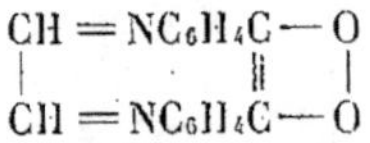

(Indigo.) 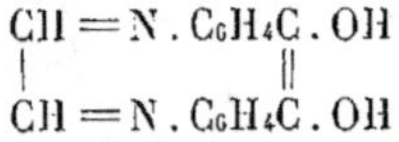   (Indigo blanc.)

E. Baumann et F. Tiemann, 1879

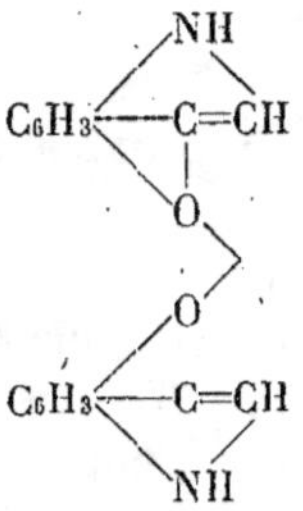

N. Ljubawin, 1879

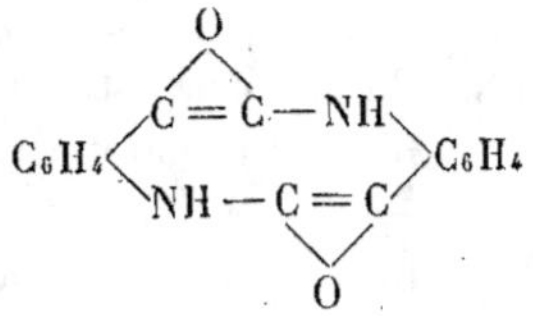

Baeyer, 1882

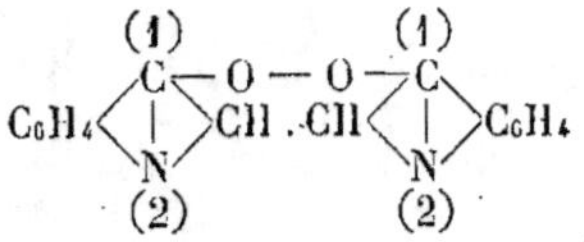

et

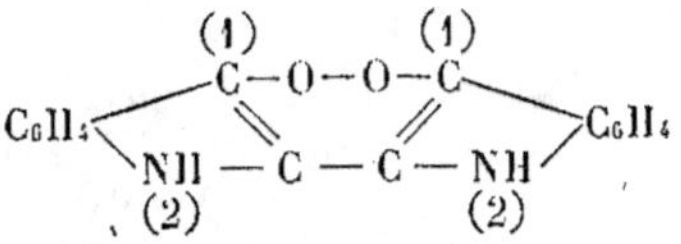

Baeyer, 1883

$$C_6H_4 \diagdown \mkern-8mu {\begin{smallmatrix} CO \\ NH \end{smallmatrix}} \mkern-8mu \diagup C = C \diagdown \mkern-8mu {\begin{smallmatrix} CO \\ NH \end{smallmatrix}} \mkern-8mu \diagup C_6H_4$$

Cette dernière formule qui est aujourd'hui acceptée universellement a été déterminée par Baeyer de la façon suivante :

Des recherches antérieures avaient prouvé que l'indigo donnait de l'isatine par oxydation, de l'aniline par distillation avec la potasse, de l'acide anthranilique

$$\left(C_6H_4 \diagdown \mkern-8mu {\begin{smallmatrix} COOH \quad (1) \\ NH_2 \quad (2) \end{smallmatrix}} \right)$$

par fusion avec la potasse et de l'acide nitrosalicylique et de l'acide picrique par traitement avec l'acide nitrique concentré. Ces recherches montraient que l'indigo doit renfermer au moins un anneau benzénique et la formation d'acide anthranilique indiquait la présence du groupement

$$C_6H_4 \diagdown \mkern-8mu {\begin{smallmatrix} C \equiv \\ N = \end{smallmatrix}}$$

Baeyer essaya d'abord de retransformer l'isatine en indigo par réduction et, en 1868, il prépara ainsi, avec Knop, le dioxyindol, l'oxindol et l'indol (*Ann.*, 1868, CXLIX. 1 295).

Les formules brutes suivantes montrent le rapport qui existe entre ces substances :

Indigo..	C_8H_5NO (*)
Isatine.	$C_8H_5NO_2$
Dioxindol..	$C_8H_7NO_2$
Oxindol.	C_8H_7NO
Indol.	C_8H_7N

En 1869, Baeyer et Emmerling (*Ber.*, 1869, II. 679) firent la synthèse de l'indol par fusion de l'acide nitrocinnamique brut avec la potasse et la limaille de fer et, en 1870 (*Ber.*, 1870, III. 517), ils

---

(*) C'était, en effet, avant la détermination de la densité de vapeur de l'indigo par E. v. Sommaruga en 1879, qui montrait que la formule brute était double de celle-ci, c'est-à-dire $C_{16}H_{10}N_2O_2$ (*Ann.*, 1879, CXCV. 312).

lui donnèrent la formule

$$C_6H_4 \diagdown \begin{array}{c} (1) \\ CH = CH \\ NH \\ (2) \end{array}$$

Dans la même année ces chimistes (*Ber.*, 1890, III. 514) réussirent à transformer l'isatine en indigo en la traitant par le trichlorure de phosphore et le chlorure d'acétyle et en mettant au contact de l'air le produit intermédiaire qui se formait d'abord.

La même année, Emmerling et Engler (*Ber.*, 1870, III. 885) réussirent à préparer des traces d'indigo en distillant de la nitro-acétophénone avec de la poudre de zinc et de la chaux sodée; et cinq ans plus tard, M. Nencki (*Ber.*, 1875, VIII. 727) le prépara également par l'oxydation de l'indol au moyen d'ozone; le rendement était toutefois extrêmement faible.

Voyant qu'une relation étroite existait entre l'indol et l'indigo, Baeyer décida alors d'essayer la synthèse de l'indigo en partant du composé — l'acide o-nitrocinnamique — au moyen duquel il avait réussi, avec Emmerling, à faire la synthèse de l'indol.

Les équations suivantes montrent la différence qu'il y a, dans la composition brute, entre l'indigo, l'isatine et l'acide o-nitrocinnamique:

$$C_9H_7NO_4 \quad \text{moins} \quad CO_2 \quad \text{et} \quad H_2O \quad \rightarrow \quad C_8H_5NO \,(*)$$
$$\text{(Acide o-nitro-cinnamique.)} \qquad\qquad\qquad\qquad \text{(Indigo.)}$$

$$C_9H_7NO_4 \quad \text{moins} \quad CO_2 \quad \text{et} \quad H_2 \quad \rightarrow \quad C_8H_5NO_2$$
$$\qquad\qquad\qquad\qquad\qquad\qquad\qquad\qquad \text{(Isatine.)}$$

La première étape de la synthèse de l'isatine devait donc être d'enlever deux atomes d'hydrogène de l'acide o-nitrocinnamique.

Baeyer y parvint de la façon suivante: l'acide o-nitrocinnamique se combine avec le brome pour donner l'α-β-dibromo-β-o-nitrophényl-propionique

$$C_6H_4 \diagdown \begin{array}{c} CH = CH.COOH \\ NO_2 \end{array} \quad + Br^2 \quad \rightarrow \quad C_6H_4 \diagdown \begin{array}{c} CHBr - CHBrCOOH \\ NO_2 \end{array}$$

Deux molécules d'acide bromhydrique peuvent être enlevées à ce

(*) Voir note page 274.

corps par traitement avec la potasse alcoolique. Il se transforme
ainsi en acide o-nitrophénylpropiolique.

$$C_6H_4\begin{cases}CHBr.CHBrCOOH\\NO_2\end{cases} - 2HBr \rightarrow C_6H_4\begin{cases}C\equiv C-COOH\\NO_2\end{cases}$$

Ce corps important, qui ne diffère de l'isatine qu'en ce qu'il renferme un atome de carbone et deux atomes d'oxygène en plus, et de
l'indigo que par un carbone et trois oxygènes en plus, fut transformé
par Baeyer en isatine par ébullition avec de l'alcali caustique, et en
indigo en le chauffant avec de l'alcali caustique en présence d'un
agent réducteur (sucre de raisin)

$$C_9H_5NO_4 - CO_2 \qquad \rightarrow \qquad C_8H_5NO_2$$
$$\text{(Isatine.)}$$

$$C_9H_5NO_4 - CO_2 \text{ et } O \rightarrow C_8H_5NO \;(*)$$
$$\text{(Acide o-nitrophénylpropiolique.)} \qquad \text{(Indigo.)}$$

Cette synthèse fut réalisée par Baeyer en 1880 et il réussit aussi
à préparer l'indigo en partant de l'acide o-nitrophénylpropiolique de
la façon suivante (*Ber.*, 1882, XV. 50) :

L'acide o-nitrophénylpropiolique est transformé en o-nitrophényl-
acétylène par ébullition avec de l'eau

$$C_6H_4\begin{cases}C\equiv C.COOH\\NO_2\end{cases} - CO_2 \rightarrow C_6H_4\begin{cases}C\equiv CH\\NO_2\end{cases}$$

Si le composé cuivrique de cette substance est oxydé par une solution alcaline de ferricyanure de potassium on obtient du di-o-nitro-
phényldiacétylène :

$$C_6H_4\begin{matrix}(1)\\C\equiv C-C\equiv C\\NO_2 \quad O_2N\\(2)\end{matrix}C_6H_4$$

qui, par traitement avec de l'acide sulfurique concentré, donne le
diisatogène isomérique à partir duquel l'indigo est obtenu par réduction au moyen du sulfure d'ammonium.

(*) Voir note page 271.

Cette synthèse est importante en ce qu'elle montre dans l'indigo l'existence de la chaîne

$$C_6H_5 . C . C . C . C — C_6H_5$$

La préparation synthétique de l'indigo à partir de l'acide o-nitro-cinnamique est couverte par les brevets D. P. 11857 et D. P. 15316, et une méthode d'impression avec l'acide o-nitrophénylpropiolique (acide propiolique [B]), additionné de xanthogénate de sodium et de borax (D. P. 15516) fut aussi beaucoup employée pendant un certain temps.

Mais le rendement en indigo de ce procédé n'est pas satisfaisant. D'abord, lors de la nitration de l'acide cinnamique, il ne se forme qu'une petite proportion de dérivé *ortho*-nitré, et, bien que cette proportion puisse être accrue jusqu'à 70 pour 100 en nitrant l'éther de l'acide, une perte nouvelle se produit dans la transformation de l'acide o-nitrophénylpropiolique en indigo, ce qui rend le procédé trop coûteux pour être employé industriellement. Il a été aujourd'hui complètement remplacé par d'autres méthodes qui seront décrites plus loin.

Les derniers éléments qui conduisirent à l'élucidation de la constitution de l'indigo furent fournis par l'étude de l'isatine et de l'indoxyle.

L'isatine donne facilement des composés métalliques qui absorbent l'eau et se transforment en sels de l'acide isatinique. La constitution de cet acide fut donnée par Kékulé dès 1869 (*Ber.*, 1869, II. 748) :

$$C_6H_4 \Big\langle \begin{matrix} CO . COOH \\ NH_2 \end{matrix} \qquad C_6H_4 \Big\langle \begin{matrix} CO — CO \\ NH \end{matrix}$$

(Acide isatinique).   (Isatine).

formules d'après lesquelles l'acide isatinique serait l'acide o-amido-phénylglyoxylique et l'isatine, son anhydride interne.

Cette manière de voir fut confirmée plus tard par Baeyer et Suida (*Ber.*, 1878, XI. 582, 1228 ; 1879, XII. 1326) et par Claisen et Shadwell (*Ber.*, 1879, XII. 350) qui, en même temps, établirent la constitution du dioxindol et de l'oxindol, le dioxindol étant l'anhydride interne de l'acide o-amidomandélique et l'oxindol, l'anhydride interne de l'acide o-amidophénylacétique :

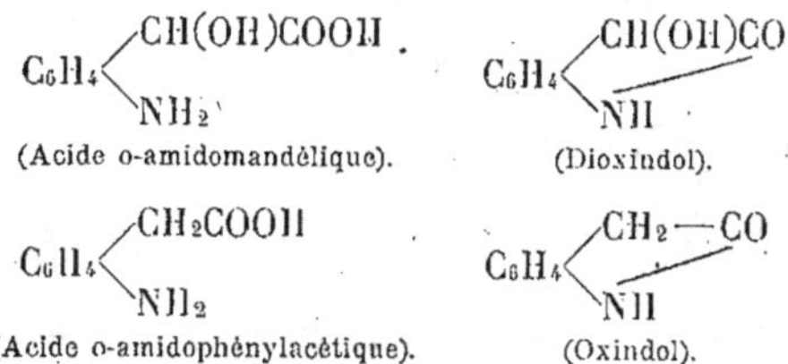

(Acide o-amidomandélique).

(Dioxindol).

(Acide o-amidophénylacétique).

(Oxindol).

Il apparut bientôt que l'isatine pouvait réagir sous deux formes — une forme labile et une forme stable — la première ne pouvant exister à l'état libre

(Pseudo isatine ou lactame isatine[2]).

(Isatine ou lactime isatine[2]).

La transformation de l'isatine en indigo par Baeyer et Emmerling a déjà été signalée (voir p. 272) et plus tard (1878) Baeyer (*Ber.*, XI. 1296) trouva que cette transformation pouvait être considérablement perfectionnée en traitant par des agents réducteurs le chlorure d'isatine

préparé par l'action du pentachlorure de phosphore sur l'isatine.

L'indoxyle fut préparé synthétiquement par Baeyer en 1881 (*Ber.*, XIV. 1744) de la façon suivante :

L'o-nitrophénylpropiolate d'éthyle est transformé, en l'agitant avec de l'acide sulfurique concentré, en son imomère, l'isatogénate d'éthyle (transposition moléculaire)

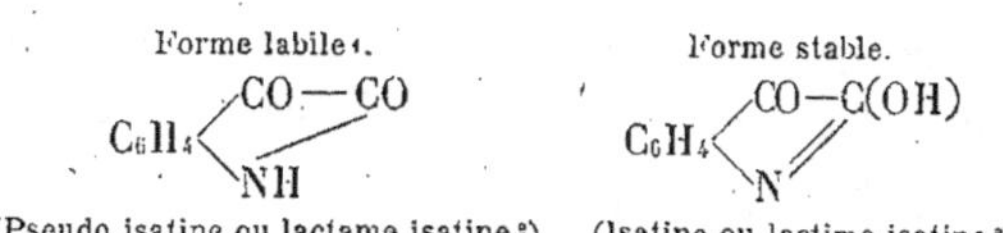

(o-nitrophénylpropiolate d'éthyle).

(Isatogénate d'éthyle).

1. Des produits de substitution de la forme labile tels que l'éthylpseudoisatine

peuvent exister

2. Ces noms furent proposés par Baeyer (*Ber.*, XXXIII (Sonderheft) p. LXV).

Cette substance donne par réduction l'indoxylate d'éthyle

$$C_6H_4\!\!\begin{array}{c}CO-C.COOC_2H_5\\ \diagdown \\ N-O\end{array} \quad\rightarrow\quad C_6H_4\!\!\begin{array}{c}C(OH)=C-COOC_2H_5\\ \diagup \\ NH\end{array}$$
$$\text{(Indoxylate d'éthyle).}$$

qui se forme également par l'action du sulfure d'ammonium sur l'o-nitrophénylpropiolate d'éthyle.

$$C_6H_4\!\!\begin{array}{c}C\equiv C.COOC_2H_5\\ \diagdown \\ NO_2\end{array} \;+\; 2H_2 \;\rightarrow\; C_6H_4\!\!\begin{array}{c}C(OH)=C.COOC_2H_5\\ \diagup \\ NH\end{array} \;+\; H_2O$$

L'indoxylate d'éthyle, par hydrolyse au moyen de la soude caustique, est transformé en acide indoxylique qui, par ébullition avec l'eau, est transformé en CO_2 et indoxyle

$$C_6H_4\!\!\begin{array}{c}C(OH)=C.COOC_2H_5\\ \diagup \\ NH\end{array} \quad\rightarrow\quad C_6H_4\!\!\begin{array}{c}C(OH)=C.COOH\\ \diagup \\ NH\end{array}$$
$$\text{(Indoxylate d'éthyle).}\qquad\qquad\qquad\text{(Acide indoxylique).}$$

$$\rightarrow\quad C_6H_4\!\!\begin{array}{c}C(OH)=CH\\ \diagup \\ NH\end{array}$$
$$\text{(Indoxyle).}$$

Il est intéressant aussi de noter que l'acide isatogénique préparé par l'hydrolyse du sel d'éthyle est transformé lentement en isatine lorsque l'on dilue par l'eau et qu'on laisse reposer une solution de ce corps dans l'acide sulfurique

$$C_6H_4\!\!\begin{array}{c}CO-C.COOH\\ \diagdown \\ N-O\end{array} \quad\rightarrow\quad C_6H_4\!\!\begin{array}{c}CO-C(OH)\\ \diagdown\;\;\parallel \\ N\end{array} \;+\; CO_2$$
$$\text{(Acide isatogénique).}\qquad\qquad\text{[Isatine (lactime).]}$$

L'indoxyle, de même que l'isatine, réagit sous deux formes

$$\text{Forme labile.}\qquad\qquad\qquad\text{Forme stable.}$$
$$C_6H_4\!\!\begin{array}{c}CO-CH_2\\ \diagdown \\ NH\end{array} \qquad\qquad C_6H_4\!\!\begin{array}{c}C(OH)=CH\\ \diagup \\ NH\end{array}$$
$$\text{(Pseudoindoxyle ou cétoindoxyle).}\qquad\text{(Indoxyle ou énolindoxyle).}$$

la première ne se rencontrant que dans ses dérivés tels que, par exemple, le benzylidènepseudoindoxyle

$$C_6H_4\!\!\begin{array}{c}CO-C=CHC_6H_5\\ \diagdown \\ NH\end{array}$$

L'indoxyle est transformé quantitativement en indigo par oxydation, fait qui fut signalé la première fois par Baumann et Tiemann en 1880 (*Ber.*, XIII. 415).

Finalement l'indirubine, substance qui avait été isolée de l'indigo naturel brut par Schunck (*Ber.*, 1879, XII. 1098) a été préparée synthétiquement par Baeyer (*Ber.*, 1881, XIV. 1745) en combinant l'indoxyle avec l'isatine en solution alcoolique en présence de carbonate de soude.

Par conséquent, les considérations qui ont conduit Baeyer à attribuer à l'indigo la formule (*Ber.*, 1883, XVI. 2204).

$$C_6H_4\!\!<\!\!\genfrac{}{}{0pt}{}{CO}{NH}\!\!>\!\!C=C\!\!<\!\!\genfrac{}{}{0pt}{}{CO}{NH}\!\!>\!\!C_6H_4$$

peuvent être résumées comme suit :

(1) L'indigo contient deux groupements imides ;

(2) Les atomes de carbone y sont disposés de la même manière que dans le diphényldiacétylène c'est-à-dire

$$C_6H_5 - C - C - C - C - C_6H_5$$

(3) Il n'est formé qu'à partir de composés qui contiennent un groupement cétonique directement rattaché au noyau benzénique ;

(4) Sa formation et ses propriétés montrent qu'il est étroitement apparenté à l'indirubine qui est préparée en partant du pseudoindoxyle et de la pseudoisatine conformément à l'équation

$$C_6H_4\!\!<\!\!\genfrac{}{}{0pt}{}{CO}{NH}\!\!>\!\!CH_2 + OC\!\!<\!\!\genfrac{}{}{0pt}{}{CO}{C_6H_4}\!\!>\!\!NH \rightarrow C_6H_4\!\!<\!\!\genfrac{}{}{0pt}{}{CO}{NH}\!\!>\!\!C=C\!\!<\!\!\genfrac{}{}{0pt}{}{CO}{C_6H_4}\!\!>\!\!NH$$

(Pseudoindoxyle.)   (Pseudoisatine.)   (Indirubine.)
(β-indogénide de pseudoisatine.)

L'indigo doit être par conséquent l'α-indogénide de pseudoisatine bien qu'on ne puisse l'obtenir directement à partir de pseudoindoxyle et de pseudoisatine par suite de l'inertie réactionnelle de l'atome d'oxygène α de la pseudoisatine marqué (*) dans l'équation

$$C_6H_4\!\!<\!\!\genfrac{}{}{0pt}{}{CO}{NH}\!\!>\!\!CH_2 + \overset{*}{O}C\!\!<\!\!\genfrac{}{}{0pt}{}{CO}{NH}\!\!>\!\!C_6H_4 \rightarrow C_6H_4\!\!<\!\!\genfrac{}{}{0pt}{}{CO}{NH}\!\!>\!\!C=C\!\!<\!\!\genfrac{}{}{0pt}{}{CO}{NH}\!\!>\!\!C_6H_4$$

(Pseudoindoxyle.)   (Pseudoisatine.)   (Indigo.)
(α-indogénide de pseudoisatine.)

Baeyer considéra donc l'indigo comme étant le composé formé par le doublement du groupement bivalent

$$C_6H_4 \Big\langle {}^{CO}_{\ NH} \Big\rangle C =$$

qu'il appela indogène, le nom d'indogénide étant appliqué aux corps contenant ce groupe.

L'indigo blanc est formé par réduction de l'indigo ; il possède des propriétés phénoliques et sa relation avec l'indigo est exprimée par les formules suivantes :

$$C_6H_4 \Big\langle {}^{CO}_{\ NH} \Big\rangle C = C \Big\langle {}^{CO}_{\ NH} \Big\rangle C_6H_4 \ \rightarrow \ C_6H_4 \Big\langle {}^{C(OH)}_{\ NH} \Big\rangle C - C \Big\langle {}^{C(OH)}_{\ NH} \Big\rangle C_6H_4$$

Le premier effet de l'hydrogène est évidemment de former

$$C_6H_4 \Big\langle {}^{CO}_{\ NH} \Big\rangle CH - CH \Big\langle {}^{CO}_{\ NH} \Big\rangle C_6H_4$$

qui se transforme alors en la forme stable (phénolique).

Les recherches de Binz et de ses collaborateurs (*Zeit. für Angew. Chem.*, 1906, XIX. 1445) montrent que la réduction de l'indigo dans la cuve d'hydrosulfite alcalin est précédée de l'addition d'alcali à l'indigo et peut être exprimée de la façon suivante :

(1) $\qquad C_{16}H_{10}O_2N_2 + 2NaOH = C_{16}H_{10}O_2N_2 \cdot 2NaOH$

$$(2) \quad \left(C_6H_4 \Big\langle {}^{C}_{\ NH} \Big\rangle C = \right)_2 + Na_2S_2O_4 = \left(C_6H_4 \Big\langle {}^{C}_{\ NH} \Big\rangle C - \right)_2 + 2NaHSO_3$$

[Voir aussi flavanthrène (p. 203].

2. Autres synthèses de l'indigo.

(1) *En partant de l'o-nitrobenzaldéhyde*, Bayer et Drewsen (1882).

(*Ber.*, 1882, XV. 2856 ; 1883, XVI. 2205 ; DP., 19768 ;

EP., 1 266[62] ; AP., 257814 et 257815).

La condensation de l'o-nitrobenzaldéhyde et de l'acétone donne l'o-nitrophényllactométhylcétone.

$$C_6H_4\underset{(2)}{\overset{(1)}{\diagdown}}\begin{matrix}CHO\\[4pt]NO_2\end{matrix} + CH_3.CO.CH_3 \;\rightarrow\; C_6H_4\diagdown\begin{matrix}CH(OH)CH_2.CO.CH_3\\[4pt]NO_2\end{matrix}$$

(o-nitrobenzaldéhyde.)   (Acétone.)   (o-nitrophényllactométhylcétone.)

qui perd facilement de l'eau et se transforme en o-nitroacéto-cinnamone

$$C_6H_4\diagdown\begin{matrix}CH(OH)CH_2COCH_3\\[4pt]NO_2\end{matrix} \;\rightarrow\; C_6H_4\diagdown\begin{matrix}CH=CH.COCH_3\\[4pt]NO_2\end{matrix}$$

(o-nitroacétocinnamone.)

à partir duquel l'indigo peut être obtenu par traitement avec les alcalis caustiques.

Cette méthode est employée industriellement pour la préparation du sel d'indigo [K] qui est le composé bisulfitique de l'o-nitrophényllactométhylcétone et est employé pour imprimer sur la fibre, la couleur bleue étant ensuite développée par immersion du tissu dans une solution concentrée de soude caustique.

La production de l'indigo à partir de l'o-nitrobenzaldéhyde a pris une importance considérable du fait de la découverte par Meister Lucius et Brüning, de Höchst, que l'o-nitrotoluène peut être transformé en o-nitrobenzaldéhyde.

On peut y arriver par trois méthodes :

(*a*) L'action du chlore sur l'o-nitrotoluène donne le chlorure d'o-nitrobenzyle

$$C_6H_4\diagdown\begin{matrix}CH_2Cl\\[4pt]NO_2\end{matrix}$$

qui se condense avec l'aniline pour former l'o-nitrobenzylaniline

$$C_6H_4\diagdown\begin{matrix}CH_2.NH.C_6H_5\\[4pt]NO_2\end{matrix}$$

Par oxydation ce corps est transformé en dérivé benzylidénique correspondant

$$C_6H_4\diagdown\begin{matrix}CH=N.C_6H_5\\[4pt]NO_2\end{matrix}$$

qui par hydrolyse se scinde en o-nitrobenzaldéhyde et aniline

$$C_6H_4 \diagup^{\textstyle CH \substack{O \mid H_2 \\ : NC_6H_5}}_{\textstyle NO_2}$$

(*b*) L'o-nitrotoluène donne avec le nitrite d'amyle en présence d'éthylate de sodium de l'o-nitrobenzaldoxime

$$C_6H_4 \diagup^{\textstyle CH : NOH}_{\textstyle NO_2}$$

qui, par hydrolyse au moyen des acides, se scinde en o-nitrobenzaldéhyde et hydroxylamine

$$C_6H_4 \diagup^{\textstyle CH : \substack{O \mid H_2 \\ NOH}}_{\textstyle NO_2}$$

(*c*) L'o-nitrotoluène est transformé directement en o-nitrobenzaldéhyde par oxydation au moyen du bioxyde de manganèse et de l'acide sulfurique

$$C_6H_4 \diagup^{\textstyle CH_3}_{\textstyle NO_2} + O_2 \rightarrow C_6H_4 \diagup^{\textstyle CHO}_{\textstyle NO_2} + H_2O$$

(2) *Synthèse de l'indigo de Heumann.*

(DP., 54 626 ; *Ber.*, 1890, XXIII. 3 043 ; Brunck, *Ber.*, 1900, Sonderheft; EP., 8 726^{90}; AP., 622 189).

A l'origine, cette synthèse consistait à fondre la phénylglycine avec la potasse. Elle se transformait ainsi en pseudoindoxyle

$$C_6H_4 \begin{array}{c} HOOC \diagdown \\ H \quad \quad CH_2 \\ \diagdown N H \diagup \end{array} \rightarrow C_6H_4 \begin{array}{c} CO \diagdown \\ \quad \quad CH_2 \\ NH \diagup \end{array}$$

(Phénylglycine.)　　　(Pseudoindoxyle ou cétoindoxyle.)

à partir duquel l'indigo peut être obtenu par oxydation.

Cependant cette méthode n'eut qu'un intérêt purement théorique[1] jusqu'au jour où la Badische Anilin und Soda Fabrik de Ludwigshafen a/R publia sa méthode complète de préparation d'indigo à partir de l'acide phénylglycine-o-carboxylique correspondant (voir Brunck, *Ber.*, 1900, Sonderheft).

$$C_6H_4 \begin{cases} (1) \; COOH \\ NH.CH_2COOH \; (2) \end{cases}$$

Le point de départ de cette préparation est la naphtaline qui, par traitement au moyen de l'acide sulfurique concentré et du mercure, est transformée en anhydride phtalique. A partir de l'anhydride phtalique on obtient la phtalimide par l'action de l'ammoniaque et la phtalimide est transformée en acide anthranilique par l'action du chlore et de la soude caustique.

$$\text{(Naphtaline.)} \rightarrow \text{(Anhydride phtalique)} \rightarrow \text{(Phtalimide.)} \rightarrow \text{(Acide anthranilique.)}$$

L'acide phénylglycine-o-carboxylique est alors préparé au moyen de l'acide anthranilique et de l'acide monochloracétique (ancienne méthode)

$$C_6H_4 \begin{cases} COOH \\ NH_2 \end{cases} + ClCH_2COOH \rightarrow C_6H_4 \begin{cases} COOH \\ NH.CH_2.COOH \end{cases} + HCl$$

(Acide phénylglycine-o-carboxylique.)

et est transformé en indigo par chauffage avec la soude caustique.

Dans cette transformation, il y a formation d'un produit intermédiaire, l'acide carboxylique de l'indoxyle

$$C_6H_4 \begin{cases} COOH \\ NH \end{cases} CH_2COOH \rightarrow C_6H_4 \begin{cases} CO \\ NH \end{cases} CH.COOH + H_2O$$

Acide phénylglycine-o-carboxylique.)　　　(Acide indoxylcarboxylique.)

1. Cependant la découverte du fait que l'influence destructive de l'eau dans la fusion alcaline de la phénylglycine (voir plus haut) pouvait être évitée en fondant cette substance avec de la sodamide a permis à la firme citée plus haut d'appliquer industriellement ce procédé.

qui peut être converti en indigo en traitant la solution alcaline par l'air et qui a été employé pendant longtemps sous le nom de *Indophore* [B] pour la production d'indigo sur la fibre.

Une méthode plus récente et meilleure pour transformer l'acide anthranilique en acide phénylglycine-o-carboxylique consiste à employer la formaldéhyde bisulfitique et le cyanure de potassium.

La réaction se fait en trois stades :

(1) L'addition de bisulfite-formaldéhyde à l'anthranilate de sodium

$$C_6H_4 \begin{cases} NH_2 \\ CO_2Na \end{cases} + \begin{matrix} CH_2O \; + \\ HSO_3Na \end{matrix} \rightarrow C_6H_4 \begin{cases} NH . CH_2SO_3Na \\ CO_2Na \end{cases} + H_2O$$

(Méthylanthranil-ω-sulfonate de sodium.)

(2) L'action du cyanure de potassium pour former l'ω-cyanométhylanthranilate de sodium :

$$C_6H_4 \begin{cases} NH . CH_2SO_3Na \\ CO_2Na \end{cases} + CN . K \rightarrow C_6H_4 \begin{cases} NH . CH_2CN \\ CO_2Na \end{cases} + KNaSO_3$$

(ω-cyanométhylanthranilate de sodium.)

(3) L'hydrolyse du nitrile et transformation en phénylglycine-o-carboxylate de sodium :

$$C_6H_4 \begin{cases} NHCH_2CN \\ CO_2Na \end{cases} + H_2O + NaOH \rightarrow C_6H_4 \begin{cases} NHCH_2CO_2Na \\ CO_2Na \end{cases} + NH_3$$

(Phénylglycine-o-carboxylate de sodium.)

Une autre méthode, fort semblable au procédé à la phénylglycine, consiste à condenser l'aniline et la chlorhydrine de l'éthylène avec l'hydroxyéthylaniline, $C_6H_5NH . CH_2 . CH_2OH$ en chauffant en autoclave avec de la potasse caustique. Le produit, par oxydation, donne de l'indigo (B.A.S.F., E.P. 6225[a], 13,956[a], A.P. 778,772).

L'indigo préparé par la Société badoise est appelé *indigo pur* et se trouve ordinairement sous forme de pâte contenant 20 % d'indigo en suspension dans l'eau ; une variété plus finement divisée encore est connue sous le nom de indigo S.

3. Synthèse de l'indigo de Sandmeyer.

Cette méthode consiste à transformer la diphénylthiourée (thiocar-

banilide) (obtenue en partant de l'aniline et du sulfure de carbone)
en hydrocyanocarbodiphénylimide

$$\text{C}_6\text{H}_4 \begin{cases} -\text{NH} \\ \text{C}=\text{NC}_6\text{H}_5 \\ \text{CN} \end{cases}$$

à l'aide du cyanure de potassium et du carbonate de plomb.

L'amide de ce corps

$$\text{C}_6\text{H}_4 \begin{cases} -\text{NH} \\ \text{C}=\text{NC}_6\text{H}_5 \\ \text{CONH}_2 \end{cases}$$

donne la thioamide correspondante par traitement avec le sulfure
d'ammonium :

$$\text{C}_6\text{H}_4 \begin{cases} -\text{NH} \\ \text{C}=\text{NC}_6\text{H}_5 \\ \text{CSNH}_2 \end{cases}$$

qui, par traitement au moyen de l'acide sulfurique concentré donne
l'α-isatinanilide

$$\text{C}_6\text{H}_4 \begin{cases} -\text{NH} - \text{C}=\text{NC}_6\text{H}_5 \\ - \text{CO} \end{cases}$$

à partir duquel on obtient l'indigo par l'action du sulfure d'ammonium

$$2\left(\text{C}_6\text{H}_4 \begin{cases} \text{NH} - \text{C}=\text{NC}_6\text{H}_5 \\ -\text{CO} \end{cases}\right) + \text{H}_2 \rightarrow \text{C}_6\text{H}_4 \begin{cases} \text{NH}-\text{C}=\text{C}-\text{NH} \\ -\text{CO} \quad \text{CO}- \end{cases} \text{C}_6\text{H}_4 + \text{C}_6\text{H}_5\text{NH}_2$$

(Indigo.)

L'*indigo* ou *indigotine* est une substance indifférente, insoluble
dans l'eau et dans la plupart des dissolvants organiques ordinaires
et est par conséquent, par lui-même, sans valeur comme agent de
teinture.

Cependant lorsqu'il est réduit, il est transformé en indigo blanc qui est de caractère phénolique et facilement soluble dans les alcalis (voir p. 278).

Comme l'indigo blanc a également une affinité marquée pour les fibres textiles et qu'il est facilement retransformé par oxydation en indigo insoluble, on l'emploie en teinture sous forme de « cuve d'indigo », selon l'expression habituelle, qui n'est rien d'autre qu'une solution alcaline d'indigo blanc obtenue en traitant l'indigo par certains réducteurs peu coûteux.

Le tissu est imprégné de cette solution et exposé à l'action de l'air : l'indigo blanc se réoxyde et se transforme en indigo.

Ainsi qu'il a déjà été signalé, les oxydants transforment l'indigo en isatine. C'est sur cette propriété qu'est basée la décoloration des tissus teints à l'indigo, de même que les diverses méthodes d'analyse de ce corps (voir p. 325).

Parmi les dérivés de l'indigo, l'acide disulfonique présente un intérêt particulier.

On le trouve dans le commerce sous forme de sel de sodium, le *carmin d'indigo*[1]. On le prépare par l'action de l'acide sulfurique concentré sur l'indigo. C'est un colorant acide beaucoup employé autrefois pour teindre la laine et la soie mais qui a été remplacé par d'autres matières colorantes.

La synthèse de Heumann a été aussi appliquée à la série naphtalénique et H. Wichelhaus a réussi à préparer l'α- et le β-naphtalène-indigo à partir, respectivement, de l'α- et de la β-naphtylglycine.

Ce sont des colorants verts ayant la constitution

$$C_{10}H_6 \Big\langle{}^{CO}_{NH}\Big\rangle C = C \Big\langle{}^{CO}_{NH}\Big\rangle C_{10}H_6$$

Ils ont par conséquent une structure semblable à celle du bleu d'indigo. Ils n'ont toutefois pas d'intérêt pratique.

---

1. $SO_3H \cdot \Big\langle{}^{CO}_{NH}\Big\rangle C : C \Big\langle{}^{CO}_{NH}\Big\rangle \cdot SO_3H$ (Vorländer et Schubart, *Ber.*, 1901, xxxiv. 1860.)

Dérivés halogénés de l'indigo.

Lorsque les atomes d'halogène entrent dans la molécule d'indigo en position para par rapport à l'atome d'azote, la couleur du corps ne diffère pas sensiblement de celle de l'indigo lui-même. Par conséquent les indigos 5-halogénés (Rahtjen, DP., 128,575) et les indigos 5:5'-halogénés (Muller, D. P., 30.329. 33,064; Jansen, DP., 112,400)

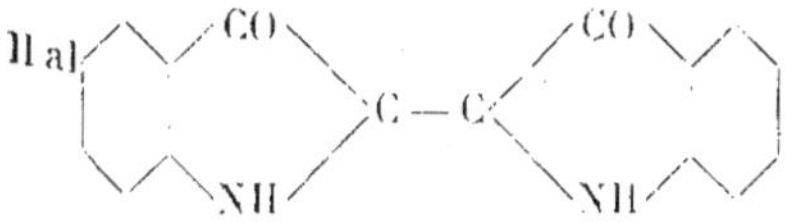

(Dérivé 5-halogéné.) 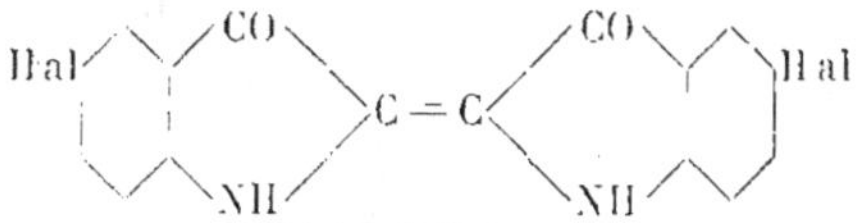 (Dérivé 5:5'-dihalogéné.)

n'ont pas d'importance technique. Cependant si les atomes d'halogène entrent en position para par rapport au groupement carboxyle, l'effet apparaît immédiatement car la couleur du corps obtenu n'est plus bleue mais rouge-violet.

L'une des plus remarquables découvertes de ces dernières années fut probablement celle que fit Friedländer (*Ber.*, 1909, XLII. 765) qui trouva que la pourpre des anciens, extraite du *Murex brandaris* est identique au 6:6'-dibromoindigo que Sachs et Kempf (*Ber.*, 1903, XXXVI. 3303) et Sachs et Sichel (*ibid.*, 1904, XXXVII. 1868) avaient préparé en partant de la p-bromo-o-nitrobenzaldéhyde (Synthèse de Baeyer et Drewsen, voir p. 278).

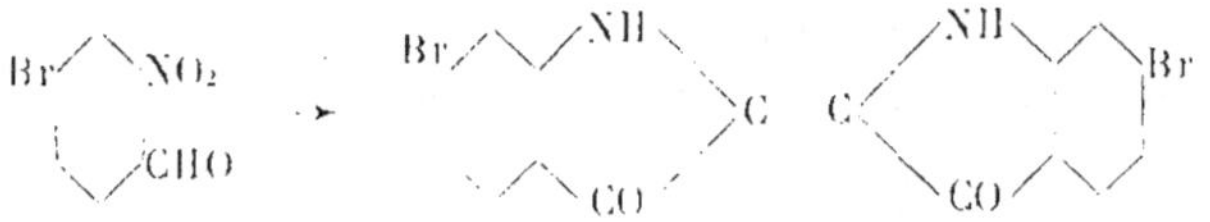

(6:6'-dibromoindigo.)

En dépit de son grand intérêt au point de vue historique, cette matière colorante n'est pas actuellement préparée industriellement car des tons semblables peuvent être obtenus par d'autres moyens à moindres frais. Ce ne fut que lorsqu'on prépara des dérivés halogénés contenant trois, quatre atomes d'halogène ou plus dans la molécule qu'apparut la grande valeur de ces substances. Le premier composé de ce type qui fut préparé fut le $5 : 7 : 5' : 7'$: tétrachloro-indigo (Oberreit, FP., 315,180), qui fut obtenu à partir de l'acide dichlorophénylglycinecarboxylique correspondant, mais les frais de production de ce composé étaient trop grands et il a par conséquent trouvé peu d'emploi pratique.

Bien que le dérivé tétrachloré ne puisse être préparé par chloration directe de l'indigo, il en va tout autrement du $5 : 7 : 5' : 7'$-tétra-bromoindigo correspondant

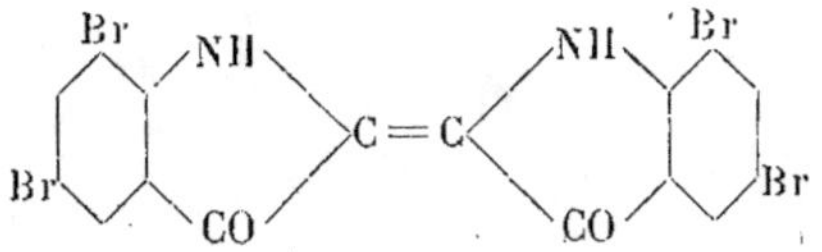

($5 : 7 : 5' : 7'$-tétrabromoindigo) (bleu Ciba 2B. [I].)

qui peut être obtenu par bromation directe de l'indigo et qui sous le nom de *bleu Ciba* (D. P., 193438) a une importance technique considérable. L'éclat de cette couleur de cuve rappelle celui des colorants de l'aniline et comme, en plus, elle a la résistance à la lumière et au lavage qui caractérise en général les matières colorantes indigoïdes, elle doit être classée parmi les plus précieux colorants actuellement dans le commerce. De nombreux composés de ce type ont été préparés surtout par halogénation directe de l'indigo ou de l'indigo blanc dans des conditions diverses et plusieurs d'entre eux tels que, par exemple, l'*indigo brillant*, colorant de cuve brillant, vert bleuâtre, sont d'un emploi très répandu.

Il est possible d'introduire cinq ou six atomes d'halogène dans la molécule d'indigo si l'halogénation est effectuée en présence d'acide sulfurique concentré ou d'acide chlorosulfurique (E.P. 2609[05]). L'augmentation du nombre d'atomes d'halogène intensifie la nuance verte du produit mais diminue la solubilité du dihydro-dérivé. Aussi la cuve de ces colorants ne se prépare pas aussi facilement que celle des produits moins halogénés.

Une description de plusieurs dérivés bromés et méthoxylés de l'indigo est donnée par Friedländer, Bruckner et Deutsch (*Ann.* 1912, CCCLXXXVIII, 23). Le *brun Ciba* R [1] est le $5 : 7 : 5' : 7'$-tétrabromo-$6 : 6'$-diamidoindigo (*Ber.*, 1914, XLVII. 2365).

2. *Violet Ciba et ses dérivés.*

Violet Ciba A (2-*thionaphtène-2-indolindigo*). — Ce composé est le membre le plus simple d'un groupe important de matières colorantes dans lesquelles une moitié de la molécule est constituée comme dans l'indigo et l'autre moitié comme dans le thioindigo.

Il fut d'abord préparé par Friedländer (*Ber.*, 1908, XLI. 776) en faisant réagir le dibromo-oxythionaphtène et l'indoxyle en solution dans l'acide acétique glacial :

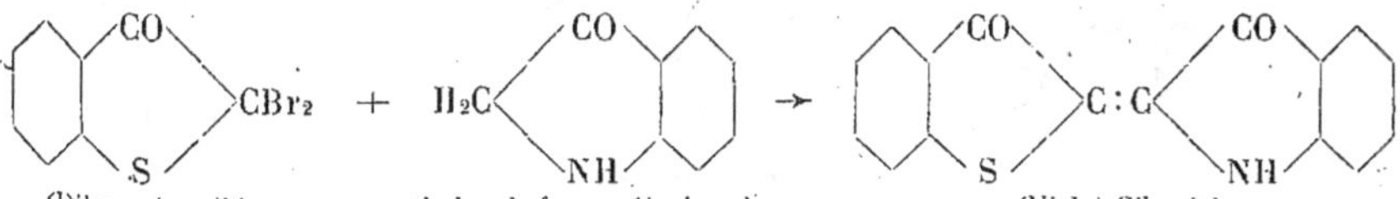

$$CBr_2 + H_2C \longrightarrow C : C$$

(Dibromo-oxythio-naphtène.)   (Indoxyle-forme cétonique.)   (Violet Ciba A.)

Ce composé peut aussi être préparé en partant de l'α-isatinanilide ou de l'éther de l'α-isatine

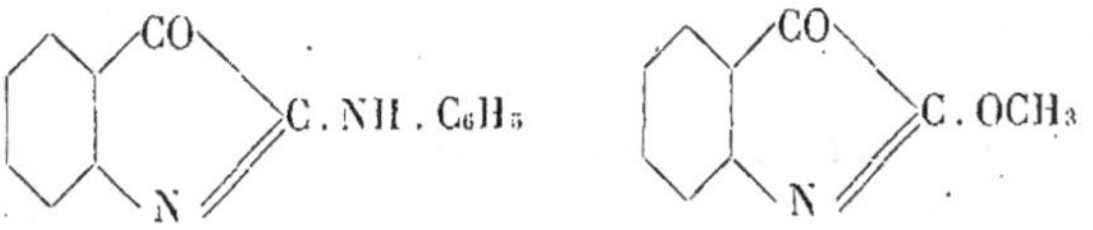

$$C.NH.C_6H_5 \qquad C.OCH_3$$

en les condensant soit avec l'oxythionaphtène, soit avec l'acide sali-cylthioacétique (E. P. 11,760[06], 6490[07], A. P. 826,309, 848,356)

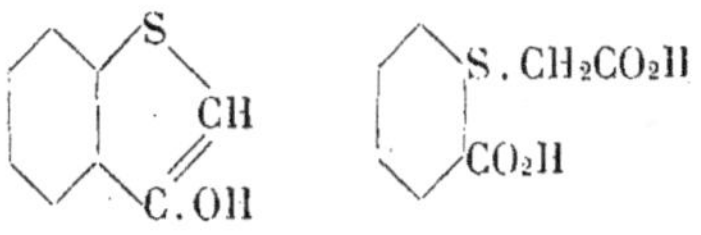

$$CH \quad C.OH \qquad S.CH_2CO_2H \quad CO_2H$$

Il est évident qu'un grand nombre de matières colorantes peuvent être préparées en employant, dans les méthodes de préparation indiquées ci-dessus, des dérivés des deux composants mentionnés.

Le violet ciba est un colorant de cuve. Sa nuance est intermédiaire entre le bleu d'indigo et le rouge de thioindigo. Les dérivés halogénés du violet ciba A se trouvent dans le commerce sous les noms de *violets ciba* (que l'on distingue au moyen de lettres différentes), de *thioindigo héliotrope* et de *violet de thioindigo*.

3. *Thioindigo et ses dérivés.*

Thioindigo B (2 : 2-*bis-thionaphtènindigo*). — Cette matière colorante fut découverte par Friedländer (*Ber.*, 1906, XXXIX. 1060) qui l'obtint en appliquant la modification apportée par la Badische à la synthèse de l'indigo de Heumann (voir p. 280) à l'acide thiosalicylique au lieu de l'acide anthranilique.

L'acide thiosalicylique peut être préparé facilement par la série suivante de réactions :

L'acide anthranilique est diazoté et le sel de diazonium est transformé en acide dithiosalicylique par l'action du bisulfure de sodium, substance que l'on obtient par dissolution d'un atome de soufre dans une molécule de sulfure de sodium

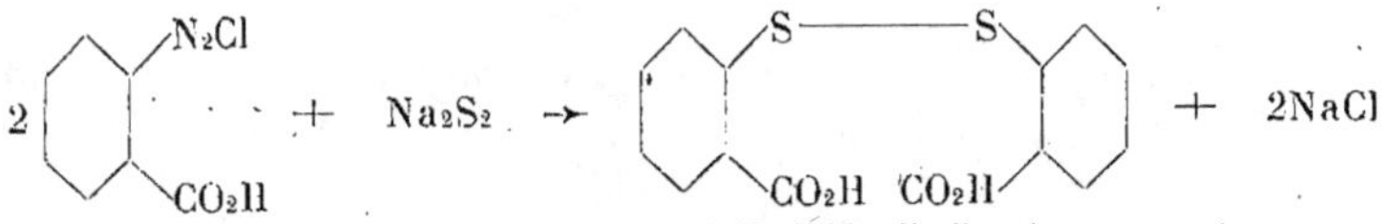

$$2 \quad [C_6H_4](N_2Cl)(CO_2H) \;+\; Na_2S_2 \;\rightarrow\; [\text{Acide dithiosalicylique}] \;+\; 2NaCl$$

(Acide dithiosalicylique.)

L'acide dithiosalicylique est alors réduit par le fer ou le zinc à l'état d'acide thiosalicylique dont le sel de sodium donne l'acide phényl-thioglycol-o-carboxylique par condensation avec l'acide chloracétique

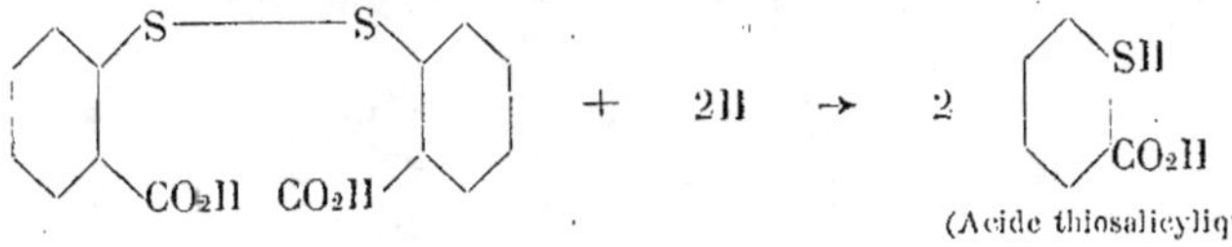

$$[\text{dithiosalicylique}] \;+\; 2H \;\rightarrow\; 2\;[C_6H_4](SH)(CO_2H)$$

(Acide thiosalicylique.)

$$[C_6H_4](SNa)(CO_2Na) \;+\; ClCH_2CO_2Na \;\rightarrow\; [C_6H_4](S.CH_2CO_2Na)(CO_2Na) \;+\; NaCl$$

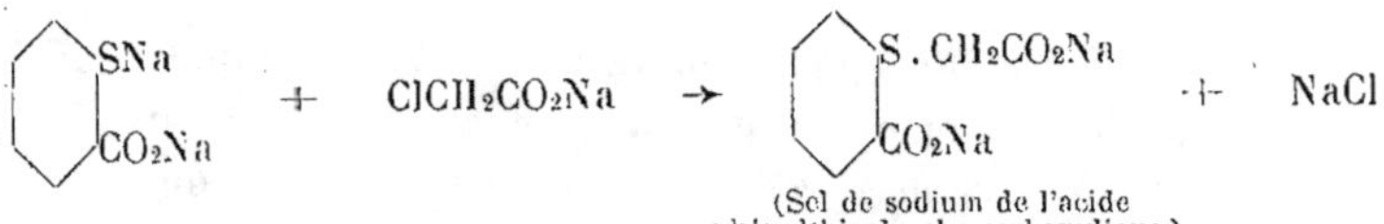

(Sel de sodium de l'acide
phénylthioglycol-o-carboxylique.)

L'acide phénylthioglycol-o-carboxylique perd de l'acide carbonique et de l'eau lorsqu'on le chauffe et donne l'oxythionaphtène, substance qui se transforme en thioindigo par oxydation au moyen du ferricyanure de potassium.

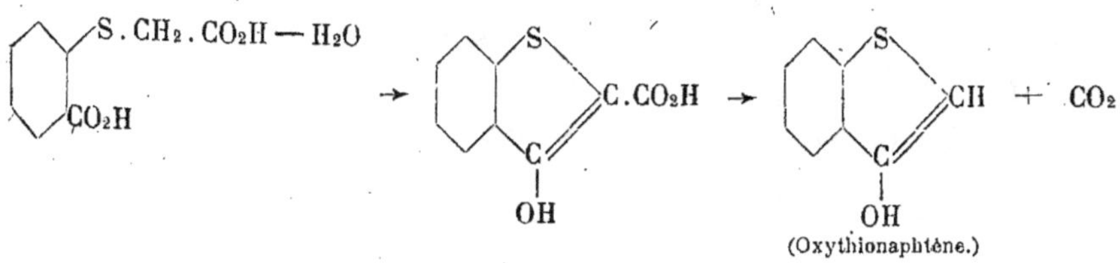

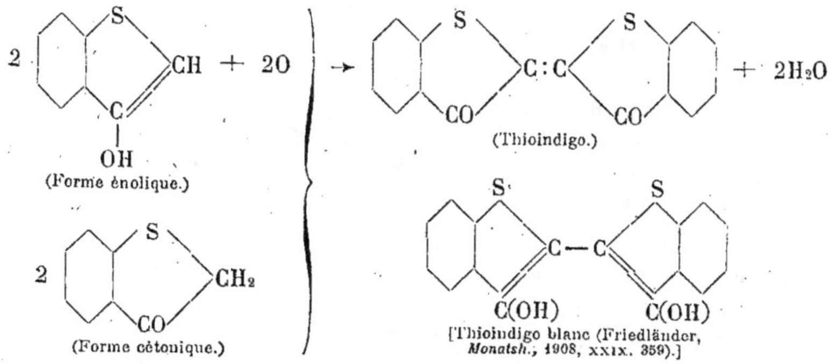

La forme stable de l'oxythionaphtène (thioindoxyle), comme celle de l'indoxyle, a la structure énolique. Il faut rappeler, cependant, que les substances tautomères de ce type réagissent fréquemment de la même façon que leur forme labile cétonique.

L'acide phénylthioglycollique $C_6H_5.S.CH_2.CO_2H$ qui peut être préparé avec un bon rendement en faisant agir le chlorure de benzène-diazonium sur l'acide thioglycollique et en chauffant le produit

$$C_6H_5N:N:S.CH_2.CO_2H \rightarrow C_6H_5S.CH_2.CO_2H + N_2$$

est également transformé facilement en oxythionaphtène (D. P. 177,345).

Une modification importante de ce procédé de préparation du thioindigo a été découverte par E. Münch (*Zeit. für angew. Chem.*, 1907, XXI: 2059, D. P. 205,324). Cette méthode comporte une condensation remarquable du bichlorure d'acétylène avec le sel de sodium de l'acide thiosalicylique. Cette substance donne directement le thioindigo par élimination d'eau

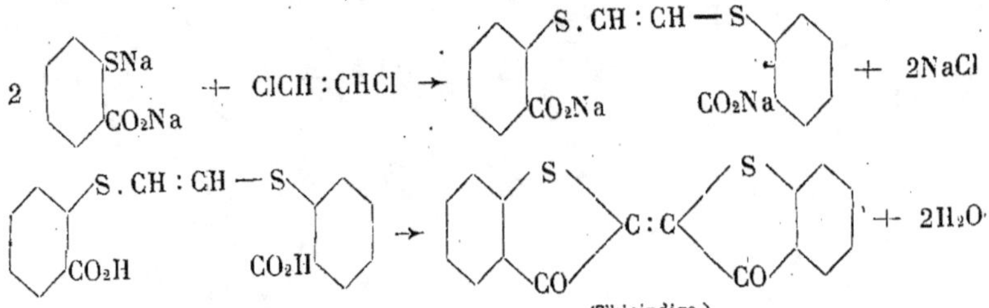

(Acide acétylène-bis-thiosalicylique.)   (Thioindigo.)

Le thioindigo peut également être préparé en partant de l'o-mercaptoacétophénone $C_6H_4(SH)COCH_3$ (D. P. 202,632).

La matière colorante cristallise dans une grande quantité de xylène sous forme d'aiguilles rouge-brun à reflets bronzés ; elle est faiblement soluble dans tous les dissolvants organiques ordinaires. Lorsqu'on la chauffe elle se sublime et donne de longues aiguilles ; on peut la distiller en petites quantités sans décomposition.

L'hydrosulfite alcalin réduit ce composé et le transforme en dihydro-composé (thioindigo blanc) soluble dans l'alcali. Le coton plongé dans cette cuve et exposé à l'air se colore en un rouge d'une couleur curieuse et plutôt désagréable mais qui possède une solidité à la lumière plus grande que l'indigo lui-même.

Les dérivés correspondants dans la série naphtalénique ont été préparés par Friedländer et Woroshzow (*Ann.*, 1912, CCCLXXXVIII. 1) ; on peut signaler les suivants :

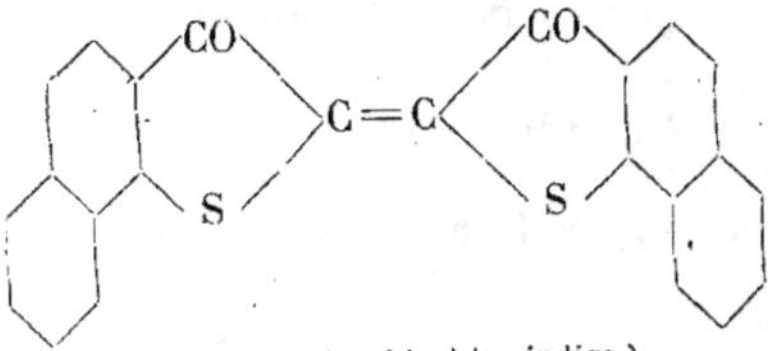

(Bis-1 : 2-naphtathiophène indigo.) 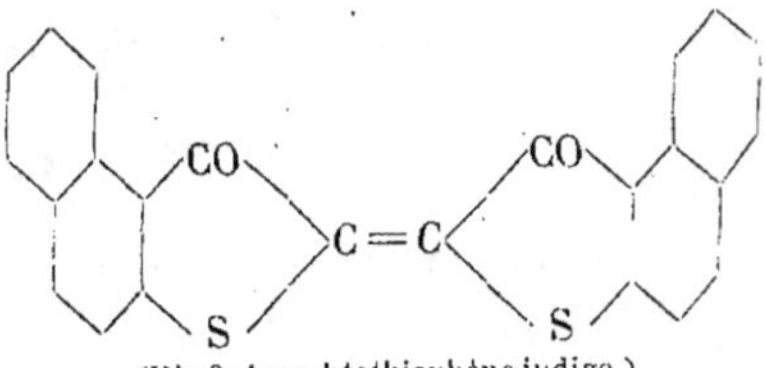   (Bis-2 : 1-naphtathiophène indigo.)

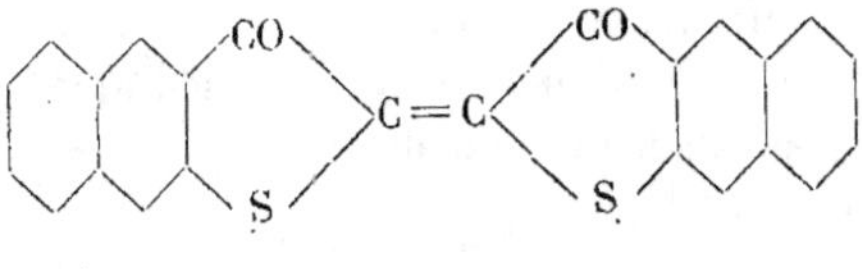

(Bis-2 : 3-naphtathiophène indigo.) 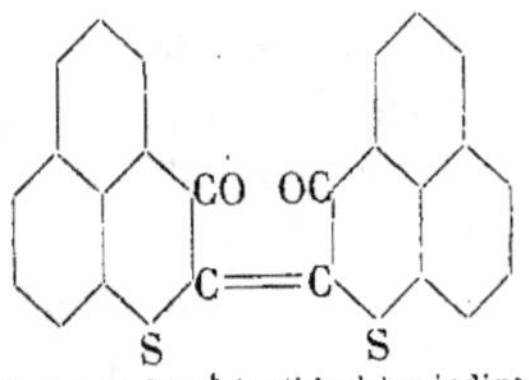   (Bis-1:8-naphtaphénethiophène indigo.)

Dérivés du thioindigo. — L'entrée d'atomes d'halogènes dans la molécule de thioindigo intensifie la couleur bleue du composé. Le *bordeaux ciba* B en est un exemple.

Une modification plus profonde de la nuance est obtenue lorsque des groupements oxyalkyles, thioalkyles ou amines entrent dans la molécule. Ainsi l'entrée de deux groupes oxyalkyle en position para par rapport aux groupes carboxyle donne l'*orangé hélindone* R

$$C_2H_5O\diagdown\underset{S}{\overset{CO}{\diagup}}C:C\underset{S}{\overset{CO}{\diagdown}}\diagup OC_2H_5$$

composé qui donne de brillantes teintes oranges sur fibre de coton et qui, lorsqu'il est dibromé, se transforme en *écarlate hélindone solide* R.

La présence de groupements thioalkyles au lieu de groupements oxyalkyles dans l'orangé hélindone donne l'écarlate hélindone S, et on peut obtenir de nombreuses autres teintes parmi lesquelles l'orangé-brun, le bleu-violet sombre et même le noir, par l'introduction de divers groupements dans la molécule de thioindigo. Ces groupements peuvent être introduits soit en utilisant les dérivés halogénés du thioindigo, soit en partant d'un dérivé de la substance mère (oxythionaphtène, etc.), qui donne naissance au thioindigo.

Des matières colorantes de ce genre sont : le *rouge hélindone*, 3 B et B ; le *rouge de thioindigo* 3 B et BG ; l'*écarlate de thioindigo* S ; l'*orangé de thioindigo* R et le *brun de thioindigo* G.

4. L'indirubine et ses dérivés.

L'indirubine, la substance mère de ce groupe, fut isolée de l'indigo naturel par Schunck (*Ber.*, 1879, XII. 1098) et fut identifiée par Baeyer (voir p, 277) comme étant le β-indogénide de la pseudo-isatine

$$C_6H_4\diagdown\underset{NH}{\overset{CO}{\diagup}}C:C\underset{C_6H_4}{\overset{CO}{\diagdown}}\diagup NH$$

Pendant les premiers temps de la concurrence entre l'indigo

naturel et l'indigo synthétique, on attacha à ce corps un intérêt plus grand qu'il ne le méritait, surtout parce que les teinturiers croyaient fermement qu'il était impossible d'obtenir les mêmes nuances avec le produit synthétique qu'avec le colorant naturel à cause de l'absence de l'indiburine rouge dans le composé synthétique pur. En fait, l'indirubine n'a aucune valeur comme colorant de cuve car elle subit une transformation lors de la réduction et est convertie en indigo sur la fibre (Fasal, *Mitteil. d. Technol. Gewerbemuseums,* Vienne, 1895, XI. 307; voir aussi Bloxam et Perkin (*J. C. S.,* 1910, XCVII. 1474). Une étude plus récente de cette réaction (*Proc. Chem. Soc.,* 1909, XXV. 127) montre qu'il se forme à la fois de l'indoxyle et de l'oxindol

$$\underset{NH\,.\,CO}{\overset{C_6H_4}{|}}\!\!>\!C = C<\!\!\underset{NH}{\overset{CO}{}}\!\!>C_6H_4$$

Les dérivés halogénés de l'indirubine ne présentent pas cet inconvénient de l'indiburine et ne sont pas détruits par la réduction. Une dibromoindirubine peut être préparée par bromuration directe de l'indirubine (D. P. 192, 682) mais on obtient une nuance plus rouge et meilleure par la condensation de la dibromoisatine avec l'indoxyle

$$\underset{NH}{\overset{CO}{}}\!\!>\!CH_2 + CO<\!\ldots\!Br \longrightarrow \ldots C = C \ldots + H_2O$$

(D. P. 203, 437; Friedländer, Bruckner et Deutsch (*Ann.,* 1912, CCCLXXXVIII. 40).

La bromuration directe de l'indirubine avec un excès d'halogène conduit au dérivé tétrabromé que l'on trouve dans le commerce sous le nom d'héliotrope ciba B [1] (E. P. 6406[07], A. P. 876, 158).

Selon Fasal (*loc. cit.*), l'acide indirubinedisulfonique est un colorant intéressant qui donne des couleurs plus solides que le dérivé correspondant de l'indigo.

5. *L'écarlate de thioindigo et ses dérivés.*

L'instabilité vis-à-vis des agents réducteurs fait de l'indirubine un colorant sans valeur comme colorant de cuve. Les substances chez lesquelles un atome de soufre remplace un groupement imide n'ont pas cet inconvénient. Ainsi, si, dans la synthèse de l'indirubine de Baeyer, on remplace l'indoxyle par l'oxythionaphtène, on obtient l'*écarlate de thioindigo* R (E. P. 17,162[06]).

$$C_6H_4 \big\langle {}^S_{CO} \big\rangle CH_2 + CO \big\langle {}^{C_6H_4}_{CO} \big\rangle NH \;\rightarrow\; C_6H_4 \big\langle {}^S_{CO} \big\rangle C = C \big\langle {}^{C_6H_4}_{CO} \big\rangle NH + H_2O$$

(Oxythionaphtène)   (Isatine.)   (Écarlate de thioindigo R.)
(forme cétonique.)

Dans ce composé on ne retrouve plus du tout la teinte bleue désagréable du thioindigo ; le coton plongé dans la cuve réduite et exposé à l'air est coloré en écarlate brillant.

Des dérivés halogénés peuvent être préparés soit par halogénation directe de l'écarlate de thioindigo soit en employant la dibromoisatine dans la préparation. Ces composés sont connus dans la pratique sous les noms de écarlate de thioindigo G et de rouge ciba G.

6. *L'écarlate ciba et ses dérivés.*

L'*écarlate ciba* G (E. P. 344[08], etc., A. P. 891, 690) semble être jusqu'à présent le seul représentant de ce groupe ayant un intérêt au point de vue technique. Il est intéressant en ce qu'il est le premier colorant dans lequel l'acénaphtène du goudron ait trouvé une application. Il est obtenu par la condensation de l'acénaphtènequinone avec l'oxythionaphtène en solution dans l'acide acétique chaud contenant un peu d'acide chlorhydrique (Bezdzik et Friedländer, *Monatsh.*, 1909, XXX. 284) :

$$C_6H_4 \big\langle {}^S_{CO} \big\rangle CH_2 + OC \;\cdots\; \rightarrow\; C_6H_4 \big\langle {}^S_{CO} \big\rangle C = C \;\cdots\; + H_2O$$

(Acénaphtènequinone.)   (Écarlate ciba G.)

Le coton teint dans la cuve de ce composé est coloré en écarlate brillant d'une extrême solidité. Il n'y a pas de doute que les matières colorantes de cette classe trouveront une application technique importante aussitôt qu'une méthode économique aura été découverte pour extraire l'acénaphtène.

Autres matières colorantes indigoïdes. — Les brèves descriptions données plus haut se rapportent aux colorants indigoïdes qui ont jusqu'ici trouvé un usage dans l'industrie. Il est évident que le nombre des termes théoriquement possibles de cette série que l'on peut préparer au moyen des divers composants employés pour édifier la molécule d'indigo, est considérable. Plusieurs de ces colorants ont été décrits par Friedländer et ses collaborateurs dans une série de mémoires intitulés « Sur les matières colorantes indigoïdes » (*Monatsh.*, 1908, XXIX. 359, 375, 387; 1909, XXX. 271, 871). Pour la préparation de ces substances, tout composé contenant le groupement réactionnel $CH_2 : CO$ ou $C(OH) : CH$ dans un noyau complexe peut servir comme premier composant, comme par exemple, l'indoxyle, le thioindoxyle (oxythionaphtène) le dicétoindène

$$C_6H_4 \diamond{CO}{CO} CH_2$$

l'α- et le β-naphtol, de même que certains phénols tels que la résorcine et la m-hydroxydiphénylamine.

Comme second composant on peut pratiquement employer toute α-dicétone cyclique, comme l'isatine, la β-naphtaquinone, l'acénaphtènequinone, la phenanthrènequinone et les anthrols; de même encore certaines cétones α-halogénées comme le chlorure d'isatine

$$C_6H_4 \diamond{CO}{N} C \cdot Cl$$

le dibromo-oxythionaphtène

$$C_6H_4 \diamond{S}{CO} CBr_2$$

et le dibromopyrazolone de même que les anilidocétones et les alkyloxycétones telles que l'α-isatineanilide

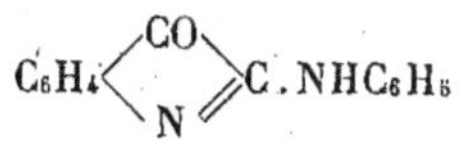

$$C_6H_4{<}^{CO}_{\ N}{>}C . NHC_6H_5$$

et l'éther d'α-isatine

$$C_6H_4{<}^{CO}_{\ N}{>}C . OR$$

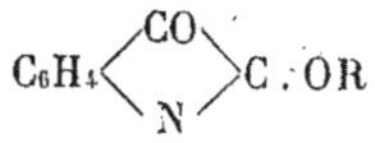

Quelques exemples permettront d'indiquer la marche de ces réactions et la nature des indigos formés :

Le 1-*naphtalène-2-indolindigo* est formé par la condensation du chlorure d'isatine et du β-naphtol conformément à l'équation suivante :

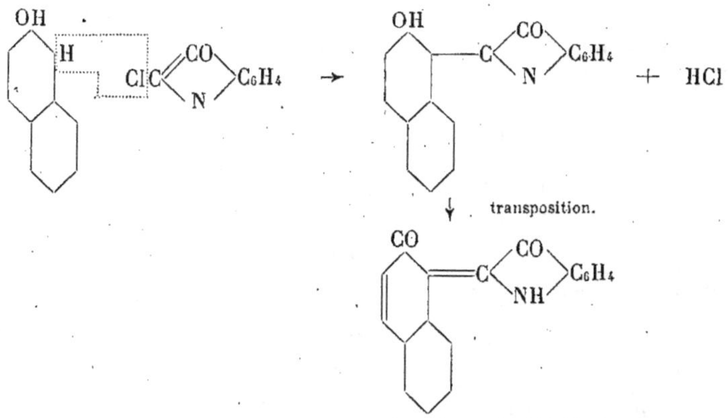

$$\downarrow \quad \text{transposition.}$$

(1-naphtalène-2-indolindigo.)

Il se présente sous la forme d'aiguilles brillantes d'un noir violet.

Le 4-*diphénylamine-2-indolindigo* est obtenu de la même façon en partant des chlorures d'α-isatine et de la m-hydroxydiphénylamine. Il a la structure

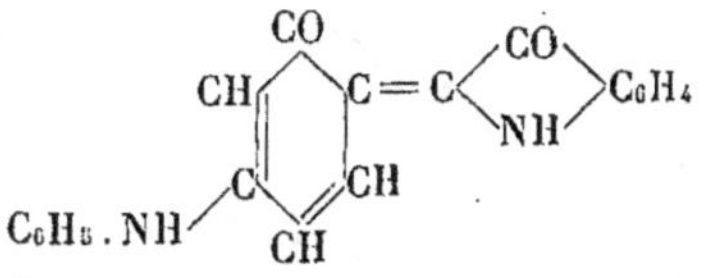

et cristallise de l'alcool sous forme d'aiguilles violettes.

L'*acénaphtèneindolindigo* est préparé par la condensation de l'indoxyle et de l'acénaphtènequinone en solution acétique

(Acénaphtènequinone.)

Il donne des aiguilles brillantes à reflets cuivrés.

Le *5-hydroxy-2-naphtalène-2-indolindigo* est obtenu en chauffant le 1 : 5-dihydroxynaphtalène avec l'α-isatinanilide en présence de 4 à 5 parties d'anhydride acétique

(1-5-dihydroxynaphtaline.)   (α-isatinanilide.)   [Produit d'addition (forme énolique).

[Produit d'addition (forme cétonique).]   (5-hydroxy-2-naphtalèneindolindigo.)

Le *1-anthracène-2-indolindigo* et le *2-anthracène-2-indolindigo* sont préparés de façon analogue respectivement au moyen du β- et de l'α-anthrol, en les condensant avec l'α-isatineanilide en présence d'anhydride acétique. Ils sont représentés par les formules

(2-anthracène-2-indolindigo.)   (1-anthracène-2-indolindigo.)

Ces deux composés se présentent sous la forme d'aiguilles bleu-foncé à reflets fortement métalliques. Les quelques exemples cités plus haut permettent de se rendre compte du nombre considérable de colorants indigoïdes que l'on peut isoler et il est probable que plusieurs d'entre eux seront employés dans l'industrie dans l'avenir.

Cependant plusieurs de ces composés asymétriques sont instables vis-à-vis des alcalis et sont transformés par ce traitement en l'hydroxyaldéhyde correspondante. Ainsi le 1-anthracène-2,indolindigo cité plus haut est transformé en β-anthrol-1-aldéhyde lorsqu'on le chauffe avec 30 pour 100 d'alcali caustique

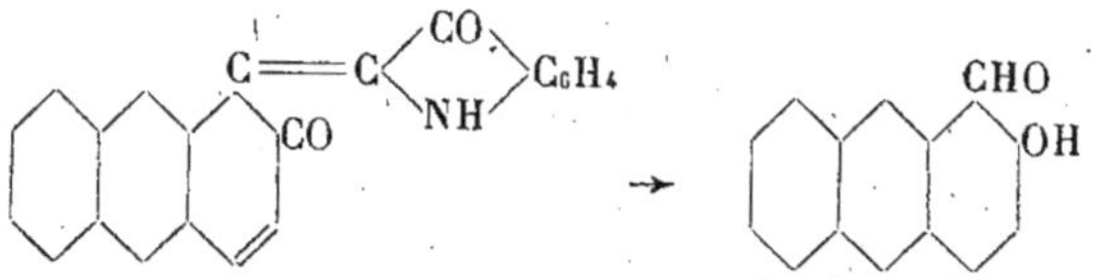

(β-anthrol-1-aldéhyde.)

Comme cette transformation s'opère en solution alcaline diluée, elle fait perdre sa valeur à la matière colorante, car celle-ci subit une décomposition partielle lors de la formation de la cuve.

CHAPITRE XXIII

LES COLORANTS AU SOUFRE

Le nom de colorants au soufre ou colorants sulfurés est donné aux colorants obtenus en chauffant certaines matières organiques avec du soufre et du sulfure de sodium (fusion ou ébullition de ces substances avec du soufre et une solution aqueuse de sulfure de sodium), à l'exclusion des colorants tels que le bleu méthylène, le thioindigo, etc., qui contiennent également du soufre.

Les colorants au soufre sont solubles dans une solution de sulfure de sodium et ces solutions teignent directement le coton.

Le premier représentant de la série fut préparé en 1873 par Croissant et Bretonnière en fondant diverses substances organiques telles que la sciure de bois, le son, etc., avec du sulfure de sodium. Ils appelèrent ce produit « cachou de Laval ». Cette substance teint le coton en jaune verdâtre qui se transforme en brun par exposition à l'air. La couleur résiste bien au lavage mais n'est pas très solide à la lumière. La résistance à la lumière est accrue et rendue excellente par un traitement ultérieur avec des sels de cuivre ou un mélange de sels de cuivre et de chrome. Il était autrefois beaucoup employé pour teindre en brun.

Il est actuellement remplacé par des produits plus forts et plus purs d'un type analogue.

Environ vingt ans plus tard, Vidal trouva que certains dérivés des séries benzénique et naphtalénique pouvaient servir avantageusement à préparer les colorants au soufre; c'est ainsi que le noir Vidal fut obtenu en fondant le p-amidophénol avec du soufre et du sulfure de sodium.

Un grand progrès fut fait en 1897 par la découverte du noir immédial, préparé en chauffant la p-hydroxy-o' p'-dinitrodiphénylamine

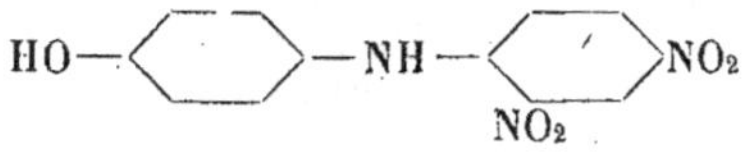

$$HO-\langle\ \rangle-NH-\langle\ \rangle NO_2$$
$$NO_2$$

(obtenue par la condensation du p-amidophénol avec le 1-chloro-2 : 4-dinitrobenzène) avec du soufre et du sulfure de sodium. Ce fut le premier colorant au soufre donnant un véritable noir ; auparavant ce qu'on appelait noir était simplement une teinte noir brunâtre.

Cette découverte provoqua rapidement des recherches dans cette voie. Le premier progrès obtenu qui soit à signaler est la production du bleu pur immédial, colorant brillant, d'un bleu pur, préparé au moyen de la p-diméthylamido-p'-hydroxydiphénylamine

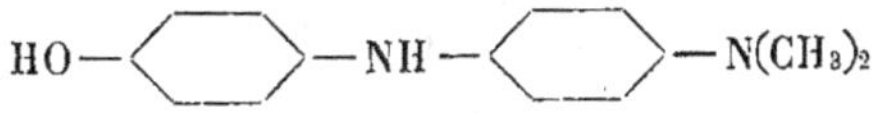

$$HO-\langle\ \rangle-NH-\langle\ \rangle-N(CH_3)_2$$

(obtenue en chauffant le chlorure de diméthyl-p-phénylènediamine avec le p-amidophénol).

Le premier colorant rouge au soufre, préparé en partant de l'amidohydroxyphénazine, fit bientôt après son apparition, et il fut suivi par les importantes matières colorantes jaune et orange, le jaune immédial et l'orangé immédial, tous deux obtenus en partant de la m-tolylènediamine.

En ce qui concerne la constitution des colorants au soufre, on connaît extrêmement peu de chose. En général les colorants bleus et noirs dérivent de la thiodiphénylamine ; les jaunes et les bruns dérivent des thiazols; les rouges, des azines (et contiennent l'anneau azinique inaltéré) et les colorants au soufre qui ne renferment pas d'azote sont considérés comme dérivés des phénols.

Vidal estimait que la constitution du noir Vidal obtenu en partant

du p-amidophénol est la suivante

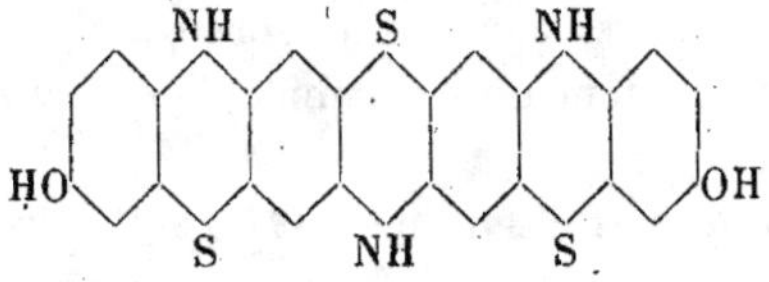

$$\text{NH} \quad \text{S} \quad \text{NH}$$
$$\text{HO} \qquad\qquad\qquad\qquad \text{OH}$$
$$\text{S} \quad \text{NH} \quad \text{S}$$

car il avait découvert qu'en effectuant la réaction à basse température il se formait de la dihydroxythiodiphénylamine

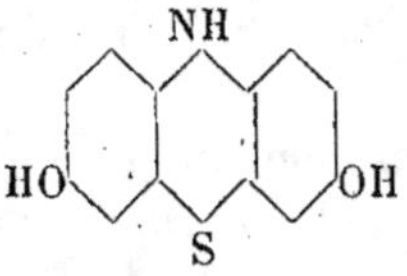

$$\text{NH}$$
$$\text{HO} \qquad\qquad \text{OH}$$
$$\text{S}$$

mais la base expérimentale de cette hypothèse est très faible.

Le bleu pur immédial a été étudié par Gnehm et ses élèves. Par
oxydation et bromuration ce colorant donne de la tétrabromodimé-
thylamidothiazine

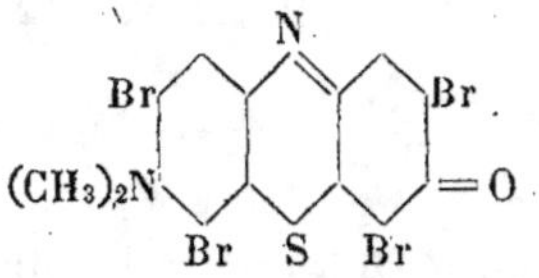

$$\text{N}$$
$$\text{Br} \qquad\qquad \text{Br}$$
$$(CH_3)_2N \qquad\qquad = O$$
$$\text{Br} \quad \text{S} \quad \text{Br}$$

(la position des atomes de Br n'est pas certaine) ce qui démontre la
présence de l'anneau thiazine dans le colorant.

De même l'indone immédial, qui est préparé au moyen d'un
mélange de p-amidophénol et d'o-toluidine, est considéré, d'après
l'analyse de son produit de condensation avec l'acide chloracétique,
comme ayant la formule (Frank, *J. C. S.*, 1910, XCVII. 2044).

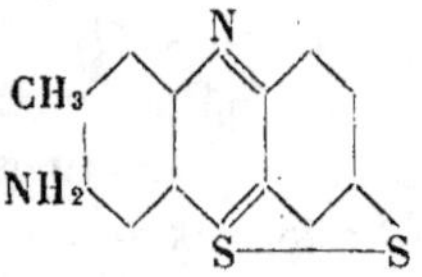

$$\text{N}$$
$$CH_3$$
$$NH_2$$
$$\text{S} \qquad \text{S}$$

Le tableau suivant donne les noms de quelques-uns des colorants les plus importants de cette série et les produits au moyen desquels on les fabrique.

Colorants	Préparé au moyen de	Firme et Brevets
Jaune immédial D	m.tolylène diamine.	Cassella, EP 11771 / 02
Jaune éclipse G.3G	mono et bi-formyl - nitrotoluidine ou m.tolylène diamine.	Geigy, EP 23,967 / 02
Jaune immédial GG	dehydrothiotoluidine	Cassella, EP 4092 / 06
Brun immédial B	p hydroxydinitrodiphénylamine [1]	Cassella, EP 25754 / 99
Orange immédial C	m.tolylène diamine	Cassella, EP 11898 / 02
Marron immédial B	aminohydroxyphénazine.	Cassella, EP 14836 / 00
Bleu thione B	p.nitro-o-amido-p'-hydroxydiphénylamine	Kalle, EP 19332 / 01
Bleu immédial C	p.hydroxy-o'p'-dinitrodiphénylamine.	Cassella, EP 25234 / 97
Bleu pur immédial	p diméthylamido-p'-hydroxydiphény-lamine.	Cassella, EP 16247 / 00
Indone immédial	indophénol du p.amidophénol et de l'o-toluidine	Cassella, EP 58 / 02
Bleu hydrone	indophénol du carbazol et du nitrosophénol	Cassella, EP 2918 / 09
Noir immédial NN	dinitrophénol	Cassella, EP 19831 / 96
Noir imméd! V extra	p.hydroxy-o'p'-dinitrodiphénylamine.	Cassella, EP 25234 / 97
Noir au soufre T extra	dinitrophénol.	Berlin Co, EP 1151 / 00
Noir de thiophénol Textra	dinitrophénol	Soç.ind.chimie Bâle. EP 13035 / 3

(1) On fait d'abord bouillir celle-ci avec un hydroxyde alcalin et le produit est alors traité comme d'ordinaire

Pour plus de détails sur les colorants au soufre, voir *Die Schwefelfarbstoffe, ihre Herstellung und Verwendung*, O. Lange, 1912, et *J. Soc. Dyers*, 1917, XXXIII. 9.

CHAPITRE XXIV

COLORANTS DÉRIVÉS DE LA XANTHONE

Le jaune indien ou Puiri est préparé à Monghyr (Indes) par évaporation de l'urine de vaches nourries au moyen de feuilles de mango.

Son constituant principal est le sel de magnésium de l'acide euxanthique, glycoside ayant comme formule

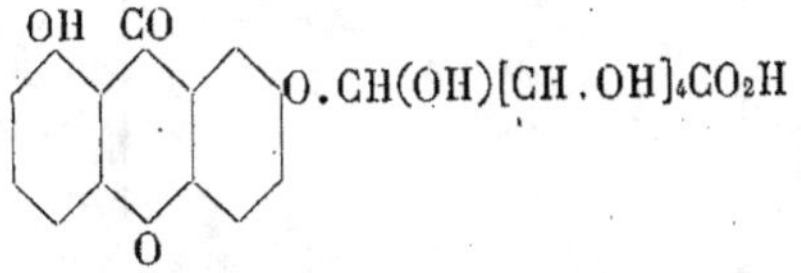

$$O.CH(OH)[CH.OH]_4CO_2H$$

et qui, par hydrolyse, se scinde en acide glycuronique et euxanthone, qui est une dihydroxyxanthone de formule

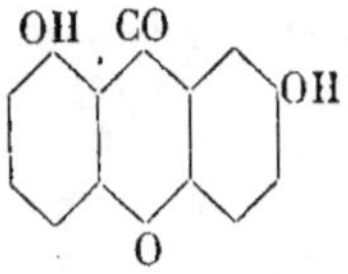

La synthèse de l'euxanthone est obtenue par la série suivante de réactions (Ullman et Panchaud, *Ann.*, 1906, CCCL. 108):

Le 2:6-dinitrotoluène est réduit à l'état de nitrotoluidine, dont le groupement amine est remplacé par le chlore suivant la réaction de Sandmeyer. L'autre groupement nitré est alors réduit et le groupement amine est remplacé par un hydroxyle en passant par la diazotation. Ce groupement hydroxyle est méthylé et le 1-chloro-6-

méthoxytoluène obtenu est transformé par oxydation en l'acide
benzoïque correspondant :

$$\text{NO}_2\text{-C}_6\text{H}_3\text{-CH}_3\text{-NO}_2 \rightarrow \text{NO}_2\text{-C}_6\text{H}_3\text{-CH}_3\text{-NH}_2 \rightarrow \text{NO}_2\text{-C}_6\text{H}_3\text{-CH}_3\text{-Cl} \rightarrow \text{NH}_2\text{-C}_6\text{H}_3\text{-CH}_3\text{-Cl} \rightarrow$$

$$\text{OH-C}_6\text{H}_3\text{-CH}_3\text{-Cl} \rightarrow \text{OCH}_3\text{-C}_6\text{H}_3\text{-CH}_3\text{-Cl} \rightarrow \text{OCH}_3\text{-C}_6\text{H}_3\text{-CO}_2\text{H-Cl}$$

L'acide 2-chloro-6-méthoxybenzoïque est alors condensé avec
l'éther monométhylique de l'hydroquinone en employant le cuivre
en poudre comme catalyseur et on obtient l'acide diméthoxyphényl-
salicylique

$$\text{OCH}_3\text{-C}_6\text{H}_3\text{-CO}_2\text{H-Cl} \quad + \quad \text{OH-C}_6\text{H}_4\text{-OCH}_3 \quad \rightarrow \quad \text{OCH}_3\text{-C}_6\text{H}_3\text{-CO}_2\text{H-O-C}_6\text{H}_4\text{-OCH}_3}$$

Avec l'acide sulfurique concentré celui-ci donne l'éther diméthylique de l'euxanthone

$$\text{OCH}_3\text{-C}_6\text{H}_3\text{-CO}_2\text{H-O-C}_6\text{H}_4\text{-OCH}_3} \quad = \quad \text{CH}_3\text{O·CO-C}_6\text{H}_2\text{-O-C}_6\text{H}_3\text{-OCH}_3}$$

qui fournit l'euxanthone par traitement au chlorure d'aluminium en
solution benzénique.

La synthèse de l'acide euxanthique a été faite à partir de l'euxanthone (Neuberg et Neimann, *Zeit. physiol. Chem.*, 1905, XLIV.
115) en condensant celle-ci avec la diacétylbromoglycuronolactone

$$\text{CHBr} \underset{\text{O} \longrightarrow \text{CH·CH(O·CO·CH}_3)}{\overset{\text{CH(OCOCH}_3)·\text{CH} \longrightarrow \text{O}}{\bigg\langle}} \bigg\rangle \text{CO}$$

(préparée au moyen de la glycuronolactone et du bromure d'acétyle)
au moyen du méthylate de potassium.

Colorants de la flavone et du flavonol.

En 1895 St. von Kostanecki publia ses recherches sur la nature et la synthèse de certaines matières colorantes naturelles qui, sous le nom de quercétine, de fisétine, de lutéoline, de rhamnétine, etc., étaient employées depuis longtemps comme colorants à mordant. V. Kostanecki réussit à établir que ces colorants étaient des dérivés de la flavone et du flavonol

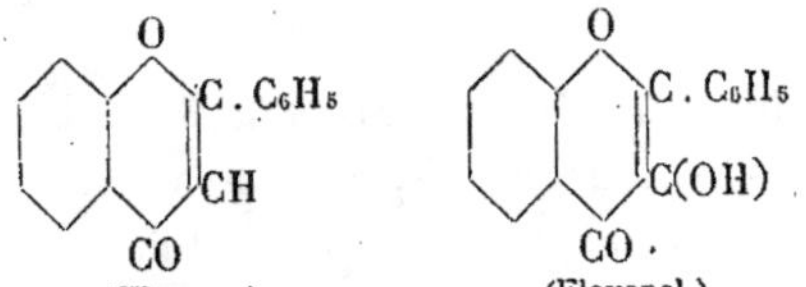

(Flavone.)   (Flavonol.)

et en prépara plusieurs synthétiquement.

Les colorants suivants sont les plus importants de ce groupe: La *quercétine*

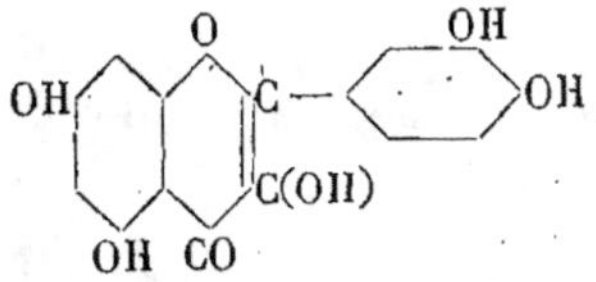

qui est le principe colorant du quercitron a été préparée synthétiquement de la façon suivante (Kostanecki et Tambor, *Ber.*, 1904, XXXVII. 793 ; Kostanecki, Lampe et Tambor, *ibid.*, 1402):

La 2′-hydroxy-4′ : 6′ : 3 : 4-tétraméthoxychalkone est chauffée en solution alcoolique avec de l'acide chlorhydrique dilué pendant 24 heures. Il se produit de la 5 : 7 : 3′ : 4′-tétraméthoxyflavanone.

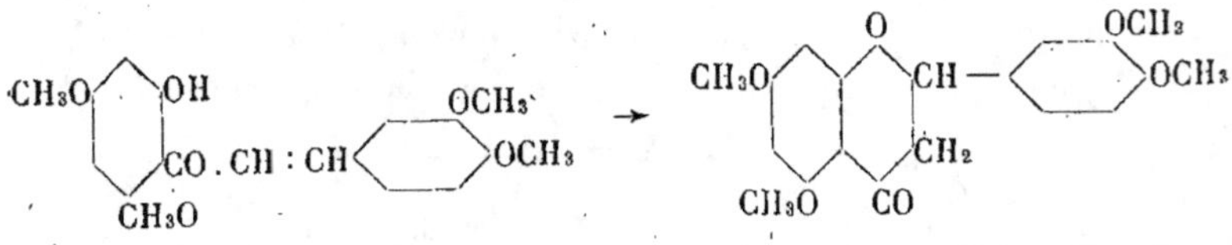

Le dérivé isonitrosé de ce dernier fournit, par ébullition avec de l'acide acétique contenant de l'acide sulfurique, le 5 : 7 : 3′ : 4′-tétraméthoxyflavonol

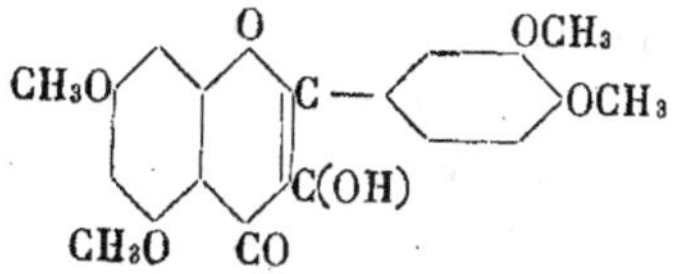

$$CH_3O \quad O \quad OCH_3$$
$$C - OCH_3$$
$$CH_3O \quad C(OH)$$
$$CO$$

et celui-ci, traité par l'acide iodhydrique, donne le $5:7:3':4'$-tétra-hydroxyflavonol qui est identique à la quercétine naturelle

La *fisétine*

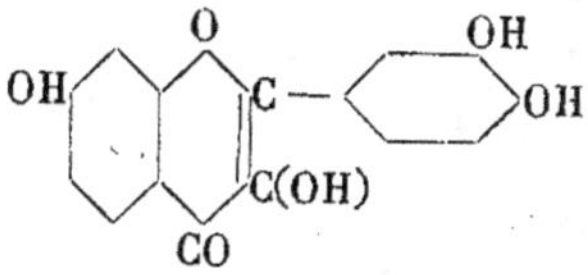

$$OH \quad O \quad OH$$
$$C - OH$$
$$C(OH)$$
$$CO$$

principe colorant du fustet jeune, a été préparée synthétiquement comme suit (Kostanecki, Lampe et Tambor, *Ber.*, 1904, XXXVII. 784):

L'éther monoéthylique de la résacétophénone et la vératraldéhyde sont condensés et donnent la $2'$-hydroxy-$4'$-éthoxy-$3:4$-diméthoxy-chalkone

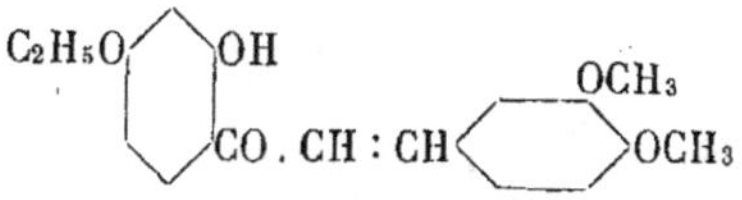

$$C_2H_5O \quad OH$$
$$OCH_3$$
$$CO . CH : CH \quad OCH_3$$

qui, par ébullition avec l'acide sulfurique alcoolique et ensuite avec l'alcool absolu, fournit la 7-éthoxy-$3':4'$-diméthoxyflavanone

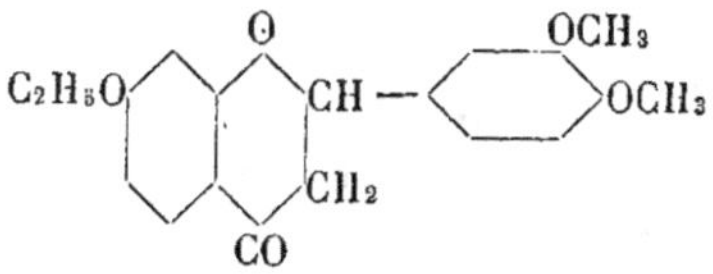

$$C_2H_5O \quad O \quad OCH_3$$
$$CH - OCH_3$$
$$CH_2$$
$$CO$$

On fait bouillir le composé isonitrosé de ce corps avec une solution acétique d'acide sulfurique, ce qui le convertit en 7-éthoxy-$3':4'$-diméthoxyflavonol

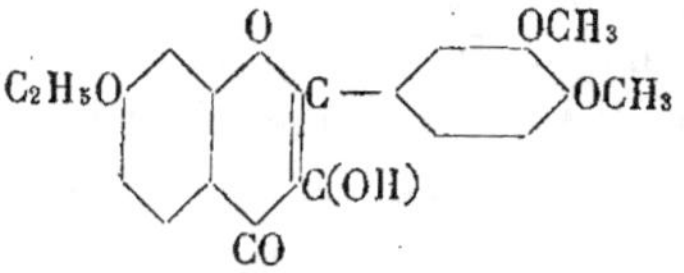

$$C_2H_5O \quad O \quad OCH_3$$
$$C - OCH_3$$
$$C(OH)$$
$$CO$$

Celui-ci, par ébullition avec l'acide iodhydrique fournit le 7 : 3' : 4'-trihydroxyflavonol ou fisétine (voir aussi Kostanecki et Nitkowski, *Ber.*, 1905, XXXVIII. 3587).

La *chrysine* fut découverte dans les bourgeons du peuplier par Piccard qui lui attribua la formule brute $C_{15}H_{10}O_4$. Piccard trouva également que par ébullition avec la potasse elle était décomposée en phloroglucine, acide benzoïque, acide acétique et acétophénone

La synthèse en fut réalisée de la façon suivante (Kostanecki et Lampe, *Ber.*, 1904, XXXVII. 3167):

La 5 : 7-diméthoxyflavanone est transformée en dérivé tribromé

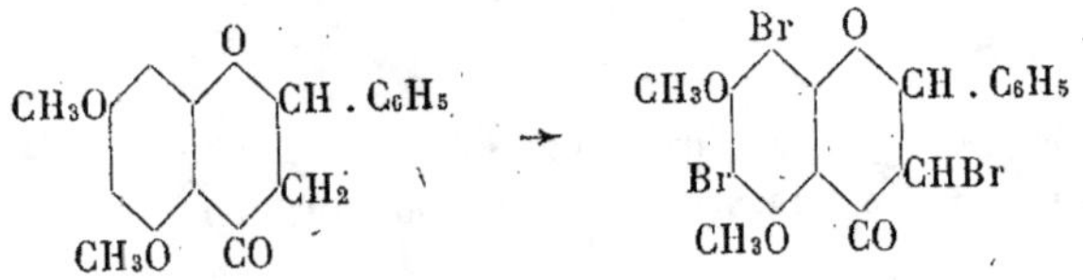

qui, traité par la potasse alcoolique, donne la 6 : 8-dibromo-5 : 7 diméthoxyflavone

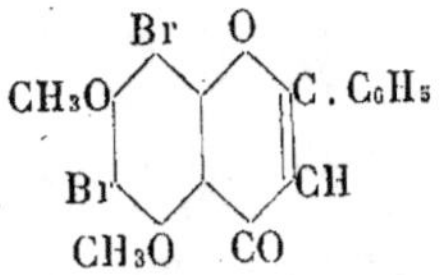

et celle-ci, chauffée avec l'acide iodhydrique, donne la chrysine

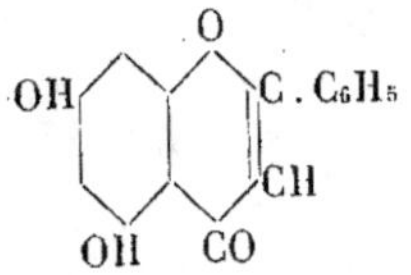

L'apigénine est obtenue par hydrolyse de l'apiine, glycoside qui se rencontre dans le persil ; sa synthèse a été réalisée comme suit (Kostanecki, Oenicke et Tambor, *Ber.*, 1904, XXXVII. 792 ; voir aussi Czajkowski, Kostanecki et Tambor, *ibid.*, XXXIII. 1988);

L'éther diméthylique de la phloracétophénone et l'aldéhyde anisique sont condensés pour donner la 2'-hydroxy-4' : 6' : 4-triméthoxychalkone

$$CH_3O \diagdown OH \quad CO.CH_3 \quad .CH_3O \quad + \quad CHO - \langle \rangle - OCH_3$$

$$\rightarrow \quad CH_3O \diagdown OH \quad -CO.CH:CH-\langle \rangle OCH_3 \quad CH_3O$$

qui, avec l'acide sulfurique alcoolique, donne la 5 : 7 : 4'-triméthoxyflavanone

$$CH_3O \diagdown O \quad CH-\langle \rangle OCH_3 \quad CH_2 \quad CH_3O \quad CO$$

Le dérivé tribromé de celle-ci donne avec la potasse alcoolique la 6 : 8-dibromo-5 : 7 : 4'-triméthoxyflavone

$$Br \quad O \quad CH_3O \diagdown C-\langle \rangle OCH_3 \quad Br \quad CH \quad CH_3O \quad CO$$

qui, par l'acide iodhydrique, est converti en 5 : 7 : 4'-trihydroxyflavone ou apigénine

$$OH \diagdown O \quad C-\langle \rangle OH \quad CH \quad OH \quad CO$$

La *lutéoline*, principe colorant de l'extrait de la gaude est la 5 : 7 : 3' : 4'-tétrahydroxyflavone. Sa synthèse a été obtenue par la série suivante de réactions (Fainberg et Kostanecki, *Ber.*, 1904, XXXVII. 2625 ; voir aussi Diller et Kostanecki, *ibid.*, 1901, XXXIV. 1449) :

La 5 : 7 : 3' : 4'-tétraméthoxyflavanone

est transformée, en passant par le dérivé tribromé, en dibromotétra-méthoxyflavone

qui, avec l'acide iodhydrique, donne la lutéoline

La *morine*, qui se rencontre dans le fustet, a comme structure

Sa synthèse a été faite en partant de la 2′-hydroxy-4′ : 6′ : 2 : 4-tétraméthoxychalkone

qui est transformée, par condensation avec l'acide chlorhydrique alcoolique, en 5 : 7 : 2′ : 4′-tétraméthoxyflavanone

Le dérivé isonitrosé de ce corps donne, avec un mélange d'acides acétique et sulfurique, un composé tétraméthoxylé qui, par l'acide iodhydrique, est transformé en 5 : 7 : 2' : 4'-tétrahydroxyflavonol ou morine (Kostanecki, Lampe et Tambor, *Ber.*, 1906, XXXIX. 625). On trouvera d'autres renseignements relatifs aux colorants naturels dans *Die chemie der natürlichen Farbstoffe* de Rupe et dans le *Biochemisches Handlexikon* de Abderhalden, vol. VI).

CHAPITRE XXV

REVUE SUCCINCTE DES COLORANTS SYNTHÉTIQUES

(Voir Dr H. Caro, *Ueber die Entwicklung der Theerfarbenindustrie*. Berlin, 1893).

Les premiers colorants synthétiques furent l'acide picrique, préparé en 1771 par Woulfe au moyen de l'indigo et de l'acide nitrique; et l'acide rosolique (aurine) découvert par Runge en 1834. Cependant aucun de ces composés ne fut fabriqué sur une échelle industrielle vu le prix alors considérable des produits dont ils dérivaient, et ce ne fut qu'en 1855 qu'une méthode industrielle fut introduite pour la production de l'acide picrique en partant du goudron.

Toutefois l'ère des colorants synthétiques date de la découverte de la mauvéine en 1856, par W. H. Perkin et de sa fabrication industrielle en 1857 par Perkin et fils à Greenford Green, près de Londres.

La découverte faite par Perkin de la possibilité d'obtenir une matière colorante par l'oxydation de l'aniline conduisit à étudier la façon dont cette base se comporte vis-à-vis de divers agents oxydants, ce qui amena Verguin, en 1859, à préparer la fuchsine par l'oxydation de l'aniline brute au moyen du chlorure d'étain, et à fabiquer ce produit avec le concours de la firme Renard frères de Lyon.

La fuchsine avait cependant été préparée antérieurement par Natanson en 1856 au moyen de l'aniline et du chlorure d'éthylène, et, en 1858, par A. W. Hofmann au moyen de l'aniline et du tétrachlorure de carbone.

En 1860 Nicholson, Girard et de Laire introduisirent la préparation de la fuchsine par oxydation de l'aniline au moyen de l'acide arsénique ; et, la même année, Girard et de Laire fabriquèrent le premier colorant synthétique bleu — le bleu de rosaniline — en traitant la fuchsine par l'aniline.

Hofmann ayant déterminé la nature de cette réaction, c'est-à-dire la phénylation de la rosaniline, fut conduit à essayer l'effet de l'introduction de groupements alkyles au lieu de groupements phényles dans la molécule de rosaniline et, par ce moyen, il prépara le violet de Hofmann en 1863.

En 1862, Nicholson découvrit le fait important que le bleu de rosaniline pouvait être converti en acide sulfonique par traitement de ce corps au moyen de l'acide sulfurique et que le sel de sodium de cet acide sulfonique était soluble dans l'eau ; le bleu de rosaniline soluble (bleu à l'eau, bleu de Nicholson) fut, la même année, fabriqué par la firme de Simpson, Maule et Nicholson et, à la même époque, le noir d'aniline fut préparé par Lightfoot.

Dès 1861, Lauth avait préparé le violet de méthyle en traitant la diméthylaniline par des agents oxydants ; mais ce ne fut qu'en 1866 que, en colaboration avec Ch. Bardy, il introduisit une méthode pour la préparation industrielle de la diméthylaniline et, par conséquent, du violet de méthyle qui, en 1867, fut fabriqué par Poirrier et Chappat. Ce colorant remplaça rapidement le violet de Hofmann.

Le premier colorant vert synthétique fut le vert à l'aldéhyde découvert en 1862 par Cherpin ; mais il fut bientôt remplacé par le vert à l'iode (Keisser, 1866) qui, à son tour, fut supplanté par le vert méthyle obtenu par l'action du chlorure de méthyle sur le violet méthyle (Wischin, 1873).

Pendant cette période Nicholson (1861) isola la chrysaniline de la fuchsine et son nitrate fut fabriqué sous le nom de phosphine.

Le procédé au nitrobenzène pour la fabrication de la fuchsine fut découvert en 1866 par Coupier qui fut ainsi conduit, l'année suivante, à préparer la première induline soluble.

Une induline soluble dans l'alcool avait toutefois été préparée en 1863 par Dale et Caro.

Pendant la décade 1860-1870, on vit également apparaître le brun Bismarck (Martius, 1863), le jaune de Martius (1864), l'orangé palatin (1869) et le rouge de Magdala (Clavel, 1868).

Dans l'entretemps, la théorie du benzène avait été établie par

Kekulé et ouvrait une ère nouvelle pour la fabrication des colorants synthétiques. Les premières recherches empiriques furent suivies de synthèses étudiées scientifiquement et la constitution et le mode de préparation des différents composés déjà obtenus furent élucidés progressivement.

Le premier exemple d'une telle synthèse fut donné par la production synthétique de l'alizarine par Graebe et Liebermann en 1868; la fabrication industrielle par la méthode de Graebe, Liebermann et Perkin fut réalisée en 1869.

Tandis que l'attention des chimistes se portait surtout sur la synthèse de l'alizarine, une autre catégorie de colorants — les composés azoïques — faisait son apparition dans le commerce en 1876.

Les composés azoïques eux-mêmes avaient été découverts auparavant par Griess et leur constitution avait été élucidée par Kékulé; bien plus, un corps de ce groupe — le brun Bismarck — avait déjà été préparé depuis 1863 sur une échelle industrielle. Mais ce ne fut qu'en 1875 que Caro découvrit la chrysoïdine et montra également l'intérêt technique de la méthode de Griess de préparation des composés azoïques.

La même année Roussin prépara les orangés, et Liebermann et Ullrich réussirent à transformer l'alizarine en son acide sulfonique.

Au début de l'introduction des colorants azoïques, on considéra que seuls des colorants orangés et jaunes pouvaient être obtenus par ce moyen. Mais la découverte du rouge solide A par Caro, en 1878, prouva que cette idée était fausse.

Cette année vit également l'introduction d'un certain nombre de colorants importants, entre autres, le bleu d'alizarine, le vert malachite et les ponceaux.

Dans la préparation de ce dernier on employa pour la première fois industriellement le naphtol et les acides naphtylaminesulfoniques et leur grande importance comme seconds composants dans la préparation des couleurs azoïques fut mise en lumière.

La fabrication industrielle de la galléine et de la céruléine débuta également en 1878. Ces colorants avaient été préparés antérieurement par Baeyer en 1871.

Dans tous les composés azoïques mentionnés plus haut le groupement sulfonique joue un rôle important et l'application de la méthode de sulfonation de Nicholson à d'autres corps de la série du triphénylméthane permit à Caro en 1887 de préparer la fuchsine à l'acide, le violet à l'acide, etc.

Le premier colorant disazoïque — l'écarlate de Biebrich — fut préparé par Nietzki en 1879 et, la même année, Caro prépara l'important colorant nitré, le jaune de naphtol S.

En 1880, Baeyer acheva la synthèse de l'indigo et, en 1883, l'introduction du phosgène donna naissance aux couleurs au phosgène (Caro et Kern). Le premier de ces colorants — le violet cristallisé — apparut en cette année et fut suivi par nombre de matières colorantes de la même classe.

En 1884, Böttiger découvrit le fait que le rouge Congo était substantif pour le coton — découverte qui donna l'essor à la préparation, dans la décade suivante, d'un grand nombre de composés azoïques dérivés de la benzidine et de bases analogues et qui constituent le groupe important des colorants azoïques substantifs pour coton.

Cette même année on prépara la tartrazine.

En 1888, Bohn découvrit la propriété de l'acide sulfurique fumant d'introduire des groupes hydroxyles dans l'alizarine et ses dérivés et, l'année suivante, cette propriété fut appliquée à la préparation, par R. Schmidt, d'un certain nombre de colorants intéressants.

La même année, les oxazines furent introduites, avec les rosindulines, par Fischer et Hepp.

En 1899, la formaldéhyde fut appliquée à la synthèse de colorants par les Höchster Farbwerke et conduisit non seulement à la synthèse de corps nouveaux de la série du triphénylméthane tels que la nouvelle fuchsine, mais aussi à la préparation de colorants de la pyronine et de l'acridine.

A cette époque la méthode de production de composés azoïques directement sur la fibre fut révélée par la découverte de la primuline, en 1887, par Green.

L'année 1897 marque l'introduction de l'indigo synthétique par la Société Badoise, et les procédés ont été depuis lors tellement améliorés que vraisemblablement le produit naturel sera finalement supplanté.

Les dérivés halogénés (en particulier bromés) de l'indigo ont été préparés et sont maintenant beaucoup utilisés en teinture.

Ces dernières années, de grands progrès ont été faits dans la synthèse des colorants de cuve (teignant comme l'indigo). Le premier colorant rouge de cuve de cette catégorie fut le rouge de thioindigo, découvert par Friedländer et mis sur le marché en 1906. Il fut suivi en 1907 par l'écarlate de thioindigo. Des colorants de cuve de la série anthracénique ont aussi été fabriqués en grand, dont le plus important est sans aucun doute l'indanthrène. Une grande activité a également été déployée récemment dans la fabrication des colorants au soufre. Nous citerons parmi les plus importants le noir au soufre T et les bleus et les noirs immédials. La constitution de ces corps n'a cependant pas encore été élucidée.

On verra ainsi que la tendance générale dans l'industrie des colorants est actuellement dirigée vers la production de matières colorantes solides et il semble que c'est dans le champ des colorants de cuve que l'on doive trouver ceux qui répondent à cette condition.

DEUXIEME PARTIE

PRATIQUE

CHAPITRE XXVI

LE LABORATOIRE TECHNIQUE[1]

Le laboratoire technique diffère en certains points du laboratoire qu'on trouve dans les universités et les écoles techniques et, bien que les préparations et les opérations techniques décrites dans les pages suivantes puissent être effectuées toutes dans un laboratoire scientifique ordinaire, nous croyons devoir donner ici quelques détails relatifs à la disposition et à l'équipement d'un laboratoire destiné à des travaux purement techniques pour les cas où l'on aurait à établir un tel laboratoire, soit dans une usine, soit dans une grande école de chimie (La disposition et la construction de laboratoires de chimie et leurs aménagements sont admirablement décrits par Russell, *The Planning and Fitting-up of Chemical and Physical Laboratories*, Batsford, London, 1903).

D'abord l'espace réservé à chaque travailleur doit être plus grand qu'il ne l'est généralement, même dans les bons laboratoires scientifiques. Non seulement le travail est exécuté sur une échelle plus grande, mais l'étudiant ou le chimiste techniciens pourront souvent avoir une demi-douzaine d'expériences en marche en même temps. Ainsi il mettra peut-être un essai de sulfonation en train au com-

---

1. Le terme « technique » employé ici est restreint évidemment à la partie de la chimie appliquée dont nous nous occupons spécialement.

mencement de la journée, essai qui ne réclamera qu'un peu d'attention pour le réglage de la température. Une condensation exigeant un ballon et un réfrigérant à reflux tient une place sérieuse dans le laboratoire et elle se poursuit généralement pendant plusieurs heures sans exiger d'autre attention que la prise d'un échantillon de temps en temps. Pendant la matinée également il y aura plusieurs substances abandonnées le jour précédent à filtrer à la trompe; et, finalement, il peut être nécessaire d'agiter mécaniquement peut-être une demi-douzaine, ou plus, de flacons qui, à eux seuls occupent une table ordinaire d'étudiant. Il est souvent très commode aussi de réserver pour les analyses une table ou une partie de table sur laquelle se trouveront plusieurs burettes renfermant les solutions titrées, et à côté de laquelle se trouveront une ou plusieurs planches où sont disposés les produits chimiques et les réactifs le plus généralement employés. En outre, le laboratoire comportera au moins une grande hotte, un grand évier avec planche et broches à égoutter et suffisamment de place pour disposer un ou plusieurs autoclaves ou autres appareils importants. De larges planches seront fixées sur les murs autour du laboratoire ou à un endroit convenable, pour y mettre de grands flacons et de grandes boîtes en fer-blanc ainsi que des appareils. S'il n'y a pas d'atelier ou de laboratoire de teinture à proximité du laboratoire technique, il faudra aussi prévoir un bain-marie.

Les tables peuvent être construites en pitchpin ou en bois blanc d'Amérique peint et elles seront munies de tiroirs pour les bouchons, les papiers réactifs, le papier-filtre, etc., et, en dessous, elles comporteront une large planche. Le dessus de la table peut être en teck mais, dans les laboratoires techniques, on le fait souvent en bois ordinaire garni de plomb. Dans ce cas, une baguette en bois dur est vissée au bord de la table, dépassant celle-ci de 20 millimètres environ et le plomb est étendu sur le dessus de la table. Si celle-ci est double, c'est-à-dire disposée pour travailler des deux côtés, une rigole d'évacuation est ménagée au milieu pour l'eau venant des turbines, des réfrigérants, etc. Si la table est placée contre le mur, cette rigole sera placée près de celui-ci.

Le laboratoire doit naturellement être muni des raccordements ordinaires pour le gaz et l'eau; dans certains cas, il est utile également d'avoir l'électricité pour les travaux d'électrolyse et pour alimenter de petits moteurs actionnant des agitateurs, etc.; enfin, on peut d'ordinaire avoir facilement de la vapeur à sa disposition, surtout dans les usines.

Les tuyaux à gaz sont disposés sur les bords des tables et munis de robinets placés à des distances convenables, auxquels on puisse rattacher des tuyaux de caoutchouc. Dans le cas des tables recouvertes de plomb comme il a été dit plus haut, chaque branchement du tuyau à gaz est soigneusement recourbé au-dessus de la baguette de bois; mais lorsqu'il s'agit d'une table ordinaire dont le dessus est en bois et sans rebord, on fait une échancrure semi-circulaire (d'un diamètre de 7 à 8 centimètres) par où passe le tuyau à gaz, de telle façon que celui-ci ne dépasse nulle part le niveau de la table. Cette disposition est de loin la meilleure pour les tuyaux à gaz car, en cas d'accident, le robinet est facilement fermé, puisqu'il se trouve au bord de la table; de même il n'y a pas de danger d'accident provoquant la rupture de flacons de verre, etc., par suite du contact avec un jet de gaz enflammé (c'est la disposition adoptée dans les laboratoires de chimie à Heidelberg).

A côté de la canalisation de gaz ordinaire, il faut avoir une ou deux conduites particulièrement importantes, fixées autant que possible sur un mur libre, et auxquelles on puisse raccorder un grand brûleur Fletcher pour chauffer des autoclaves, des grandes capsules, etc. Une trompe et un agitateur mécanique devront être aménagés pour chaque travailleur.

La meilleure disposition pour la trompe, nécessaire pour les filtrations et toutes opérations à faire sous pression réduite, consiste à souder un tuyau à eau à une trompe métallique. Ces trompes (qui coûtent environ 3 sh.) ne peuvent pas être convenablement raccordées à la conduite d'eau au moyen d'un tuyau de caoutchouc. Un bout de tuyau de caoutchouc ordinaire est attaché au tube d'évacuation d'eau de la trompe et un tuyau de caoutchouc à parois épaisses — tube à vide — est raccordé au tube latéral. Le tube de caoutchouc à vide est connecté directement avec le flacon à filtrer ou avec un ou plusieurs T munis de robinets en verre de façon à permettre de faire plusieurs opérations en même temps. Dans les laboratoires déjà installés où rien n'a été prévu pour la filtration sous pression

réduite, il est extrêmement commode d'attacher à la trompe métallique, au moyen d'un court tuyau de plomb, un raccord en laiton
garni de caoutchouc qui permette de l'attacher temporairement à la
conduite d'eau quand c'est nécessaire. Le raccord sera naturellement
fixé de façon étanche sur le bout du tuyau à eau. De cette façon une
demi-douzaine de trompes permet-
tront à un grand nombre de travail-
leurs de filtrer dans le vide à leur table
(voir *fig*. 1).

Pour mettre en mouvement les
agitateurs mécaniques, on se servira
soit d'une turbine à eau soit d'un moteur électrique.

Dans le premier cas, une petite turbine Rabe est fixée de façon perma-
nente en un endroit convenable et
raccordée à la canalisation d'eau au
moyen d'un tuyau de plomb qui y est
soudé, ou bien un raccord en laiton

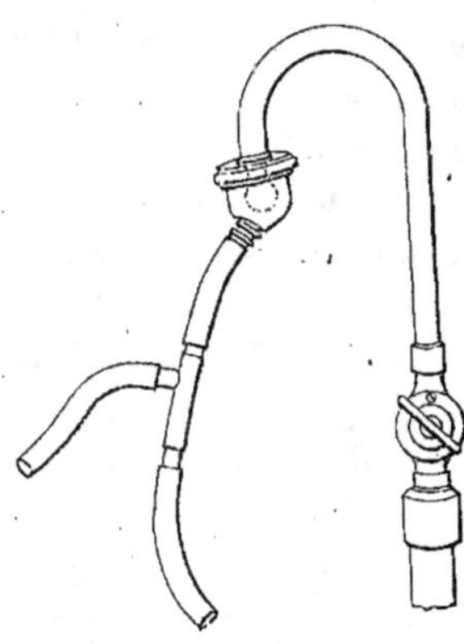

Fig. 1.

garni de caoutchouc est soudé au tube d'entrée d'eau de la turbine,
de façon que celle-ci puisse être fixée à n'importe quel tuyau d'eau
dans le laboratoire. Un tube de caoutchouc de fort diamètre est
attaché au tube de sortie de la turbine pour l'évacuation de l'eau.

Si l'on se sert d'un petit moteur électrique, on le fixe en un
endroit convenable de la table de travail.

L'agitateur consiste en une baguette de verre courbée de façon
convenable, dont la partie droite traverse des bouchons fixés dans
l'axe creux d'une roue en bois à gorges (voir *fig*. 2). Le tout est
maintenu solidement dans la pince d'un support à cornue par un tube
en laiton (ou en verre) à travers lequel passe la baguette de verre.
Le frottement entre la roue et le sommet du tube est évité par
l'interposition d'une pièce en étain, taillée comme l'indique la figure
et dont les quatre bras sont recourbés à angle droit vers le centre
(*fig*. 2, *a*). L'agitateur est mû au moyen du moteur ou de la turbine
par l'intermédiaire d'une corde en caoutchouc servant de courroie.
On choisit un morceau de corde de caoutchouc solide d'environ
1 mètre de long et on coupe les extrémités à angle très aigu. Les

extrémités effilées sont mises l'une contre l'autre et liées solidement avec du bon fil. Si la ligature est bien faite, la corde résistera très bien à l'usage. Plusieurs agitateurs peuvent facilement être mis en marche en même temps en les mettant en série au moyen de courroies.

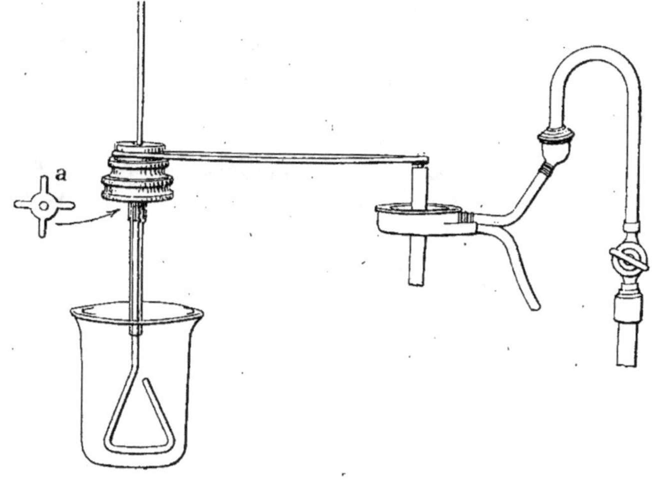

Fig. 2.

Une annexe très nécessaire pour un laboratoire technique est la bibliothèque. Elle doit contenir les livres-types sur la matière ainsi que les périodiques spéciaux à cette branche de la chimie appliquée.

La liste suivante signale les ouvrages les plus importants sur la question.

1. — Littérature générale (non comprise la littérature des brevets).

Lunge, *Coal-Tar and Ammonia*, 1916.

Warner, *Coal-Tar Distillation*, 1913.

Lunge, *Technical Methods of Chemical Analysis*, traduction anglaise éditée par Keane, vol. II, 2e part., 1911.

Nietzki (traduit par Collin et Richardson), *Chemistry of the Organic Dyestuffs*, 1892.

Harmsen, *Die Fabrikation der Theerfarbstoffen und ihrer Rohmaterialien*, 1889.

Schultz, *Die Chemie des Steinkohlentheers*, 3ᵉ éd., 1900-1901.

Ristenpart, *Chemische Technologie der organischen Farbstoffe*, 1911.

Georgievics, *Lehrbuch der Farbenchemie*, 1913.

Bucherer, *Lehrbuch der Farbenchemie*, 1914.

Seyewetz et Sisley, *Chimie des matières colorantes artificielles*, 1896.

L. Lefèvre, *Les Matières colorantes artificielles*, 1896.

Wahl, *L'industrie des matières colorantes organiques*, 1912.

Meldola, *Coal and what we get from it*, S. P. C. K., 1905.

Schultz et Julius (traduit et annoté par Green), *Survey of the Organic Colouring Matters*, 1904.

Thorpe, *Dictionary of Applied Chemistry* (nouvelle édition, 1912). Articles spéciaux.

II. — Ouvrages spéciaux.

Reverdin et Fulda, *Tabellarische Uebersicht der Naphtalin-derivate*, 1894.

Täuber et Norman, *Derivate des Naphtalins*, 1896.

Walter, *Aus der Praxis der Anilinfarbenfabrikation*, 1903.

Mühlhäuser, *Die Technik der Rosanilinfarbstoffen*, 1889.

Lange, *Die Schwefelfarbstoffe, ihre Herstellung und Verwendung*, 1912.

Felsen, *Der Indigo und seine Konkurrenten*, 1909.

Felsen, *Türkischrot und seine Konkurrenten*, 1911.

Staeble, *Die neueren Farbstoffe der Pigmentfarben-Industrie*, 1910.

Heermann, *Koloristische und textilchemische Untersuchungen*, 1903.

Schwalbe, *Benzol-tabellen*, 1903.

Rawson, Gardner et Laycock, *Dictionary of Dyes, etc.*, 1901.

Knecht, Rawson et Loewenthal, *A manual of Dyeing*, 2ᵉ édition, 1910.

Mulliken, *Identification of the Commercial Dyestuffs*, 1910.

Green, *The Analysis of Dyestuffs*, 1915.

Binz, *Verwendung der wichtigeren Organischen Farbstoffe,* 1905.

Gardner, *The British Coal-Tar Industry*, 1915.

III. — OUVRAGES TRAITANT SPÉCIALEMENT DES BREVETS.

Heumann, Friedländer et Schultz, *Die Anilinfarben und ihrer Fabrikation*.

Friedländer, *Fortschritte der Theerfarbenfabrikation*, plusieurs volumes parus depuis 1877.

Winther, *Patente der Organischen Chemie*, 1908.

English Patents Abridgments, class 2.

IV. — PÉRIODIQUES.

Journal of the Chemical Society.

Journal of the Society of Chemical Industry.

Journal of the Society of Dyers and Colourists.

The Dyer.

Zeitschrift für Farben und Textil Industrie.

Revue générale des matières colorantes.

Un bon choix des livres ci-dessus serait Meldola, Warner, Wahl, Green (Analyse) et Gardner.

Harmsen donne de bons renseignements sur les appareils employés dans l'industrie, tandis que Nietzki est plutôt un ouvrage théorique ; la 5e édition allemande (*Chemie der organischen Farbstoffe*) a paru en 1906.

Schultz donne des renseignements très complets sur les matières premières (vol. 1) et sur les matières colorantes (vol. 2) obtenues en partant du goudron.

Lefèvre et, à un moindre degré, Seyewetz et Sisley donnent une longue suite de couleurs connues.

Schultz, Julius et Green donnent une liste de tous les colorants connus avec leurs formules et la bibliographie. Green a ajouté à sa traduction de l'original allemand une introduction instructive traitant des matières premières. Une 5e édition allemande (Schultz, *Farbstofftabellen*) a été publiée en 1914.

Les articles spéciaux de la nouvelle édition du *Dictionary of Applied Chemistry* de Thorpe seront consultés avec profit.

Parmi les livres spéciaux, Täuber et Norman traitent d'une façon très complète des dérivés de la naphtaline employés dans l'industrie, et Schwalbe décrit de la même façon les composés de la série benzénique employés dans la pratique. Walter décrit en détail la fabrication de la safranine.

Pour les brevets, les ouvrages allemands les reproduisent en les classant de façons différentes.

Opérations générales.

A côté des opérations ordinaires que l'étudiant ou le chimiste connaît déjà[1], il y en a d'autres qui sont plus spécialement appliquées aux travaux techniques. Aussi les décrirons-nous ici (voir aussi Wolfrum, *Chemisches Praktikum*, Theil II, Engelman, 1903).

Préparation des produits. — Dans presque toutes les préparations chimiques, on peut gagner beaucoup de temps en amenant les produits solides à un état de grande division. Même si la substance à employer doit être dissoute dans un dissolvant où elle est facilement soluble et si on emploie de grandes quantités de ce dissolvant, la dissolution complète exige beaucoup de temps. Pour les substances dures, le mieux est de les pulvériser dans un mortier et ensuite de cribler la poudre à travers un tamis en fils fins ou en cheveux. Cependant la plupart des matières organiques employées dans les préparations suivantes peuvent être facilement réduites en poudre

1. Hewitt, *Organic Chemical Manipulation*, Whittaker et Co.
Garrett et Harden, *Elementary Course of the Practical Organic Chemistry*, Longmans, Green et Co.
Cohen, *Practical Organic Chemistry for Advanced Students*, Macmillan.
Gattermann et Schober, *Practical Methods of Organic Chemistry*, Macmillan.
Lassar-Cohn et Smith, *Laboratory Manuel of Organic Chimistry*, Macmillan.
Voir aussi Lassar-Cohn, 4e édition allemande.

en les broyant dans un moulin à café ordinaire en métal. Lorsqu'on a à mettre en solution une substance qui se dissout facilement dans l'eau chaude — comme, par exemple, l'α-naphtylamine ou le phénol — il n'est évidemment pas nécessaire de la pulvériser au préalable.

Dans tous les cas, l'emploi de la soude caustique en poudre que l'on peut actuellement se procurer aisément, est préférable à celui de la soude en bâtons ou en morceaux.

La poudre de zinc sera passée à travers un tamis fin avant d'être employée et la poudre de fer, presque aussi fine que la poudre de zinc et qu'on trouve chez la plupart des agents en produits chimiques, est fort employée pour faire des réductions dans des cas où, au laboratoire, le fer en fil n'est presque pas employable.

Chauffage. — Le cas le plus simple qui se présente dans les laboratoires techniques est celui où l'on a à maintenir à l'ébullition le contenu d'un ballon. Le ballon est ordinairement muni d'un bouchon percé d'un trou pour livrer passage au tube intérieur d'un réfrigérant. Parfois aussi, un second trou permet d'introduire un thermomètre ou un tube de verre. Autant que possible, le réfrigérant est maintenu incliné de façon que l'humidité qui se condense sur la paroi extérieure ne retombe pas sur le ballon chaud, ce qui pourrait en amener la rupture. Le ballon est placé soit sur un bain de sable qui est chauffé directement au moyen d'un bec Bunsen, soit sur l'anneau d'un bain-marie. Lorsqu'il est nécessaire d'agiter fréquemment le ballon, on fait passer un tube de verre court et de fort diamètre à travers le bouchon et on le relie au condenseur à reflux au moyen d'un bout de tuyau de caoutchouc de 10 centimètres.

Dans beaucoup de cas, par exemple dans les sulfonations, il est nécessaire de maintenir le ballon à température constante pendant plusieurs heures. Ce résultat est obtenu en chauffant au moyen d'un bain convenable d'eau, de solution de chlorure de calcium ou d'huile, qui est maintenu à la température convenable au moyen d'un thermorégulateur. Celui-ci est construit de la façon suivante : un tube de verre de 8 à 10 millimètres de diamètre est recourbé en demi-cercle et fermé à l'une de ses extrémités. A l'extrémité ouverte est scellé un tube capillaire de diamètre convenable qui est recourbé à angle droit perpendiculairement au plan du tube circulaire. Ce dernier reste au fond du bain et le tube capillaire sort de celui-ci et est de nouveau recourbé à angle droit au-dessus de la surface ; il est alors réuni au régulateur de gaz. Celui-ci consiste en un tube en U dont chaque branche porte un tube latéral et dont l'une des extrémités est fermée par un robinet surmonté d'un petit entonnoir (voir *fig.* 3). On verse du mercure dans le tube jusqu'à la hauteur indiquée sur

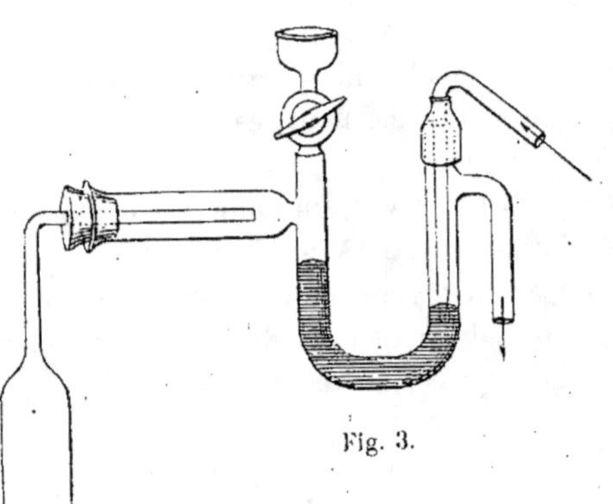

Fig. 3.

la figure et le régulateur est mis en communication avec le tube circulaire par l'intermédiaire d'un des tubes latéraux, tandis que l'autre est relié au brûleur au moyen d'un tuyau de caoutchouc. Le tube de verre amenant le gaz au régulateur est amené à toucher la surface du mercure. Son extrémité inférieure est taillée à angle aigu de telle façon que, si le niveau du mercure monte ou s'abaisse, l'arrivée de gaz soit réglée graduellement. Le tube circulaire en verre est rempli d'air (pour les hautes températures) ou d'une solution de chlorure de calcium à 10 pour 100.

Pour que la flamme ne s'éteigne jamais, on ménage un by-pass en réunissant les tubes d'entrée et de sortie du gaz au moyen d'un troisième tuyau de caoutchouc portant une pince à vis ; mais il vaut peut-être mieux avoir au-dessus du bunsen un petit brûleur indépendant fait au moyen d'un chalumeau ou d'un tube de cuivre de petit diamètre. Grâce à ce dispositif, un bain peut aisément être maintenu pendant assez longtemps à une température ne variant pas de plus de deux degrés.

Il est souvent nécessaire de chauffer à l'ébullition de grandes quantités de liquides ; c'est le cas notamment quand on veut précipiter par ébullition des sels de chaux, des résidus de fer, etc. Le mieux est d'y faire passer un courant de vapeur. Si on dispose de la vapeur au laboratoire, c'est facile ; si non, on obtient la vapeur en chauffant un grand ballon en fer-blanc muni d'un tube de sûreté droit. La substance à chauffer est placée dans un grand récipient en fer émaillé ou même dans un monte-jus en grès.

Chauffage sous pression. — Pour chauffer des substances sous pression, on emploie un autoclave. Le réservoir intérieur n'est pas rempli plus qu'aux trois quarts, du corps à chauffer et les substances doivent être bien agitées et mélangées, à moins que l'on n'emploie un autoclave muni d'un agitateur. La bride porte une rainure dans laquelle on place un anneau de plomb. Le couvercle est alors posé sur le récipient et l'anneau de plomb permet de constituer un joint étanche. Lorsqu'on visse les écrous et les boulons, on les serre d'abord à la main autant qu'on le peut. Ensuite on emploie une clef. Il est préférable de ne serrer les écrous que peu à peu, l'un après l'autre, jusqu'à ce qu'ils soient parfaitement serrés. Si l'un d'eux est vissé complètement avant que les autres ne le soient, il peut se produire des fuites ou bien un boulon peut se déplacer.

Le couvercle de l'autoclave est muni d'un manomètre et d'un tube pour thermomètre. Un peu d'huile est placée dans ce tube avant qu'on y introduise le thermomètre. On observe généralement en même temps la température et la pression lorsqu'on chauffe en autoclave ; les indications du manomètre montrent souvent, par exemple, le moment où la réaction est terminée.

L'autoclave est chauffé soit directement au moyen d'une flamme, soit dans un bain d'huile. Dans ce dernier cas le bain fait habituellement partie de l'appareil. Lorsqu'on emploie la flamme directe, il faut prendre grand soin d'élever lentement la température jusqu'au point voulu et l'autoclave ne doit être ouvert que lorsqu'il est tout à fait refroidi.

Emploi de l'acide sulfurique fumant. — L'acide sulfurique fumant est beaucoup employé pour la préparation des acides poly-sulfoniques, etc. ; et comme il est très désagréable à manipuler lorsqu'on ne prend pas les précautions voulues il est nécessaire de signaler celles-ci.

L'acide contenant jusqu'à 40 pour 100 environ de SO_3 est ordinairement liquide, de 40 à 60 pour 100 il est solide, de 60 à 70 pour 100 il est liquide et au delà de 70 pour 100 il est de nouveau solide. Lorsqu'il est solide, l'acide est d'abord fondu. Pour cela, on commence par enlever le bouchon et on place un verre de montre sur le goulot de la bouteille ou du flacon contenant la substance. On laisse alors le tout dans un endroit chaud jusqu'à ce que l'acide soit fondu. Si l'on ne dispose pas d'une étuve ou d'une pièce chauffée, la bouteille est placée sur une couche de sable dans une grande capsule, on l'entoure de sable et on chauffe avec une très petite flamme. Lorsque le contenu de la bouteille est fondu, on essuie l'intérieur du goulot de façon qu'il soit sec et on y adapte un bouchon portant deux tubes de verre dont l'un descend jusqu'au fond de la bouteille. L'autre extrémité de ce tube est recourbée en forme de siphon et se termine par un robinet en verre.

Le second tube ne descend que très peu en dessous du bouchon et est recourbé à angle droit.

L'acide fumant est alors aisément transvasé de la bouteille en reliant le tube court à l'air comprimé (ou à une soufflerie à pied ordinaire). L'acide peut être refoulé en soufflant à la bouche en prenant soin d'interposer un tube ou un flacon contenant des morceaux de soude caustique.

Si l'acide est trop fort (pour l'analyse, voir p. 461), il est dilué en le versant dans l'acide concentré ordinaire. Comme le mélange dégage beaucoup de chaleur, l'acide fumant doit être ajouté lentement.

Un exemple montrera comment les proportions doivent être calculées :

Supposons qu'on veuille préparer 360 grammes d'acide contenant 25 pour 100 de SO_3 avec de l'acide contenant 40 pour 100 de SO_3 et de l'acide concentré (96 pour 100 de H_2SO_4).

Soit x le poids de l'acide fumant à prendre

et y le poids d'acide sulfurique concentré ;

$\dfrac{4y \times 80}{100 \times 18}$ est le poids de SO_3 qu'il faut combiner aux 4 pour 100 d'eau contenus dans l'acide concentré et nous avons

$$(1) \qquad \frac{40x}{100} - \frac{8y}{45} = 90,$$

$$(2) \qquad x + y = 360,$$

d'où $x = 266,5$ et $y = 93,5$. Il s'ensuit que l'on doit mélanger 266^{gr},5 d'acide à 40 pour 100 de SO$_3$ et 93^{gr},5 d'acide sulfurique concentré pour obtenir 360 grammes d'un acide à 25 pour 100 de SO$_3$.

Distillation. — La distillation des liquides se fait de plusieurs manières, selon le point d'ébullition et la composition du liquide.

Dans le cas de liquides bouillant à des températures ne dépassant pas 130°-140°, on condense les vapeurs en les faisant passer dans un tube entouré d'eau (réfrigérant de Liebig); lorsque le point d'ébullition se trouve entre 140° et 280° environ, on emploie un tube ordinaire de 60 à 90 centimètres de long; et au delà de 280° la distillation s'effectue en général sous pression réduite. Cependant, lorsque la distillation est conduite très lentement (comme dans l'essai du benzène brut par distillation) on emploie un tube non refroidi.

Distillation de liquides purs ou de mélanges homogènes de liquides. — L'appareil employé consiste en un ballon à distiller muni d'un thermomètre dont la boule se trouve juste en dessous du tube latéral; celui-ci est raccordé à un réfrigérant (tube droit ou réfrigérant

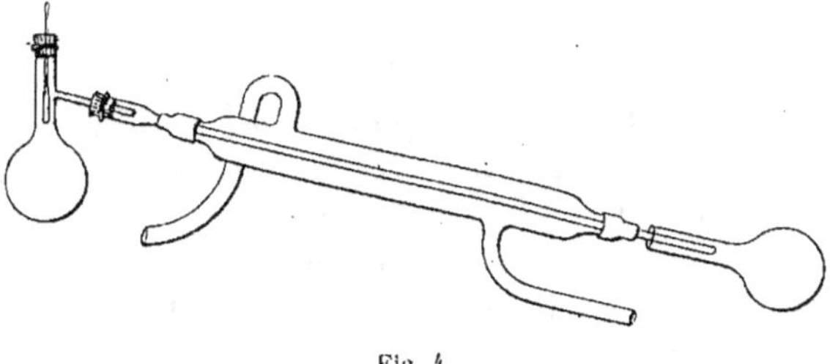

Fig. 4.

de Liebig) au moyen d'un bouchon (*fig.* 4). Aucun bouchon de caoutchouc ne doit être employé dans le montage de l'appareil. Le liquide est versé dans le ballon de façon qu'il ne soit pas rempli à plus des deux tiers et on met dans le ballon un petit morceau de porcelaine poreuse, de façon à obtenir une ébullition régulière. Le ballon est chauffé au bain d'eau ou à feu nu.

Distillation fractionnée. — Si l'on veut séparer un liquide en ses constituants, on emploie une colonne à fractionner. Celle-ci est adaptée à un ballon ordinaire à large col. Cette colonne condense les vapeurs des corps à points d'ébullition plus élevés et les fait rétrograder dans le ballon, ce qui permet d'obtenir une séparation plus complète.

Des divers modèles de colonnes existant dans le commerce, celle de Young est la meilleure. Dans la distillation fractionnée, le liquide distillé est recueilli en plusieurs fractions. Le nombre des fractions dépend des points d'ébullition des constituants et de divers autres facteurs, de sorte qu'il est impossible de donner une règle générale pour la façon d'opérer.

Lorsqu'on a recueilli les différentes fractions, la fraction à point d'ébullition inférieur est redistillée dans les mêmes limites que la première fois. On trouvera naturellement que tout ne distille pas. Lorsque la limite a été atteinte, la seconde fraction est ajoutée au résidu du ballon et l'on recommence la distillation. Bien que toute cette seconde fraction ait été recueillie à une température supérieure à la limite dont nous venons de parler, une partie passe maintenant en dessous de ce point.

On a ainsi recueilli deux fractions qui distillent dans les mêmes limites de température et, naturellement, on les mélange. La distillation est continuée ensuite exactement de la même façon ; lorsque la limite de température de la seconde fraction a été atteinte, la troisième fraction est ajoutée au résidu du ballon et ainsi de suite. En opérant ainsi, on constatera, après avoir mélangé les distillats bouillant dans les mêmes limites de température, que certaines fractions sont devenues importantes et que d'autres ont diminué. Dans le cas simple d'un mélange de deux liquides dont les points d'ébullition sont très différents, la séparation sera tout à fait complète après un fractionnement tel qu'il vient d'être décrit. Mais, lorsqu'il s'agit d'un mélange de trois liquides ou plus, les fractions intermédiaires doivent être refractionnées plusieurs fois avant d'obtenir une séparation parfaite.

La distillation fractionnée est appliquée en grand surtout pour la séparation du benzène, du toluène et du xylène dans les benzols et toluols bruts.

La composition des trois types de benzol commercial est approximativement la suivante :

Désignation	Benzène %	Tolnène %	Xylène %
Benzol 90 p. % ___	75	24	1
—„— 50 —„— ————	50	40	10
—„— 30 —„— ———	10	60	30

Un exemple de distillation fractionnée de « benzol » 50 pour 100 illustrera le mode opératoire (Cohen, *Practical Organic Chemistry*, p. 123).

200 centimètres cubes ont été distillés avec une simple colonne à deux boules.

Sept fractions ont été recueillies dans la première distillation et un résidu est resté dans le ballon, suivant le tableau ci-après :

A 71.5—85°	B 85—90°	C 90—95°	D 95—100°	E 100—105°	F 105—110°	G 110—115°	Résidu
19 cm³	53 cm³	26 cm³	15 cm³	13 cm³	12 cm³	21 cm³	33 cm³

(On remarquera que cet échantillon est supérieur à ce que l'on exige du benzol 50 pour 100 puisque 113 centimètres cubes au lieu de 100 centimètres cubes distillent avant 100°.)

On prend maintenant un ballon à distiller plus petit et la première fraction A est redistillée.

A est distillé jusqu'à ce que la température soit de 79° ; on recueille 5 centimètres cubes.

On ajoute B ; on recueille à 79-81°, 42^{cm3} ; à 81-85°, 10^{cm3}

    — C,   —   81-85°,   9^{cm3}

    — D et E,   —   85-105°, 50^{cm3}

    — F,   —   105-108°, 11^{cm3}

    — G,   —   108-110°, 22^{cm3}

Résidu. . . . . 42^{cm3}.

Les 5 centimètres cubes recueillis d'abord constituent ce qu'on appelle, dans la pratique, les « têtes » et renferment des hydrocarbures de la série grasse, etc.

On a une fraction importante (42 centimètres cubes) au point d'ébullition du benzène (80°) et une plus petite (22 centimètres cubes), au point d'ébullition du toluène (110°).

Les fractions recueillies à 81-85° (19 centimètres cubes) ont été redistillées et ont donné 12 centimètres cubes passant à 79-81° et 7 centimètres cubes passant de 81 à 85°. Ensuite la fraction recueillie de 105 à 108° (11 centimètres cubes) a été redistillée et a donné 6 centimètres cubes passant de 105 à 108° et 5 centimètres cubes de 108 à 110°. Par ces deux derniers fractionnements la quantité de benzène a été accrue de 12 centimètres cubes et celle de toluène de 5 centimètres cubes. Le benzène ainsi obtenu se monte donc à 54 centimètres cubes, le toluène à 27 centimètres cubes. Par une nouvelle distillation on obtient du benzène et du toluène parfaitement purs.

Quand on opère en grand, rien n'est perdu car les fractions intermédiaires et les résidus sont ou bien refractionnés ou bien employés tels quels pour des opérations qui n'exigent pas des produits purs.

L'exemple précédent peut être pour plus de clarté présenté sous forme de tableau :

	A' en-dessous de 79°	B' 79_81°	C' 81_85°	D' 85_105°	E' 105_108°	F' 108_110°	Résidu
A	5 cm³						
Ajouté B		42 cm³	(10 cm³ˣ)				
C			(9 cm³ˣ)				
D,E				50 cm³			
F					(11 cm³ˣ)		
G						22 cm³	42 cm³
Refractionné							
C'		12 cm³	7 cm³				
E'					6 cm³	5 cm³	
	5 cm³	54 cm³	7 cm³	50 cm³	6 cm³	27 cm³	42 cm³

Distillation dans le vide[1]. — Les liquides bouillant à haute température à la pression ordinaire sont habituellement distillés sous pression réduite de façon à éviter les décompositions qui se produisent souvent à température élevée.

La forme la plus simple d'appareil pour distiller dans un vide partiel est une combinaison de deux ballons à distiller (*fig.* 5).

1. *Die Destillation unter vermindertem Druck im Laboratorium*, Anschütz.

Le tube latéral du ballon qui reçoit le distillat est relié à la pompe et on place un thermomètre sur le col de l'autre ballon.

Pour éviter les soubresauts, on met un morceau de porcelaine poreuse dans le liquide.

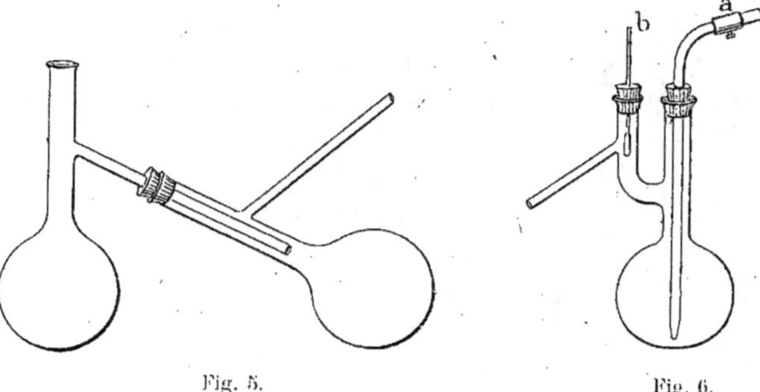

Fig. 5.   Fig. 6.

Comme il se produit beaucoup d'écume lorsqu'on distille sous pression réduite, le flacon n'est rempli de liquide qu'à moitié ou aux deux tiers.

Une autre forme de ballon à distiller est le ballon de Claisen (*fig.* 6). Le thermomètre est fixé en *b* et un tube terminé en pointe capillaire est placé en *a* au moyen d'un bouchon. L'extrémité ouverte de ce tube, à l'extérieur du ballon, est munie d'un bout de tuyau de caoutchouc à vide portant une pince à vis. Lorsqu'on distille dans le vide avec un tel ballon, on desserre légèrement la vis de façon à permettre l'accès de fines bulles d'air dans le liquide. Cette façon

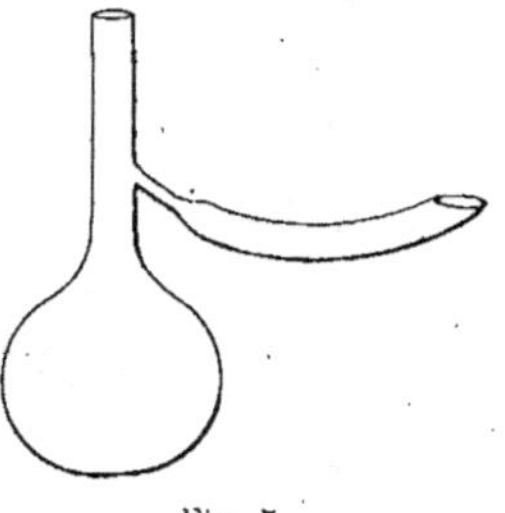

Fig. 7.

d'opérer est souvent employée afin de prévenir les irrégularités dans l'ébullition.

Pour la distillation des solides on emploie un ballon muni d'un tube latéral large et recourbé (*fig.* 7).

Pour mesurer la pression qui règne dans l'appareil à distiller, on fixe un manomètre en un point convenable (*fig.* 8). La différence de niveau des deux colonnes de mercure donne la pression. L'appareil complet pour distiller dans le vide est représenté par la figure 9.

On emploie de préférence, dans le montage de l'appareil, des bou-

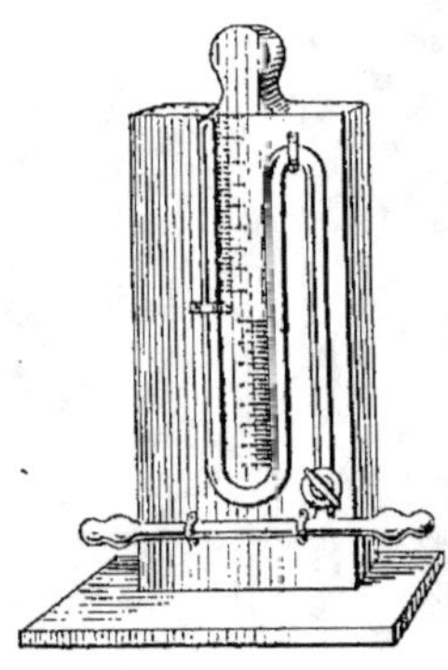

chons de caoutchouc. Cependant on peut rendre tout à fait étanches des bouchons ordinaires en les recouvrant d'une couche de collodion après les avoir fixés. Pour le chauffage du ballon (qui ne doit pas avoir plus de 250 centimètres cubes de capacité) le mieux est d'employer soit un bain d'air (creuset en fer) soit un bain métallique. L'abaissement du point d'ébullition par une réduction de pression jusqu'à 10-20 millimètres est, pour la plupart des substances, de l'ordre de 100°.

Fig. 8.

Distillation à la vapeur. — Dans beaucoup de cas où l'on ne peut employer la distillation directe, et en particulier pour la séparation de substances organiques de substances inorganiques, on a recours à la distillation dans un courant de vapeur (voir *Préparation de l'aniline*).

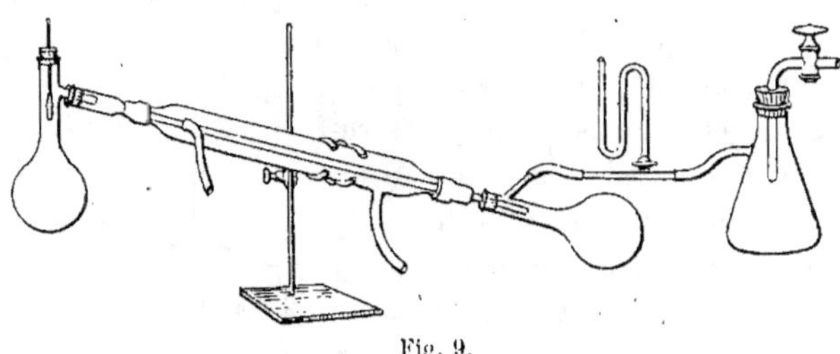

Fig. 9.

L'appareil employé est représenté par la figure 10.

Un grand flacon en fer-blanc est muni d'un bouchon percé de deux trous par lesquels passent un court tube de dégagement recourbé et un long tube droit arrivant jusqu'au fond et qui agit comme tube de sûreté.

Ce flacon est chauffé au moyen d'un grand brûleur, de préférence un « brûleur de Fletcher » bas. La substance à distiller est placée dans un grand ballon incliné comme l'indique la figure afin d'éviter des entraînements du contenu du ballon dans le réfrigérant. Le ballon est posé sur un bain de sable et chauffé à l'ébullition. Lorsque la vapeur commence à sortir du générateur de vapeur, le tuyau de caoutchouc est raccordé au tube qui descend jusqu'au fond du ballon et on fait passer la vapeur jusqu'à ce que le produit ait été complètement entraîné. Pendant l'opération, le ballon n'est pas chauffé directement. Lorsque la distillation est terminée, on détache le tube de caoutchouc reliant le générateur de vapeur au ballon avant d'éteindre le gaz.

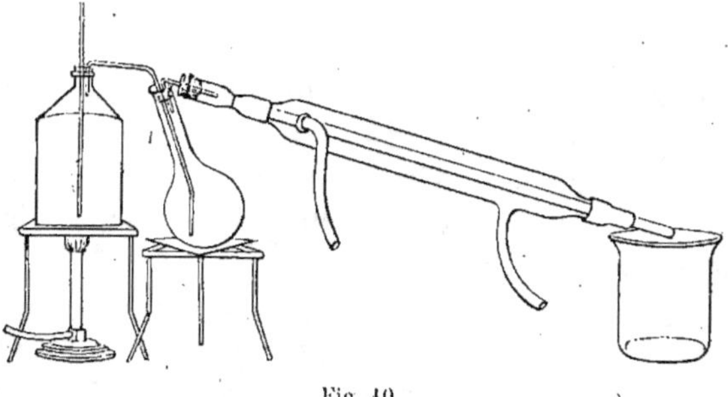

Fig. 10.

Dans certains cas il est nécessaire de surchauffer la vapeur avant son passage dans le ballon (par exemple dans la distillation de l'α-naphtylamine). On obtient ce résultat en faisant passer la vapeur à travers un serpentin en cuivre que l'on chauffe avec un grand brûleur.

Filtration. — Dans un laboratoire technique la plupart des filtrations se font au moyen d'un entonnoir en porcelaine de Büchner fixé par un bouchon en caoutchouc sur une fiole à filtration robuste munie d'une tubulure latérale. Celle-ci est raccordée par un caoutchouc à vide avec la trompe de façon à obtenir un bon vide dans la fiole.

On emploie un papier-filtre spécial que l'on trouve en tous diamètres adaptés aux entonnoirs en porcelaine (papier renforcé n° 595 de Schleicher et Schüll). Avant de l'employer on l'humecte d'eau et on le met dans l'entonnoir en faisant marcher la trompe à vide afin de déceler toute déchirure et le papier est appliqué sur les bords avec le doigt.

Si le papier est enlevé avec soin après usage, il peut être lavé à l'eau froide et servir plusieurs fois. Il faut prendre soin toujours d'enlever le tuyau de caoutchouc avant d'arrêter la trompe sinon l'eau peut être aspirée dans la fiole.

Dans les cas où l'on a à filtrer de grandes quantités de substance ou bien quand le précipité se filtre mal par le vide, on emploie un filtre en toile au lieu de papier. Pour le laboratoire on emploie du tissu écru mince et serré. Il est coupé en carrés d'environ 30 centimètres de côté et fixé sur un cadre carré en bois, les bords dépassant, au moyen de clous fixés à chaque coin. Le tissu est plongé dans l'eau chaude et tordu avant l'emploi. Le cadre est placé sur un récipient de dimensions appropriées.

Lorsqu'on emploie des cadres plus grands, de 60 centimètres de côté, on les munit de pieds de 60 centimètres de hauteur de façon à pouvoir les placer sur le plancher.

On filtre le plus possible du liquide puis le précipité est raclé avec une spatule vers le centre de la toile et celle-ci est enlevée du cadre avec précaution. Elle est alors repliée comme pour faire un paquet, les bords se recouvrant, et on presse le tout. Si le filtrat doit être gardé, le pressage se fait au moyen d'une presse à copier ordinaire que l'on met dans un baquet en fer-blanc peu profond. On presse lentement et avec précaution. Si la toile se déchire, on rassemble le précipité et on enveloppe le tout dans une seconde toile. Un moyen simple, lorsqu'on ne s'intéresse pas au filtrat, est de placer la toile pliée sur une table et d'empiler dessus quelques briques ; après quelques heures on trouvera le gâteau bien pressé. Il est, après pressage, enlevé de la toile avec un couteau ou une spatule et séché de la façon ordinaire. On met la toile dans l'eau, on fait bouillir et elle peut servir de nouveau.

Précipitation physique. — Pour extraire une substance de sa solution, on emploie souvent, dans les travaux de chimie, la méthode de la précipitation physique. Elle consiste à ajouter du sel marin ou du chlorure de potassium (ou leur solution concentrée) à la solution afin d'obtenir une solution dans laquelle la substance est difficilement soluble. Cette méthode s'applique particulièrement pour les acides sulfoniques et pour les colorants.

En général, on ajoute progressivement à la solution du sel marin (ou, dans certains cas, du chlorure de potassium) et on mélange bien le tout. Dans le cas de produits intermédiaires, on ajoute ordinairement le sel jusqu'à ce qu'il ne s'en dissolve plus et la substance se sépare. Pour les colorants, on les précipite graduellement. Une goutte du liquide est déposée sur un papier-filtre après chaque addition de sel, jusqu'à ce que l'on voie que tout le colorant a été précipité. Parfois il suffit de peu de sel et, si on l'ajoute à l'état solide, on obtient une précipitation trop rapide du colorant qui a l'aspect d'une masse goudronneuse. Dans ce cas, on emploie une solution saturée de sel. Parfois le sel de sodium est très soluble, même dans une solution saline saturée, tandis que le sel de potassium est difficilement soluble. En ajoutant du chlorure de potassium à la solution du sel de sodium, il se produit une double décomposition et le sel de potassium est précipité. Une telle réaction se produit avec un acide sulfonique qui forme un sel de sodium peu soluble (dans une solution saline). Si l'on ajoute du sel ordinaire à sa solution, le sel de sodium se forme et est précipité, même en présence d'un excès d'acide sulfurique.

Il faut prendre soin de ne pas ajouter trop de précipitant, sinon le produit obtenu est très impur, par suite de la présence d'un excès de sel. Dans ce cas le précipité est soigneusement décanté et séparé du sel solide ou bien on ajoute de l'eau jusqu'à ce que l'excès de sel soit dissous. Il n'y a pas beaucoup de différence entre la solubilité du chlorure de sodium à chaud ou à froid, comme l'indique le tableau suivant :

Temp.,	0°	14°	25°	40°	60°	80°	100°
NaCl,	35,52	35,87	36,13	36,64	37,25	38,22	39,16

100 parties d'eau dissolvent 28,5 parties de chlorure de potassium à 0°, 33,4 parties à 15° et 59 parties à 100°.

Indicateurs et réactifs. — *Indicateurs.* — A côté des indicateurs habituels tels que le tournesol, la phénolphtaléine et le méthylorange que l'on emploie surtout pour titrer les acides et les alcalis, les indicateurs suivants, employés sous forme de papier-réactif, sont fort en usage dans les laboratoires techniques.

1. *Rouge Congo*. — Le papier-filtre coloré avec une solution aqueuse de cette teinture est employé au lieu du papier au tournesol pour les acides, spécialement les acides minéraux. Il présente sur le papier tournesol l'avantage que le changement de couleur est beaucoup plus net et, de plus, il permet de distinguer les acides minéraux des acides organiques : Avec les premiers, on obtient une coloration bleue intense, tandis qu'avec les seconds, la couleur passe du rouge au brun foncé. La couleur brun foncé est probablement la couleur de l'acide libre (le rouge Congo étant le sel de sodium); tandis que la couleur bleue produite par les acides minéraux est due à la formation d'un composé de l'acide minéral avec la teinture (Schimansky, *J. C. S.*, 1900, LXXVIII. 305).

On prépare le papier réactif en plongeant des bandes de papier-filtre dans une solution de 5 grammes du colorant dans 4 litres d'eau. Après séchage il est conservé dans une boîte à l'obscurité.

2. *Jaune brillant*. — 5 grammes de ce colorant sont dissous dans 4 litres d'eau et du papier-filtre est trempé dans la solution. Le papier séché est conservé à l'obscurité. Il est employé pour déceler les alcalis qui font virer sa couleur au rouge. Les sels alcalins des phénols et des naphtols donnent une réaction alcaline ; l'alcali libre est décelé par la méthode décrite à la page 407.

3. *Papier iodo-amidonné*. — 10 grammes d'amidon sont broyés avec 100 cm³ d'eau froide et le mélange est versé dans 1900 cm³ d'eau chaude. On fait bouillir le tout pendant quelques minutes. On ajoute une solution de 3-4 grammes d'iodure de cadmium et on trempe du papier-filtre dans la solution. Le papier doit être séché dans une pièce où il n'y a pas de vapeurs chimiques, surtout d'acide nitreux et, après séchage, il est conservé dans une boîte en fer-blanc ou dans un flacon bouché à l'émeri. La solution n'est pas conservée.

Ce papier réactif donne la coloration bleue bien connue avec l'acide nitreux libre, le chlore, le brome, etc.

Réactifs. — A côté des solutions habituellement employées pour les analyses telles que les solutions titrées de soude caustique, d'acide sulfurique, de permanganate de potassium, etc., on doit avoir les réactifs suivants dans un laboratoire technique.

Solution demi-normale de nitrite de sodium. — C'est la meilleure concentration pour l'analyse, par exemple, pour le titrage des amines. Pour la préparer, on dissout dans l'eau 36 grammes de nitrite de sodium ordinaire et la solution est portée à 1 litre. On la titre au moyen d'une solution de permanganate de potassium (voir p. 465). 2 000 cm³ correspondent à 1 molécule-gramme de monoamine et à une demi-molécule de diamine (benzidine, etc.).

Solution normale d'aniline. — Elle est employée pour préparer la solution titrée de chlorure de diazobenzène pour analyse (voir p. 479). 93 grammes d'aniline pure sont dissous dans 300 cm³ d'acide chlorhydrique concentré. On ajoute de l'eau pour faire un litre.

25 cm³ de cette solution diazotée par 50 cm³ de nitrite demi-normal et portés à 250 cm³ donnent une solution décinormale de chlorure de diazobenzène.

Solution de bromate de potassium. — Voir p. 484.

En plus des solutions précédentes, il est bon d'avoir au laboratoire un stock de solutions des substances d'emploi fréquent. Ces solutions ne sont naturellement pas titrées exactement.

Nous citerons les suivantes :

Solution de soude caustique (normale). — Solution à 40 grammes par litre.

Solution de carbonate de soude (normale). — Solution à 106 grammes de Na_2CO_3 par litre.

Solution d'acétate de soude (normale). — Solution à 136 grammes de $NaC_2H_3O_2 3H_2O$ par litre.

Solution de chlorure de sodium. — On prépare une solution saturée à froid : 1 litre d'eau pour 360 grammes de NaCl.

Enfin on aura toujours sous la main de petites bouteilles renfermant (1) une solution de p-nitraniline diazotée, (2) une solution de « sel R » (β-naphtoldisulfonate de soude) mélangé avec du carbonate de soude, de concentration convenable.

La concentration de tous les autres produits chimiques employés dans les travaux, tels que acides ordinaires, amines, phénols et naphtols et leurs acides sulfoniques, etc., sera clairement indiquée sur l'étiquette, en même temps que le poids moléculaire qui a servi à la calculer et il est très commode d'écrire sur l'étiquette le nombre de centimètres cubes (s'il s'agit de liquides) ou de grammes (s'il s'agit de solides) qui contiennent une molécule-gramme de la substance.

Un laboratoire équipé de la sorte et la pratique des diverses opérations qui seront décrites plus loin et qui impliquent l'expérience des manipulations qui viennent d'être indiquées permettront à l'étudiant et au chimiste industriel de se rendre un compte exact des méthodes de la chimie organique industrielle. Toutefois, il est évident que l'étudiant d'une université ou d'une école technique ainsi que le chimiste industriel auront grand intérêt à avoir une certaine expérience de la conduite d'appareils analogues à ceux que l'on emploie en grand, de façon à pouvoir réaliser sur quelques centaines de kilogrammes les opérations faites sur quelques grammes.

Par conséquent il sera très important, dans ce but, de disposer d'une pièce grande et élevée pour y installer une usine en miniature dans laquelle on puisse effectuer la plupart des opérations sur une échelle quasi industrielle.

Avec des cuves de sulfonation, de nitration, de réduction, de fusion alcaline, avec des filtres-presses, des bacs, etc., non seulement le chimiste pourra travailler dans des conditions infiniment plus voisines des conditions industrielles et résoudre des questions qui ne se présentent pas d'elles-mêmes dans un laboratoire ordinaire, mais il acquerra en même temps la pratique des appareils et de la manipulation des matériaux au moyen de l'air comprimé, de la gravité, etc., ce qui lui sera d'un grand secours dans ses travaux.

Comme de telles opérations exigent un certain travail manuel (par exemple pour charger des cuves d'acide sulfurique, vider des filtres-presses ou des filtres à vide, etc.) les dimensions des appareils seront telles que les quantités de matières à manipuler ne soient pas trop grandes. Les dimensions recommandées plus loin ont été choisies en tenant compte de cette considération.

Le laboratoire disposera d'une transmission munie de poulies fixes et folles pour mettre en mouvement les agitateurs dans les cuves et les réservoirs et, s'il est isolé, un petit moteur électrique fournira la force. Une petite pompe donnera l'air comprimé et le vide ; en outre il faudra la vapeur, le gaz et l'eau.

On pourra prévoir les appareils suivants. Le nombre d'unités dépendra de l'échelle sur laquelle on travaillera.

Cuve de sulfonation. — Elle aura une capacité de 25 litres environ. Elle sera en fonte, cylindrique, avec fond hémisphérique et munie d'un couvercle boulonné supportant un agitateur en forme de cône ou à hélice, mû par une courroie le reliant à la transmission. Le couvercle doit porter également un tube porte-thermomètre, une ouverture pour la charge, à travers laquelle on puisse passer à la fin de l'opération un tuyau plongeant aussi près que possible du fond de la cuve et qui permette de refouler son contenu au moyen de l'air comprimé dans un autre bac ou réservoir, ainsi qu'un petit tuyau pour amener l'air comprimé. La disposition doit être telle que, lorsque la cuve est sous pression, l'air puisse être évacué, s'il est nécessaire, par un tuyau latéral. La cuve sera chauffée au gaz. Elle est placée sur un support de façon que le couvercle arrive à peu près à hauteur de la poitrine.

A la fin d'une opération on arrête l'agitateur, on fixe le tuyau d'évacuation, on le relie à la conduite par laquelle on veut refouler le contenu, soit vers la cuve de nitration, soit vers un réservoir, on ferme le robinet qui se trouve à l'extrémité de cette conduite et on ouvre celui de la canalisation d'air comprimé. Le robinet de la conduite aboutissant à la cuve de nitration ou au réservoir est alors ouvert (on prendra garde à ce que le liquide ne puisse pas être refoulé ailleurs par un robinet resté ouvert) de façon à transvaser le mélange sulfoné. Lorsque presque tout le liquide est passé, il faut prendre soin d'éviter les éclaboussures provoquées par le dégagement de l'air ; on y arrive en manœuvrant le robinet avec précaution. Lorsqu'il ne se dégage plus que de l'air, l'arrivée d'air comprimé est fermée et on laisse retomber la pression d'elle-même en laissant sortir l'air par le tuyau d'évacuation de liquide. La cuve peut être lavée avec un peu d'acide sulfurique et, dans certains cas, il est nécessaire de s'assurer qu'elle est bien vide ; si le tuyau d'évacuation n'arrive pas contre le fond, il peut être nécessaire d'enlever le couvercle et de vider le restant du liquide au seau.

Un réfrigérant à reflux composé d'une spirale de plomb placée dans une bâche ou tout autre récipient convenable peut être, au besoin, facilement relié à la cuve si c'est nécessaire.

Cuve de nitration. — Elle peut avoir environ 15 litres. Elle a les mêmes accessoires que la cuve de sulfonation mais elle doit être émaillée et placée dans un réservoir en bois où elle puisse être refroidie par de l'eau ou par un mélange de glace et de sel. Il faut pouvoir y amener également de la vapeur.

Le contenu, à la fin de l'opération, est refoulé soit dans une simple cuve émaillée, munie d'une tubulure inférieure (permettant de séparer les acides résiduaires, du composé nitré) soit dans un appareil où il pourra être ou réduit directement, ou, si la nécessité s'en fait sentir, dilué et neutralisé avant de passer à la cuve de réduction.

Il est bon d'avoir également un appareil à nitration en grès d'une capacité d'environ 20 litres où l'on puisse remuer à la main avec un agitateur en porcelaine ou en grès lorsque c'est nécessaire.

Cuve à réduction. — Elle peut avoir une contenance de 20 à 30 litres. Elles est munie d'un agitateur supporté par un pont et d'un robinet d'évacuation. Elle est chauffée au gaz. Il est bon de la surélever de façon que le produit puisse être coulé par la gravité dans un réservoir cylindrique fermé, en fer, d'environ 20 litres de capacité, duquel le contenu peut être refoulé par l'air comprimé dans un filtre-presse. Le produit de la réduction peut aussi être filtré dans un filtre à vide.

Cuve de fusion. — Cette cuve aura une capacité de 15 à 20 litres et portera au fond un tuyau d'évacuation. Les autres accessoires nécessaires sont analogues à ceux de la cuve de sulfonation sauf qu'il ne faut pas d'air comprimé, bien qu'on puisse le prévoir pour le cas où il serait utile; l'agitateur sera de construction simple et tournera beaucoup plus lentement que ceux qui ont été décrits précédemment. La cuve sera disposée pour être chauffée au gaz et sera de construction robuste.

Autoclaves. — Il faut prévoir un autoclave d'environ 10 litres et un d'environ 25 litres. Ils doivent être éprouvés à 100 atmosphères (on atteint à peu près 45 atmosphères lorsqu'on chauffe avec de l'ammoniaque). Ils seront munis d'un agitateur (utile, mais non absolument indispensable), d'un tube porte-thermomètre, d'un manomètre et d'une soupape de sûreté. On les chauffe facilement au gaz. Il faut prévoir un revêtement intérieur en métal résistant à l'acide (tantiron, narki, duriron, etc.), pour l'usage avec des acides.

Cornue. — Il est utile d'avoir une cornue en cuivre, à enveloppe de vapeur de 30 à 50 litres de capacité pour distiller des solutions alcooliques ou toluénées et d'en avoir une munie d'une colonne à fractionner pour rectifier l'alcool ou le benzène.

Appareil à distiller dans le vide. — Il est bon d'avoir pour la distillation des solides une cornue en cuivre d'une contenance d'environ 10 litres ainsi que deux réservoirs avec tubulures inférieures. Les réservoirs sont raccordés au vide et peuvent être tenus chauds, ainsi que le condenseur, au moyen de petites flammes de gaz qui permettent d'éviter la solidification des distillats.

Bacs. — On doit disposer de plusieurs bacs. Ils peuvent avoir une capacité de 100 à 150 litres. Ils sont faits en pitchpin et munis d'agitateurs de même bois et d'une tubulure inférieure. On les dispose par groupes de deux ou trois, l'un au-dessus de l'autre et ils doivent être pourvus d'une conduite d'eau et d'un tuyau de vapeur.

Filtre-presse. — Il faut prévoir au moins deux filtres-presses (en bois) par unité. Leur capacité doit être telle que lorsqu'un mélange sulfoné a été neutralisé avec du lait de chaux dans un des bacs, tout le sulfate de chaux puisse tenir dans une presse. Il faudra avoir de l'eau et de la vapeur pour le lavage des gâteaux, et de l'air comprimé pour les sécher. On emploiera de la laine pour la filtration des acides et du coton pour la filtration des mélanges neutres ou alcalins.

Filtre à vide. — Il en faut au moins deux. La surface filtrante doit être d'environ $0^{m2},075$. Il est bon de les construire en métal résistant aux acides ou en fonte garnie de plomb. On les raccorde à un réservoir doublé de plomb d'environ 100 litres de capacité.

Réservoirs. — Il faut en prévoir deux d'une contenance de 100 à 150 litres. Ce sont des réservoirs fermés, cylindriques, en fer, dans lesquels on puisse couler le contenu (neutre ou alcalin) d'un bac ou d'une cuve à réduction et d'où le liquide puisse être refoulé dans un filtre-presse ou ailleurs.

Il faut avoir également, en plus de ces appareils, une presse à main (comme celles que l'on emploie pour copier les lettres) pour exprimer les précipités lorsque c'est nécessaire, une essoreuse d'environ 45 centimètres de diamètre, une cuve d'évaporation avec enveloppe de vapeur, une petite étuve pour sécher dans le vide, un mortier et un *pilon* mû mécaniquement, un moulin à boulets (d'environ 40 centimètres de diamètre) pour broyer les couleurs, une balance permettant de peser de 50 grammes à 50 kilogrammes et diverses cuves émaillées (de 20 à 50 litres de capacité), des seaux en bois, des pots en grès pour acides, etc.

Il est bon de conserver les touries d'acides et les barils de produits dans une pièce adjacente au laboratoire où l'on peut mettre aussi un banc où un mécanicien attaché au laboratoire puisse effectuer de petites réparations, arranger des tuyaux, etc.

CHAPITRE XXVII

PRÉPARATION DE PRODUITS INTERMÉDIAIRES.

INTRODUCTION

Les principales opérations que l'on est amené à faire dans le traitement industriel des matières premières pour la fabrication des colorants sont les suivantes:

1. *Sulfonation*; introduction du groupement SO_3H[1].

2. *Nitration et réduction*; introduction des groupements NO_2 et NH_2.

3. *Diazotation et ébullition avec l'eau*; remplacement du groupement NH_2 par le groupement OH.

4. *Remplacement du groupement* NH_2 *par le groupement* OH par ébullition avec les acides ou les alcalis dilués.

5. *Fusion d'un dérivé sulfoné avec l'alcali caustique*; introduction du groupement OH.

6. *Remplacement du groupement* OH *par le groupement* NH_2 par traitement avec l'ammoniaque.

1. Dans la série naphtalénique ce groupement n'entre jamais en position *ortho-, para-*, ou *péri* par rapport à un groupement sulfonique se trouvant déjà en position α, c'est-à-dire que

par une nouvelle sulfonation ne donne jamais les acides disulfoniques 1 : 2, 1 : 4 ou 1 : 8; et si le premier groupement SO_3H est dans la position β le second n'entre jamais dans la position ortho correspondante, c'est-à-dire que l'on n'obtient jamais l'acide disulfonique 1 : 5. Voir aussi *Chem. Zeit.*, 1893, 758; 1894, 180; *Proc. C. S.* 1890, 130; *Ber.*, 1894, XXVII. 1209; et p. 17 de ce livre.

7. *Transposition moléculaire des groupements* SO_3H par la chaleur.

8. *Élimination du groupement* SO_3H par traitement avec les acides, etc.

Des exemples de ces réactions et leur description seront donnés dans les pages suivantes.

Remplacement du groupement NH_2 par le groupement OH par ébullition avec les acides ou les alcalis dilués. — C'est une opération très souvent effectuée en grand et qui s'applique particulièrement au cas des acides amido- ou diamidonaphtalènesulfoniques.

La réaction se fait, dans plusieurs cas, par chauffage avec de l'eau seule, naturellement sous pression.

Ainsi, en chauffant un mélange de l'acide de formule

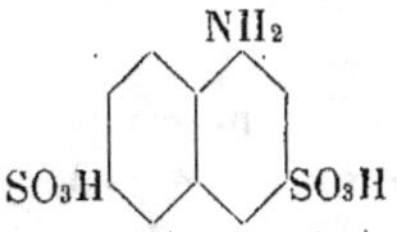

$$NH_2$$
$$SO_3H \qquad SO_3H$$

avec trois parties d'eau à 180°, il se forme l'acide α-naphtoldisulfonique correspondant.

Toutefois on emploie habituellement de l'acide chlorhydrique ou sulfurique dilué.

Lorsqu'il y a deux groupements amines, la réaction peut être conduite de telle façon qu'un seul groupement NH_2 soit converti en OH ; le second est remplacé à plus haute température.

Ainsi l'acide de formule

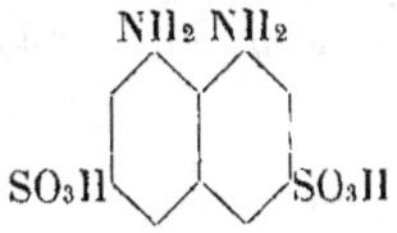

$$NH_2 \quad NH_2$$
$$SO_3H \qquad SO_3H$$

chauffé avec de l'eau, des acides dilués ou des alcalis dilués donne d'abord

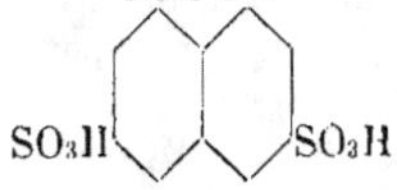

$$NH_2 \quad OH$$
$$SO_3H \qquad SO_3H$$

(acide H) et à une température plus élevée

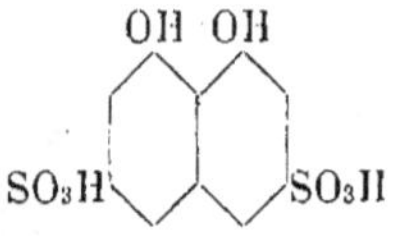

$$OH \quad OH$$

(acide chromotropique.)

$$SO_3H \qquad SO_3H$$

Lorsque l'acide diamidé est asymétrique, le groupement NH_2 le plus voisin du groupe sulfoné est remplacé d'abord ; ainsi :

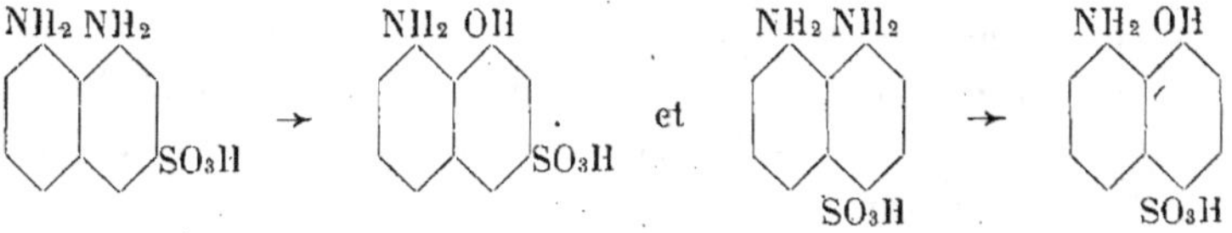

$$NH_2 \; NH_2 \qquad \rightarrow \qquad NH_2 \; OH$$
$$SO_3H \qquad\qquad SO_3H$$

et

$$NH_2 \; NH_2 \qquad \rightarrow \qquad NH_2 \; OH$$
$$SO_3H \qquad\qquad SO_3H$$

Dans quelques cas on emploie les alcalis tels que le lait de chaux ou la soude caustique diluée.

En ce qui concerne l'emploi de la *soude caustique diluée*, on peut citer ici un exemple intéressant bien qu'il ne s'agisse pas du remplacement du groupement NH_2 par le groupement OH.

Si l'on traite un acide nitré par la soude caustique, un groupement hydroxyle s'introduit dans le noyau : l'oxygène est fourni par le groupement nitré qui est réduit et transformé en groupement nitrosé. Ainsi

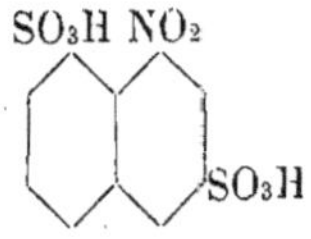

$$SO_3H \; NO_2$$
$$SO_3H$$

donne par ébullition avec une solution de soude caustique

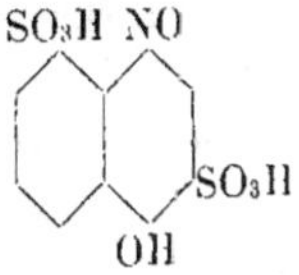

$$SO_3H \; NO$$
$$SO_3H$$
$$OH$$

qui, par réduction, donne

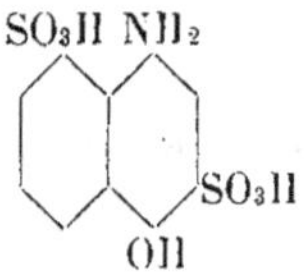

$$SO_3H \; NH_2$$
$$SO_3H$$
$$OH$$

; et l'acide

$$NO_2 \; NO_2$$
$$SO_3H \qquad SO_3H$$

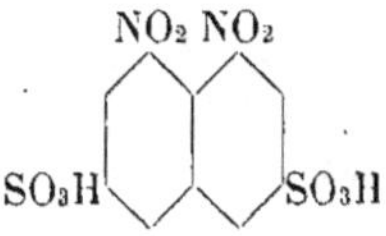

donne d'abord par traitement avec les alcalis à froid

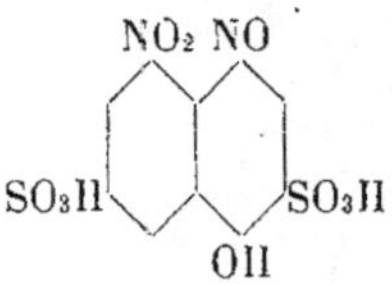

$$NO_2 \quad NO \qquad\qquad\qquad\qquad NO \quad NO$$
$$SO_3H \qquad SO_3H \qquad\text{et ensuite}\qquad SO_3H \qquad SO_3H$$
$$OH \qquad\qquad\qquad\qquad\qquad\qquad OH \quad OH$$

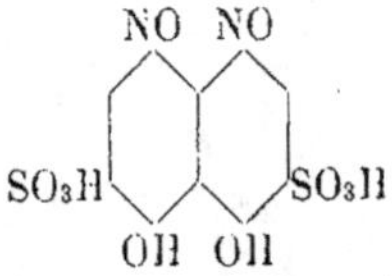

Élimination du groupement SO$_3$H par traitement avec les acides dilués, etc. — Lorsqu'on chauffe un acide sulfonique avec de l'eau ou des acides dilués, le groupement SO$_3$H est souvent complètement éliminé. S'il y a un groupement amine, celui-ci est parfois remplacé en même temps par un groupement hydroxyle; ainsi l'acide ayant la formule

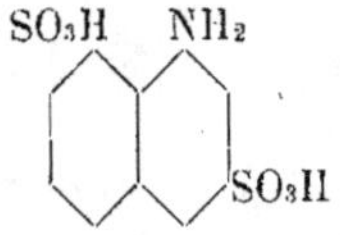

$$SO_3H \quad NH_2$$
$$SO_3H$$

donne un acide naphtolsulfonique de formule

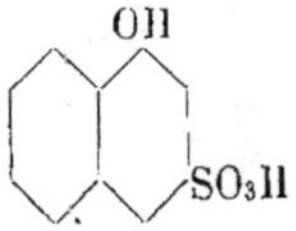

$$OH \qquad\qquad\qquad\qquad SO_3H$$
$$SO_3H \qquad\text{; et l'acide}\qquad NH_2$$
$$OH$$

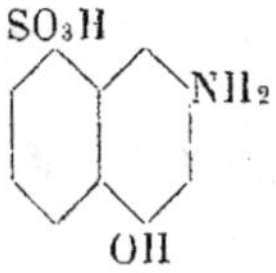

donne d'abord

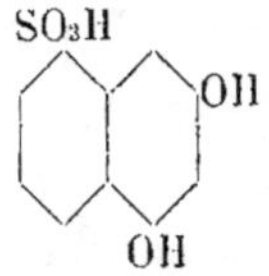

$$SO_3H$$
$$OH \qquad\text{et ensuite}\qquad OH$$
$$OH \qquad\qquad\qquad\qquad OH$$

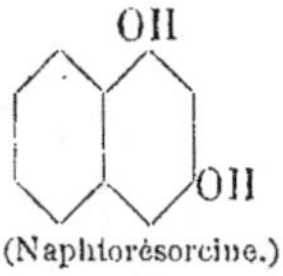

(Naphtorésorcine.)

En règle générale, il faut employer de l'acide plus concentré (acide sulfurique à 50 pour 100) et parfois une température plus élevée pour éliminer le groupement SO$_3$H que pour le remplacement de NH$_2$ par OH.

Dans les acides polysulfoniques, le groupement SO$_3$H qui occupe la position α est éliminé avant celui qui se trouve dans la position β plus stable.

(Voir *Ethoxybenzidine*, p. 35 où se trouve un exemple de l'élimination d'un groupement SO$_3$H introduit précédemment.)

Transposition moléculaire du groupement SO$_3$H. — On déplace ce groupe d'une position à une autre, dans le noyau benzénique ou naphtalénique, par l'action de la chaleur. C'est-à-dire que, lorsque le groupement a déjà été introduit dans la molécule, il peut être déplacé de sa position par une élévation de température; et, de plus, si un second groupement, soit semblable, soit différent, se trouve dans la molécule, la nouvelle position occupée par le groupement SO_3H sera aussi éloignée que possible de celle de l'autre groupement. Ainsi, dans la série benzénique, si le phénol est sulfoné à froid, on obtient l'acide ortho-sulfonique; mais, si on élève lentement la température, le groupe SO_3H migre vers la position para ; ainsi :

Dans la série naphtalénique, il y a plusieurs exemples frappants de cette transposition. C'est ainsi que la naphtaline elle-même, par traitement avec l'acide sulfurique à basse température, fournit l'acide naphtalène-α-sulfonique ; mais si on élève la température on obtient le composé β. La tendance générale, dans la série naphtalénique, est, pour le groupement sulfoné, de migrer d'abord de la position α à la position β par élévation de température ; et lorsque le second groupement de la molécule est un groupement SO_3H, toute migration ultérieure conduit à un composé dans lequel ces groupements sont aussi éloignés que possible l'un de l'autre, la position β étant cependant toujours préférée. Ainsi, l'acide naphtalène-α-sulfonique donne par sulfonation

La formation de ce dernier acide à température plus élevée est considérée comme ayant été précédée de la formation d'acide 1 : 5 qui subirait à chaud une transposition moléculaire dans le sens indiqué.

Dans la sulfonation de l'acide naphtalène-β-sulfonique, nous obtenons de même

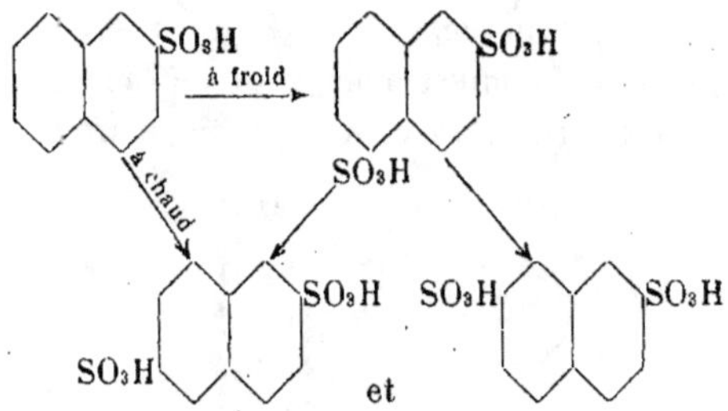

Un cas intéressant de transposition moléculaire, sans qu'il y ait un excès d'acide sulfurique en présence, est celle que subit l'acide naphtionique. Lorsqu'on chauffe cette substance avec deux ou trois parties de naphtaline au point de fusion de cette dernière (217°) le groupement SO_3H migre de la position α à la position β :

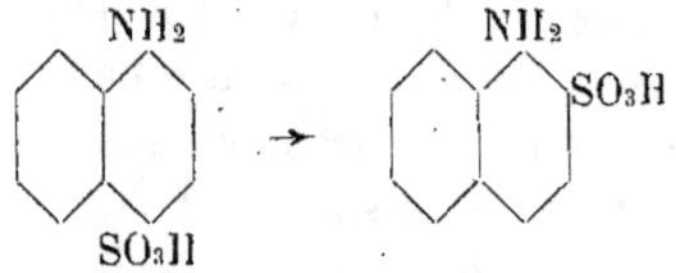

Il est bon de remarquer, cependant, que ce dernier acide ne se produit pas du tout par sulfonation de l'α-naphtylamine mais que, au-dessus d'une certaine température, il ne se produit que de l'acide naphtionique.

Des phénomènes semblables à ceux qui viennent d'être cités se présentent dans le cas des acides β-naphtolsulfoniques.

Lorsqu'on sulfone du β-naphtol à basse température, on obtient l'acide 2 : 8 ; mais à haute température cet acide se transforme en acide 2 : 6. (Voir également la description des autres acides β-naphtolsulfoniques, spécialement des acides disulfoniques R et G à la p. 25).

1. — *Série benzénique.*

1. *Nitrobenzène*, $C_6H_5NO_2$

50 grammes benzène.
60   —   acide nitrique conc., d. : 1,4 (43 cm³).
90   —   acide sulfurique conc. (50 cm³).

L'acide nitrique est ajouté par petites portions à la fois à l'acide sulfurique contenu dans un petit ballon. Pendant cette opération, le ballon est soigneusement refroidi par un courant d'eau. Le mélange est placé dans un entonnoir à robinet et ajouté peu à peu au benzène dans un ballon d'un demi-litre. Après chaque addition, le ballon est bien remué et refroidi : la température ne doit pas dépasser 25° aussi longtemps que tout l'acide n'a pas été ajouté ; après, elle peut monter jusqu'à 50°. On fixe alors sur le flacon, au moyen d'un bouchon, un large tube de verre formant réfrigérant à air vertical et le mélange nitré est chauffé au bain d'eau (eau à 60°) pendant une heure, en agitant fréquemment. Le contenu du ballon est versé dans un litre d'eau environ : le nitrobenzène descend au fond. Si la séparation n'est pas immédiatement complète, on laisse le mélange au repos pendant un certain temps. La plus grande partie de l'eau de lavage peut être décantée et le reste, mélangé au nitrobenzène, est versé dans un entonnoir à décantation. Le nitrobenzène est séparé et la couche supérieure acide est jetée. Le nitrobenzène est de nouveau versé dans un entonnoir à robinet, on y ajoute trois ou quatre fois son volume d'eau, on agite le tout et, après repos, l'huile est de nouveau séparée. Cette opération est répétée encore une fois, après quoi le nitrobenzène est transvasé dans un ballon à distiller d'une capacité de 300-400 cm³, muni d'un thermomètre et raccordé à un long tube de verre de 8-10 mm. de diamètre formant réfrigérant à air. L'huile est distillée à feu nu.

D'abord il passe de l'eau et du benzène, ensuite la température s'élève rapidement jusqu'à plus de 200°. On change alors de flacon et on recueille le nitrobenzène de 204 à 207°. Rendement 55-60 gr. Le rendement obtenu en grand correspond à 75 grammes. La différence doit être attribuée au fait que, dans l'industrie, l'agitation est continue et qu'on ne perd pas de nitrobenzène dans les eaux de lavage. De plus le benzène qui a été récupéré à la distillation est nitré à l'opération suivante.

Propriétés. — Liquide jaune clair, à odeur d'amandes amères, P. E. 206-207°; P. F. 3°; densité à 15° = 1,208. Le nitrobenzène se trouve sur le marché à l'état (1) de nitrobenzène léger ou pur, P. E. 205-210°; densité = 1,2, et (2) de nitrobenzène lourd (contenant des nitrotoluènes), P. É. 210-220°; densité = 1.18. Les termes de « léger » et « lourd » s'appliquent non aux densités mais aux points d'ébullition.

L'essai du nitrobenzène commercial se fait en déterminant (1) le point d'ébullition et (2) la densité.

Usages. — Le nitrobenzène pur est employé à la fabrication de l'aniline, de la benzidine et en parfumerie. Le nitrobenzène lourd est employé dans la fabrication de la fuchsine.

Équation :

$$\text{H} \qquad \text{OH} \quad \text{NO}_2 \qquad\qquad \text{NO}_2$$

L'acide sulfurique agit comme déshydratant.

2. *Aniline.*

100 grammes nitrobenzène.
120   —   fer en poudre.
10   —   acide chlorhydrique conc.

La réduction du nitrobenzène, de même que des autres composés nitrés, se fait, dans l'industrie, au moyen de tournure de fer. Ce procédé ne peut pas être employé au laboratoire ; aussi réduit-on ordinairement le nitrobenzène en petit au moyen d'étain et d'acide chlorhydrique. Cependant si l'on emploie du fer très finement divisé ou « fer en poudre » la réduction se fait très bien, et l'on obtient facilement un rendement égal à celui donné par l'ancienne méthode.

On met dans un grand ballon de 2 à 3 litres de capacité, le fer et 160 grammes d'eau. On agite bien. Le ballon est alors chauffé doucement et l'on ajoute quelques gouttes de nitrobenzène. On verse ensuite l'acide dans le ballon et le restant du nitrobenzène par petites quantités à la fois. Après chaque addition, le ballon est très bien agité et refroidi sous un courant d'eau. On règle l'addition de nitrobenzène et le refroidissement de telle façon que la température se maintienne à 80-90°. Lorsque la réaction est terminée (ce que l'on voit par le fait que l'agitation ne produit plus d'élévation de température), le contenu du ballon est distillé à la vapeur (il n'est pas nécessaire d'alcaliniser le mélange) jusqu'à ce que le distillat ne soit plus laiteux. Son volume sera d'environ 400-500 centimètres cubes. Le distillat est transvasé dans un entonnoir à robinet, on laisse reposer (si c'est nécessaire) et l'aniline qui constitue la couche inférieure est séparée. L'eau (qui, dans l'opération industrielle, retourne à la chaudière car elle tient en solution environ 3 pour 100 d'aniline) est saturée de sel ordinaire et on laisse reposer pendant un certain temps. L'aniline qui surnage est séparée au moyen d'un entonnoir à robinet, on y ajoute la première portion de l'huile et on distille le tout. Il passe d'abord un peu d'eau que l'on recueille à part ; l'aniline distille ensuite à 182°. Rendement, 50-70 grammes.

Propriétés. — Huile incolore d'odeur particulière ; P. E. 182° ; densité = 1,026 à 15°.

L'essai de « l'aniline pure » commerciale se fait par distillation. Il faut que 90 pour 100, en volume, distillent à 182°.

Elle doit donner une solution claire avec l'acide chlorhydrique ; une coloration jaune indique la présence de nitrobenzène.

L'aniline pour rouge (c'est-à-dire pour la fabrication de la fuchsine) est un mélange d'aniline (35 à 42 pour 100), d'orthotoluidine (35 à 50 pour 100) et de paratoluidine (14 à 24 pour 100). On l'obtient par la réduction du « nitrobenzène lourd ». Elle doit bouillir entre 190 et 200° et avoir une densité de 1,007 à 1,009 à 15°.

Usages. — L'aniline est employée à la préparation d'un grand nombre de produits de substitution, de même que pour faire la quinoléine, l'induline, la fuchsine, le bleu d'aniline, les sels de diazobenzène (pour couleurs azoïques) et le noir d'aniline.

Équations :

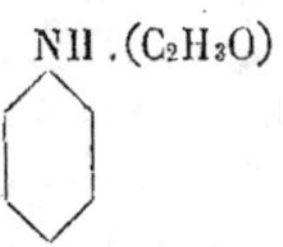

$$NO_2 \;+\; 3Fe + 6HCl \;\rightarrow\; NH_2 \;+\; 3FeCl_2 + 2H_2O$$

(voir aussi p. 34).

3. *Acétanilide*.

$$NH.(C_2H_3O)$$

Walter, *Aus der Praxis der Anilinfarbenfabrikation*, 1903.
Müller, *Chem. Zeit.*, 1912, xxiv. 1055.

    200 grammes aniline.
    150   —   acide acétique glacial.

On mélange l'aniline et l'acide acétique dans un ballon à fond rond d'une contenance d'un demi-litre, muni d'un réfrigérant à air et on fait bouillir au bain de sable pendant dix à douze heures. Le tube constituant le réfrigérant à air ne doit pas être trop long, de façon que la vapeur d'eau puisse se dégager tandis que l'aniline et l'acide acétique sont condensés.

Le liquide chaud est versé dans de l'eau chaude contenant 30 grammes d'acide chlorhydrique concentré et on agite bien le tout. Après refroidissement on filtre l'acétanilide à la trompe et on lave à l'eau. Le filtrat renferme 20-30 grammes d'aniline à l'état de chlorure qui, dans l'industrie, est récupéré.

L'acétanilide est placée sur une plaque de porcelaine et séchée à 110-120°. Après refroidissement le produit solidifié est brisé et broyé dans un moulin. Rendement 220-250 grammes.

Propriétés. — L'acétanilide est difficilement soluble dans l'eau froide, plus soluble dans l'eau chaude d'où elle cristallise en paillettes blanches. P. F. 115°; P. E. 295°. Par ébullition avec l'acide chlorhydrique concentré elle est hydrolysée en aniline et acide acétique.

Usages. — L'acétanilide est employée en grandes quantités pour la préparation de la p- nitraniline.

Équation:

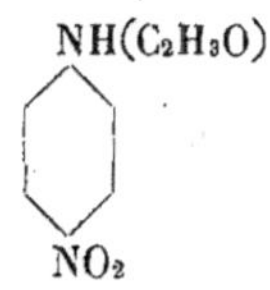

4. p- Nitracétanilide.

$$NH(C_2H_3O)$$

$$NO_2$$

Walter, *loc. cit.*; Müller, *loc. cit.*

100 grammes acétanilide.
  300   —   acide sulfurique conc. (167 cm³).
  62,5 —   acide nitrique conc. (44 cm³). ⎫
  50   —   acide sulfurique conc. (28 cm³). ⎬

L'acétanilide est dissoute dans 300 grammes d'acide sulfurique contenu dans un ballon rond, en faisant en sorte que la température ne dépasse pas 40°. On refroidit la solution à 5-10° par immersion dans un mélange d'eau et de glace et on ajoute très lentement le mélange refroidi de 62 gr. 5 d'acide nitrique et de 50 grammes d'acide sulfurique. Après chaque addition, le ballon est bien agité et refroidi dans l'eau glacée, de façon à maintenir la température en dessous de 15°. On laisse reposer un moment, puis le mélange nitré est versé dans environ 10 litres d'eau contenant des morceaux de glace. La p-nitracétanilide se sépare. On filtre, on lave jusqu'à ce qu'il n'y ait plus d'acide et on sèche sur une plaque poreuse. Rendement, 110-120 grammes.

Propriétés. — La p- nitracétanilide cristallise de l'alcool sous forme d'aiguilles presque incolores ; P. F., 207°.

La présence de l'orthonitracétanilide est décelée par extraction au moyen du chloroforme dans lequel le composé ortho est soluble. Le produit commercial doit donner la quantité calculée de p- nitraniline par ébullition avec l'acide chlorhydrique ce dont on s'assure par titrage au moyen d'une solution de nitrite de sodium.

Usages. — La p- nitracétanilide est employée dans la préparation de la p- nitraniline[1] et la p- amido-acétanilide.

Équation :

$$\text{NH(C}_2\text{H}_3\text{O)} \quad + \quad \text{HNO}_3 \quad \rightarrow \quad \text{NH(C}_2\text{H}_3\text{O)} \quad + \quad \text{H}_2\text{O}$$

$$\text{NO}_2$$

5. p- Nitraniline.

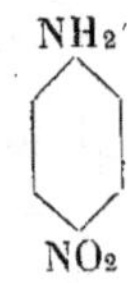

100 grammes de p-nitracétanilide.

On fait bouillir le composé acétylé avec 250 centimètres cubes d'acide sulfurique dilué (25 pour 100) dans un ballon rond muni d'un réfrigérant à reflux jusqu'à ce que tout soit dissous. La solution claire est versée dans une capsule et l'on précipite la base libre en ajoutant une solution diluée de soude caustique jusqu'à alcalinité. Après refroidissement, on filtre la p- nitraniline, on la fait recristalliser dans l'eau chaude (en grand cette opération est faite sous pression) et on sèche sur une plaque poreuse. Rendement : 70-75 grammes.

Propriétés. — Aiguilles ou prismes jaunes ; P. F., 147° ; se dissout dans 1250 parties d'eau à 18° ; n'est pas entraînée par la vapeur. Le produit commercial doit se présenter sous la forme d'une poudre

1. Pour la fabrication de la p- nitraniline voir Müller, *Chem. Zeit.*, 1912, XXXVI. 1055.

jaune clair, avoir le point de fusion exact et se dissoudre sans résidu dans l'acide chlorhydrique. Elle est dosée au moyen d'une solution titrée de nitrite de sodium. Pour détails de la diazotation, voir p. 405.

Usages. — La p-nitraniline est employée dans la préparation de colorants azoïques et aussi pour la préparation de son composé diazoïque qui, par combinaison avec le β-naphtol sur la fibre, donne le rouge de paranitraniline.

Équations :

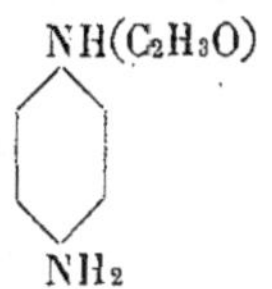

6. p- Amidoacétanilide.

Nietzki, *Ber.*, 1884, xvii. 343.

100 grammes p-nitracétanilide.
100 — fer en poudre.
20 — acide acétique à 30 pour 100.

On met dans un ballon rond le fer et l'acide acétique ainsi que 300 centimètres cubes d'eau et l'on ajoute à peu près la moitié de la nitracétanilide. Le ballon est bien agité et s'échauffe progressivement à mesure que se fait la réduction. On ajoute graduellement le reste du composé nitré et on fait en sorte que la température ne dépasse pas 80°. On s'aperçoit de la fin de la réaction au fait que le contenu du ballon perd sa couleur jaune et que la température s'abaisse lorsqu'on agite. On ajoute alors une solution de carbonate de soude jusqu'à réaction alcaline et on filtre le mélange chaud à la trompe. On fait bouillir le précipité à plusieurs reprises avec de l'eau et on filtre chaque fois. Les filtrats sont rassemblés, on sature de sel et, par refroidissement, il se sépare de fines aiguilles d'amido-acétanilide. On filtre et on sèche sur une plaque poreuse. Rende-ment : 50-60 grammes. Dans l'industrie, on purifie l'amidoacéta-nilide par distillation dans le vide (on l'obtient ainsi sous la forme où on la trouve dans le commerce), ou bien la solution réduite est diazotée directement pour donner des couleurs azoïques (noirs directs pour coton).

Propriétés. — P. F. 161°. Analyse : au moyen de la solution demi-normale de nitrite de sodium.

Équation :

$$\underset{NO_2}{\overset{NH(C_2H_3O)}{\bigcirc}} + 3H_2 \rightarrow \underset{NH_2}{\overset{NH(C_2H_3O)}{\bigcirc}} + 2H_2O$$

7. Acide p- sulfanilique.

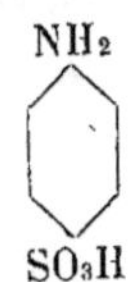

$$\underset{SO_3H}{\overset{NH_2}{\bigcirc}}$$

Neville et Winther, *Ber.*, 1880, xiii. 1940.
Mülhäuser, *Ding. pol. J.*, 1887, cclxiv. 181, 238.
Paul, *Zeit. ang. Chem.*, 1896. 685.

100 grammes aniline.
110 — acide sulfurique conc. (61 cm³).

On agite un mélange d'aniline et d'acide contenu dans une capsule plate en porcelaine et le sulfate acide ($C_6H_5NH_2 . H_2SO_4$) ainsi obtenu est chauffé dans une étuve jusqu'à ce que la température atteigne 205°. Cette opération doit durer quatre heures. L'étuve est maintenue à cette température pendant six heures encore. Le produit obtenu est cassé et dissous dans l'eau chaude. On ajoute

40 grammes de soude caustique (on doit arriver à une réaction alcaline). On fait bouillir la solution de sulfanilate de soude pendant quelques minutes avec un peu de noir animal et on filtre à chaud. En acidifiant par l'acide chlorhydrique (il faut que le papier au Congo vire au bleu) l'acide sulfanilique cristallise. On laisse reposer une nuit, on filtre à la trompe et on sèche à 100°. Rendement : 150-160 grammes.

Propriétés. — L'acide sulfanilique cristallise de l'eau en grandes lames incolores avec une molécule d'eau de cristallisation qui, cependant, peut être facilement éliminée. Il est peu soluble dans l'eau froide, plus soluble dans l'eau chaude. Le produit commercial que l'on ne purifie pas industriellement est ordinairement gris foncé. Il doit se dissoudre dans les alcalis en donnant une solution claire ne contenant qu'une trace d'une matière noire insoluble. La teneur est déterminée par dosage au moyen d'une solution titrée de nitrite de sodium.

Usages. — L'acide sulfanilique est fort employé dans la préparation des colorants azoïques.

Équation :

$$\text{NH}_2 \quad + \quad \text{H}_2\text{SO}_4 \quad \rightarrow \quad \text{NH}_2 \quad + \quad \text{H}_2\text{O}$$
$$\text{SO}_3\text{H}$$

8. *Diméthylaniline.*

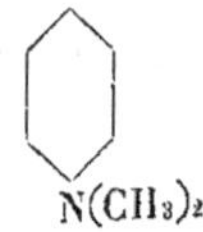

$$\text{N(CH}_3)_2$$

Schoop, *Chem. Zeit.,* 1887, 253 ; *J. Soc. Chem. Ind.* 1887, 436.

      75 grammes aniline.
      25   —   chlorhydrate d'aniline.
      75   —.   alcool méthylique.

Le mélange est chauffé en autoclave pendant sept à huit heures à 230-240°. On alcalinise ensuite par NaOH, on distille à la vapeur et on sépare l'huile au moyen d'un entonnoir à robinet. On sèche sur de la potasse caustique et on fractionne.

On recueille la fraction qui bout entre 190 et 200°.

Propriétés. — Liquide mobile : P. E. 192°.

Équation :

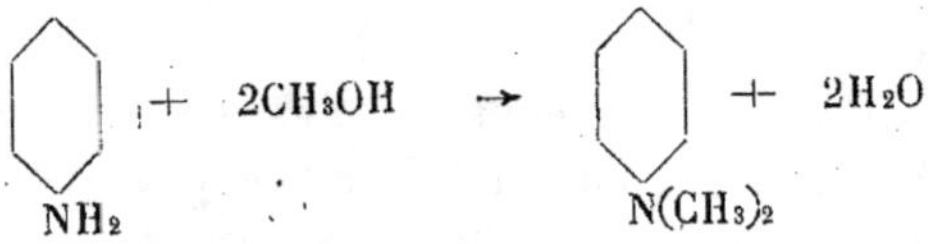

$$\bigcirc_{NH_2} + 2CH_3OH \rightarrow \bigcirc_{N(CH_3)_2} + 2H_2O$$

9. *Chlorhydrate de nitrosodiméthylaniline.*

$$\overset{NO}{\underset{N(CH_3)_2HCl}{\bigcirc}}$$

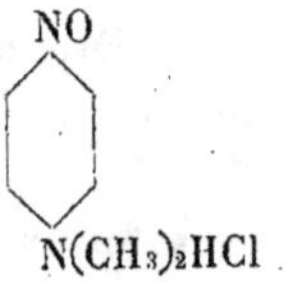

100 grammes diméthylaniline.
400 — acide chlorhydrique conc. (345 cm³).
60 — nitrite de sodium.

La diméthylaniline est dissoute dans l'acide chlorhydrique, et on ajoute de la glace jusqu'à ce que la température soit descendue en dessous de 0°. Le nitrite de sodium, dissous dans une petite quantité d'eau, est ajouté lentement en agitant mécaniquement et on fait en sorte que la température ne dépasse pas 8°. Le chlorhydrate de nitrosodiméthylaniline se sépare et, après repos, on filtre à la trompe, on lave avec une solution diluée d'acide chlorhydrique et on sèche sur une plaque poreuse.

Propriétés. — Aiguilles jaunes ; P. F., 177°.

Équation :

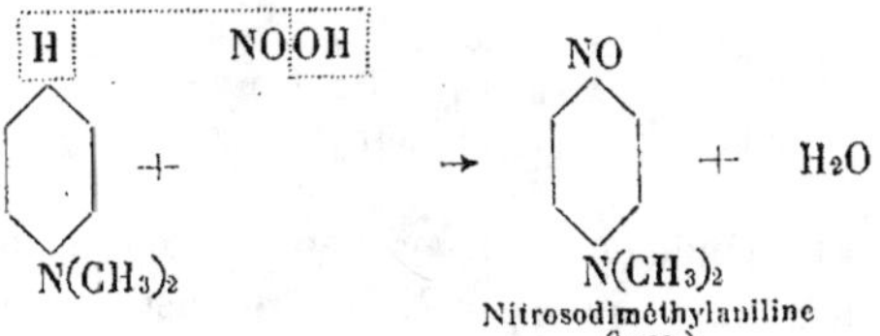

$$\overset{H}{\underset{N(CH_3)_2}{\bigcirc}} + NO \cdot OH \rightarrow \overset{NO}{\underset{N(CH_3)_2}{\bigcirc}} + H_2O$$

Nitrosodiméthylaniline
(base.)

10. *Diéthyl-m-amidophénol.*

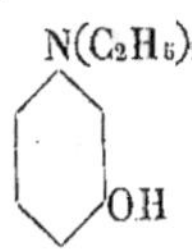

A.P. 403,678 ; D.P. 44,792[88].
Wolfrum, *Chemisches Praktikum*, IIe p., 326.

50 grammes diéthylaniline.
150 — acide sulfurique fumant à 30 °/₀ de SO₃.

On met l'acide dans un ballon rond de 500 cm³ (muni d'un réfrigérant à reflux) et on chauffe au bain-marie bouillant. On ajoute la diéthylaniline goutte à goutte pendant une demi-heure. On continue à chauffer jusqu'à ce qu'un échantillon alcalinisé et extrait à l'éther ne laisse aucun résidu de diéthylaniline après évaporation de l'éther. On laisse alors refroidir le produit, on le verse dans 1 litre d'eau et on neutralise à peu près avec du lait de chaux, la neutralisation étant complétée avec de la craie jusqu'à ce qu'il n'y ait plus d'effervescence. Le sulfate de calcium est filtré et lavé soigneusement et l'on ajoute du carbonate de soude au filtrat jusqu'à ce qu'il ne se produise plus de précipité ; on filtre le précipité et l'on évapore la solution du sel de sodium à siccité en chauffant d'abord à feu nu et finalement au bain-marie. Le sel de sodium de l'acide diéthylanilinesulfonique est alors converti en phénol par fusion avec la soude caustique. La fusion est opérée dans un creuset en nickel de 250 cm³ que l'on chauffe au bain d'huile. On ajoute progressivement une partie du sel de sodium sec à un mélange de une partie de soude caustique et un tiers d'eau que l'on chauffe à 260-270°. Pendant l'addition du sel de sodium le contenu du creuset est bien agité au moyen d'un thermomètre placé dans un tube de cuivre. Il convient de porter des gants et des lunettes pour éviter des accidents que pourraient causer des projections.

Lorsqu'on a ajouté tout le sel de sodium, on maintient la température à 270° pendant cinq minutes et on laisse refroidir la masse.

Lorsque le contenu du creuset est froid, on l'extrait à plusieurs reprises avec de l'eau acidifiée par l'acide chlorhydrique et la solution neutralisée est évaporée jusqu'à très petit volume. Le diéthylamidophénol cristallise alors. On le filtre à la trompe et on le sèche sur une plaque poreuse.

Propriétés. — P. F. 78°, P. E. 275-280°; est employé à la préparation de la rhodamine B (p. 429).

Équations :

$$N(C_2H_5)_2 \text{-(cycle)} + H_2SO_4 \rightarrow N(C_2H_5)_2 \text{-(cycle)}SO_3H + H_2O$$

$$N(C_2H_5)_2 \text{-(cycle)}SO_3Na + NaOH \rightarrow N(C_2H_5)_2 \text{-(cycle)}OH + Na_2SO_3$$

11. *m-Dinitrotoluène*.

$$CH_3 \text{-(cycle)} NO_2, NO_2$$

Kayser, *Zeit. Farb. Chem.*, 1903, II. 16, 32.

100 grammes toluène.

Premier acide de nitration
- 175 gr. acide sulfurique conc. (98^{cm3}).
- 113 gr. acide nitrique conc., $d = 1,45$ (78^{cm3}).

Second acide de nitration
- 338 gr. acide sulfurique conc. (188^{cm3}).
- 113 gr. acide nitrique fumant $d = 1,5$ (76^{cm3}).

Le toluène est placé dans un ballon rond, robuste, d'environ un demi-litre, muni d'un bouchon en caoutchouc à trois trous portant 1° un thermomètre descendant presque jusqu'au fond du ballon, 2° un petit entonnoir et 3° un tube de verre coudé deux fois à angle droit pour l'évacuation des vapeurs. Le premier acide de nitration est ajouté par l'entonnoir par petites quantités à la fois en secouant bien le ballon après chaque addition et la température est maintenue à 60°. Lorsque tout l'acide a été ajouté, on maintient la température à 60° pendant une demi-heure et l'on secoue bien le ballon. On laisse alors refroidir. Le contenu est ensuite versé dans un entonnoir à décantation et l'on sépare l'acide. L'huile (constituée par un mélange d'o- et de p-nitrotoluènes) est remise dans le ballon et l'on ajoute lentement le second mélange nitrant. La température s'élève et on la maintient à 115° en chauffant au besoin au bain-marie. Lorsque tout l'acide a été ajouté, le ballon est tenu chaud et on secoue fréquemment pendant une heure. On laisse alors refroidir un peu le contenu du ballon en le laissant au repos pendant quinze minutes, on le verse, pendant qu'il est encore chaud, dans un entonnoir en verre transformé en entonnoir à décantation grâce à une baguette de verre épaisse (ou d'une baguette de verre fixée à un petit bouchon) qui ferme la douille de l'entonnoir. Si l'on employait un entonnoir à robinet ordinaire le liquide chaud risquerait de casser le bouchon. On enlève l'acide, on fait couler l'huile dans un litre d'eau bouillante et l'on agite le tout. On élimine d'abord la plus grande partie de l'eau; on sépare les dernières parties au moyen d'un entonnoir en verre préalablement chauffé à l'eau chaude. On laisse cristalliser le dinitrotoluène liquide dans une capsule sèche. Le rendement est de 165 grammes. L'acide résiduaire laisse, par refroidissement, déposer une certaine quantité de dinitrotoluène cristallisé (environ 12 grammes) que l'on filtre, fond dans l'eau bouillante et sépare comme il est dit plus haut.

Propriétés. — Longues aiguilles jaunes; P. F. 71°.

Le produit commercial doit être de coloration claire et ne pas contenir d'huile. Le point de fusion doit être à peu près exact.

Usages. — Le m-dinitrotoluène est employé surtout pour la préparation de la m-toluylènediamine.

Équations:

(1) CH_3—benzène $+ HNO_3 \rightarrow$ CH_3—benzène—NO_2 (o-nitrotoluène.) et CH_3—benzène—NO_2 (p-nitrotoluène.)

(2)

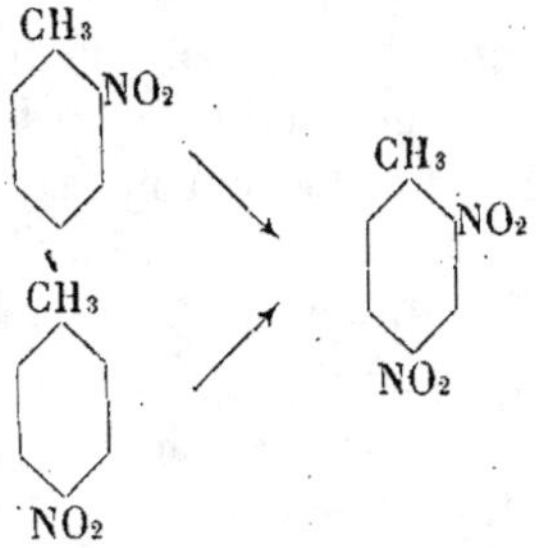

12. *m-Toluylènediamine.*

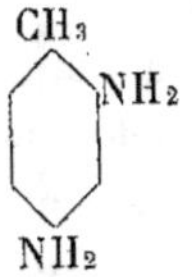

100 grammes m-dinitrotoluène.
  8   —   acide chlorhydrique conc.
225   —   fer en poudre.

Le fer est en poudre est placé dans un ballond rond avec 300 centimètres cubes d'eau et un peu de m-dinitrotoluène. On ajoute alors l'acide et le mélange est bien agité ; on ajoute un peu plus de dinitrotoluène et on chauffe, s'il le faut, le ballon à 60-70° pour déclancher la réaction. On ajoute progressivement le composé nitré, par petites quantités à la fois ; après chaque addition, la température s'élève et on n'ajoute pas de nouveau de dinitrotoluène avant que la température ne commence à descendre. Cette température ne pourra pas monter au delà de 80° ; on refroidit le ballon, s'il le faut, sous un courant d'eau. Lorsque la réduction est terminée, on filtre le mélange à chaud à la trompe, le résidu ferreux est remis dans le ballon, on fait bouillir avec de l'eau et on filtre de nouveau. Les filtrats sont rassemblés et mis à refroidir ; la m-toluylènediamine cristallise alors en fines aiguilles blanches. On les sépare par filtration, le filtrat est reconcentré, ce qui fournit une nouvelle récolte de cristaux. Si l'on désire seulement une solution de m-toluylènediamine, on peut diluer les filtrats et doser au moyen de la solution titrée de chlorure de diazobenzène (voir p. 479) en présence d'acétate de soude.

Propriétés. — Aiguilles incolores solubles dans l'eau chaude, dans l'alcool et dans l'éther; P. F. 99°; P. E. 283-285°.

Usages. — La m- toluylènediamine est employée dans la fabrication du brun Bismarck, de plusieurs noirs pour coton, et comme « développeur ».

Équation:

$$CH_3\text{—}C_6H_3(NO_2)_2 + 6H_2 \rightarrow CH_3\text{—}C_6H_3(NH_2)_2 + 4H_2O$$

13. *Benzidine.*

$$NH_2\text{—}C_6H_4\text{—}C_6H_4\text{—}NH_2$$

Erdmann, *Zeit. ang. Chem.*, 1893, 163.

    100 grammes nitrobenzène.
    170   —   poudre de zinc.
    105   —   soude caustique.

La soude caustique est dissoute dans 300 cm³ d'eau ; on ajoute 50 cm³ d'alcool méthylique et le nitrobenzène. L'opération est effectuée dans un ballon à fond rond de 1 l. 1/2 à 2 litres. Le ballon est muni d'un bouchon à travers lequel passe un tube de verre d'environ 5 centimètres de longueur qui permette de le faire communiquer avec un réfrigérant à reflux au moyen d'un tuyau de caoutchouc de 15 centimètres de longueur et d'un diamètre de 6-7 millimètres. La poudre de zinc, qui doit avoir été criblée à travers un tamis fin, est alors ajoutée au mélange par petites quantités à la fois. Il est important d'agiter très bien le ballon après chaque addition de zinc et cela pendant tout le temps de l'opération. La poudre de zinc produit une réaction violente et porte le mélange à l'ébullition. Le mélange est maintenu bouillant par des additions successives de zinc mais celles-ci ne doivent pas être trop rapides sinon le contenu du ballon peut déborder.

La couleur brune disparaît progressivement et lorsque la réduction est terminée, le contenu du ballon paraît d'un blanc grisâtre. Si cela ne se produit pas on peut ajouter plus de zinc et chauffer le ballon au bain de sable jusqu'à ce que la réaction soit terminée. Le contenu du ballon est refroidi et dilué avec de l'eau ; on ajoute de la glace et on acidifie soigneusement au moyen d'acide chlorhydrique sans laisser la température monter au delà de 15°.

L'hydrazobenzène se sépare sous forme de croûtes que l'on sépare facilement du liquide et du zinc non dissous en versant le tout dans un entonnoir en porcelaine (sans papier) et en lavant l'hydrazobenzène à l'eau.

L'hydrazobenzène est alors converti en benzidine en le recouvrant d'acide chlorhydrique concentré froid et, après environ une demi-heure, en diluant avec de l'eau, faisant bouillir et filtrant la solution de chlorhydrate de benzidine. On ajoute au filtrat du sulfate de soude pour précipiter la benzidine à l'état de sulfate. Celui-ci est filtré et lavé et on le fait bouillir avec une solution diluée de soude caustique. La solution de la base libre est filtrée et là benzidine cristallise par refroidissement. On filtre et sèche sur une plaque poreuse. Rendement : 20-30 grammes.

Propriétés. — La benzidine cristallise de l'eau chaude sous forme de grandes lamelles soyeuses ; P. F. 127,5-128°. On la dose par titrage au moyen d'une solution de nitrite de sodium.

Usages. — La benzidine sert à préparer des couleurs teignant directement le coton.

Équations :

$$(1) \quad \begin{matrix} C_6H_5NO_2 \\ \\ C_6H_5NO_2 \end{matrix} \; + \; 3H_2 \; \rightarrow \; \begin{matrix} C_6H_5N \\ \diagdown \\ | \quad \rangle O \\ \diagup \\ C_6H_5N \end{matrix} \; + \; 3H_2O$$

(Azoxybenzène.)

$$(2) \quad \begin{matrix} C_6H_5N \\ \diagdown \\ | \quad \rangle O \\ \diagup \\ C_6H_5N \end{matrix} \; + \; H_2 \; \rightarrow \; \begin{matrix} C_6H_5N \\ \| \\ C_6H_5N \end{matrix} \; + \; H_2O$$

(Azobenzène.)

$$(3) \quad \begin{matrix} C_6H_5N \\ \| \\ C_6H_5N \end{matrix} \; + \; H_2 \; \rightarrow \; \begin{matrix} C_6H_5NH \\ | \\ C_6H_5NH \end{matrix}$$

(Hydrazobenzène.)

$$(4) \quad \begin{matrix} C_6H_5NH \\ | \\ C_6H_5NH \end{matrix} \; \xrightarrow{\text{par transposition moléculaire.}} \; \begin{matrix} C_6H_4NH_2 \\ | \\ C_6H_4NH_2 \end{matrix}$$

(Benzidine.)

14. *Thiocarbanilide (Diphénylthiourée sym.).*

$$CS\begin{cases} NHC_6H_5 \\ NHC_6H_5 \end{cases}$$

200 grammes aniline.
200   —   sulfure de carbone.
200   —   alcool absolu.

L'aniline, le sulfure de carbone (éviter soigneusement la proximité d'une flamme) et l'alcool sont mélangés dans un ballon rond muni d'un réfrigérant à reflux et on fait bouillir doucement au bain-marie pendant environ dix heures. Comme il se dégage de l'hydrogène sulfuré, on fixe un tube de dégagement à l'extrémité du réfrigérant pour conduire le gaz soit à une hotte soit dans de la chaux sodée. La masse se solidifie après un certain temps.

Lorsque la réaction est finie, on chasse l'alcool et l'excès de sulfure de carbone par distillation au bain-marie (il faut veiller à ce qu'il n'y ait pas de flamme à proximité du flacon récepteur !). On ajoute de l'eau et les cristaux sont filtrés, lavés d'abord à l'acide chlorhydrique très dilué pour enlever toute l'aniline non transformée, et finalement à l'eau. La thiocarbanilide est séchée sur une plaque poreuse. Rendement : 200-230 grammes.

Propriétés. — Lames rhombiques incolores ; P. F. 151° ; employé dans la préparation de l'indigo par la méthode de Sandmeyer.

Équation :

$$CS_2 + 2C_6H_5NH_2 \rightarrow CS\begin{cases} NHC_6H_5 \\ NHC_6H_5 \end{cases} + H_2S$$

15. *Chlorure de benzylidène.*

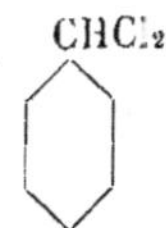

50 grammes toluène.

Le toluène est placé dans un ballon rond de 100 cm³ à large goulot muni d'un bouchon percé de deux trous. A travers l'un des trous passe le tube d'un réfrigérant à reflux; par l'autre, passe un tube de verre plus étroit (plongeant jusqu'au fond du ballon) par lequel on amène un courant de chlore sec. Le ballon est placé au soleil, le toluène est chauffé à l'ébullition et on y fait passer un courant de chlore sec jusqu'à ce que le poids se soit accru de 40 grammes (on peut préparer facilement le chlore en chauffant un mélange d'acide chlorhydrique concentré et de bichromate de potasse pulvérisé; on le sèche en le faisant barboter dans de l'acide sulfurique concentré). Le flacon contenant le toluène est pesé avant l'opération et en le pesant de nouveau de temps en temps après passage du courant de chlore, on peut suivre les progrès de la chloruration. En été la réaction est complète en quelques heures, mais en hiver il faut plus longtemps.

On peut faciliter la réaction en ajoutant 4 grammes de pentachlorure de phosphore au toluène. On ne fractionne pas le produit brut qui est employé directement à la préparation de la benzaldéhyde (voir plus bas).

Propriétés. — Liquide incolore; P.E. 206°.

Analyse. — On détermine le point d'ébullition et, si c'est nécessaire, le pourcentage de chlore.

Équation.

$$\underset{\text{CH}_3}{\bigcirc} \ + \ 2Cl_2 \ \rightarrow \ \underset{\text{CHCl}_2}{\bigcirc} \ + \ 2HCl$$

16. *Benzaldéhyde.*

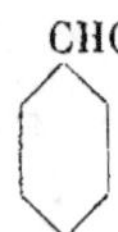

90 grammes de chlorure de benzylidène brut.

Le chlorure de benzylidène brut est placé dans un ballon rond muni d'un réfrigérant à reflux; on ajoute 500 cm³ d'eau et 150 grammes de carbonate de chaux précipité et on chauffe le mélange pendant quatre heures au bain d'huile (température du bain 130°) (En grand on chauffe le chlorure de benzylidène avec de l'eau et un sel de fer). Le contenu du ballon est alors distillé à la vapeur jusqu'à ce qu'il ne passe plus d'huile. Avant de purifier la benzaldéhyde, le liquide restant dans le ballon est filtré chaud et on ajoute un excès d'acide chlorhydrique concentré. Par refroidissement, l'acide benzoïque, qui s'est formé comme sous-produit, se sépare sous forme de lames cristallines. On les sépare par filtration et on les fait recristalliser de l'eau chaude. P. F. 124°.

Le distillat entraîné par la vapeur est alors traité par une solution concentrée de bisulfite de soude ($NaHSO_3$) jusqu'à ce que, après une longue agitation, la plus grande partie de l'huile soit entrée en solution. S'il se sépare des cristaux de la combinaison de benzaldéhyde et du bisulfite de soude, on ajoute de l'eau jusqu'à redissolution. La solution aqueuse est séparée de l'huile non dissoute et le filtrat est traité par le carbonate de soude anhydre jusqu'à ce qu'on obtienne une réaction alcaline. Le liquide est alors distillé à la vapeur: il distille de la benzaldéhyde pure qui, après repos, est séparée au moyen d'un entonnoir à robinet. Finalement on la distille, de préférence dans un courant d'hydrogène.

Propriétés. — Liquide incolore à odeur d'amandes amères. P .E. 170° ; densité $= 1,0504$; faiblement soluble dans l'eau.

La benzaldéhyde est beaucoup employée pour la préparation du vert malachite, de même que pour celle de l'acide benzoïque et de l'acide cinnamique.

Analyse. — (Voir p. 482.)

Équations :

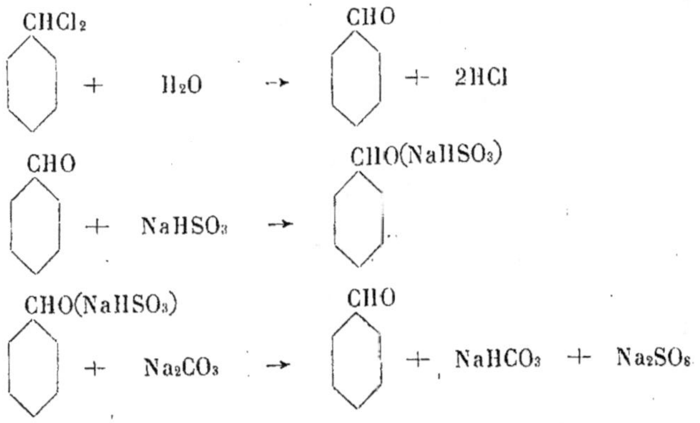

$$\text{C}_6\text{H}_5\text{CHCl}_2 + H_2O \rightarrow \text{C}_6\text{H}_5\text{CHO} + 2HCl$$

$$\text{C}_6\text{H}_5\text{CHO} + NaHSO_3 \rightarrow \text{C}_6\text{H}_5\text{CHO(}NaHSO_3\text{)}$$

$$\text{C}_6\text{H}_5\text{CHO(}NaHSO_3\text{)} + Na_2CO_3 \rightarrow \text{C}_6\text{H}_5\text{CHO} + NaHCO_3 + Na_2SO_3$$

17. *m-Dinitrophénol.*

$$\text{OH} \quad \text{NO}_2 \quad \text{NO}_2$$

Engelhardt et Latschinow, *Ber.*, 1870, III. 97.
Clemm, *J. pr. Chem.*, 1870 [2], 1. 145, 170.

100 grammes chlorodinitrobenzène, Cl : $(NO_2)_2 = 1 : 2 : 4$.
125   —   carbonate de soude (anhydre).

Le carbonate de soude est dissous dans 1120 cm³ d'eau contenus dans un ballon rond; on ajoute le chlorodinitrobenzène et on fait bouillir le tout pendant vingt-quatre heures, le ballon étant muni d'un réfrigérant à reflux.

Après ce temps toute l'huile est passée en solution. La solution est acidifiée par l'acide chlorhydrique, le dinitrophénol se sépare. On le filtre à la trompe et on sèche à l'air. Rendement: 91 grammes.

Propriétés. — Le m-dinitrophénol cristallise dans l'eau en tables jaune pâle. P.F. 114°. Par réduction il donne le diamidophénol qui est employé comme révélateur en photographie (amidol). Le dinitrophénol est beaucoup employé dans la préparation de « noirs au soufre ».

Équation :

$$\text{Cl}(NO_2)_2 + Na_2CO_3 \rightarrow \text{ONa}(NO_2)_2 + NaCl + CO_2$$

$$\text{ONa}(NO_2)_2 + HCl \rightarrow \text{OH}(NO_2)_2 + NaCl$$

CHAPITRE XXVIII

PRÉPARATION DE PRODUITS INTERMÉDIAIRES

II. — *Série naphtalénique.*

18. *Acide naphtalène-β-sulfonique.*

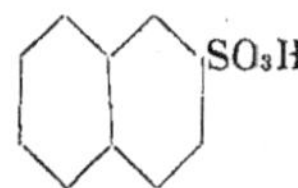

100 grammes naphtaline.
120   —   acide sulfurique conc. (67 cm³).

L'acide est chauffé à 100° dans un ballon rond et on ajoute progressivement la naphtaline finement divisée, en agitant bien le ballon.
On chauffe alors le mélange (sans condenseur), au bain d'huile, à
160-170° pendant douze heures. Après refroidissement, le mélange
sulfoné est versé dans un demi-litre d'eau, on chauffe à l'ébullition
et l'on ajoute du lait de chaux jusqu'à réaction alcaline (On calcule
la quantité de chaux vive d'après la quantité d'acide sulfurique et on
l'éteint avec de l'eau froide). Le mélange est filtré d'un coup à
travers de la toile, le filtre de toile est pressé au-dessus d'un autre
récipient. Le liquide est filtré, s'il est trouble, et ajouté au filtrat
principal. Les filtrats réunis sont concentrés par évaporation et on
laisse refroidir. On laisse reposer jusqu'au lendemain, le sel de calcium de l'acide sulfonique cristallise et on le filtre à la trompe. On
le dissout alors dans l'eau chaude et on ajoute une solution de
carbonate de soude jusqu'à ce qu'une prise d'essai filtrée ne donne

plus de précipité avec le carbonate de soude (le poids de carbonate de soude anhydre est calculé en se basant sur un rendement théorique en acide naphtalènesulfonique). Le carbonate de chaux précipité est alors filtré à la trompe et le sel de sodium est évaporé jusqu'à ce que des cristaux commencent à se séparer.

On laissé reposer jusqu'au lendemain, on filtre les cristaux et le filtrat est de nouveau évaporé de sorte que, après refroidissement et repos, on peut obtenir de nouveaux cristaux que l'on ajoute aux premiers. On sèche le tout au bain-marie. Rendement : 120-140 grammes.

Propriétés. — L'acide est constitué par des cristaux lamellaires non déliquescents.

Équation :

$$\text{(naphtalène)} + H_2SO_4 \rightarrow \text{(naphtalène-SO}_3\text{H)} + H_2O$$

19. β-Naphtol.

100 grammes de naphtalène-β-sulfonate de soude.
300   —   de soude caustique pulvérisée.

On met dans un grand creuset en cuivre ou en nickel la soude caustique et 30 cm³ d'eau. On chauffe le mélange à 280°. Le thermomètre est placé dans un tube en cuivre ou en nickel fermé à une extrémité et contenant un peu d'huile. Un gros bouchon est fixé à l'extrémité ouverte du tube, de façon à pouvoir tenir celui-ci et s'en servir comme d'agitateur. Pour cette opération, comme pour toute fusion alcaline, les yeux doivent être protégés par des lunettes et les mains, par des gants. Le sel β finement pulvérisé est alors ajouté aussi rapidement que possible, en agitant constamment, mais il faut veiller à ce que la température ne tombe pas en dessous de 260°. Lorsqu'on a tout ajouté, on élève la température jusqu'à 320° et la réaction se produit à 310-320°. La masse mousse et émet des vapeurs et lorsqu'elle devient tout à fait liquide, la réaction est terminée. Le temps pendant lequel la fusion est maintenue à 310-320° est d'environ cinq minutes. La couche supérieure de la masse fondue, qui est plus foncée que la couche inférieure et qui renferme le naphtolate de sodium, est alors versée sur une plaque de cuivre à bords relevés. Après refroidissement la masse est brisée et dissoute dans l'eau. Le naphtol est précipité par l'acide chlorhydrique concentré (opérer sous la hotte). Dans l'industrie, la précipitation est parfois effectuée par un courant d'anhydride carbonique. Après refroidissement le β-naphtol est filtré, séché et distillé dans le vide (voir p. 330). Rendement : 50-55 grammes.

Propriétés. — Corps incolore, cristallin ; P.F. 123° ; P.E. 286° ; densité $= 1,217$; difficilement soluble dans l'eau (dans 1 000 parties d'eau froide et 75 parties d'eau bouillante) ; très soluble dans les dissolvants organiques.

Usages. — Le β-naphtol est beaucoup employé pour la préparation des colorants azoïques et autres; de même pour la fabrication des « rouges para », etc., sur la fibre.

Pour l'analyse, voir p. 483.

Équations :

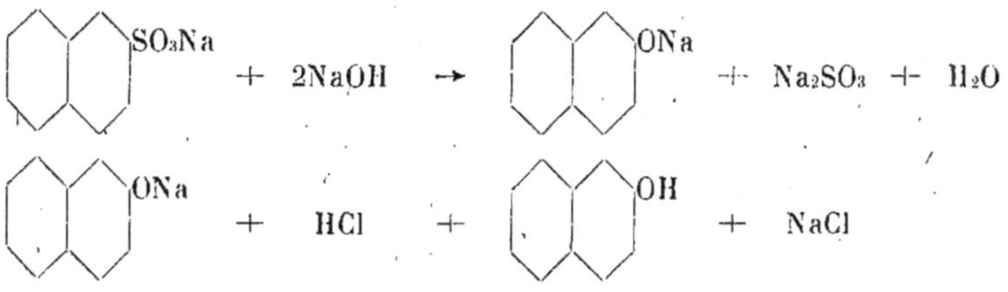

$$\text{(naphtalène)}-SO_3Na + 2NaOH \rightarrow \text{(naphtalène)}-ONa + Na_2SO_3 + H_2O$$

$$\text{(naphtalène)}-ONa + HCl + \rightarrow \text{(naphtalène)}-OH + NaCl$$

20. *Acide β-naphtol-6-sulfonique (acide de Schäffer)*.

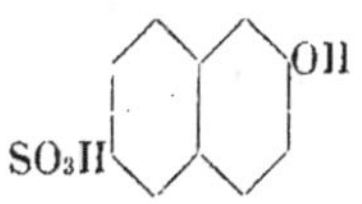

$$SO_3H-\text{(naphtalène)}-OH$$

E.P. 7098[84].

100 grammes β-naphtol.
200   —   acide sulfurique concentré (111 centimètres cubes).

Le β-naphtol est finement broyé et ajouté peu à peu à l'acide sulfurique qui a été préalablement chauffé à 30-40° dans un ballon rond d'environ 400 cm³. Le mélange est alors chauffé au bain d'eau à 100° pendant huit heures. Le produit est dissous dans environ 1 litre d'eau et saturé de sel ordinaire. Le sel de sodium de l'acide naphtolsulfonique se sépare et, après repos jusqu'au lendemain, on filtre, on lave bien avec une solution saturée de sel jusqu'à ce qu'il n'y ait plus d'acide libre et on sèche. Le sel de sodium de l'acide isomère (« acide de Bayer », OH : SO₃H = 2 : 8) qui se forme en même temps reste dans le filtrat. Rendement : 100 grammes.

Propriétés. — Le sel de sodium cristallise avec deux molécules d'eau. On le dose par titrage avec une solution de bromate de potassium.

Usage. — Le sel de Schäffer est beaucoup employé pour la fabrication des colorants azoïques; de même pour la préparation de l' « iconogène » ($C_{10}H_5(OH)(SO_3H)(NO) = 2 : 6 : 1$) employé comme révélateur photographique.

Équation :

$$\text{(naphtol-OH)} \quad + \quad H_2SO_4 \quad \rightarrow \quad \text{(SO}_3\text{H-naphtol-OH)} \quad + \quad H_2O$$

21. *Acide β-naphtol-3 : 6-disulfonique* (« *sel R* »).

$$\text{(naphtol : OH, SO}_3\text{H, SO}_3\text{H)}$$

E.P. 7097⁸⁴ ; D.P. 33,916⁸⁴.

100 grammes β-naphtol.
400 — acide sulfurique conc. (222 cm³).

L'acide sulfurique est placé dans un ballon rond d'un demi-litre et chauffé au bain de sable à 125°. Le naphtol finement pulvérisé est ajouté assez rapidement et le mélange est maintenu à 125-126° pendant cinq à six heures. Il est alors versé dans l'eau et neutralisé au lait de chaux. Le sulfate de calcium est séparé par filtration, on ajoute de l'eau chaude, on fait bouillir et on filtre de nouveau. On réunit ce filtrat au premier. On ajoute alors une solution de carbonate de soude jusqu'à ce qu'il ne se produise plus de précipité et on filtre le carbonate de chaux. Le filtrat est saturé de sel marin et le sel R se sépare sous forme de précipité floculant jaune qui est filtré, lavé avec une solution concentrée de sel et séché. Rendement d'environ 200 grammes, soit 80 pour 100 du rendement théorique (PM = 348).

Propriétés. — Le sel disodique est très soluble dans l'eau, presque insoluble dans l'alcool et se combine très facilement avec les solutions diazoïques.

Le sel R est dosé au moyen d'une solution titrée de bromate de potassium.

Usage. — S'emploie surtout pour la préparation de couleurs azoïques pour laine.

Équation :

$$\text{(naphtol)}\ \text{OH} + 2H_2SO_4 \rightarrow \text{(naphtol disulfoné)}\ \text{OH, SO}_3\text{H, SO}_3\text{H} + 2H_2O$$

22. *α-Nitronaphtaline* $C_{10}H_7NO_2$.

$$\text{(naphtaline)}\ NO_2$$

Witt, *Chem. Ind.*, 1887, x. 216.

100 grammes naphtaline.
  80   —   acide nitrique conc., $d = 1,4$ (57 cm³).
100   —   acide sulfurique conc. (56 cm³).

Les acides sont mélangés comme pour la préparation du nitrobenzène et transvasés dans un ballon rond d'environ 500 cm³. La naphtaline qui doit avoir été finement divisée dans un moulin (un moulin à café convient très bien) est ajoutée par petites quantités à la fois en agitant bien le ballon et en refroidissant après chaque addition. La température est maintenue à 45-50°. Lorsqu'on a ajouté toute la naphtaline, on chauffe le mélange à 55-60° et on verse dans l'eau froide. La nitronaphtaline tombe au fond et on enlève l'eau par décantation. On fait bouillir le gâteau solide avec de l'eau et on décante l'eau. La nitronophtaline fondue est alors transvasée dans un grand ballon et soumise à l'entraînement à la vapeur. On sépare ainsi un peu de naphtaline non attaquée que l'on retrouve dans le distillat. On verse alors le contenu du ballon dans une grande quantité d'eau froide en agitant constamment.

La nitronaphtaline granulée est filtrée et séchée à l'air. Rendement 130 grammes.

Propriétés. — Solide jaune clair cristallisant de l'alcool en longues aiguilles ; P. F. 61° ; P. E. 304° ; densité à 4°, 1,331.

L'α-nitronaphtaline doit avoir le point de fusion exact et ne peut contenir de naphtaline (ce dont on peut s'assurer en distillant à la vapeur).

Usage. — Elle est employée presque exclusivement à la préparation de l'α-naphtylamine.

Équation :

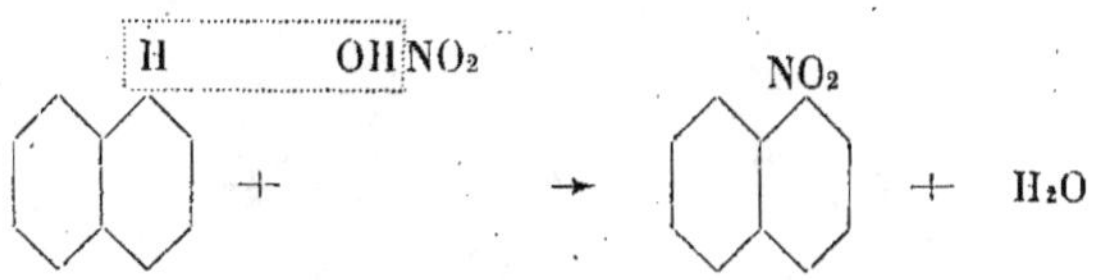

$$\text{H} \qquad \text{OH} \quad NO_2 \qquad\qquad NO_2$$

23. α-*Naphtylamine.*

$$NH_2$$

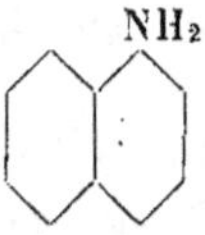

Witt, *Chem. Ind.*, 1887, 215.
Paul, *Zeit. ang. Chem.*, 1897, 145.

60 grammes α-nitronaphtaline.
80   —   fer en poudre.
4   —   acide chlorhydrique conc.

La poudre de fer est placée dans un ballon rond avec 40 cm³ d'eau et l'acide. Le mélange est chauffé à 50° environ. La nitronaphtaline est alors ajoutée par petites quantités à la fois et le ballon est bien agité après chaque addition. Pendant tout le temps de la réduction, la température doit être maintenue à 70-80°. Lorsque la dernière portion de nitronaphtaline a été ajoutée, on agite le ballon à plusieurs reprises et, lorsqu'on n'observe plus de nouvelle élévation de température, la réaction est terminée. On ajoute alors un peu de lait de chaux jusqu'à réaction alcaline et on laisse refroidir la masse. Celle-ci est alors filtrée à la trompe et le résidu de fer mélangé à la naphtylamine est séché aussi bien que possible à l'air. Le résidu est placé dans une petite cornue dont le col est réuni par un bouchon de caoutchouc à un flacon à filtration à paroi épaisse et dont la tubulure latérale est raccordée à la trompe à vide. Lorsque le vide a été fait dans l'appareil, le contenu de la cornue est distillé avec précaution à feu nu. Il passe d'abord un peu d'eau et ensuite la naptylamine distille. Le distillat, à la fin, est coloré en rouge.

La naphtylamine brute se solidifie bientôt et le gâteau est séché au moyen de papier à filtrer. On la purifie en la redistillant dans le vide dans une cornue propre. Il faut prendre soin de ne pas manipuler l'α-naphtylamine car elle communique une odeur désagréable aux mains. Si la distillation a été faite avec soin on peut obtenir un rendement de 25 à 30 grammes.

Propriétés. — L'α-naphtylamine est presque insoluble dans l'eau et possède une odeur très désagréable ; P. E. 300°, P. F. 50°. Le produit commercial se présente en morceaux blanc-grisâtre. Il doit avoir à peu près le point de fusion exact et se dissoudre presque complètement dans l'acide chlorhydrique dilué.

Usages. — L'α-naphtylamine est employée pour la préparation de l'α-naphtol, des acides naphtylamine-sulfoniques et de divers colorants azoïques.

Équation :

$$\text{(naphtalène)}-NO_2 + 3Fe + 6HCl \rightarrow \text{(naphtalène)}-NH_2 + 3FeCl_2 + 2H_2O$$

24. *Acide naphtionique.*

$$NH_2$$

$$SO_3H$$

Neville et Winther, *Ber.*, 1880, XIII. 1948 ; *J. C. S.*, XXXVII. 632.

E.P. 2237[83].

Witt, *Ber.*, 1886, XIX. 578.

Paul, *Zeit. für ang. Chem.*, 1896, 685.

100 grammes α-naphtylamine.
500   —   acide sulfurique conc. (278 cm³).

La naphtylamine est ajoutée à l'acide contenu dans un ballon rond et chauffé à 100-120° pendant trois à quatre heures jusqu'à ce qu'une prise d'essai alcalinisée et extraite à l'éther ne donne plus de naphtylamine par évaporation de l'éther. Le mélange est versé dans l'eau et l'acide naphtionique difficilement soluble se sépare. Il est filtré, lavé à l'eau froide jusqu'à ce que l'eau de lavage ne renferme plus d'acide, et neutralisé exactement par addition de soude caustique. La solution du sel de sodium est saturée de sel ordinaire et on laisse reposer : le naphtionate de sodium se sépare sous forme de cristaux blancs. Ceux-ci sont filtrés à la trompe, séchés sur une plaque poreuse puis portés à l'étuve.

La substance sèche peut être extraite à l'alcool ou à la benzine pour enlever toute trace d'α-naphtylamine.

Rendement ; environ 140 grammes de produit à 100 %.

Propriétés. — L'acide se présente sous la forme d'aiguilles incolores, presque insolubles dans l'eau froide. Le sel de sodium est facilement soluble dans l'eau et cristallise avec quatre molécules d'eau.

Le produit commercial est le sel de sodium. Il doit donner avec l'eau une solution limpide fluorescente. Pour l'analyser, on extrait un échantillon par l'alcool et le filtrat est évaporé à siccité : le résidu, s'il y en a un, est constitué par de l'α-naphtylamine. Le naphtionate de sodium, après extraction, est dosé avec le nitrite demi-normal, à la température ordinaire. Il doit être à 70 pour 100 environ.

Usages. — Le naphtionate de sodium est beaucoup employé dans la fabrication des colorants azoïques.

Équation :

$$\text{(naphtylamine)} + HO.SO_3H \rightarrow \text{(Acide naphtionique.)} + H_2O$$

25. *Acide α-naphtolsulfonique* (1 : 4) (Acide de Neville et Winther)

$$\text{(OH ... SO_3H)}$$

E.P. 16,807[99].

100 grammes naphtionate de sodium.
800 — solution bisulfite de sodium $d = 1,37$.

Le naphtionate et le bisulfite de sodium sont mélangés dans un ballon à fond rond muni d'un réfrigérant à reflux ; on ajoute 200 cm³ d'eau et on fait bouillir le mélange jusqu'à ce qu'on ne puisse plus déceler d'acide naphtionique (précipité blanc avec l'acide chlorhydrique). Cette opération exige plusieurs heures. On ajoute alors une solution de soude caustique jusqu'à ce qu'on obtienne une solution alcaline (papier au jaune brillant) et on porte à l'ébullition. Il se dégage de l'ammoniaque et il faut veiller à ce que le mélange reste alcalin pendant tout le temps de cette décomposition. Lorsqu'il ne se dégage plus d'ammoniaque (un essai sera fait sur une prise d'essai additionnée d'un excès de soude caustique) le liquide est versé dans un léger excès d'acide chlorhydrique et l'on fait bouillir pour chasser tout l'acide sulfureux. Par refroidissement, ou après évaporation si c'est nécessaire, l'acide naphtolsulfonique cristallise. On le filtre à la trompe et on le sèche sur une plaque poreuse.

On peut signaler encore deux autres méthodes de préparation de cet important acide. La première consiste à chauffer un mélange de 100 gr. de naphtionate de sodium, 100 gr. de soude caustique et 100 cm³ d'eau dans un autoclave pendant huit à dix heures à 240-260°. Après refroidissement, le produit est dissous dans 750 cm³ d'eau chaude et neutralisé par l'acide chlorhydrique. La solution est alors saturée de sel : le sel de sodium de l'acide naphtolsulfonique se sépare à l'état de cristaux blancs que l'on filtre et sèche (DP. 46 307[88]).

D'après le second procédé, le composé diazoïque jaune insoluble préparé à partir de l'acide naphtionique est ajouté progressivement à de l'acide sulfurique dilué bouillant et, lorsqu'il ne se dégage plus d'azote, on neutralise la solution rouge par le carbonate de soude et on l'emploie directement.

Analyse. — Par titration avec la solution de diazobenzène (p. 484).

Propriétés. — L'acide libre et ses sels sont très solubles dans l'eau. Le sel de sodium

$$C_{10}H_6\begin{cases} OH \\ SO_3Na \end{cases}$$

est beaucoup employé pour la préparation de colorants azoïques.

Équations :

$$C_{10}H_6\begin{cases} NH_2 \\ SO_3Na \end{cases} + 2NaHSO_3 \rightarrow C_{10}H_6\begin{cases} O.SO_2Na \\ SO_3Na \end{cases} + NaNH_4SO_3$$

$$C_{10}H_6\begin{cases} O.SO_2Na \\ SO_3Na \end{cases} + NaNH_4SO_3 + 3NaOH \rightarrow C_{10}H_6\begin{cases} ONa \\ SO_3Na \end{cases} + 2Na_2SO_3 + NH_3 + 2H_2O$$

$$C_{10}H_6\begin{cases} ONa \\ SO_3Na \end{cases} + 2Na_2SO_3 + 6HCl \rightarrow C_{10}H_6\begin{cases} OH \\ SO_3H \end{cases} + 2SO_2 + 6NaCl + 2H_2O$$

26. *Acide α-naphtylaminetrisulfonique.*

$$SO_3H \quad NH_2$$

$$SO_3H \qquad SO_3H$$

E.P. 15,716[85] ; D.P. 38,281[85] ; E.P. 9258[90] ; D.P. 56,058[90].

I. *Préparation de l'acide naphtalène-trisulfonique.*

100 grammes naphtalène-β-sulfonate de soude.
187 — acide sulfurique fumant, à 40 pour 100 de SO_3.

Le « sel β » est mélangé lentement avec l'acide fumant dans un ballon rond en maintenant la température au-dessous de 60° pendant cette opération. Le mélange est chauffé doucement dans un bain d'huile jusqu'à 125°, maintenu à cette température pendant une heure puis porté à 160-170° et chauffé à cette température pendant dix heures.

II. *Nitration de l'acide naphtalène-trisulfonique.*

42 grammes acide nitrique conc. $d = 1,4$ (30 cm³).
60 — acide sulfurique conc. (33 cm³).

On laisse refroidir le mélange sulfoné, puis l'on ajoute lentement le mélange sulfo-nitrique. On refroidit et on agite fréquemment ; la nitration est effectuée à 25-30°. Lorsque tout l'acide a été ajouté, on laisse reposer pendant quelques heures.

III. *Réduction du produit de la nitration.* — Le mélange nitré est versé dans l'eau, la solution est chauffée à 40° et on ajoute progressivement du fer en poudre jusqu'à ce que la couleur jaune de l'acide nitré ait disparu (ce que l'on constate en mettant une goutte sur du papier-filtre). On ajoute alors du lait de chaux jusqu'à réaction alcaline et le mélange est filtré chaud à la trompe. On fait bouillir le résidu avec de l'eau et on filtre de nouveau. Le filtrat est traité par une solution de carbonate de soude jusqu'à ce qu'il ne se produise plus de précipité et on filtre le carbonate de chaux.

Le filtrat est fortement concentré par évaporation et acidifié par l'acide chlorhydrique : le sel disodique de l'acide naphtylamine-trisulfonique cristallise. Après refroidissement on le filtre et on le sèche.

Propriétés. — Le sel disodique est très soluble dans l'eau mais peu soluble dans une solution de sel ou d'acide chlorhydrique.

On l'analyse par titrage au moyen de la solution demi-normale de nitrite.

Usages. — Il trouve son emploi principal dans la préparation de l'acide amidonaphtoldisulfonique H et de l'acide chromotropique (acide 1 : 8-dioxynaphtalène-3 : 6-disulfonique) qui sont beaucoup employés dans la préparation des colorants azoïques.

Équations :

$$\text{(naphtalène-}SO_3Na) + 3H_2SO_4 \rightarrow \text{(naphtalène-}SO_3H,\ SO_3H,\ SO_3H) + NaHSO_4 + 2H_2O$$

$$\text{(naphtalène-}SO_3H,\ SO_3H,\ SO_3H) + HNO_3 \rightarrow \text{(naphtalène-}SO_3H,\ NO_2,\ SO_3H,\ SO_3H) + H_2O$$

$$\text{(naphtalène-}SO_3H,\ NO_2,\ SO_3H,\ SO_3H) + 3H_2 \rightarrow \text{(naphtalène-}SO_3H,\ NH_2,\ SO_3H,\ SO_3H) + 2H_2O$$

27. *Acide amidonaphtoldisulfonique* H.

$$\text{(naphtalène-}OH,\ NH_2,\ SO_3H,\ SO_3H)$$

E.P. 13,443^{90} ; D.P. 69,722^{90}.

50 grammes acide α-naphtylaminetrisulfonique (sel disodique) 1 : 3 : 6 : 8.
100   —   soude caustique pulvérisée.

La soude caustique est dissoute dans 10 cm³ d'eau dans un creuset de nickel ou de cuivre. On agite au moyen d'un thermomètre placé dans une gaine, comme dans la préparation du β-naphtol. Il faut aussi se protéger les mains et les yeux. La soude est chauffée à 180° et l'on ajoute le sel disodique finement pulvérisé, en agitant. La température est maintenue à 180° jusqu'à ce que la masse soit devenue limpide et fluide, ce qui indique que la réaction est terminée. Après refroidissement, la masse est dissoute dans l'eau et acidifiée par l'acide chlorhydrique (sous la hotte). Le sel acide de sodium de l'acide H cristallise alors. On laisse reposer le tout jusqu'au lendemain, on filtre à la trompe et on sèche.

Propriétés. — Le sel acide de sodium se présente sous la forme d'aiguilles blanches et est peu soluble dans l'eau froide. La solution aqueuse a une fluorescence bleu-rouge.

On le dose par titrage en solution alcaline avec la solution de chlorure de diazobenzène.

Usages. — L'acide H est employé à la préparation de couleurs azoïques variant du violet au bleu.

Équations :

$$SO_3H,\ NH_2,\ SO_3Na,\ SO_3Na + 3NaOH \rightarrow ONa,\ NH_2,\ SO_3Na,\ SO_3Na + Na_2SO_3 + 2H_2O$$

$$ONa,\ NH_2,\ SO_3Na,\ SO_3Na + 2HCl \rightarrow OH,\ NH_2,\ SO_3Na,\ SO_3H + 2NaCl$$

28. β-Naphtylamine.

Merz et Weith, *Ber.*, 1880, XIII. 1300 ; 1881, XIV. 2343.
Calm, *Ber.*, 1882, XV. 613.
Möhlau et Bucherer, *Farbenchemisches Praktikum*, 1908, p. 62.

100 grammes β-naphtol.
150 cm³ solution de sulfite d'ammonium {40 % $(NH_4)_2SO_3$}.
100 - ammoniaque (20 %).

Ces produits sont bien mélangés dans un autoclave d'une contenance d'un demi-litre environ.

L'autoclave est fermé et chauffé à 150° environ pendant six heures. On ne laissera pas monter la température plus haut sinon il se formerait une certaine quantité de β-β'-dinaphtylamine,

Lorsque la réaction est terminée (ce que l'on voit par la disparition du naphtol qui est soluble dans une solution de soude caustique), on laisse refroidir l'autoclave complètement et on filtre le contenu. Le résidu est traité par une solution diluée et chaude de soude caustique afin d'enlever tout le β-naphtol non transformé puis on le dissout dans l'acide chlorhydrique dilué et l'on filtre la solution afin d'éliminer la β-β'-dinaphtylamine qui pourrait s'être formée. La base est précipitée du filtrat par addition d'une solution de soude caustique ou bien la β-naphtylamine peu soluble est précipitée par l'addition d'une solution de sulfate de soude.

La base est purifiée ensuite par distillation dans le vide.

Propriétés. — Lamelles généralement un peu colorées; P. F. 111-113°; P. E. 294°; légèrement soluble dans l'eau bouillante; ne donne pas de coloration avec le chlorure ferrique.

La β-naphtylamine doit être entièrement soluble dans l'acide chlorhydrique et avoir le point de fusion exact. Elle est employée pour la fabrication de couleurs azoïques rouges.

Équation :

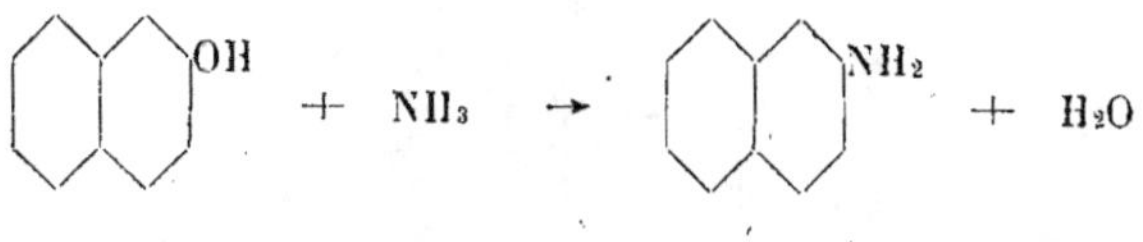

29. *Acide β-naphtylaminedisulfonique* G.

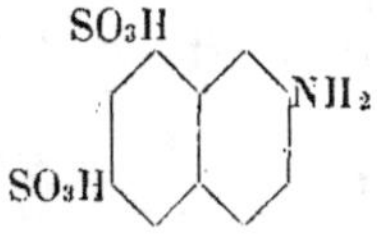

E.P. 816^{84} ; D.P. $35,049^{84}$.

100 grammes β-naphtylamine.
390 — acide sulfurique fumant à 25 % de SO_2.

La β-naphtylamine est dissoute dans une quantité convenable d'eau chaude contenant 70 grammes d'acide chlorhydrique concentré (60 cm³). On ajoute une solution de 113 grammes de sulfate de soude cristallisé ce qui provoque la précipitation de la base [(C₁₀H₇NH₂)₂H₂SO₄]. Après refroidissement, on filtre et on sèche.

Le sulfate est finement broyé et ajouté à l'acide fumant dans un ballon rond et l'on chauffe le mélange à 110-140° jusqu'à ce que quelques gouttes donnent une solution limpide dans l'eau (environ sept à huit heures). Le mélange sulfoné est alors versé dans l'eau, neutralisé par un lait de chaux (jusqu'à réaction alcaline), le sulfate de chaux est filtré ; on fait bouillir le résidu avec de l'eau et l'on filtre de nouveau. La solution contenant le sel de calcium est traitée par une solution de carbonate de soude jusqu'à ce qu'il ne se produise plus de précipité et on filtre. La solution est légèrement concentrée par évaporation, acidifiée par l'acide chlorhydrique et l'on ajoute du chlorure de potassium jusqu'à saturation. On laisse refroidir et le précipité de sel acide de potassium est filtré et séché.

Propriétés. — L'acide libre et la plupart de ses sels sont assez solubles dans l'eau. On le dose au moyen de la solution titrée de nitrite de sodium.

Le « sel amido-G » est employé dans la préparation de colorants azoïques noirs pour laine.

Équation :

$$\text{C}_{10}\text{H}_6(\text{NH}_2) + 2\,\text{H}_2\text{SO}_4 \rightarrow \text{C}_{10}\text{H}_4(\text{SO}_3\text{H})_2(\text{NH}_2) + 2\,\text{H}_2\text{O}$$

30. *Acide amidonaphtolsulfonique* γ.

E.P. 15,176⁸⁹, 16,699⁸⁹.

50 grammes acide β-naphtylaminedisulfonique G.
42   —   soude caustique pulvérisée.

La soude caustique est dissoute dans 50 cm³ d'eau et placée dans un autoclave. Le sel amido-G y est bien mélangé, le couvercle est boulonné et on chauffe pendant six heures à 190-195°.

Lorsque l'autoclave est tout à fait froid on l'ouvre et on dissout le contenu dans l'eau. On acidifie à l'acide chlorhydrique sous la hotte. Par refroidissement l'acide γ cristallise. On le filtre et on sèche.

Propriétés. — L'acide est difficilement soluble dans l'eau. Les sels alcalins se dissolvent bien et donnent une fluorescence bleue.

L'acide est dosé en solution alcaline (carbonate de soude) au moyen de la solution titrée de chlorure de diazobenzène.

Il trouve un emploi considérable dans la fabrication de colorants azoïques, en particulier de noirs pour coton.

Équation :

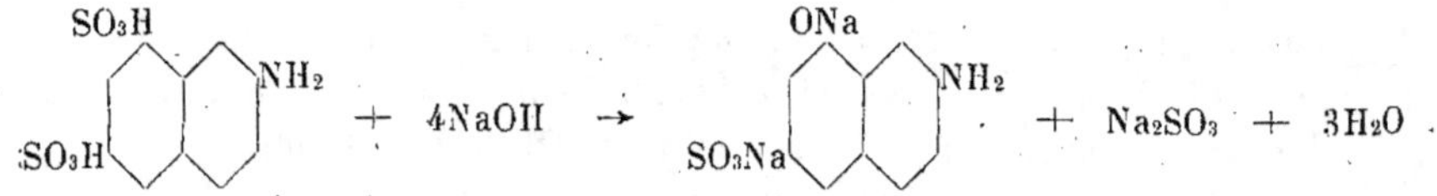

$$SO_3H,\ SO_3H,\ NH_2 \quad + \quad 4NaOH \quad \rightarrow \quad ONa,\ SO_3Na,\ NH_2 \quad + \quad Na_2SO_3 \quad + \quad 3H_2O$$

(Par acidification, on obtient l'acide libre.)

31. *Anthraquinone.*

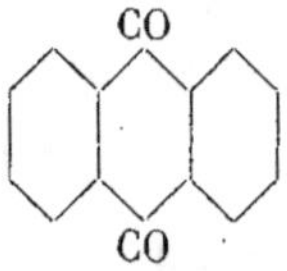

$$CO \cdots CO$$

Cohen, *Practical Organic Chemistry.*

10 grammes anthracène (pur).
120   —   acide acétique glacial.
20   —   acide chromique dissous dans 15^{cm3} d'eau auxquels on ajoute ensuite 75^{cm3} acide acétique glacial.

La méthode employée dans l'industrie pour l'oxydation de l'anthracène, et qui consiste à employer une suspension dans l'eau de bichromate de soude et de l'acide sulfurique, ne peut pas être employée commodément au laboratoire car, pour obtenir l'anthracène à un état de division suffisant, on le sublime dans un courant de vapeur surchauffée et on le condense au moyen de minces jets d'eau. L'anthracène finement pulvérisé que l'on trouve dans le com-

merce n'est pas attaqué par cet agent oxydant à moins d'avoir subi
ce traitement; c'est la raison pour laquelle il est préférable d'employer la méthode suivante:

L'anthracène est dissous dans l'acide acétique en les faisant bouillir
ensemble dans un ballon rond (un demi-litre) muni d'un réfrigérant
ascendant, sur une toile métallique. On fait alors tomber la solution
d'acide chromique goutte à goutte d'un entonnoir à robinet placé au
sommet du réfrigérant tandis que le liquide est maintenu à l'ébullition. L'opération doit durer environ une heure. La solution
devient vert foncé. On la laisse refroidir et on la verse dans l'eau
(500 cm³) qui précipite l'anthraquinone sous forme d'une poudre
brune. Après repos d'une heure, on filtre à travers un grand filtre à
plis, on lave avec un peu d'eau froide puis avec de la soude caustique
diluée et chaude puis de nouveau à l'eau. Rendement : 10-12 grammes. Une portion de la substance sèche peut être purifiée par sublimation. On la met (2 à 3 grammes) sur un grand verre de montre
que l'on chauffe au bain de sable sur une très petite flamme. Le
verre de montre est couvert d'une feuille de papier-filtre qui est
maintenue à plat au moyen d'un entonnoir placé au-dessus. Après
cinq minutes environ, des cristaux d'anthraquinone jaune pâle ayant la
forme d'aiguilles se disposeront par sublimation sur le papier-filtre.

Propriétés. — Aiguilles jaunes ; P. F. 277° ; se sublime à 250° ;
PE. 382° ; insoluble dans l'eau, soluble dans l'acide acétique, moins
soluble dans le benzène et autres dissolvants organiques.

Équation :

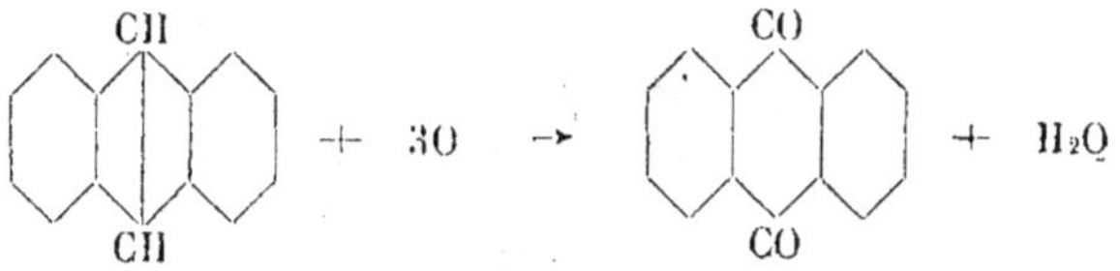

$$\text{anthracène} + 3O \rightarrow \text{anthraquinone} + H_2O$$

32. *Acide anthraquinonesulfonique.*

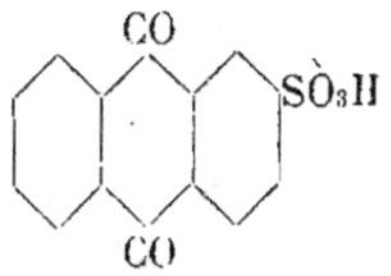

100 grammes anthraquinone.
100   —   acide sulfurique fumant, 45-50 pour 100 de SO₃.

L'acide est fondu, si c'est nécessaire, et l'on y ajoute l'anthraquinone finement pulvérisée.

Le mélange contenu dans un ballon rond est chauffé progressivement au bain d'huile de telle façon que, après une heure, la température ait atteint 160°. On le verse alors lentement et avec précaution dans de l'eau chaude, on fait bouillir la solution pendant un certain temps et l'anthraquinone non transformée est séparée par filtration à la trompe. La quantité se monte à 20-25 grammes. Le filtrat est neutralisé à la soude caustique et on laisse refroidir. La plus grande partie de l'antraquinonesulfonate de soude cristallise (on l'appelle « sel argentin »). On peut faire une nouvelle récolte de cristaux en concentrant encore le filtrat.

Le filtrat final contient le sel de sodium de l'acide anthraquinone-disulfonique que l'on peut récupérer, mélangé au sulfate de soude, en évaporant à sec.

Propriétés. — Le sel de sodium cristallise de la solution aqueuse avec une molécule d'eau de cristallisation et a pour formule :

$$C_{14}H_7(SO_3Na)O_2 + H_2O.$$

Par fusion avec l'alcali caustique il est transformé en alizarine. *Équation* :

$$\text{(anthraquinone)} + H_2SO_4 \longrightarrow \text{(anthraquinone–}SO_3H) + H_2O$$

33. *2-Amidoanthraquinone.*

$$\text{(2-amidoanthraquinone, } NH_2)$$

Une partie de l'anthraquinonesulfonate de sodium préparé dans l'opération précédente est mélangée dans un autoclave avec 10 parties de solution concentrée d'ammoniaque (les quantités à traiter dépendent de la contenance de l'autoclave ; celui-ci ne doit pas être rempli plus d'à moitié); le couvercle de l'autoclave est soigneusement boulonné (voir p. 325) et le récipient est chauffé jusqu'à ce que le thermomètre marque 180°. On le maintient alors à cette température pendant six heures. Lorsque l'autoclave est tout à fait froid, on enlève le couvercle et on filtre l'amidoanthraquinone. On lave à l'eau chaude et l'on sèche.

Propriétés. — La 2-amidoanthraquinone forme des aiguilles rouge foncé fondant à 302°. Elle est facilement soluble dans l'acide chlorhydrique chaud et très soluble dans l'alcool et le benzène. Par fusion avec l'alcali caustique elle donne l'indanthrène.

Équation :

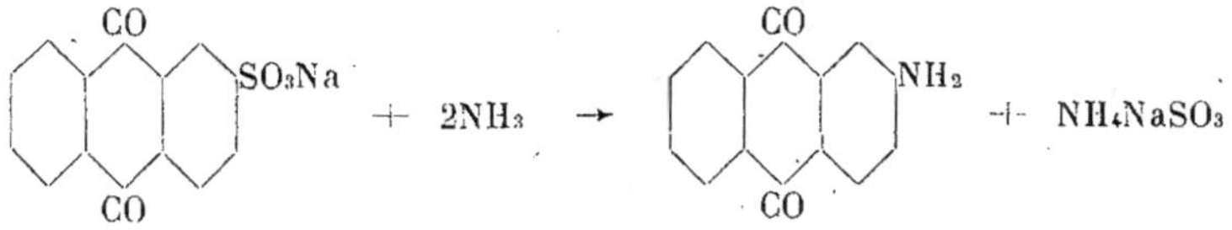

$$\text{(anthraquinone-SO}_3\text{Na)} + 2\,NH_3 \rightarrow \text{(amidoanthraquinone-NH}_2\text{)} + NH_4NaSO_3$$

CHAPITRE XXIX

PRÉPARATION DE COLORANTS

1. *Vert solide* O (dinitrosorésorcine).

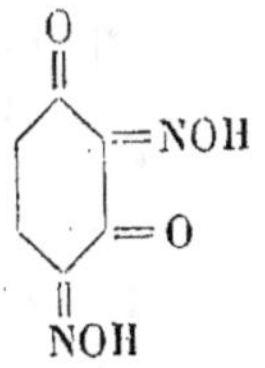

$$\text{structure: cyclohexane ring with } O \text{ (top), } =NOH, =O, NOH \text{ (bottom)}$$

Goldschmidt et Strauss, *Ber.*, 1887, xx. 1607.
Kostanecki, *Ber.*, 1887, xx. 3147.
J. S. C. I., 1890, 1126.

20 grammes résorcine.
45 — acide chlorhydrique conc. (39 cm³).
25,5 — nitrite de sodium.

La résorcine est dissoute dans 800 cm³ d'eau et l'on ajoute l'acide chlorhydrique et 100 grammes de sel ordinaire. On ajoute de la glace jusqu'à ce que la température soit de 0° et, dans cette solution que l'on agite mécaniquement, on fait couler très lentement le nitrite de sodium dissous dans 100 cm³ d'eau en ne laissant pas monter la température au-dessus de 8°. Cette opération dure environ une demi-heure. Lorsqu'on a ajouté tout le nitrite, le liquide doit avoir une réaction faiblement acide. Après repos d'une heure le précipité jaune brunâtre est filtré, lavé à l'eau glacée et la pâte est séchée sur une plaque poreuse. Rendement : 36 grammes.

Propriétés. — Poudre brun grisâtre soluble dans l'eau chaude. Teint en vert le coton mordancé au fer et en vert foncé la laine mordancée au fer.

Équation :

$$\text{(Résorcine.)} \quad + \quad 2HNO_2 \quad \rightarrow \quad \text{(Dinitrosorésorcine.)} \quad + \quad 2H_2O$$

Pour l'explication de cette formule, voir p. 68.

2. *Jaune de naphtol* S.

E.P. 5305[79] ; A.P. 225,108[80] ; D.P. 10,785[79] ; F P. 134,632[80] ;
E.P. 11,318[87].

100 grammes α-naphtol.
400   —   acide sulfurique conc. (222 cm³).
174   —   acide nitrique conc.

L'acide sulfurique est chauffé à 100° dans un ballon rond et on
ajoute en une seule fois tout le naphtol en petits morceaux. On élève
alors la température jusqu'à 120° et on la maintient pendant trois à
quatre heures. Le mélange sulfoné est versé alors dans 600 cm³
d'eau et agité mécaniquement. Dès que la température est d'environ 30°, la solution est versée dans un mélange de 90 grammes
d'acide nitrique et de 33 cm³ d'eau, la température étant maintenue en dessous de 35°. On ajoute de nouveau 84 grammes d'acide
nitrique et pendant cette addition la température peut monter à 40°.
Le mélange nitré est alors filtré à travers du drap et lavé avec une

solution de sel jusqu'à ce qu'elle passe neutre. La pâte égouttée est agitée avec de l'eau à 80°, on ajoute du carbonate de soude jusqu'à neutralisation et l'on précipite le colorant en ajoutant du chlorure de potassium (environ 75 grammes). On le filtre et on le sèche sur une plaque poreuse.

Propriétés. — Poudre jaune orange. Teint la laine et la soie en jaune dans un bain acide.

Analyse. — Au moyen du bleu de nuit (p. 528).

Équation :

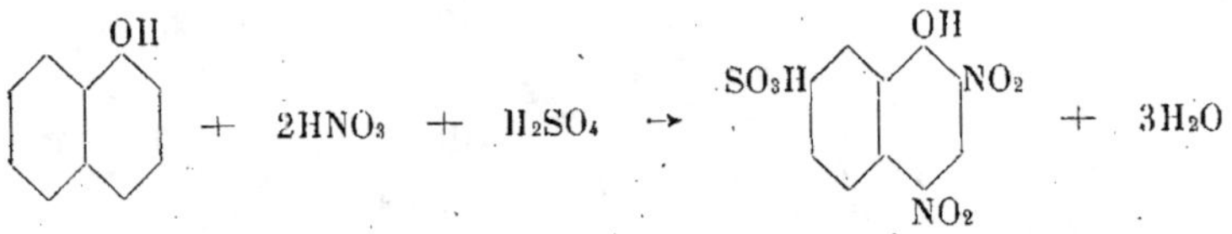

$$\text{OH} + 2HNO_3 + H_2SO_4 \rightarrow \text{(SO}_3\text{H, OH, NO}_2\text{, NO}_2\text{)} + 3H_2O$$

[Jaune de naphtol S (acide libre).]

3. *Chrysoïdine.*

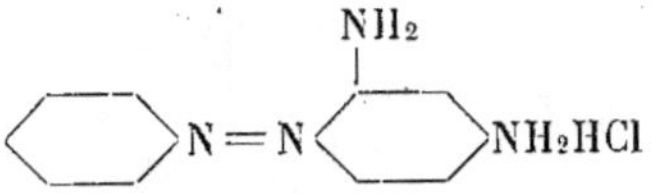

$$\langle \text{ } \rangle N = N \langle \text{ } \rangle NH_2 \cdot HCl \quad (\text{NH}_2)$$

Ber., 1877, x. 213, 350, 388, 654.

9^{gr},3 aniline.

30 cm³ acide chlorhydrique conc.

7^{gr},2 nitrite de sodium.

11 grammes métaphénylènediamine (ou une solution équivalente).

L'aniline est mélangée à environ 100 cm³ d'eau dans un vase à parois épaisses et l'on ajoute de la glace. On y verse l'acide et la solution est diazotée en y ajoutant lentement une solution de 7^{gr},2 de nitrite de sodium tout en agitant continuellement. La solution de nitrite de sodium est ajoutée par petites quantités à la fois et, après chaque addition, on prélève une goutte de la solution et on la place sur du papier iodo-amidonné ; si l'on obtient une réaction on continue à agiter et l'on répète les essais jusqu'à ce que l'on n'ait plus de coloration bleue sur le papier. On peut alors ajouter de nouveau de la solution de nitrite. Vers la fin, le nitrite est ajouté par très petites portions et la solution est essayée chaque fois afin d'éviter tout excès de ce réactif. Si la diazotation est faite convenablement, on ne doit pas percevoir d'odeur de vapeurs nitreuses et le papier-réactif ne doit être coloré que faiblement en bleu par la solution après que celle-ci a reposé pendant cinq minutes.

S'il y a excès de nitrite, on peut ajouter quelques gouttes d'aniline. La température, pendant la diazotation, doit être maintenue en dessous de 5° en ajoutant plus de glace si c'est nécessaire et la solution du sel diazoïque doit être parfaitement claire.

Pour le combiner avec la phénylènediamine, cette dernière est dissoute dans 200 cm³ environ d'eau froide; si la diamine est déjà en solution, elle doit être rendue juste acide par l'acide chlorhydrique si c'est nécessaire et diluée jusqu'à 200 cm³. Cette solution est placée dans un vase à parois épaisses ou dans une bassine et agitée au moyen d'un agitateur mécanique. La solution diazoïque y est alors versée et l'on continue à agiter pendant un certain temps. On prélève alors quelques gouttes avec une pipette, on les place dans un tube à essai et on secoue avec quelques grammes de sel jusqu'à ce que la matière colorante se soit précipitée. On met un peu de cette substance sur du papier à filtrer et autour de la goutte de matière colorante se forme un cercle humide incolore. On place alors à côté de ce cercle une goutte de solution diazoïque, de façon qu'elle s'infiltre dans ce cercle et une ligne jaune brunâtre apparaît à l'endroit où les deux liquides se mêlent, indiquant la présence d'un excès de m-phénylènediamine. Dans le cas où l'on n'obtient pas cette réaction, on fait un essai analogue avec une solution de la diamine : s'il se produit une réaction, c'est qu'il y a un excès de la solution diazoïque et on doit ajouter de nouveau de la solution de m-phénylènediamine jusqu'à ce qu'il y en ait un léger excès. Si l'on obtenait une réaction dans ces deux cas, c'est que la réaction ne serait pas complète et il faudrait continuer à agiter.

La solution est alors chauffée à 60° et on ajoute une solution concentrée de sel jusqu'à ce qu'une prise d'essai, après refroidissement, indique que la matière colorante cristallisera. Lorsque la masse est froide, la chrysoïdine se sépare en petits cristaux que l'on filtre et que l'on sèche.

Propriétés. — Cristaux brun rougeâtre, solubles dans l'eau en donnant une coloration jaune. Teint en orangé la laine, la soie et le coton mordancé au tanin.

Équations :

$$(1) \quad \langle\ \rangle NH_2 + NaNO_2 + 2HCl \rightarrow \langle\ \rangle N_2Cl + NaCl + 2H_2O$$
(Aniline.)   (Chlorure de diazonium.)

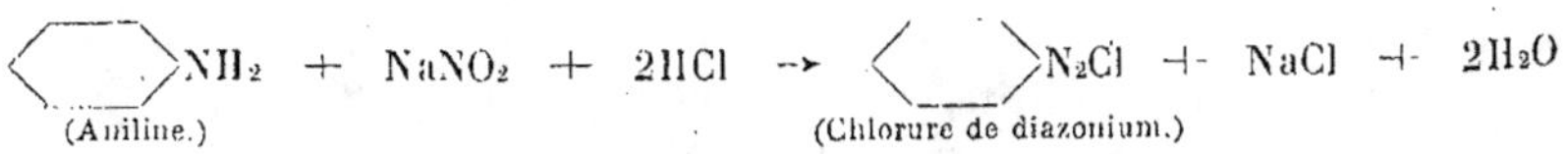

$$(2) \quad \langle\ \rangle N_2Cl + \langle\ \rangle NH_2 \rightarrow \langle\ \rangle N=N\langle\ \rangle NH_2HCl$$
(m-phénylènediamine.)   (Chrysoïdine.)

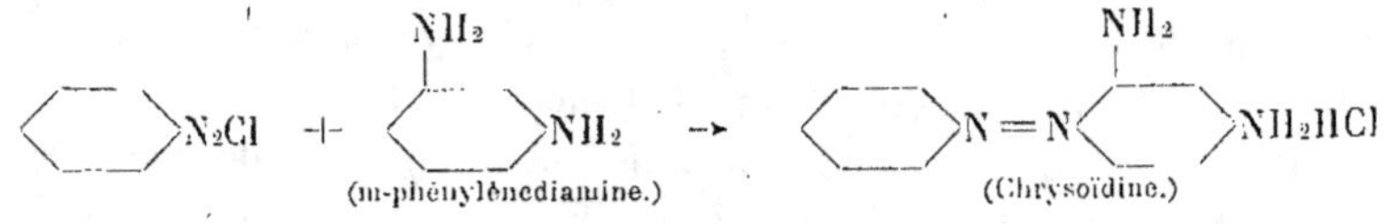

4. Orangé II.

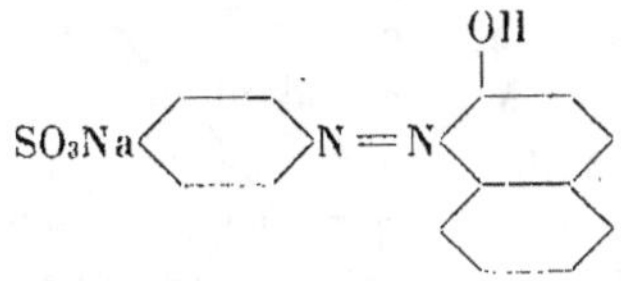

$$SO_3Na\langle\ \rangle N=N\langle\ \rangle OH$$

Mülhäusser, *Dingl. pol. J.* 1887, CCLXIV. 187, 238 ;
J. S. C. I., 1887, 591.
Paul, *Z. für ang. Chem.* 1896, 686.

17^{gr},3 acide sulfanilique.
7^{gr},2 nitrite de sodium.
14^{gr},4 β-naphtol.

L'acide sulfanilique est dissous dans l'eau en y ajoutant avec précaution une solution de soude caustique (dans l'industrie, où l'on emploie le produit brut, on fait bouillir la solution pendant quelques minutes pour chasser toute trace d'aniline et on filtre ensuite). On ajoute de la glace jusqu'à ce que la température soit de 5° ; le volume de la solution doit être de 500 cm³ environ. On y verse 30 cm³ d'acide chlorhydrique concentré et, ensuite, le nitrite, dissous dans une petite quantité d'eau (ou 100 cm³ d'une solution normale), est ajouté lentement. On fait des essais de temps en temps avec le papier iodo-amidonné : l'on doit obtenir une coloration bleue faible lorsque tout le nitrite a été ajouté. Le composé diazoïque se sépare à l'état de fines aiguilles blanches.

(*Note.* — Ce produit ne doit jamais être filtré ni séché car il est extrêmement explosif.)

Le β-naphtol est dissous en le chauffant avec une solution de $4^{gr},5$ de soude caustique dans 15 cm³ d'eau et la solution de naphtolate de sodium ainsi obtenue est versée dans 160 cm³ d'eau froide. Si c'est nécessaire, celle-ci est refroidie à 15° environ. On agite cette solution au moyen d'un agitateur mécanique et la solution diazoïque (ou le composé diazoïque en suspension) y est versée graduellement. Lorsque toute la solution diazoïque a été ajoutée, la masse doit avoir une réaction faiblement alcaline (essai avec le papier au jaune-brillant) et pratiquement il ne doit y avoir excès d'aucun des deux constituants (composé diazoïque ou β-naphtol). Bien que d'ordinaire on laisse un léger excès du phénol ou de l'amine dans la préparation des couleurs azoïques, dans ce cas-ci un excès de β-naphtol aurait une influence fâcheuse sur la nuance de la couleur produite et il est préférable de laisser un léger excès de solution diazoïque dans le mélange. La masse est agitée pendant une heure ce qui amène la séparation de presque toute la matière colorante. On ajoute un peu de solution de sel de façon à précipiter presque toute la couleur. Un essai sur papier à filtrer donnera une auréole orangé pâle. On filtre alors à la trompe, on sèche à 80° et on broie. Rendement : 34 grammes.

Propriétés. — Poudre orangé brillant, soluble dans l'eau à laquelle elle donne une couleur jaune. Teint la laine en orangé en bain acide.

Analyse. — Au moyen d'une solution titrée de chlorure titaneux (voir p. 520).

Équations :

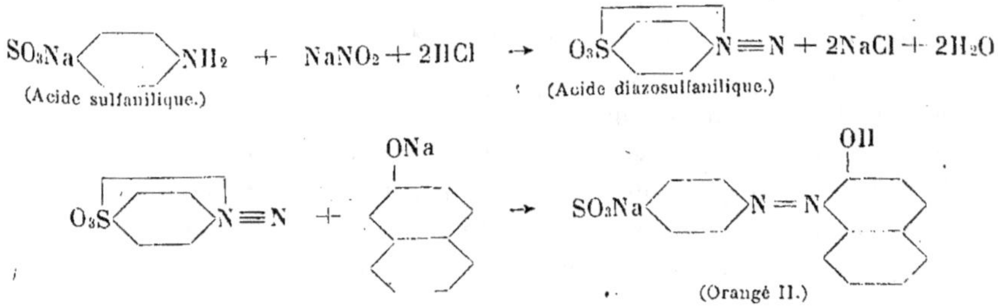

$$\text{SO}_3\text{Na}\langle\bigcirc\rangle\text{NH}_2 \;+\; \text{NaNO}_2 + 2\text{HCl} \;\rightarrow\; \text{O}_3\text{S}\langle\bigcirc\rangle\text{N}\equiv\text{N} + 2\text{NaCl} + 2\text{H}_2\text{O}$$

(Acide sulfanilique.)   (Acide diazosulfanilique.)

$$\text{O}_3\text{S}\langle\bigcirc\rangle\text{N}\equiv\text{N} \;+\; \overset{\text{ONa}}{\langle\bigcirc\bigcirc\rangle} \;\rightarrow\; \text{SO}_3\text{Na}\langle\bigcirc\rangle\text{N}=\text{N}\,\overset{\text{OH}}{\langle\bigcirc\bigcirc\rangle}$$

(Orangé II.)

394

5. *Rouge solide* B (Bordeaux B).

$$\text{OH} \qquad \text{SO}_3\text{Na}$$
$$\text{N} = \text{N}$$
$$\text{SO}_3\text{Na}$$

E.P 1715[76] ; A.P. 251,164 ; D.P. 3229[78] ; F.P. 124,811.

14[gr],3 α-naphtylamine.
7[gr],2 nitrite de sodium.
35 grammes « sel R. ».

On dissout la naphtylamine dans 300 cm³ d'eau chaude et 10 cm³ d'acide chlorhydrique concentré. La solution claire est refroidie par addition de glace et on ajoute alors 20 cm³ d'acide chlorhydrique concentré ; la température doit être abaissée à 0-4°. On y verse alors le nitrite de sodium (dissous dans un peu d'eau) très rapidement et l'on obtient une solution du sel diazoïque colorée légèrement en brun. Cette solution doit être parfaitement claire ; s'il apparaît un précipité brun de diazoamidonaphtalène, il faut préparer une nouvelle solution en ajoutant, si c'est nécessaire, 25 cm³ d'acide au lieu de 20. Cette solution diazoïque est alors ajoutée lentement à la solution de « sel R » que l'on a préparée en dissolvant 35 grammes de « sel R » (cette quantité est calculée pour la substance pure — PM 348 ; si l'on emploie un « sel R » moins pur, il faut prendre une quantité plus grande proportionnellement) dans 400 cm³ d'eau, en ajoutant 8[gr],5 de soude caustique et en refroidissant à 15°. Pendant cette addition on agite bien le tout mécaniquement et on doit avoir une réaction alcaline et un excès de « sel R » lorsque la combinaison est effectuée. Après agitation d'une heure, on chauffe le colorant à 80°, on ajoute du sel jusqu'à ce que la matière colorante soit presque entièrement précipitée, on filtre ensuite, on sèche et on broie. Rendement : 50-55 grammes.

Propriétés. — Poudre brune se dissolvant dans l'eau en lui donnant une couleur rouge fuchsine. Teint la laine en rouge en bain acide.

Équations :

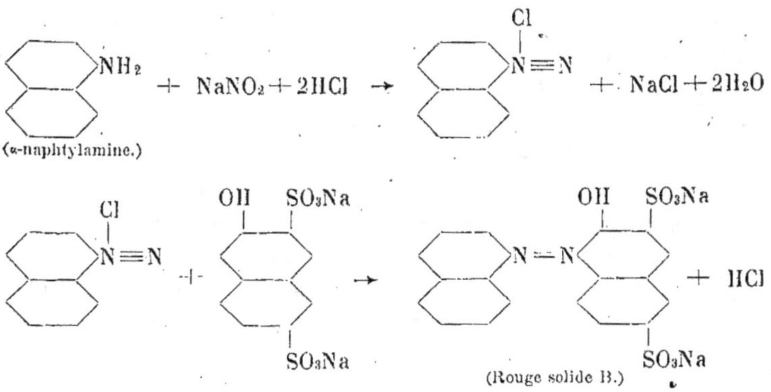

(α-naphtylamine.)

$$\text{(} \alpha\text{-naphtylamine)} + NaNO_2 + 2HCl \rightarrow \text{(diazo)} + NaCl + 2H_2O$$

$$\text{(diazo)} + \text{(naphtionate)} \rightarrow \text{(Rouge solide B.)} + HCl$$

(Rouge solide B.)

6. *Rouge solide* A (Roccelline).

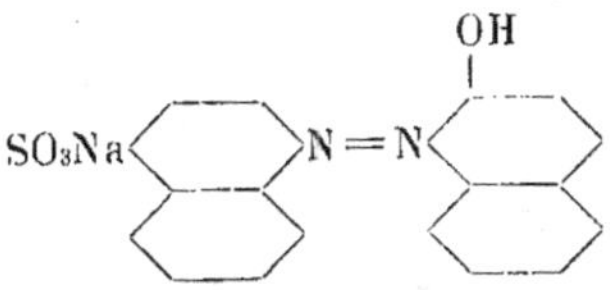

E.P. 786[78] ; A.P. 204,799 ; D.P. 5411[78] ; F.P. 123,148[78].

24^{gr},5 naphtionate de sodium, 100 pour 100.

7^{gr},2 nitrite de sodium.

15 grammes β-naphtol.

La quantité indiquée pour le naphtionate de sodium est calculée pour la substance pure (PM = 245). Si l'on emploie un produit moins pur, on doit en prendre naturellement une quantité proportionnellement plus grande. On le dissout dans l'eau et on le diazote comme il est indiqué pour le sel amido-G (p. 404). Le composé diazoïque est filtré et mélangé avec de l'eau de façon à faire une pâte fluide. Celle-ci est versée lentement dans une solution de β-naphtol que l'on agite au moyen d'un agitateur mécanique et que l'on a préparée en chauffant le naphtol avec une solution de $4^{gr},5$ de soude caustique dans 15 cm³ d'eau et en versant le tout dans 160 cm³ d'eau froide. La solution de β-naphtolate de sodium ne doit pas être à plus de 15°. Lorsque tout le composé diazoïque a été ajouté, on doit pouvoir déceler un léger excès de β-naphtol (en prélevant quelques gouttes dans un tube à essai, précipitant par addition de sel, déposant une goutte sur du papier à filtrer et en faisant l'essai de la goutte au moyen d'une solution diazoïque) et on doit avoir une réaction alcaline avec le papier au jaune brillant. Après une heure d'agitation la solution est chauffée à 80°, on ajoute du sel jusqu'à ce que presque toute la matière colorante ait été précipitée. On filtre ensuite, on sèche et on broie.

Propriétés. — Poudre rouge-brunâtre se dissolvant dans l'eau chaude en lui communiquant une couleur rouge brun. Teint la laine en rouge en bain acide.

Équations :

$$SO_3Na \text{—⬡⬡—} NH_2 + NaNO_2 + 2HCl \rightarrow SO_2 \text{—⬡⬡—} N \equiv N + 2NaCl + 2H_2O$$

(Naphtionate de sodium.)   (Diazo-composé.)

$$SO_2 \text{—⬡⬡—} N \equiv N + \text{⬡⬡—}ONa \rightarrow SO_3Na \text{—⬡⬡—} N = N \text{—⬡⬡—}OH$$

(β-naphtolate de sodium.)   (Rouge solide A.)

7. *Chrysamine* G.

$$HO\text{—⬡(COONa)—}N = N\text{—⬡—⬡—}N = N\text{—⬡(COONa)—}OH$$

E.P. 9162⁸⁴ ; A.P. 329,638 ; D.P. 31,658⁸⁴.

$18^{gr},4$ benzidine.
32 grammes acide salicylique.

La benzidine est dissoute dans 300 cm³ d'eau chaude contenant 20 cm³ d'acide chlorhydrique concentré; la solution est refroidie avec de la glace jusqu'à 5°; on ajoute 30 cm³ d'acide chlorhydrique concentré et la solution est tétrazotée au moyen de 14^{gr},4 de nitrite de sodium dissous dans un peu d'eau. La solution doit être claire et donner une faible coloration bleue avec le papier iodoamidonné. On dissout l'acide salicylique dans 200 cm³ d'eau froide additionnée de 9^{gr},5 de soude caustique et on y verse la solution tétrazoïque en agitant mécaniquement. Le tout est bien agité pendant une journée et, pendant ce temps, on ajoute très lentement une solution de 12 grammes de soude caustique. Après ce temps, il ne doit plus y avoir de composé tétrazoïque (essai avec le sel R); mais si la combinaison n'est pas tout à fait terminée, on agite encore le jour suivant. La solution doit avoir aussi une réaction alcaline. La matière colorante est complètement précipitée de sorte que l'on n'ajoute pas de sel. On filtre à froid, on sèche à 40-50° et on broie.

Propriétés. — Poudre brun-jaunâtre, faiblement soluble dans l'eau qu'elle colore en jaune brun. Teint en jaune le coton non mordancé, en bain de savon.

Équations :

(1) (Benzidine.) $+ 2NaNO_2 + 4HCl \rightarrow$ (Chlorure de tétrazobenzidine.) $+ 2NaCl + 4H_2O$

(2) $+$ (Salicylate de sodium) (2 mols.) $\rightarrow$ (Chrysamine G.) $+ 2NaCl$

8. *Benzopurpurine* 4 B.

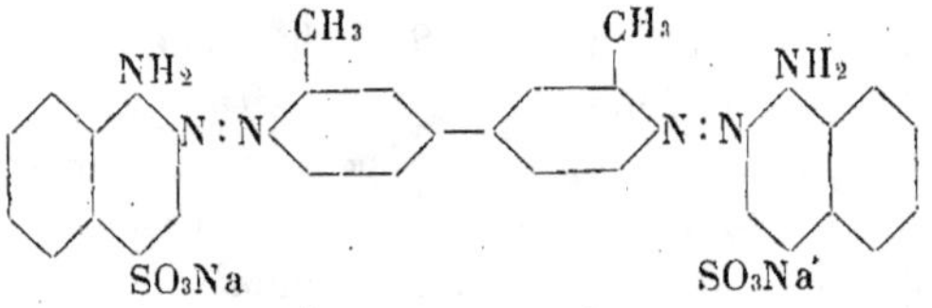

$$\text{NH}_2 \quad \overset{\text{CH}_3}{|} \quad\quad \overset{\text{CH}_3}{|} \quad \text{NH}_2$$

E.P. 3803[85] ; A.P. 329,632 ; D.P. 35,615[85] ; F.P. 167,876.

21^{gr},2 tolidine.
150 grammes naphtionate de sodium, 100 pour 100.

La tolidine est dissoute dans 300 cm³ d'eau chaude contenant 20 cm³ d'acide chlorhydrique concentré. On refroidit avec de la glace jusqu'à 5°, on ajoute 30 cm³ d'acide chlorhydrique concentré et la solution est diazotée au moyen d'une solution de 14^{gr},4 de nitrite de sodium dans un peu d'eau. La solution diazoïque doit être tout à fait claire et donner une faible réaction avec le papier iodo-amidonné. On la verse alors dans une solution concentrée et froide de 150 grammes de naphtionate de sodium (excès qui permet d'obtenir un meilleur rendement que celui qu'on aurait en employant la quantité théorique) et le mélange est agité mécaniquement pendant deux jours (ou plus). Après la première demi-heure d'agitation on ajoute une solution de 35 grammes de carbonate de soude (Na_2CO_3) par quelques gouttes à la fois, de façon que tout ait été employé à la fin de la seconde journée. Le lendemain, la matière colorante est chauffée à 80° et on ajoute un peu de sel de manière que la solution garde une légère coloration jaune. Le colorant précipité est filtré, séché et broyé (En acidifiant le filtrat, l'acide naphtionique peut être précipité, séparé par filtration et employé de nouveau en le dissolvant dans du carbonate de soude).

Propriétés. — Poudre brune se dissolvant dans l'eau en lui donnant une couleur rouge brunâtre. Teint directement le coton en rouge en bain alcalin.

Analyse. — Au moyen d'une solution titrée de chlorure titaneux (voir p. 522).

Équations :

(1)

$$+ 2NaNO_2 + 4HCl \rightarrow + 2NaCl + 4H_2O$$

(Tolidine.)   (Chlorure de tétrazotolidine.)

(2)

$$+ 2Na_2CO_3$$

[Naphtionate de sodium (2 mols).]

$$\rightarrow + 2NaCl + 2NaHCO_3$$

(Benzopurpurine 4B.)

9. *Rouge diamine solide.*

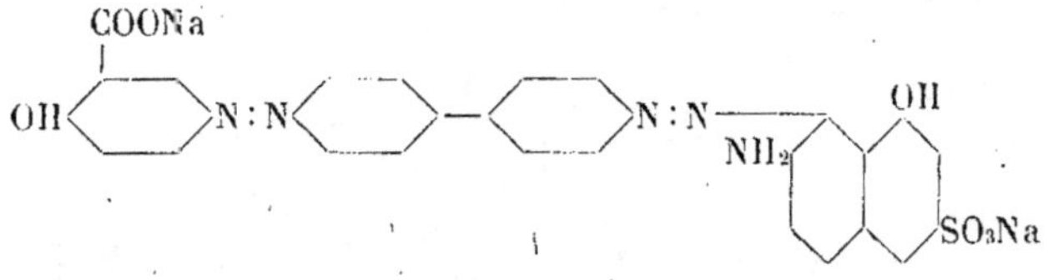

$$\text{OH} - \underset{\underset{\text{COONa}}{|}}{\bigcirc} - \text{N:N} - \bigcirc\!\!-\!\!\bigcirc - \text{N:N} - \underset{\text{NH}_2}{\overset{\text{OH}}{\bigcirc\bigcirc}}\text{SO}_3\text{Na}$$

E.P. 16,699[89] ; D.P. 55,648[89].

$18^{gr},4$ benzidine.

$14^{gr},4$ acide salicylique.

25 grammes acide γ.

La benzidine est tétrazotée comme il a été dit p. 397 et la solution claire est ajoutée à une solution froide de $14^{gr},4$ d'acide salicylique dans 45 grammes de carbonate de sodium (Na_2CO_3) et 500 cm³ d'eau. Ce mélange est agité pendant deux à quatre heures. La formation du produit intermédiaire est alors complète et l'on ne peut plus déceler de composé tétrazoïque libre dans la solution. Le mélange est alors acidifié avec soin par l'acide chlorhydrique de façon à obtenir une réaction légèrement acide ; on ajoute une solution de 14 grammes d'acétate de soude ($C_2H_3O_2Na \cdot 3H_2O$) et finalement une solution neutre de 25 grammes d'acide γ dans 11 grammes de carbonate de soude (si celle-ci est alcaline, elle doit être neutralisée par quelques gouttes d'acide acétique). Le mélange est bien agité pendant plusieurs heures, après quoi la combinaison doit être complète. Si ce n'est pas le cas, on peut ajouter un peu plus d'acétate de soude et agiter le tout plus longtemps. La matière colorante est alors alcalinisée par une solution de carbonate de soude, chauffée à 80° et additionnée de sel jusqu'à ce que la solution n'ait plus qu'une coloration faiblement jaune. On filtre, on sèche et on broie.

Propriétés. — Poudre rouge brunâtre se dissolvant dans l'eau qu'elle colore en rouge. Teint en rouge solide le coton non mordancé et la laine chromée.

Équations :

(1) [Structure: benzidine + $2NaNO_2 + 4HCl \rightarrow$ bis-diazonium chloride + $2NaCl + 4H_2O$]

(Benzidine.)

(2) [Structure: bis-diazonium + salicylate de sodium + Na_2CO_3]

(Salicylate de sodium.)

[Structure: $\rightarrow$ produit intermédiaire + $2NaCl + NaHCO_3$]

(Produit intermédiaire.)

(3) [Structure: produit intermédiaire + acide γ]

(Acide γ.)

[Structure: $\rightarrow$ Rouge diamine solide]

(Rouge diamine solide.)

En ajoutant à celui-ci du carbonate de soude, le groupe **COOH** se transforme en **COONa**.

10. *Benzo bleu ciel.*

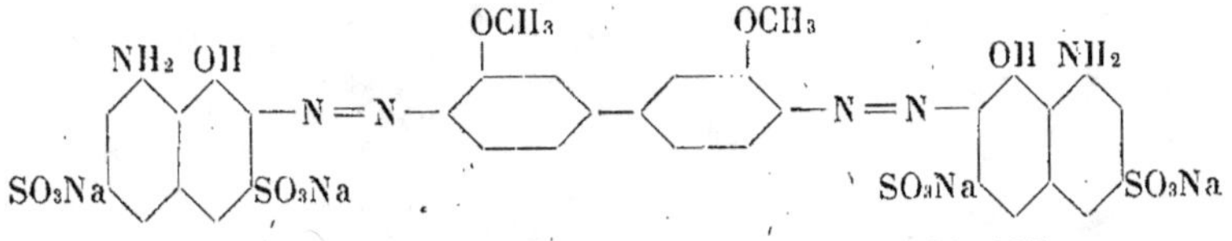

$$\text{NH}_2\ \text{OH} \quad \text{---N}=\text{N---} \quad \overset{\text{OCH}_3}{\bigcirc} - \overset{\text{OCH}_3}{\bigcirc} \quad \text{---N}=\text{N---} \quad \text{OH}\ \text{NH}_2$$

$$\text{SO}_3\text{Na} \qquad \text{SO}_3\text{Na} \qquad\qquad\qquad\qquad \text{SO}_3\text{Na} \qquad \text{SO}_3\text{Na}$$

E.P. 1742⁹¹ ; A.P. 464,135 ; D.P. 74,593 ; F.P. 201,770.

12^{gr},2 dianisidine.

35 grammes « acide H » (sel acide de sodium, PM = 341).

On dissout la dianisidine dans 10 cm³ d'acide chlohydrique concentré et 200 cm³ environ d'eau bouillante. La solution est refroidie jusqu'à 5° par de la glace, on ajoute 20 cm³ d'acide chlorhydrique concentré et ensuite on y verse lentement une solution de 7^{gr},2 de nitrite de sodium jusqu'à ce que l'on obtienne une réaction bleue avec le papier iodo-amidonné. La solution tétrazoïque claire est ajoutée lentement à une solution froide de 35 grammes d'acide H dans 400 cm³ d'eau contenant 35 grammes de carbonate de soude (Na_2CO_3). Lorsque tout est ajouté, le mélange doit avoir une réaction alcaline et il doit y avoir un excès d'acide H. Après agitation d'une heure, la solution est chauffée à 80°, on ajoute du sel jusqu'à ce que la solution n'ait plus qu'une coloration bleu rougeâtre. On filtre, on sèche et on broie.

Propriétés. — Poudre gris bleuâtre se dissolvant dans l'eau en donnant une couleur bleue. Teint directement le coton en bain alcalin.

Équations :

$$\overset{\text{OCH}_3}{\bigcirc}\!\!-\text{NH}_2 \ ,\ \overset{\text{OCH}_3}{\bigcirc}\!\!-\text{NH}_2 \quad + \quad 2\,\text{NaNO}_2 + 4\,\text{HCl} \quad \rightarrow \quad \overset{\text{OCH}_3}{\bigcirc}\!\!-\text{N}\vdots\text{N}\diagdown\text{Cl} \ ,\ \overset{\text{OCH}_3}{\bigcirc}\!\!-\text{N}\vdots\text{N}\diagdown\text{Cl} \quad + \quad 2\,\text{NaCl} + 4\,\text{H}_2\text{O}$$

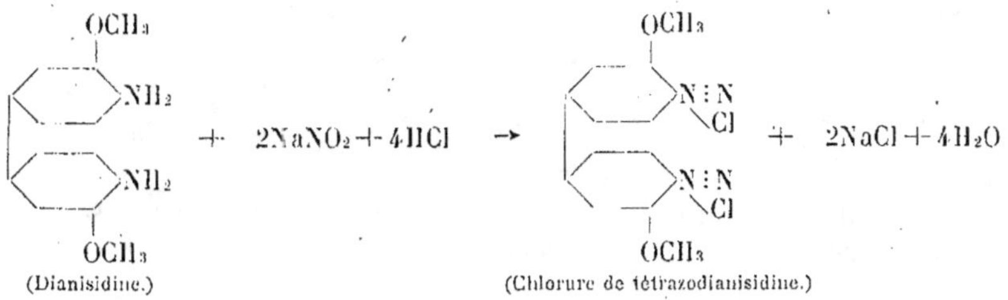

(Dianisidine.)   (Chlorure de tétrazodianisidine.)

$$\text{OCH}_3 \quad \text{N:N} \quad \text{Cl} \quad + \quad \begin{array}{c} \text{SO}_3\text{Na} \quad \text{SO}_3\text{Na} \\ \text{OH} \quad \text{NH}_2 \\ \text{OH} \quad \text{NH}_2 \\ \text{SO}_3\text{Na} \quad \text{SO}_3\text{Na} \end{array} \quad + \quad 2\text{Na}_2\text{CO}_3$$

(« Acide H ») (2 mols.)

$$\rightarrow \quad \text{(Benzo bleu ciel.)} \quad + \quad 2\text{NaCl} + 2\text{NaHCO}_3$$

11. *Noir diamine RO.*

E.P. 16,699⁸⁰ ; D.P. 55,648⁸⁰.

$18^{gr},4$ benzidine.

50 grammes « acide γ » (acide amidonaphtolsulfonique γ,
$\text{NH}_2 : \text{OH} : \text{SO}_3\text{H} = 2 : 8 : 6$; PM = 239).

La benzidine est tétrazotée comme dans la préparation de la chrysamine G et la solution est ajoutée lentement à une solution froide
de 50 grammes d'acide γ dans 500 cm³ cubes d'eau contenant
60 grammes de carbonate de soude. La solution d'acide γ doit être
très bien agitée pendant cette opération de façon à éviter que certaines parties de la solution ne deviennent acides car, dans ce cas, une
partie du composé tétrazoïque peut se combiner en position ortho

par rapport au groupe amidé en formant un peu de violet diamine qui donnerait une nuance rouge à la couleur finie. A la fin, on doit avoir une réaction alcaline et un excès d'acide γ. Après agitation d'une heure, la matière colorante est chauffée à 80°, on ajoute du sel jusqu'à ce que la solution n'ait plus qu'une couleur d'un noir rougeâtre, on filtre, on sèche et on broie.

Propriétés. — Poudre noire donnant une solution noir violet. Teint en violet grisâtre le coton non mordancé; après diazotation sur la fibre et combinaison avec le β-naphtol ou la m-phénylène-diamine, donne un bleu foncé ou un noir solide au lavage, à la lumière, aux alcalis et aux acides.

Équations :

$$\text{(Benzidine.)} + 2NaNO_2 + 4HCl \rightarrow \text{(Chlorure de tétrazobenzidine.)} + 2NaCl + 4H_2O$$

$$\text{(Chlorure de tétrazobenzidine)} + \text{(« Acide } \gamma \text{ ») (2 mols.)} + 2Na_2CO_3 \rightarrow \text{(Noir diamine RO.)} + 2NaCl + 2NaHCO_3$$

Le *violet diamine* N [C] se forme par la combinaison des constituants précédents en solution *acide*; sa formule est

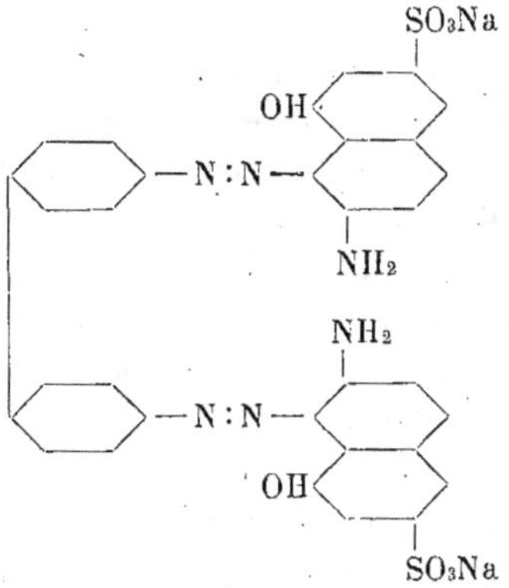

(Violet diamine N.)

12. *Bleu noir de naphtol.*

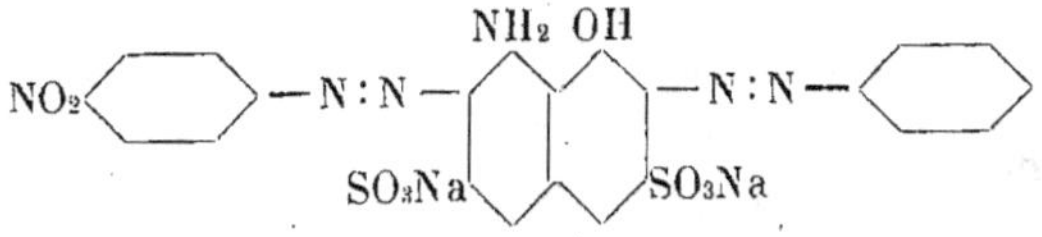

E.P. 6972[94] ; A.P. 480,326 ; D.P. 65,651[94] ; F.P., 4e addition au 201,770.

    7 grammes p-nitraniline.
    3^{gr},6 nitrite de sodium.
    17^{gr},05 « acide H » (sel acide de sodium de l'acide
                    1 : 8-amidonaphtol-3 : 6-disulfonique).
    4^{gr},65 aniline.
    3^{gr},6 nitrite de sodium.

On dissout la p-nitraniline en la faisant bouillir avec 20 cm³ d'acide chlorhydrique concentré et 20 cm³ d'eau. Après refroidissement, la solution est versée dans 200 cm³ d'eau et on ajoute de la glace jusqu'à ce que la température soit de 10°. On ajoute alors en une seule fois le nitrite de sodium (3^{gr},6) dissous dans un peu d'eau et on agite bien le tout. On doit obtenir une réaction avec le papier iodo-amidonné. Si la diazotation a été bien faite, il ne doit pas se produire de précipitation du composé diazoamidé. La solution diazoïque est alors versée dans une solution neutre d'« acide H » obtenue en dissolvant $17^{gr},05$ (PM $= 341$) dans 200 cm³ d'eau, en ajoutant une solution de carbonate de soude et en neutralisant soigneusement tout excès d'alcali par l'acide chlorhydrique.

La température de cette solution doit être de 15° et pendant la réaction il faut agiter mécaniquement. Après une demi-heure d'agitation, la solution rouge-bleuâtre est soigneusement neutralisée au moyen d'une solution de carbonate de soude et, lorsque la neutralisation est obtenue, on ajoute encore 15 grammes de carbonate de soude. On ajoute alors à cette solution bleue une solution de chlorure de diazobenzène préparée au moyen de $4^{gr},65$ d'aniline, 15 cm³ d'acide chlorhydrique concentré et $3^{gr},6$ de nitrite de sodium ainsi qu'il a été décrit page 390, et le tout est agité pendant une heure. Le mélange doit avoir une réaction alcaline. A la fin on chauffe à 80° et on ajoute du sel jusqu'à ce que presque toute la matière colorante soit précipitée; on la filtre, la sèche et la broie.

Propriété. — Poudre de couleur foncée, se dissolvant dans l'eau en donnant une solution bleu foncé. Teint en bleu noir la laine en bain acide.

Équations :

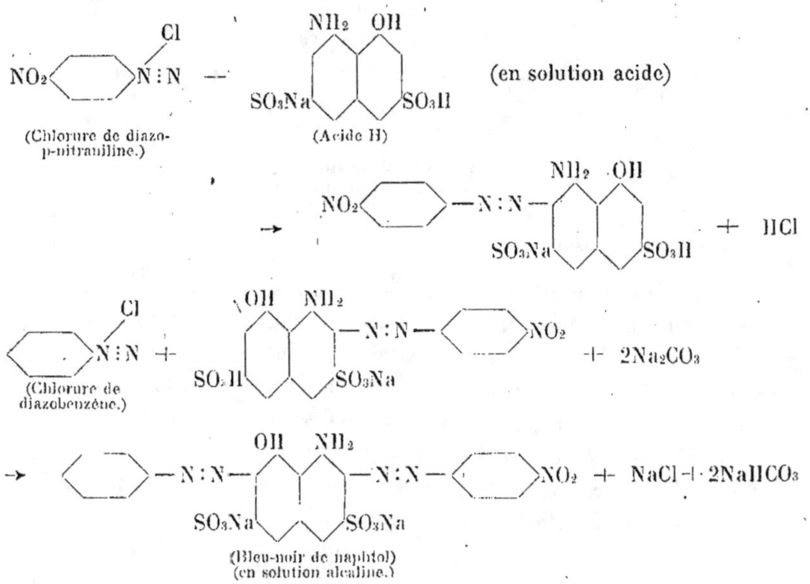

NO₂ — C₆H₄ — N:N — + Acide H (en solution acide)
(Chlorure de diazo-p-nitraniline.)   (Acide H)

→ NO₂ — C₆H₄ — N:N — [naphtalène : NH₂, OH, SO₃Na, SO₃H] + HCl

[Chlorure de diazobenzène] C₆H₅ — N:N — Cl + [naphtalène : OH, NH₂, SO₃H, SO₃Na] — N:N — C₆H₄ — NO₂ + 2Na₂CO₃
(Chlorure de diazobenzène.)

→ C₆H₅ — N:N — [naphtalène : OH, NH₂, SO₃Na, SO₃Na] — N:N — C₆H₄ — NO₂ + NaCl + 2NaHCO₃
(Bleu-noir de naphtol)
(en solution alcaline.)

13. *Noir de naphtol* B.

$$\text{SO}_3\text{Na} \quad\quad \text{OH} \quad \text{SO}_3\text{Na}$$
$$\text{N : N} \quad\quad \text{N : N}$$
$$\text{SO}_3\text{Na} \quad\quad\quad \text{SO}_3\text{Na}$$

E.P. 9214⁸⁵ ; A.P. 345,901 ; D.P. 39,029 ; F.P. 170,342.

17$^\text{gr}$,05 « sel amido-G. » (sel acide de potassium, PM = 344).
7$^\text{gr}$,2 α-naphtylamine.
15 grammes « sel R. ».

Le sel amido-G (acide β-naphtylamine-6 : 8-disulfonique) est dissous dans 250 cm³ d'eau, la solution est refroidie à 10° et l'on ajoute 15 cm³ d'acide chlorhydrique concentré.

Le composé amidé est converti en sel diazoïque correspondant en y ajoutant une solution de 3$^\text{gr}$,6 de nitrite de sodium, en prenant soin qu'il n'y ait pas d'excès de ce dernier. Si on avait une réaction avec le papier iodo-amidonné, on ajouterait quelques gouttes d'une solution de sel amido-G jusqu'à ce que la solution diazoïque ne donne plus de coloration bleue. Cette solution est agitée mécaniquement et on y fait couler une solution froide de 7$^\text{gr}$,2 d'α-naphtylamine dans 5 cm³ d'acide chlorhydrique concentré et 100 cm³ d'eau. Le mélange est agité pendant plusieurs heures, chauffé à 50° et additionné d'une solution de soude caustique jusqu'à ce qu'on obtienne une réaction alcaline.

Cette dernière est difficile à percevoir avec les papiers-réactifs ordinaires. Dans ce cas et dans les cas semblables où la couleur ou bien la solubilité de la substance à essayer empêchent d'employer directement les papiers-réactifs, on adopte la méthode suivante : on ajoute un cristal de chlorure d'ammonium à quelques gouttes de la solution placées dans un verre de montre et on chauffe celui-ci doucement avec une très petite flamme ; au-dessus, on place un second verre de montre dans la concavité duquel on colle un morceau de papier-tournesol mouillé. Si le liquide est alcalin, le papier-tournesol vire au bleu. Si l'on n'obtient pas cette réaction on ajoute plus de soude caustique à la solution et on répète l'essai.

La solution alcaline est alors chauffée à l'ébullition, on retire la flamme et l'on ajoute du sel jusqu'à saturation. On refroidit, la plus grande partie de la matière colorante est précipitée et on filtre. La pâte n'est pas séchée mais diazotée et soumise à la combinaison ultérieure. On la dissout dans 400 cm³ d'eau froide et on diazote en ajoutant 25 cm³ d'acide chlorhydrique concentré et une solution de $3^{gr},6$ de nitrite de sodium, le tout étant refroidi à 10° environ au moyen de glace (La solution n'est pas essayée avec le papier iodo-amidonné car il doit y avoir excès de nitrite). Le mélange est agité pendant plusieurs heures et peut ensuite avantageusement être laissée au repos jusqu'au lendemain. La solution diazoïque peut alors être combinée, en agitant, avec une solution de 15 grammes de « sel R » (PM = 348) dissous dans 180 cm³ d'eau et 18 grammes de carbonate de soude (Na_2CO_3). Après avoir continué l'agitation pendant une heure, on chauffe la matière colorante à 80° et l'on ajoute du sel jusqu'à ce que le colorant bleu-noir soit précipité et qu'une coloration rouge sombre reste en solution (ce que l'on voit en en mettant sur du papier à filtrer). On filtre, on sèche et on broie.

Propriétés. — Poudre noire, soluble dans l'eau qu'elle colore en violet. Teint la laine en noir bleuâtre en bain acide.

Équations. — Les corps sont notés comme s'il s'agissait d'acides libres

(1)

$$\text{(Sel amido-G.)} + NaNO_2 + 2HCl$$

$$\rightarrow \quad + \quad NaCl + 2H_2O$$

(2) SO_3H ... Cl / $N:N$ + ... NH_2

(α-naphtylamine.)

→ SO_3H / SO_3H ... $N:N$ ... NH_2 + HCl

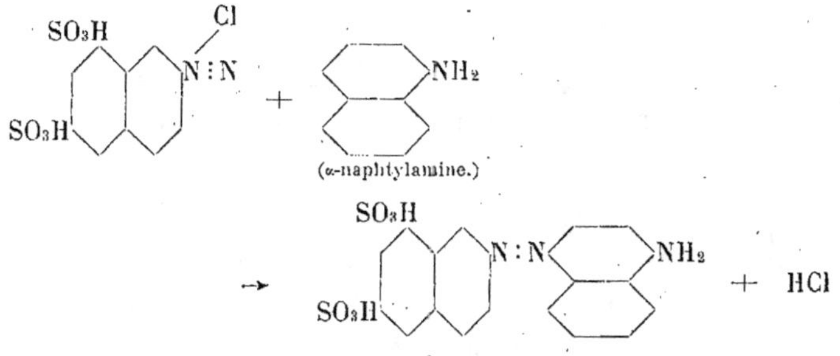

(3) SO_3H / SO_3H ... $N:N$ ... NH_2 + $NaNO_2 + 2HCl$

→ SO_3H / SO_3H ... $N:N$ ... Cl / $N:N$ + $NaCl + 2H_2O$

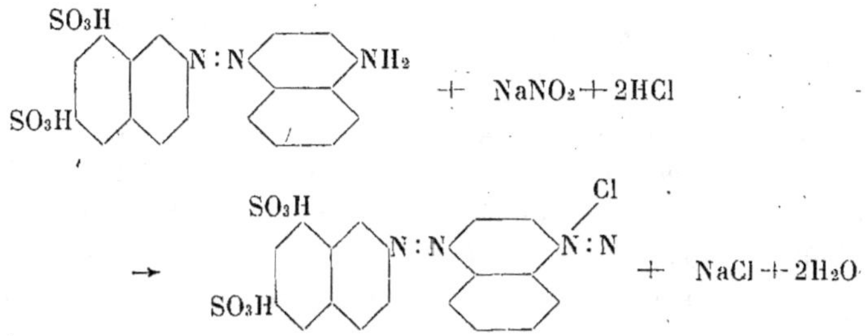

(4) SO_3H / SO_3H ... $N:N$ ... Cl / $N:N$ + OH SO_3H ... SO_3H + Na_2CO_3

(Sel R.)

→ SO_3H / SO_3H ... $N:N$ ... $N:N$ ... OH SO_3H ... SO_3H + $NaCl + NaHCO_3$

(Noir de naphtol B.)

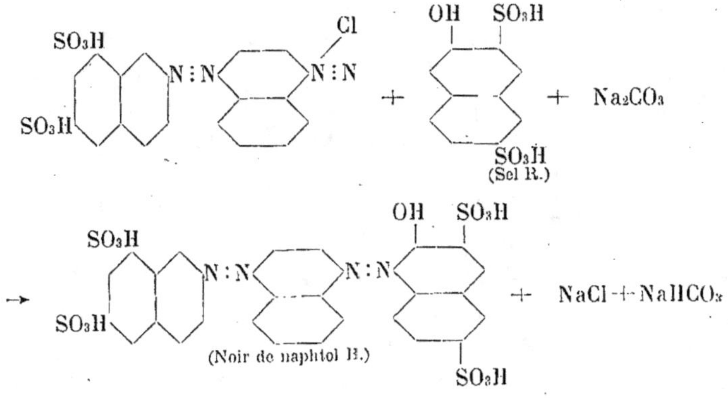

Note. — On écrit toujours la formule de ce colorant en le considérant comme un sel tétrasodique, mais si l'on emploie le sel acide de *potassium* du sel amido-G (celui-ci étant stable en présence d'acide chlorhydrique) le colorant doit être le sel potassique-trisodique. Par raison de simplicité nous avons par conséquent adopté la façon précédente d'exprimer les réactions.

14. *Noir d'isodiphényle.*

E.P. 20,278[97] ; A.P. 615,497 ; F.P. 270,131.

$$OH\text{—}C_6H_3(OH)\text{—}N:N\text{—}C_6H_4\text{—}N:N\text{—}C_{10}H_4(OH)(SO_3Na)\text{—}N:N\text{—}C_6H_2(CH_3)(NH_2)_2$$

15 grammes p-amidoacétanilide.
24 — acide amidonaphtolsulfonique γ.
10 — résorcine.
10 — m-toluylènediamine.

L'amidoacétanilide est dissoute dans l'eau additionnée de 30 cm³ d'acide chlorhydrique concentré ; la solution est refroidie à 0-5° avec de la glace et diazotée au moyen de 7^{gr},2 de nitrite de sodium dissous dans l'eau. Cette solution diazoïque est versée dans 24 grammes d'acide γ dissous dans 250 cm³ d'eau contenant 25 grammes de carbonate de soude anhydre. Le mélange bien agité doit être continuellement essayé pendant cette addition afin qu'il y ait toujours excès d'alcali. Si l'addition de la solution diazoïque tendait à provoquer un débordement, il faudrait ajouter plus de carbonate de soude. Après quelques heures d'agitation la matière colorante azoïque est chauffée à 80° et saturée de sel. Après refroidissement, on filtre.

Le gâteau rougeâtre de matière colorante est placé dans un ballon (ou, mieux, dans une capsule émaillée), mélangé avec une solution de 16 grammes de soude caustique et chauffé pendant trois heures environ jusqu'à ce qu'on obtienne une solution presque claire. On laisse refroidir le produit saponifié, on ajoute de la glace jusqu'à ce qu'on ait atteint la température de 0° et on tétrazote par addition de 100 cm³ d'acide chlorhydrique concentré et de 13-13^{gr},5 de nitrite de sodium en solution dans l'eau. Au cours de la diazotation la solution est continuellement essayée avec le papier au Congo car il faut qu'il y ait toujours un excès d'acide. Il vaut mieux employer une solution normale de nitrite de sodium et, pendant cette addition, faire continuellement l'essai au papier iodo-amidonné de façon à connaître toujours la quantité exacte qu'il faut employer. Les quantités de résorcine et de m-toluylènediamine données plus haut sont calculées pour 13 grammes de nitrite; si l'on en emploie plus ou moins, les quantités de ces deux substances doivent évidemment varier en conséquence. Lorsque cette opération est terminée on a une solution rouge, claire.

Cette solution est versée dans une solution froide de 65 grammes de carbonate de sodium (Na_2CO_3) et, immédiatement après, on ajoute la résorcine dissoute dans un peu d'eau. La solution doit avoir une réaction alcaline. Après avoir fait cet essai, on ajoute la solution de m-toluylènediamine dans l'eau et la préparation de la matière colorante est terminée (on emploie ici la m-toluylènediamine au lieu de la m-phénylènediamine que l'on emploie actuellement dans l'industrie; la nuance obtenue est pratiquement la même).

Après une heure d'agitation, la couleur est filtrée et séchée.

Propriétés. — Poudre noire, soluble dans l'eau chaude qu'elle colore en noir violet. Teint en noir le coton non mordancé.

Équations :

(1) $(C_2H_3O)HN\!-\!\!\langle\bigcirc\rangle\!\!-\!NH_2 + NaNO_2 + HCl$
  (p-amidoacétanilide.)

$$\rightarrow (C_2H_3O)HN\!-\!\!\langle\bigcirc\rangle\!\!-\!N:N\!-\!Cl + NaCl + 2H_2O$$

(2) $(C_2H_3O)HN\!-\!\!\langle\bigcirc\rangle\!\!-\!N:N\!-\!Cl \;+\; [OH,\ NH_2,\ SO_3Na\text{-naphtalène}] \;+\; Na_2CO_3$
  (« Acide γ »)

$$\rightarrow (C_2H_3O)HN\!-\!\!\langle\bigcirc\rangle\!\!-\!N:N\!-\![OH,\ NH_2,\ SO_3Na\text{-naphtalène}] \;+\; NaCl + NaHCO_3$$

(3) $(C_2H_3O)HN\!-\!\!\langle\bigcirc\rangle\!\!-\!N:N\!-\![OH,\ NH_2,\ SO_3Na\text{-naphtalène}] \;+\; NaOH$

$$\rightarrow H_2N\!-\!\!\langle\bigcirc\rangle\!\!-\!N:N\!-\![OH,\ NH_2,\ SO_3Na\text{-naphtalène}] \;+\; CH_3COONa$$

(4) H_2N —⟨ ⟩— $N:N$ — [naphtol, OH, SO_3Na] — NH_2 + $2NaNO_2$ + $5HCl$

→ $N:N$⟨ ⟩— $N:N$ — [naphtol, OH, SO_3H, Cl] — $N:N$ + $3NaCl$ + $4H_2O$

(5) OH⟨ ⟩OH (Résorcine.) + $N:N$⟨ ⟩— $N:N$ — [naphtol, OH, SO_3H, Cl] — $N:N$ + ⟨ ⟩CH_3, NH_2, NH_2 (m-toluylènediamine.) + $3Na_2CO_3$

→ OH⟨ ⟩OH $N:N$⟨ ⟩— $N:N$ — [naphtol, OH, SO_3Na] — $N:N$ — ⟨ ⟩CH_3, NH_2, NH_2 + $2NaCl$ + $3NaHCO_3$

15. *Auramine O.*

H_2N — C⟨ naphtalène ⟩ $N(CH_3)_2$ ═ $N(CH_3)_2Cl$

E.P. 5542[84] ; A.P. 301,802[84] ; D.P. 29,060[84] ; F.P. 160,990[84].

25 grammes tétraméthyldiamidobenzophénone (cétone de Michler).
25 — chlorure d'ammonium.
25 — chlorure de zinc anhydre.

Ces substances sont bien mélangées dans un mortier et placées dans une assiette ou une capsule de porcelaine qui a été chauffée au bain d'huile (température du bain, 200°). Le mélange fond graduellement et devient jaune.

La masse est bien agitée de temps en temps et la température est maintenue à 150-160° pendant quatre à cinq heures. La réaction est terminée lorsqu'un échantillon se dissout complètement dans l'eau chaude.

Après refroidissement, la masse dure est finement pulvérisée et traitée par de l'eau froide contenant un peu d'acide chlorhydrique afin de dissoudre l'excès de chlorure d'ammonium et de chlorure de zinc. Le résidu est alors extrait à l'eau chaude (60-70°); on sépare par filtration la cétone non attaquée et l'on ajoute du sel au filtrat. Le précipité cristallin peut être purifié par recristallisation de l'eau chaude dont la température ne doit pas être supérieure à 70°.

Propriétés. — Poudre d'un jaune de soufre. Teint en jaune verdâtre la soie et le coton mordancé au tanin.

Équations :

$$CO \Big\langle \begin{matrix} -N(CH_3)_2 \\ -N(CH_3)_2 \end{matrix} \quad + \quad H_2NH \quad \rightarrow \quad C{=}NH \Big\langle \begin{matrix} -N(CH_3)_2 \\ -N(CH_3)_2 \end{matrix} \quad + \quad H_2O$$

(Tétraméthyldiamidobenzophénone) (cétone de Michler.)   [Auramine (base).]

$$C{=}NH \Big\langle \begin{matrix} -N(CH_3)_2 \\ -N(CH_3)_2 \end{matrix} \quad + \quad HCl \quad \rightarrow \quad C \Big\langle \begin{matrix} -N(CH_3)_2 \\ NH_2 \\ {=}N(CH_3)_2Cl \end{matrix}$$

[Auramine (chlorure).]

Pour l'explication de cette formule voir page 118.

Note. — Par ébullition avec l'eau, l'auramine est lentement hydrolysée conformément à l'équation

$$C{=}NH \Big\langle \begin{matrix} -N(CH_3)_2 \\ -N(CH_3)_2 \end{matrix} \quad + \quad H_2O \quad \rightarrow \quad C{=}O \Big\langle \begin{matrix} -N(CH_3)_2 \\ -N(CH_3)_2 \end{matrix} \quad + \quad NH_3$$

Il faut par conséquent prendre soin, dans la teinture avec ce colorant, que la température du bain ne s'élève pas au delà de 60-70°, température en dessous de laquelle l'hydrolyse ne se produit guère.

16. *Vert Malachite.*

$$\text{C}\big(\!-\!C_6H_5\big)\big(=C_6H_4\cdot N(CH_3)_2\big)\big(=C_6H_4=N(CH_3)_2Cl\big)$$

(Chlorure.)

E.P. 828^{78} ; 4762^{79}.

O. Fischer, *Ber.*, 1877, x. 1625.

O. Mülhäuser, *Ding. Pol. J.*, 1887, cclxiii. 249, 295 ;
    J. S. C. I., 1887, 433.

Harmsen, *Die Fabrikation*, etc.

    35 grammes diméthylaniline.
    14   —   benzaldéhyde.

La diméthylaniline et la benzaldéhyde sont mélangées avec $35^{gr},5$ d'acide chlorhydrique concentré et chauffées, dans un ballon muni d'un réfrigérant à reflux, à 100° pendant vingt-quatre heures. La masse est alors alcalinisée par la soude caustique et traitée par un courant de vapeur pour éliminer les traces de benzaldéhyde et de diméthylaniline. On y verse environ 1 litre d'eau ce qui amène la séparation de la leuco-base en granules dures. On filtre et on lave jusqu'à ce qu'il n'y ait plus d'alcali. Une petite portion est pesée, séchée à 100° et pesée de nouveau pour évaluer la quantité d'acide et de peroxyde de plomb nécessaire pour l'oxydation. Pour 10 grammes de leuco-base sèche, il faut une quantité d'acide chlorhydrique correspondant à $2^{gr},7$ de HCl, 4 grammes d'acide acétique (10 grammes d'acide à 40 pour 100 ou 13 grammes d'acide à 30 pour 100) et 7 grammes de peroxyde de plomb pur.

Préparation du peroxyde de plomb. — On dissout 50 grammes d'acétate de plomb dans 250 cm³ d'eau chaude et l'on ajoute une solution filtrée de 100 grammes d'hypochlorite dans un demi-litre d'eau. On chauffe le tout à l'ébullition jusqu'à ce que le précipité devienne brun foncé. On en filtre à chaud une petite quantité, on ajoute au filtrat quelques gouttes de solution d'hypochlorite et on fait bouillir ; s'il se forme un précipité brun foncé on ajoute davantage de solution d'hypochlorite à la masse principale et on chauffe jusqu'à ce qu'une prise d'essai ne précipite plus par la solution d'hypochlorite. Après repos, on décante la plus grande partie de la solution claire et on lave le précipité plusieurs fois à l'eau, en décantant chaque fois soigneusement l'eau de lavage. Le précipité est alors filtré à la trompe et lavé convenablement à l'eau. Le peroxyde de plomb est placé, sans le sécher, dans un flacon bouché. Avant de se servir de cette pâte, sa teneur doit être déterminée. Voir p. 464.

Les quantités requises ayant été calculées, on met la totalité de la leuco-base dans une capsule en porcelaine, on la fond au moyen d'un courant de vapeur, et on la dissout dans un mélange d'acides acétique et chlorhydrique. On ajoute deux litres et demi à trois litres d'eau, on agite la solution et l'on ajoute une pâte fluide de peroxyde de plomb. On continue à agiter pendant deux heures après avoir versé tout le peroxyde de plomb. On sépare alors par filtration le peroxyde de plomb non transformé, le filtrat est chauffé à l'ébullition et le plomb est précipité par addition de soude caustique. Après refroidissement, on filtre, on lave et on sèche. On dissout alors dans la ligroïne ; la solution est filtrée pour enlever les impuretés et la ligroïne est chassée par évaporation au moyen d'un jet de vapeur. La base est dissoute dans 3-4 fois son poids d'eau additionnée de la quantité voulue d'acide oxalique (calculée d'après la formule $2C_{23}H_{24}N_2,3C_2H_2O_4$). On filtre la solution, on laisse refroidir, l'oxalate précipite, on le filtre et on le sèche.

Note. — Dans la première édition anglaise de ce livre, la condensation de la benzaldéhyde et de la diméthylaniline était décrite comme étant effectuée au moyen du chlorure de zinc comme agent de condensation. Cette méthode n'est plus employée industriellement ; on emploie à la place l'acide chlorhydrique. La quantité d'acide à employer est les deux tiers de la quantité théorique ; une quantité plus grande donne lieu à la production de tétraméthyldiamidobenzhydrol.

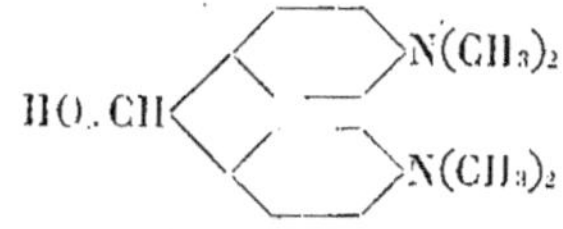

ainsi que l'a montré Albrecht (*Ber.*, 1888, XXI. 3292).

Au lieu de l'oxalate, on prépare parfois une combinaison avec le chlorure de zinc ; la formule de ce sel double est

$$3C_{23}H_{25}N_2Cl + 2ZnCl_2 + 2H_2O.$$

Propriétés. — L'oxalate forme des plaques vertes brillantes, donnant une solution vert bleuâtre dans l'eau. Teint en vert bleuâtre la soie, la laine, le jute et le cuir ainsi que le coton préalablement mordancé au tanin et au tartre émétique.

Équations :

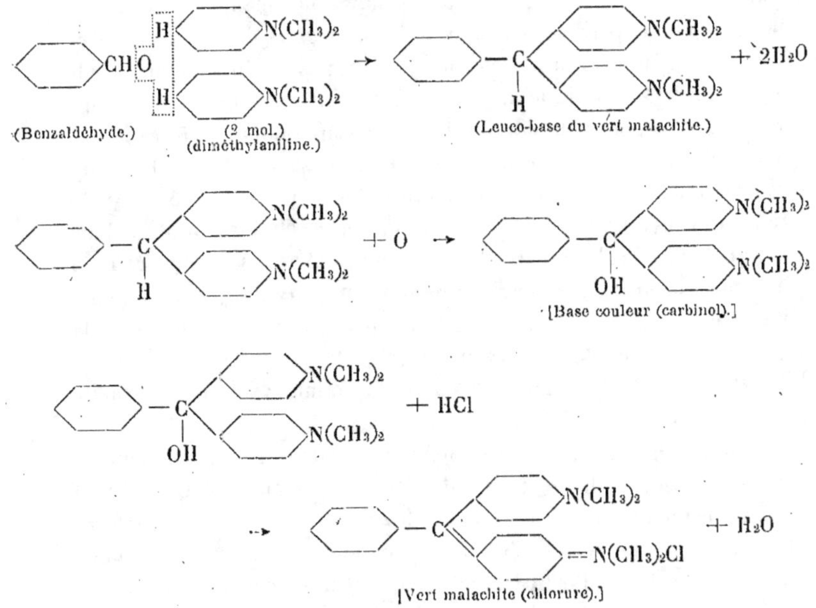

(Benzaldéhyde.)   (2 mol.) (diméthylaniline.)   (Leuco-base du vert malachite.) $+ 2H_2O$

[Base couleur (carbinol).]

[Vert malachite (chlorure).] $+ H_2O$

Pour l'explication de ces formules, voir p. 135.

17. *Fuchsine.*

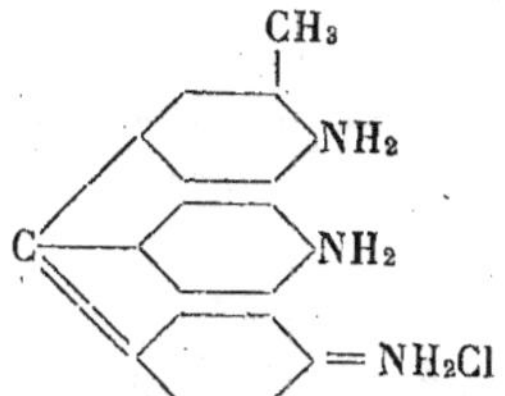

Haüssermann, *Die Industrie der Theerfarbstoffe*, 1881.

Harmsen, *Die Fabrikation der Theerfarbstoffen und ihrer Rohmaterialien*, 1889.

Schultz, *Chemie des Steinkohlentheers*, 3ᵉ éd., vol. II, p. 161.

20 grammes aniline.

80 — toluidine commercial $\Big\{$ 64 % ortho $\Big\}$ Huile d'aniline pour 36 % para rouge, densité = 1,004.

67 — acide chlorhydrique conc.

55 — nitrobenzène.

3 — fer en poudre.

On mélange 14 grammes d'aniline et 54 grammes de toluidine dans une capsule de porcelaine et l'on ajoute de l'acide chlorhydrique. Le mélange des chlorures est chauffé jusqu'à la température de 130°, placé ensuite dans un ballon rond d'un quart de litre dans lequel on a mis le restant de l'aniline et de la toluidine mélangé avec le nitrobenzène.

Le mélange est chauffé au bain d'huile à 100°, ensuite on ajoute lentement le fer dissous dans 2 molécules de HCl (pour former FeCl₂).

Le ballon est alors raccordé à un réfrigérant à air et on élève progressivement la température jusqu'à 180°, température qui est maintenue pendant six à huit heures. L'opération est terminée lorsqu'un échantillon prélevé sur une baguette de verre se solidifie par refroidissement[1].

Lorsque ce résultat est obtenu, le contenu du ballon est distillé à la vapeur et il passe un mélange d'huile pour rouge et de nitrobenzène. La masse fondue est alors versée dans 500 cm³ d'eau bouillante, on agite bien, et l'on ajoute 12 cm³ d'acide chlorhydrique

1. Commencer l'essai après trois heures et demie; trois à quatre heures peuvent suffire.

concentré. Aussitôt qu'on a obtenu une réaction acide, on ajoute 25 grammes de sel et l'on fait bouillir le tout pendant quelques minutes.

La solution aqueuse que l'on décante contient les chlorhydrates d'aniline et de toluidine qui, de même que le distillat précédent, sont réemployés dans l'industrie pour la fabrication (voir aussi *Safranine*). On laisse refroidir le résidu qui forme en se solidifiant une masse verte, cassante que l'on pèse.

On la casse ensuite et l'on extrait au moyen d'un demi-litre d'eau bouillante contenant 12 cm³ de HCl qui dissout la fuchsine. Après filtration, on laisse refroidir la solution jusqu'à 60° et il se précipite un peu de matière colorante violette que l'on sépare par filtration.

On ajoute alors à la solution de fuchsine un poids de sel égal au poids de la masse fondue brute.

Après quelque temps de repos, la fuchsine brute se sépare, on la filtre et on la fait recristalliser dans l'eau contenant un peu d'acide chlorhydrique.

Dans l'industrie, les filtrats provenant de la purification de la fuchsine sont récupérés et les matières colorantes que l'on en obtient sont vendues sous les noms de phosphine, marron, cerise, etc.

Propriétés. — Le chlorure se présente sous la forme de cristaux luisants à reflets verdâtres et se dissolvant dans l'eau pour donner une solution rouge.

Teint directement la soie et la laine en rouge bleuâtre ainsi que le coton mordancé au tanin et au tartre émétique.

Équations :

(1) CH_3—[noyau benzénique]—NH_2 (p-toluidine.) $+ O_2 \rightarrow$ HC(=O)—[noyau benzénique]—NH_2 (p-amidobenzaldéhyde.) $+ H_2O$

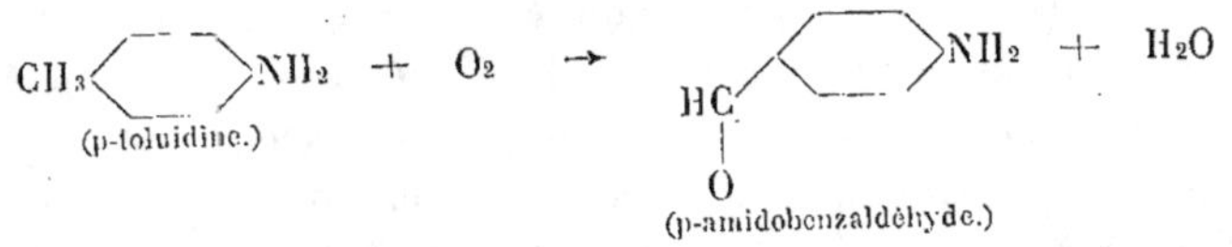

(2) $C=O$, H (p-amidobenzaldéhyde) $+$ [noyau, CH_3]—NH_2 (o-toluidine.) $+$ [noyau]—NH_2 (Aniline.) $\rightarrow$ C—H [triple noyau : CH_3, NH_2 ; NH_2 ; NH_2] (Leuco-base de la fuchsine.) $+ H_2O$

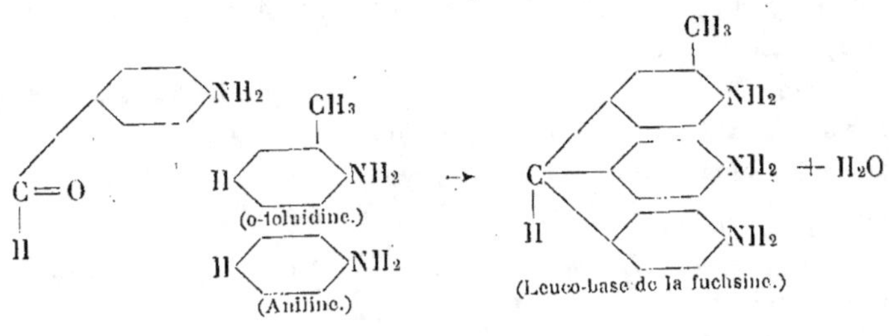

(3) 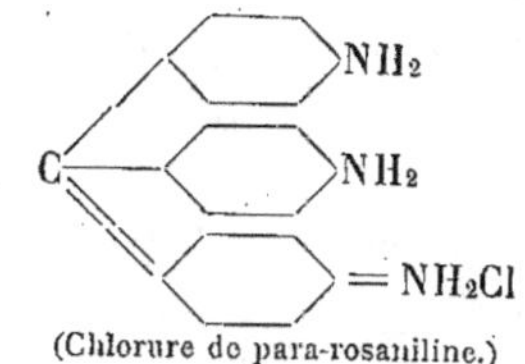

(Base carbinol.)

(4)

[Chlorure d'homorosaniline (fuchsine).]

Il se forme en même temps

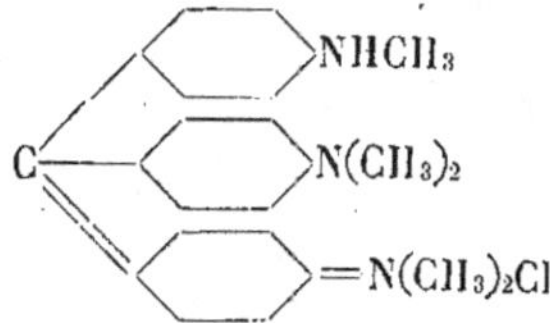

(Chlorure do para-rosaniline.)

par suite de la réaction de 2 molécules d'aniline dans l'équation (2) au lieu de 1 molécule d'aniline et 1 d'o-toluidine.

18. *Violet de méthyle B.*

Mühlhaüser, *Dingl. pol. J.*, 1887, cclxiv. 37 ; *J. S. C. I.*, 1887, 434. Harmsen, *Die Fabrikation*, etc.

875 grammes chlorure de sodium.
50 — sulfate de cuivre.
40 — phénol.
100 — diméthylaniline.

Le sel et le sulfate de cuivre (finement pulvérisés) sont bien mélangés dans un mortier, l'on ajoute une solution de 40 grammes de phénol dans 10 cm³ d'eau et le tout est bien agité. On ajoute alors la diméthylaniline et le mélange est placé dans un ballon rond et chauffé au bain d'eau pendant huit heures à 55°. Le produit est versé dans une capsule de porcelaine et on le laisse refroidir.

Pour en séparer le phénol et le sel, on le brise et on y ajoute peu à peu 3 litres d'eau bouillante additionnée de lait de chaux préparé au moyen de 40 grammes de chaux vive et de 200 cm³ d'eau. On chauffe jusqu'à ce qu'il n'y ait plus de morceaux, on laisse déposer le mélange et on décante la solution claire de sel et de phénate de calcium.

Le résidu d'oxyde de cuivre, de violet de méthyle et de sulfate de chaux est lavé de nouveau par décantation et, finalement, filtré.

Pour se débarrasser de l'oxyde de cuivre, on fait bouillir le précipité avec de l'acide sulfurique dilué et on ajoute du sulfate de soude (exempt de chlorure) pour précipiter le colorant qu'on filtre et qu'on lave. Le violet précipité est ensuite dissous dans l'eau et reprécipité par le sel.

Propriétés. — Le violet de méthyle est une poudre verdâtre, brillante, se dissolvant dans l'eau qu'elle colore en violet.

Teint directement la soie et la laine en violet, ainsi que le coton après mordançage au tanin et au tartre émétique.

Équations :

$$(1) \quad C_6H_5{-}N(CH_3)_2 + O \rightarrow CH_2O + C_6H_5{-}NH(CH_3)$$

$$(2) \quad H{-}C\underset{O}{\overset{H}{<}} + \; 3\,C_6H_5{-}N(CH_3)_2 + 2O \rightarrow C\underset{OH}{<} + 2H_2O$$

(Base carbinol.)

$$(3) \quad C\underset{OH}{<} + HCl \rightarrow C{=} + H_2O$$

[Violet de méthyle B. (chlorure).]

19. *Bleu d'aniline* (soluble dans l'alcool) ou *bleu opale*.

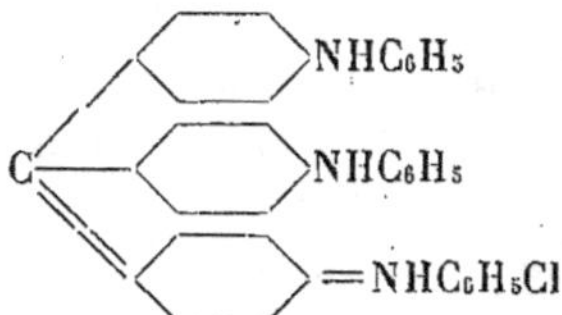

J. de Mollins, *De la fabrication des Bleus d'aniline et de diphénylamine*, 1885

25 grammes de base rosaniline (préparée au moyen de la fuchsine)[1].
250 — aniline.
3 — acide benzoïque.

Ces produits sont placés dans un ballon muni d'un thermomètre et d'un long tube recourbé permettant de recueillir la petite quantité d'aniline, d'ammoniaque et d'eau qui distille pendant l'opération. Le ballon est chauffé progressivement au bain de sable jusqu'à 180° et maintenu à cette température jusqu'à ce que quelques gouttes dissoutes dans l'alcool et un peu d'acide acétique glacial et versées sur du papier-filtre donnent une couleur d'un bleu pur à la lumière du jour, couleur qui ne paraît que faiblement rouge à la lumière du gaz. Cette opération demande environ trois heures. Le mélange fondu et chaud est versé dans un vase, on le laisse refroidir un peu et on ajoute 215 grammes d'acide chlorhydrique à 28 % (ou 194 grammes d'acide concentré et pur à 31 %). Le bleu opale est ainsi précipité, tandis qu'un bleu impur reste en solution dans le mélange d'aniline et de chlorhydrate d'aniline (formé par la neutralisation partielle de l'aniline). Le mélange est filtré chaud à la trompe et le bleu opale est lavé à l'eau bouillante additionnée de quelques gouttes d'acide chlorhydrique. La matière colorante est séchée au bain-marie. On l'obtient aussi sous forme d'une poudre cristalline verdâtre ou brun rougeâtre. Rendement: environ 30 grammes.

---

1. Par ébullition avec une solution de soude caustique.

Le filtrat contenant le bleu impur est acidifié par l'acide chlorhydrique: la couleur est ainsi précipitée. On la filtre, la lave comme plus haut, et la sèche. Rendement: environ 15 grammes de bleu impur (teignant en nuances plus ternes et plus rouges que l'opale).

La nuance ainsi que le rendement dépendent beaucoup du temps pendant lequel on a chauffé. Il faut prendre soin de ne pas laisser la température s'élever au delà de 180°.

Propriétés. — Insoluble dans l'eau mais soluble dans l'alcool. Teint la soie et la laine en bleu verdâtre.

Équations :

(1) Base rosaniline $+ 3\,H_2NC_6H_5 \rightarrow$ Bleu de rosaniline (base) $+ 3\,NH_3$

(Base rosaniline.)   [Bleu de rosaniline (base).]

(2) Bleu de rosaniline (base) $+ HCl \rightarrow$ Bleu d'aniline (sol. dans l'alcool) (Chlorure) $+ OH_2$

[Bleu d'aniline (sol. dans l'alcool).] (Chlorure.)

(voir p. 141).

Etant donné que la fuchsine est un mélange de *para-* et de *homorosaniline*, il doit se former aussi dans cette réaction un bleu ayant pour formule

$$CH_3 \text{ — } C \Big(C_6H_4 \cdot NHC_6H_5 \Big)_2 = C_6H_4 = NHC_6H_5$$

20. *Bleu alcalin.*

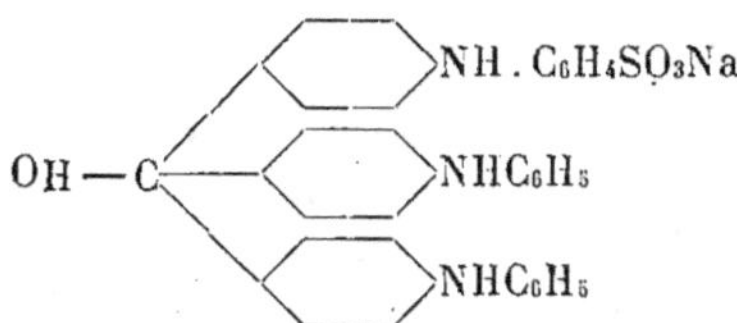

25 grammes bleu d'aniline (soluble dans l'alcool).
250 — acide sulfurique conc. (140 cm³).

On met l'acide sulfurique dans un ballon de 500 cm³ et le bleu d'aniline mis, après fusion, sous forme de fine poudre cristalline est ajouté lentement en maintenant la température en dessous de 35°. L'opération doit se faire sous la hotte car il se dégage de l'acide chlorhydrique.

Lorsque tout le bleu est dissous, la température est maintenue à 35-40° jusqu'à ce que quelques gouttes, diluées avec de l'eau et filtrées, donnent un résidu se dissolvant dans une solution faible bouillante de soude caustique. Le mélange résultant de la sulfonation est alors versé dans 2 litres environ d'eau froide et filtré à la trompe. Le précipité est lavé à l'eau jusqu'à ce que celle-ci ne soit plus acide. L'acide libre humide ainsi obtenu est placé dans une capsule en porcelaine, on en fait une pâte fluide avec de l'eau chaude et on le transforme en sel de sodium en y ajoutant avec précaution une solution de soude caustique et en chauffant le tout à l'ébullition. Si l'on a ajouté la quantité exacte de soude caustique, une prise d'essai se dissoudra complètement dans l'eau chaude qu'elle colorera en bleu. Mais s'il y a un excès d'alcali, la couleur sera brune et dans ce cas on ajoutera, en agitant, une solution faible d'acide sulfurique au mélange chaud jusqu'à ce qu'on ait la coloration voulue. La solution est alors évaporée presque à siccité au bain-marie et finalement on sèche à 50°.

Propriétés. — Poudre bleue ou bronzée, faiblement soluble dans l'eau froide, facilement soluble dans l'eau chaude qu'elle colore en bleu. Teint la laine en bleu en bain bouillant rendu alcalin par le borax, la couleur étant ensuite développée en passant à l'acide sulfurique faible.

Equations :

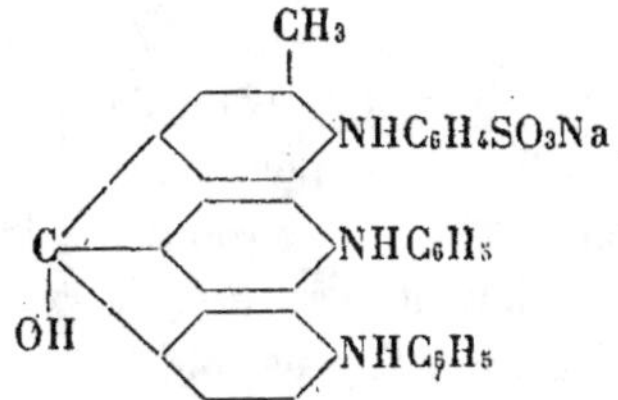

Ce produit sera également mélangé au dérivé correspondant de l'homorosaniline.

Voir préparation précédente.

21. *Bleu soluble.*

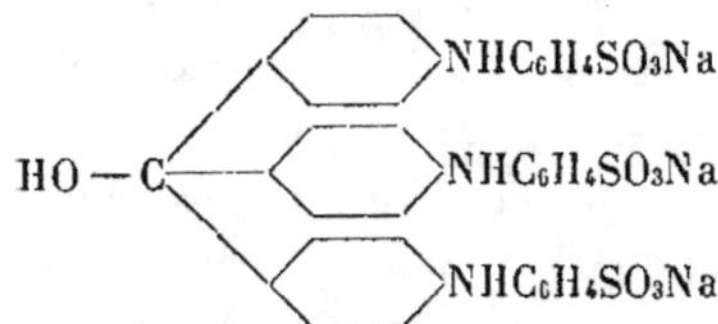

25 grammes bleu d'aniline (soluble dans l'alcool).
100   —   acide sulfurique conc. ($55^{cm^3},5$).

Le bleu est ajouté graduellement à l'acide contenu dans un ballon et le tout est chauffé au bain de sable à 90-100° jusqu'à ce qu'un échantillon versé dans un peu d'eau et filtré soit soluble dans l'eau chaude. Le mélange sulfoné est alors versé dans 500 cm³ environ d'eau froide et filtré à la trompe. La matière colorante précipitée est lavée seulement avec un peu d'eau car elle est soluble dans l'eau pure. On la met dans une capsule, on ajoute un peu d'eau et on chauffe le mélange presque à l'ébullition ; on neutralise alors avec une solution de soude caustique jusqu'à ce que tout soit soluble dans l'eau en donnant une couleur bleue.

Si le mélange tire sur le brun, il y a trop d'alcali et celui-ci doit être neutralisé par une addition prudente d'acide sulfurique faible. On évapore à siccité au bain de sable et on broie. Rendement : environ 30 grammes.

Propriétés. — Poudre bleue, soluble dans l'eau. Teint la soie et le coton mordancé au tanin.

Équations :

$$C \begin{cases} \text{—} NHC_6H_5 \\ \text{—} NHC_6H_5 \\ = NHC_6H_5Cl \end{cases} + 3H_2SO_4$$

(Bleu de rosaniline.)

$$\rightarrow C \begin{cases} \text{—} NHC_6H_4SO_3H \\ \text{—} NHC_6H_4SO_3H \\ \text{—} NHC_6H_4SO_3H \end{cases} \ \overset{\displaystyle}{OH} + 2H_2O + HCl$$

[Bleu soluble (acide libre).]

$$C \begin{cases} \text{—} NHC_6H_4SO_3H \\ \text{—} NHC_6H_4SO_3H \\ \text{—} NHC_6H_4SO_3H \end{cases} \ \overset{\displaystyle}{OH} + 3NaOH$$

$$\rightarrow C \begin{cases} \text{—} NHC_6H_4SO_3Na \\ \text{—} NHC_6H_4SO_3Na \\ \text{—} NHC_6H_4SO_3Na \end{cases} \ \overset{\displaystyle}{OH} + 3H_2O$$

Ce bleu sera aussi accompagné du dérivé correspondant de l'homorosaniline

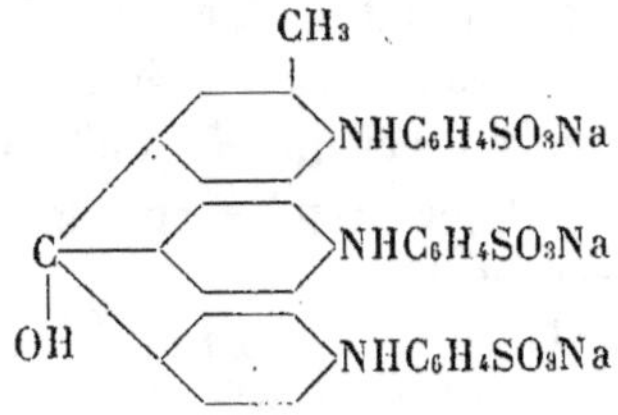

$$CH_3$$

C, NHC_6H_4SO_3Na, NHC_6H_4SO_3Na, OH, NHC_6H_4SO_3Na

Fluorescéine et éosine.

Mülhäuser, *Dingl. pol. J.*, 1887, cclxiii. 49 ; *J. S. C. I.*, 1887, 283 ;
Dingl. pol. J., 1892, cclxxxiv. 21, 46, *J. S. C. I.*, 1892, 675.
Bernthsen, *Chem. Zeit.*, 1892, xvi. 1956 ; *J. S. C. I.*, 1893, 513.

22. *Fluorescéine.*

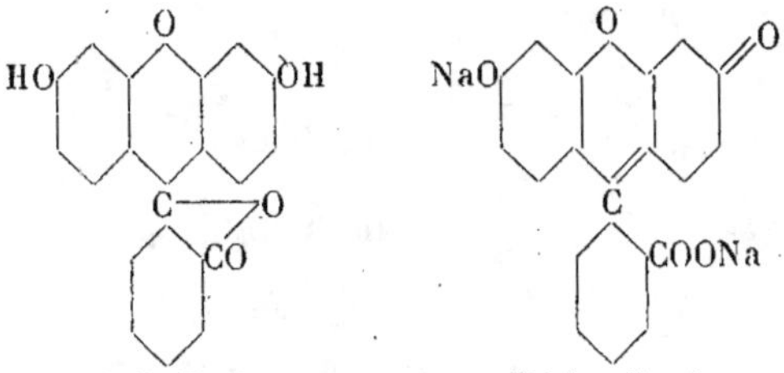

(Acide libre.)   (Sel de sodium.)

15 grammes anhydride phtalique.
22   —   résorcine.
7   —   chlorure de zinc.

Les produits sont broyés ensemble dans un mortier, placés dans
un creuset en nickel ou dans un récipient analogue et chauffés au
bain d'huile à 180°. Aussitôt que la température a atteint 180°, on
ajoute peu à peu 7 grammes de chlorure de zinc fondu, pulvérisé,
pendant dix minutes, en remuant la masse en fusion avec une
baguette de verre. Lorsque le chlorure de zinc a été ajouté, on
élève la température jusqu'à 210° et on la maintient jusqu'à ce que

la masse devienne solide (une à deux heures). La masse fondue et froide est brisée dans le creuset ou la capsule avec un couteau ou un burin, on la pulvérise et on la dissout dans la soude caustique diluée. Après filtration on ajoute de l'acide chlorhydrique qui précipite la fluorescéine; celle-ci est filtrée, lavée et séchée. Rendement: environ 32 grammes.

23. *Eosine.*

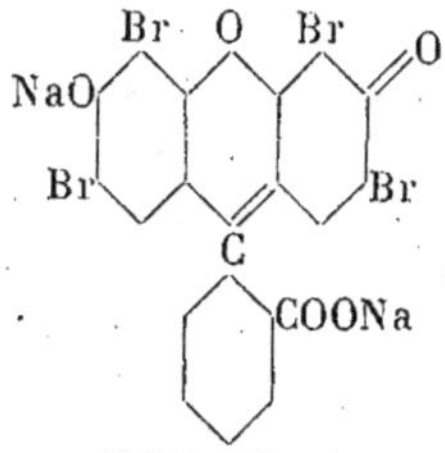

$$NaO\diagdown\quad Br\quad O\quad Br\quad O$$

(Sel de sodium.)

15 grammes fluorescéine.
33 — brome (11 cm^3).
60 — alcool.

La fluorescéine est placée dans un ballon, on ajoute 60 grammes d'alcool et on y fait tomber lentement du brome, goutte à goutte, d'un petit entonnoir à décantation. Lorsqu'on a ajouté la moitié du brome, le dibromure qui s'est formé est en solution; mais en continuant à ajouter du brome, le tétrabromure précipite. Après repos de deux heures, le précipité est filtré, lavé d'abord avec de l'alcool, ensuite avec de l'eau et on le transforme en sel de sodium en le mélangeant avec un peu d'eau chaude et en neutralisant avec soin par la soude caustique (éviter un excès de ce réactif). On évapore à siccité au bain-marie.

Propriétés. — L'éosine forme des cristaux rouge bleuâtre ou une poudre rouge brunâtre se dissolvant dans l'eau qu'elle colore en rouge bleuâtre.

Teint la laine et la soie en rouge-jaunâtre.

Équations :

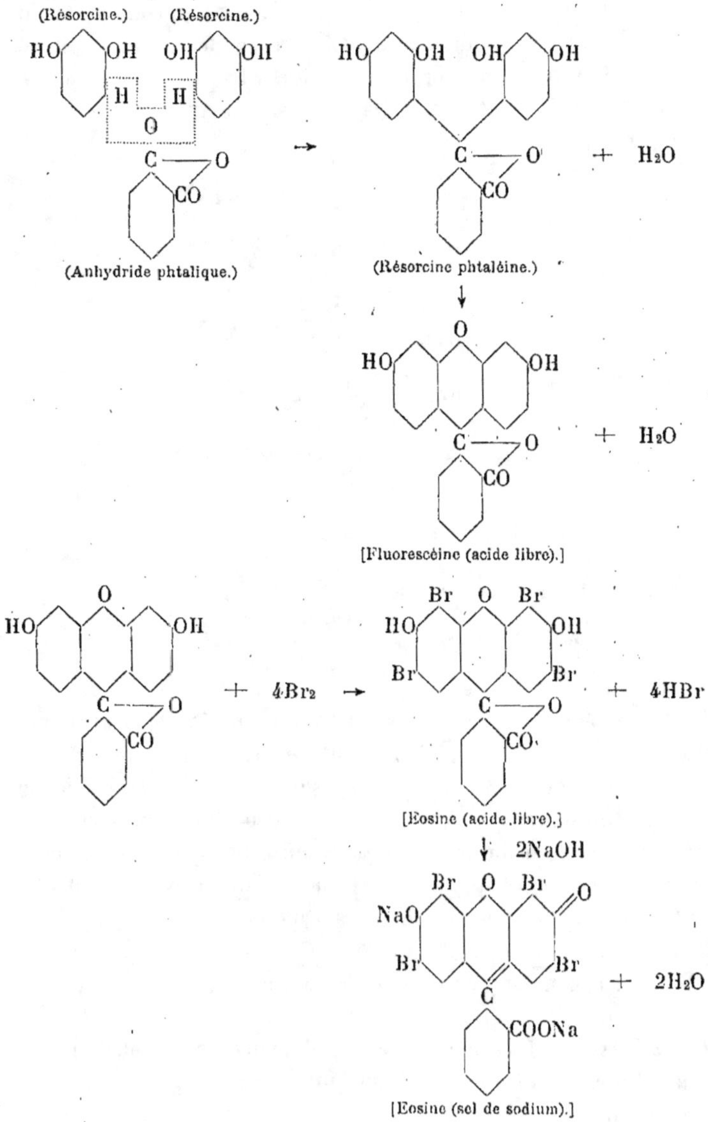
(Résorcine.)
(Résorcine.)
HO
OH
OH
OH
H
H
O
C
O
CO
(Anhydride phtalique.)
HO
OH
OH
OH
C
O
CO
+ H₂O
(Résorcine phtaléine.)
O
HO
OH
C
O
CO
+ H₂O
[Fluorescéine (acide libre).]
O
HO
OH
C
O
CO
+ 4Br₂
Br
O
Br
HO
OH
Br
Br
C
O
CO
+ 4HBr
[Eosine (acide libre).]
2NaOH
Br
O
Br
O
NaO
Br
Br
+ 2H₂O
C
COONa
[Eosine (sel de sodium).]

Pour une explication plus complète de ces formules, voir page 166.

24. *Rhodamine B.*

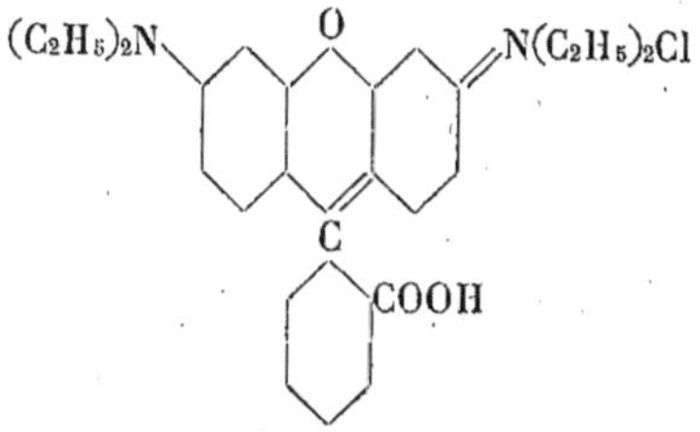

$$(C_2H_5)_2N\cdots O \cdots N(C_2H_5)_2Cl$$

$$C$$

$$COOH$$

E.P. 15,374[87] ; A.P. 377,349 et 377,350[88] ; D.P. 44,002[87] ; F.P. 186,697[87].

5 grammes diéthyle-m-amidophénol.
9 — anhydride phtalique.
6 — chlorure de zinc anhydre.

Les deux premiers produits sont bien mélangés dans un mortier et le mélange est placé dans un creuset en nickel que l'on chauffe au bain d'huile. On élève lentement la température jusqu'à 100°, on retire la flamme et l'on ajoute le chlorure de zinc pulvérisé, en agitant bien le tout. On élève alors la température progressivement jusqu'à 180°, il se dégage de la vapeur d'eau et la réaction est terminée lorsqu'une prise d'essai prélevée au moyen d'une baguette de verre se solidifie complètement par refroidissement. Cela prend environ quatre à cinq heures. Lorsqu'il est froid, le produit solide est finement pulvérisé et extrait au moyen d'alcool bouillant, avec réfrigérant à reflux. La solution alcoolique est filtrée et on la laisse au repos. La base cristallise et on la filtre. On la dissout dans une petite quantité d'eau et d'acide chlorhydrique dilué et on laisse refroidir la solution : le chlorure se sépare, on le filtre et on le sèche sur une plaque poreuse.

Propriétés. — Cristaux verts, facilement solubles dans l'eau. Teint la laine et la soie en rouge bleuâtre et le coton mordancé au tanin en rouge violet.

Équations :

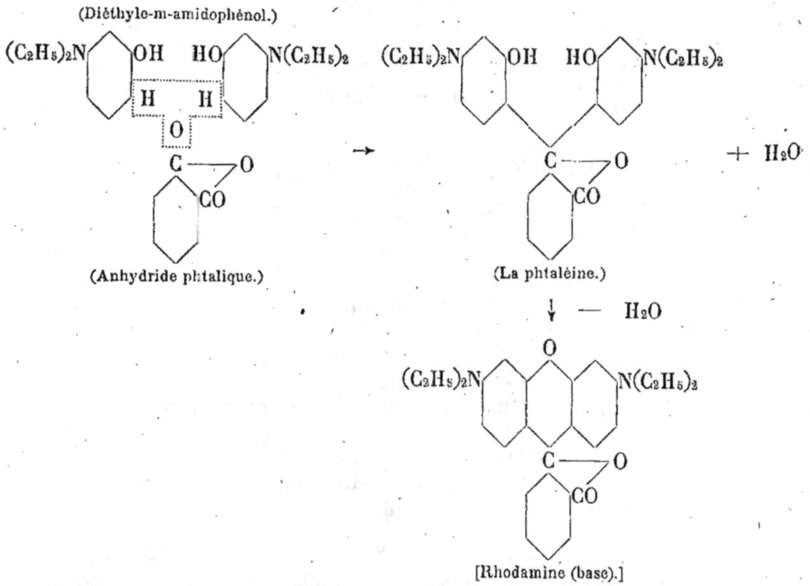

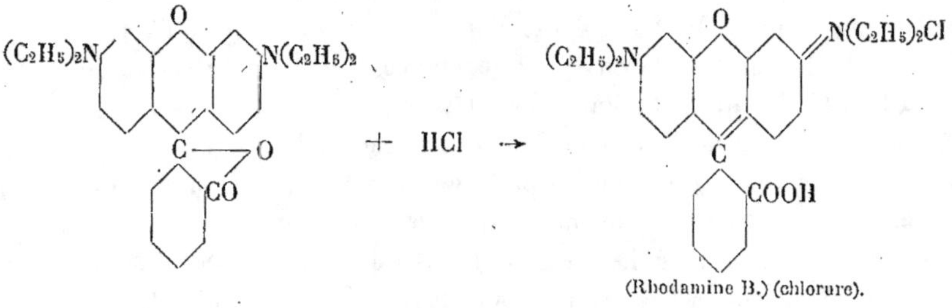

(Diéthyle-m-amidophénol.)

$(C_2H_5)_2N$ OH HO $N(C_2H_5)_2$ $(C_2H_5)_2N$ OH HO $N(C_2H_5)_2$

H H

O

C——O C——O
CO CO $+ H_2O$

(Anhydride phtalique.)   (La phtaléine.)

$\downarrow - H_2O$

O

$(C_2H_5)_2N$ $N(C_2H_5)_2$

C——O
CO

[Rhodamine (base).]

O

$(C_2H_5)_2N$ $N(C_2H_5)_2$

C——O
CO

$+ HCl \rightarrow$

O

$(C_2H_5)_2N$ $N(C_2H_5)_2Cl$

C
$COOH$

(Rhodamine B.) (chlorure).

Pour une explication de ces formules, voir page 166.

25. *Benzoflavine.*

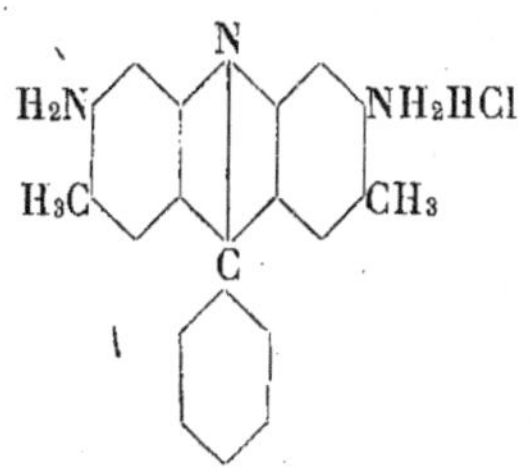

$$H_2N \quad \overset{N}{\diagdown} \quad NH_2HCl$$
$$H_3C \quad \diagdown \quad CH_3$$
$$\overset{C}{|}$$

E.P. 9614[88] ; A.P. 382,832 ; D.P. 43,714[87] ; 43,720[87].

I. *Préparation du tétramidophénylditolylméthane* :

> 20 grammes sulfate de toluylènediamine [1].
> 5gr,5 benzaldéhyde.
> 40 grammes alcool à 50 °/₀.

Ces produits sont mélangés dans un ballon rond de 125 cm³ muni d'un réfrigérant à reflux et on fait bouillir doucement au bain d'eau. Lorsqu'on ne perçoit plus l'odeur de benzaldéhyde, on chasse l'alcool par distillation et on ajoute de l'eau au résidu ; le sulfate de la base ci-dessus est filtré et séché.

II. *Préparation de la dihydrodiamidodiméthylphénylacridine.* — 20 grammes du sulfate préparé comme il vient d'être dit sont chauffés avec 36 grammes d'acide chlorhydrique concentré et 36 cm³ d'eau dans un tube scellé (si l'on emploie des quantités plus fortes on peut chauffer en autoclave) pendant trois heures à 130-140°. Après refroidissement le tube est ouvert et le produit est employé directement sans purification.

III. *Préparation de la matière colorante.* — 20 grammes du chlorure de dihydrodiamidodiméthylphénylacridine sont dissous dans de l'eau contenant de l'acide chlorhydrique, la solution est refroidie à 0° et l'on ajoute 20 grammes de chlorure de zinc dissous

---

1. On obtient ce corps en neutralisant une solution concentrée de métatoluylènediamine dans l'eau chaude au moyen d'acide sulfurique dilué ; par refroidissement le sulfate cristallise.

dans un peu d'eau. La solution est agitée et on ajoute 70 grammes d'une solution de chlorure ferrique ($FeCl_3.6H_2O$) à 30 % refroidie par de la glace. La matière colorante se sépare à l'état de précipité volumineux jaune-orange que l'on filtre, presse sur une plaque poreuse et sèche à 50-60°.

Propriétés. — Poudre jaune-orange brunâtre. Teint en jaune la soie, la laine et le coton mordancé.

Équations :

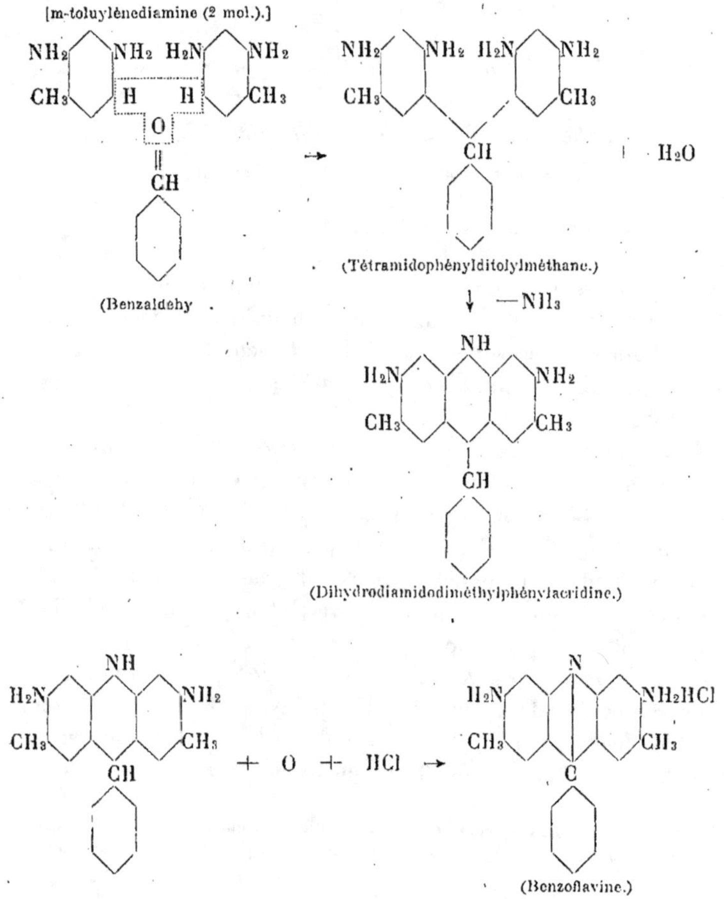

[m-toluylènediamine (2 mol.).]

(Benzaldéhy .

(Tétramidophénylditolylméthane.)

$\downarrow -NH_3$

(Dihydrodiamidodiméthylphénylacridine.)

$+ O + HCl \rightarrow$

(Benzoflavine.)

26. *Jaune d'alizarine A*.

$$C_6H_5CO \, . \, C_6H_2 \begin{cases} OH & [1] \\ OH & [2] \\ OH & [3] \end{cases}$$

E.P. 8373[89], 9428[89], 10,095[90] ; A.P. 198,281[89] ; D.P. 49,149[89], 50,450[89], 50,451[89], 54,661[90] ; F.P. 198,281[89].

12 grammes		acide pyrogallique.
12	—	acide benzoïque.
36	—	chlorure de zinc anhydre.

Ces produits sont mélangés dans les proportions indiquées et placés dans un creuset ou une capsule de 200 cm³ que l'on chauffe au bain d'huile. La température est élevée progressivement jusqu'à 145° et la réaction est terminée lorsqu'il ne se produit plus d'écume et que la couleur brune ne s'accentue plus.

Lorsqu'il est froid, le produit est pulvérisé ; on le fait bouillir avec de l'eau et un peu de charbon de bois et on filtre ; les cristaux en forme d'aiguille du colorant se séparent par refroidissement ; on les filtre et les sèche.

Propriétés. — Cristaux jaune-grisâtre. Teint en jaune d'or solide le coton mordancé à l'alumine et à la chaux. Il est employé en impression.

Équation :

$$C_6H_5CO\,OH + H\,C_6H_2(OH)_3[1:2:3] \rightarrow C_6H_5COC_6H_2(OH)_3[1:2:3] + H_2O$$

(Acide benzoïque.)   (Acide pyrogallique.)   (Jaune d'alizarine A.)

27. *Alizarine*.

$$\begin{array}{c} CO \quad OH \\ \hexagon\hexagon\hexagon OH \\ CO \end{array}$$

E.P. 1936[69] ; A.P. 153,536.

Perkin, E.P. 1948[69], *J. S. C. I.*, 1883, 213.

50 grammes		anthraquinonesulfonate de sodium.
150	—	hydrate de sodium.
9	—	chlorate de potassium.

La soude caustique est dissoute dans 150 cm³ d'eau dans un auto-clave, on agite et l'on ajoute l'anthraquinone-sulfonate de sodium. On dissout le chlorate de potassium dans 50 cm³ d'eau chaude et on mélange la solution convenablement avec la masse.

On fixe alors le couvercle de l'autoclave et on chauffe le tout pendant vingt heures à 170°. Après refroidissement la masse fondue est extraite plusieurs fois à l'eau bouillante et la solution est acidifiée par l'acide chlorhydrique.

L'alizarine qui se sépare est filtrée à la trompe, lavée à l'eau, pressée sur une plaque poreuse et séchée à 120°.

Propriétés. — Poudre jaune, faiblement soluble dans l'eau bouillante ; peut être sublimée en donnant de longues aiguilles rouges. Teint le coton mordancé à l'étain en rouge écarlate ; à l'alumine, en rouge-bleuâtre ; au fer, en violet ; au chrome, en brun.

Équations :

(1)

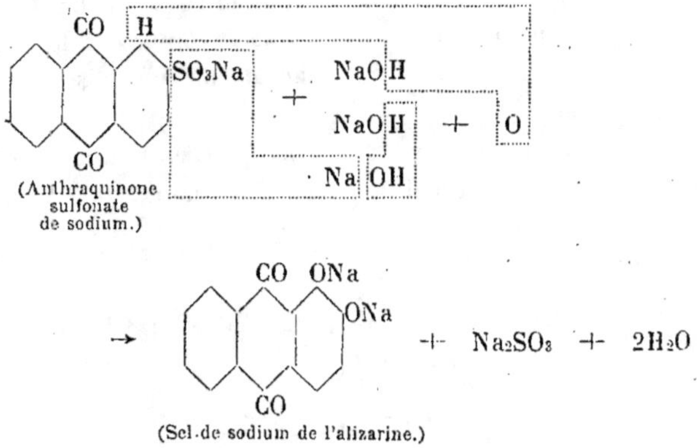

$$\text{Anthraquinone-sulfonate de sodium} + 2\,NaOH + O$$

(Anthraquinone sulfonate de sodium.)

$$\rightarrow \text{Sel de sodium de l'alizarine} + Na_2SO_3 + 2H_2O$$

(Sel de sodium de l'alizarine.)

(2)

$$\text{(Sel de sodium de l'alizarine)} + 2HCl \rightarrow \text{Alizarine} + 2NaCl$$

(Alizarine.)

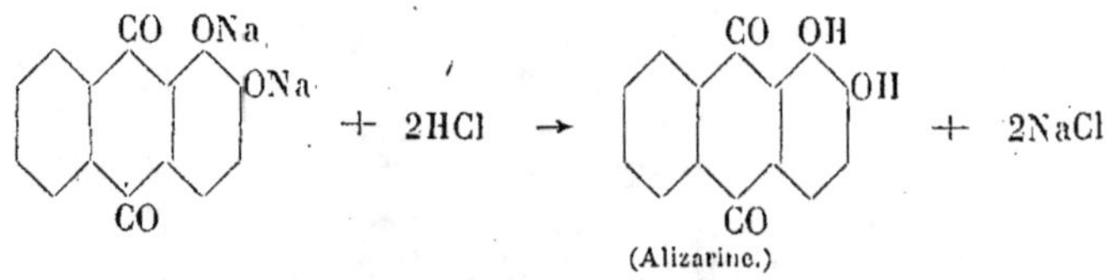

28. *Indanthrène* A.

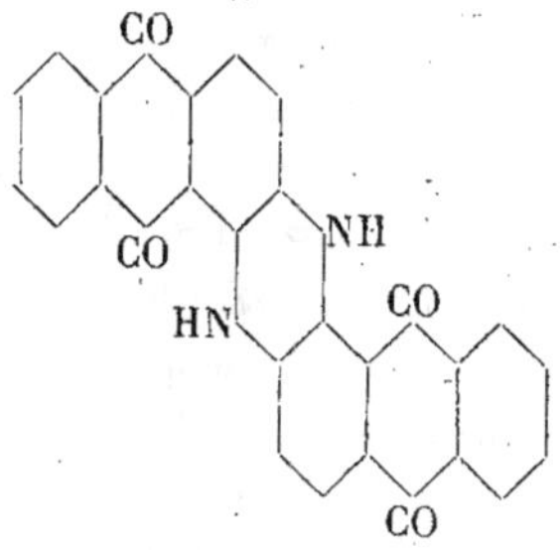

$$CO \quad CO \quad NH \quad HN \quad CO \quad CO$$

Scholl et Berblinger, *Ber.*, 1903, xxxvi. 3428 ; E.P. 3239[01], 12,185[01] ;
A.P. 682,523.

50 grammes 2-amidoanthraquinone.
250   —   potasse caustique.
10   —   nitrate potassium.

L'alcali caustique est placé dans une capsule en nickel posée sur un bain d'anthracène et on y ajoute un peu d'eau afin de le rendre liquide. La température est alors élevée progressivement jusqu'à 200°. A ce moment on ajoute le nitrate de potassium et ensuite la 2-amidoanthraquinone et le tout est bien mélangé par agitation. On élève alors la température jusqu'à 250° et on la maintient à ce point pendant une demi-heure. On laisse ensuite refroidir la masse fondue, on la broie de façon à en faire une poudre et on la fait bouillir avec de l'eau. La matière colorante précipitée est alors filtrée et lavée.

Ainsi qu'il a été dit déjà (voir p. 197) l'indanthrène obtenu de cette façon contient une petite quantité d'indanthrène B, substance qui n'a pas de valeur comme colorant. On peut le purifier en mettant à profit la différence de solubilité dans l'alcali dilué des hydrodérivés. On peut opérer de la façon suivante : 50 grammes d'indanthrène brut sous forme de pâte sont dilués dans 5 litres d'eau et l'on chauffe à 60-70°. On ajoute alors 100 grammes d'une solution à 25 % de soude caustique mélangés à 750 grammes de solution d'hydrosulfite de sodium ($d = 1,074$) et l'on maintient la température à 60-70° pendant une heure. Après ce temps la matière colorante sera entièrement passée en solution. De celle-ci, par refroidissement et repos de quelques heures, se séparera le sel de sodium des dihydro-dérivés de l'indanthrène A sous formes de belles aiguilles à reflets cuivrés. On les sépare par filtration, on les lave avec un peu d'alcali dilué contenant une certaine quantité d'hydrosulfite et on les trans-forme en indanthrène A pur en les dissolvant dans l'eau chaude et en faisant passer de l'air dans la solution. Les eaux-mères rouge-brun contiennent l'hydro-dérivé plus soluble de l'indanthrène B et cette substance se sépare à l'état de précipité vert bleuâtre floculant lorsqu'on fait passer de l'air dans la solution.

Propriétés. — L'indanthrène A préparé de cette façon est une poudre de couleur foncée à reflets fortement métalliques. Il est pra-tiquement insoluble dans les dissolvants organiques ordinaires, mais est faiblement soluble dans l'aniline bouillante et dans le nitroben-zène, dans ce dernier dans la proportion de 1 partie pour 5000 environ. Il se dissout (1 partie dans 500) dans la quinoléine bouillante, en donnant une solution bleue dont la matière colorante se sépare par refroidissement sous forme d'aiguilles recourbées caractéristiques qui ressemblent à l'indigo.

Lorsqu'on le chauffe il se sublime partiellement à l'état d'aiguilles recourbées et il charbonne entre 470 et 500°. Il teint substantivement le coton en cuve obtenu par la réduction de l'indanthrène au moyen d'hydrosulfite de sodium. Le dihydrodérivé est retransformé en indanthrène lorsque la fibre teinte est exposée à l'air.

Équations :

(1)   [schéma : indanthrène avec groupes CO, NH₂] $+ 4\,KOH \rightarrow$ [schéma : dérivé avec groupes C(OK), NH] $+ 4\,H_2O$

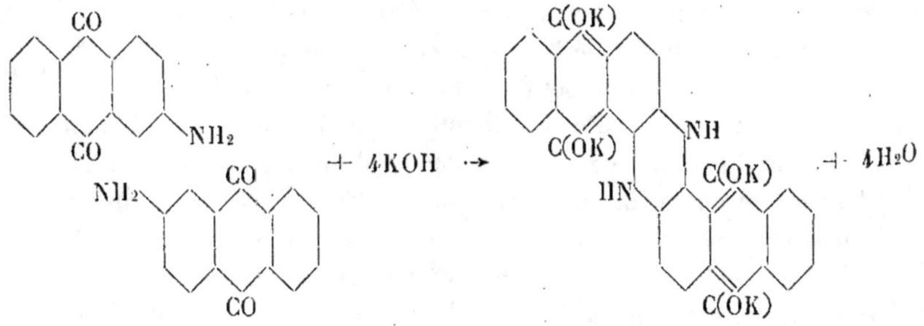

$$(2) \quad \text{[structure]} + O_2 + 4H_2O \rightarrow \text{[structure]} + 4KOH$$

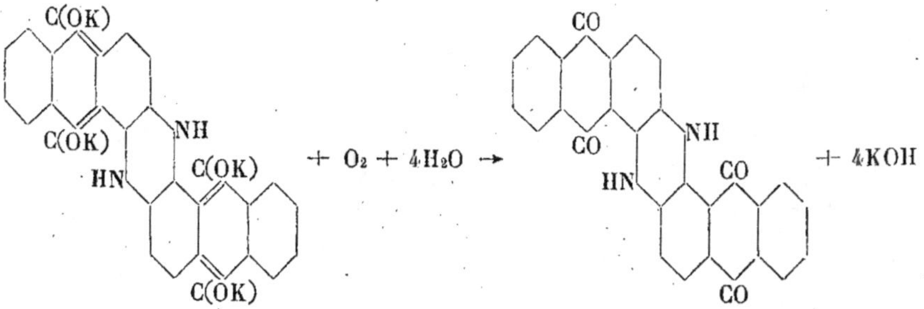

(Indanthrène A.)

La cuve bleue d'indanthrène contient le sel disodique du dihydro-
dérivé et est formée comme suit :

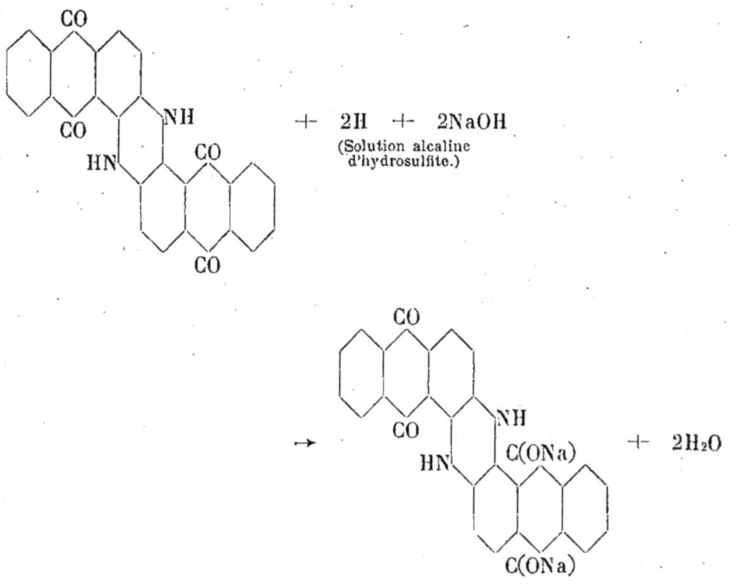

$$\text{[structure]} + 2H + 2NaOH$$

(Solution alcaline
d'hydrosulfite.)

$$\rightarrow \text{[structure]} + 2H_2O$$

(Cuve bleue.)

29. *Flavanthrène.*

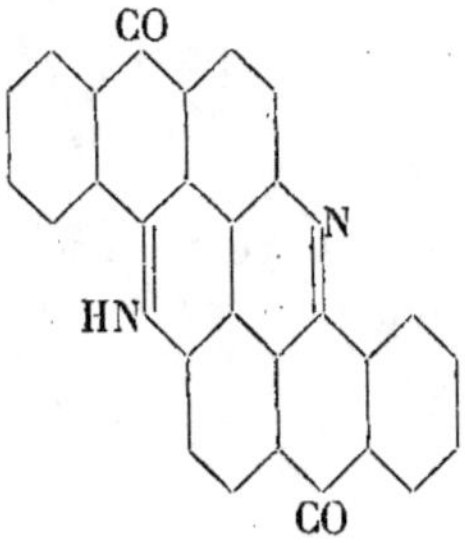

$$CO$$

Scholl, *Ber.*, 1907, XL. 1694 ; E.P. 24,354[01], A.P. 739,145.

10 grammes 2-amidoanthraquinone.
35 — pentachlorure d'antimoine anhydre.
100 — nitrobenzène.

L'amidoanthraquinone est ajoutée progressivement à la solution de pentachlorure d'antimoine dans le nitrobenzène à 60-80° et le mélange est maintenu au point d'ébullition pendant une heure. Le ballon n'est pas muni d'un réfrigérant.

Le flavanthrène chimiquement pur se sépare sous forme d'aiguilles jaune-brun lorsque la solution est refroidie et on peut le séparer par filtration. On le lave ensuite sur le filtre avec du nitrobenzène puis avec de l'éther.

Propriétés. — Le flavanthrène est pratiquement insoluble dans tous les dissolvants organiques ordinaires. Un kilogramme de quinoléine dissout environ 2 grammes de matière colorante après 1-2 heures d'ébullition et, lorsqu'on laisse refroidir, elle est reprécipitée à l'état d'aiguilles jaune-brun, brillantes. La cuve d'hydrosulfite est bleu violet et le coton qui est teint en bleu dans cette cuve passe au jaune de flavanthrène lorsqu'il est exposé à l'air.

Equations :

(1)

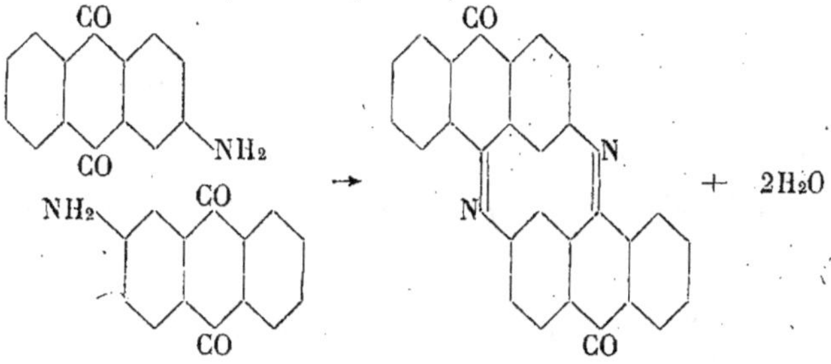

$$+ 2H_2O$$

(2)

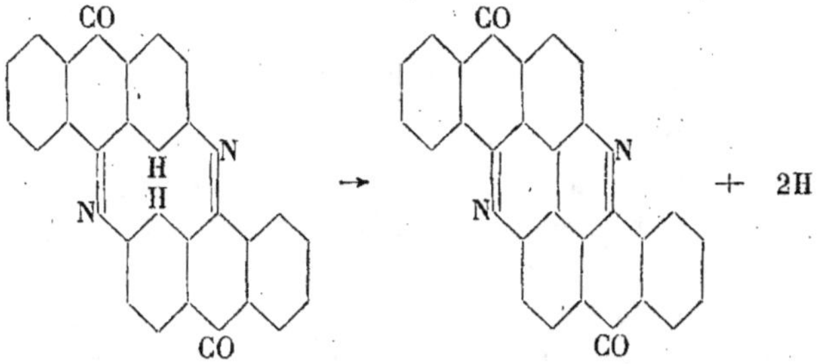

$$+ 2H$$

(Flavanthrène.)

La cuve bleu violet de flavanthrène contient le sel disodique du dihydrodérivé formé par l'action de l'hydrosulfite indiqué ci-après :

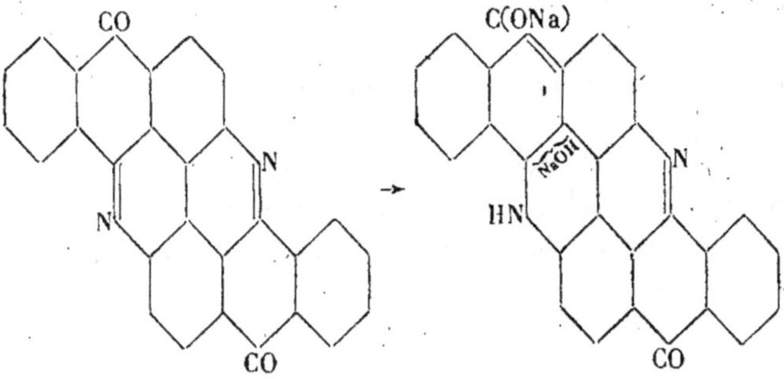

(Cuve bleu-violet.)

30. *Indophénol.*

$$(CH_3)_2N - \langle\!\!\!\!\bigcirc\!\!\!\!\rangle - N = \langle\!\!\!\!\bigcirc\!\!\!\!\bigcirc\!\!\!\!\rangle = O$$

E.P. 1373[81], 5249[81] ; A.P. 261,518 ; D.P. 15,915[81], 18,903[81], 19,231[81], 20,850[81].

J. S. C. I., 1882, I. 255.

> 10 grammes chlorure de nitrosodiméthylaniline.
> 10 — poudre de zinc (tamisée).
> 12 — α-naphtol.
> 3^{gr},3 soude caustique.
> 10 grammes bichromate de potassium.

Le composé nitrosé est dissous dans 1 litre d'eau et réduit au moyen de la poudre de zinc en chauffant la solution à 45-50°. Le mélange devient incolore et on sépare par filtration le zinc et l'oxyde de zinc.

La solution d'amidodiméthylaniline est mélangée avec la solution de naphtol préparée par dissolution du naphtol dans 3^{gr},3 de soude caustique et un peu d'eau et l'on y ajoute la solution de bichromate dans 200 cm³ d'eau.

Le mélange est bien agité mécaniquement et l'on ajoute lentement de l'acide acétique ordinaire à 30-40 %, jusqu'à ce qu'on obtienne une réaction acide. On obtient ainsi le colorant qui précipite.

On le filtre, le lave et le sèche.

Propriétés. — L'indophénol est une poudre brun foncé, insoluble dans l'eau.

Usage. — L'indophénol est transformé en leuco-dérivé par réduction au moyen du chlorure ou de l'acétate stanneux. On l'emploie pour l'impression et la teinture de la même façon que l'indigo.

Équations :

$$(1) \quad \underset{\substack{\text{(Nitrosodiméthylaniline)}\\\text{(chlorure.)}}}{ClH(CH_3)_2N-\langle\!\!\!\bigcirc\!\!\!\rangle-NO} + 2Zn + 2H_2O \rightarrow \underset{\substack{\text{(Diméthyl-p-phénylènediamine.)}}}{(CH_3)_2N-\langle\!\!\!\bigcirc\!\!\!\rangle-NH_2} + ZnClOH + Zn(OH)_2$$

(2)

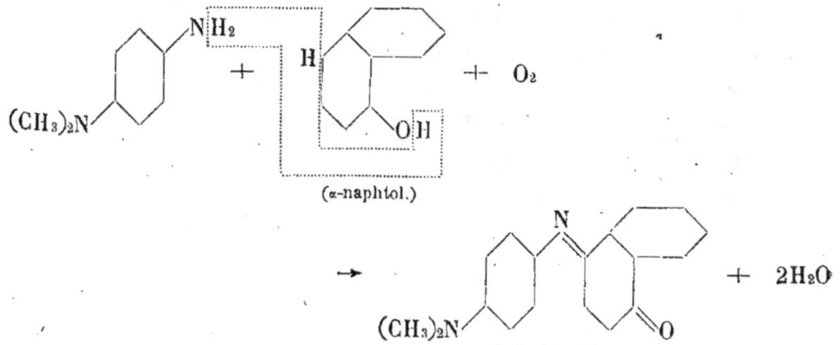

(α-naphtol.)

(Indophénol.)

Par réduction l'indophénol est transformé en indophénol blanc

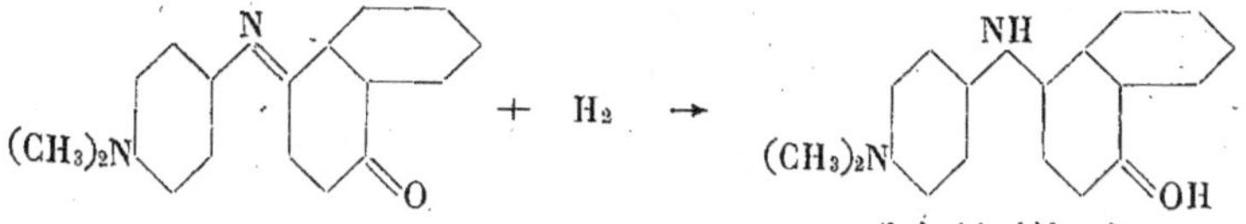

(Indophénol blanc.)

ce dernïer est soluble dans les alcalis. A l'état de solution alcaline, il est fixé par les fibres sur lesquelles, par oxydation à l'air, il est retransformé en indophénol bleu.

31. *Bleu de Meldola (bleu de naphtol).*

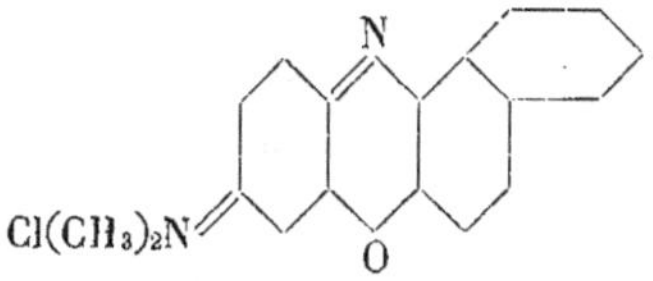

Meldola, *Ber.*, 1879, xii. 2065 ; *J. C. S.*, 1881, xxxix. 37.
Witt, *Ber.*, 1890, xxiii. 2247.
Meldola, *Communication particulière.*

    21 grammes β-naphtol.
    53   —   chlorhydrate de nitrosodiméthylaniline.

On dissout ces produits, dans les proportions indiquées, dans l'alcool, en chauffant au bain d'eau pendant une journée dans un ballon rond muni d'un réfrigérant à reflux. On obtient la matière colorante qui se sépare par addition d'une solution de chlorure de zinc jusqu'à ce qu'il ne se produise plus de précipité. Le sel double

formé avec le chlorure de zinc est filtré et séché sur une plaque
poreuse. Rendement : 30 grammes.

Propriétés. — Poudre violet foncé, soluble dans l'eau qu'elle
colore en violet bleuâtre. Teint en bleu indigo le coton mordancé
au tanin et au tartre émétique.

Équation :

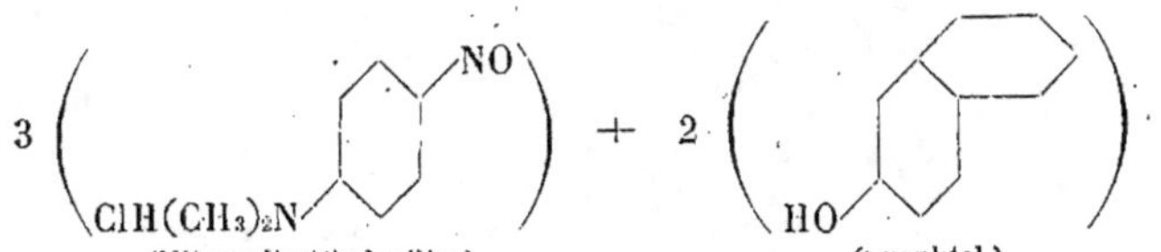

$$3 \left(\text{ClH(CH}_3)_2\text{N} \cdots \text{NO} \right) \; + \; 2 \left(\text{HO} \cdots \text{(β-naphtol.)} \right)$$

(Nitrosodiméthylaniline.)
(Chlorhydrate.)

(β-naphtol.)

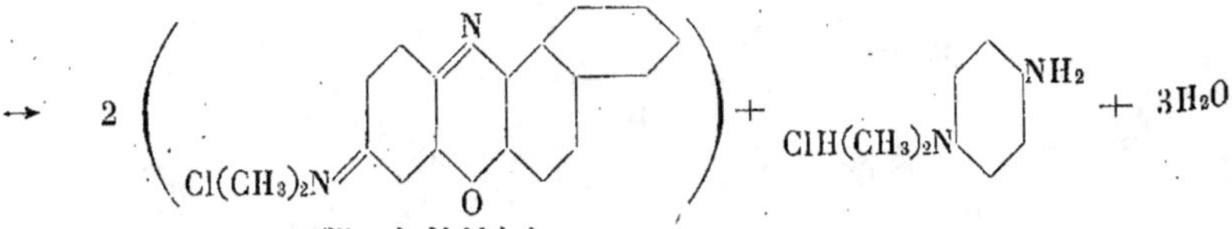

$$\rightarrow \; 2 \left(\text{Cl(CH}_3)_2\text{N} \cdots \text{(Bleu de Meldola.)} \right) \; + \; \text{ClH(CH}_3)_2\text{N} \cdots \text{NH}_2 \; + \; 3\text{H}_2\text{O}$$

(Bleu de Meldola.)

La formule de cette substance considérée comme un dérivé d'o-
quinone contenant un oxygène tétravalent serait

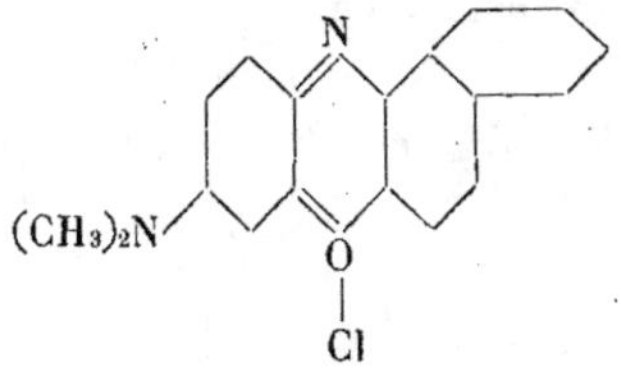

$$(\text{CH}_3)_2\text{N} \cdots \text{O---Cl}$$

32. *Gallocyanine.*

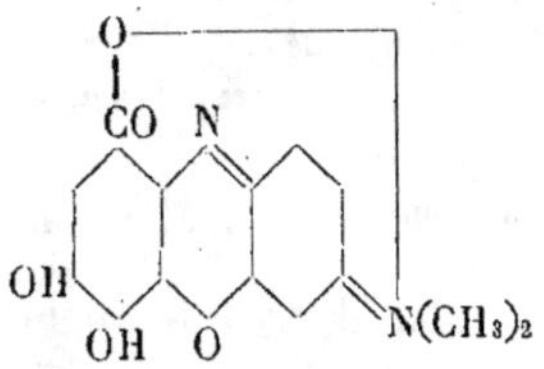

E.P. 4899[81] ; A.P. 253,721 et 257,498 ; D.P. 19,580[81].

10 grammes acide gallique.
17   —   chlorhydrate de nitrosodiméthylaniline.
200 cm³ alcool à 95 pour 100.

Ces corps sont mélangés, dans les proportions indiquées, dans un ballon rond muni d'un réfrigérant à reflux et chauffés au bain-marie bouillant. On suit les progrès de la réaction en mettant une goutte du mélange sur du papier à filtrer et en observant la couleur. Lorsque celle-ci est bleu violet foncé et ne change plus lorsqu'on continue à chauffer le ballon, la réaction est terminée. Il ne doit pas non plus se produire de cercle jaune autour de la tache colorée sur le papier à filtrer. L'alcool est chassé par distillation au bain d'eau et le résidu est évaporé à siccité. On le fait bouillir avec 200 cm³ d'eau, on filtre et on sèche sur une assiette poreuse et finalement à 40-50°.

Propriétés. — Poudre bronzée, insoluble dans l'eau. Teint en violet bleuâtre la laine mordancée au chrome.

On l'emploie pour l'impression sur laine et sur coton mordancés au chrome.

Équations :

La formule de cette substance serait représentée par

$$N—CO————O$$
$$(CH_3)_2N \quad OH$$
$$O \quad OH$$

dans l'hypothèse où les sels d'oxazine seraient des dérivés o-quinoniques contenant un oxygène tétravalent (voir p. 217).

33. *Bleu méthylène.*

$$(CH_3)_2N \quad N \quad S \quad N(CH_3)_2Cl$$

E.P. 43[86] ; D.P. 38,573[85], 39,757[86] ; A.P. 362,592, 366,639, 366,640, 384,480 ; F.P. 173,137, 181,827.

25 grammes diméthylaniline.
65 — acide chlorhydrique conc.
$7^{gr},1$ nitrite de sodium.
20 grammes poudre de zinc.
50 — hyposulfite de sodium.
25 — bichromate de potassium.
53 — acide sulfurique.
8 — chromate neutre de sodium.

On dissout 12 grammes de diméthylaniline dans un mélange de 40 cm³ d'eau et 65 grammes d'acide chlorhydrique concentré et la solution est refroidie au moyen de glace jusqu'à 12-15°. On agite mécaniquement et on fait couler lentement une solution de $7^{gr},1$ de nitrite de sodium (le tube d'écoulement descendant en dessous du niveau du liquide), en prenant soin que la température ne s'élève pas au-dessus de 15°. Le composé nitrosé est réduit en ajoutant avec précaution 20 grammes environ de poudre de zinc. La réduction est complète lorsque la solution a une couleur rouge clair. La quantité de zinc ajoutée doit être suffisante pour neutraliser l'acide chlorhydrique de façon que le papier au Congo ne vire plus au bleu. La solution est alors diluée par l'eau et portée à 500 cm³ et l'on ajoute une solution de 12 grammes de diméthylaniline dans la quantité d'acide chlorhydrique exactement nécessaire pour former le chlorhydrate (environ 10 cm³), puis une solution de 50 grammes d'hyposulfite de sodium dans un peu d'eau.

Le mélange est oxydé en y ajoutant une solution concentrée de 25 grammes de bichromate de potassium et en faisant bouillir pendant deux heures.

On ajoute alors 53 grammes d'acide sulfurique dilué au préalable avec 100 cm³ d'eau et on fait bouillir la solution pour chasser SO_3.

Le bleu méthylène leuco est oxydé par addition de 8 grammes de chromate de sodium neutre dissous dans un peu d'eau et le colorant obtenu est précipité par addition de sel.

La base est filtrée, dissoute dans un peu d'eau bouillante à laquelle on a ajouté un peu d'acide chlorhydrique et le chlorure est précipité au moyen de sel ordinaire, filtré et séché sur une assiette poreuse.

Propriétés. — Poudre bronzée vert sombre ou brun-rouge, facilement soluble dans l'eau en donnant une solution bleue. Teint en bleu le coton mordancé au tanin.

Équations :

(1) [Diméthyl-p-phénylènediamine] $+ H_2S_2O_3 + O \rightarrow$ [Acide thiosulfonique de la diméthyl-p-phénylènediamine] $+ H_2O$

(Diméthyl-p-phénylènediamine.) (Acide thiosulfonique de la diméthyle-p-phénylènediamine.)

(2) [Acide thiosulfonique] $+$ [diméthylaniline] $+ O_2 \rightarrow$ [Acide thiosulfonique d'une indamine] $+ 2H_2O$

(Acide thiosulfonique d'une indamine.)

(3)

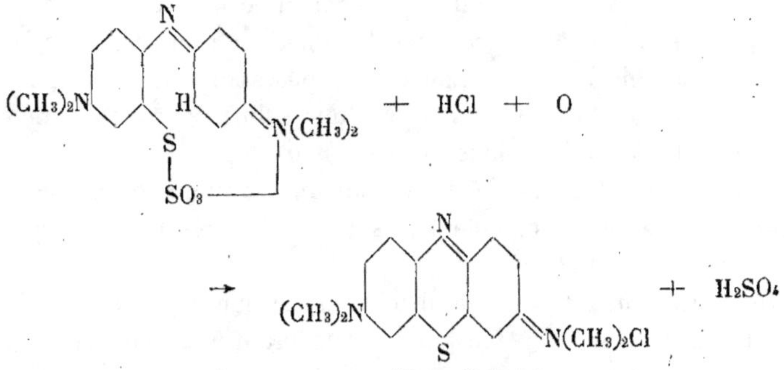

(Bleu méthylène.)

Cette substance, considérée comme un dérivé d'o-quinone contenant un soufre tétravalent, aurait pour formule

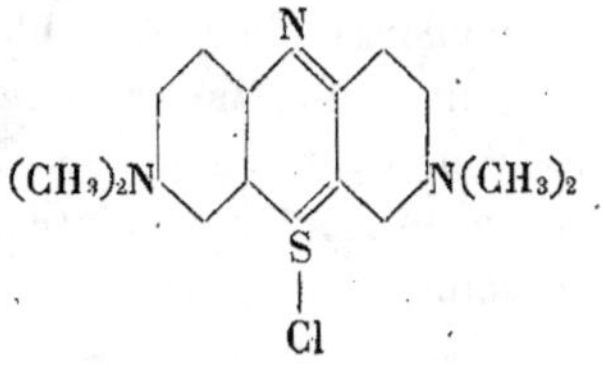

34. *Safranine.*

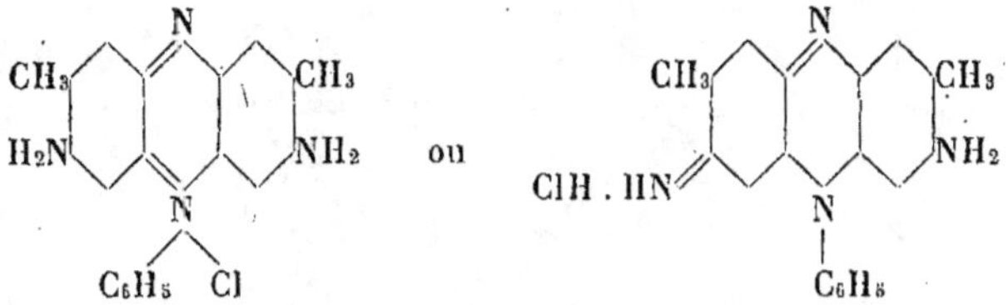

Walter, *Aus der Praxis der Anilinfarbenfabrikation.*

24 grammes o-toluidine.
30 — étain granulé.
20 — poudre de zinc.
$9^{gr},5$ aniline.
40 grammes bichromate de potassium.

I. *Préparation de l'amidoazotoluène.* — La toluidine est mélangée avec $14^{gr},5$ d'acide chlorhydrique concentré ($12^{cm^3},5$) dans un petit vase à parois épaisses et le mélange est refroidi sous un courant d'eau jusqu'à 18-20°.

On ajoute alors progressivement $7^{gr},8$ de nitrite de sodium pulvérisé, ce qui fait monter la température jusqu'à 33°. Si l'on ajoutait le nitrite trop rapidement, la température pourrait s'élever jusqu'à 60 ou 70° et l'opération serait manquée. Après agitation d'un quart d'heure, l'amidoazotoluène est filtré. On le lave une fois avec un peu d'eau et on l'abandonne pendant deux jours avant de l'employer (On opère ainsi afin que les dernières traces de diazoamidotoluène puissent être entièrement converties en amidoazotoluène).

II. *Réduction.* — On mélange 30 grammes d'étain granulé avec 80 grammes d'acide chlorhydrique concentré (69 cm³) et on ajoute lentement au mélange l'amidoazotoluène pulvérisé. Pendant cette opération la température peut monter jusqu'à 70°. Lorsque le liquide est devenu clair et qu'il n'y a plus de morceaux d'amidoazotoluène, on ajoute de l'eau froide jusqu'à ce que la température soit ramenée à 60° environ et l'étain en solution est précipité par le zinc. Pour cela on fait une suspension de 15-20 grammes de zinc en poudre dans 25 cm³ d'eau et on l'ajoute progressivement au mélange réduit. La température ne doit pas monter au-dessus de 80°.

La précipitation de l'étain doit être complète. Pour s'en assurer on filtre quelques gouttes du mélange, on acidifie avec de l'acide chlorhydrique dilué et on fait passer un courant d'hydrogène sulfuré ; s'il se produisait une coloration foncée, il faudrait ajouter plus de poudre de zinc au mélange.

La masse est alors filtrée à chaud, le résidu d'étain est lavé à l'eau chaude, les eaux de lavage sont mélangées au filtrat et l'on y ajoute $9^{gr},5$ d'aniline dissoute dans 10 cm³ d'acide chlorhydrique concentré et 75 cm³ d'eau (Dans l'industrie, avant cette opération, on fait un essai par titration avec une solution à 10 °/₀ de bichromate de potassium jusqu'à ce qu'il ne se produise plus de couleur bleue (indamine) et, d'après la quantité de bichromate employée, on calcule la quantité d'aniline).

III. *Oxydation.* — Pour l'oxydation on dissout 40 grammes de bichromate de potassium dans l'eau et on ajoute cette solution au mélange indiqué plus haut (Dans l'industrie on emploie maintenant du bioxyde de manganèse régénéré contenant 65 à 68 °/₀ de MnO_2).

Il se forme immédiatement un précipité bleu. On fait bouillir le tout et la couleur bleue passe graduellement au rouge. Lorsqu'il ne se produit plus de changement de couleur (ce que l'on voit en mettant une goutte sur du papier à filtrer) le mélange est filtré chaud, le résidu est lavé à l'eau chaude et le filtrat contenant la safranine est additionné de sel ce qui précipite le colorant. Après refroidissement, on filtre et on sèche à 100°.

Le résidu contient des matières colorantes plus bleues. Dans l'industrie on le traite pour les en extraire.

Propriétés. — Poudre brun-rougeâtre, soluble dans l'eau qu'elle colore en rouge. Teint en rouge le coton mordancé au tanin et au tartre émétique.

Équations :

(1) [o-toluidine] NH_2 + $NaNO_2$ + $2HCl$ → [Diazo-composé] $N:N$—Cl + $NaCl$ + $2H_2O$

(2) [o-toluidine] $N:N$—Cl + [o-toluidine] NH_2 → [Amidoazotoluène] $N:N$ ... NH_2 + HCl

(3) [o-toluidine]...$N:N$...[...]NH_2 + $2H_2$ → [o-toluidine] NH_2 + [p-toluylènediamine] H_2N...NH_2

(4) (o-toluidine.) (p-toluylènediamine.) + $2O_2$ → + $4H_2O$

(Chlorhydrate d'aniline.)

ou

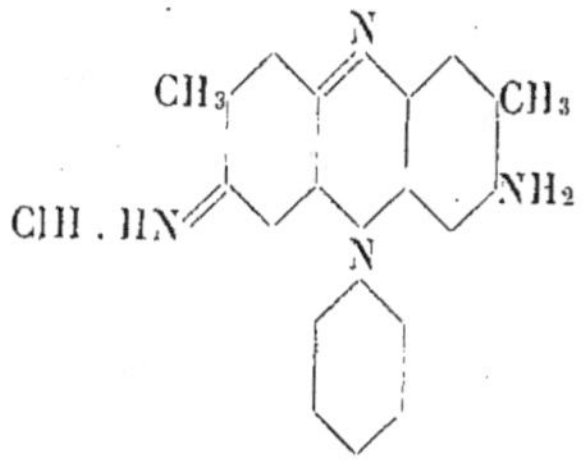

$$CH_3 \quad N \quad CH_3$$
$$CH.HN \quad N \quad NH_2$$

(Voir p. 246.)   (Safranine.)

35. *Induline* (soluble dans l'alcool).

125 grammes aniline.
 30   —   chlorhydrate d'aniline.

On mélange dans un ballon rond 125 grammes d'aniline et 12 grammes d'acide chlorhydrique concentré et l'on ajoute une solution de 7^{gr},2 de nitrite de sodium dans un peu d'eau. On abandonne le mélange jusqu'au lendemain et on le chauffe alors à 40-50° afin d'assurer la conversion du diazoamidobenzène en amidoazobenzène.

On ajoute alors 30 grammes de chlorhydrate d'aniline et on chauffe le mélange au bain d'huile; on élève graduellement la température jusqu'à 175-180° et on la maintient à ce point pendant quatre heures. La masse fondue est versée dans l'eau et acidifiée par l'acide chlorhydrique. L'induline est séparée par filtration de la solution de chlorhydrate d'aniline, on sèche à 70° et on broie.

Propriétés. — Poudre noir bleuâtre, insoluble dans l'eau, soluble dans l'alcool qu'elle colore en bleu-violet. Dissoute dans l'acétine (préparée au moyen d'acide acétique et de glycérine) et imprimée sur coton, elle teint en bleu.

Cette induline est un mélange des bases suivantes :

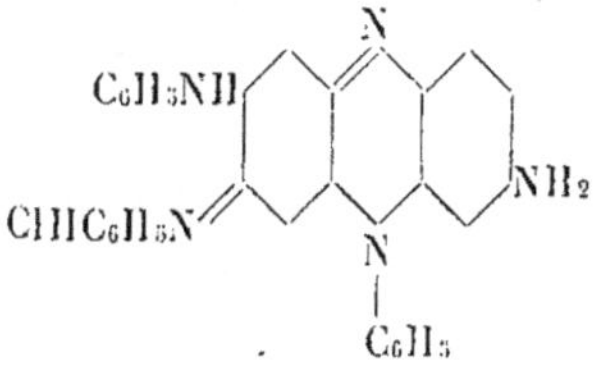

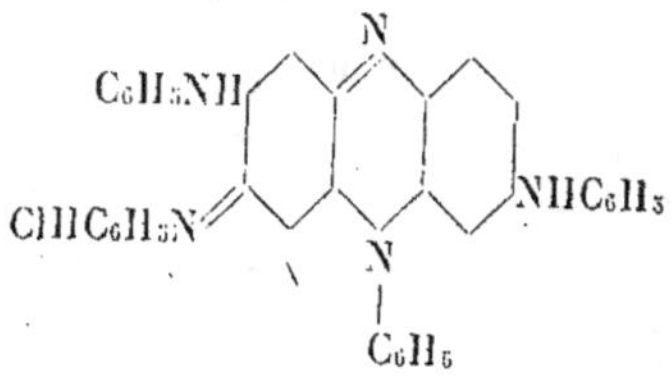

$$C_6H_5NH \quad N \quad NH_2$$
$$CHC_6H_5N \quad N \quad$$
$$C_6H_5$$

$$C_6H_5NH \quad N \quad NHC_6H_5$$
$$CHC_6H_5N \quad N \quad$$
$$C_6H_5$$

Cain et Thorpe.   29

et

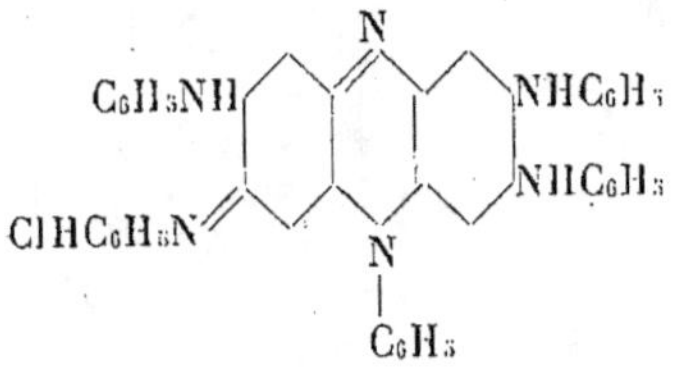

$$
\begin{array}{c}
N \\
C_6H_5NH \quad\quad NHC_6H_5 \\
\quad\quad\quad NHC_6H_5 \\
ClHC_6H_5N \\
N \\
C_6H_5
\end{array}
\qquad ?
$$

ou, en les formulant comme des dérivés orthoquinoniques :

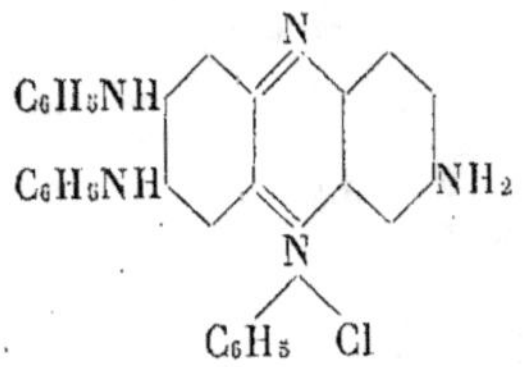

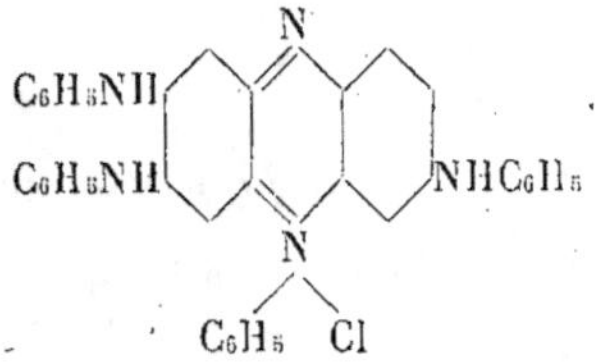

$$
\begin{array}{c}
N \\
C_6H_5NH \quad\quad NH_2 \\
C_6H_5NH \\
N \\
C_6H_5 \quad Cl
\end{array}
\qquad
\begin{array}{c}
N \\
C_6H_5NH \quad\quad NHC_6H_5 \\
C_6H_5NH \\
N \\
C_6H_5 \quad Cl
\end{array}
$$

et

$$
\begin{array}{c}
N \\
C_6H_5NH \quad\quad NHC_6H_5 \\
C_6H_5NH \quad\quad NHC_6H_5 \\
N \\
C_6H_5 \quad Cl
\end{array}
$$

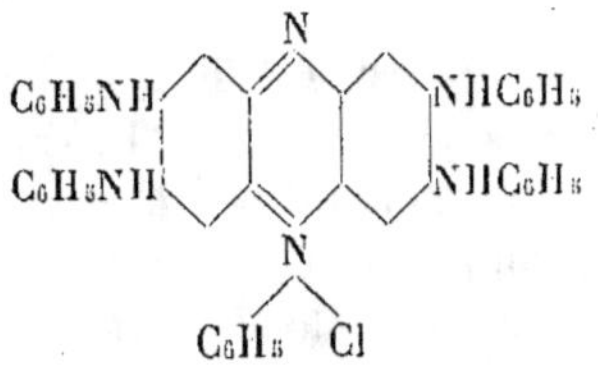

Une explication de leur mode de formation est donnée page 252.

36. *Induline* (soluble dans l'eau).

50 grammes induline (soluble dans l'alcool).
300   —   acide sulfurique conc. (167 cm³).

On dissout 50 grammes d'induline dans 300 grammes d'acide sulfurique concentré et on chauffe le mélange au bain d'eau jusqu'à ce qu'une prise d'essai soit soluble dans l'alcali dilué.

Le mélange est versé dans l'eau, le colorant sulfoné est filtré, lavé et placé dans une capsule en porcelaine et neutralisé avec une solution de soude caustique. La solution du sel de sodium est alors évaporée à siccité, puis on pulvérise.

Propriétés. — Poudre bronzée ou noir bleuâtre, soluble dans l'eau qu'elle colore en violet bleuâtre. Teint la laine et la soie en bleu en bain acide.

Cette substance est un mélange des sels de sodium de l'acide sulfonique des diverses indulines solubles dans l'alcool (voir préparation précédente).

37. *Primuline.*

Constituant principal :

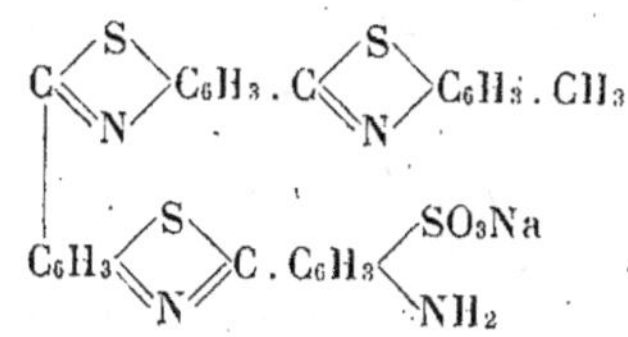

$$\text{C}\underset{\text{N}}{\overset{\text{S}}{<}}\text{C}_6\text{H}_3 \cdot \text{C}\underset{\text{N}}{\overset{\text{S}}{<}}\text{C}_6\text{H}_3 \cdot \text{CH}_3$$

$$\text{C}_6\text{H}_3\underset{\text{N}}{\overset{\text{S}}{<}}\text{C} \cdot \text{C}_6\text{H}_3\underset{\text{NH}_2}{\overset{\text{SO}_3\text{Na}}{<}}$$

Green, *J. C. S.*, 1889, LV. 227 ; *Ber.*, 1889, XXII. 968.
E.P. 6319[88] ; D.P. 50,525[88].

> 20 grammes p-toluidine.
> 14   —   soufre.

On mélange bien ces substances et on les chauffe dans une capsule, au bain d'huile. La température est élevée lentement jusqu'à 250°, il se dégage de l'hydrogène sulfuré et la masse devient jaune. La réaction est terminée lorsque le dégagement gazeux a cessé.

Lorsqu'elle est froide, la masse est pulvérisée. On l'ajoute à quatre fois son poids d'acide sulfurique fumant (30 % SO_3) et on chauffe à 70-80° pendant quelques minutes jusqu'à ce qu'un échantillon se dissolve dans l'alcali dilué.

Le mélange de sulfonation est alors versé dans dix fois son volume d'eau glacée et l'acide sulfonique de la base primuline qui est précipité est filtré et lavé jusqu'à ce que l'eau ne soit plus acide. La pâte est agitée dans de l'ammoniaque diluée jusqu'à ce qu'elle soit alcaline, on la filtre à la trompe et on la lave deux fois à l'eau froide. Le résidu est le sel d'ammonium de l'acide déhydrothio-p-toluidine sulfonique qui s'y rencontre toujours et le filtrat contient la primuline. On le sature de sel, la primuline se sépare, on la filtre et on la sèche.

Propriétés. — Poudre jaune, facilement soluble dans l'eau. Teint en jaune primevère le coton non mordancé en bain alcalin ou neutre; on diazote habituellement sur la fibre et on développe avec le β-naphtol ce qui donne un rouge résistant. Voir aussi p. 263.

38. *Indigo.*

$$\text{(C}_6\text{H}_4)\!\!\begin{array}{c} \text{CO} \\ \text{NH} \end{array}\!\!\!\Big\rangle \text{C}=\text{C}\Big\langle\!\!\!\begin{array}{c} \text{CO} \\ \text{NH} \end{array}\!\!(\text{C}_6\text{H}_4)$$

Mölhau et Bucherer, *Farbenchemischer Praktikum*, 1908, p. 288 ;
F. Michel, *Chem. Zeit.*, 1911, xxxv. 755 ; H. Levinstein, *J. Soc.
Dyers.*, 1901, xvii., n° 6.

I. *Préparation de l'anhydride phtalique.*

   100 grammes naphtaline.
  1500   —   acide sulfurique monohydrate (100 %).
    50   —   sulfate mercurique.

La naphtaline est mélangée avec l'acide sulfurique et le sulfate
mercurique et dissoute à chaud. La solution est alors chauffée dans
un ballon à distiller sur un bain de sable; l'oxydation commence
à 200° environ et la température est élevée jusqu'à 300°. Le mélange
est chauffé à cette température jusqu'à ce qu'il devienne visqueux ou
même sec. L'anhydride phtalique qui se sépare par refroidissement
du distillat est séparé par filtration et séché.

II. *Préparation de la phtalimide.*

      50 grammes anhydride phtalique.
      60   —   carbonate d'ammonium.

L'anhydride phtalique et le carbonate d'ammonium sont placés
dans un ballon à fond rond que l'on chauffe au bain d'huile à 225°.
A 100° il se dégage de l'eau et de l'anhydride carbonique; la masse
fond alors et finalement se solidifie. On la dissout dans l'eau bouillante et la solution est filtrée. La phtalimide cristallise du filtrat par
refroidissement.

III. *Préparation de l'acide anthranilique.*

   30 grammes phtalimide.
   60   —   soude caustique.
  300   —   solution d'hypochlorite de sodium (5,06 %).

On dissout 30 grammes de phtalimide finement pulvérisée ainsi que 60 grammes de soude caustique dans 210 cm³ d'eau en refroidissant la solution. Celle-ci est agitée, on y a ajoute 300 grammes d'une solution à 5,06 % d'hypochlorite de sodium et on chauffe le mélange pendant quelques minutes à 80° environ, température à laquelle la réaction est bientôt complète. Après refroidissement le liquide est neutralisé avec de l'acide chlorhydrique ou sulfurique et on ajoute alors de l'acide acétique pour précipiter l'acide anthranilique qui est séparé par filtration et lavé à l'eau froide.

IV. *Préparation de l'acide ω-cyanométhylanthranilique*. — On met en suspension 40 grammes d'acide anthranilique dans 50 cm³ de benzène. On ajoute 9 grammes de cyanure de potassium finement pulvérisé et, après avoir secoué, 7,5 cm³ d'une solution de formaldéhyde à 40 %. La température s'élève considérablement et le sel de potassium de l'acide ω-cyanométhylanthranilique se forme dans la couche aqueuse.

V. *Acide phénylglycine-o-carboxylique*. — Le benzène est chassé du mélange précédent et l'on ajoute 20 cm³ d'une solution à 40 % de soude caustique au liquide aqueux. Le mélange est chauffé avec précaution sur une toile métallique jusqu'à ce qu'il commence à se dégager de l'ammoniaque. Lorsque la réaction s'est calmée, on chauffe de nouveau le mélange jusqu'à ce que presque toute odeur d'ammoniaque ait disparu. On ajoute de l'eau, si c'est nécessaire, pour éviter que le contenu du ballon ne se solidifie. Lorsqu'elle est froide, la solution est soigneusement neutralisée par l'acide chlorhydrique concentré (en employant le papier à la phénolphtaléine comme indicateur) et on acidifie alors avec environ 15 cm³ d'acide acétique glacial. Le précipité blanc jaunâtre d'acide phénylglycine-o-carboxylique est séparé par filtration, lavé à l'eau et séché sur une assiette poreuse.

VI. *Fusion de l'acide phénylglycine-o-carboxylique et transformation en indigo bleu*. — On ajoute 10 parties d'acide phénylglycine-o-carboxylique (ou la quantité correspondante du sel de sodium ou de potassium) à une solution de 10-12 parties de soude caustique pure dans 4-6 parties d'eau et on évapore rapidement le mélange au bain d'eau ; la masse est remuée continuellement jusqu'à ce qu'elle soit sèche. On la pulvérise finement et on la met dans 8-14 parties de paraffine solide (PF : environ 160°). Le mélange est chauffé à 250-270° et on agite avec le thermomètre. Il se dégage de la vapeur et la masse écume. La fin de la réaction est signalée par la couleur jaune intense de la masse en fusion ; la température peut être alors de 260-280°. La pâte homogène est refroidie et on la fait bouillir avec de l'eau à l'abri de l'air, ou bien l'on peut ajouter un peu d'hydrosulfite de sodium pour éviter l'oxydation. Le liquide est séparé de la paraffine par filtration et on l'oxyde en faisant passer un courant d'air, ce qui précipite l'indigo.

Propriétés. — Poudre bleu noir.

(Pour l'analyse, voir p. 524.)

Équations·

$$\text{(Naphtaline.)} + 9SO_3 \rightarrow \text{(Anhydride phtalique.)} \begin{matrix} CO \\ CO \end{matrix}O + 9SO_2 + 2CO_2 + 2H_2O$$

$$\begin{matrix} CO \\ CO \end{matrix}O + NH_3 \rightarrow \begin{matrix} CO \\ CO \end{matrix}NH \text{ (Phtalimide.)} + H_2O$$

$$\begin{matrix} CO \\ CO \end{matrix}NH + NaOCl + 3NaOH \rightarrow \begin{matrix} -NH_2 \\ -CO_2Na \end{matrix} \text{ (Anthranilate de sodium.)} + NaCl + Na_2CO_3 + H_2O$$

$$\begin{matrix} -NH_2 \\ -CO_2H \end{matrix} \text{ (Acide anthranilique.)} + CH_2O + KCN \rightarrow \begin{matrix} -NH.CH_2CN \\ -CO_2K \end{matrix} \text{ (ω-cyanométhylanthranilate de potassium.)} + H_2O$$

$$\begin{matrix} -NH.CH_2CN \\ -CO_2H \end{matrix} + 2NaOH \rightarrow \begin{matrix} -NHCH_2CO_2Na \\ -CO_2Na \end{matrix} \text{ (Phénylglycine-o-carboxylate de sodium.)} + NH_3$$

$$\text{(NHCH}_2\text{CO}_2\text{Na)(CO}_2\text{Na)C}_6\text{H}_4 + \text{NaOH} \rightarrow \text{(NH)(C(ONa))C}_6\text{H}_4{=}\text{CH} + \text{Na}_2\text{CO}_3 + \text{H}_2\text{O}$$

$$2\ \text{(NH)(C(ONa))C}_6\text{H}_4{=}\text{CH} + \text{O}_2 \rightarrow \text{(NH)(CO)C}_6\text{H}_4{=}\text{C}{=}\text{C}{=}\text{C}_6\text{H}_4\text{(CO)(NH)} + 2\text{NaOH}$$

(Indigo.)

39. *Rouge thioindigo B.*

$$\text{C}_6\text{H}_4\text{(CO)(S)}{=}\text{C}:\text{C}{=}\text{(CO)(S)C}_6\text{H}_4$$

Friedländer, *Ber.*, 1906, xxxix. 1060 ; Möhlau et Bucherer, *Farbenche-misches Praktikum,* 1908, p. 295.

1. *Préparation de l'acide dithiosalicylique.*

137 grammes acide anthranilique (voir préparation de l'indigo, p. 453).
  $9^{gr},5$ acide chloracétique.
240 grammes acide chlorhydrique conc. ($d = 1,19$).
  69   —   nitrite de sodium (pur).
$33^{gr},6$ soufre.
260 grammes sulfure de sodium (crist.).
120   —   soude caustique aqueuse ($d = 1,38$).
      Glace.

L'acide anthranilique (137 grammes: 1 molécule) est mélangé avec 500 cm³ d'eau et 240 grammes d'acide chlorhydrique concentré et le mélange est diazoté par addition d'une solution aqueuse concentrée de 69 grammes de nitrite de sodium (1 molécule). On ajoute de la glace et l'on opère comme d'habitude. La solution diazoïque est alors versée lentement, en agitant de façon continue, dans une solution contenant $33^{gr},6$ de soufre et 260 grammes de sulfure de sodium dans 290 cm³ d'eau à laquelle on avait ajouté au préalable 120 grammes de solution aqueuse de soude caustique (densité $= 1,38$). Le tout est refroidi par addition de 300 grammes de glace. Il est nécessaire de régler la température par l'addition de la solution de nitrite de façon qu'elle ne s'élève pas au-dessus de + 5°. Après quelque temps, il se dégage de l'azote en grandes quantités et la température monte à 15-20°, ce qui est dû à la formation de l'acide dithiosalicylique. Après deux heures, on ajoute de l'acide chlorhydrique jusqu'à ce que la solution soit acide au papier Congo et l'acide dithiosalicylique précipité est filtré et lavé avec un litre d'eau.

II. *Préparation de l'acide thiosalicylique.*

> 60 grammes carbonate de sodium anhydre.
> 100   —   fer en poudre.
> 120   —   soude caustique aqueuse $(d = 1,38)$.

L'acide dithiosalicylique filtré et lavé obtenu dans la première opération est mis en solution à l'état de sel de sodium en le faisant bouillir avec une solution aqueuse contenant 60 grammes de carbonate de sodium anhydre. La solution est filtrée pour éliminer tout le soufre non dissous. On ajoute alors à la solution aqueuse du sel de sodium la poudre de fer et l'on fait bouillir pendant plusieurs heures, jusqu'à ce qu'un échantillon, traité par une solution d'alcali caustique et filtré, donne un filtrat qui n'ait plus d'odeur d'hydrogène sulfuré lorsqu'on l'acidifie. Lorsqu'on a atteint ce résultat, le fer est précipité par l'addition de 120 grammes de soude caustique aqueuse (densité $= 1,38$), on fait bouillir et l'on filtre. Par addition d'acide au filtrat, l'acide thiosalicylique se sépare à l'état de précipité cristallin incolore ou jaune-pâle que l'on filtre et lave.

III. *Préparation de l'acide o-carboxylique de l'acide phényl-thioglycollique.*

> $15^{gr},4$ acide thiosalicylique.
> 24 grammes soude caustique aqueuse $(d = 1,38)$.
> $9^{gr},5$ acide monochloracétique.

L'acide thiosalicylique est dissous dans la soude aqueuse et mélangé à l'acide monochloracétique dissous dans une quantité de solution de carbonate suffisante pour former le sel de sodium. Le mélange des solutions est chauffé doucement. L'addition d'acide précipite l'acide o-carboxylique que l'on filtre, lave et sèche.

IV. *Préparation de l'oxythionaphtène (thioindoxyle).*

20 grammes acide o-carboxyphénylthioglycollique.
100   —   soude caustique solide.

L'acide o-carboxylique est mélangé à un peu d'eau et ajouté progressivement aux 100 grammes de soude caustique additionnés de 20 cm^3 d'eau à 100°. La température est alors élevée à 170-200° et maintenue pendant une heure. On ajoute ensuite de l'eau, on acidifie la solution et le tout est chauffé jusqu'à ce que le dégagement d'anhydride carbonique ait cessé. L'oxythionaphtène qui se sépare par refroidissement est filtré et séché sur une assiette poreuse.

V. *Préparation du thioindigo.*

Ferricyanure de potassium.

L'oxythionaphtène est dissous dans une solution assez diluée (5 %) de soude caustique et l'on ajoute une solution aqueuse de ferricyanure de potassium jusqu'à ce qu'il ne se produise plus de précipité rouge. Le précipité est alors filtré, lavé à l'eau et, ou bien séché sur une assiette poreuse, ou bien mis sous forme de pâte pour l'emploi ultérieur.

Équations :

(1) 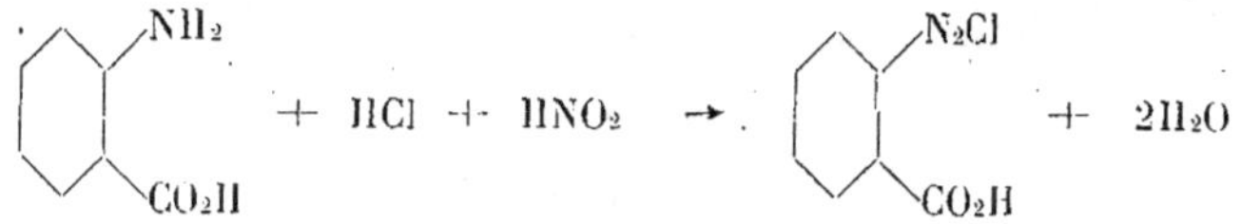 [noyau avec NH$_2$ et CO$_2$H] + HCl + HNO$_2$ → [noyau avec N$_2$Cl et CO$_2$H] + 2H$_2$O

(2) [noyau avec N$_2$Cl et CO$_2$H] + Na$_2$S$_2$ → [noyaux S——S avec CO$_2$H HO$_2$C]

(Acide dithiosalicylique.)

(2) 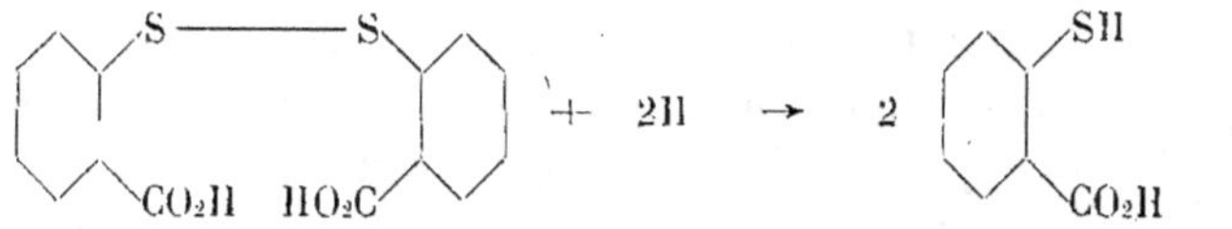 [noyaux S——S avec CO$_2$H HO$_2$C] + 2H → 2 [noyau avec SH et CO$_2$H]

(Acide thiosalicylique.)

(3)   (SNa / CO₂Na) + Cl.CH₂CO₂Na → (S.CH₂CO₂Na[H] / CO₂Na[H])

(Acide o-carboxyphénylthioglycollique.)

(4)   (S.CH₂CO₂Na / CO₂Na) → (S — C.CO₂Na[H] / C.ONa[H]) + H₂O

(S — C.CO₂H / C.OH) → (S — CH / C.OH) + CO₂

(Oxythionaphtène.)

(5)   (S — CH₂ / CO) + (H₂C — S / CO) + 2O

(Oxythionaphtène)
(forme cétonique.)

→ (S — C = C — S / CO   CO) + 2H₂O

40. *Noir au soufre T* (constitution inconnue).

E.P. 11451^1000 ; A.P. 655,659 ; D.P. 127,835 ; F.P. 299,721.

    60 grammes   α-dinitrophénol.
    90   —   soufre (fleur).
   250   —   sulfure de sodium (crist.).

Le sulfure de sodium est dissous dans 300 cm³ d'eau dans un ballon rond. On mélange le soufre à la solution puis on ajoute progressivement le dinitrophénol. On place un réfrigérant à reflux sur le ballon et on chauffe à l'ébullition au bain de sable pendant environ quinze heures. Le liquide est alors placé dans une fiole à filtration dans le vide munie d'un bouchon traversé d'un tube de verre droit plongeant jusqu'au fond et l'on raccorde la tubulure latérale à la pompe à vide. De cette façon on fait passer un courant d'air à travers le liquide et le colorant est précipité. Lorsqu'une goutte, placée sur du papier à filtrer, donne un cercle incolore, le mélange est filtré à la trompe, séché et pulvérisé. Rendement, environ 120 grammes.

Propriétés. — Poudre noire, soluble dans une solution diluée de sulfure de sodium en donnant une solution noire ; insoluble dans l'alcool. Se dissout à chaud dans l'acide sulfurique concentré qu'elle colore en bleu-vert sale. Teint directement en noir le coton non mordancé dans un bain contenant du sulfure de sodium.

Équation. — Inconnue (voir p. 298).

TROISIÈME PARTIE

ANALYSE

CHAPITRE XXX

PRODUITS CONNEXES

I. — Composés inorganiques.

Acide sulfurique fumant ou oléum.

L'oléum est ordinairement considéré, pour l'analyse, comme un mélange d'anhydride sulfurique (SO_3) et d'acide sulfurique (H_2SO_4). Cependant il contient toujours de petites quantités d'anhydride sulfureux (SO_2). Celui-ci doit être titré à part.

On peut doser exactement la quantité d'anhydride sulfurique libre de l'acide sulfurique fumant en titrant avec de l'eau une quantité pesée de l'acide, dans une éprouvette bouchée, jusqu'à ce qu'il ne se produise plus de fumée quand on souffle de l'air à la surface du liquide à travers un tube de verre (Parker, *J. S. C. I.*, 1917, XXXVI. 692).

L'oléum est fondu si c'est nécessaire et on prend un échantillon que l'on met dans un flacon à goulot étroit et bouché. Pour peser la prise d'essai en vue de l'analyse, on emploie la méthode suivante : un tube à essai ordinaire d'environ 18 mm. de diamètre est étiré, à 35 mm. du fond, en un mince tube capillaire de 35 à 50 millimètres de longueur. On le pèse puis on plonge l'extrémité du tube capillaire dans l'acide. La boule est alors chauffée à la flamme : une certaine quantité d'air est chassée de sorte que, par refroidissement, l'acide monte dans l'ampoule. Le poids de l'acide doit être de 8-10 grammes. L'extrémité capillaire est étirée rapidement et scellée à la flamme : l'ampoule est nettoyée et pesée. On la met ensuite dans un flacon d'un litre contenant 200-300 cm^3 d'eau, on remet le bouchon et l'on brise l'ampoule en agitant. Le flacon est refroidi pendant une minute sous le robinet et, après quelque temps, les fumées blanches sont complètement absorbées. La solution ainsi obtenue est transvasée, portée à 1 litre et l'on en titre 250 cm^3 avec une solution normale de soude caustique en employant le méthylorange comme indicateur. Il est bon de rappeler ici que 1 cm^3 de solution normale de soude caustique ($0^{gr},040$ NaOH) neutralise 1/2 molécule de SO_3 ($0^{gr},040$ SO_3) et une molécule entière de SO_2 ($0^{gr},064$ SO_2).

On titre alors de nouveau 250 cm^3 au moyen d'une solution 1/10 normale d'iode (on ajoute quelques gouttes d'empois d'amidon et on fait couler la solution d'iode jusqu'à ce qu'on obtienne une légère coloration bleue).

Un cm^3 de solution 1/10-normale d'iode correspond à $0^{gr},0032$ de SO_2; donc, pour chaque cm^3 d'iode employé, il faut soustraire $0^{cm^3},05$ du nombre de centimètres cubes de soude caustique normale employés dans le premier titrage pour avoir la teneur exacte en SO_3. Un exemple indiquera la façon de faire le calcul : $9^{gr},7104$ d'acide fumant sont dissous dans l'eau ; on porte à 1 litre dont on prend 250 cm^3 pour chaque analyse.

Dans la détermination de SO_2, on a employé $1^{cm^3}.21$ d'iode 1/10 normal, correspondant à $1,21 \times 0,0032 = 0^{gr},003872$ de $SO_2 = 0,16$ pour 100 de SO_2.

Ensuite, dans la titration avec le méthylorange, on a employé $52^{cm^3},38$ de soude caustique normale, dont on retranche 0,06 (correspondant à $1^{cm^3},21$ de la solution d'iode), de sorte que nous avons $52^{cm^3},32 = 2,0928$ $SO_3 = 86,2$ pour 100.

L'acide fumant renferme donc

$$86,2 \ SO_3 \qquad 0,16 \ SO_2 \qquad 13,64 \ H_2O$$

13,64 d'eau sont combinés à $13,64 \times 4,44 = 60,56$ SO_3, de sorte que l'acide contient $86,2 - 60,56 = 25,64$ pour 100 de SO_3.

L'analyse complète donne donc

H_2SO_4.   74,2
SO_3.   25,64
SO_2.   0,16
                                    ————
                                    100,00

Poudre de zinc.

Méthode de Knecht et Rawson. — La poudre de zinc est traitée par un excès d'une solution de bichromate de potassium en présence d'acide sulfurique; une portion du bichromate est réduite.

$$3Zn + 7H_2SO_4 + K_2Cr_2O_7 = Cr_2(SO_4)_3 + 3ZnSO_4 + K_2SO_4 + 7H_2O$$

On ajoute alors un excès de sel de Mohr dont une partie est oxydée par le bichromate restant:

$$6(FeSO_4 . (NH_4)_2SO_4 . 6H_2O) + K_2Cr_2O_7 + 8H_2SO_4$$
$$= 3Fe_2(SO_4)_3 + 6(NH_4)_2SO_4 + 2KHSO_4 + Cr_2(SO_4)_3 + 43H_2O$$

L'excès de sel de Mohr est finalement déterminé par titrage en retour au moyen de la solution de bichromate.

On mélange $0^{gr},662$ de poudre de zinc, 80 cm³ d'une solution de $K_2Cr_2O_7$ à 25 grammes par litre et 10 cm³ d'acide sulfurique dilué; après dix à quinze minutes on ajoute 10 cm³ d'acide sulfurique dilué, puis, de nouveau, après dix minutes, la même quantité d'acide. On agite le mélange de temps en temps et finalement on ajoute 20 cm³ d'acide sulfurique concentré et un excès (environ 10 grammes) de sel de Mohr pur. Après avoir remué le mélange, une goutte prélevée sur une baguette de verre doit donner une coloration bleue avec une goutte de solution de ferricyanure de potassium, sinon il faudrait ajouter de nouveau une quantité pesée de sel de Mohr. On titre alors l'excès de ce sel au moyen de la solution de bichromate. Le poids de bichromate réduit par la quantité employée de poudre de zinc multiplié par 100 donne le pourcentage de zinc métallique.

Exemple:

    $0^{gr},662$ poudre de zinc.
    80 cm³ solution de bichromate (25 : 1000).
    10 grammes sel de Mohr.

le bichromate employé pour le titrage $= 6^{cm3},1$ (1 gramme de sel de Mohr $= 0^{gr},1253$ $K_2Cr_2O_7$); quantité totale de solution de bichromate employée $= 86^{cm3},1 = 2^{gr},1525$ K$_2$Cr$_2$O$_7$, bichromate réduit par le sel de Mohr $= 0,1253 \times 10 = 1,253$; d'où

$$2,1525 - 1,253 = 0^{gr},8995 \text{ K}_2\text{Cr}_2\text{O}_7$$

est la quantité réduite par le zinc et le zinc contenu dans la poudre de zinc $= 89,95$ pour 100.

Méthode de Wahl. — 1/2 gramme de poudre de zinc est agité avec 25 cm³ d'eau froide et on ajoute au mélange 7 grammes de sulfate ferrique pur. Après un quart d'heure environ le zinc sera dissous, laissant les impuretés en suspension dans le liquide, et une quantité correspondante de sulfate ferrique aura été réduite. La solution est alors acidifiée et titrée avec une solution de permanganate de potassium.

Peroxyde de plomb.

On pèse environ 10 grammes du produit en pâte et on le lave dans un ballon d'un litre. On ajoute alors 100 cm³ d'une solution demi-normale d'acide oxalique et 150 cm³ d'acide sulfurique dilué (1 : 3) et l'on agite le mélange pendant une heure. Le ballon est alors rempli jusqu'au trait, le contenu est filtré, on en prélève 250 cm³ que l'on met dans une capsule. On ajoute de l'eau distillée et 50 cm³ d'acide sulfurique dilué et on titre l'excès d'acide oxalique avec une solution titrée de permanganate. 1 gramme d'acide oxalique cristallisé $= 1^{gr},8968$ PbO$_2$.

Sulfure de sodium.

Le produit commercial peut être essayé rapidement par la méthode volumétrique décrite par Battegay (*Zeit. Farb. Ind.*, 1903, 350).

La solution de sulfure de sodium à analyser est traitée avec soin par l'acide acétique dilué en présence de phénolphtaléine, jusqu'à décoloration de celle-ci, de façon à neutraliser tout l'alcali libre qui peut s'y trouver.

On y fait couler alors d'une burette une solution titrée de sulfate de zinc cristallisé jusqu'à ce que tout le sulfure de sodium soluble soit transformé en sulfure de zinc insoluble. Pour s'assurer s'il y a encore du sulfure de sodium non transformé, on emploie le sulfate de cadmium. On prépare une solution concentrée de celui-ci et l'on en met un peu sur du papier buvard épais (non du papier à filtrer ordinaire). Une goutte du liquide analysé est mise en contact avec le sulfate de cadmium et, aussi longtemps qu'il reste du sulfure soluble, il se produit une tache jaune de sulfure de cadmium. Avec un peu de pratique on détermine facilement la fin de la réaction.

Exemple. — $5^{gr},2015$ de sulfure de sodium sont dissous dans l'eau et la solution est portée à 250 cm³.

On en prend 25 cm³; il faut $9^{cm3},4$ de sulfate de zinc 2/5-normal . ($57^{gr},514$ $ZnSO_4$. $7H_2O$ par litre)

$$Na_2S \quad \text{dans} \quad 25^{cm3} = \frac{9,4 \times 0,078}{5} = 0^{gr},1466 ;$$

$$\text{pourcentage de} \quad Na_2S = \frac{10 \times 0,1466 \times 100}{5,2015} = 28,16.$$

La méthode de Podreschetnikoff (*Zeit. Farb. Ind.*, 1907, 388) est la suivante : On dissout $9^{gr},052$ de l'échantillon dans 500 cm³ d'eau distillée exempte d'air; 10 cm³ de cette solution sont dilués avec 150 cm³ d'eau et titrés au moyen d'acide sulfurique décinormal, avec la phénolphtaléine comme indicateur (il faut, par ex., $12^{cm3},8$). On ajoute un excès (10 cm³ environ) de solution neutre de formaldéhyde et on fait couler de l'acide décinormal jusqu'à ce que la solution se décolore de nouveau; soit $12^{cm3},5$ la quantité d'acide nécessaire. On fait alors le calcul suivant :

Dans 100 cm³ la soude libre

$$= 12,8 - 12,5^{cm3} = 0^{cm3},3 \text{ solution } N/10 = 0^{gr},0012 = 0,66 \text{ pour } 100$$

NaOH   provenant de $Na_2S = 12^{cm3},5$ solution $N/10 = 0^{gr},05$.
NaOH   — $NaSH = 12^{cm3},5$ — $= 0^{gr},05$.

Les deux derniers chiffres correspondent à 53,85 % de Na_2S.

Nitrite de sodium.

Le nitrite de sodium est dosé par la méthode au permanganate en solution acide.

$$2KMnO_4 + 5NaNO_2 + 4H_2SO_4 = 2KHSO_4 + 2MnSO_4 + 5NaNO_3 + 3H_2O.$$

On fait couler la solution de nitrite de sodium d'une burette dans une certaine quantité de solution de permanganate fortement acidifiée par de l'acide sulfurique dilué et chauffée à 40-50°. La fin de la réaction est signalée par la disparition de la coloration rose. Par exemple : 20 cm³ d'une solution demi-normale (ou 100 cm³ d'une solution 1/10 normale) de permanganate de potassium sont acidifiés avec de l'acide sulfurique dilué ; on chauffe à la température indiquée et l'on ajoute une solution de 1 gramme de nitrite de sodium dans 100 cm³ d'eau, placée dans une burette, jusqu'à disparition de la coloration. 1 cm³ de permanganate demi-normal (16 grammes par litre) correspond à $0^{gr},01725$ de nitrite de sodium ; d'où 20 cm³ de permanganate $= 0^{gr},345$ de $NaNO_2$ et s'il faut employer n cm³ de la solution de nitrite, le pourcentage de $NaNO_2 = \dfrac{3450}{n}$. Le nitrite de sodium commercial est à 97 à 98 °/₀ de $NaNO_2$ (voir aussi Lunge-Keane, *Technical Methods of Chemical analyses*, 1911, vol. II, II° part., p. 927).

Hydrosulfite de sodium.

L'hydrosulfite de sodium qui est beaucoup employé dans la préparation de la « cuve d'hydrosulfite » se dose très bien par la méthode de Knecht et Hibbert (*Ber.*, 1907, XL. 3819). Une quantité pesée (environ $0^{gr},2$) est ajoutée à 25 cm³ d'une solution de bleu méthylène contenant 10 grammes du colorant par litre. La solution de bleu méthylène est contenue dans une fiole conique dans laquelle on fait passer un courant lent d'anhydride carbonique. En se dissolvant dans la solution de bleu méthylène, l'hydrosulfite réduit son équivalent du colorant et l'excès est dosé, après addition d'acide acétique, avec la solution titrée de chlorure titaneux (voir p. 520). La présence de bisulfite ou de sulfite dans l'hydrosulfite n'influe pas sur l'analyse.

II. — COMPOSÉS ORGANIQUES.

SÉRIE ALIPHATIQUE

Formaldéhyde.

La solution commerciale de formaldéhyde dans l'eau renferme environ 40 pour 100 de CH_2O.

L'échantillon à analyser est agité avec de la craie précipitée; on laisse au repos et l'on ajoute 5 cm³ de la solution claire à 50 cm³ de solution normale d'ammoniaque dans un flacon que l'on bouche et on laisse au repos pendant une journée. L'excès d'ammoniaque est alors titré avec l'acide chlorhydrique normal en employant le tournesol comme indicateur.

D'après l'équation

$$6CH_2O + 4NH_3 = C_6H_{12}N_4 + 6H_2O$$

(Hexaméthylène-
tétramine.)

la quantité indiquée d'ammoniaque se combinerait à $2^{gr},4$ de formaldéhyde, correspondant à une solution à 48 %. Pour chaque centimètre cube d'acide chlorhydrique employé dans le titrage de l'excès d'ammoniaque, il faut retrancher $0^{gr},048$ de formaldéhyde de cette quantité.

Si l'on a employé n centimètres cubes d'acide normal, le pourcentage de formaldéhyde $= 48 - n \times 0,96$ (Legler, *Ber.*, XVI. 1333). Pour une méthode très exacte, voir Blank et Finkenbeiner (*Ber.*, 1898, XXXI. 2979).

La formaldéhyde est employée dans la préparation de l'auramine, de couleurs du triphénylméthane et de certaines couleurs de la série de l'acridine.

Alcool méthylique.

L'alcool méthylique est employé dans l'industrie des colorants pour la préparation de la diméthylaniline, de la formaldéhyde et des chlorure, bromure et iodure de méthyle. L'impureté principale que l'on y rencontre est l'acétone que l'on dose par la méthode de Krämer (*Ber.*, XIII. 1002). Dans une éprouvette bouchée de 50 cm³, on mesure 10 cm³ de solution de soude caustique (80 grammes NaOH par litre), puis 1 cm³ d'alcool méthylique et enfin, après qu'on a agité, 5 cm³ de solution d'iode (contenant 254 grammes d'iode par litre). Après avoir laissé reposer un certain temps, on ajoute 10 cm³ d'alcool exempt d'éther et l'on secoue l'éprouvette.

On lit alors le volume de la solution éthérée, on en prélève une quantité aliquote (environ 5 cm³) au moyen d'une pipette, on la place sur un verre de montre pesé et on laisse l'éther s'évaporer : l'iodoforme se sépare sous forme de cristaux jaunes. On laisse le verre de montre pendant un certain temps dans un dessiccateur contenant de l'acide sulfurique et on le pèse ensuite. Une molécule d'acétone $C_3H_6O = 58$, donne 1 molécule d'iodoforme $CHI_3 = 394$. De la densité (que l'on détermine toujours) on déduit le poids de 1 cm³ d'alcool méthylique et l'on calcule aisément la quantité d'acétone qu'il contient.

L'alcool méthylique bout à 66-67° et a une densité de 0,79647 à 15° rapportée à l'eau à la même température.

Acide formique.

L'acide formique est dosé par oxydation au moyen du permanganate de potassium. Un volume mesuré de solution d'acide formique ne contenant pas plus de 1 pour 100 de l'acide est placé dans un flacon bouché ; on ajoute un excès de solution de permanganate décinormale et $0^{gr},5$ de carbonate de sodium anhydre et l'on chauffe le mélange au bain-marie pendant une demi-heure. Après refroidissement on ajoute 75 cm³ d'eau, 25 cm³ d'acide sulfurique dilué et 2 grammes d'iodure de potassium et l'on dose l'iode mis en liberté, au moyen d'une solution d'hyposulfite. L'acide formique pur, anhydre fond à 8°,6, bout à 100°,6 sous 700 millimètres de pression et a une densité de 1,22 à 20°.

Acide acétique.

L'acide acétique est dosé d'ordinaire au moyen d'une solution titrée de soude caustique, en employant la phénolphtaléine comme indicateur. Il bout à 118° et a une densité de 1,0553 à 15°.

SÉRIE AROMATIQUE

Benzène.

Le « benzène pur » doit distiller dans l'intervalle de 1° au point d'ébullition exact (80°,5). Il ne doit pas donner de précipité cristallin avec quelques gouttes de phénylhydrazine (sulfure de carbone). Agité avec de l'acide sulfurique concentré, celui-ci ne doit se foncer que légèrement en couleur (thiophène ou hydrocarbures de la série éthylénique). Agité avec de l'acide sulfurique et un cristal d'isatine il ne doit pas se produire de coloration bleue (thiophène). Par traitement avec un mélange d'acides nitrique et sulfurique et distillation à la vapeur, on ne doit pas avoir d'hydrocarbure non nitré (hydrocarbures de la série paraffinique). Il doit se solidifier lorsqu'on le refroidit en dessous de 0° (P. F. : 6°).

Le « benzène brut » est un mélange de benzène, de toluène et d'un peu de xylène et est désigné sous les noms de « benzol 30 », « benzol 50 » ou « benzol 90 » selon que 30 pour 100, 50 pour 100 ou 90 pour 100 du total (en volume) distille en dessous de 100°.

Ils donnent à la distillation les résultats suivants.

	Benzol 30	Benzol 50	Benzol 90
Jusqu'à 85°	0 %	0 %	25 %
„ — 90°	2 „	4 „	70 „
„ — 95°	12 „	26 „	83 „
„ — 100°	30 „	50 „	90 „
„ — 105°	42 „	62 „	94 „
„ — 110°	70 „	71 „	97 „
„ — 115°	82 „	82 „	98 „
„ — 120°	90 „	90 „	99 „

En distillant soigneusement 100 centimètres cubes de benzol dans un petit ballon à distiller et en recueillant le distillat dans une éprouvette, la qualité du produit est évaluée d'après la quantité obtenue lorsque le thermomètre marque 100° (voir aussi Frank, *J. S. C. J.*, 1901, 166). Pour le dosage du soufre dans le benzène, voir Schwalbe, *Zeit. Farb. Ind.*, 1905, 113).

Toluène.

Le toluène commercial ne doit se foncer que légèrement lorsqu'on l'agite avec de l'acide sulfurique concentré.

Il doit distiller dans l'intervalle de 1° (111-112°). P. E. 111°.

Xylènes.

Les trois xylènes isomères qui se rencontrent dans le goudron ne sont pas séparés dans l'industrie.

Le produit commercial ne doit distiller que dans quelques degrés; par exemple :

jusqu'à	138°.	10 pour 100.
—	139°.	70 —
—	140°.	88 —
—	140°,5.	90 —

Naphtaline.

La naphtaline commerciale est presque chimiquement pure. Elle doit fondre à 79°,2 et bouillir dans l'intervalle de 1° (P. E. 218°). Elle doit être blanche et se volatiliser sans résidu. Par agitation avec de l'acide sulfurique concentré elle ne doit pas prendre de coloration foncée.

La naphtaline ne doit pas contenir de phénols ni de bases quinoliques. Pour l'essai des phénols, on fait bouillir 1-2 grammes avec 30 centimètres cubes de soude caustique diluée, on refroidit la solution et on la sépare par filtration de la naphtaline. On ajoute au filtrat un peu d'eau de brome et de l'acide chlorhydrique. S'il y a des phénols on obtient un précipité de bromophénols. On fait l'essai des bases quinoliques en dissolvant la naphtaline dans l'acide sulfurique concentré, en versant la solution dans l'eau et, après séparation de la naphtaline, par filtration et alcalinisation du filtrat, en distillant à la vapeur. Les bases quinoliques distillent et on les reconnaît à leur odeur.

Nitrobenzène.

Le nitrobenzène pur bout à 205° et a une densité de 1,209 à 15°. Il doit distiller presque entièrement dans 1°.

Nitrotoluène.

1. L'orthonitrotoluène doit bouillir de 222 à 225°.
2. Le paranitrotoluène doit fondre à 54°.

Le composé ortho est employé pour la préparation de l'o-toluidine et de la tolidine.

Le composé para est employé pour la préparation de la p-toluidine et de certains colorants.

m-Dinitrobenzène.

Le produit commercial doit être faiblement coloré et ne pas contenir d'huile (nitrobenzène). Il doit avoir le point de fusion presque exact (89°,8), doit être neutre et donner une solution claire dans l'alcool.

m-Dinitrotoluène.

Ne doit pas être huileux et doit avoir le point de fusion presque correct (P. F. = 70°,5).

Aniline.

1. « Aniline pour bleu. » — L'aniline à employer pour la fabrication du bleu d'aniline (triphénylrosaniline) doit être aussi pure que possible, d'où le nom sous lequel elle est connue. Le produit commercial doit être presque chimiquement pur.

La densité varie entre 1,0265 et 1,0267 à 15°. Un bon échantillon doit distiller presque totalement (95 à 98 pour 100) dans 1°-1° 1/2. Le point d'ébullition est 182°. 10 cm³ de l'huile doivent donner une solution claire avec un mélange de 50 cm³ d'eau et 40 cm³ d'acide chlorhydrique.

Le tableau suivant montre comment différents échantillons d'aniline pour bleu se comportent à la distillation.

Densité à 15°	1 1,0260	2 1,0252	3 1,0256	4 1,0260	5 1,0260
Volume % distillant jusqu'à 180°	1	2	2	3	1
d°. 181°	2	4	4	4	4
d°. 182°	93	83	89	88	92
d°. 183°	2	7	2	2	2
d°. 184°	—	2	—	—	—
Totaux	98	98	97	97	99

Dosage de l'eau dans l'huile d'aniline (Liebmann et Stuber, *J. S. C. I.*, 1889, XVIII. 110). — 100 cm³ de l'échantillon sont distillés et on recueille 10 cm³ dans une éprouvette graduée étroite contenant 15 cm³ ; on ajoute 1 cm³ de solution saturée de sel, on agite bien le tout et on laisse reposer. L'accroissement de volume de l'eau salée + une correction de 0^{cm3},3 donne la quantité d'eau.

On continue alors à faire bouillir en observant la température tous les 10 cm³ ; 80 pour 100 de l'huile doivent distiller dans 0°,5.

Densité. — Celle-ci doit être prise sur le distillat après élimination de l'eau ; les bonnes huiles ont une densité variant de 1,0265 à 1,0270 à 15°.

Composés sulfurés. — Ceux-ci sont éliminés à l'état d'hydrogène sulfuré par ébullition. On fait bouillir l'échantillon pendant quelques heures avec un réfrigérant à reflux tandis qu'on fait passer un courant d'anhydride carbonique qui entraine l'hydrogène sulfuré dégagé à travers une quantité mesurée de nitrate d'argent 1/10 normal ; à la fin de l'opération on sépare le sulfure d'argent et l'argent restant en solution est dosé ; la perte permet de calculer la quantité de soufre.

« Sel d'aniline » (chlorhydrate d'aniline). — On détermine l'humidité en séchant 5 grammes pendant vingt-quatre heures à l'exsiccateur. La diminution de poids ne doit pas être supérieure à 1 %. Le point de fusion doit être correct (192°).

L'acide libre est déterminé comme suit : 5 grammes de sel sont dissous dans 5 cm³ d'eau, l'on ajoute 5 gouttes de violet cristallisé (1 : 1000) et l'on compare le mélange avec une solution semblable de sel d'aniline exempt d'acide. Si alors l'échantillon se montre acide — c'est-à-dire si l'on a une nuance plus bleue ou même verte — on y ajoute une solution décinormale d'aniline dans l'eau jusqu'à ce que les couleurs soient pareilles et on calcule aisément la quantité d'acide libre.

L'aniline est dosée par la méthode de Reinhardt (voir plus loin); pour cette détermination on emploie le sel sec. La formule à employer est

$$X = 2{,}5102\,VT - 1{,}1502\,A,$$

dans laquelle A = le poids de sel d'aniline employé,

X = la quantité réelle de chlorhydrate d'aniline,

T = le titre de la solution de brome par rapport chlorhydrate d'aniline et obtenu en multipliant par $\dfrac{129{,}5}{93}$ le titre par rapport à l'aniline,

et $\qquad V$ = le nombre de centimètres cubes de brome employé.

2. « Aniline pour rouge ». — C'est un mélange d'aniline et d'ortho- et para-toluidines que l'on emploie pour la fabrication de la fuchsine.

L'huile pour rouge doit avoir une densité de 1,006-1,009 à 15°. Elle doit distiller entièrement entre 182 et 198° et donner une solution claire dans l'acide chlorhydrique dilué.

Le tableau suivant donne les résultats obtenus dans la distillation de deux échantillons d'huile pour rouge :

Densité à 15°	I 1.009	II 1,008
Pour cent en volume distillant jusqu'à 189°	27	19
191°	39	38
193°	17	22
195°	7	6
197°	5	6
198°	2	3
Totaux	97	97

Méthode de Reinhardt pour l'analyse des huiles d'aniline (Chem. Zeit., 1893, 413). — La méthode est basée sur le fait que :

1. Par traitement avec un mélange de bromure et de bromate de potassium en solution acide diluée, l'aniline donne de la tribomo-aniline; l'o- et la p-toluidine donnent des produits bisubstitués.

2. Dans certaines conditions, si l'on ajoute de l'acide oxalique à la solution chlorhydrique, la p-toluidine d'abord, puis l'aniline sont précipitées, tandis que l'o-toluidine reste en solution.

Les oxalates précipités sont transformés en huile correspondante et le rapport de l'aniline à la p-toluidine est déterminé par titration au moyen de la solution bromée.

I. *Détermination de l'aniline, de l'o- et de la p-toluidine et de l'aniline mélangée à de l'o- ou de la p-toluidine ou aux deux toluidines.* — La solution bromée est préparée en faisant bouillir un mélange de 480 grammes de brome, de 336 grammes de potasse caustique (100 pour 100) et de 1 litre d'eau pendant deux à trois heures. La solution est portée par dilution à 9 litres.

Pour titrer cette solution, de même que pour l'analyse, on dissout $1^{gr},5$-2 grammes d'huile dans 100 cm³ d'acide bromhydrique d'une densité de 1,45-1,48 (ou une quantité correspondante de bromure de potassium et d'acide chlorhydrique) et 1 000 cm³ d'eau distillée, et l'on ajoute de la solution « bromée » jusqu'à ce que le papier iodo-amidonné prenne une coloration bleue (présence de brome). Le titre de la solution est fixé au moyen d'aniline pure.

La teneur en aniline de l'aniline commerciale est donnée par la formule

$$x = 2,3777vt - 1,377a \quad \text{et le pourcentage} = \frac{x.100}{a}$$

formule dans laquelle x représente la quantité d'aniline contenue dans la quantité a d'huile que l'on a prise, v le nombre de centimètres cubes de solution bromée employée et t, l'aniline correspondante à cette dernière (poids d'aniline correspondant à 1 centimètre cube). $a - x$ est la quantité de toluidine contenue dans l'huile.

II. *Détermination de la p-toluidine en mélange avec l'aniline ou l'o-toluidine ou avec ces deux bases.* — Pour obtenir des résultats exacts, il faut employer une quantité d'acide oxalique supérieure à celle correspondant à la p-toluidine existant dans l'huile. Il faut donc déterminer celle-ci approximativement par un essai préliminaire.

Si l'on prend 100 grammes pour l'analyse il faut, dans le calcul de la quantité d'acide oxalique à employer, augmenter la quantité de p-toluidine trouvée dans l'essai préliminaire de 10 grammes dans le cas d'huiles contenant peu d'aniline et de 20 grammes lorsqu'il y a plus d'aniline.

L'analyse est effectuée de la façon suivante : On mélange 100 grammes d'huile et 106 grammes d'acide chlorhydrique (exempt d'acide sulfurique) à 31 % de HCl (ou une quantité correspondante). Ce mélange est traité en une fois par la solution bouillante de l'acide oxalique dans dix fois son poids d'eau distillée. La solution doit être claire lorsqu'elle vient d'être préparée. On laisse alors refroidir et on abandonne pendant quarante-huit heures : les oxalates de p-toluidine ($C_7H_9N . C_2H_2O_4$) et d'aniline cristallisent, on les filtre, on lave trois fois avec 25 cm³ d'eau distillée et on les décompose en les ajoutant à une solution chaude de potasse caustique (45 grammes KOH, 250 cm³ eau distillée). Après refroidissement l'huile est séparée et pesée. On la sèche alors sur de la chaux vive et l'on détermine la quantité d'aniline comme il a été indiqué ci-dessus par titration avec la solution bromée. Un calcul simple donne la quantité de p-toluidine dans l'huile primitive ; on doit y ajouter une correction de + 2,00.

Schaposchnikoff et Sachnowsky (*J. Russ. Chem. Soc.*, 1903, XXXV. 72 ; *J. C. S.*, 1903, XXXIV. 395 et *Zeit. Farb. Ind.*, 1903, 7) ont donné une modification de la méthode de Reinhardt. Elle est basée sur la bromuration des deux amines (aniline et toluidine) par le bromate de potassium en solution dans l'acide bromhydrique. Le bromate de potassium employé est le produit commercial recristallisé. On en prépare une solution à 8 %, on en détermine le titre en ajoutant à 25 cm³, 5 grammes d'iodure de potassium et 3 cm³ d'une solution à 25 % d'acide bromhydrique et en dosant par titrage, avec une solution d'hyposulfite, l'iode mis en liberté conformément à l'équation $KBrO_3 + 6HBr + 6KI = 3I_2 + 7KBr + 3H_2O$. Un gramme d'iode correspond à 0ᵍʳ,22083 de bromate de potassium, c'est-à-dire à 0ᵍʳ,12231 d'aniline ou 0ᵍʳ,14061 de toluidine.

On dissout 1 gramme environ d'huile d'aniline dans à peu près

60 grammes d'une solution à 25 pour 100 d'acide bromhydrique et on y fait couler la solution de bromate jusqu'à ce que le liquide clair au-dessus du bromure précipité ait une coloration jaune.

Si l'on a pris un poids a d'huile, si n est le nombre de centimètres cubes de solution de bromate employée, t_a et t_t les quantités, respectivement, d'aniline et de toluidine correspondant à 1 centimètre cube de solution de bromate, le pourcentage de l'aniline dans l'huile est donné par $\dfrac{100\,t_a(nt_t - a)}{a(t_t - t_a)}$ et celui de la toluidine par $\dfrac{100\,t_t(a - nt_a)}{a(t_t - t_a)}$.

Diméthylaniline.
P. E., 192° ; densité, 0,9553 à 15°.

Le produit commercial est ordinairement presque pur. L'impureté principale est la monométhylaniline.

Celle-ci est dosée en mélangeant 5 cm³ de l'huile et 4 cm³ d'anhydride acétique et en observant l'élévation de température ; chaque degré d'élévation de température correspond environ à 1/2 pour 100 de monométhylaniline.

L'huile doit avoir la densité correcte et distiller de 190 à 192°.

La présence d'aniline est décelée par l'addition d'une goutte ou deux d'acide sulfurique concentré à la solution éthérée. S'il y a de l'aniline il se forme un précipité de sulfate d'aniline.

Diéthylaniline.
P. E., 213°5 ; densité, 0,939 à 18°.

La quantité de mono-éthylaniline est dosée comme la diméthylaniline par mélange avec l'anhydride acétique.

90 pour 100 de l'huile doivent distiller entre 212° et 214°.

Naphtylamines.

I. α-*naphtylamine*, P. F., 50°. — Le produit commercial doit avoir à peu près le point de fusion exact et donner une solution limpide avec l'acide chlorhydrique dilué et chaud.

II. β-*naphtylamine*, P. F., 112°. Ne doit pas avoir d'odeur d'α-naphtylamine, doit avoir à peu près le point de fusion exact et se dissoudre presque complètement dans l'acide chlorhydrique dilué.

D'autres dérivés se trouvent dans le commerce : la naphtylamine S qui est le sulfate d'α-naphtylamine ; le développeur B, éthyl-β-naphtylamine.

Nitranilines.

Les nitranilines que l'on emploie dans l'industrie sont la méta, P. F., 115° et la para, P. F., 147°.

On les essaie au moyen de la solution demi-normale de nitrite.

Pour l'analyse, on en pèse $1^{gr},38$ que l'on dissout dans l'eau à laquelle on ajoute 7 cm³ d'acide chlorhydrique concentré.

Détermination qualitative de la m-nitraniline dans la p-nitraniline (Liebmann, *J. S. C. I.*, XVI. 294). — On chauffe $0^{gr},25$ de p-nitraniline avec de l'acide chlorhydrique et de la poudre de zinc dans un ballon, muni d'une valve bunsen, jusqu'à ce que la solution soit incolore. On filtre le mélange et l'on dilue à 250 cm³. Si l'on dilue 10 cm³ de cette solution à 40 cm³ et que l'on ajoute une à deux gouttes d'une solution diluée de nitrite de sodium, il se produit une coloration jaune pâle. Cependant si la substance contient de la m-nitraniline, la solution devient brune, ce qui est dû à la formation de brun Bismarck.

La p-nitraniline se trouve également sur le marché sous la forme de composé diazoïque pour la préparation du « rouge para » (voir p. 77).

Acide sulfanilique.

Le produit commercial contient parfois un peu d'aniline. On le dissout dans l'eau additionnée de soude caustique ; on fait bouillir la solution alcaline un certain temps pour chasser l'aniline et, après refroidissement et acidification, on titre au moyen de nitrite demi-normal.

Xylidine.

La xylidine commerciale est un mélange de cinq isomères, savoir :

m-xylidine.   .   . CH_3 — CH_3 — NH_2 ring   environ 40 %.

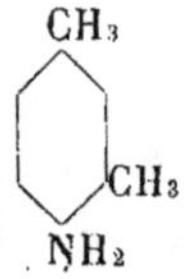

p-xylidine.   .   . CH_3 — NH_2 — CH_3 ring   environ 30 %.

et de petites quantités de

2-amido-m-xylène.   . CH_3 — NH_2 — CH_3 ring

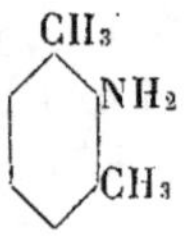

3-amido-o-xylène.   . CH_3 — CH_3 — NH_2 ring

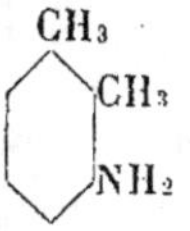

et

4-amido-o-xylène.   . CH_3 — CH_3 — NH_2 ring

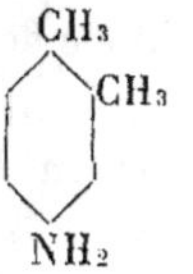

L'huile doit bouillir entre 210 et 220° et avoir une densité de 0,9815-0,9840. Elle doit donner une solution claire avec l'acide chlorhydrique dilué.

Le composé méta est séparé par addition d'acide acétique glacial et le para, à l'état de chlorhydrate, par addition d'acide chlorhydrique au filtrat de l'acétate de m-xylidine (E. P. 6899[88]; D. P. 39,947[86]. Hodgkinson et Limpach, *J. C. S.*, 1900, LXXVII. 65).

o-Toluidine.

P. E., 197° ; densité, 1,0037 à 15°.

La présence d'aniline est décelée par la production d'une couleur violette lorsqu'on agite la solution éthérée avec une solution d'hypochlorite.

Pour le dosage de la p-toluidine de la « toluidine fluide » commerciale on emploie la méthode de Merz et Weith (*Ber.*, II. 433); on chauffe 10 cm³ de l'huile que l'on a séchée sur de la potasse caustique solide, avec 10 cm³ d'anhydride acétique pendant deux heures à 140°, le produit est mélangé à 30 cm³ d'acide acétique et versé dans 800 cm³ d'eau froide. Après un repos de deux jours l'acéto-p-toluidine est séparé par filtration, lavé avec de l'acide acétique dilué(10°/₀), séché et pesé. De ce poids on déduit par le calcul le pourcentage de p-toluidine (100 de composé acétylé = 71,8 de p-toluidine).

Lorsqu'il y a en présence de petites quantités de p-toluidine (inférieures à 10 °/₀), on emploie la méthode colorimétrique suivante de Schœn : on prépare une huile-type contenant 8 °/₀ de p-toluidine et 92 °/₀ d'o-toluidine; on en dissout 1 cm³ au moyen de 2 cm³ d'acide chlorhydrique pur dans 50 cm³ d'eau et on oxyde à froid par addition de 1 cm³ d'une solution saturée de bichromate de potassium. Après repos de deux heures le produit est filtré, le précipité est lavé à l'eau et l'on porte à 100 cm³ le mélange du filtrat et des eaux de lavage. La toluidine à analyser est traitée de la même façon et comparée à cette solution colorimétriquement.

L' « orthotoluidine pure » du commerce doit donner moins de 1 °/₀ de p-toluidine par cette méthode. La « toluidine fluide » doit distiller dans deux degrés et avoir une densité de 0,9995 à 1,0005. Elle doit donner une solution claire avec l'acide chlorhydrique.

m-Phénylène-diamine et m-Toluylène-diamine.
P. F., 63° ; P. E., 287°.

La m-phénylène-diamine commerciale se trouve sur le marché, soit à l'état de base libre, soit à l'état de chlorhydrate cristallin $C_6H_4(NH_2)_2 . 2HCl$.

On l'analyse par titration avec une solution décinormale de chlorure de diazobenzène (ou diazoxylène).

La solution diazoïque est préparée comme suit :

9ᵍʳ,3 d'aniline pure (ou 12ᵍʳ,1 de xylidine) sont lavés dans un vase et dissous par addition de 30 cm³ d'acide chlorhydrique concentré. On y met une poignée de glace pilée et l'on ajoute de l'eau jusqu'à ce que le volume soit environ de 500-600 cm³. On ajoute alors lentement 100 cm³ de solution normale de nitrite (6^{gr},9 NaNO$_2$) et, vers la fin, on essaie soigneusement la solution au moyen du papier iodo-amidonné. Lorsque l'aniline est complètement diazotée on ne doit obtenir sur le papier qu'une très faible coloration bleue. La solution froide est alors placée dans une fiole d'un litre et diluée jusqu'au trait avec de l'eau glacée. On met la fiole dans une bassine et on l'entoure de glace. La solution diazoïque ne doit pas avoir une température supérieure à 2° :

Lorsqu'on se sert des solutions diazoïques au moyen d'une burette il faut, ou bien effectuer l'analyse rapidement, ou bien entourer la burette d'une enveloppe et remplir l'intervalle d'eau glacée.

Pour l'analyse on pèse 5^{gr},4 de l'échantillon, on les dissout dans l'eau et on porte à 1 litre. On en prélève 100 cm³ que l'on met dans un vase, on y ajoute de la solution d'acétate de sodium et on titre la solution au moyen de la solution diazoïque.

Dès que l'on ajoute la solution diazoïque, on observe la formation de la couleur azoïque (chrysoïdine) et on ajoute un peu de sel pour provoquer la précipitation complète du colorant. A fréquentes reprises, on met une goutte du mélange sur du papier à filtrer ; le colorant doit rester au centre et être entouré d'une auréole incolore. Le progrès de l'analyse est suivi en observant ce qui se passe lorsqu'on place une goutte de solution diazoïque au contact de ce cercle. S'il se forme une raie orangée au contact du cercle et de la solution diazoïque, c'est que la phénylènediamine n'est pas entièrement combinée et qu'il faut continuer à ajouter de la solution diazoïque dans le vase. Cet essai est répété, la raie devient de plus en plus faible et lorsqu'on ne remarque plus de coloration, la titration est terminée. Il faut prendre soin de ne pas ajouter trop de solution diazoïque ; on s'en assure en mettant au contact du cercle de la solution de phénylènediamine et en constatant qu'il n'apparaît pas de coloration orangée. Si l'on obtenait une réaction à la fois avec la solution diazoïque et avec la solution de phénylènediamine, il faudrait ajouter plus d'acétate de sodium dans le vase.

Le nombre de cm³ de solution diazoïque employée, multiplié par 2 = le pourcentage de m-phénylènediamine de l'échantillon.

La m-toluylènediamine, P. F., 99°. est dosée exactement de la même façon. On en pèse 6^{gr},1.

Ces deux diamines sont employées comme développeurs.

Le nérogène D est la chloro-m-phénylènediamine, $C_6H_3(NH_2)_2$ Cl $= 1 : 3 : 5$. F. P., 286, 888[99].

Benzidine, tolidine, dianisidine.
P. F., 127°5-128°, 129°, 137°, respectivement.

Ces bases se rencontrent sur le marché presque chimiquement pures. On les dose par titration avec une solution demi-normale de nitrite.

On prépare cette solution en dissolvant 36 grammes de nitrite de sodium dans l'eau et en portant la solution à 1 litre. La solution est titrée au permanganate de potassium (voir p. 465).

Pour l'analyse, on pèse 1gr,84 de benzidine, 2gr,12 de tolidine ou 2gr,44 de dianisidine que l'on dissout dans l'eau chaude additionnée de 7 cm³ d'acide chlorhydrique concentré. La solution claire est refroidie au moyen de glace jusqu'à 5-10°, et l'on ajoute de la solution de nitrite jusqu'à ce qu'on obtienne une réaction avec le papier iodo-amidonné, après cinq minutes de contact.

Le nombre de cm³ de solution de nitrite employé, multiplié par $2,5 =$ le pourcentage de la base analysée.

La dianisidine se rencontre également sur le marché sous la forme de son composé tétrazoïque sous le nom de bleu azophore D qui est le sulfate tétrazoïque mélangé au bisulfate de soude.

Le développeur NB est la nitrobenzidine.

Phénol.
P. F., 42°; P. E., 181°5.

Le produit commercial doit fondre à 40° environ et se dissoudre complètement dans la soude caustique diluée.

Dosage du phénol (Messinger et Vortmann, *Ber.*, 1890, XXIII. 2753). — La méthode est basée sur le fait que le phénol absorbe 3 atomes d'iode, c'est-à-dire que 1 molécule de phénol correspond à 3 molécules d'iode. On dissout 2-3 grammes de phénol dans la soude caustique; il faut prendre au moins 3 molécules d'alcali pour 1 de phénol. La solution est portée à 250 ou 500 cm³; on en prélève 5 ou 10 cm³ que l'on met dans un petit ballon et qu'on chauffe à 60° environ. On ajoute alors de la solution 1/10-normale d'iode jusqu'à ce que le liquide soit coloré en jaune et on agite le ballon ; il se forme un précipité rougeâtre. On refroidit le ballon, son contenu est acidifié au moyen d'acide sulfurique dilué et on dilue à 250 ou 500 cm³. On en filtre 100 cm³ et on titre l'excès d'iode avec une solution 1/10 normale d'hyposulfite (avec quelques gouttes d'empois d'amidon comme indicateur).

La quantité d'iode absorbée par le phénol multipliée par $\dfrac{94,048}{761,1}$ ou 0,123568 donne la quantité de phénol.

Voir aussi Riegler, *J. C. S.*, 1900, LXXVIII. 112 et Schryver, *J. S. C. I.*, 1899, XVIII. 553.

Résorcine.
P. F. 118°.

Le produit commercial doit être peu coloré et ne pas brunir par exposition à l'air. Il doit avoir le point de fusion correct et donner une solution claire avec l'eau. L'eau est dosée par séchage sur de l'acide sulfurique.

Benzaldéhyde.
P. E. 180°; densité, 1,053.

Le produit commercial doit être incolore, avoir une densité de 1,052-1,055 et distiller entièrement entre 176° et 180° dans un courant d'hydrogène (pour éviter une transformation partielle en acide benzoïque par oxydation).

Il doit donner un mélange clair avec l'acide sulfurique concentré et se dissoudre dans le bisulfate d'ammonium sans laisser de résidu huileux. Pour doser l'acide benzoïque qu'il renferme, on agite 50 cm³ de l'échantillon avec 10 cm³ de soude caustique normale et de l'eau ; on emploie la phénolphtaléine comme indicateur et on titre en retour l'excès de soude caustique avec l'acide normal. 1 cm³ de NaOH normale $= 0^{gr},122$ de C_6H_5COOH.

Acide benzoïque.
P. F. 120°.

Le produit commercial doit être incolore et se volatiliser sans laisser de résidu. Il doit avoir le point de fusion correct et donner une solution claire avec l'ammoniaque diluée, le benzène et l'éther.

La concentration est déterminée par titration à la soude caustique normale avec le tournesol comme indicateur. Étant donné sa faible solubilité dans l'eau, il vaut mieux ajouter un excès de soude caustique et titrer en retour avec l'acide 1/10-normal.

Acide salicylique.
P. F. 156°.

Le produit commercial doit être blanc et n'avoir pas d'odeur de phénol.

Sa concentration est déterminée par titration à la soude caustique de la même façon que pour l'acide benzoïque. Le virage se produit lorsque l'on a formé le sel

$$C_6H_4\Big\langle{}^{OH}_{COONa}$$

Le sel disodique a une réaction alcaline.

Anhydride phtalique.
P. F. 128°.

Le produit commercial doit être sous la forme d'aiguilles incolores et avoir le point de fusion exact. Il doit être soluble dans le benzène et se volatiliser sans laisser de résidu.

Les naphtols.

α-Naphtol, P. F. 94°. — Le produit commercial se présente en morceaux cristallisés, blancs. L'impureté principale est le β-naphtol (voir ci-après).

β-Naphtol, P. F. 123°. — Le produit commercial doit avoir à peu près le point de fusion correct et se dissoudre presque entièrement dans la soude caustique diluée.

Recherche de l'α-naphtol dans le β-naphtol. Méthode de Léger (*Bull. Soc. Chim.*, 1897 [III], XVII. 546). — On prépare une solution saturée à froid de naphtol en le broyant avec de l'eau dans un mortier et en filtrant après quelque temps de repos. D'autre part, on prépare une solution d'hypobromite de sodium en dissolvant 5 grammes de brome dans une solution de 12 grammes de soude caustique dans 130 cm² d'eau. On traite 10 cm³ de la solution de naphtol par quelques gouttes de la solution d'hypobromite. L'α-naphtol donne un précipité violet sale tandis que le β-naphtol donne une coloration jaune. On peut de cette façon déceler 1 pour 100 d'α-naphtol dans le β-naphtol. Les solutions doivent être fraîchement préparées. Liebmann (*J. S. C. I.*, 1897, XVI. 294) procède comme suit : on dissout 0ᵍʳ,144 du β-naphtol dans 5 cm³ d'alcool absolu contenu dans un tube à essai gradué et la solution est portée à 15 cm³ au moyen de toluène pur ; on dissout 0ᵍʳ,14 de paranitraniline dans 9 cm³ d'acide chlorhydrique dilué, on refroidit et on diazote avec 1 cm³ de nitrite de sodium normal et l'on ajoute 1 cm³ de la solution diazoïque dans le tube contenant le β-naphtol. On ajoute alors de l'eau, la solution toluénique se sépare et on agite avec 5 cm³ de soude caustique normale. On compare la couleur de la solution alcaline à celle d'une solution alcaline obtenue exactement de la même façon avec du β-naphtol contenant une quantité connue d'α-naphtol. Ce dosage est basé sur le fait que le dérivé hydroxyazoïque obtenu de l'α-naphtol et de la paranitraniline est soluble dans les alcalis, tandis que le dérivé correspondant du β-naphtol est insoluble.

Le β-naphtol peut être aisément débarrassé de l'α-naphtol par cristallisation dans le toluène ; on lave les cristaux d'abord avec un mélange de toluène et d'essence de pétrole puis avec cette dernière seule ; on chasse celle-ci par évaporation et on fait cristalliser le produit plusieurs fois dans l'eau bouillante.

Acides naphtolsulfoniques.

Certains de ces acides (par ex., l'acide de Neville et Winther, le sel de Schäffer, le sel R, l'acide F) peuvent être dosés au moyen d'une solution titrée de diazobenzène en solution alcaline (carbonate de soude) (voir p. 479) mais il y a une méthode plus précise due à Vaubel (*Chem. Zeit.*, 1893, 1265, 1897) et qui est basée sur le fait que ces acides absorbent un atome de brome.

L'analyse est faite en titrant une solution acidifiée de l'acide à laquelle on a ajouté du bromure de potassium, au moyen d'une solution de bromate de potassium de concentration connue. Le brome est mis en liberté conformément à l'équation

$$5KBr + KBrO_3 + 6H_2SO_4 = 3Br_2 + 6KHSO_4 + 3H_2O.$$

Le brome est absorbé rapidement par l'acide naphtolsulfonique et la réaction est terminée lorsque le papier iodo-amidonné bleuit. L'essai est effectué à 30-40°.

La solution de bromate de potassium est préparée par dissolution de bromate de potassium pur recristallisé ($11^{gr},44$) dans l'eau et dilution à 1 litre. 1 cm³ de cette solution = $0^{gr},0696$ de sel R (p. m. $= 348$) ou $0^{gr},0492$ d'acide de Schaffer, d'acide F ou d'acide de Neville et Winther (p. m. $= 246$).

Pour l'analyse, on pèse 1/100 de molécule de l'acide naphtolsulfonique, on le dissout dans l'eau, on acidifie avec quelques centimètres cubes d'acide sulfurique dilué et, après avoir ajouté quelques cristaux de bromure de potassium, on titre avec la solution de bromate à 40° en employant le papier iodo-amidonné comme indicateur.

Le nombre de centimètres cubes de solution de bromate employé multiplié par 2 donne le pourcentage.

Les *acides amidonaphtolsulfoniques* se titrent avec la solution de diazobenzène en présence de carbonate de sodium.

Acides naphtylamine-sulfoniques.

Ces acides sont dosés par titration au nitrite demi-normal : on pèse 1/100 de molécule de l'acide (par ex. $2^{gr},45$ de naphtionate de sodium), on le dissout dans l'eau, on acidifie au moyen d'acide sulfurique et on ajoute de la solution de nitrite jusqu'à ce que l'on obtienne, après cinq minutes de repos, une réaction avec le papier iodo-amidonné. Le nombre de centimètres cubes de solution de nitrite employée multiplié par 5 donne le pourcentage.

Anthracène.
P. F. 216°,5.

L'essai de l'anthracène commercial se fait de la façon suivante : on chauffe 1 gramme de l'échantillon avec 45 grammes d'acide acétique glacial dans un ballon de 500 cm³ au bain de sable. Le ballon est muni d'un réfrigérant à reflux long de 75 centimètres environ, au sommet duquel on attache un tube à essai d'environ 50 cm³ au

moyen de bagues de caoutchouc. Une solution de 15 grammes
d'acide chromique cristallisé dans 10 cm³ d'acide acétique glacial et
10 cm³ d'eau est contenue dans le tube à essai et, dès que le contenu
du ballon est bouillant, la solution d'acide chromique est siphonnée
du tube à essai dans le réfrigérant au moyen d'un petit siphon capillaire. Celui-ci est choisi de dimension telle que l'acide chromique
soit siphonné en deux heures environ (on fait l'essai au préalable).

Lorsque le tube à essai est vide, on fait bouillir le contenu du
ballon pendant encore deux heures, puis on le laisse refroidir jusqu'au lendemain. On ajoute alors 400 cm³ d'eau et on filtre le tout.
Le résidu d'anthraquinone est lavé, d'abord à l'eau froide, puis à
l'eau alcaline bouillante et, finalement, avec de l'eau bouillante seulement, jusqu'à ce que l'on n'ait plus de réaction alcaline. Le papier
à filtrer est alors enlevé de l'entonnoir, étalé sur une plaque de verre,
l'anthraquinone est entraînée par lavage dans une capsule de porcelaine et séchée à 100°.

L'anthraquinone brute est alors chauffée à 100° avec 10 grammes
d'acide sulfurique légèrement fumant, pendant dix minutes, on la
laisse jusqu'au lendemain en un endroit humide et on la lave dans
la capsule avec 200 cm³ d'eau froide. L'anthraquinone précipitée
est filtrée, lavée à l'eau alcaline et finalement à l'eau chaude seulement; on l'entraîne alors dans une petite capsule; on sèche et
on pèse. On chauffe alors la capsule au bain de sable jusqu'à ce que
l'anthraquinone soit volatilisée et on pèse de nouveau. Ce dernier
poids soustrait du premier donne le poids de l'anthraquinone qui,
multiplié par 85,57, donne le pourcentage en anthracène de l'échantillon (Luck, *Ber.*, VI. 1347; voir aussi Bassett, *Chem. News.*,
LXXIII. 178, LXXIX. 157).

Pour la recherche du méthyl-anthracène, voir A. G. Perkin, *J.
Soc. Dyers*, 1897, p. 81; et pour celle de la paraffine, Allen, *Com.
Org. Analysis*, 4ᵉ éd., vol. III, p. 281.

Analyse de l'huile pour rouge turc.

Premier essai. — L'huile doit avoir une réaction faiblement
alcaline ou neutre; mélangée avec de l'eau, on doit obtenir une émulsion parfaite dont des gouttes d'huile se séparent après quelques

heures. Ces gouttes doivent être entièrement solubles dans l'ammoniaque, sinon elles contiendraient de la graisse non saponifiée.

Eau. — D'après Stein, on fond 10 grammes d'huile avec 25
grammes de cire de paraffine sèche dans 75 cm³ environ de solution concentrée de sel. Le gâteau est séché et pesé. L'accroissement
de poids de la cire représente l'huile débarrassée d'eau ; la différence
entre 10 et la quantité réelle d'huile donne l'eau.

Graisse (totale). — On mélange 100 cm³ d'huile dans une éprouvette graduée avec 20 cm³ d'acide chlorhydrique (concentré) et on
porte alors à 500 cm³ avec une solution saturée de sel. On agite le
tout fréquemment et on chauffe légèrement. Par refroidissement la
graisse surnage la solution de sel. Le nombre de cm³ indique directement la quantité de graisse (ce procédé est suffisamment exact
pour la pratique).

CHAPITRE XXXI

APPLICATION DES MATIÈRES COLORANTES

(1) *Manière dont se comportent les différentes fibres vis-à-vis des réactifs.*

Avant de nous occuper de l'application des colorants sur la fibre au point de vue expérimental, il est nécessaire d'examiner brièvement les propriétés les plus importantes des fibres textiles car c'est principalement de la nature de la fibre que dépend la façon dont elle se comporte vis-à-vis des matières colorantes.

Les fibres textiles peuvent être classées de la façon suivante :

I. Les fibres azotées sont d'origine animale et les deux plus importantes sont la laine et la soie.

Elles sont caractérisées par le fait qu'elles sont facilement détruites par les alcalis qui n'attaquent pas les fibres non azotées ; mais elles sont plus résistantes que ces dernières aux acides.

II. Les fibres non azotées sont d'origine végétale et constituent le coton, le lin, le chanvre, le jute, etc.

On verra facilement les réactions caractéristiques de ces deux groupes importants par le tableau suivant.

Réactif	Fibres azotées (animales)	Fibres non azotées (végét^{les})
Alcalis (NaOH, 12°Tw)	Solubles	Insolubles
Acides (H$_2$SO$_4$ 1:3)	Insolubles	Solubles
Combustion	Brûlent lentement en dégageant une odeur de corne brûlée et donnent un morceau de charbon poreux, dur	Brûlent rapidement en donnant une odeur de papier brûlé et laissent une légère cendre blanche
H$_2$SO$_4$ concentré et iode	Non attaquées	Tache bleue
Iodochlorure de zinc *	Non attaquées	Tache violette
Ebullition avec oxyde de plomb et potasse caustique	Noircissent **	Pas de changement de couleur

* On ajoute une solution aqueuse concentrée de chlorure de zinc à une solution d'iode dans l'iodure de potassium dans les proportions suivantes : 1 partie I, 5 parties KI, 30 parties ZnCl$_2$, 14 parties H$_2$O.

** Par suite de la formation de sulfure de plomb due à la présence de soufre dans la fibre animale.

(2) *Essai de teinture.*

La valeur des colorants des différents groupes de matières colorantes est déterminée actuellement, à peu d'exceptions près, simplement par comparaison avec des colorants types, comparaison que l'on fait, soit :

1° Par des essais colorimétriques, soit

2° Par des essais comparatifs de teinture.

Dans le premier cas on fait la comparaison en dissolvant dans l'eau des quantités égales des échantillons à examiner et en comparant la couleur de la solution obtenue au moyen d'un appareil spécial appelé colorimètre.

Dans le second, on teint des poids égaux d'une fibre déterminée, dans des solutions contenant des quantités connues des échantillons à comparer, en se plaçant exactement dans les mêmes conditions et l'on note la différence de teinte obtenue.

Ce second procédé est de loin le plus généralement employé car il permet au teinturier de contrôler la pureté relative de l'échantillon qu'il peut avoir à examiner et c'est, de plus, le seul dans lequel on puisse avoir réellement confiance car l'analyse chimique des colorants, sauf dans quelques cas dont nous nous occuperons plus tard, ne peut pas être effectuée exactement vu les nombreuses substances qui s'y rencontrent comme impuretés, accidentellement ou autrement.

La connaissance des méthodes permettant de réaliser des essais de teintures sur fibres est donc essentielle non seulement pour le chimiste praticien, mais aussi pour le chercheur qui peut désirer s'assurer ainsi de l'importance relative d'une matière colorante dont il pourrait avoir à s'occuper.

De même, la valeur d'un colorant dépend dans une grande mesure de la façon dont il se comporte vis-à-vis des réactifs, qu'il soit à l'état libre ou qu'il se trouve sur la fibre. On trouvera dans les pages suivantes des essais qui permettent de se rendre compte de leur comportement à cet égard.

Solutions-types de colorants. — Pour rendre plus commode l'emploi des petites quantités de matières colorantes nécessaires dans les essais de teinture, on en prépare habituellement des solutions-types.

Naturellement, la concentration de ces solutions dépend surtout de la nature du colorant, de sa solubilité dans l'eau et de l'intensité de sa couleur; mais dans la plupart des cas une solution contenant 1 gramme dans 1 litre d'eau conviendra particulièrement.

On fera d'abord une solution claire du colorant dans une petite quantité d'eau bouillante contenue dans un vase ; on la filtre ensuite, si c'est nécessaire, on la met dans un ballon d'un litre et on complète jusqu'au trait. Il est bon d'employer de l'eau distillée pour faire ces solutions (voir *Solubilité*, p. 510).

Bain de teinture. — Le bain de teinture est préparé par l'addition de la quantité voulue de la solution-type du colorant à la quantité convenable d'eau qui, dans le cas de la laine, doit être quarante ou cinquante fois le poids de la matière à teindre et, pour le coton, vingt-cinq fois le poids de ce produit. On ajoute également au bain les diverses substances (selon la nature du colorant) qui sont nécessaires pour permettre à la matière colorante de se fixer sur la fibre dans les meilleures conditions.

On tient en réserve au laboratoire sous forme de solutions-types. celles de ces substances que l'on emploie le plus.

Ce sont :

Le sulfate neutre de sodium. . . .	solution à 20 pour 100.			
(Sel de Glauber.)				
Le sulfate acide de potassium. . .	—	10	—	
Le carbonate de sodium.	—	10	—	
L'acide sulfurique.	—	10	—	
Le sel ordinaire.	—	10	—	
Le phosphate de sodium.	—	10	—	

L'essai de teinture peut, si c'est nécessaire, être effectuée dans des vases ; cependant on ne doit pas chauffer ceux-ci directement mais plutôt dans des bains constitués, soit par une solution concentrée de sel, soit par une solution de chlorure de calcium.

Les bains pour essais de teinture que l'on trouve dans la plupart des laboratoires techniques sont cependant ceux qui conviennent le mieux. Ils consistent en récipients de porcelaine avec couvercles que l'on place, généralement, par rangs de trois sur un bain en cuivre dans lequel on fait bouillir soit une solution de sel ordinaire, soit toute autre substance permettant d'obtenir la température voulue.

Teinture de la laine. — Pour faire un essai de teinture, 5 grammes de laine pure suffisent ordinairement.

La laine doit d'abord être débarrassée de toute impureté graisseuse par ébullition dans un bain contenant une très faible quantité d'ammoniaque, pendant une heure à une heure et demie ; elle doit ensuite être séchée et pesée exactement. On peut aussi dégraisser en émulsionnant la graisse dans une solution savonneuse tiède additionnée généralement de soude Solvay.

La quantité de solution de colorant à prendre dépendra de la nature du colorant ; dans la plupart des cas, une quantité représentant 1 pour 100 du poids de la laine convient très bien, quoique dans d'autres, où l'intensité de la couleur est plus faible, il vaille mieux en prendre 2 et même 3 pour 100.

Dans tous les cas, l'essai quantitatif de teinture, qui est simplement relatif, doit être adapté à la nature de la substance par une expérience préliminaire lorsque l'on opère avec un colorant dont on n'a pas l'expérience.

Les pourcentages indiqués sont calculés sur le poids de matière teinte.

1. *Colorants acides.* — Préparer le bain avec la quantité nécessaire de colorant et 10 à 15 %[1] de sulfate acide de potassium ou 10 % de sulfate neutre de sodium et 3 à 5 % d'acide sulfurique.

Dans certains cas, la fibre peut être introduite directement dans le bain bouillant, mais il vaut mieux ordinairement l'introduire dans le bain froid et chauffer ensuite graduellement jusqu'à ébullition en remuant constamment la fibre au moyen d'une baguette de verre. La couleur sera rapidement absorbée et, après une heure à une heure et quart d'ébullition, elle sera complètement absorbée par la laine qu'on lavera ensuite convenablement et qu'on séchera sur un cylindre chaud.

Les colorants faiblement acides, tels que les éosines, etc., peuvent être employés dans un bain contenant 5 % d'acide acétique, et les rhodamines, bien qu'elles soient, par leurs structures, des colorants basiques, peuvent être employées de la même façon.

Le bleu alcalin constitue une exception : il se fixe sur la fibre de laine en bain alcalin sous la forme d'un composé qui devient ensuite bleu par traitement aux acides. On adopte dans ce cas la méthode suivante :

Teindre en bain bouillant contenant le colorant et 2 à 5 % de borax pendant une heure, puis laver et développer dans un bain contenant 2 à 5 % d'acide sulfurique à 50°; laver soigneusement et sécher.

2. *Colorants basiques.* — Préparer le bain avec la quantité nécessaire de colorant et 10 % de sulfate neutre de sodium ; introduire la fibre à froid, puis chauffer à 90° et maintenir à cette température jusqu'à ce que le colorant ait été absorbé : laver et sécher.

3. *Teintures substantives pour coton.* — Teindre trois quarts

---

1. Pourcentage rapporté au poids de fibre.

d'heure à une heure dans un bain bouillant contenant 10 % de sulfate neutre de sodium ; laver et sécher.

Certaines teintures substantives pour coton conviennent mieux pour teindre la laine que le coton.

4. *Colorants à mordants.* — (*a*) Mordançage avant teinture. — Mordancer un poids déterminé de laine en la traitant dans un bain contenant 3 % de bichromate de potasse et 2 1/2 % de tartrate acide de potassium : commencer à 60° et élever progressivement la température jusqu'à ébullition, maintenir ensuite à cette température pendant une heure ; laver et teindre en bain contenant la quantité voulue du colorant à mordant, en commençant à froid et en élevant très lentement la température jusqu'au point d'ébullition et en maintenant à cette température pendant une heure ; laver et sécher. Une ébullition d'une heure est un minimum pour les nuances claires et pour les colorants de fixation facile ; pour nuances foncées, on ne fait pas bouillir moins d'une heure et demie, faute de quoi la nuance est insuffisamment développée et fixée. Pour les bleus (Bleu anthracène de la B. A. S. F., Alizarine cyanine de Bayer) on cuit, pour bleus foncés, pendant 2 heures et demie.

(*b*) Mordançage après teinture. — Teindre comme avec un colorant acide et traiter ensuite dans un bain frais contenant 1 1/2 à 2 % de bichromate de potasse en même temps qu'un peu d'acide acétique.

Cette méthode ne s'applique qu'aux colorants tels que les composés azoïques contenant de l'acide salicylique, etc.. comme composants, qui sont à la fois des colorants acides et des colorants à mordants.

Teinture de la soie. — *Purification de la soie.* — La purification de la soie consiste dans l'élimination de la séricine et des matières colorantes existant dans la matière brute. Cependant, comme celles-ci se trouvent principalement dans la dernière couche enveloppant la fibre, il est nécessaire de l'enlever complètement par l'opération dite du dégommage ou du décreusage.

Cette opération conduit à une perte considérable du poids de la soie, savoir : 18 à 22 % dans le cas des soies chinoises et japonaises et largement 25 à 30 % dans le cas des soies européennes.

Elle consiste à faire bouillir la matière brute dans deux bains successifs contenant une solution de savon, ordinairement à 25-30 % pour le premier et à 20 % pour le second.

Le traitement, dans le premier bain, demande habituellement dix à quinze minutes et dans le second environ le même temps. La température est maintenue tout le temps à 100° environ.

Après cette opération la fibre doit avoir son lustre caractéristique et doit rester douce au toucher après séchage.

Comme la soie perd son toucher caractéristique par traitement aux alcalis, il faut le lui rendre après l'opération du décreusage en la faisant passer dans un bain contenant 1 à 2 % d'acide sulfurique.

La solution de savon contenant la séricine peut être employée plusieurs fois ; on l'emploie ensuite dans le bain de teinture sous le nom de « savon de grès ».

L'échantillon de soie doit être pesé après l'opération du décreusage et le traitement subséquent à l'acide.

(1) *Colorants acides.* — Teindre à 90° dans un bain de savon de grès acidifié par l'acide sufurique.

Préparer le bain en ajoutant la quantité voulue de solution de colorant en employant le savon de grès au lieu d'eau ; ajouter alors suffisamment d'acide sulfurique dilué pour avoir une réaction nettement acide ; introduire la fibre à froid et chauffer ensuite graduellement jusqu'à la température indiquée plus haut et maintenir celle-ci pendant trois quarts d'heure à une heure. La soie doit être bien manœuvrée pendant cette opération. Après teinture, on la passe dans un bain contenant une petite quantité d'acide sulfurique.

(2) *Colorants basiques.* — Teindre de la même façon dans un bain de savon de grès contenant la quantité nécessaire de solution de colorant légèrement acidifiée par l'acide acétique. La température doit être portée à 80° et maintenue jusqu'à ce qu'il n'y ait plus absorption de colorant. Après teinture, laver et passer dans l'eau acidulée.

(3) *Colorants substantifs pour coton.* — Introduire la fibre à froid et faire bouillir ensuite après avoir ajouté 15 % de sulfate neutre de sodium et 5 % de savon. Après teinture, passer dans l'acide dilué, laver et sécher.

Teinture du coton. — 1. Colorants substantifs pour coton. —

On teint le coton avec ces colorants en chauffant un poids déterminé de substance dans un bain légèrement alcalin contenant la quantité voulue de solution de colorant (ordinairement 3 %) ainsi qu'une certaine quantité de chlorure de sodium variable selon le quantité de matière colorante et l'affinité de celle-ci pour la fibre.

Ainsi les colorants qui ne s'absorbent pas facilement — c'est-à-dire que la fibre n'extrait pas facilement du bain — exigent une quantité relativement grande de sel.

Il faut cependant avoir soin de ne pas ajouter trop de sel, sinon le colorant pourrait être précipité de sa solution et on pourrait avoir des irrégularités dans la teinture.

Nous donnons ci-après un exemple typique d'une opération de ce genre : introduire le coton dans un bain à 60° contenant 20 % de sulfate neutre de sodium, 2 % de carbonate de sodium et 30 % de chlorure de sodium ; chauffer alors graduellement jusqu'à ébullition et maintenir à cette température jusqu'à ce qu'il n'y ait plus absorption (ordinairement pendant une heure et demie). Pour les nuances foncées, la dose est généralement 10 %, sauf pour certains colorants spéciaux de fixation difficile et pour lesquels on monte à 20 %. 30 % de sel, dans les conditions où l'on teint, suffiraient dans certains cas à provoquer une précipitation physique du colorant. Si même on n'en arrive pas là, la fixation serait trop rapide et les nuances seraient mal unies.

Toutes les teintures sur coton au moyen de colorants substantifs pour coton sont plus ou moins fugaces. Leur solidité peut cependant être accrue par les procédés suivants :

(1) Diazotation et développement.
(2) Traitement ultérieur au sulfate de cuivre.
(3) Traitement ultérieur au bichromate de potasse et au sulfate de cuivre.

1. *Diazotation et développement.* — Cette méthode ne s'applique qu'aux colorants substantifs pour coton qui contiennent un groupement amine diazotable ; on opère comme suit :

La matière teinte est passée dans un bain contenant :

1 gramme nitrite de sodium (préalablement dissous dans l'eau) . . . . } porté à 1 litre.
2^{cm3}1/2 acide sulfurique, 168° Tw (densité, 1,84).

dans lequel elle doit être traitée pendant quinze minutes. On la rince ensuite et on l'introduit immédiatement dans une solution froide du développeur.

On peut employer les bains de développement suivants, selon la nuance que l'on veut obtenir :

$$\left\{ \begin{array}{l} 5 \text{ grammes } \beta\text{-naphtol,} \\ 5 \quad - \quad \text{soude caustique, } 6° \text{ Tw (densité, 1,38),} \\ 1 \text{ litre d'eau ;} \end{array} \right.$$

$$\left\{ \begin{array}{l} 5 \text{ grammes résorcine,} \\ 10 \quad - \quad \text{soude caustique, } 76° \text{ Tw (densité, 1,38),} \\ 1 \text{ litre d'eau ;} \end{array} \right.$$

et

$$\left\{ \begin{array}{l} 5 \text{ grammes chlorhydrate de toluylènediamine,} \\ 10 \quad - \quad \text{carbonate de soude cristallisé,} \\ 1 \text{ litre d'eau.} \end{array} \right.$$

On traite la substance diazotée dans ce bain pendant environ quinze minutes, puis on rince et on sèche.

2. *Traitement ultérieur au sulfate de cuivre.* — Plusieurs colorants substantifs pour coton sont rendus plus solides lorsque, après teinture, on traite la fibre par une solution de sulfate de cuivre, bien que, dans beaucoup de cas, les nuances en soient considérablement ternies.

Le procédé consiste à passer le produit teint dans un bain chauffé à 100° et contenant 3 % de solution de sulfate de cuivre.

Le traitement doit durer une demi-heure.

3. *Traitement ultérieur au bichromate de potasse et au sulfate de cuivre.* — L'addition de bichromate de potasse donne dans beaucoup de cas de meilleurs résultats que le sulfate de cuivre seul. On peut employer le bain suivant :

$$\left. \begin{array}{l} 0,5\text{-}1 \text{ }\% \text{ de bichromate.} \ldots \\ 1,5\text{-}3 \text{ }\% \text{ de sulfate de cuivre.} \ldots \\ 0,5\text{-}1 \text{ }\% \text{ d'acide acétique à } 30 \text{ }\%. \end{array} \right\} \text{selon le poids de matière teinte.}$$

Le traitement ultérieur peut aussi être appliqué aux teintures diazotées et développées.

II. Colorants développés directement sur la fibre de coton.

A cette catégorie appartiennent certains composés azoïques insolubles, obtenus en immergeant la fibre imprégnée d'un second composant dans un bain contenant une solution du sel diazoïque du premier composant.

Un exemple typique est fourni par le rouge de p-nitraniline que l'on prépare en combinant le β-naphtol (sur la fibre) avec le chlorure de diazo-p-nitraniline.

Traitement au β-naphtol. — Le coton est passé dans la solution suivante (pour 10 grammes de coton).

    10 grammes β-naphtol.
    10   —   solution de soude caustique, 77° Tw (densité, 1,385).
    100 cm³ eau bouillante.
    25 grammes huile de rouge turc.
    100 cm³ eau bouillante.

On mélange et on dilue à 1 litre.

On manœuvre convenablement le coton pendant cinq à dix minutes dans le liquide tiède (40°), puis on le tord et on le sèche dans l'étuve au moyen d'air chaud. Lorsqu'elle est bien sèche, la fibre doit être développée sans perdre de temps car elle devient rapidement brune par exposition à l'air.

Développement :

SOLUTION A.

15 grammes p-nitraniline sont mélangés à
36 cm³ eau distillée bouillante et on les dissout avec
32 cm³ acide chlorhydrique, 32° Tw (densité, 1,16).
    On fait couler cette solution acide, en un mince filet, et en agitant constamment, dans
225 cm³ d'eau qui doit être refroidie au moyen de morceaux de glace.
    Le chlorhydrate de p-nitraniline se sépare sous forme de fins cristaux jaunes.
    Après que la solution a été refroidie à 12°, on y verse une solution de
8 grammes de nitrite de sodium dans
24 cm³ d'eau froide et, après repos de 10 minutes, on dilue le tout à
400 cm³ au moyen d'eau froide.

CAÏN et THORPE.   32

Solution B.

.8 cm³ de solution de soude caustique, 77° Tw (densité, 1,385) sont dilués
  au moyen d'eau froide jusqu'à
76 cm³ et mélangés à une solution de
20 grammes d'acétate de soude dans
76 cm³ d'eau froide.

Le bain de développement est préparé en mélangeant 7 parties de solution A et 3 parties de solution B, le mélange étant maintenu froid au moyen de glace.

On obtient la teinture en passant le coton préparé, qui doit être tout à fait sec, dans la solution de développement, dans laquelle il doit être manipulé, pendant une minute environ. On le tord ensuite et on le traite de nouveau pendant une minute après quoi on le rince convenablement et on le lave finalement dans une solution bouillante de savon.

III. Colorants basiques pour coton.

La propriété des colorants basiques de former des laques insolubles avec l'acide tannique est mise à profit pour la teinture des fibres de coton au moyen de ces colorants.

Le procédé consiste à traiter d'abord la fibre par l'acide tannique qui se fixe au moyen du tartre émétique et à plonger ensuite le coton ainsi mordancé dans une solution du colorant basique.

Mordançage : Solution d'acide tannique. — Le coton est traité dans un bain contenant 2 1/2 à 5 d'acide tannique pour 100 en poids de substance, à une température de 50° pendant environ quinze minutes, après quoi on le laisse dans le bain pendant six heures. Sans le rincer, on l'essore soigneusement puis on le manœuvre ensuite pendant un quart d'heure dans un bain froid contenant 2 1/2 pour 100 de tartre émétique ou 1 1/2 pour 100 de fluorure d'antimoine ; après quoi on le lave soigneusement et le tord.

Dans chaque cas la quantité de solution doit être proportionnée au poids de fibre ; 300 cm³ pour 10 grammes constitue une proportion convenable.

Teinture. — Introduire la fibre mordancée dans une solution froide de la quantité nécessaire de colorant et la manœuvrer en élevant lentement la température jusqu'à 70° : maintenir à cette température jusqu'à ce que toute la matière colorante ait été absorbée.

La solidité de la nuance peut être améliorée en traitant, après teinture, la matière teinte dans un bain d'acide tannique à $0^{gr},5$-1 gramme par litre, et mieux, en traitant dans un bain d'acide tannique, puis dans un bain à $0^{gr},5$ par litre de tartre émétique ou de sel d'antimoine.

Certains colorants basiques — par exemple les rhodamines[1] — ne donnent que des couleurs assez pauvres après mordançage au tanin. La couleur rose brillante de ces colorants peut cependant être fixée sur coton en employant un mordant mixte composé de rouge turc et d'acétate d'alumine de la façon suivante :

Mordançage. — Traiter la fibre pendant quinze minutes dans une solution contenant 1 partie d'huile de rouge turc et 9 parties d'eau ; tordre et sécher à l'air chaud à l'étuve ; passer ensuite plusieurs fois dans une solution d'acétate d'alumine à 10° Tw, tordre et sécher. Les deux opérations sont ensuite répétées.

Teinture. — Comme plus haut.

IV. Colorants acides pour coton.

Les colorants acides (sauf les colorants substantifs pour coton) ne conviennent pas pour la teinture du coton. On peut cependant obtenir une couleur fugitive en teignant en bain concentré contenant de l'alun et du chlorure stannique.

On peut teindre sur coton au moyen d'éosines, etc., en bain contenant une grande quantité de sel ordinaire.

V. Colorants au soufre sur coton.

La fibre de coton est teinte avec ces colorants dans un bain contenant le colorant dissous dans une solution de sulfure de sodium.

On prépare le bain en faisant bouillir une solution contenant la quantité nécessaire de colorant solide, 2 à 3 pour 100 de carbonate

---

1. Le mordançage à l'huile ne se fait que pour la rhodamine B. On peut certes, après huilage, passer en acétate d'alumine, mais la nuance est moins vive et plus bleutée que sur huile simple et elle est moins appréciée.

de sodium, 5 à 10 pour 100 de sulfure de sodium cristallisé et 10 pour 100 de chlorure de sodium ou de sel de Glauber. La fibre est introduite dans le bain bouillant où elle est manipulée jusqu'à ce que l'opération soit finie.

Il est essentiel que, après teinture, le coton soit lavé soigneusement avant séchage.

La solidité des couleurs au soufre peut être accrue par traitement ultérieur aux sels de chrome ou de cuivre si ce traitement n'affecte pas la nuance.

Souvent, après teinture avec des colorants au soufre, on foularde le tissu avec de l'acétate de sodium pour éviter que de l'acide sulfurique ne se forme dans la suite sur la fibre.

La nuance de la plupart des couleurs au soufre est renforcée par traitement ultérieur au peroxyde d'hydrogène ou de sodium, mais leur solidité est diminuée par cette opération. Certains noirs bleus, par exemple, peuvent être transformés en bleu marine par ce traitement.

VI. Formation des couleurs de cuve sur coton et laine.

Le colorant le plus important de cette catégorie est l'indigo que l'on produit sur la fibre en traitant celle-ci d'abord par une solution alcaline d'indigo blanc qui, par oxydation à l'air, est reconverti en indigo bleu.

Le terme de « cuve » s'applique au récipient employé pour dissoudre l'indigo et aussi à la solution elle-même, que l'on peut préparer au moyen de divers agents réducteurs.

Deux seulement méritent d'être envisagés ici :

    (1)   La cuve au zinc pour coton.
    (2)   La cuve à l'hydrosulfite pour laine et coton.

Cuve au zinc pour coton :

    50 grammes indigo (pâte à 20 pour 100).
    10   —   poudre de zinc.
    30   —   chaux vive.

On met la poudre de zinc dans 120 cm³ d'eau à 50°; on ajoute la pâte d'indigo puis la chaux en agitant continuellement. On abandonne le tout pendant cinq à six heures, mais on agite de temps en temps., La réduction est complète lorsqu'une goutte de la solution placée sur une lame de verre apparaît, en coulant, comme un liquide jaune qui s'oxyde à l'air après quarante ou cinquante secondes.

La solution réduite est alors diluée avec 500 cm³ d'eau et la fibre de coton est teinte dans cette solution en l'imbibant parfaitement, la tordant et l'oxydant à l'air.

L'opération est répétée jusqu'à ce que l'on ait la nuance voulue de bleu.

Cuve à l'hydrosulfite (pour coton). — La préparation de cette cuve est basée sur la propriété de l'acide hydrosulfureux, $H_2S_2O_4$, découvert par Schützenberger, de former avec l'indigo un composé double incolore, soluble dans les alcalis et décomposé par les agents oxydants les plus faibles avec reproduction de l'indigo bleu.

Dans la pratique, le sel de sodium de l'acide hydrosulfureux $Na_2S_2O_4$ est préparé en faisant agir de la poudre de zinc sur une solution de bisulfite de sodium dans un récipient bien fermé. Le mélange est agité et refroidi. La réaction est ordinairement terminée en quatre à cinq heures.

La solution d'hydrosulfite est rendue légèrement alcaline par du lait de chaux afin de diminuer son instabilité et elle est alors prête pour l'usage.

Préparation de la solution d'hydrosulfite :

100 parties de solution de bisulfite de sodium, 71°,4 Tw (densité, 1,358) sont diluées au moyen de
225   —   d'eau froide, et l'on ajoute à cette solution, en une demi-heure,
8 ³/₄ —   de poudre de zinc en agitant. On abandonne le tout pendant quatre à cinq heures, en agitant de temps en temps et on mélange avec
11 ¹/₂ —   de chaux éteinte dans
30   —   d'eau.
         Après avoir laissé déposer la partie solide en suspension, on décante la solution claire et l'on ajoute
7   —   de solution de soude caustique, 36° Tw (densité 1,18).

La solution d'hydrosulfite est alors prête à être employée et doit être conservée dans un récipient bien fermé, dans une pièce obscure.

Elle doit avoir une densité de 19-20° Tw (densité, 1,095-1,1).

Cuve à l'hydrosulfite :

5 parties d'indigo (pâte à 20 pour 100) sont mélangées à
3   —   d'eau chaude ; on ajoute à ce mélange
8 ¹/₂ —   de solution de soude caustique, 76° Tw (densité, 1,38) et on
        agite bien le tout ; on chauffe à 50° puis on ajoute
25 —   de solution d'hydrosulfite, 20° Tw (densité, 1,1) et la tempéra-
        ture est maintenue à 50°.

Au cours de la réduction qui se produit et que l'on suit à la manière ordinaire en plaçant une goutte de solution sur une lame de verre, on ajoute encore de la solution d'hydrosulfite en plusieurs fois. L'indigo réduit, en coulant sur la lame de verre, doit apparaître comme un liquide jaune qui s'oxyde en vingt à trente secondes.

La fibre de coton est teinte alors de la même façon que dans la cuve au zinc.

Cuve à l'hydrosulfite (pour laine). — Le procédé est à peu près le même, seulement la soude caustique employée dans les préparations précédentes doit être remplacée par du lait de chaux. La solution d'hydrosulfite est donc alcalinisée par addition de la quantité nécessaire de lait de chaux et la cuve est préparée en traitant 5 parties d'indigo (pâte à 20 pour 100) par 4 parties de solution d'hydrosulfite à 80°. On prend, de la solution brun-jaune obtenue, une quantité déterminée variant selon que l'on désire un bleu plus ou moins intense ; on l'ajoute à la cuve en même temps qu'une nouvelle quantité de solution d'hydrosulfite.

La laine est teinte dans cette cuve à 50-60°, température qui ne doit pas être dépassée de plus de quelques degrés.

VII. Colorants à mordants sur coton.

Ce procédé consiste essentiellement à mordancer d'abord la fibre de coton en la plongeant dans une solution d'acétate de certains métaux qui, par traitement ultérieur à la vapeur, restent sur la fibre à l'état d'oxyde ou d'hydroxyde.

On fait ensuite bouillir le coton ainsi mordancé dans une solution ou une émulsion aqueuse du colorant à mordant ce qui produit la formation sur la fibre de la laque métallique correspondante.

Un autre procédé consiste à précipiter l'hydroxyde sur la fibre sous la forme de tannate ou de sel d'acide gras insoluble, en trempant d'abord le coton dans l'acide tannique ou l'acide gras et en le traitant ensuite par le sel métallique employé comme mordant.

Les mordants les plus importants pour coton sont :

I. Mordants à l'alumine,
II. — au fer,
III. — au chrome
IV. — à l'étain.

1. *Mordants à l'alumine*. — En général, l'alumine est appliquée sur la fibre de coton à l'état d'acétate d'alumine que l'on prépare, soit en dissolvant l'hydroxyde d'alumine dans l'acide acétique, soit en décomposant l'alun ou le sulfate d'alumine par l'acétate de plomb.

On peut employer indifféremment dans cette préparation le sulfate double d'aluminium et de potassium (alun), $Al_2(SO_4)_3 \, K_2SO_4$, ou le sulfate d'aluminium $Al_2(SO_4)_3$; le seul point dont il soit nécessaire de s'assurer est qu'il n'y ait pas de fer comme impureté.

Nous donnons ci-après une méthode de préparation d'une solution d'acétate d'alumine 9° Tw :

Dissoudre 500 grammes d'acétate de plomb dans
500 cm³ d'eau bouillante et mélanger à chaud avec une solution contenant
505 grammes de sulfate d'alumine (exempt de fer) dans
500 cm³ d'eau bouillante.

On laisse déposer le sulfate de plomb précipité, on décante le liquide clair et on dilue jusqu'à ce qu'il ait une densité de 9° Tw (1,045).

Pour le mordançage, il n'est pas nécessaire que tout l'acide sulfurique du sulfate d'alumine soit précipité ; en réalité il vaut mieux, dans la pratique, employer pour la préparation, des proportions telles qu'il se produise un sulfo-acétate conformément à l'équation

$$Al_2(SO_4)_3 + 2Pb(C_2H_3O_2)_2 \rightarrow Al_2SO_4(C_2H_3O_2)_4 + 2PbSO_4.$$

Rouge turc sur coton. — Le nom de rouge-turc désigne la couleur produite sur coton au moyen d'alizarine, d'alumine, de chaux et de composés d'acides gras. On a fait beaucoup de recherches au sujet.

de la nature et de la formation de cette laque colorée. Rosenstiehl trouva d'abord que la formation de la laque d'alizarine et d'alumine ne pouvait se produire qu'en présence de chaux ; ce fait fut confirmé dans la suite par Liechti et Suida qui découvrirent que toutes les teintures au rouge-turc contiennent de la chaux.

Selon Liechti et Suida « un rouge normal » a comme composition $Al_2O_3 \cdot CaO (C_{14}H_6O_3)_3$.

Le rôle joué par les acides gras dans la teinture au rouge turc n'a pas encore été clairement défini.

On prépare l'huile de rouge-turc en traitant de l'huile d'olive ou dé l'huile de ricin par l'acide sulfurique concentré : on ajoute ordinairement 3 parties d'acide à 10 parties d'huile.

L'acide est versé lentement dans l'huile en agitant constamment et on laisse alors le tout au repos jusqu'à ce qu'un échantillon du produit se dissolve complètement dans l'eau ; après quoi on le verse dans l'eau et on le lave avec une solution de chlorure de sodium jusqu'à ce qu'il n'y ait plus d'acide sulfurique.

Pendant l'opération du mélange on ne doit pas laisser monter la température au-dessus de 35° sinon il se produirait un dégagement important d'anhydride sulfureux et le produit serait de couleur foncée et donnerait de médiocres résultats à la teinture.

Teinture. — On n'arrive que par la pratique à la préparation d'un bon rouge-turc sur coton ; cependant les indications suivantes permettront d'obtenir des résultats assez bons si on les suit avec soin.

Débouillissage. — Débarrasser la fibre de coton de graisse, etc., en la faisant bouillir dans une solution faible de carbonate de soude ; tordre convenablement.

Huilage. — Sans sécher, introduire le coton dans un bain contenant :

> 10 parties d'huile de rouge turc.
> 90 — d'eau.

et l'y manipuler jusqu'à ce qu'il soit bien imprégné. Tordre et sécher dans une étuve à air chaud à 40-50°.

Répéter deux fois ce traitement en séchant entre chaque immersion.

Mordançage à l'alumine. — Traiter convenablement la fibre dans un bain d'acétate d'alumine 9° Tw (densité, 1,045); tordre et sécher à 40-50°.

Répéter ce traitement.

Traitement à la craie. — Introduire le coton dans un bain contenant

> 6 grammes de craie   et
> 1 litre d'eau.

à 30-40°. Bien agiter pendant environ une demi-heure et laver ensuite soigneusement dans l'eau pure. Il n'est pas nécessaire de sécher le coton avant teinture.

Teinture. — L'eau employée doit avoir deux à trois degrés de dureté; la quantité de colorant doit être de $1^{gr},5$ d'alizarine (pâte à 20 pour 100) pour 10 grammes de coton. La quantité d'alizarine varie avec le numéro du fil de coton. Plus le fil est fin, plus il réclame de colorant. Pour de gros numéros on descend à 10 et même à 8 % d'alizarine pâte 20 %.

Ces différences s'expliquent par le fait que la teinture est superficielle et que les fils fins, par kilogramme de fil, offrent plus de surface.

Agiter le colorant dans l'eau et introduire le coton à 20-25°. Manœuvrer la fibre à cette température pendant vingt minutes environ et chauffer ensuite de façon que, en une demi-heure environ, la température atteigne 60°. Maintenir cette température pendant une heure environ puis tordre convenablement et sécher.

Vaporisage. — Traiter le coton séché à la vapeur pendant une heure à la pression de une atmosphère ou pendant deux heures sans pression; bien laver ensuite.

Avivage. — Aviver la marchandise teinte, dans un appareil clos, à une pression d'une demi-atmosphère; employer une solution contenant $4^{gr},5$ de savon dans un litre d'eau; y laisser le coton pendant dix minutes et laver convenablement.

Ce procédé peut être simplifié en chauffant le bain de teinture à l'ébullition; le traitement ultérieur à la vapeur devient alors inutile.

Les rouges sont plus purs et plus brillants lorsque la teinture s'est faite à basse température avec vaporisage subséquent.

II. Les *mordants au fer* jouent un rôle des plus importants dans la teinture en noir au moyen du campêche et aussi dans la production du violet d'alizarine.

La fibre de coton peut être mordancée au fer en la plongeant dans une solution de sulfate ferreux et en la passant ensuite dans une solution d'acide tannique.

On la mordance cependant plus fréquemment au moyen du pyrolignite de fer.

Cette substance est préparée en dissolvant des fragments de fer dans de l'acide pyroligneux brut; celui-ci consiste surtout en acétate ferreux. Cependant ce composé, à l'état pur, n'est pas un bon mordant pour coton car il est trop oxydable et, par conséquent, il se fixe mal sur la fibre.

Le pyrolignite au contraire constitue un bon mordant par suite de la présence d'impuretés qui retardent l'oxydation de l'acétate.

Nous indiquons ci-après une méthode pour produire le violet d'alizarine sur la fibre de coton.

Manœuvrer convenablement la substance dans un bain contenant

> 3 grammes d'acide tannique dans
> 1 litre d'eau ;

tordre et passer dans un bain de

> pyrolignite de fer, 3° Tw (densité, 1,015).

Après lavage, teindre de la façon qui a été indiquée pour le rougeture.

III. *Mordants au chrome*. — A l'heure actuelle les mordants au chrome sont les plus importants. Dans beaucoup de cas où l'on mordançait autrefois à l'alumine et au fer, on traite maintenant par les sels de chrome; et, à l'exception de quelques couleurs d'alizarine, tous les colorants artificiels à mordants sont fixés exclusivement sur mordant de chrome.

Ces mordants ont des propriétés très différentes de celles des mordants au fer et à l'alumine : d'une part ils se dissocient plus difficilement et se fixent par conséquent plus difficilement sur la fibre; tandis que, d'autre part, la combinaison avec l'hydroxyde de chrome fixé — c'est-à-dire la formation de la laque — s'effectue plus facilement.

Les acétates de chrome sont si difficiles à décomposer qu'on ne peut les employer comme les acétates de fer et d'alumine.

Les mordants au chrome les plus employés sont les suivants: acétate, bisulfite, fluorure, chlorure basique de chrome, bichromates de potassium et de soude et chromate de chrome.

L'acétate de chrome est obtenu par double décomposition de l'alun de chrome et de l'acétate de plomb. Ici comme dans le cas de l'acétate d'alumine, le produit principal consiste en sulfo-acétate.

Les solutions d'acétate de chrome qui, lorsqu'elles viennent d'être préparées, sont vertes, tendent après un certain temps à devenir violettes.

Il est probable que la solution violette contient le sel neutre, tandis que la solution verte consiste en un mélange de sels acide et basique. Le sel neutre est plus difficile à décomposer.

Le bisulfite de chrome s'obtient en traitant une solution d'alun de chrome par un excès de bisulfite de sodium ; il est beaucoup employé dans le mordançage du coton.

Le fluorure de chrome s'emploie plus spécialement pour le mordançage de la laine.

On peut préparer un chlorure basique de chrome en dissolvant de l'hydroxyde de chrome dans du chlorure de chrome. On l'emploie pour mordancer la soie et le coton.

Le mordançage du coton par ce produit peut se pratiquer de deux façons : on peut imprégner la fibre de la solution du mordant, sécher et passer dans une solution bouillante de carbonate de soude ; ou bien fixer l'hydroxyde à l'aide du tanin ou de l'acide oléique.

Le bichromate de potassium est beaucoup plus employé comme mordant, mais son usage est limité à la laine.

Les chromates de chrome se trouvent dans le commerce sous les noms de mordants au chrome. GA I, GA II et GA III de l'usine de Höchst [M] et conviennent pour le mordançage du coton. La méthode suivante est recommandée par cette firme :

Pour 10 grammes de coton.

1. *Débouillissage*. — On fait bouillir la fibre dans une solution contenant 3 grammes de carbonate de sodium dans 500 cm³ d'eau.

2. *Mordançage*. — Après l'avoir bien tordue, on traite la fibre à

froid dans le mordant au chrome GA I, 19°Tw (densité 1,095) pendant
une demi-heure, on l'immerge ensuite dans ce mordant pendant
douze heures et on tord.

3. *Fixage*. — La fibre mordancée est fixée en la traitant dans
une solution à 2 % du carbonate de soude à 50° pendant trois quarts
d'heure et ensuite elle est lavée soigneusement.

4. *Teinture*. — Le bain de teinture est préparé comme suit :

> 14 grammes de colorant (pâte à 20 pour 100).
> 6　　—　　d'ammoniaque à 25 pour 100.
> 2　　—　　d'acide tannique.
> 500 cm³ d'eau.

La fibre y est traitée pendant un quart d'heure à froid ; puis on
ajoute 14 grammes d'acide acétique (12° Tw, densité 1,06) et on y
traite encore le coton pendant un quart d'heure ; après quoi on élève
lentement la température jusqu'à l'ébullition dans l'espace d'une
heure et on continue l'opération à cette température encore pendant
une heure.

Mordants à l'étain. — Comme mordants employés seuls, les composés à l'étain sont de moindre importance.

Les principaux sels employés sont le chlorure stanneux (sel
d'étain), le chlorure stannique et le stannate de sodium.

Le chlorure stanneux est le mordant à l'étain le plus important
pour la laine et le chlorure stannique, pour le coton et la soie.

Le chlorure stannique est fixé sur la fibre de coton à l'aide de
l'acide tannique.

Le stannate de soude est souvent appelé « sel de préparation » du
fait de son emploi pour préparer les articles pour l'impression. Il est
surtout employé dans l'impression de la laine.

VIII. — Couleurs produites directement sur la fibre par oxydation.

Le noir d'aniline, le corps type de ce groupe, est produit directement
sur la fibre de coton par l'oxydation de l'aniline, et les deux méthodes
suivantes suffiront à indiquer la manière d'obtenir les colorants de
cette espèce :

I. *Méthode du bain unique.*

Le bain doit contenir

      5 pour 100 aniline.
    12   —   acide chlorhydrique.
      6   —   bichromate de soude.
      5   —   sulfate de cuivre.

Le coton est introduit dans le bain froid et traité pendant une heure ; on élève ensuite en une heure de temps la température du bain jusqu'à l'ébullition et la fibre est manœuvrée à cette température encore pendant une demi-heure ; laver et sécher.

II. *Noir d'oxydation.*

   126 grammes chlorhydrate d'aniline sont dissous dans
   300 cm³ d'eau et on mélange avec
    40 grammes de chlorate de soude,
   150   —   d'acétate d'alumine, 21°,6 Tw (densité 1,107),
     5^{gr},7 de chlorure d'ammonium,
     3 grammes de sulfate de cuivre.

et on porte le tout à 1 litre.

La fibre est soigneusement imprégnée dans cette solution, tordue et oxydée.

On la manœuvre alors pendant une demi-heure à 60° dans un bain contenant

   2,5 pour 100 de bichromate de soude,
   0,5   —   de chlorhydrate d'aniline.
   0,2   —   d'acide sulfurique, 161°,8 Tw (densité 1,809).

Ensuite on lave bien et on sèche.

CHAPITRE XXXII

DETERMINATION DE LA VALEUR D'UNE MATIÈRE COLORANTE

Pour déterminer la valeur relative d'un colorant particulier, il faut considérer les faits suivants :

(1) Sa solubilité dans l'eau.
(2) Son pouvoir d'unisson.
(3) La façon dont il se comporte sur la fibre vis-à-vis des différents agents physiques et chimiques au cours des diverses opérations de la fabrication et dans l'usage journalier des articles teints.

Solubilité. — Celle-ci ne dépend pas uniquement de la matière colorante, mais aussi de la composition de l'eau.

Divers colorants forment des composés insolubles avec la chaux ; et, par conséquent, si l'eau est dure, une partie précipite par suite de la formation de ces corps insolubles. Dans ce cas, la dureté de l'eau doit être corrigée par l'addition d'acides sulfurique, acétique ou oxalique, ou de carbonate de soude, selon la nature de la matière colorante dissoute.

La solubilité d'un colorant pur peut être facilement déterminée par évaporation à siccité d'une quantité mesurée de sa solution aqueuse saturée, dans une capsule en platine tarée.

Cependant, s'il y avait des impuretés en présence comme, par exemple, du chlorure de sodium, cette méthode donnerait des résultats inexacts car, en préparant une solution saturée par la méthode ordinaire, c'est-à-dire en séparant la solution aqueuse, par filtration, de l'excès de matières colorantes non dissoutes, on aurait en solution une proportion indéterminée du sel plus soluble.

Comme la plupart des matières colorantes commerciales contiennent des impuretés inorganiques, il convient, lorsqu'on s'occupe du produit industriel, de préparer soigneusement une solution qui soit juste saturée et qui ne contienne pas de substance non dissoute.

Le *pouvoir d'unisson* dépend, dans le cas des fibres de laines, de l'affinité de la matière colorante pour la fibre. Selon que l'affinité est plus ou moins grande, le bain de teinture est épuisé plus ou moins rapidement.

Les couleurs qui sont absorbées rapidement ne teignent pas, en général, d'une façon uniforme, mais elles sont presque toujours plus solides au lavage ; tandis que les couleurs qui ne sont absorbées que lentement par la fibre donnent des teintures plus uniformes.

La rapidité avec laquelle les couleurs pour laine sont absorbées par la fibre dépend de la quantité d'acide qui se trouve dans le bain de teinture. Certaines couleurs exigent plus d'acide que d'autres, mais toutes peuvent teindre rapidement si le bain est suffisamment acide. Il y a très peu de bonnes couleurs unissant bien qui teignent en bain neutre ou presque neutre et, en fait, on peut affirmer que la quantité d'acide nécessaire pour épuiser le bain indique le pouvoir d'unisson de la matière colorante.

L'addition de sulfate de soude (sel de Glauber) au bain de teinture a ordinairement pour effet d'éviter l'absorption trop rapide d'une matière colorante possédant une forte affinité pour la fibre de laine.

L'essai suivant (v. Georgievics, *Chemical Technology of the Textile Fibres*, trad. angl., p. 134) indiquera grossièrement le pouvoir d'unisson d'un colorant :

Teindre un échantillon de la fibre dans la quantité de solution du colorant nécessaire pour le teindre, soit 2 % ; mais en liant d'abord une partie de la fibre et en faisant en sorte que la partie liée ne vienne pas en contact avec la solution du colorant.

Lorsque l'équilibre a été atteint, on délie la partie liée et on trempe de nouveau dans le bain ; si le colorant a de bonnes propriétés égalisantes, la partie qui a été liée prendra bientôt la même couleur que l'autre partie de la fibre et, après un petit temps d'ébullition, on ne pourra plus les distinguer.

Mais si le colorant n'a pas un pouvoir d'unisson convenable, la partie préalablement liée restera moins colorée que le reste de la fibre.

Dans le cas des fibres de coton, l'uniformité de la teinture semble être uniquement fonction de la solubilité.

Solidité.

La façon dont les matières colorantes se comportent vis-à-vis des agents chimiques et physiques ou, en d'autres termes, leur solidité, ne dépend pas seulement de leur nature mais aussi de la nature de la fibre et de la méthode de teinture employée. C'est ainsi qu'une même matière colorante fixée sur des fibres différentes, ou d'après des méthodes différentes sur une même fibre, peut avoir des propriétés très différentes.

SOLIDITÉ A LA LUMIÈRE. — De cette propriété extrêmement importante dépend en grande partie le fait qu'une matière colorante déterminée est utilisable ou non.

Des couleurs qui se montrent trop sensibles à la lumière sont inutilisables ou ne peuvent être employées que dans des cas très limités. Les couleurs rouges, jaunes, brunes et noires sont en général, à cet égard, supérieures aux couleurs vertes, bleues et violettes.

Parmi les premières, il y en a beaucoup qui résistent presque sans altération à une exposition à la lumière pendant plusieurs mois d'été : les dernières, au contraire, ont une grande tendance à se faner.

Les colorants basiques sont, dans l'ensemble, fugaces à la lumière ; mais en revanche, il y a, parmi les colorants acides et les colorants substantifs pour coton, des produits témoignant d'une extraordinaire résistance à l'action de la lumière, dépassant à cet égard bien des matières colorantes naturelles.

La solidité à la lumière d'un colorant donné peut être déterminée en exposant des échantillons teints avec ce colorant, dans un châssis photographique, à l'action de la lumière solaire, la moitié de la fibre teinte étant recouverte d'un écran opaque, en même temps qu'un témoin de résistance connue à la lumière.

La comparaison des parties protégées et non protégées avec le témoin indiquera la solidité relative à la lumière du colorant en question.

SOLIDITÉ AU LAVAGE ET AU FOULON. — Lorsqu'on étudie une matière colorante à ce point de vue, il faut non seulement tenir compte de l'altération de la nuance, mais s'assurer également si elle ne dégorge pas sur les parties blanches ou colorées de l'article.

Le « dégorgeage » d'un colorant n'est pas proportionnel à la diminution de l'intensité de la couleur de l'article teint, mais plutôt à l'affinité du colorant en question pour la fibre d'autre couleur qui est soumise en même temps au lavage.

C'est ainsi que plusieurs colorants acides pour laine, dont la couleur s'atténue beaucoup au lavage, dégorgent plus ou moins sur la laine, mais pas du tout ou seulement très peu sur les fibres végétales.

D'autre part, tous les colorants substantifs, sans exception, s'ils n'ont pas été soumis à l'un ou l'autre des traitements ultérieurs décrits plus haut, dégorgent sur le coton blanc, bien que la plupart perdent très peu de leur couleur au lavage.

Essai de lavage. — L'échantillon est tressé ou emmêlé avec un témoin blanc, traité pendant cinq minutes environ dans une solution de savon contenant 5 grammes de savon dans un litre d'eau, à 40° ; on le laisse dans la solution pendant 15 minutes environ. On le rince ensuite à l'eau pure, puis on sèche.

Un essai plus rigoureux consiste à ajouter du carbonate de soude au savon et à opérer à température plus élevée.

Essai de foulon. — Pour coton : l'essai est analogue à l'essai de lavage, mais est plus sévère ; on emploie un bain contenant 12 grammes de savon pour un litre d'eau.

Pour laine : tresser ensemble des fibres teintes et des fibres non teintes et fouler pendant vingt minutes à 50° dans une solution contenant 5 grammes de savon ou 4 grammes de carbonate de soude pour un litre d'eau. Abandonner pendant 10 minutes ; rincer, puis sécher.

Solidité aux alcalis. — Comme les articles de coton teints sont, actuellement, fréquemment mercerisés, la solidité aux alcalis des colorants substantifs pour coton est une condition très importante.

Essai aux alcalis. — Humecter l'article teint avec des alcalis concentrés ou dilués ou l'humecter avec du lait de chaux ; laisser sécher, puis brosser.

Solidité aux acides et a la surteinture. — La résistance aux

Cain et Thorpe.   33

acides et la résistance à la surteinture sont deux choses différentes : la résistance aux acides s'entend d'un contact simple de la matière teinte avec un acide. Sont considérés comme résistants les colorants dont la couleur ne vire pas par ce contact.

Tout autre chose est la résistance à la surteinture. Il est évident que, comme dans le cas précédent, la nuance ne doit pas se modifier, encore qu'il soit parfois possible, une fois la surteinture terminée, de faire revenir la nuance par un traitement légèrement alcalin. Mais d'un colorant solide à la surteinture on réclame qu'il ne se transporte pas de la fibre teinte sur la laine ou la fibre animale que l'on colore par la surteinture. Il ne faut pas non plus qu'au cours de la longue ébullition que comporte la teinture de la laine (1 heure est un minimum presque toujours dépassé) il ne se détache pas petit à petit.

De nombreux colorants solides aux acides n'ont aucune résistance à la surteinture.

Naturellement, tous les colorants acides résistent à un traitement dans un bain légèrement acide et, d'une manière générale, ils sont plus solides aux acides que les colorants substantifs et basiques.

Autrefois, parmi les colorants substantifs, les plus sensibles à l'action des acides étaient les rouges, mais actuellement on possède plusieurs rouges pour coton qui sont solides.

Solidité a la transpiration. — L'essai doit être beaucoup plus rigoureux que celui de la solidité aux acides. Le seul qui donne toute garantie est la pratique, mais l'on emploie souvent le procédé suivant pour apprécier la solidité d'un colorant à la transpiration :

Faire une solution contenant, par litre :

> 100 grammes de sel ordinaire,
> 100 cm³ d'acide acétique.

Imprégner en même temps de cette solution des échantillons teints, de la laine blanche et du coton blanc. Les lier ensemble étroitement et laisser pendant 24 heures dans un endroit bien clos, à 40° C.

Solidité au carbonisage. — A côté d'autres impuretés, la laine de mouton renferme fréquemment des débris végétaux que le lavage ne peut pas éliminer. On élimine dans ce cas les substances végétales par le procédé connu sous le nom de carbonisage, qui consiste à traiter la marchandise par de l'acide dilué, à sécher et finalement à neutraliser l'excès d'acide.

Ainsi qu'il a été dit plus haut, les fibres végétales sont détruites par l'action des acides et par conséquent, lorsque la laine a été traitée comme il vient d'être indiqué, les impuretés végétales qu'elle contenait peuvent être enlevées mécaniquement.

Il est donc souvent avantageux qu'un colorant pour laine puisse subir sans altération l'opération du carbonisage.

Essai de solidité au carbonisage. — Saturer l'article teint au moyen d'une solution d'acide sulfurique à 5 %, tordre et sécher entre deux échantillons de laine non teinte à 100° environ ; passer ensuite dans une solution froide de soude caustique 6° Tw., rincer et sécher.

Solidité au soufrage. — La résistance d'un colorant à l'action de l'acide sulfureux ne présente guère d'importance que pour les colorants pour laine ; ce n'est qu'exceptionnellement que l'on en tient compte pour d'autres colorants, par exemple lorsqu'un article mixte composé de fibres animales et végétales doit être soumis au soufrage après teinture.

Essai. — Faire agir directement pendant douze heures de l'acide sulfureux sur l'article teint.

Solidité au blanchiment. — L'action du chlore est si puissante qu'il n'y a que relativement peu de colorants qui lui résistent.

Ce n'est qu'exceptionnellement que la laine est traitée par le chlore, notamment pour la rendre soyeuse au toucher.

En revanche, dans la fabrication des articles de coton, l'amélioration des blancs ou bien le blanchiment des tissus contenant des fibres brutes exigent un traitement plus ou moins énergique.

Essai de blanchiment. — Traiter l'article teint, pendant quinze minutes, dans une solution d'hypochlorite de 1/4° Tw (densité 1.001).

CHAPITRE XXXIII

ANALYSE DES COLORANTS

1. — Analyse quantitative.

Il n'y a que peu de cas où il soit possible d'obtenir rapidement et exactement un dosage quantitatif des colorants par voie purement chimique. Le plus souvent, les colorants commerciaux ne sont pas des produits purs ; ce sont en général des mélanges de colorants différents, ou de colorants avec des substances telles que du glucose, du sulfate de soude, etc. Il en résulte que leur dosage est une opération longue et pénible.

Aussi les chimistes se basent-ils ordinairement sur des essais comparatifs de teinture pour apprécier les produits dont ils peuvent avoir à s'occuper.

Il y a cependant certaines méthodes qui permettent de doser certains groupes de colorants. Nous les décrirons dans les pages suivantes.

Colorants azoïques.

Les agents réducteurs tels que la poudre de zinc et l'eau, la poudre de zinc et l'ammoniaque ou la soude caustique, la poudre de zinc et l'acide dilué, l'étain et l'acide chlorhydrique, le chlorure stanneux, le chlorure titaneux, etc., scindent la molécule des composés azoïques à la soudure des deux atomes d'azote du chromophore en donnant :

1. La base dont le composé azoïque est dérivé,

2. Le dérivé amidé du second composant ou des autres composants contenant le groupement amine, dans la position antérieurement occupée par le groupement azoïque.

Ainsi, l'amidoazobenzène donne, par réduction, l'aniline et la p-phénylènediamine.

$$C_6H_5N{\cdot}NC_6H_4NH_2$$
$$H_2\quad H_2$$
$$C_6H_5NH_2\qquad H_2NC_6H_4NH_2$$

La réduction des composés azoïques peut être, dans une certaine mesure, employée comme moyen de les étudier, de même que la méthode de E. Knecht (voir plus loin) pour le dosage volumétrique.

Cependant, comme les colorants azoïques commerciaux sont rarement des substances homogènes — c'est-à-dire sont rarement des spécimens purs du composé qu'ils sont censés être — et comme ils sont fréquemment mélangés à du sulfate de soude, de la dextrine, etc., il faut appliquer cette méthode avec circonspection.

On peut cependant, dans beaucoup de cas, obtenir des indications assez nettes sur la nature d'un colorant azoïque en étudiant comment il se comporte à la réduction au moyen de la poudre de zinc et d'alcali.

Si le premier composant est une base qu'on peut entraîner à la vapeur (aniline, xylidine, etc.), on peut le séparer du mélange réduit, par distillation à la vapeur et on le décèle facilement dans le distillat en le transformant en son dérivé acétylé. Si, au contraire, c'est une base non entraînable à la vapeur (benzidine, etc.) elle passera à la filtration dans le mélange réduit si elle est soluble ; si elle est insoluble, on peut l'en extraire au moyen de l'alcool.

Witt (*Ber.*, 1888, XXI. 3471) recommande la méthode suivante:

On dissout 1 gramme du colorant purifié (recristallisé dans l'eau) dans la quantité voulue d'eau bouillante (environ 10 cm³).

Dès qu'il est dissous et qu'on a une solution claire, on retire celle-ci du bain de sable et on la traite par 6 cm³ de la solution réductrice qui consiste en 40 grammes de chlorure stanneux dissous dans 100 cm³ d'acide chlorhydrique (densité = 1,19).

La réduction se produit d'ordinaire immédiatement, souvent avec ébullition violente et le liquide devient rapidement incolore.

Le mode opératoire à employer ensuite dépend de la nature du composé azoïque réduit.

Les bases telle que l'aniline restent en solution à l'état de chlorhydrates ; les acides amidosulfoniques restent partiellement ou en totalité dans le résidu, avec le dérivé amidé du second composant.

Dans chaque cas, il faut faire des essais préliminaires pour déterminer le meilleur moyen d'isoler les différents produits de la réaction.

Pour cela, un excellent moyen consiste à produire le dérivé quinoxalinique.

Ces substances sont formées par la combinaison de la phénanthraquinone et d'une *ortho*diamine.

Ainsi :

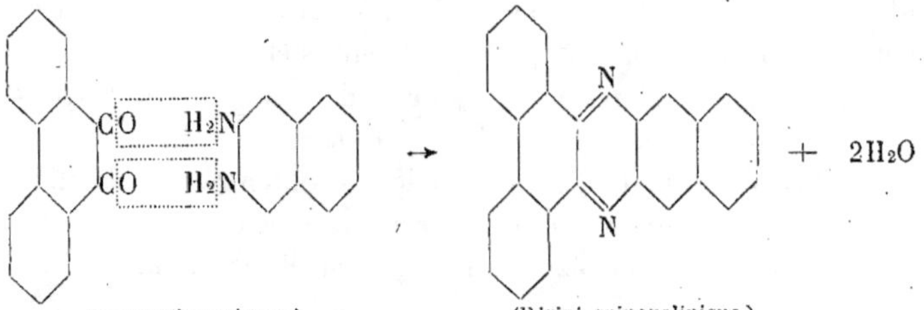

(Phénanthraquinone.)   →   (Dérivé quinoxalinique.)   + $2H_2O$

Ce sont d'ordinaire des composés cristallins bien définis qui donnent en général des colorations caractéristiques avec l'acide sulfurique concentré.

Ainsi, les composés azoïques qui contiennent des acides naphtylamine-sulfoniques comme seconds composants et qui, par conséquent, fournissent par réduction des dérivés orthodiamidés de la naphtaline, peuvent être identifiés par conversion de ces derniers en leur dérivé quinoxalinique, en traitant le mélange réduit et filtré par une solution de phénanthraquinone dans le bisulfite de soude.

Les dérivés de l'orthoamidonaphtol, obtenus par réduction des composés azoïques contenant des acides naphtol-sulfoniques comme seconds composants, sont instables et donnent des substances de colorations caractéristiques par oxydation à l'air ou par traitement au moyen d'agents oxydants faibles.

L'analyse suivante du rouge Congo par Witt (*Ber.*, 1886, XIX : 1721) illustre la méthode par laquelle des colorants azoïques peuvent être identifiés au moyen du dérivé quinoxalinique du second composant.

Le colorant est dissous dans un peu d'eau et la solution est rendue fortement alcaline par l'ammoniaque ; on ajoute alors de la poudre de zinc, ce qui fait disparaître presque instantanément la couleur rouge de la solution. Par refroidissement, toute la benzidine cristallise et on peut l'isoler en filtrant la solution et en séparant la benzidine du zinc non attaqué en traitant par l'alcool.

Le filtrat qui contient l'acide diamidonaphtalène-sulfonique est alors acidifié par l'acide acétique, chauffé à l'ébullition et traité ensuite rapidement par une solution chaude de phénanthraquinone.

Si l'on a pris 7 grammes de rouge Congo pour la réduction, la solution de phénanthraquinone doit consister en 4 grammes de phénanthraquinone dans la quantité voulue de solution de bisulfite de sodium. On chauffe cette solution au bain-marie et on y ajoute un excès d'acétate de soude.

Presque aussitôt après avoir mélangé les solutions, des cristaux commencent à apparaître et bientôt toute la solution se prend par suite de la formation de fines aiguilles jaune citron. On sépare celles-ci par filtration et on les lave à l'eau froide.

Cette substance est le sel de sodium de l'acide quinoxaline-sulfonique et a pour formule

Elle cristallise très bien en la dissolvant dans l'eau chaude et en ajoutant un volume égal d'alcool, puis une goutte de solution de soude caustique. Par refroidissement, le sel de sodium se sépare sous forme de fines aiguilles soyeuses.

L'acide sulfurique concentré dissout cette substance en donnant une solution violette qui, après dilution avec de l'eau, devient d'un orangé brillant.

Action de l'acide sulfurique concentré sur les colorants azoïques. — Presque tous les colorants azoïques donnent des couleurs caractéristiques avec l'acide sulfurique concentré. Cette propriété fournit un excellent moyen de les identifier.

De plus, on peut parfois, par ce procédé, déterminer si un échantillon commercial est, ou non, homogène. Dans ce but, on met deux ou trois gouttes d'acide sulfurique concentré dans une capsule de porcelaine blanche et on saupoudre au moyen de l'échantillon finement pulvérisé. La meilleure façon d'opérer consiste à placer une petite quantité du colorant sur le bout d'une spatule et de la souffler d'une certaine distance sur l'acide. On observe alors si les différentes particules se dissolvent en donnant la même couleur ou non.

Comme il a été dit déjà (p. 85) la couleur produite par la dissolution des colorants azoïques dans l'acide sulfurique concentré dépend de leur constitution.

Ainsi les colorants dérivés de donnent une coloration

Acides amidoazobenzènesulfoniques + β-naphtol. . . verte.
Amidoazobenzène et homologues + acides β-naphtolsulfoniques. . . . . rouge-violet.
Acides amidoazobenzènesulfoniques + acides β-naphtolsulfoniques. . . . . bleue.

Cf. *Ber.*, 1880, xiii. 1840 ; 1889, xxii. 634, 2062.

Titration des colorants azoïques par le chlorure titaneux (Knecht. *J. Soc. Dyers and Colourists*, 1903, n° 6, vol. XIX).

Cette méthode consiste à titrer le colorant azoïque au moyen d'une solution de chlorure titaneux. Le calcul est basé sur l'équation

$$TiCl_3 + HCl \rightarrow TiCl_4 + H.$$

Il en résulte que chaque groupement $- N = N -$ exige 4 $TiCl_3$ (ou 4Fe) pour être complètement réduit.

Conservation et détermination du titre de la solution de chlorure titaneux. — La solution la plus convenable, au point de vue de la concentration, pour l'usage ordinaire est la solution à 1 °/₀ obtenue en diluant le produit commercial avec de l'eau. A cet effet, on mélange d'abord 50 cm³ de la solution commerciale à 20 °/₀ avec un volume égal d'acide chlorhydrique concentré et on fait bouillir pendant quelques minutes dans un ballon. La solution est alors portée à 1 litre avec de l'eau distillée que l'on a préalablement fait bouillir et à laquelle on a ajouté un peu d'acide chlorhydrique et un petit morceau de marbre pour chasser l'oxygène dissous.

Avec un réducteur aussi énergique que le chlorure titaneux il faut prendre soin de le conserver et de le manipuler à l'abri du contact de l'air. Un appareil simple réalisant ces conditions est représenté par la figure 11.

On prépare une quantité suffisante du réactif pour remplir complètement le flacon-réservoir a qui est raccordé à la burette b. Le flacon réservoir et la burette sont remplis d'hydrogène sous une pression constante provenant d'un petit générateur d'hydrogène d où le gaz est formé par l'action de l'acide sulfurique dilué sur le zinc. Lorsque l'on fait couler du liquide de la burette, la pression diminue, il se produit immédiatement de l'hydrogène en d, de telle façon que la partie de l'appareil non remplie de liquide contienne de l'hydrogène à une pression d'environ 8 centimètres.

Si l'on prend ces précautions, la solution peut être conservée pendant très longtemps sans altération.

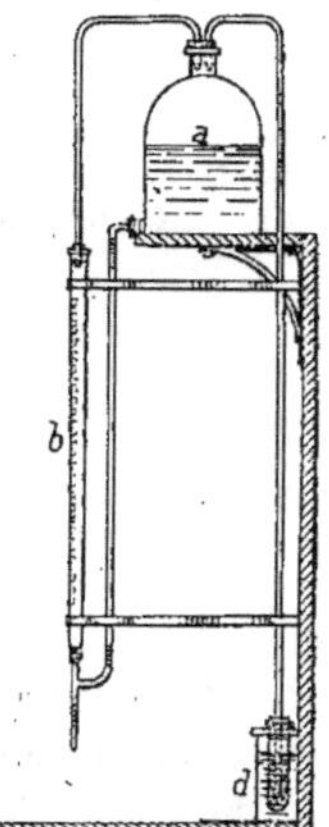

Fig. 11.

Titration de la solution de chlorure titaneux. — On l'effectue de la façon suivante: on dissout 35 grammes de sel de Mohr dans de l'acide sulfurique dilué et on porte à 1 litre; on prend alors 25 cm³ de cette solution dans un ballon et on y fait couler une solution diluée de permanganate jusqu'à légère coloration rose. Dans cette solution, on fait couler du chlorure titaneux à froid jusqu'à ce qu'une goutte prélevée au moyen d'une baguette de verre ne donne plus de coloration rouge avec une solution de sulfocyanure de potassium. Après quelques essais concordants, on peut aisément calculer à combien de fer correspond 1 cm³ de la solution de chlorure titaneux.

Dosage des composés azoïques. — Le dosage du colorant azoïque peut se faire par l'une ou l'autre des méthodes suivantes selon que le composé est soluble ou non dans les acides minéraux dilués:

Composés solubles. — La titration peut être effectuée directement, la matière colorante agissant elle-même comme indicateur. L'exemple suivant illustre cette méthode:

Écarlate cristallisé 6R, $C_{20}H_{12}N_2S_2O_2Na_2 + 7H_2O$ (colorant azoïque dérivé de l'α-naphtylamine et du sel G). — On dissout 0ᵍʳ,5 du colorant dans l'eau distillée et on porte la solution à 500 cm³. On en prend 100 cm³ dans une fiole conique et après addition d'environ

10 cm³ d'acide chlorhydrique concentré on fait bouillir pendant une
minute environ. Cette solution a exigé 22^{cm3},6 de solution de chlorure titaneux pour sa décoloration complète. Calcul :

$$1^{cm3} \ TiCl_3 = 0^{gr},0015797 \ Fe$$

et 502 grammes de colorant exigent théoriquement 224 grammes Fe

$$\frac{0,0015797 \times 22,6 \times 502}{224} = 0,08001 \ colorant$$

				Calculé.
et	1 gramme contient 0,8001	→	80,01 °/₀	79,76
	Eau de cristallisation à 140°	→	19,96 °/°	20,04
			99,97 °/₀	100,00

Pour les colorants qui, comme c'est le cas pour la majorité des
dérivés de la benzidine, sont précipités de leur solution par l'acide
chlorhydrique, la réaction est trop lente et la fin n'est généralement
pas suffisamment nette pour permettre des dosages exacts. Dans ce
cas, il vaut mieux ajouter un excès de solution de chlorure titaneux
à la solution bouillante du colorant, en ayant soin de faire passer
un petit courant d'acide carbonique (provenant d'un appareil de Kipp)
dans le flacon, au moyen d'un tube qui affleure la surface du liquide.
La réduction est généralement complète en moins de deux minutes. On
refroidit alors le flacon sous un courant d'eau, sans toutefois interrom-
pre le courant d'acide carbonique. Lorsque la solution est froide, on dose
l'excès de chlorure titaneux en ajoutant une solution d'alun ferrique
de concentration connue (de préférence équivalant à peu près à celle
de la solution de chlorure titaneux) jusqu'à ce qu'une goutte donne,
avec une solution de sulfocyanure de potassium, une coloration rouge.

En soustrayant le nombre de centimètres cubes de solution d'alun
ferrique (ou leur équivalent en chlorure titaneux, si les deux solutions n'ont pas la même concentration) du nombre total de centimètres cubes de chlorure titaneux employés, on obtient la quantité
exacte de celui-ci employée à la réduction du colorant.

L'exemple suivant illustre cette méthode :

Benzopurpurine 4B, $C_{34}H_{26}N_6S_2O_6K_2 \times 4 \ 1/2 \ H_2O$ (sel de potassium du colorant azoïque dérivé de la tolidine et de l'acide naphtionique). — On dissout 0^{gr},5 du colorant dans l'eau distillée et la
solution est portée à 500 cm³. On en prend 100 cm³ dans un flacon

conique et on chauffe à l'ébullition ; on ajoute alors 10 cm³ d'acide chlorhydrique concentré et 50 cm³ de solution de chlorure titaneux en faisant passer de l'acide carbonique dans le flacon. On fait alors bouillir le contenu du flacon pendant une minute environ ; on obtient ainsi la réduction complète et, après refroidissement, il faut ajouter $22^{cm3},9$ de solution d'alun ferrique (équivalant à 21 cm³ de chlorure titaneux).

L'excès de chlorure titaneux ajouté était par conséquent de 21 cm³ et ce nombre soustrait de 50 donne 29 cm³ de chlorure titaneux employés à la réduction.

Calcul :

$$1^{cm3} \text{ Ti Cl}_3 = 0^{gr},001845 \text{ Fe}$$

et 756 grammes de colorant exigent théoriquement 448 grammes Fe

$$\frac{0,001845 \times 29 \times 756}{448} = 0^{gr},09026 \text{ colorant}$$

		Calculé.
1 gramme contient 0,9026 = 90,26 %		90,33 %
Eau de cristallisation = 9,63 %		9,67 %
99,89 %		100,00 %

Cette méthode de titration par le chlorure titaneux a aussi été appliquée par son auteur au dosage des composés nitrés tels que le nitrobenzène, l'acide picrique, etc., et des colorants tels que la gallocyanine, l'alizarine, etc. (*J. Soc. Dyers*, 1915, XXXI. 241 ; voir aussi *New Reduction Methods in Volumetric Analysis*), et Salvaterra (*Monatsh.*, 1913, XXXIV. 255) qui l'a appliquée aux colorants tant basiques qu'acides).

Le fait, signalé d'abord par Sisley (*Bull. Soc. Chim.*, 1901, p. 862), que les composés azoïques contiennent de l'eau de cristallisation lorsqu'on les a fait cristalliser de leur solution aqueuse, a une influence importante sur leur dosage et il faut toujours avoir soin de doser l'eau de cristallisation en chauffant une quantité déterminée, dans une étuve, jusqu'à poids constant (Cf. les analyses, par Knecht, de *chrysophénine*, de *jaune brillant* et d'*érika B, J. Soc. Dyers*, 1905, 5).

L'hydrosulfite de sodium peut également être utilisé comme agent réducteur (Grandmougin et Havas, *Chem. Zvit.*, 1912, XXXVI. 1167 ; Siegmund, *Monatsh.*, 1912, XXXIII. 1431).

La séparation des huit colorants dérivés du goudron employés aux États-Unis pour colorer les aliments, savoir l'amaranthe, la tartrazine, l'erythrosine, le jaune naphtol S, le vert lumière SF jaunâtre, l'orangé 1, l'acide indigodisulfonique et le ponceau 3R, a été décrite par Estes (*J. Ind. Eng. Chem.*, 1916, VIII, 1123).

Bleu méthylène.

Ce colorant basique peut être analysé par la méthode de Knecht en employant le chlorure titaneux exactement comme il a été indiqué plus haut.

La méthode d'analyse du bleu méthylène commercial est la suivante : on dissout 1 gramme de l'échantillon dans 250 cm³ d'eau et l'on prend 50 cm³ de cette solution dans une fiole conique, on ajoute quelques gouttes d'acide chlorhydrique et l'on chauffe doucement le contenu de la fiole au-dessus d'une flamme. On fait alors passer un courant d'acide carbonique dans la fiole et on y fait couler de la solution de chlorure titaneux jusqu'à disparition de la couleur bleue.

Le calcul du pourcentage du colorant est fait en admettant que deux équivalents d'hydrogène sont nécessaires pour le transformer en composé leuco, conformément à l'équation :

$$C_{16}H_{18}N_3SCl + H_2 = C_{16}H_{20}N_3SCl.$$

Un dosage de l'humidité doit, naturellement, être fait également (*J. Soc. Dyers.*, 1905, 9).

Indigo.

Le dosage de l'indigo peut se faire par plusieurs méthodes qui, bien qu'elles ne soient pas d'une rigueur absolue, sont cependant suffisamment exactes pour les besoins de la pratique.

D'abord on doit déterminer la teneur en cendres, en brûlant une quantité pesée d'indigo, dans un creuset de platine, jusqu'à disparition du carbone.

Dans l'indigo naturel, la quantité de cendres varie de 4 à 30 pour 100 ; tandis qu'il ne doit pas rester de cendres lorsqu'on brûle un échantillon de produit artificiel.

Les adultérants les plus communs de l'indigo sont l'amidon, la résine, le campêche et le bleu de Prusse.

L'*amidon* peut être décelé en faisant bouillir l'échantillon avec de l'eau, en filtrant et en faisant l'essai du filtrat à la solution d'iode : la formation d'une couleur bleue indique la présence d'amidon dans la solution.

On peut le doser en traitant l'échantillon finement broyé par l'eau de chlore, jusqu'à décoloration complète ; on filtre, on lave, on sèche et finalement on pèse. On peut l'éliminer complètement en faisant bouillir pendant trente minutes avec de l'acide chlorhydrique à 4 pour 100 (Frank et Perkin, *J. C. S. I.*, 1912, XXXI, 372).

La *résine* est extraite par l'alcool et peut être dosée par ce moyen.

Le *campêche* est soluble dans l'acide oxalique et peut être décelé en traitant l'échantillon broyé avec une solution d'acide oxalique, en filtrant et essayant le filtrat avec une solution d'aluminate de sodium qui donne un précipité bleu avec la solution de campêche.

Le *bleu de Prusse* est transformé, par traitement à la soude caustique, en ferrocyanure de sodium ; on le décèle donc en traitant l'échantillon par la soude caustique, en filtrant et en faisant l'essai du fer dans le filtrat.

L'*indirubine* peut être complètement éliminée par ébullition avec la pyridine (Bloxam et Perkin, *J. C. S.*, 1910, XCVII, 1465).

Le carmin d'indigo est souvent falsifié par l'acide oxalique.

Les diverses méthodes de dosage de l'indigo peuvent être classées en :

I. — Méthode par réduction.

II. — Méthode par oxydation.

III. — Méthode colorimétrique.

IV. — Essais de teinture.

I. *Méthode par réduction*. — Cette méthode consiste à transformer l'indigo en indigo blanc par réduction, à le retransformer ensuite en indigo bleu, par oxydation, et à peser.

II. *Méthode par oxydation*. — Elle est basée sur la décomposition de l'indigo par oxydation et consiste à titrer une solution du bleu dans l'acide sulfurique concentré, au moyen d'agents oxydants divers.

III. *Méthode colorimétrique*. — Une telle méthode est recommandée par Houton-Labillardière (*Dingl. pol. J.*, XXVII, 54 ; XL, 448). Elle consiste à dissoudre l'échantillon d'indigo dans l'acide sulfurique concentré et à diluer cette solution avec de l'eau jusqu'à ce que la couleur ait la même intensité que celle d'une solution contenant une quantité connue d'indigo. Selon Ulgreen (*Wagner's J.*, 1865, 650) cette méthode ne donne pas de bons résultats.

IV. *Essai de teinture*. — Cette méthode est recommandée par Chevreul et par E. v. Cochenhausen. On opère comme suit :

On dissout 1 gramme d'indigo dans 50 grammes d'acide sulfurique fumant et on porte la solution à 1 litre. Cette solution est alors employée pour teindre la laine et la soie et l'on compare le produit teint à des échantillons teints dans les mêmes conditions avec un indigo de qualité connue.

Il est toujours bon de confirmer les résultats obtenus par l'une des méthodes précédentes en soumettant l'échantillon à un essai de teinture.

Pour l'exposé des nombreuses méthodes qui ont été successivement suggérées pour l'analyse de l'indigo tant synthétique que naturel, il faut consulter la littérature originale[1].

La méthode qui semble prêter le moins à la critique, et l'une de celles qui donnent certainement les meilleurs résultats pratiques est la méthode au tétrasulfonate de Bloxam (*J. C. S. J.*, 1906, XXV, 735).

1. *Séparation de l'indigotine à l'état d'indigotine tétrasulfonate de potassium*. — Un gramme de l'échantillon préalablement séché à 110° est chauffé dans une étuve à eau pendant une demi-heure avec 2 ou 3 grammes de sable blanc et 5 cm³ d'acide sulfurique fumant (20 % SO_3). Après refroidissement, le mélange est dilué et porté à 500 cm³ avec de l'eau ; on place 100 cm³ de cette solution dans une grande fiole conique et on y ajoute 100 cm³ d'une solution à 45 % d'acétate de potassium ; on chauffe doucement le contenu de la fiole jusqu'à ce que la dissolution du précipité soit complète [il ne faut pas dépasser la température de 90° (Frank et Perkin, *J. S. C. J.*, 1912, XXXI. 372)] et on le refroidit ensuite en mettant la fiole dans un mélange de glace et d'eau pendant une heure. Le tétrasulfonate se sépare sous forme de précipité cristallin, finement grenu. On le rassemble sur un filtre mouillé avec une solution obtenue en ajoutant 5 cm³ d'acide acétique glacial à 200 cm³ d'une solution à 45 % d'acé-

---

1. Un exposé détaillé en est donné dans *A Manual of Dyeing* de Knecht, Rawson et Löwenthal, 2e éd., p. 815, et *Technical Methods of Chemical Analysis*, Lunge-Keane, vol. II, 2e part., p. 1133.

tate de potassium et en diluant le mélange avec 400 cm³ d'eau. Le précipité est ensuite lavé avec cette solution à 0° C.

2. *Titration du précipité par le permanganate ou le trichlorure de titane.* — Le précipité est dissous sur le filtre au moyen d'eau chaude et la solution est portée à 200 cm³ avec de l'eau.

Titration au permanganate de potassium. — On dilue 200 cm³ de la solution du tétrasulfonate avec 80 cm³ d'eau, on ajoute 5 cm³ d'acide sulfurique et l'on y fait couler de la solution de permanganate de potassium à 0,1 % jusqu'à ce que l'addition d'une goutte ne produise plus de louche dans le liquide jaune pur. L'indigotine pure exigerait dans ces conditions 9 cm³ de permanganate et, d'après cela, on calcule le pourcentage.

Titration au trichlorure de titane. — On traite 25 cm³ de la solution de tétrasulfonate par 1cm³,5 d'une solution à 20 % de tartrate de sodium et le mélange est titré à la température de l'ébullition, dans une atmosphère d'acide carbonique ou d'hydrogène.

Des recherches ultérieures de Orchardson, Wood et Bloxam (*J. S. C. I.*, 1907, XXVI. 4) montrent que les impuretés de l'indigo naturel — indigo-gluten, indigo brun et indigo jaune — sont éliminées par ce procédé et que la totalité de l'indigotine peut être transformée en indigotine-tétrasulfonate de potassium si l'on prend les précautions nécessaires. La seule impureté qui présente des difficultés est le jaune indien (Kaempherol) car, bien que l'acide sulfonique de cette substance ne soit pas précipité par l'addition de la quantité ordinaire de solution d'acétate de potassium, une certaine proportion tend à être enlevée mécaniquement. Il est par conséquent nécessaire de laver l'indigotine-tétrasulfonate précipité, au moyen de la solution isotonique d'acétate de potassium jusqu'à ce que la couleur jaune de la solution de lavage ait fait place à une légère teinte bleue. Pour cela, il est bon d'employer la solution isotonique à la température ordinaire, plutôt que refroidie par la glace.

Gaunt, Thomas et Bloxam (*J. S. C. I.*, 1907, XXVII. 1174) arrivent cependant à la conclusion que la seule méthode sûre pour l'analyse de la feuille est le procédé à l'isatine qui est basé sur la formation d'indirubine par réaction entre l'indoxyle, formé par l'hydrolyse de l'indican contenu dans l'extrait de la feuille, et l'isatine ajoutée

$$C_6H_4 \begin{matrix} CO \\ \diagdown \\ NH \end{matrix} CH_2 \; + \; CO \begin{matrix} CO \\ \diagup \diagdown \\ C_6H_4 \end{matrix} NH \;\rightarrow\; C_6H_4 \begin{matrix} CO \\ \diagdown \\ NH \end{matrix} C = C \begin{matrix} CO \\ \diagup \diagdown \\ C_6H_4 \end{matrix} NH$$

conformément à la synthèse de V. Baeyer (voir p. 277).

La méthode s'applique comme suit :

Préparation de l'extrait de feuilles. — On place 5 grammes de feuilles sèches dans un entonnoir à filtration en verre, sec, pourvu d'un papier à filtrer, la douille de l'entonnoir étant munie d'un tube de caoutchouc et d'une pince. La pince est fermée, les feuilles sont recouvertes rapidement d'eau bouillante et on les laisse immerger pendant environ une minute ; on enlève alors la pince et, lorsque le liquide est filtré, on lave les feuilles à plusieurs reprises avec de l'eau à 60° C. Pour s'assurer si l'extraction est complète, les dernières eaux de lavage sont recueillies à part et traitées par un peu d'acide sulfurique à 4 pour 100 et de sulfate d'ammoniaque à 2 pour 100 et chauffées à 60° C. Il ne doit pas, dans ces conditions, se produire de coloration bleue.

Dosage. — Le volume convenant le mieux pour le dosage est 250 cm³ et le mieux est que la solution ait une concentration telle que ce volume renferme approximativement 0^{gr},1 d'indirubine ; dans ces conditions il faut 0^{gr},1 d'isatine et 15-20 cm³ d'acide chlorhydrique pur.

On expulse l'air du ballon au moyen d'un courant d'acide carbonique que l'on maintient pendant tout le temps de l'opération. Le mélange d'isatine et d'extrait est porté à l'ébullition pendant 5-10 minutes et on fait alors couler l'acide lentement d'un entonnoir à à robinet ; en même temps, on fait bouillir le liquide très doucement, tandis que l'on accélère le courant gazeux afin d'éviter l'accès de l'air. On fait bouillir le mélange pendant 20-30 minutes, on refroidit sous un courant d'eau froide, on rassemble le précipité sur un filtre taré, on lave très soigneusement avec une solution de soude caustique à 1 pour 100 à 70° C. et ensuite avec de l'acide acétique à 4 pour 100. Enfin on sèche à l'étuve jusqu'à poids constant.

Analyse du jaune de naphtol S par titration avec le bleu de nuit.

On prépare une solution titrée de bleu de nuit en en dissolvant 10 grammes dans 50 cm³ d'acide acétique glacial et en diluant à 1 litre avec de l'eau.

On prépare des solutions des échantillons de jaune de naphtol S telles qu'elles contiennent 1 gramme par litre. L'opération est effectuée de la façon suivante : on mesure soigneusement 10 cm³ de solution de bleu de nuit dans une petite fiole et, ensuite, on fait couler d'une burette environ 30 cm³ de la solution de jaune ; on agite bien le mélange pendant une minute environ et on le verse alors sur un filtre. Si le filtrat a une couleur nettement jaune, on répète l'opération avec une quantité plus petite de solution de jaune ; si le filtrat est bleu ou même incolore, il faut plus de solution jaune.

Ces essais sont répétés avec des quantités différentes de solution de jaune naphtol jusqu'à ce que le filtrat ait une teinte jaune très faible, à peine perceptible. Il vaut mieux recueillir le filtrat dans des vases de Nessler clairs. Avec un peu de pratique, le nombre des essais pour chaque échantillon peut être réduit à trois ou quatre. Le titre des échantillons soumis à l'analyse sera inversement proportionnel au nombre de centimètres cubes nécessaires pour précipiter 10 centi-mètres cubes de bleu de nuit. Par exemple si, de deux échantillons, l'un exige 28 cm³ et l'autre 35 cm³, leur valeur sera dans le rapport de 35 à 28, ou, en rapportant à 100, de 100 à 80. Si l'on désire exprimer le pourcentage de matière colorante pure existant dans les échantillons, on peut titrer la solution de bleu de nuit au moyen de jaune de naphtol S recristallisé, qui est le sel de potassium de l'acide dinitro-α-naphtolsulfonique. Un gramme de bleu de nuit *commercial* précipite environ $0^{gr},25$ de jaune de naphtol S pur et sec. Il apparaît donc que deux molécules de bleu de nuit se combinent avec une molécule de jaune de naphtol S pour former un précipité insoluble (Knecht, Rawson et Löwenthal, *A Manual of Dyeing*) [1].

II. Analyse qualitative des colorants.

Les colorants synthétiques que l'on rencontre dans le commerce sous forme de poudre sont parfois des mélanges de deux ou plu-

---

1. Seyewetz (*Sur les combinaisons des matières colorantes basiques avec les matières colorantes acides,* Lyon, 1900) a étudié la précipitation de colorants acides par des colorants basiques et suggéré une méthode d'analyse sem-blable à la précédente. Il donne comme exemple l'analyse de l'érythrosine au moyen d'une solution type de chlorure de rosaniline.

sieurs composés, mélanges préparés en vue d'obtenir certaines couleurs de nuances déterminées.

Il ne faut donc, dans beaucoup de cas, considérer les descriptions données plus haut des différents colorants désignés sous des noms techniques, que comme des indications approximatives au sujet de leur constitution.

Très souvent les formules sont empruntées aux spécifications des brevets et le fait qu'elles ne représentent pas toujours la nature réelle du colorant a été mis en lumière par R. Meyer (*Bull. Soc. Chim.*, 1901, 862) qui a montré que la chrysophénine avait une constitution très différente de celle qui lui était assignée dans la spécification du brevet.

De plus, les colorants contiennent fréquemment certaines impuretés, soit qu'elles aient été ajoutées à dessein, soit qu'elles proviennent d'une insuffisance de lavage.

Ainsi, des colorants qui ont été précipités de leurs solutions par du sel contiennent des quantités variables de cette substance.

Comme le sulfate de soude est invariablement employé dans la teinture de la laine, beaucoup de fabricants ajoutent une certaine quantité de cette substance au colorant fini et la même remarque s'applique également à d'autres produits minéraux qui sont employés dans l'application de matières colorantes déterminées. Des impuretés minérales de cette espèce peuvent d'ordinaire être facilement décelées.

Le *chlorure de sodium* peut être dosé en faisant l'extraction de la matière colorante avec un dissolvant organique, tel que l'acétone ou l'alcool et en déterminant ensuite la teneur en chlore du résidu.

Le *sulfate de soude* se rencontre presque toujours dans les colorants azoïques. Il peut être décelé en dissolvant la couleur dans l'eau, en la précipitant au moyen de sel marin (exempt de sulfate) et en s'assurant de la présence de sulfate dans le filtrat.

Le *sulfate de magnésium* est peu employé; on s'assure de sa présence de la même façon que pour le sulfate de soude.

Le *carbonate de soude* se rencontre fréquemment dans les colorants du groupe de la phtaléine. On le dose en déterminant la quantité de CO_2 mise en liberté par les acides.

La *dextrine* est souvent ajoutée aux matières colorantes artificielles. On peut la déceler par son odeur caractéristique lorsque la couleur est dissoute dans l'eau. En règle générale on peut l'isoler en traitant le colorant par l'alcool dans lequel la dextrine est insoluble.

Détermination de l'acide constituant des colorants basiques (ordinairement c'est l'acide chlorhydrique, bien que d'autres acides, comme par exemple l'acide oxalique, soient employés également). — La couleur est précipitée par l'ammoniaque, on filtre et on recherche l'acide dans le filtrat. Dans le cas où le colorant ne précipite pas par l'ammoniaque, comme la safranine, l'acide doit être recherché dans la solution du colorant.

La présence d'un sel double avec le chlorure de zinc peut être mise en évidence en calcinant le colorant et en soumettant le résidu à l'analyse.

La détermination du constituant basique des colorants acides se fait de façon analogue : le colorant acide est traité par HCl, on filtre et la base est recherchée dans le filtrat.

Détermination de la nature d'un colorant. — Pour déterminer si un colorant est un mélange ou une substance homogène, il suffit ordinairement d'en placer une petite quantité à l'extrémité d'une spatule et de le projeter, en soufflant d'une certaine distance, sur une feuille de papier à filtrer humectée d'eau ou d'alcool. Les particules de colorant se déposent sur le papier à filtrer mouillé et commencent aussitôt à se dissoudre en teignant chacune le papier de sa couleur propre. L'homogénéité ou la non-homogénéité du colorant est aisément mise en évidence en observant les couleurs des différentes particules.

Lorsqu'il y a en présence deux matières colorantes qui ont des nuances semblables et qu'on ne peut, par conséquent, les déceler commodément par ce procédé, il suffit fréquemment de souffler le colorant sur une petite quantité d'acide sulfurique concentré contenu dans une capsule de porcelaine blanche et de noter les différences de couleurs produites par la dissolution des différentes particules.

Parfois les différents constituants d'un mélange sont mélangés très intimement, soit qu'ils aient été précipités ensemble de leurs solutions, soit qu'ils aient été obtenus en évaporant leurs solutions à siccité.

Dans ces cas, il y a quelque difficulté à déceler une différence de couleur dans les taches obtenues par les méthodes indiquées plus haut et l'on doit recourir à l'essai de teinture.

Cet essai s'effectue en plongeant une fibre dans la solution du colorant pendant un petit moment, en l'enlevant ensuite et en la remplaçant par un autre échantillon de la même fibre et en répétant l'opération jusqu'à ce que le bain de teinture soit complètement épuisé.

Comme il est rare que deux colorants aient la même affinité pour la fibre, la présence d'un mélange sera clairement révélée en comparant les teintes obtenues (voir aussi p. 567).

Dans les tableaux suivants, on trouvera la façon de se comporter des colorants-types vis-à-vis des réactifs. On a pris un ou deux représentants de chaque groupe et décrit leurs réactions.

De cette façon on pourra se faire une certaine idée des réactions des autres corps du même groupe, bien que des essais de ce genre ne soient nullement absolus et qu'ils ne puissent être considérés que comme donnant une indication sur la nature probable d'un composé.

Les essais ont été appliqués aux colorants purs et le produit commercial devra être, autant que possible, débarrassé de ses impuretés avant de le soumettre aux réactifs.

Dans beaucoup de cas, en choisissant les réactions convenables, il est possible de séparer les constituants d'un mélange et de les isoler, de façon à identifier chacun d'eux avec certitude. Cependant il est impossible, pour des recherches de ce genre, de donner des règles d'application générale et il faut beaucoup de pratique et d'habileté expérimentale pour obtenir des résultats exacts.

Si la matière colorante à examiner est à l'état solide ou sous forme de poudre, on la dissout dans mille fois son poids d'eau ; dans le cas de colorants en pâte, on en prend une quantité plus grande suivant le pourcentage de substance sèche qu'ils renferment. Si la matière colorante est soluble, soit entièrement, soit presque entièrement, la solution est filtrée de façon que, s'il se produit un trouble ou une précipitation au cours de la recherche, il ne puisse y avoir aucun doute à ce sujet. Toutefois, si la matière colorante est faiblement soluble ou complètement insoluble, on fait les essais avec un mélange du colorant finement divisé maintenu en suspension dans l'eau (1 : 1000). Ce n'est que lorsque l'on fait des essais de détermination de la solubilité de la matière colorante dans l'alcool, l'éther et le benzène ou lorsqu'on étudie son comportement avec l'acide sulfurique concentré qu'il est nécessaire de l'employer à l'état sec.

Lorsque l'on fait ces essais de solubilité, on ajoute environ $0^{gr},1$ de matière colorante à 20 cm³ du réactif voulu; on agite alors bien le mélange, on fait bouillir et on filtre. Lorsqu'on emploie l'acide sulfurique concentré, il convient aussi de ne pas prendre trop de matière colorante, de façon que la couleur de la solution ne soit pas trop foncée; une partie de la solution est alors versée dans un tube à essai contenant de l'eau froide et l'on observe le résultat.

En ce qui concerne les réactions avec d'autres acides, de même qu'avec des alcalis ou des sels, on mélange des quantités égales de solution du colorant et du réactif dans un tube à essai; on laisse reposer à froid une moitié du mélange et, s'il se produit un précipité, on filtre; le restant est chauffé à l'ébullition et l'on observe les changements qui se produisent.

Pour opérer une réduction avec la poudre de zinc et des acides ou des alcalis, on mélange 20 cm³ de la solution du colorant avec environ 5 grammes de poudre de zinc, puis on ajoute 20 cm³ d'acide ou d'alcali et on agite bien le tout puis on fait bouillir jusqu'à décoloration et on filtre rapidement, après quoi l'on observe si le filtrat se colore ou non par exposition à l'air.

On peut faire cet essai en mouillant un papier à filtrer avec la solution et en le laissant sécher lentement à l'air.

Comme le sel marin qui accompagne les colorants recristallisés de solutions salines, est très difficile à éliminer par recristallisation, une petite quantité d'acide chlorhydrique se dégagera souvent dans l'essai par l'acide sulfurique concentré.

C'est ordinairement le cas pour les composés azoïques solubles.

Réactifs.

Eau.	distillée.
Alcool.	absolu.
Éther.	chimiquement pur.
Benzène.	— —
Acide sulfurique.	concentré.

Acide sulfurique (dilué).   .   100 grammes d'acide concentré dans 1 litre d'eau.

Acide chlorhydrique (dilué).   100 cm³ d'acide concentré ($d = 1,16$) dilués à 1 litre.

Acide nitrique..   .   .   .   100 cm³ d'acide nitrique pur dilué à 1 litre.

Hydrate de sodium. .   .   100 cm³ solution de soude caustique ($d = 1,3$) dilués à 1 litre.

Ammoniaque. . .   .   .   ammoniaque commercial ($d = 0,951$).

Carbonate de soude. .   .   100 grammes (crist.) dans 1 litre d'eau.

Acétate de soude..   .   .   100   —   —

Solution de tanin..   .   .   100 grammes d'acide tannique dissous dans 500 cm³ d'eau et mélangés à 100 grammes d'acétate de soude dans 500 cm³ d'eau.

Alun.. .   .   .   .   .   50 grammes (crist.) dans 1 litre d'eau.

Bichromate de potasse. .   50   —   —   —

Chlorure ferrique..   .   100   —   —   —

Chlorure stanneux.   .   100   —   —   —

Hypochlorite de chaux..   .   1°,1/2 Tw ($d = 1,007$), fraîchement préparé.

Acide acétique.   .   .   12° Tw ($d = 1,06$).

Colorants nitrés.

Matière colorante	Jaune naphtol S SO_3K–…–NO_2, OK, NO_2	Acide picrique NO_2–…–NO_2, OH, NO_2
Description	*Poudre jaune clair*	*Cristaux jaunes*
Solubilité dans : Eau	*Facilement soluble*	*Facilement soluble*
Alcool	*Assez soluble*	*Facilement soluble*
Ether	*Insoluble*	*Facilement soluble*
Benzène	*Insoluble*	*Facilement soluble*
Chauffage sur une lame de platine	*Explose en laissant un résidu de carbonate de potasse*	*Explose avec une flamme éclairante*
H_2SO_4 conc.	*Se dissout ; solution jaune vert, devient jaune pâle par dilution avec de l'eau ; en chauffant, la solution concentrée devient brun olive*	*Insoluble*
H_2SO_4 dilué	*Devient jaune pâle*	*Ne change pas*
Soude caustique	*Pas d'action*	*Solution jaune rougeâtre du sel de sodium*
Ammoniaque	*Pas d'action*	*Solution jaune rougeâtre du sel d'ammoniaque*
Tannin	*Pas d'action*	*Pas d'action*
Alun	*Pas d'action*	*Pas d'action*
Bichrom. de potasse	*Pas d'action*	*Pas d'action*
Chlorure stanneux	*N'est pas décoloré*	*A l'ébullition, devient jaune sale ; après un certain temps, décoloration*
Zinc en Poudre & ammoniaque	*Réduction, dans le filtrat la couleur jaune reparaît*	*Décoloration rapide, le filtrat est rouge sale*
Poudre de zinc & acide acétique	*Difficilement réduit ; le filtrat et le papier à filtrer se colorent en rouge orange*	*Décoloration rapide ; le filtrat est olive, les bords du papier filtre sont bleus*

Colorants nitrosés.

Matière colorante	Vert résorcine, Vert solide O.
	(formule développée)
Description	Pâte consistante gris brun (50 %)
Solubilité dans — Eau	Soluble à l'ébullition ; solution brune
Alcool	Soluble ; solution jaunâtre
Ether	Insoluble
Benzène	Insoluble
Chauffage sur une lame de platine	Brûle rapidement et régulièrement sans laisser de cendre
H_2SO_4 concentré	Se dissout en donnant une couleur brun foncé par dilution avec de l'eau, précipitation partielle ; en chauffant, la solution concentrée abandonne du gaz et devient plus rouge
H_2SO_4 dilué	En chauffant, solution jaune pâle claire, non extractible par l'éther
Soude caustique	Solution jaune non extractible par l'éther
Ammoniaque	Solution jaune
Tannin	- - - - - - - - - - - - - - -
Alun	En chauffant, solution jaune pâle
Bichromate de potasse	Se dissout en chauffant
Chlorure stanneux	Précipité blanc ; filtrat incolore à chaud
Poudre de zinc & ammoniaque	Réduction facile ; le filtrat et les bords du papier filtre deviennent bleu violet
Poudre de zinc & acide acétique	- - - - - - - - - - - - - - -

Colorants azoïques.

Monoazoïques.

Matière colorante	Orangé G	Ponceau 4 GB
	SO_3Na ⬡⬡ $N=N.C_6H_5$ SO_3Na OH	SO_3Na ⬡⬡ $N=NC_6H_5$ OH
Description	Poudre jaune écarlate	Poudre jaune écarlate
Solubilité dans — Eau	Facilement soluble; orange	Assez soluble; orange
Alcool	Facilement soluble; orange	Assez soluble; orange
Ether	Insoluble	Peu soluble
Benzène	Insoluble	Peu soluble
Chauffage sur lame de platine	Charbonne et finalement brûle en laissant des cendres blanches	Émet d'abord une vapeur blanche, brûle ensuite avec une flamme éclairante et se boursoufle fortement; finalement charbonne et laisse un résidu blanc fusible
H_2SO_4 conc.	Se dissout en donnant une coloration orange; par dilution, jaune rougeâtre; en chauffant la solution concentrée devient rouge	Se dissout en donnant une coloration orange; par dilution, devient jaune rougeâtre; par addition d'un peu d'eau, précipité rouge sale pâle; en chauffant, la solution concentrée devient plus foncé puis rouge rubis et finalement noire
H_2SO_4 dilué	Pas d'action	Pas d'action
Soude caustique	Solution rouge	Solution qui rougit légèrement
Ammoniaque	Solution jaune rouge	Solution qui rougit légèrement
Tannin	Pas d'action	Pas d'action
Alun	Pas d'action	Pas d'action
Bichro. de potasse	Pas d'action	Pas d'action
Chlorure stanneux	Orange; décoloration par ébullition prolongé	Précipité jaune orange; par ébullition décoloration assez rapide
Poudre de zinc & ammoniaque	Réduction rapide; le filtrat est jaune pur	Décoloration rapide; filtrat jaune verdâtre pâle
Poudre de zinc & acide acétique	Réduction assez rapide; filtrat incolore	Réduction rapide; filtrat incolore

Colorants azoïques (*suite*).

Monoazoïques (*suite*).

Matière colorante	Chrysoïdine	Orangé II
	$N{=}N$ ... NH_2 ... $NH_2 HCl$	... $N{=}N$ ... SO_3Na ... OH
Description	Cristaux noirs à éclat métallique	Poudre jaune écarlate
Solubilité dans — Eau	Très soluble	Facilement soluble ; orange
Alcool	Très soluble	Facilement soluble ; orange
Ether	Peu soluble jaune pâle	Insoluble
Benzène	Peu soluble	Insoluble
Chauffage sur lame de platine	Fond ; donne une vapeur brune, aromatique et brûle ensuite avec une flamme claire ; finalement charbonne et ne laisse pas de cendres	Brûle avec une flamme éclairante, se boursoufle et forme une masse noire volumineuse qui brûle finalement en donnant une cendre blanche
H_2SO_4 conc.	Se dissout avec dégagement de HCl, solution jaune ; par dilution, devient orange ; la solution concentrée, en la chauffant, devient olive foncé	Se dissout en une solution rouge-rubis par dilution, jaune orange ; en chauffant, la solution concentrée devient plus jaunâtre et finalement noir brunâtre
H_2SO_4 dilué	Pas d'action	Pas d'action
Soude caustique	Précipité jaune-orange, extractible par l'éther	La solution devient plus rouge ; reste claire
Ammoniaque	Précipitation partielle jaune-orange soluble dans un excès, extractible par l'éther	Solution rougit légèrement ; reste claire
Tannin	Précipitation partielle brun-orange soluble à chaud	Pas d'action
Alun	Pas d'action	A froid précipitation partielle rouge orange ; à chaud se redissout
Bichromate de potasse	Précipité quantitatif rouge brique ; en chauffant il devient brun foncé et résineux	Pas d'action
Chlorure stanneux	A froid pas d'action ; en chauffant, trouble jaune brun	Précipité jaune orange ; en faisant bouillir rapidement il se décolore
Poudre de zinc & ammoniaque	Décoloration rapide ; le filtrat et les bords du papier à filtrer sont jaunâtres	Décoloration rapide ; filtrat jaune pâle
Poudre de zinc & acide acétique	Décoloration rapide, filtrat presque incolore	Décoloration rapide ; le filtrat et les bords du papier filtre sont rose pâle

Colorants azoïques (*suite*).

Monoazoïques (suite).

Matière colorante	Chromotrope 2 R $\begin{array}{c}OH\ OH\\ \text{—}N\text{=}NC_6H_5\\ SO_3Na\quad SO_3Na\end{array}$	Chromotrope 10 B $\begin{array}{c}OH\ OH\\ \text{—}N\text{=}N.C_{10}H_7(\alpha)\\ SO_3Na\quad SO_3Na\end{array}$
Description	Poudre rouge brun	Poudre brune
Solubilité dans — Eau	Solution rouge	Solution rouge fuchsine
Alcool	Solution rouge	Solution rouge fuchsine
Ether	Insoluble	Insoluble
Benzène	Insoluble	Insoluble
Chauffage sur lame de platine	Brûle sans émettre de vapeur; laisse une cendre blanche	Brûle et émet des vapeurs; fond partiellement et laisse une cendre partiellement fondue.
H_2SO_4 conc.	Se dissout avec effervescence; solution rouge-fuchsine; par dilution, rouge; en chauffant, solution concentrée rouge brunâtre	Se dissout avec effervescence; solution bleue; par dilution, violette; en chauffant, solution conc. rouge brun
H_2SO_4 dilué	Pas d'action	Pas d'action
Soude caustique	Pas d'action	Pas d'action
Ammoniaque	Pas d'action	Pas d'action
Tannin	Pas d'action	Pas d'action
Alun	Pas d'action	A froid, précipitation complète violet foncé; à ébullition décoloration.
Bichro^{te} de potasse	Fonce légèrement	
Chlorure stanneux	A froid, précipitation partielle rose; par ébullition, décoloration	Pas d'action
Poudre de zinc & ammoniaque	Décoloration; filtrat devient jaune	Décoloration; filtrat devient jaune rougeâtre
Poudre de zinc & acide acétique	Décoloration; filtrat incolore	Décoloration; filtrat incolore

Colorants azoïques (suite).

Monoazoïques (suite).

Matière colorante	Azarine S	Rouge solide D. Amarante
Description	Pâte jaune brun	Poudre brun foncé
Solubilité dans — Eau	Franchement soluble; jaune	Facilement soluble
Solubilité dans — Alcool	Facilement soluble; jaune	Modérément soluble
Solubilité dans — Ether	Assez soluble; jaune	Insoluble
Solubilité dans — Benzène	Insoluble	Insoluble
Chauffage sur une lame de platine	Après l'évaporation de l'eau, le résidu émet une quantité de vapeurs rougeâtres, s'enflamme, charbonne et finalement brûle sans laisser de cendre.	Cesse très rapidement de brûler et fond en donnant une masse brillante rouge jaunâtre en laissant une cendre blanche qui est facilement fusible
H_2SO_4 conc.	Se dissout avec dégagement de SO_2, solution rouge violet foncé, par dilution précipite quantitativement en rouge brun; en chauffant, la solution conc. devient brun sale	Se dissout en formant une solution violet bleu; par dilution avec de l'eau, solution rouge bleuâtre, en chauffant, la solution conc. devient brun violet
H_2SO_4 dilué	A froid, précipitation partielle; en chauffant, solution claire, extractible à l'éther qui se colore en jaune	Pas d'action
Soude caustique	Précipité violet, filtrat rouge pâle; extractible à l'éther qui se colore en bleu, la solution aqueuse étant de couleur rouge sale	Solution rouge foncé
Ammoniaque	Même action que la soude caustique	Solution plus foncée
Tannin	....	Pas d'action
Alun	En chauffant; solution jaune	Pas d'action
Bichromd potasse	En chauffant, trouble brun	Pas d'action
Chlorure stanneux	En chauffant, précipitation partielle, jaune	....
Poudre de zinc & ammoniaque	Réduction facile; le filtrat devient jaune pâle	Réduction rapide; filtrat jaune verdâtre pâle
Poudre de zinc & acide acétique	....	Réduction assez difficile; filtrat rose pâle

Colorants azoïques (*suite*).

Monoazoïques (*suite*).

Matière colorante	Ecarlate brillant double Ecarlate pour soie	Jaune à mordant 0
Description	Poudre rouge brique	Poudre jaune rouge
Solubilité dans — Eau	Facilement soluble	Soluble ; jaune
Solubilité dans — Alcool	Soluble	Pas très soluble
Solubilité dans — Ether	Très peu soluble - traces	Peu soluble-traces
Solubilité dans — Benzène	Très peu soluble - traces	Insoluble
Chauffage sur une lame de platine	Boursoufle, brûle charbonne et finalement laisse une cendre blanche fusible	Se boursoufle fortement et fond ensuite en laissant un peu de cendre
H_2SO_4 conc.	Se dissout, solution rouge fuchsine par dilution, précipité brun rouge; en chauffant la solution concentrée devient rouge violet sale	Rouge brique avec dégagement de gaz ; par dilution jaune avec séparation partielle d'un précipité jaune
H_2SO_4 dilué	A froid, précipité rouge jaunâtre qui, en chauffant, se dissout en donnant une solution jaune rougeâtre pâle	- - - - - - - - - -
Soude caustique	Pas d'action	Liqueur orange
Ammoniaque	Pas d'action	Liqueur orange
Tannin	Pas d'action	Fonce en couleur
Alun	A froid, précipité floculent rouge jaunâtre qui, en chauffant, se redissout	Pas d'action
Bichro. de potasse	Pas d'action	Pas d'action
Chlorure stanneux	Précipité rouge jaunâtre par une longue ébullition, décoloration	Précipitation complète jaune
Poudre de zinc & ammoniaque	Réduction rapide; filtrat jaune pâle	A froid, pas de décoloration
Poudre de zinc & et acide acétique	Réduction assez rapide ; filtrat incolore	Décoloration complète à l'ébullition

Colorants disazoïques.

Matière colorante	Rouge pour drap O	Ecarlate de Biebrich
	SO_3Na — $N=N$ — $N=N$ / SO_3Na OH CH_3 CH_3	SO_3Na — $N=N$ — $N=N$ / SO_3Na OH
Description	Poudre brun verdâtre foncé	Poudre rouge brique
Solubilité dans — Eau	Facilement soluble	Solution trouble
Alcool	Modérément soluble	Très soluble
Ether	Insoluble	Très peu soluble
Benzène	Insoluble	Très peu soluble
Chauffage sur une lame de platine	Emet une grande quantité de vapeurs jaunes, brûle avec une flamme très lumineuse, charbonne et finalement laisse une cendre blanche fondue	Devient plus foncé, puis se boursouffle fortement en formant une masse grise qui laisse finalement une cendre blanche fusible
H_2SO_4 conc.	Se dissout en formant une solution bleu foncé; par dilution, rouge bleuâtre; en chauffant, la solution concentrée devient brun jaunâtre	Se dissout en se colorant en vert malachite; par dilution, devient bleu puis violet et finalement rouge; en chauffant, la solution concentrée devient bleue puis bleu sale et finalement brun jaunâtre
H_2SO_4 dilué	Pas d'action	Pas d'action
Soude caustique	Précipitation partielle rouge bleuâtre; en chauffant se redissout	Devient violet rouge foncé; précipitation partielle brun rouille; filtrat violet rouge
Ammoniaque	Même action que la soude caustique	Solution devient plus foncée
Tannin	Pas d'action	Pas d'action
Alun	Précipitation partielle, rouge bleuâtre; se dissout en partie en chauffant	A froid, précipité floculent rouge jaunâtre qui, en chauffant, se dissout en partie
Bichromate de potasse	A froid, précipitation quantitative rouge carmin; durcit en chauffant	A froid précipitation partielle rouge jaunâtre; se redissout en chauffant
Chlorure stanneux	Rouge bleuâtre sale; décoloration après un repos assez long	Précipité rouge jaunâtre; rougit à l'ébullition; décoloré par une longue ébullition
Poudre de zinc & ammoniaque	Réduction rapide; le filtrat et les bords du filtre sont jaunes	Réduction rapide filtrat jaune pur
Poudre de zinc & acide acétique	Réduction assez difficile; filtrat incolore	Réduction assez rapide; filtrat rose pâle

Colorants disazoïques (*suite*).

Matière colorante	Crocéine brillante 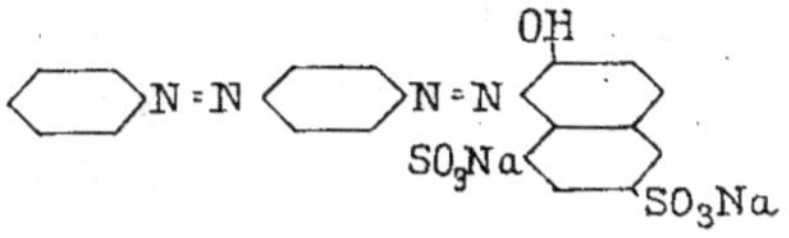
Description	Poudre rouge brique
Solubilité dans : Eau	Facilement soluble
Alcool	Très soluble
Ether	Insoluble
Benzène	Insoluble
Chauffage sur une lame de platine	Se boursoufle et brûle rapidement en laissant une petite quantité de cendre blanche fusible
H_2SO_4 concentré	Se dissout en formant une solution violet rouge; par dilution avec de l'eau, précipite partiellement en noir; filtrat rouge pâle; en chauffant, la solution concentrée devient brun noirâtre
H_2SO_4 dilué	Pas d'action
Soude caustique	Solution rouge sale foncé
Ammoniaque	Solution rouge sale foncé
Tannin	Pas d'action
Alun	Pas d'action
Bichromate de potasse	Pas d'action
Chlorure stanneux	A froid, précipite partiellement; en chauffant se décolore
Poudre de zinc et ammoniaque	Décoloration rapide; filtrat jaune pur
Poudre de zinc et acide acétique	Décoloration rapide; filtrat incolore

Colorants dérivés de sels tétrazoïques.

Matière colorante	Rouge Congo	Benzopurpurine B
Description	Poudre rouge brun	Poudre rouge brun
Solubilité dans — Eau	Facilement soluble	Facilement soluble, rouge jaunâtre
Solubilité dans — Alcool	Modérément soluble	Modérément soluble
Solubilité dans — Ether	Insoluble	Insoluble
Solubilité dans — Benzène	Insoluble	Insoluble
Chauffage sur une lame de platine	Brûle lentement, charbonne et enfin laisse une cendre fusible	Brûle lentement, charbonne et enfin laisse une cendre blanche fusible
H_2SO_4 conc.	Se dissout en donnant une solution bleue; par dilution, précipité bleu	Se dissout en donnant une solution bleue; par dilution, précipité floculent brun foncé
H_2SO_4 dilué	Précipité bleu	Précipité brun
Soude caustique	Précipité brun rouge soluble dans l'eau.	Pas d'action
Ammoniaque	Même action que la soude caustique	Pas d'action
Tannin	Pas d'action	Pas d'action
Alun	Pas d'action	Pas d'action
Bichromate de potasse	Pas d'action	Pas d'action
Chlorure stanneux	Décoloration lente	Décoloration à l'ébullition
Poudre de zinc & ammoniaque	Réduction facile; filtrat incolore	Réduction facile; filtrat incolore
Poudre de zinc & acide acétique	Réduction facile; filtrat incolore	Réduction facile; filtrat incolore

Colorants dérivés de sels tétrazoïques (suite).

Matière colorante	Brun Bismarck	Noir diamine RO
Description	Poudre brun foncé	Poudre noire
Solubilité dans — Eau	Facilement soluble	Solution noir violet.
Alcool	Facilement soluble	Modérément soluble
Ether	Insoluble	Insoluble
Benzène	Insoluble	Insoluble
Chauffage sur une lame de platine	Emet une vapeur blanche. Charbonne et brûle sans laisser de cendre	Brûle avec une flamme lumineuse, charbonne et laisse un résidu blanc fusible
H_2SO_4 conc.	Se dissout avec dégagement de HCl en donnant une solution brun foncé; par dilution, brun jaune foncé avec précipitation partielle; la solution conc. devient noir olive en chauffant	Se dissout en donnant une solution bleue; par dilution précipité bleu rougeâtre
H_2SO_4 dilué	A froid précipite patiellement en foncé; en chauffant se dissout et donne une solution jaune rougeâtre	Précipité bleu rougeâtre
Soude caustique	Précipité partiel brun jaune extractible à l'éther	Solution violette
Ammoniaque	Même action que la soude caustique	Solution violette
Tannin	Précipité partiel brun rouge; se dissout en chauffant	Pas d'action
Alun	Précipité partiel brun; se dissout en chauffant	Pas d'action
Bichromate de potasse	Précipité quantitatif brun orange foncé; en chauffant, devient noir.	Pas d'action
Chlorure stanneux	Précipité partiel brun orange; en chauffant, décoloration rapide	Décoloration à l'ébullition
Poudre de zinc & d'ammonique	Décoloration rapide; le filtrat et les bords du filtre légèrement orange.	Réduction rapide; le filtrat devient bleu par exposition à l'air
Poudre de zinc & acide acétique	Décoloration rapide; filtrat de couleur rougeâtre sale	Réduction rapide; le filtrat devient bleu par exposition à l'air

Colorants du di et du triphénylméthane.

Basiques.

Matière colorante	Auramine O	Vert brillant
	$H_2N\ C \big\langle \!\!\begin{array}{l} \diagup \bigcirc N(CH_3)_2 \\ \diagdown \bigcirc {=}N(CH_3)_2 Cl \end{array}$	$C_6H_5\ C \big\langle \!\!\begin{array}{l} \diagup \bigcirc N(C_2H_5)_2 \\ \diagdown \bigcirc {=}N(C_2H_5)_2\ Cl \end{array}$
Description	Poudre jaune	Lames cristallines vertes à éclat métallique
Solubilité dans — Eau	Très soluble ; jaune	Facilement soluble
Alcool	Très soluble ; jaune	Facilement soluble
Éther	Insoluble	Très peu soluble
Benzène	Insoluble	Très peu soluble
Chauffage sur une lame de platine	Devient rouge orange, donne des vapeurs jaunes, finalement charbonne et brûle sans laisser de cendre	Fond et brûle avec une flamme fuligineuse ; le carbone brûle et il reste un peu de cendre
H_2SO_4 conc.	Se dissout avec dégagement de HCl en une solution incolore par dilution, devient jaune ; la solution conc. chauffée devient jaune brun	Se dissout en donnant une solution jaune foncé ; diluée, devient jaune brunâtre ; en chauffant la solution concentrée se fonce
H_2SO_4 dilué	Pas d'action ; décoloration à l'ébullition	Solution brun rouge
Soude caustique	Précipité blanc ; peut être extrait en agitant avec de l'éther	Précipité vert pâle sale, quantitatif, devient incolore en chauffant, extractible à l'éther
Ammoniaque	Même action que la soude	La solution devient trouble blanc laiteux, extractible à l'éther
Tannin	Précipité presque complètement en jaune ; devient brun et résineux par ébullition	A froid, précipité presque quantitatif ; plus ou moins soluble à chaud
Alun	Pas d'action	Pas d'action
Bichromate de potasse	Précipité jaune quantitatif qui devient résineux en chauffant	Précipité vert foncé presque quantitatif ; partiellement soluble en chauffant ; le liquide se recouvre d'une pellicule irisée cuivrée
Chlorure stanneux	Pas d'action	A froid, précipité vert quantitatif ; se dissout en grande partie en chauffant ; filtrat vert foncé
Poudre de zinc & ammoniaque	Filtrat incolore ; la couleur ne reparaît pas ; après un certain temps le précipité sur le filtre devient jaunâtre	Filtrat incolore
Poudre de zinc & acide acétique	Devient bleu par réduction	Réduction très difficile ; filtrat incolore

Colorants du di et du triphénylméthane (*suite*).

Basiques (suite).

Matière colorante	Fuchsine – composée surtout de C avec CH_3, NH_2, NH_2, $= NH_2Cl$	Violet de méthyle B — C avec $NHCH_3$, $N(CH_3)_2$, $= NH(CH_3)_2Cl$
Description	Cristaux vert foncé à éclat métallique.	Poudre cristallisée vert olive.
Solubilité dans — Eau	Facilement soluble; rouge pourpre	Facilement soluble; violet
Alcool	Facilement soluble	Facilement soluble; violet
Ether	Très peu soluble; les cristaux deviennent bleus	Très peu soluble
Benzène	Insoluble; les cristaux deviennent bleus	A froid, pas très soluble; à chaud, modérément soluble
Chauffage sur une lame de platine	Donne des vapeurs rouges, puis fond et brûle avec une flamme fuligineuse; ne laisse pas de cendre	Emet des vapeurs blanches, fond et brûle sans laisser de cendre
H_2SO_4 conc.	Se dissout avec dégagement de HCl. Solution jaune brun foncé; diluée avec de l'eau, devient rouge jaunâtre puis jaune et finalement presque incolore; la solution conc. chauffée devient brun olive foncé	Se dissout avec dégagement de HCl. Solution orange; diluée avec de l'eau devient brun-orange, brun olive, vert olive, gris bleu; en chauffant, la solution conc. devient brune.
H_2SO_4 dilué	Solution d'abord rouge jaunâtre puis jaune, finalement presque incolore; en chauffant, redevient rouge.	Solution brun-rouge foncé; après un certain temps, verte
Soude caustique	Précipité quantitatif brun rouge extractible à l'éther	Précipité quantitatif brun violet, extractible à l'éther
Ammoniaque	En excès, donne une solution incolore, une légère addition donne un trouble	Pâlit et rougit; précipité rouge grisâtre sale, extractible à l'éther
Tannin	A froid, précipité presque quantitatif; en chauffant, devient résineux et se dissout partiellement	Précipité violet quantitatif; en chauffant le filtrat devient légèrement rouge
Alun	A froid, précipité partiellement en rouge, se dissout en chauffant	Pas d'action.
Bichromate de potasse	Précipité quantitatif brun rouge, devient résineux en chauffant	Précipité quantitatif noir violet; la plus grande partie se dissout en chauff.; partie se résinifie
Chlorure stanneux	A froid, précipitation partielle; en chauffant, se dissout avec séparation de chlorure stanneux basique	Précipité violet presque quantitatif en chauff. devient bleu indigo et se dissout partiell.; filtrat bleu azur avec fluorescence verte
Poudre de zinc & ammoniaque.	Filtrat incolore; les bords du papier à filtrer sont rouges.	Filtrat incolore
Poudre de zinc & acide acétique	Réduction assez difficile. Filtrat incolore; rose pâle à l'ébullition	Assez difficilement réduit; filtrat incolore, la couleur violette reparaît très lentement.

Colorants du di et du triphénylméthane (*suite*).

Basiques (suite).

Matière colorante	Violet cristalisé $C \big\langle \substack{\bigcirc N(CH_3)_2 \\ \bigcirc N(CH_3)_2 \\ \bigcirc =N(CH_3)_2Cl}$	Nouvelle fuchsine $C \big\langle \substack{\bigcirc NH_2\ (CH_3) \\ \bigcirc NH_2\ (CH_3) \\ \bigcirc =NH_2Cl\ (CH_3)}$
Description	Cristaux jaune-vert à éclat métallique	Poudre verte à éclat métallique
Solubilité dans — Eau	Facilement soluble; violet	Solution rouge fuchsine
Alcool	Facilement soluble	Solution rouge fuchsine
Ether	Presque insoluble	Très peu soluble
Benzène	Plus ou moins soluble; les cristaux deviennent bleus	Insoluble
Chauffage sur une lame de platine	Les cristaux fondent et brûlent avec une flamme fuligineuse puis charbonnent et finalement disparaissent sans laisser de cendre	Charbonne et ne laisse pas de cendre
H_2SO_4 conc.	Se dissout avec dégagement de HCl, solution jaune orange; diluée avec de l'eau devient vert olive, vert jaune jaune; en chauffant la solution concentrée devient brun foncé	Solution jaune orange, dégagement de HCl; devient jaune par dilution; brune olive en chauffant après un certain temps précipité floculent brun rouge
H_2SO_4 dilué	Solution vert olive; en chauffant, vert émeraude	A froid, solution brun jaune; à chaud, rouge rubis
Soude caustique	Précipité quantitatif violet bleu extractible à l'éther	A froid, précipitation complète; à chaud précipité brun jaune filtrat incolore
Ammoniaque	La solution devient laiteuse, parfois blanc laiteux	Solution rouge jaunâtre pâle
Tannin	A froid et à chaud, précipité quantitatif	Complètement précipité en rouge brun
Alun	Pas d'action	A froid, léger trouble rouge brun à chaud, solution rouge fuchsine claire
Bichromate de potasse	Précipité quantitatif noir violet à éclat métallique; en chauffant partielle.t soluble (résineux)	A froid, précipité complètement en rouge brun; à chaud, rouge orange claire.
Chlorure stanneux	A froid précipité violet quantitatif, partiellement soluble à chaud	A froid, précipitation partielle rouge violet, soluble à l'ébullition
Poudre de zinc & ammoniaque	Filtrat incolore; les bords du filtre sont lilas	Décoloration rapide à l'ébullition; filtrat incolore.
Poudre de zinc & acide acétique	Difficilement réduit; filtrat devient bleu pâle; les bords du filtre sont violet bleu pâle	Réduction facile; filtrat incolore

Colorants du di et du triphénylméthane (*suite*).

Acides.

Matière colorante	Vert acide	Fuchsine acide composée surtout de
$OH\text{-}C \Big\langle$ $N(C_2H_5)CH_2\ C_6H_4SO_3Na$ / SO_3Na / $N(C_2H_5)CH_2\ C_6H_4SO_3Na$	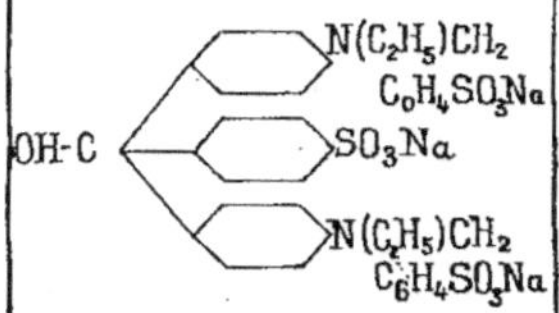	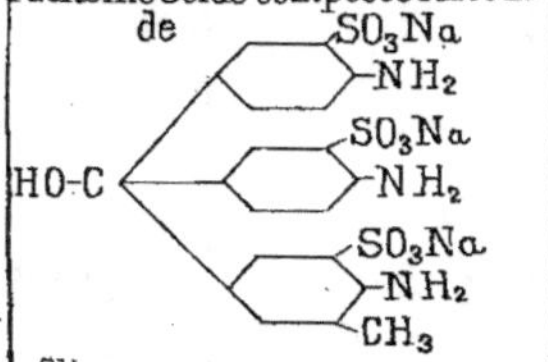 $HO\text{-}C \Big\langle$ SO_3Na / NH_2 / SO_3Na / NH_2 / SO_3Na / NH_2 / CH_3
Description	Poudre vert foncé	Olive
Solubilité dans — Eau	Très soluble ; vert	Très soluble ; rouge fuchsine
Solubilité dans — Alcool	Légèrement soluble	Très soluble
Solubilité dans — Ether	Insoluble	Insoluble
Solubilité dans — Benzène	Insoluble	Insoluble
Chauffage sur une lame de platine	Brûle et laisse une cendre blanche fusible	Forme une croute, brûle et laisse finalement une cendre blanche fondue
H_2SO_4 conc.	Se dissout en donnant une solution orangé foncé ; par dilution, devient olive, puis verte en chauffant, la solution conc. devient brun olive foncé	Se dissout en donnant une solution orangé foncé ; diluée, devient rouge carmin ; en chauffant, la solution conc. devient brun olive
H_2SO_4 dilué	Après un certain temps, la couleur pâlit	Pas d'action
Soude caustique	Devient incolore	Solution incolore
Ammoniaque	Devient incolore	Solution incolore
Tannin	Pas d'action	Pas d'action
Alun	Pas d'action	Pas d'action
Bichrom^{te} de potasse	Pas d'action	Pas d'action
Chlorure stanneux	Pas d'action	Pas d'action
Poudre de zinc & ammoniaque	Réduit rapidement ; filtrat incolore ; par addition d'acide acétique, devient vert	Filtrat incolore ; par addition d'acide acétique, la couleur reparaît
Poudre de zinc & acide acétique	Difficilement réduit ; filtrat vert pâle	Difficilement réduit ; filtrat rose

Colorants du di et du triphénylméthane (*suite*).

Acides (suite).

Matière colorante	Violet acide N	Bleu patenté V
	OHC — $N(CH_3)_2$; $N(CH_3)_2$; $N(CH_3)CH_2C_6H_4\,SO_3Na$	C — $N(C_2H_5)_2$; $N(C_2H_5)_2$, OH, $SO_3\tfrac{1}{2}Ca$; O_3S
Description	Poudre violet rouge	Poudré cristalline bleu foncé
Solubilité dans — Eau	Se dissout avec assez de difficulté ; solution violette	Très soluble ; bleu verdâtre
Alcool	Assez facilement soluble ; solution violette	Assez soluble
Ether	Insoluble	Insoluble
Benzène	Très peu soluble	Presque insoluble
Chauffage sur une lame de platine	Emet des vapeurs blanches, brûle et laisse une cendre blanche fusible	Emet une vapeur blanche puis brûle rapidement en laissant une cendre infusible .
H_2SO_4 conc.	Se dissout en formant une solution orange foncé ; par dilution, devient olive, puis verte ; en chauffant, la solution concentrée devient brun olive foncé	Se dissout en formant une solution orange foncé ; diluée, devient rouge carmin ; en chauffant, la solution concentrée devient brun olive
H_2SO_4 dilué	Après un certain temps, la couleur pâlit	Pas d'action
Soude caustique	Devient incolore	Solution incolore
Ammoniaque	Devient incolore	Solution incolore
Tannin	Pas d'action	Pas d'action
Alun	Pas d'action	Pas d'action
Bichrom^{te} de potasse	Pas d'action	Pas d'action
Chlorure stanneux	Pas d'action	Pas d'action
Poudre de zinc & ammoniaque	Rapidement réduit ; filtrat incolore, par addition d'acide acétique, devient vert	Filtrat incolore, par addition d'acide acétique, la couleur reparaît
Poudre de zinc & acide acétique	Difficilement réduit ; filtrat vert pâle	Difficilement réduit ; filtrat rose.

Colorants du di et du triphénylméthane (*suite*).

Acides (suite).

Matière colorante	Bleu soluble [*]	Bleu alcalin de méthyle [*]
	$HO\text{-}C$ — $NHC_6H_4SO_3Na$; $NHC_6H_4SO_3Na$; $NHC_6H_4SO_3Na$	$HO\text{-}C$ — NHC_6H_5 ; NHC_6H_5 ; $NHC_6H_4SO_3Na$
Description	Cristaux violets à reflets cuivrés	Poudre bleue.
Solubilité dans — Eau	Facilement soluble	Facilement soluble.
Solubilité dans — Alcool	Facilement soluble	Assez facilement soluble.
Solubilité dans — Éther	Insoluble	Très peu soluble.
Solubilité dans — Benzène	Insoluble	Insoluble.
Chauffage sur une lame de platine	Émet des vapeurs blanches d'odeur aromatique, charbonne et brûle en laissant une cendre blanche	Fond, se boursoufle puis brûle en laissant seulement un peu de cendre blanche.
H_2SO_4 conc.	Se dissout en formant une solution rouge-brun foncé, par dilution, devient bleue en chauffant la solution concentrée devient brun noirâtre	Se dissout en formant une solution brun rouge; par dilution, précipité bleu; filtrat incolore; en chauffant, solution concentrée noir violet.
H_2SO_4 dilué	Pas d'action	En chauffant, précipité bleu quantitatif, non extractible à l'éther
Soude caustique	Solution rouge foncé.	En chauffant, devient pourpre foncé; par ébullition prolongée rouge pâle.
Ammoniaque	Solution rouge foncé.	Même action que la soude.
Tannin	Pas d'action	En chauffant précipitation partielle
Alun	Pas d'action.	Précipité partiel; en chauffant précipitation plus complète
Bichromate de potasse	Pas d'action	Pas d'action.
Chlorure stanneux	À froid presque tout précipité re-dissolution partielle en chauffant.	En chauffant, précipité quantitativement en bleu.
Poudre de zinc & ammoniaque	Réduit; filtrat incolore; par addition d'acide acétique, coloration violette.	Assez rapidement décoloré, filtrat bleu pâle.
Poudre de zinc & acide acétique	Réduit avec une grande difficulté, exige l'ébullition; filtrat vert pâle.	Difficilement réduit; dans le filtrat la couleur bleue reparaît.

[*] Toujours mélangé à l'homo-dérivé correspondant (Voir page 132.)

Colorants de la pyronine.

Matière colorante	Violet acide solide B	Bleu acide solide R
	$NaSO_3$ C_6H_4HN — [noyau xanthène] — O — NC_6H_5 ; C — $COONa$	C_6H_3HN $C_2H_5O\ SO_3Na$ — [noyau xanthène] — O — NC_6H_4 (OC_2H_5) ; C — $COONa$; Cl, Cl
Description	Poudre violet rouge	Poudre bleu foncé
Solubilité dans — Eau	Solution rose foncé	Solution bleu violet
Solubilité dans — Alcool	Solution rose	Solution bleu violet
Solubilité dans — Ether	Insoluble	Insoluble
Solubilité dans — Benzène	Très peu soluble	Insoluble
Chauffage sur une lame de platine	Emet une vapeur violette, puis brune; fond et brûle en laissant une cendre blanche fusible	Charbonne et laisse beaucoup de cendre grise
H_2SO_4 conc.	Solution rouge orange; violet-rouge par dilution; après un certain temps, précipitation partielle rouge bleuâtre	Solution rouge brun; par dilution précipité complètement en bleu foncé
H_2SO_4 dilué	Précipitation partielle rouge violet; plus soluble à chaud	A froid, complètement précipité en bleu foncé; en chauffant, légèrement soluble, violet
Soude caustique	Rougit un peu	A froid, solution violette; en chauffant, violet rouge
Ammoniaque	Rougit un peu	Solution violette
Tannin	Pas d'action	Pas d'action
Alun	Précipitation partielle rouge bleuâtre	Précipitation partielle; en chauffant bleu foncé; filtrat rouge violet
Bichromate de potasse	Solution claire; un peu plus pâle en chauffant	Solution vert olive sale
Chlorure stanneux	A froid presque complètement précipité en rouge bleuâtre; assez soluble à chaud	Précipité presque complètement en bleu foncé; filtrat bleuâtre à froid; violet pâle en chauffant.
Poudre de zinc & ammoniaque	Décoloré au bout d'un certain temps	Facilement réduit; filtrat rouge jaunâtre faible; violet pâle par addition d'acide acétique
Poudre de zinc & acide acétique	Réduit à l'ébullition; le filtrat devient subitement rose	Pas réduit

Colorants de la pyronine (*suite*).

Matière colorante	Uranine	Eosine A
Description	Cristaux bruns à reflets métalliques verts	Cristaux à éclat métallique rougeâtre
Solubilité dans — Eau	Très soluble ; jaune avec forte fluorescence vert jaune	Très facilement soluble ; rouge avec fluorescence jaune
Alcool	Très soluble ; orange avec fluorescence vert jaune	Soluble ; très forte fluorescence
Ether	Insoluble	Insoluble
Benzène	Insoluble	Insoluble
Chauffage sur une lame de platine	Gonfle très fortement ; fond puis brûle en laissant une cendre fusible	Brûle lentement et graduellement et laisse une cendre blanche fusible
H_2SO_4 conc.	Se dissout en donnant une solution jaune avec fluorescence verte, jaune par dilution ; la solution concentrée, en chauffant, devient rouge brun foncé	Se dissout en donnant une solution jaune ; par dilution, précipite quantitativement en rouge orange ; la solution conc. en chauffant, devient rouge foncé
H_2SO_4 Dilué	La fluorescence disparaît presque complètement	A froid ainsi qu'en chauffant, précipité quantitatif rouge orange extractible à l'éther
Soude caustique	Pas d'action	Pas d'action
Ammoniaque	Pas d'action	Pas d'action
Tannin	La fluorescence disparaît	La fluorescence disparaît
Alun	A froid, précipitation partielle jaune orange ; en chauffant solution jaune	Précipitation partielle jaune orange
Bichrom. de potasse	La fluorescence disparaît	Pas d'action
Chlorure stanneux	A froid et aussi en chauffant, précipitation partielle jaune orange	A froid, précipité quantitatif rouge brillant, à chaud, devient rouge carmin plus foncé
Poudre de zinc & ammoniaque	Rapidement réduit ; dans le filtrat la couleur reparaît	Rapidement réduit ; filtrat rose clair avec forte fluorescence verte
Poudre de zinc & acide acétique	Rapidement réduit ; filtrat incolore	Réduit assez rapidement ; filtrat rougeâtre avec légère fluorescence

Colorants de la pyronine (*suite*).

Matière colorante	Eosine écarlate BB extra Eosine BN	Erythrosine
Description	*Poudre brune*	*Poudre rouge brique*
Solubilité dans — Eau	*Très soluble; rouge avec légère fluorescence verte*	*Très soluble; très légère fluorescence brun jaune*
Alcool	*Très soluble; rouge carmin avec fluorescence jaune*	*Très soluble avec légère fluorescence jaune vert*
Ether	*Très peu soluble*	*Très peu soluble*
Benzène	*Très peu soluble*	*Très peu soluble*
Chauffage sur une lame de platine	*Explose légèrement puis charbonne et brûle avec difficulté en laissant une cendre blanche fusible*	*Emet des vapeurs d'iode, puis charbonne et finalement laisse un résidu blanc fusible*
H_2SO_4 conc.	*Se dissout en donnant une solution jaune; par dilution, précipité quantitatif orange; en chauffant la solution concentrée devient rouge brun*	*Se dissout en donnant une solution jaune foncé; par dilution, précipité quantitatif rouge-orange; la solution concentrée, en chauffant, devient brun rouge foncé et il se dégage beaucoup d'iode*
H_2SO_4 dilué	*Précipité quantitatif orangé extractible à l'éther*	*Précipité quantitatif écarlate extractible à l'éther*
Soude caustique	*Pas d'action*	*Pas d'action*
Ammoniaque	*Pas d'action*	*Pas d'action*
Tannin	*La fluorescence disparaît*	*Pas d'action*
Alun	*A froid, précipitation partielle; à chaud, orangé pâle*	*A froid, précipité quantitatif rouge brillant; en chauffant, écarlate; filtrat jaune*
Bichrom^te de potasse	*La fluorescence disparaît*	*Pas d'action*
Chlorure stanneux	*A froid, précipité quantitatif rouge orange pâle; en chauffant, rouge pâle quelque peu soluble*	*Précipité quantitatif rouge*
Poudre de zinc & ammoniaque	*Rapidement réduit le filtrat et les bords du papier filtre sont rouge carmin*	*Rapidement réduit; filtrat rose pâle avec forte fluorescence verte; les bords du papier filtre sont jaunes*
Poudre de zinc & acide acétique	*Très difficilement réduit, même à l'ébullition; filtrat jaune orange (l'acide acétique précipite l'acide insoluble)*	*Très difficilement réduit; filtrat jaunâtre avec fluorescence jaune vert*

Colorants de la pyronine (*suite*).

Matière colorante	Phloxine	Rose Bengale 3B
Description	Poudre brun jaune	Poudre rouge brun
Solubilité dans — Eau	Très soluble; forte fluorescence jaune	Très soluble; rouge sans grande fluorescence
Alcool	Très soluble; rouge carmin avec forte fluorescence jaune	Très soluble; rouge carmin avec fluorescence brun doré
Ether	Très peu soluble	Insoluble
Benzène	Très peu soluble	Très peu soluble
Chauffage sur une lame de platine	Emet des vapeurs brunes, charbonne puis brûle en laissant une cendre blanche fusible	Emet des vapeurs d'iode, puis charbonne et finalement brûle en laissant une cendre blanche fusible
H_2SO_4 conc.	Se dissout en donnant une solution jaune orange; par dilution précipité quantitatif rouge pâle; la solution conc. en chauff.ᵗ devient brun rouge	Se dissout en donnant une solution brun doré; par dilution, précipité quantitatif couleur chair; en chauffant la solution conc. dégage de l'iode
H_2SO_4 dilué	Précipité quantitatif rouge brillant extractible à l'éther	A froid, de même qu'en chauffant, précipité quantitatif couleur chair extractible à l'éther
Soude caustique	Pas d'action	Pas d'action
Ammoniaque	Pas d'action	Pas d'action
Tannin	Pas d'action	Pas d'action
Alun	A froid, précipité rouge brillant presque quantitatif; en chauffant précipité quantitatif, couleur noire brillante	Précipité preque quantitatif rouge brillant, en chauffant devient couleur chair brillant
Bichrom.ᵗᵉ de potasse	Pas d'action	Pas d'action
Chlorure stanneux	Précipité quantitatif rouge brillant	Précipité rose quantitatif
Poudre de zinc & ammoniaque	Rapidement réduit; filtrat rose avec forte fluorescence jaune; les bords du filtre sont roses	Rapidement réduit; filtrat rose pâle avec forte fluorescence vert jaune
Poudre de zinc & acide acétique	Très difficilement réduit; filtrat presque incolore (l'acide acétique précipite l'acide libre insoluble)	Difficllement réduit; filtrat incolore (l'acide acétique précipite l'acide libre insoluble)

Colorants de la pyronine (*suite*).

Matière colorante	Galléine	Cœruléine
Description	Pâte brune	Pâte noir verdâtre
Solubilité dans — Eau	A froid, un peu soluble, rouge bleuâtre; en chauffant soluble rouge brun	A froid, insoluble; en chauffant, légèrement soluble, vert pâle
Alcool	Soluble, rouge brun	Un peu soluble; bleu noir
Ether	Très peu soluble	Insoluble
Benzène	Insoluble	Insoluble
Chauffage sur une lame de platine	Après évaporation de l'eau, le résidu fond, il se dégage des vapeurs brunes, la masse prend feu et brûle sans laisser de cendre	Après évaporation de l'eau, le résidu noir brûle sans laisser de cendre
H_2SO_4 conc.	Se dissout en donnant une solution brun jaune; par dilution, orange; en chauffant la solution conc. devient brun foncé	Se dissout en donnant une solution brun foncé; par dilution précipité presque quantitativement en vert noirâtre
H_2SO_4 dilué	En chauffant, solution orangé foncé	Légèrement soluble à chaud
Soude caustique	Solution bleu violet	Précipité vert olive; filtrat vert pâle
Tannin	....	....
Alun	En chauffant, solution rouge violet foncé	En chauffant, précipité vert, filtrat vert pâle
Bichromate de potasse	En chauffant, partiellement précipité	En chauffant, précipité presque quantitativement
Chlorure stanneux	Quantitativement précipité en rouge violet pâle	Quantitativement précipité en gris verdâtre
Poudre de zinc & ammoniaque	Rapidement décoloré; filtrat jaune pâle	Rapidement réduit; forme une solution rouge devenant rapidement verte par oxydation à l'air
Poudre de zinc & acide acétique	....	

Colorants de l'anthracène.

Matière colorante	Alizarine	Orangé d'alizarine G
	CO OH / OH / CO	CO OH / OH / HO / NO_2 / CO
Description	Pâte jaune brunâtre	Pâte jaune
Solubilité dans — Eau	Presque insoluble (même à l'ébullition)	Légèrement soluble; jaune brunâtre
Alcool	Facilement soluble, jaune foncé	Solution brun rouge
Ether	Assez soluble ; jaune	Assez soluble ; vert jaune
Benzène	Assez soluble	Assez soluble ; vert jaune
Chauffage sur une lame de platine	Après évaporation de l'eau, l'alizarine commence a se sublimer, puis charbonne et brûle sans laisser de cendre	La poudre séchée est jaune brunâtre; fond en donnant un liquide noir, se sublime, s'enflamme et finalem[t] brûle sans laisser de cendre
H_2SO_4 conc.	Solution rouge jaunâtre foncé ; par dilution, précipité jaune	Solution rouge brun; par dilution précipite presque complètement
H_2SO_4 dilué	Pas d'action	Pas d'action
Soude caustique	Solution violette	Solution rouge brun foncé
Ammoniaque	Solution rouge violet	Solution rouge brun foncé
Tannin	—	—
Alun	En chauffant se dissout partiellement pour donner une solution orange	A froid, pas d'action; en chauffant, précipité rouge orange
Bichromate de potasse	En faisant bouillir, précipité brun orange	Pas d'action.
Chlorure stanneux	Pas d'action	A froid, pas d'action; en faisant bouillir, précipité brun
Poudre de zinc & ammoniaque	Avec la poudre de zinc, rouge orange; en filtrant et en chauffant le filtrat, la couleur originale reparaît	Réduit à l'ébullition, vert jaunâtre; le filtrat devient rapidement brun foncé

Colorants de l'anthracène (*suite*).

Matière colorante	Bleu d'alizarine	Vert d'alizarine S
	$CO\ OH$ / OH / CO N	$CO\ OH$ / OH $+2\,NaHSO_3$ / CO N
Description	Pâte bleu grisâtre	Pâte brun rougeâtre
Solubilité dans — Eau	Insoluble	Solution rouge violet
Solubilité dans — Alcool	Soluble; solution bleu grisâtre	Solution rouge violet
Solubilité dans — Éther	Assez soluble; rougeâtre	Très peu soluble
Solubilité dans — Benzène	Assez soluble; rouge	Très peu soluble
Chauffage sur lame de platine	Après l'évaporation de l'eau, il se dégage une vapeur rougeâtre, la masse charbonne ensuite et brûle sans laisser de cendre	Rapidement carbonisé; laisse une cendre blanc grisâtre
H₂SO₄ conc.	Se dissout en formant une solution rouge violet; par dilution, rouge pâle; en chauffant, la solution concentrée devient brun foncé	Solution rouge rubis; précipité brun par dilution; en chauffant devient plus foncé
H₂SO₄ dilué	A froid, précipité brun sale; filtrat rouge pâle	A froid, pas d'action; en chauffant, précipité gris verdâtre
Soude caustique	Forme une solution bleue; par excès d'alcali, verte	Solution rouge rubis
Ammoniaque	Forme une solution bleu-verdâtre	Solution rouge rubis
Tannin	-----------	Léger précipité gris
Alun	Précipité bleu noir en chauffant	Solution violette
Bichro.d.potasse	Précipité noirâtre	Solution brun rouge
Chlorure stanneux	Précipité noirâtre	A froid, trouble violet sale; en chauffant, complètement précipité en vert grisâtre
Poudre de zinc & ammoniaque	Réduit, donne une solution rouge; le filtrat redevient bleu par réoxydation à l'air	Réduit à l'ébullition, filtrat brunâtre qui devient brusquement rouge brun foncé

Colorants de l'anthracène (*suite*).

Matière colorante	Noir d'alizarine P	Bleu d'alizarine acide BB
	($CO\,OH$, OH, HO, CO, N)	(SO_3Na, $OH\,CO\,OH$, OH, HO, SO_3Na, $OH\,CO\,OH$)
Description	Pâte noir grisâtre	Poudre rouge brun
Solubilité dans — Eau	Assez soluble ; olive	Soluble ; couleur rouge carmin
Alcool	Assez soluble ; brunâtre	Légèrement soluble ; rouge
Ether	Légèrement soluble, jaune brunâtre	Très peu soluble
Benzène	Très peu soluble	Insoluble
Chauffage sur une lame de platine	Sèche en formant une masse noire qui fond, donne un sublimé brun puis brûle sans laisser de cendre	Fond et brûle en donnant une cendre blanche
H_2SO_4 conc.	Solution brun foncé ; par dilution précipité brun jaune ; filtrat orange	Se dissout en formant une solution violet rouge ; par dilution rouge.
H_2SO_4 dilué	Résidu brun ; filtrat jaune pâle à froid	Solution rouge ; pas de changement par ébullition
Soude caustique	Solution vert grisâtre	Solution bleue ; après un certain temps, précipité bleu
Ammoniaque	A froid, solution noir brunâtre à l'ébullition noir rougeâtre	Solution bleue ; ne précipite pas au repos
Tannin	- - - - - - - - - -	En chauffant, précipité rouge brique ; filtrat orange
Alun	Précipité noir	Solution rouge violet
Bichrom. d. potasse	Précipité noir	En chauffant, solution brun foncé
Chlorure stanneux	Précipité gris rougeâtre	Complètement précipité en rouge violet
Poudre de zinc & ammoniaque	Réduit à l'ébullition, filtrat rouge brun fonçant rapidement	D'abord coloration bleue ; décoloré ensuite en donnant un filtrat incolore
Poudre de zinc & acide acétique	- - - - - - - - - -	Réduit en donnant une solution rouge brique

Oxazines et thiazines.

Matière colorante	Bleu de Meldola O ... $N(CH_3)_2 Cl$ ... N (Sel double avec chlorure de zinc)	Bleu Méthylène S $(CH_3)_2 N$ ... $N(CH_3)_2 Cl$ ... N
Description	Violet, cristallin	Petits cristaux à éclat métallique verdâtre
Solubilité dans — Eau	Très soluble	Très soluble
Solubilité dans — Alcool	Médiocrement soluble	Très soluble
Solubilité dans — Ether	Insoluble	Insoluble
Solubilité dans — Benzène	Insoluble	Insoluble
Chauffage sur une lame de platine	Emet des vapeurs blanches, brûle en crépitant, charbonne et enfin brûle en laissant beaucoup de cendre infusible (oxyde de zinc)	Emet des vapeurs verdâtres brûle avec une flamme fuligineuse, charbonne et brûle sans laisser de cendre
H_2SO_4 conc.	Se dissout avec dégagement de HCl; solution brune; bleue par dilution	Se dissout avec dégagement de HCl; solution verte; bleue par dilution à l'eau
H_2SO_4 dilué	Pas d'action	Pas d'action
Soude caustique	Complètement décoloré en chauffant; précipité brun	Solution bleu violet; un excès de soude caustique conc. produit un précipité extractible à l'éther
Ammoniaque	En chauffant, décoloration complète, précipité brun	Pas d'action
Tannin	Précipité bleu	Précipité bleu quantitatif assez soluble à l'ébullition
Alun	Pas d'action	Pas d'action
Bichromate de potasse	Pas d'action	Précipité brun rouge quantitatif en chauffant, vert olive partiellement soluble
Chlorure stanneux	En chauffant, précipité bleu quantitatif	Précipité quantitatif bleu sale devenant incolore en chauffant
Poudre de zinc & ammoniaque	Facilement réduit; filtrat incolore; par addition d'acide acétique la couleur reparaît	Rapidement réduit; le filtrat et les bords du papier filtre deviennent rapidement violets
Poudre de zinc & acide acétique	Rapidement réduit; filtrat incolore bleuissant lentement	Facilement réduit; le filtrat et les bords du papier filtre bleuissent rapidement

Oxazines et thiazines (*suite*).

Matière colorante	Bleu de Toluidine	Vert Méthylène
	(Sel double avec chlorure de zinc)	(Sel double avec chlorure de zinc)
Description	Poudre vert olive foncé	Poudre brun foncé
Solubilité dans — Eau	Solution bleue	Très soluble ; vert bleu
Alcool	Solution bleu violet	Très soluble
Ether	Très peu soluble	Insoluble
Benzène	Insoluble	Insoluble
Chauffage sur une lame de platine	Fond, se boursouffle ; émet beaucoup de vapeur odorante et finalement brûle en laissant un résidu d'oxyde de zinc	Emet un peu de vapeur verdâtre et se boursouffle puis brûle en laissant un résidu de Zn O
H₂SO₄ conc.	Solution verte ; il se dégage HCl par dilution, vert bleu ; la solution conc. en chauffant devient violet noir ; rouge violet par dilution	Se dissout avec dégagement de HCl ; solution vert bleuâtre ; diluée devient bleu verdâtre ; en chauffant la solution conc. devient noir violet
H₂SO₄ dilué	Pas d'action	Pas d'action
Soude caustique	A froid, précipité presque quantitatif brun violet presque complètement soluble à l'ébullition	Précipité violet presque quantitatif, extractible par l'éther
Ammoniaque	Précipité violet légèrement foncé ; filtrat violet	Précipité partiel bleu noir extractible par l'éther
Tannin	A froid, précipité bleu noir presque quantitatif, légèrement soluble à chaud	Précipité quantitatif vert bleu qui se dissout à chaud
Alun	Pas d'action	Pas d'action
Bichromate de potasse	A froid précipitation complète brun foncé ; en chauffant, solution verte presque claire	Complètement précipité en brun noir
Chlorure stanneux	A froid précipitation presque complète bleu pâle ; décoloré à l'ébullition	Précipité quantitatif vert sale qui en filtrant pâlit rapidement
Poudre de zinc & ammoniaque	Facilement réduit, incolore ; le filtrat devient subitement rouge-violet	Rapidement réduit ; le filtrat et les bords du filtre deviennent rapidement violets
Poudre de zinc & acide acétique	Facilement réduit, incolore ; le filtrat devient subitement bleu pâle	Assez difficilement réduit ; le filtrat et les bords du filtre deviennent rapidement bleus

Safranines et indulines.

Matière colorante	Safranine	Violet Méthylène
	N CH_3 — — CH_3 ClH_2N = = NH_2 N C_6H_5	N $Cl(CH_3)_2N$ = = NH_2 N C_6H_5
Description	Poudre brune	Poudre brune
Solubilité dans — Eau	Très soluble; solution rouge	Soluble avec coloration rouge vineux
Alcool	Très soluble; rouge avec fluorescence jaune.	Soluble avec coloration rouge vineux
Éther	Insoluble	Très peu soluble
Benzène	Insoluble	Insoluble
Chauffage sur lame de platine	Il se dégage une vapeur rouge; la masse fond prend feu, charbonne et finalement brûle sans laisser de cendre	Se boursoufle fortement en émettant une vapeur violette et finalement brûle sans laisser de résidu
H_2SO_4 conc.	Se dissout avec dégagement de HCl, solution verte; diluée devient bleue, violette et finalement rouge; la solution concentrée devient olive noirâtre à chaud	Se dissout avec dégagement de HCl, solution verte; par dilution, devient bleue, puis violette et finalement rouge vineux
H_2SO_4 dilué	Précipité partiel rouge orangé sale se dissout à chaud	Devient un peu plus foncé et plus bleu en chauffant
Soude caustique	Précipité partiel brun rouge, extractible par l'éther	A froid, peu d'action; en chauffant la base colorée se sépare lentement
Ammoniaque	Pas de précipité	Pas d'action
Tannin	Précipitation partielle de la laque	Précipité partiel rouge violet
Alun	Pas d'action	Pas d'action
Bichromate de potasse	Précipité rouge quantitatif peu soluble à chaud	Précipité brun qui se redissout à l'ébullition
Chlorure stanneux	Précipité partiel couleur chamois se dissout en chauffant	Fin précipité rouge violet
Poudre de zinc & ammoniaque	Facilement réduit; la couleur reparaît immédiatement	Couleur incomplètement détruite
Poudre de zinc & acide acétique	Facilement réduit; la couleur reparaît immédiatement	Par réduction la solution devient jaune brillant; la couleur reparaît partiellement par exposition à l'air

Safranines et indulines (suite).

Matière colorante	Azine écarlate G	Induline (soluble dans l'alcool)
	$Cl\,(CH_3)_2N$ — N — CH_3 — NH_2 — N — CH_3	Voir page 250.
Description	Poudre brune.	Poudre brun noir.
Solubilité dans — Eau	Très soluble a l'ébullition, solution rouge.	Médiocrement soluble, violet.
Alcool	Très soluble ; la solution montre une forte fluorescence.	Solution noir violet.
Ether	Insoluble.	Solution rouge
Benzène	Insoluble.	Solution rouge.
Chauffage sur une lame de platine	Carbonise et laisse un peu de cendre.	Fond, gonfle, emet des vapeurs violettes, charbonne et finalement brûle sans laisser de cendre.
H_2SO_4 conc.	Dégagement de HCl ; solution vert bleu ; par dilution précipité partiel brun rouge.	Solution bleu. violet, violette par dilution ; après repos, précipité partiel violet.
H_2SO_4 dilué	A froid, trouble rouge ; à l'ébullition, la couleur originale reparaît.	Pas d'action.
Soude caustique	Pas d'action.	A froid, complètement précipité en rouge ; à l'ébullition plus ou moins soluble.
Ammoniaque	Pas d'action.	Même action que la soude caustique.
Tannin	Précipité rouge écarlate se dissolvant à l'ébullition.	Complètement précipité en violet.
Alun	Pas d'action.	A froid partiellement précipité en violet ; en chauffant, solution violet clair.
Bichromate de potasse	Précipité brun insoluble à l'ébullition.	A froid complètement précipité en brun violet ; précipité presque entièrement soluble à l'ébullition.
Chlorure stanneux	Précipitation complète en rouge sale.	A froid presque complètement précipité en violet ; partiellement soluble à chaud.
Poudre de zinc & ammoniaque	Solution rapidement décolorée filtrat incolore ; la couleur reparaît plus ou moins par exposition à l'air.	Décolore ; le filtrat devient rapidement rose, avec acide acétique rouge violet.
Poudre de zinc & acide acétique	Solution rapidement réduite, par exposition à l'air, la couleur reparaît plus ou moins.	Réduit jaune ; le filtrat reste jaune brun.

Examen de colorants inconnus. — Pour découvrir la composition d'un colorant inconnu ou d'un mélange de colorants, la méthode de Rota (*Chem. Zeit.*, 1898, 437) est excellente. Elle se base sur le comportement des colorants lorsqu'on les traite par une solution de $SnCl_2 + HCl$. Lorsqu'on traite le colorant par une solution diluée de ce réactif (1 : 10 000), en chauffant jusqu'à l'ébullition, seuls les composés de certaines classes sont réduits : ce sont les dérivés des mono- et di-imidoquinones, tandis que ceux qui dérivent d'une quinone contenant un carbone diatomique au lieu d'un atome d'oxygène dans l'anneau quinonique ne sont pas réduits.

Ainsi les couleurs réductibles sont des dérivés tels que les couleurs nitrées, nitrosées, azoïques et quinone-imides du type

$$O = R = N — \qquad ou \qquad — N = R = N —$$
(Oximidoquinone.)   (Diimidoquinone.)

Celles qui ne sont pas réductibles sont les suivantes, colorants oxyquinoniques et du triphénylméthane.

$$O = R = C = \qquad et \qquad — N = R = C =$$
(Oxycarboquinone.)   (Imidocarboquinone.)

Si l'on examine les solutions réduites par $SnCl_2$, on trouve que certaines d'entre elles ne changent pas après addition de quelques gouttes de chlorure ferrique ou même en agitant à l'air la solution préalablement neutralisée par KOH ; tandis que d'autres sont oxydées et reprennent leur couleur primitive.

Les premières sont les couleurs nitrées, nitrosées et azoïques qui donnent des amines stables par réduction ; les secondes sont les dérivés quinoneimidiques donnant des leuco-bases qui se réoxydent facilement.

Les couleurs non réductibles peuvent être divisées en deux groupes selon qu'elles dérivent d'une oxycarboquinone ou d'une imidocarboquinone. A ceux-ci appartiennent les fuchsines, acridines, etc., qui, lorsqu'on les chauffe en solution aqueuse avec KOH sont décolorées ou précipitées ; les premières, en raison de leur caractère acide, donnent, avec les alcalis, des sels brillamment colorés qui sont ordinairement solubles.

Les colorants peuvent ainsi être divisés en quatre classes auxquelles appartiennent deux ou trois grands groupes ayant des chromophores semblables.

La subdivition de ces colorants en familles distinctes est basée sur la nature des groupes qui parmi eux donnent des sels. Il faut alors se préoccuper de la question de savoir si les colorants contiennent des groupements amine ou imide, carboxyle ou sulfonique. A cet effet l'usage de l'éther et de différentes fibres rend de grands services.

A. Classification des colorants organiques.

Une partie de la solution aqueuse ou alcoolique diluée du colorant est traitée par HCl puis par $SnCl_2$[*].

Est complètement décoloré __Colorants réductibles__ La solution décolorée est traitée par une solution de $FeCl_3$ ou par l'air après neutralisation par KOH (ou acétate de soude)		La couleur n'est pas altérée et reste la même qu'avec HCl seul. __Colorants non réductibles__ Une partie de la solution primitive est traitée par une solution à 20 % de KOH et chauffée	
La solution reste incolore Colorants non réoxydés après réduction Classe I	La couleur primitive reparaît Colorants réoxydés après réduction Classe II	La solution est décolorée, ou il se forme un précipité. Colorants quinonimidiques Classe III	Il ne se forme pas de précipité et le liquide prend une coloration intense. Colorants quinoniques Classe IV

[*] La solution aqueuse ou alcoolique contiendra 1 partie du colorant pour 10 000 parties de dissolvant ; on ajoute à 5 centimètres cubes de cette solution 4-5 gouttes d'acide chlorhydrique concentré, puis la même quantité de $SnCl_2$ (solution à 10 pour 100 préparée en dissolvant de l'étain dans l'acide chlorhydrique). On agite le mélange et, si c'est nécessaire, on chauffe à l'ébullition. Si la décoloration n'est que partielle, on ajoute davantage de solution stanneuse ou bien on dilue à nouveau la solution du colorant.

N. B. — Certaines indulines ne sont que difficilement décolorées et ne donnent pas de solutions complètement incolores.

Lorsqu'on a classé les couleurs conformément au tableau précédent, leur identification est fort simplifiée grâce aux propriétés détaillées et aux réactions des colorants types qui ont été données déjà[1]. Pour déceler le brome et l'iode, on fait bouillir la solution du colorant avec de la poudre de zinc et KOH ; la solution filtrée, après avoir été acidifiée par l'acide acétique, est essayée à l'eau de chlore ou à l'em-

---

1. On trouvera plus de renseignements sur ce sujet dans des livres tels que Green, *Organic Colouring Matters*, et Lehne, *Uebersicht der künstl. Organ. Farbstoffe*.

pois d'amidon. Le colorant peut aussi être incinéré avec CaO et le résidu traité par l'acide nitrique : on recherche alors l'halogène dans la solution à la manière ordinaire. Pour déterminer la présence du soufre, en vue, par exemple, de distinguer entre les thiazines et les oxazines, la substance est fondue avec du salpêtre et on recherche l'acide sulfurique dans la masse fondue.

Dans le cas où la couleur peut être réduite, l'étain est éliminé par traitement à H_2S et l'on examine le produit obtenu. Ainsi les composés azoïques donnent un mélange d'au moins deux amines primaires, conformément à l'équation

$$R - N = N - R_1 + 2H_2 = R - NH_2 + R_1 - NH_2.$$

Celles-ci peuvent parfois être facilement séparées par l'éther ; la solution réduite est traitée par H_2S pour enlever l'étain et la solution, rendue alcaline par KOH, est extraite par l'éther qui dissout l'amine non sulfonée tandis que l'amine sulfonée reste dans la solution aqueuse. L'amine sulfonée peut souvent être combinée à certains sels diazoïques pour donner un colorant défini qui peut aisément être identifié.

Lorsqu'on obtient une *para*diamine (par la réduction d'un composé amidoazoïque) celle-ci peut être identifiée par la réaction de la *thiazine*, c'est-à-dire en traitant la solution (exempte d'étain) par HCl et FCl_3 en présence de H_2S.

On obtient aussi une *para*diamine par la réduction d'un colorant *dis*azoïque ; ainsi, par exemple, le Soudan III [A] donne, par réduction,

$$C_6H_4 \underset{N=N.C_{10}H_6(OH)\beta\,(4)}{\overset{N=N.C_6H_5\,(1)}{\big<}} + 4H_2 = C_6H_4 \underset{NH_2\,(4)}{\overset{NH_2\,(1)}{\big<}} + C_6H_5NH_2 + C_{10}H_6 \underset{NH_2}{\overset{OH\,(\beta)}{\big<}}$$

Dans le cas d'un colorant ne contenant pas de groupement amine, cette réaction est utile pour distinguer un colorant *mono-* d'un colorant *dis*-azoïque.

Il est également possible de décider, lorsqu'il y a un groupe SO_3H, si celui-ci est fixé au milieu ou sur l'un des radicaux extrêmes, car la thiazine formée à partir d'une diamine non sulfonée est soluble dans l'éther (en présence de KOH) tandis que celle qui provient d'une diamine contenant un groupe sulfonique reste dans la solution aqueuse.

Examen de mélanges de colorants. — La difficulté de déceler et
d'identifier des colorants est beaucoup plus grande dans le cas de
mélanges. On peut faire un examen préliminaire en regardant la
poudre au microscope ou en soufflant un peu de la poudre sur de l'acide
sulfurique ou sur du papier-filtre mouillé, etc. On peut essayer la
séparation au moyen de l'eau ou de l'alcool bien que des mélanges
de colorants résistent ordinairement à cette méthode de séparation
par suite de la similitude des constituants.

On peut cependant employer souvent l'éther et la laine pour cette
recherche. La base libre d'un colorant basique est facilement extraite
de sa solution alcaline par l'éther ou la laine. Dans le cas d'un colorant acide, l'acide est mis en liberté par un acide plus fort et la couleur (sous la forme d'acide libre) est extraite par l'éther et la laine.

Il est bon d'employer concurremment ces deux agents car certains
colorants extractibles à l'éther ne teignent pas la laine.

Séparation au moyen de l'éther. — Le but de cette séparation est
surtout de distinguer les colorants basiques des colorants acides.
Les premiers sont extraits par l'éther de leurs solutions alcalines
diluées tandis que les colorants acides restent dans la solution aqueuse.
L'opération est pratiquée comme suit : on traite 100 cm³ de la
solution aqueuse du colorant par 1 cm³ d'une solution de KOH à
20 °/₀ et on agite avec trois fois le volume d'éther ; cette agitation
est répétée avec de l'éther pur jusqu'à ce que celui-ci ne se colore
plus, même en l'acidifiant avec l'acide acétique. La solution aqueuse
alcaline du colorant acide est neutralisée par l'acide acétique et mise
de côté pour un examen ultérieur. La solution éthérée de la couleur basique est lavée avec un volume égal d'eau très légèrement
alcaline et agitée finalement avec un tiers de son volume d'acide
acétique à 5 °/₀. La solution acide est séparée de la couche éthérée
et évaporée au bain-marie ; le résidu contient le colorant basique. Il
arrive que le colorant ne soit pas dissous par l'acide acétique. Dans
ce cas la solution éthérée reste colorée et doit être évaporée au bain-
marie pour obtenir la couleur basique. Quelques rares colorants
neutres peuvent aussi être extraits par l'éther, par exemple le jaune
de quinoléine, le bleu d'indophénol (soluble dans l'alcool), les différents soudans, etc. Tous ces colorants sont insolubles dans l'eau
et solubles dans l'alcool ; ils sont extraits par l'éther, même de leurs

solutions acides et ne sont pas dissous par un traitement à l'eau ou à l'acide dilué.

Dans l'extraction des couleurs basiques par l'éther, on ne peut pas employer indifféremment tous les alcalis. Toutes les bases sont mises en liberté par la potasse. D'autres alcalis, comme, par exemple, l'ammoniaque, ne sont pas toujours suffisamment forts. D'un autre côté, certaines bases sont facilement extraites par l'éther en l'absence de tout alcali. Ainsi, par exemple, la safranine qui est une base très forte exige l'emploi de la potasse, tandis que la fuchsine est mise en liberté par l'ammoniaque ordinaire ; d'autres, tels que les indulines, les oxazines et l'acridine sont mises en liberté par l'ammoniaque très diluée ; et enfin des colorants telles que la chrysoïdine, le brun Bismarck, la rhodamine S[By], le bleu Victoria, etc., en solution aqueuse, sont dissociées et la base passe dans l'éther, tandis que l'acide reste dans l'eau. On utilise cette différence pour l'analyse. La solution aqueuse diluée est d'abord extraite à l'éther et on continue l'extraction (avec de l'éther frais) en ajoutant successivement de l'ammoniaque à 1 %, de l'ammoniaque concentrée et, finalement, de la potasse à 20 %.

La différence de solubilité des bases dans l'eau et l'éther permet une séparation plus complète. Lorsque la solution éthérée est agitée avec un égal volume d'eau, certaines bases passent dans celle-ci, tandis que d'autres restent en solution dans l'éther. De cette façon, on peut séparer le jaune d'acridine du colorant très semblable, la phosphine.

Les bases restant en solution dans l'éther peuvent être séparées par extraction au moyen d'acide acétique à 5 % ; certaines sont dissoutes et peuvent être récupérées de la solution acide tandis que d'autres restent.

Les *colorants acides* qui n'ont pas été extraits de la solution alcaline par l'éther sont séparés par des méthodes analogues. La solution neutre est acidifiée par l'acide chlorhydrique ou sulfurique et extraite par l'éther ; les acides non sulfonés sont dissous tandis que la plupar des acides non sulfonés ne le sont pas. Cependant certains, parmi ceux-ci, sont partiellement solubles dans l'éther, par exemple la roccelline, le ponceau G[B], le noir pour laine, l'azoflavine, etc. On surmonte cette difficulté en employant de l'acide acétique à 1 % au lieu d'acide minéral; les acides sulfonés sont alors complètement insolubles dans l'éther.

Les colorants acides peuvent donc être divisés en trois classes, savoir : (1) solubles dans l'éther en présence de 1 pour 100 d'acide acétique ; (2) solubles dans l'éther en présence d'acides chlorhydrique ou sulfurique ; (3) insolubles dans l'éther.

Par ces moyens, nous pouvons séparer l'érythrosine [B] de la roccelline et du bordeaux B[A]; de même le jaune direct [A] du brun Congo R[A] et du rouge Congo [A].

Si le mélange est constitué entièrement par des colorants acides, nous obtenons une quatrième classe, savoir : les colorants qui sont extraits par l'éther de la solution neutre, par exemple le Soudan I[A] et le Soudan G[A]. Le Soudan G[A] peut être, par ce procédé, séparé du jaune Victoria, etc. La solution éthérée peut, dans ce cas, être lavée à l'eau pour obtenir une nouvelle séparation, comme il a été indiqué ; ainsi, par exemple, l'acide picrique peut être distingué du jaune de Martius (le dinitronaphtol libre n'est que très peu soluble dans l'eau), et le noir diamant de l'orangé naphtol.

Séparation de colorants par la laine. — Si la séparation par l'éther ne peut pas être appliquée, on a recours à la séparation par la laine. La fibre de laine fixe toutes les couleurs basiques en bain faiblement alcalin ou neutre, tandis que les couleurs acides restent en solution. Par conséquent cela permet une séparation des colorants acides et basiques.

La méthode s'applique comme suit : A 100 cm³ d'une solution de colorant (1 : 1000) on ajoute 4-5 gouttes d'ammoniaque ; on y met alors un écheveau de laine et on chauffe la solution à l'ébullition pendant trois à cinq minutes. On peut ajouter de la laine aussi longtemps qu'il y a extraction de colorant. La laine teinte est lavée à l'eau ammoniacale bouillante, puis à l'eau pure et enfin elle est extraite à chaud au moyen d'acide acétique à 5 % ; cette solution est évaporée au bain-marie et l'on obtient les colorants basiques. Lorsque la poudre primitive renfermait un mélange de ceux-ci, on peut souvent pratiquer une séparation au moyen d'une teinture fractionnée de la laine en faisant varier la concentration de l'ammoniaque et de l'acide acétique, etc.

La séparation des colorants acides est effectuée comme suit : une solution à 1 °/₀ de colorant est préparée et on ajoute 3-4 gouttes d'acide chlorhydrique concentré par 100 cm³ de solution. On fait bouillir le mélange, on y plonge l'écheveau et on agite de trois à cinq minutes ; on peut ajouter un second et un troisième écheveau jusqu'à ce qu'un dernier écheveau ne soit plus coloré. Les couleurs directes sont, par ce moyen, absorbées par la laine ; les couleurs indirectes restent dans le bain. Les écheveaux teints sont lavés à l'eau légèrement acidulée, puis à l'eau pure et extraits finalement au moyen d'une solution bouillante d'ammoniaque à 5 °/₀. L'ammoniaque est expulsée de celle-ci par ébullition et les couleurs directes restent dans la solution neutre.

Comme certains colorants indirects sont légèrement fixés par la laine, l'essai à la teinture doit être répété avec la solution ainsi obtenue.

On peut par ce moyen séparer

Colorants directs. . { Bordeaux B [A]. { Écarlate de Biebrich. { Jaune acide [A].
Colorants indirects. { Ériocyanine.   { Cochenille.   { Curcuma.

Si la teinture est faite d'abord dans une solution neutre puis dans une solution acide, on peut distinguer entre

Colorants fixés en bain neutre. { Violet alcalin [B]. { Violet acide 4BN.
    —   —   —   acide.. { Ponceau 6RB [A]. { Nouvelle coccine [A], etc.

Si la teinture est faite dans une solution fortement acide (1 cm³ HCl pour 100 cm³ de solution) on peut faire la séparation suivante :

Colorants fixés en bain fortement acide. { Bordeaux S [A]. { Bordeaux B [A].
    —   —   —   faiblement — { Orangé G [A]. { Méthylorange.

Dans tous les cas la laine est lavée à l'eau pure ou à l'eau faiblement ou fortement acidifiée selon la nature du bain et ensuite elle est extraite à l'ammoniaque diluée et chaude.

Lorsqu'on ne peut obtenir une séparation au moyen de l'éther ou de la laine, on essaye le coton. Parmi les colorants teignant directement le coton, on trouve la pyronine, la rhodamine (partiellement), la thioflavine, parmi les basiques ; et la curcumine, les colorants tétrazoïques, le jaune de Clayton, etc., parmi les colorants acides. On effectue la séparation en faisant bouillir pendant dix minutes dans un bain neutre ou dans un bain de savon et on lave finalement le coton soigneusement à l'eau bouillante. On peut par ce moyen séparer :

Colorants directs pour coton. { Jaune carbazol [B].   { Jaune pour coton R [B].
—   indirects   —   { Jaune diamant R [By]. { Phloxine B [B].

On peut souvent arriver à une séparation en faisant varier la réaction et la concentration du bain de teinture. Ainsi dans un bain légèrement acide (HCl) les deux colorants suivants peuvent être séparés :

Facilement fixé. . . . . . . { Congo Brillant [A].
Difficilement fixé. . . . . . { Jaune brillant [A].

Lorsqu'aucune des méthodes données plus haut ne réussit, on peut essayer différents dissolvants, par exemple l'éther de pétrole, l'alcool amylique, le chloroforme, etc. Le premier peut être employé pour séparer l'éosine du jaune de Martius.

Les tableaux spéciaux suivants ont été dressés par Rota pour l'application de cette méthode d'analyse :

Classe I. — Colorants réduits par $SnCl_2$ + HCl et non réoxydables.

Types

Colorants nitrés

$R.NO_2$

Jaunes ou orangés, solubles dans l'eau; directs pour soie et laine, mais non pour coton; partiellement réduits par

$SnCl_2$ + HCl

Nitrophénols (naphtols), insolubles dans l'éther lorsqu'ils sont dissous dans une solution de KOH

— Non sulfonés. Solubles dans l'éther en présence d'acide acétique. → Acide picrique

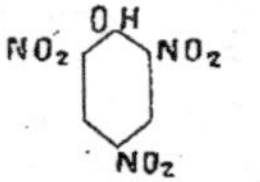

— Sulfonés. Insolubles dans l'éther dans tous les cas. 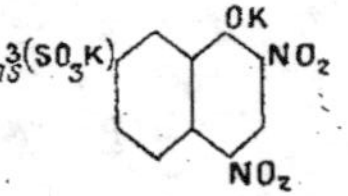 → Jaune de naphtol S

Colorants nitrosés

$O=\langle\ \rangle=NOH$

Colorants bruns ou verts, le plus souvent insolubles dans l'eau; tous donnent une coloration bleue avec H_2SO_4 + C_6H_5OH (réaction de Liebermann)

— Non sulfonés. Insolubles dans l'eau, solubles dans l'alcool, solubles dans l'éther en présence d'acide acétique → Vert solide O

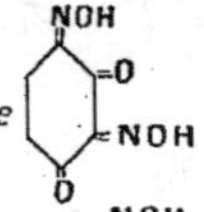

— Sulfonés. Solubles dans l'eau, insolubles dans l'éther. → La laque ferrique est le vert de naphtol B

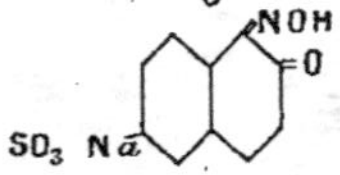

Colorants azoïques

$R-N=N-R$

La solution aqueuse de ces colorants, par traitement avec KOH et extraction par l'éther, donnent des solutions éthérées qui, après lavage à l'eau, se comportent de la manière suivante:

— Solution colorée: donne la couleur primitive par agitation avec de l'acide acétique dilué. → Non sulfonés. Composés amidoazoïques (Colorants azoïques basiques). $C_6H_5N=N.C_6H_4(NH_2)_2$ HCl — Chrysoïdine

— Solution colorée: non altérée par agitation avec de l'acide acétique dilué. → Non sulfonés. Composés oxyazoïques. $C_6H_5N=N\ C_{10}H_7(OH)\ \beta$ — Soudan I

— Solution incolore: non altérée par l'acide acétique dilué.

		Indirects/Directs pour coton	Type
Non sulfonés. Extraits par l'éther de la solution acétique diluée.	Colorants oxyazoïques avec groupements carboxyles	Indirects pour coton	Jaune diamant
		Directs pour coton	Chrysamine
Sulfonés. Non extraits par l'éther de la solution acétique diluée.	HNO_2 est sans action. (*)	Indirects pour coton	Orangé brillant
		Directs pour coton	Azo bleu
	Altérés par HNO_2.	Indirects pour coton	Jaune solide
		Directs pour coton	Rouge Congo

(*) L'essai au HNO_2 se fait de la façon suivante: $5\ cm^3$ de la solution sont traités par 2-3 gouttes d'une solution à 1% d'acide acétique et la même quantité d'une solution à 1% de $NaNO_2$ et chauffés.

Classe II.—Colorants réduits par Sn Cl₂+HCl et reformés par oxydation.

La solution aqueuse ou alcoolique est traitée par KOH et extraite à l'éther.(*) La solution éthérée lavée à l'eau se comporte comme suit.

		Types
La solution éthérée est colorée ou incolore; elle donne, cependant la couleur primitive par traitement au moyen d'acide acétique à 5% (la couleur reste dans la couche acétique). **Colorants basiques**	La solution est facilement réduite par Sn Cl₂ + H Cl à froid.	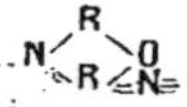 Oxazines — N⟨R⟩O, R=N — Bleu de Meldola.
		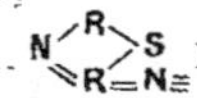 Thiazines — N⟨R⟩S, R=N — Bleu méthylène.
	La solution colorée est réduite avec difficulté et d'ordinaire incomplètement et seulement par l'addition d'une grande quantité de Sn Cl₂+HCl et en chauffant.	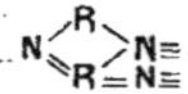 Indulines (**) — N⟨R⟩N=, R=N= — Induline (Soluble dans l'alcool)
		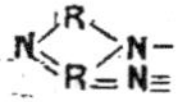 Safranines — N⟨R⟩N–, R=N= — Safranine.
Colorée; pas de changement sous l'action de l'acide acétique dilue **Colorants neutres** Insolubles dans l'eau, solubles dans l'alcool.	Bleu; altéré par H Cl à chaud.	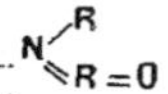 Indophénol — N⟨R⟩, R=0 — Indophényle.
	Colorant rouge ou bleu, non altéré par HCl.	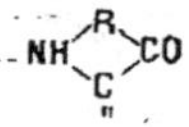 Indogénide — NH⟨R⟩CO, C — Indigotine.
Incolore; pas de changement avec l'acide acétique. **Colorants acides**	Non sulfonés: Solubles dans l'éther en présence d'acide acétique	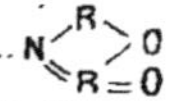 Oxazone — N⟨R⟩O, R=0 — Bleu fluorescent.
	Sulfonés. Insolubles dans l'éther dans tous les cas.	Facilement réduits par Sn Cl₂+HCl { Indogénide sulfoné — Indigo carmin. / Thiazine sulfonée — Thio carmin. }
		Réduction difficile { Indulines sulfonées — Induline soluble. }

(*) La solution diluée de colorant (1:10.000), aqueuse ou alcoolique (5 cm³) est traitée par 4-5 gouttes de **KOH** à 20% et extraite au moyen de 10-15 cm³ d'éther. La solution éthérée est lavée à l'eau une fois si la solution extraite était aqueuse; deux ou trois fois, si elle était alcoolique.

(**) La différence entre les indulines et les safranines est la suivante: la base de la couleur des premières est obtenue par traitement de leurs sels par l'ammoniaque; pour les secondes, il faut traiter par **KOH**.

Classe III — Colorants qui ne sont pas réduits par Sn Cl₂+HCl et qui contiennent le chromophore

$$= C = \bigcirc = N -$$

La solution aqueuse ou alcoolique du colorant est traitée par **KOH** et extraite à l'éther

Types

Condition	Description	Type	Chromophore
La solution éthérée est tantôt incolore, tantôt colorée. La couleur et extraite au moyen (d'acide acétique à 5 %) — **Colorants basiques**	La solution éthérée est incolore. La solution aqueuse (acétique) jaune est décolorée par **K O H** et décomposée par **HCl**	Auramines,......	$C\overset{R}{\underset{R}{=}}N$ — Auramine (base)
	Solution éthérée verdâtre fluorescente. La solution aqueuse du colorant est précipitée par **KOH**; **HCl** est sans action; **HNO₃** produit un colorant rouge.	Acridines,......	$-C\overset{R}{\underset{R}{<}}N$ Phosphine
	La solution éthérée est tantôt colorée, tantôt incolore; n'est pas fluorescente. La couleur extraite par l'acide acétique est soit rouge-violet, soit bleue, soit verte, sans fluorescence.	Fuchsine, non sulfonée	$C\overset{R}{\underset{R=N-}{<}}R$ Fuchsine
La solution éthérée colorée n'est pas extraite par l'acide acétique — **Colorants neutres** Insolubles dans l'eau, soluble dans l'alcool.	La solution éthérée est incolore; l'acide acétique extrait une couleur rouge fluorescente. La solution aqueuse est décolorée par **KOH**.	Pyronnes (colorées en jaune par **HCl**) Rhodamine (non sulfonée, insensible à **HCl**)	$C\overset{R}{\underset{R=N}{<}}O$ Pyronine G / Rhodamine S
	La solution éthérée est jaune et non fluorescente. La solution alcoolique est jaune, non fluorescente et est insensible aux acides et aux alcalis.	Quiniophtalone,	$C\overset{R}{\underset{R=N}{<}}$ Jaune de quinoléine (soluble dans l'alcool)
La solution éthérée est incolore et n'est pas modifiée par l'acide acétique. — **Colorants acides.**	Colorant jaune, soluble dans l'eau sans fluorescence, pas de changement par l'action de l'eau, des acides ou des alcalis.	Quinophtalone sulfonée	Jaune de quinoléine (soluble dans l'eau)
On fait bouillir la solution aqueuse du colorant avec du coton pur. Le colorant est fixé. Le colorant n'est pas fixe sur le coton	Colorant soluble, rouge-violet, bleu ou vert; en grande partie décoloré par **KOH**; peu sensible à **HCl**.	Fuchsines sulfonées	Fuchsine acide
	Colorant rouge ou violet, soluble dans l'eau avec fluorescence; précipité par **HCl** insensible a **KOH**.	Rhodamines sulfonées	Violamine R
	Colorant brun jaune ou orangé; solution aqueuse plus ou moins fluorescente.	Thiazols	$-C=N$ / $S-R$ Primuline

Classe **IV**.— Colorants non réduits par Sn Cl₂+HCl et qui contiennent le chromophore

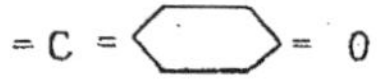

$$= C = \langle\hexagon\rangle = O$$

La solution alcoolique du colorant est traitée par quelques gouttes d'une solution diluée (1:1000) de F Cl₃

Le colorant est dissous ou en suspension dans l'eau bouillante

Pas de changement: Dérivés du triphényl-méthane ne contenant pas de groupements amides.

- Ne se fixe pas sur la laine; est presque insoluble dans l'eau; la solution aqueuse n'est pas fluorescente. — Aurines — Aurine
- Est absorbé par la laine; soluble dans l'eau et dans l'alcool avec fluorescence. — Phtaléines — Eosine

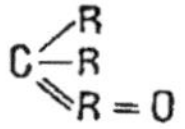

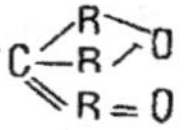

Solution verte ou vert olive.

Colorants oxycétoniques.

Le colorant primitif est traité par un alcali dilué (K O H à 1%)

Se dissout en donnant une solution jaune ou jaune rougeâtre. Monocétones.

La solution alcaline est traitée par une traces de HCl

- Tendance à décoloration avec décomposition — Benzophénones — Jaune d'alizarine **A**
- Coloration jaune intense Sans décomposition. — Quercétine

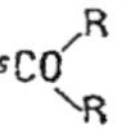

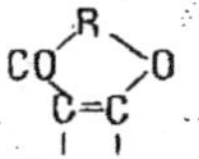

Se dissout en donnant une solution rouge violet violette, bleue ou verte. Dicétones.

La solution alcaline est acidifiée par l'acide acétique

- L'acide du colorant est mis en liberté et précipité; il est soluble dans l'éther et ne teint pas directement la fibre. — Anthraquinones non sulfonées — Alizarine
- L'acide du colorant est mis en liberté et précipité; est insoluble dans l'éther et teint directement la laine. — Anthraquinones sulfonées — Alizarines sulfonées

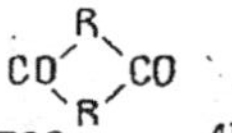

Types

Séparation des colorants par adsorption. — Le fait que certains colorants sont adsorbés par des substances telles que l'amidon, le kaolin, le talc, la pierre ponce, le kieselguhr, etc., est connu depuis très longtemps et les propriétés adsorbantes de ces substances ont été étudiées spécialement par Suida (*Monatsh.*, 1904, XXV. 1107) et Dreaper (*7e Congrès intern. de chimie appl.*, Londres, 1909 ; *J. S. C. I.*, 1909, XXVIII. 700).

Le kaolin, en particulier, est un des meilleurs agents adsorbants et son emploi dans la séparation des colorants, spécialement dans les aliments, a été étudié par Chapman et Siebold (*Analyst*, 1912, XXXVII, 339). 10 cm³ de la solution du colorant (contenant environ 1 gramme de colorant par litre) sont agités pendant plusieurs minutes avec 5 grammes de kaolin préalablement mélangés avec 10 cm³ d'eau et le mélange est filtré dans un entonnoir de Büchner à l'aide de la trompe. Le tableau suivant indique le comportement d'un certain nombre de colorants à ce traitement.

Adsorbés	Partiellement adsorbés, mais la couleur adsorbée peut être en partie extraite par lavage à l'eau.	Non adsorbés
Rouge Congo	Vert acide	Fuschine acide
Safranine	Bleu breveté	Eosine
Fuchsine	Bleu soluble	Erythrosine
Rouge neutre		Fluorescéine
Vert malachite		Méthylorange
Vert brillant	Vert acide (Extraction pratiquement totale à l'eau bouillante)	Tropéoline
Bleu méthylène		Orangé IV
Brun Bismarck		Ponceau 4 R
		Bordeaux R
Violet Cristalisé		Rouge Soudan
Violet méthyle B extra		Tartrazine
Auramine		Jaune de Naphtol
		Acide picrique
		Vert de Naphtol
		Carmin d'Indigo
		Cochenille (sol. 1 %)

Il s'ensuit que si un mélange contient, par exemple, de l'auramine et du carmin d'indigo, le traitement au kaolin en effectuera la séparation, l'auramine étant adsorbée et le carmin d'indigo passant dans le filtrat.

Dans certains cas, bien que le colorant soit aisément soluble dans l'alcool, ce dissolvant ne l'extrait pas du kaolin coloré. Grâce à cette propriété, on peut donc obtenir une séparation approximative en lavant le kaolin coloré, à l'eau chaude et ensuite à l'alcool chaud. Nous donnons ci-après des exemples de séparations effectuées de cette manière :

Ponceau 4R :	Filtrat aqueux.	Rouge.
Violet cristallisé :	Filtrat alcoolique.	Pourpre.
Safranine :	Kaolin.	Rose.
Jaune de naphtol :	Filtrat aqueux.	Jaune.
Fuchsine :	Filtrat alcoolique.	Rouge.
Bleu méthylène :	Kaolin.	Bleu pourpre.
Fluorescéïne :	Filtrat aqueux.	Rose sale et fluorescent.
Vert brillant :	Filtrat alcoolique.	Vert.
Rouge Congo :	Kaolin.	Rose.

Les colorants, après séparation, peuvent être identifiés par des essais spéciaux.

CHAPITRE XXXIV

RECHERCHE DES COLORANTS SUR LA FIBRE

Le nombre considérable des colorants synthétiques et la grande variété des colorants employés pour l'obtention de nuances différentes, font de leur identification sur la fibre un problème extrêmement difficile et parfois insoluble.

Ainsi, il est impossible de déterminer la nature exacte des divers colorants qui ont été employés pour obtenir, par exemple, un noir ou un vert sur la fibre ; mais on peut, en étudiant les réactions sur la fibre des types des différents groupes colorants, obtenir une idée assez précise du caractère des colorants qui ont été employés et reproduire ainsi la même couleur par l'emploi de colorants similaires du même groupe.

Ce n'est que dans des cas très rares, lorsqu'on a employé un colorant pur, qu'on peut identifier sa présence sur la fibre avec certitude.

En premier lieu, il importe naturellement de déterminer si le colorant a été ou non fixé sur la fibre à l'aide d'un mordant.

Pour cela, la meilleure méthode consiste à brûler un échantillon de la fibre teinte et à soumettre ensuite la cendre à l'analyse qualitative ordinaire.

Cependant il faut prendre soin d'éliminer au préalable tout l'apprêt, la charge, etc., employés dans le finissage de l'article. Les substances employées à cet effet étant solubles, on peut généralement les éliminer par un simple lavage de la fibre à l'eau chaude tandis que les sels métalliques employés comme mordants ne sont pas enlevés.

La couleur de la cendre indique fréquemment la nature du sel métallique employé. Ainsi, avec les mordants au fer la cendre est brune; avec le cuivre et le manganèse, elle est vert-jaunâtre ou vert bleuâtre et avec l'étain, l'aluminium, etc., elle est ordinairement noir bleuâtre; la présence du métal doit cependant toujours être confirmée par l'analyse.

Certaines substances employées comme mordants, comme le tanin et l'acide oléique, étant de nature organique, brûlent en même temps que la fibre et ne peuvent donc pas être identifiées par ce procédé.

L'acide tannique (tanin) est habituellement accompagné par l'antimoine, le fer ou l'étain. Il peut être décelé en extrayant différentes parties de l'échantillon avec (1) l'eau chaude, (2) une solution de carbonate de soude à 2 pour 100, (3) l'acide acétique à 5 pour 100; selon les cas, l'acide tannique sera extrait par l'un ou l'autre de ces réactifs et l'extrait neutralisé donnera la réaction caractéristique du tanin avec le chlorure ferrique.

L'acide oléique accompagne d'ordinaire l'aluminium ou les mordants analogues. On le rencontre toujours dans la teinture au rouge turc et on peut le déceler en extrayant à l'acide chlorhydrique dilué, chaud, en filtrant et extrayant le filtrat à l'éther.

Une autre méthode d'identification du mordant sur la fibre consiste à détruire d'abord la couleur par une solution d'hypochlorite.

Cette méthode s'applique ordinairement en trempant la fibre pendant quelques minutes dans une solution à 1 pour 100 d'hypochlorite, mais si ce n'est pas suffisant on peut prendre une solution plus concentrée et accélérer l'action de l'hypochlorite par l'addition d'acide acétique; dans ces conditions les couleurs les plus solides sont détruites et l'on peut rechercher la présence du mordant sur la fibre décolorée.

Le fer et le chrome peuvent être décelés par la couleur, bien qu'il ne faille pas oublier que l'action prolongée de l'hypochlorite peut convertir l'oxyde de chrome en chromate de chrome.

Les mordants à l'aluminium et à l'étain laissent la fibre incolore; ils peuvent être identifiés en teignant l'échantillon décoloré dans l'alizarine.

Réactions des colorants les plus importants sur la fibre.

Indigo. — Les fibres teintes à l'indigo pur ne peuvent être extraites ni par l'eau bouillante ni par l'alcool bouillant et la solution reste incolore. De même une solution bouillante de borax ou d'alun n'enlève pas la matière colorante.

Si le tissu teint a été traité ensuite par le campêche, la solution de borax est rouge; et si il a été traité par des couleurs d'aniline ou le carmin d'indigo, elle est bleue.

Si l'on traite cet extrait bleu par l'acide sulfurique concentré, il passe au jaune ou au rouge s'il y a des couleurs d'aniline ; mais il reste bleu si du carmin d'indigo accompagnait l'indigo.

S'il y a du bleu de Prusse dans une teinture d'indigo, la fibre est colorée plus ou moins en brun par une solution de carbonate de soude et si l'extrait au carbonate de soude est traité par le chlorure ferrique, le bleu de Prusse est précipité.

Le carmin d'indigo sera également extrait par la solution de carbonate de soude et la solution deviendra bleu foncé par acidification.

En faisant bouillir pendant un certain temps le produit teint avec de l'acide acétique glacial, du chloroforme, de l'aniline, etc., le colorant peut être enlevé quantitativement et pesé après évaporation du dissolvant.

Si la solution acétique d'indigo ainsi extrait est agitée avec de l'éther et qu'on y ajoute de l'eau, l'indigo reste au fond de la couche d'éther et la couleur de la solution aqueuse permet de déterminer la présence d'impuretés.

Si la couleur est jaune, c'est qu'il y avait probablement des colorants végétaux ; tandis que si elle est bleue ou violette cela indique qu'il y avait des couleurs synthétiques. La fibre teinte à l'indigo est décolorée par un hydrosulfite alcalin ou par les sels stanneux et, de l'extrait jaune, l'indigo est précipité par exposition à l'air.

En chauffant avec précaution une partie du produit teint à l'indigo, une certaine quantité de la matière colorante peut être sublimée. Cet essai peut être pratiqué rapidement et facilement en mettant le feu à un petit morceau du tissu teint et en agitant la substance en combustion devant un morceau de papier blanc. S'il y a de l'indigo il apparaît sur le papier une trace bleue.

Colorants de l'anthracène. — La présence d'alizarine peut fréquemment être décelée en traitant la fibre teinte par l'acide sulfurique concentré et en versant l'extrait (après dilution) dans la soude caustique, ce qui fait apparaître la couleur caractéristique du sel alcalin du colorant.

Plusieurs d'entre eux peuvent être décelés en faisant bouillir l'échantillon d'abord pendant un certain temps avec de l'acide chlorhydrique dilué, puis avec une solution diluée de carbonate, en mélangeant les extraits et en neutralisant (si c'est nécessaire) par NaOH. Dans ces conditions les différentes laques colorées sont précipitées et peuvent, dans beaucoup de cas, être reconnues à leur couleur.

Le *rouge d'alizarine* est décoloré par la solution d'hypochlorite et par l'acide chromique ; par ébullition avec de l'eau de baryte, il devient violet ; avec l'acide nitrique ou les vapeurs d'acide nitrique, il donne le jaune caractéristique de la nitroalizarine.

Le *bleu d'alizarine* n'est pas attaqué par l'hypochlorite ; par l'acide nitrique il vire au jaune qui devient lentement brun ; l'acide phosphorique extrait une solution rouge-orange qui, par dilution à l'eau et traitement à l'ammoniaque, devient bleue.

Une solution diluée dans l'ammoniaque alcoolique donne un spectre d'absorption caractéristique.

Le *noir d'aniline* est transformé en rouge brun par l'hypochlorite ; il est décoloré par un traitement prolongé au moyen d'une solution concentrée de permanganate de potasse et d'acide oxalique et est transformé en noir verdâtre par l'acide sulfureux.

Les *colorants basiques* peuvent, pour la plupart, être extraits au moyen d'alcool à 10 pour 100 et peuvent être décelés en teignant dans l'extrait du coton tanné.

La *fuchsine* est décolorée par une solution de sulfure de sodium. La présence d'orseille et d'aurine est indiquée par l'extraction à l'alcool amylique. La fuchsine donne avec l'alcool amylique un extrait rouge-bleu ; l'aurine un extrait jaune et l'orseille un extrait violet rose. Par addition d'ammoniaque, la fuchsine est décolorée, l'orseille devient bleue et l'aurine reste inaltérée.

Bleu méthylène. — Les fibres teintes au bleu méthylène passent au vert par l'acide nitrique, la couleur verte restant stable; l'hypochlorite les verdit puis les décolore. La matière teinte est très sensible aux agents oxydants, et une solution à 3 pour 100 de bichromate de potasse change le bleu, d'abord en violet, puis le décolore. Si le bleu a été employé sur tanin, il reste une couleur brune.

L'*éosine* A (tétrabromoflorescéine) bouillie avec KOH à 20-40 pour 100 donne une solution rouge-orange qui, par une ébullition plus longue, devient pourpre et finalement bleue avec une forte fluorescence verte. La couleur et la fluorescence persistent après dilution.

L'*éosine* B (sel d'éthyle de l'éosine A) donne dans les mêmes conditions une solution bleu-violet avec fluorescence verte.

L'*éosine* BN (dinitrodibromofluorescéine) donne avec KOH une solution vert olive sans fluorescence.

Rouge Congo. — L'acide nitrique produit sur un article teint au rouge Congo une tache bleu noir qui reprend sa teinte rouge primitive par un traitement à l'ammoniaque. L'acide nitreux rend la fibre brun rouge; l'ammoniaque ne restaure pas la couleur primitive mais rend la fibre brune, pourpre et la solution, rouge bleu. L'acide picrique rend la fibre bleu noir (la benzopurpurine est transformée en brun noir par l'acide nitreux et en brun rouge par l'acide picrique).

Le *rouge de primuline* (primuline + β-naphtol) est converti en jaune par ébullition avec une solution alcaline d'un sel stanneux. Si la fibre jaune ainsi obtenue est traitée par l'acide nitreux et développée avec le β-naphtol la couleur primitive reparaît.

Acide picrique. — La substance teinte à l'acide picrique devient rouge par traitement au moyen d'une solution de cyanure de potasse par suite de la formation d'acide isopurpurique.

Le *jaune de naphtol* (jaune de Martius) est extrait de la fibre par ébullition à l'eau et est décoloré par l'acide sulfurique. Une solution bouillante de cyanure de potasse extrait une solution rouge. Lorsqu'on met le feu à la fibre et qu'on l'agite devant un papier blanc, il se produit une raie jaune due à la volatilisation du colorant.

Le *jaune de naphtol* S n'est pas extrait aussi facilement par l'eau et n'est pas volatile.

L'azobleu est coloré en brun noir par l'acide picrique. Le *vert de résorcine* contient toujours du fer et sa présence peut être décelée dans les cendres. L'acide nitrique produit une tache brun jaune.

Séparation de matières colorantes par l'acide amylique.

Il arrive souvent que des matières colorantes mélangées sur la fibre puissent être décelées au moyen de l'alcool amylique.

A cet effet, on fait bouillir un échantillon assez important de la substance teinte, avec une solution de carbonate de soude (ou un autre dissolvant convenable) et la solution colorée extraite est agitée convenablement avec de l'alcool amylique fraîchement distillé.

Certains colorants — comme, par exemple, certains azoïques tels que l'orangé II, le bordeaux, etc. — sont extraits par l'alcool amylique tandis que d'autres — tels que le carmin d'indigo, le bleu solide, l'induline, etc. — restent dans la solution aqueuse.

Les colorants qui se trouvent dans la solution aqueuse peuvent alors être étudiés à la manière habituelle, tandis que ceux qui se trouvent dans l'alcool amylique peuvent être récupérés par évaporation et être également soumis à l'examen.

La solution dans l'alcool amylique peut aussi être soumise à l'examen spectroscopique (*Formánek, Pokorny*).

Le chlorure titaneux
comme réactif pour l'essai des couleurs sur la fibre.
(Knecht, *Journ. Soc. Dyers and Colorist*, vol. XX, 1904, n° 4.)

Knecht recommande le chlorure titaneux comme agent réducteur pour la détermination de la nature des matières colorantes sur la fibre.

Les couleurs azoïques sur coton sont presque immédiatement éliminées par ébullition avec une solution diluée de chlorure titaneux; le rouge de primuline est transformé en jaune; le rouge de paranitraniline est transformé en blanc après une ébullition d'environ deux minutes, tandis que le bordeaux d'α-naphtylamine (α-naphtylamine diazotée + β-naphtol) exige une ébullition prolongée pour sa décoloration. La primuline (non développée) et des colorants analogues ne sont pas altérés, même après une ébullition assez longue.

Couleurs basiques. — Ces couleurs appliquées sur le mordant ordinaire au tanin et au tartre émétique sont, dans la plupart des cas, complètement détruites, la fibre gardant une teinte variant du jaune foncé au brun par suite de la formation de tannate de titane. Sauf dans quelques cas peu nombreux (rhodamine, thioflavine T) la couleur n'est plus restaurée ensuite par un lavage à l'eau courante ou par un traitement à l'eau oxygénée diluée, la réduction ayant été plus loin que la formation de la leuco-base.

Couleurs au soufre. — Le chlorure titaneux agit facilement par une ébullition en solution diluée sur les couleurs au soufre; celles-ci perdent rapidement leur couleur caractéristique et virent au brun ou au gris.

En même temps il se dégage de l'hydrogène sulfuré, comme dans le traitement au chlorure stanneux, mais plus facilement qu'avec ce dernier réactif.

La présence d'hydrogène sulfuré peut être aisément mise en évidence en plaçant un morceau de papier filtre mouillé et imbibé d'acétate de plomb à l'ouverture du tube à essai dans lequel la fibre est traitée.

Lorsqu'on emploie le chlorure titaneux au lieu du chlorure stanneux dans cette réaction, il faut noter que ce réactif dégage souvent des traces d'hydrogène sulfuré dont l'origine n'est pas connue; donc, avant de l'employer, il faut d'abord le faire bouillir pendant un certain temps après avoir ajouté une petite quantité d'acide chlorhydrique fort.

Les couleurs au soufre ne sont pas détruites d'une manière définitive par l'action du chlorure titaneux et la couleur est restaurée soit par lavage à l'eau, soit par immersion dans une solution diluée d'eau oxygénée.

Noir d'aniline. — Cette couleur se comporte d'une manière fort analogue à celle des noirs au soufre, virant au brun ou au gris qui redevient noir après lavage à l'eau courante ou exposition à l'air.

Il existe un moyen facile de différencier le noir d'aniline du noir au soufre.

1° Le noir au soufre traité par l'hypochlorite se décolore rapidement et complètement, tandis que le noir d'aniline devient brun.

2° Le noir au soufre brûle en ne laissant qu'une cendre insignifiante, presque toujours blanche, puisque les noirs au soufre actuels ne nécessitent plus de traitement aux sels métalliques. Le noir d'aniline laisse au contraire une cendre volumineuse, colorée généralement en vert par la présence d'une quantité appréciable d'oxyde de chrome et souvent d'oxyde de cuivre.

Indigo. — Cette couleur est d'abord convertie, par l'action du chlorure titaneux, en indigo blanc et si on enlève le produit teint après une immersion pas trop longue et qu'on le mette dans la soude caustique diluée, il abandonne à celle-ci une certaine quantité de son colorant.

Mais si le produit a subi une ébullition de plus de quelques minutes, la réduction va plus loin que la formation d'indigo blanc et le colorant est complètement détruit.

L'action du chlorure titaneux a une importance considérable car elle permet au chimiste de déceler aisément et rapidement la présence de couleurs au soufre employées comme fond pour l'indigo ou qui ont pu être employées en même temps que l'indigo dans la cuve.

Le *rouge turc* chauffé avec le chlorure titaneux devient marron, probablement par suite de la conversion de la laque d'alumine en la laque titaneuse correspondante d'alizarine.

Recherche spectroscopique des colorants.

(J. Formánek et E. Grandmougin, *Spektralanalytischer Nachweis künstlicher organischer Farbstoffe* ; voir aussi *Zeit. Farb. Ind.*, 1902-1903.)

Dans l'état actuel des recherches, l'examen spectroscopique des colorants, soit à l'état solide, soit sur la fibre, semble devoir constituer finalement la méthode la meilleure et la plus sûre pour déterminer leur caractère, aussi bien au point de vue de la nature du mélange que de la constitution chimique probable d'un colorant homogène.

On a noté, en comparant les spectres d'absorption des différents groupes de colorants, que la présence de certains groupements atomiques produit des spectres caractéristiques qui permettent de conclure avec certitude à la présence de certains groupements. Ainsi, des solutions de colorants du triamidotriphénylméthane donnent deux bandes d'absorption symétriques inégales ; les thiazines, deux bandes inégales asymétriques ; les solutions de colorants d'alizarine, trois bandes d'absorption ; les solutions des composés azoïques, une ou deux larges bandes d'absorption et ainsi de suite.

Cette méthode peut s'appliquer non seulement aux colorants à l'état solide, mais aussi aux colorants sur la fibre.

Dans ce cas on peut employer soit l'eau, soit l'alcool absolu, soit un mélange à parties égales d'alcool et d'eau, soit l'acide acétique à 90 pour 100, soit un mélange à parties égales d'aniline et d'acide acétique, dissolvants qui agiront dans la plupart des cas.

Pour extraire le colorant de la fibre, on fait d'abord bouillir celle-ci avec de l'alcool absolu ; si la fibre n'est pas complètement décolorée par ce moyen, on la fait bouillir de nouveau avec de l'acide acétique et enfin, si c'est nécessaire, avec un mélange d'aniline et d'acide acétique.

Par ce traitement, il arrive fréquemment que l'on sépare un mélange de colorants par suite de la différence de solubilité des divers constituants ; ainsi, si une fibre a été teinte avec un mélange de bleu méthylène et de violet de méthyle, la totalité du violet méthyle sera extraite par l'alcool absolu tandis que le bleu méthylène ne passera en solution qu'après ébullition avec l'alcool dilué ou, mieux encore, avec l'acide acétique.

Les solutions obtenues au moyen des divers dissolvants sont alors soumises à l'examen spectroscopique. Si elles donnent des spectres d'absorption semblables, elles sont mélangées et évaporées à sec, le résidu est ensuite extrait à l'eau, à l'alcool éthylique et à l'alcool amylique et les solutions obtenues sont de nouveau examinées au spectroscope.

Il est souvent possible de déterminer la présence d'un mélange par un simple examen de la solution d'un colorant complexe à l'aide du spectroscope. C'est le cas notamment pour les colorants du triphénylméthane, les colorants de la quinoneimide et les colorants de l'acridine dont les bandes d'absorption sont clairement et nettement définies.

La présence d'un mélange est signalée ordinairement par l'inégalité des bandes d'absorption. Ainsi, si le spectre contient deux bandes claires, bien délimitées, de chaque côté d'une plus faible, on peut conclure avec confiance à la présence d'un mélange.

Lorsque les bandes d'absorption des colorants qui se trouvent dans un mélange se masquent l'une l'autre, on peut souvent les séparer au moyen d'acides ou d'alcali.

Ainsi, dans un mélange d'induline et de violet de méthyle (en solution aqueuse) la bande d'absorption du violet de méthyle est recouverte par celle de l'induline. Cependant, si on ajoute un acide dilué à la solution aqueuse, la bande du violet de méthyle se déplace vers la gauche et les deux bandes apparaissent nettement.

L'alcool amylique a déjà été signalé comme permettant de séparer des mélanges de colorants. Il peut aussi être employé concurremment avec l'examen spectroscopique car, après extraction, la solution dans l'alcool amylique peut être soumise directement à l'examen spectroscopique. Ainsi, si on traite un mélange de bleu de nil **A** et de violet de méthyle par l'alcool amylique, le violet de méthyle se dissout laissant le bleu de nil non attaqué.

Les colorants basiques fixés sur coton à l'aide du tanin et du tartre émétique peuvent être recherchés de la manière habituelle ; cependant si l'aluminium, le fer, le chrome ou l'étain ont été employés comme mordants il convient de réduire l'extrait dans l'acide acétique à un petit volume, d'ajouter de l'eau et d'extraire ensuite soigneusement par l'alcool amylique. L'alcool amylique dissout le colorant et le mordant reste dans la solution aqueuse ; les deux dissolvants peuvent être séparés au moyen de l'entonnoir à robinet et la solution amylique est soumise à l'examen spectroscopique.

Réactions des colorants sur la fibre.

A. G. Green, en collaboration avec H. Yeoman et J. R. Jones, a élaboré un schéma pour l'identification des colorants sur les fibres animales en se basant sur le même principe (mais en y apportant des modifications) que dans sa méthode d'analyse des matières colorantes. Le schéma s'inspire également des méthodes employées pour déterminer les propriétés tinctoriales des colorants sur la fibre. Ces essais — que l'auteur appelle « stripping tests » et que nous appellerons « essais de démontage » sont réciproques des procédés de teinture correspondants. En ce qui concerne le caractère chimique des colorants, les modifications consistent dans l'emploi de l'hydrosulfite de soude (au lieu de la poudre de zinc) pour la réduction et du persulfate de potasse (au lieu de l'acide chromique) pour la réoxydation de la matière colorante. Les leuco-composés, formés par réduction restent en grande partie fixés sur la fibre, tandis que les produits de scission des colorants azoïques peuvent en être séparés complètement par lavage.

Le comportement général des différents groupes chimiques de colorants sur fibres animales vis-à-vis des agents de réduction et d'oxydation est le suivant :

Décolorés par l'hydrosulfite			Non altérés par l'hydrosulfite	Non décolorés mais passant au brun. La couleur primitive reparaît à l'air ou sous l'influence du persulfate
Couleurs reparaissant par exposition à l'air	Couleurs ne reparaissant pas à l'air mais bien par oxydation par le persulfate	Couleurs ne reparaissant ni à l'air ni sous l'influence du persulfate		
Azines Oxazines Thiazines Indigo	Groupe du triphénylméthane	Colorants nitrés, nitrosés et azoïques.	Colorants du pyrone de l'acridine, de la quinoléine et du thiazol; quelques membres du groupe anthracénique.	La plupart des colorants du groupe de l'anthracène

Après avoir déterminé, au moyen des tables, le groupe tinctorial et le caractère chimique de la matière colorante et avoir considéré également la nuance, on peut généralement désigner le colorant ou limiter le problème à un choix entre un nombre réduit des colorants étroitement voisins. On peut fréquemment lever l'indétermination en considérant leur comportement vis-à-vis de l'acide sulfurique ou de l'acide chlorhydrique concentré. Dans les tableaux qui se trouvent en annexe la subdivision des groupes a été ordinairement omise comme n'étant pas nécessaire, mais elle est donnée dans quelques cas (voir tableau II) afin d'illustrer la méthode générale. Comme confirmation, l'échantillon devra être comparé, quant à la teinte et aux réactions, avec un témoin constitué par le colorant auquel il est présumé correspondre.

Dans les tableaux annexes, nous avons considéré tous les groupes possibles de colorants, bien que, dans les cas particuliers, plusieurs puissent être exclus d'emblée de par la nature du tissu ou la nuance. La marche analytique est alors beaucoup simplifiée.

Réactifs. — Les réactifs employés sont les suivants :

1. Ammoniaque diluée (1 : 100).
2. Solution aqueuse d'ammoniaque alcoolique : 1 cm³ d'ammoniaque concentrée, 50 cm³ d'alcool concentré, 50 cm³ d'eau.
3. Acide acétique (solution à 5 %).
4. Alcool dilué (1 : 1).
5. Acide chlorhydrique dilué (1 : 10).
6. Soude caustique (solution à 10 %).
7. Hydrosulfite A, solution à 10 % d'hydrosulfite formaldéhyde de sodium.
8. Hydrosulfite B, hydrosulfite A additionné de 1 cm³ d'acide acétique glacial par 200 cm³.
9. Persulfate de potasse. Solution saturée à froid.
10. Acétate de soude. Solution à 5 %.

Mode opératoire. — Les réactions sont effectuées dans des tubes à essais avec des morceaux de tissus d'environ 4 à 6 centimètres carrés que l'on recouvre de 2,5 à 4 centimètres de réactif. Les essais doivent être pratiqués exactement comme il est décrit. Dans l'essai de démontage, le degré de démontage est apprécié en comparant l'intensité de la nuance avec celle de l'échantillon primitif. La couleur de la solution décolorante est trompeuse et l'on peut rarement se baser sur elle. Il est avantageux, dans l'ébullition avec l'acide acétique dilué et l'ammoniaque diluée, de répéter l'extraction car on obtient ainsi un meilleur démontage et, en même temps, avec les colorants acides, on évite que le coton ne soit taché par le premier extrait fort. Dans l'essai avec l'ammoniaque diluée ou l'acétate de soude, la pièce est placée dans un tube à essais avec un morceau un peu plus petit de tissu de coton blanc mercerisé et on fait bouillir pendant le temps indiqué. Si la couleur est claire, les dimensions de l'échantillon doivent être plus grandes et celles du témoin doivent être réduites. L'ammoniaque diluée est remplacée par une solution aqueuse d'ammoniaque alcoolique lorsqu'il s'agit de colorants violets et noirs (tableaux III et VII) car, dans ces cas, les colorants acides sont moins facilement extraits et le coton est plus facilement teint par eux. Dans les essais de réduction, on fait bouillir l'échantillon pendant 1/4 de minute à 1 minute avec l'hydrosulfite ; on le rince ensuite convenablement sous le robinet et on le dépose sur du papier blanc pendant une heure environ. Avec la plupart des colorants qui donnent des leuco-composés oxydables à l'air, la couleur reparaît immédiatement ou en quelques minutes mais, avec d'autres, il faut plus longtemps. La réaction est accélérée lorsqu'on expose l'échantillon à la vapeur d'ammoniaque. Si la couleur ne reparaît pas, l'échantillon est chauffé avec un peu d'eau jusqu'à ébullition et on ajoute du persulfate de potasse goutte à goutte, en évitant soigneusement un excès. Si ce procédé ne réussit à faire reparaître la couleur, le colorant doit être considéré comme étant un composé azoïque. L'intensité de la couleur reparue varie beaucoup suivant les cas; tandis qu'avec certains colorants la couleur reparaît presque avec son intensité primitive, avec d'autres (probablement par suite de la solubilité plus grande de leurs leuco-composés) il ne reparaît qu'une faible nuance. La safranine et ses dérivés azoïques donnent par réoxydation du leuco-composé une couleur violette. Ce fait est dû à la condensation de la leuco-safranine avec la formaldéhyde qui se trouve dans l'hydrosulfite NF.

Les réactions données dans les tableaux analytiques annexes ont été, pour la plupart, vérifiées pour la fibre de laine, mais un grand nombre d'essais faits comparativement avec la soie conduisent à croire qu'il n'y a pas de différence dans la façon de se comporter de cette dernière fibre. D'autre part, le coton et les autres fibres végétales demandent à être traités différemment, comme il est décrit plus loin.

Dans une communication ultérieure, Green[1] (en collaboration avec Yeoman, Jones, Stephens et Haley) a décrit une méthode systématique pour l'identification des colorants sur fibres végétales. A plusieurs égards, les méthodes employées diffèrent de celles utilisées pour rechercher les couleurs sur la laine et la soie; surtout en raison de l'influence exercée par les mordants sur les propriétés des colorants et aussi en raison de la différence d'affinité des matières colorantes pour les deux types de fibres. Plusieurs colorants basiques, par exemple, qui, appliqués sur laine, sont facilement réduits

1. *J. Soc. Dyers,* 1907, p. 252.

par l'hydrosulfite de sodium, sont rarement attaqués par ce réactif lorsqu'ils sont fixés sur coton mordancé au tanin. De même, des colorants basiques ainsi fixés ne peuvent être enlevés par l'acide acétique comme ils le sont de la fibre de laine. De plus, tandis que, dans le cas de la laine, les leuco-composés de colorants restent en grande partie adhérents à la fibre et peuvent, par conséquent, être réoxydés, c'est rarement le cas pour le coton.

Pour surmonter la difficulté introduite par la présence d'un mordant au tanin, on élimine celui-ci par ébullition avec de la soude caustique ; et, pour éviter que celle-ci n'enlève en même temps le colorant, la solution est saturée par du sel de cuisine. Les colorants basiques restent donc sur la fibre à l'état de base libre qui peut ensuite être facilement enlevée par ébullition avec l'acide acétique dilué, ou mieux, avec de l'acide formique dilué. Bien que la plupart des autres colorants ne soient pas touchés par ébullition avec la soude caustique salée, plusieurs colorants à mordant, comme le rouge turc, sont partiellement décomposés. Dans ce cas, l'extrait aux acides acétique ou formique n'a ordinairement pas la couleur du produit teint ; mais pour éviter toute cause d'erreur de ce fait, si la couleur est démontée d'une façon appréciable, on ajoute du tanin à l'extrait à l'acide ce qui produit un précipité coloré s'il renferme un colorant basique.

Comme il a été dit déjà, certains colorants basiques fixés sur un mordant au tanin ne se comportent pas normalement lors de la réduction à l'hydrosulfite ou, s'il se forme un leuco-composé, il peut passer en solution et rendre ainsi impossible la réoxydation sur la fibre. Pour tourner cette difficulté, le colorant est transféré sur la laine et les essais à l'hydrosulfite et au persulfate sont faits sur cette fibre au lieu de les faire sur le coton primitif.

Il y a une classe de colorants qui occupent une position en quelque sorte intermédiaire entre les colorants basiques et les colorants à mordants car ils contiennent les groupements caractéristiques des deux classes : ce sont les colorants de la série de la gallocyanine et les couleurs au chrome de la série de la rosaniline. Ces produits, lorsqu'on les traite par la soude caustique salée puis par l'acide formique dilué, se comportent comme des colorants basiques, sauf qu'ils sont extraits moins complètement. Les extraits à l'acide, bien qu'ils soient précipités par le tanin, donnent un précipité plus fin et moins net. Pour les distinguer des colorants basiques ordinaires, on se base sur le fait qu'ils ne peuvent pas être transférés sur la laine par les procédés employés dans les autres cas.

Avec les couleurs autres que les colorants basiques et acides, on fait les essais de réduction et d'oxydation sur la fibre de coton même et, pour accélérer la réduction, on ajoute une petite quantité d'anthraquinone à la solution d'hydrosulfite. Les colorants au soufre sont identifiés par l'essai au chlorure stanneux pratiqué comme il est décrit dans le *Journal of the Society of Dyers and Colourists,* 1907, p. 118. Avant d'employer le chlorure stanneux, le tissu est bouilli pendant une ou deux minutes avec une solution de soude caustique à 10 %. Ce traitement a pour effet d'éliminer le soufre libre et la plupart des composés sulfurés autres que les colorants au soufre. On a trouvé cependant que certains « colorants salins » (couleurs directes pour coton) dégagent de l'hydrogène sulfuré avec le chlorure stanneux.

Réactifs. — On emploie pour les couleurs sur fibres végétales les réactifs suivants :

1. Ammoniaque diluée (1 : 100).
2. Soude caustique, solution à 10 %.
3. Soude caustique salée; 10 cm³ de solution à 40 % de soude caustique ajoutés à 100 cm³ de solution saturée de sel ordinaire.
4. Acide formique à 90 %.
5. Acide formique dilué (1 : 100).
6. Acide chlorhydrique dilué (1 : 20).
7. Solution de savon, solution à 2 %.
8. Solution de tanin, 10 grammes avec 10 grammes d'acétate de soude dans 100 cm³.
9. Solution d'hypochlorite, 5° Tw.
10. Hydrosulfite A, solution à 5 % de rongalite ou d'hyraldite C extra ou d'hydrosulfite NF conc. (hydrosulfite de sodium formaldéhyde).
11. Hydrosulfite B. Hydrosulfite A, additionné de 1 cm³ d'acide acétique glacial pour 200 cm³.
12. Hydrosulfite X. 50 grammes de rongalite ou d'hyraldite C extra ou d'hydrosulfite NF conc. dans 125 cm³ d'eau chaude mélangés avec 1 gramme d'anthraquinone broyé avec un peu de la solution de rongalite et le tout chauffé à 90° C pendant une

à deux minutes, dilué avec de l'eau froide jusqu'à 500 cm³ et acidulé au moyen de 1^{cm3},5 d'acide acétique glacial.

13. Persulfate de potasse, solution saturée à froid (ou une solution à 2 % de persulfate d'ammoniaque).

14. Chlorure stanneux acide, 10 grammes de chlorure stanneux, 100 cm³ d'acide chlorhydrique (30 %) et 50 cm³ d'eau.

Mode opératoire. — Les réactions sont effectuées dans des tubes à essai, comme il a été décrit pour les fibres animales à la page 589. Avec les tissus mixtes, laine et coton ou soie et coton, la trame est séparée de la chaîne de coton et on les soumet séparément à l'examen. Il peut souvent y avoir doute quant à la classification d'une nuance donnée, sur le point de savoir si, par exemple, un bleu rougeâtre doit être considéré comme un bleu ou comme un violet. Dans ces cas, on utilise les tableaux se rapportant aux deux nuances ; comme tous les tableaux sont dressés suivant le même schéma général, cela donne rarement lieu à confusion. La même remarque s'applique dans le cas de mélanges ; aussi, lorsqu'on étudie une certaine nuance de vert, on peut devoir employer à la fois le tableau pour le jaune et celui pour le bleu. Pour trancher entre les colorants du même groupe, on se servira des réactions avec l'acide sulfurique, la soude caustique, etc.

Essai de démontage pour couleurs acides. — Quelques colorants salins peuvent être partiellement démontés par l'ammoniaque faible et peuvent par conséquent donner l'impression que ce sont des colorants acides. Pour éviter cette erreur, il est bon d'ajouter un petit morceau de coton blanc lorsqu'on fait l'essai. Si le colorant est acide le coton n'est pas teint ou bien il redevient blanc en le faisant bouillir une seconde fois avec de l'ammoniaque diluée.

Transfert de couleurs basiques sur la laine. — Le mordant au tanin est d'abord éliminé, lorsqu'il s'agit d'un essai pour couleur basique, en faisant bouillir l'échantillon pendant une demi-minute avec la soude caustique salée. On le lave ensuite bien pour enlever tout l'alcali et on le fait bouillir avec un morceau de laine blanche ayant la moitié de la grandeur du coton (ou moins), dans de l'eau, pendant une ou deux minutes. Dans la plupart des cas la base de la couleur abandonnera presque complètement le coton et teindra la laine en pleine nuance. Si la couleur ne se développe pas sur la laine,

on peut ajouter une ou deux gouttes d'acide formique faible
(1 : 1000). Il y a quelques colorants qui s'éliminent plus difficilement
(par exemple les gris basiques). Dans ce cas, il est nécessaire
d'extraire la couleur à l'acide chlorhydrique dilué (1 : 5) et de neutraliser soigneusement l'extrait par l'ammoniaque avant d'ajouter la
laine.

Transfert de couleurs acides sur la laine. — Le coton est simplement bouilli avec un petit morceau de laine et de l'acide formique
faible (1 : 100).

Essai au tanin pour couleurs basiques. — On agite l'extrait à
l'acide formique de la couleur, additionné de quelques gouttes de
solution de tanin. Plusieurs matières colorantes telles que les rhodamines, les gallocyanines et les couleurs au chrome de la série de
la rosaniline (qui contiennent des groupements carboxyles ou
hydroxyles en même temps que des groupements basiques) ne préci-
pitent que lentement et le précipité, étant plus finement divisé, est
parfois difficile à voir.

Essai de démontage pour colorants directs. — Dans la recherche
pour colorants directs par l'essai de démontage, l'échantillon est placé
dans un tube à essai en même temps qu'un morceau plus petit de
tissu de coton blanc mercerisé et on fait bouillir avec une solution
de savon pendant environ une minute. La solution de savon peut
aussi être remplacée par une solution à 5 % de carbonate de soude.

Essai à l'acétate de plomb pour colorants au soufre. — L'échantillon est exactement recouvert avec une solution de chlorure stanneux acide. L'ouverture du tube est fermée par un capuchon de
papier-filtre bien rabattu tout autour et au centre duquel on a déposé
au moyen d'un tube de verre une goutte de solution d'acétate de
plomb. Le contenu du tube est chauffé lentement jusqu'au point
d'ébullition et il apparaît une tache brun noir s'il y a un colorant au
soufre.

Il importe de prêter une attention spéciale à la propreté des tubes
à essai employés dans cette expérience, car des tubes ayant servi
antérieurement à des réductions par l'hydrosulfite ont leurs parois
recouvertes d'une mince pellicule invisible de soufre qui, par
l'ébullition, donne naissance à de l'hydrogène sulfuré ce qui peut
donner lieu à erreur.

Essais de réduction et d'oxydation. — La réduction par l'hydrosulfite X se pratique en faisant bouillir l'échantillon avec le réactif pendant une demi-minute à deux minutes. Les azines, thiazines, oxazines, etc. et la plupart des colorants azoïques sont complètement réduits après environ une demi-minute, mais les couleurs azoïques insolubles et plusieurs colorants directs exigent de une à deux minutes pour que leur réduction soit complète. Dans l'essai de réoxydabilité par l'air, l'échantillon réduit sera exposé aux vapeurs d'un flacon d'ammoniaque lesquelles accélèrent dans beaucoup de cas l'oxydation.

Les réactions des diverses matières colorantes sur fibres végétales sont données dans les tableaux I à VII.

IDENTIFICATION DES MATIÈRES COLORANTES SUR COTON

Tableau I. — Jaune et Orangé.

Faire bouillir avec l'ammoniaque étendu (1 : 100).

Essais	Résultat	N°	Matières colorantes
La couleur est démontée. Faire bouillir avec de l'eau acidulée en présence d'un peu de laine blanche.	La couleur ne monte pas sur la laine : Sn dans les cendres.	1.	Graines de Perse sur mordant d'étain.
La couleur monte sur la laine : Colorant acide. Faire bouillir avec l'hydrosulfite B.	N'est pas décoloré : dérivé du pyrone ou de la quinoléine	2.	Jaune Quinoléine, Orangé d'Eosine.
	Est décoloré et la couleur ne reparaît pas : Colorant azoïque.	3.	Jaune à l'acide, Jaune Indien, Orangé IV, G etc.
La couleur n'est pas démontée. Faire bouillir 1/2 minute avec la solution de soude caustique et de sel, rincer et faire bouillir deux fois avec l'acide formique étendu 1:100. — La couleur est complètement détruite, la solution alcaline, la solution acide et la fibre sont incolores. Traiter la teinture originale avec du sulfure d'ammoniaque froid.	La fibre noircit, Cr dans les cendres : (Chromate de plomb)	4.	Jaune de chrome, Orangé de chrome (Chromate de plomb.)
La fibre ne noircit pas. Faire bouillir avec l'hydrosulfite X. — Pas décoloré. Rechercher Al dans les cendres	Al présent.	5.	Jaune d'alizarine.
	Al absent.	6.	Jaune Méthylène H, Thioflavine T
	Décoloré.	7.	Flavinduline.
Démonté complètement ou en grande partie. La solution est colorée et précipite avec le tanin : Colorant basique. Faire monter le colorant sur laine et faire bouillir avec l'hydrosulfite B. — La laine n'est pas décolorée. Faire bouillir le coton avec l'acide chlorhydrique étendu 1 : 30.	Le coton est décoloré.	8.	Auramine.
	Le coton n'est pas décoloré. Les solutions du colorant dans l'acide sulfurique concentré et dans alcool sont dichroïques : dérivé de l'Acridine.	9.	Phosphine, Flavophosphine, Benzoflavine, Jaune d'Acridine, Orangé d'Acridine, etc.
	La laine est décolorée et la couleur ne revient pas : Colorant azoïque.	10.	Jaune Janus, Chrysoïdine, Orangé au tanin, etc.
La couleur n'est pas démontée ou la solution acide ne précipite pas avec le tanin. Réduire avec l'hydrosulfite X. — La couleur est détruite et ne revient ni à l'air, ni au persulfate : Colorant azoïque ou dérivé du Stilbène. Faire bouillir avec la solution de savon et du coton mercerisé blanc. — Le coton blanc est teinté : Colorant substantif. Rechercher le Cr et le Cu dans les cendres	Cr et Cu absents : Colorant azoïque substantif non traité.	11.	Aurophénine, Jaune Dianile, Orangé Dianile, Orangé Toluylène, Jaune et Orangé Diamine, Stilbène, Benzo, Congo, etc.
	Cr ou Cu présents : Colorant azoïque substantif traité aux sels métalliques.	12.	Les précédents traités au chrome ou au cuivre.
Le coton blanc n'est pas teinté. Faire bouillir avec la pyridine.	La couleur est démontée : Colorant azoïque insoluble.	13.	Orangé de Métanitraniline ou de Métanitrotoluidine, Azoorangé (formés sur la fibre.)
	La couleur n'est pas démontée, Cr dans les cendres : Colorant azoïque à mordant.	14.	Orangé au chrome, Jaune d'Alizarine R, G G, etc., Flavine Diamant, Flavazole, etc.
La couleur n'est pas modifiée ou change de nuance. Faire l'épreuve à l'acétate de plomb.	Il y a dégagement de H_2S. Après la réduction à l'hydrosulfite la couleur primitive revient rapidement à l'air : Colorant au soufre.	15.	Jaunes et Orangés Thiogène, Immédiats, Katigène, Pyrogène, au soufre, etc.
Il n'y a pas de dégagement d'hydrogène sulfuré. Faire bouillir avec la solution de savon et du coton mercerisé. — Le coton blanc est teinté : Colorant substantif dérivé du Thiazol	Le produit de réduction obtenu avec l'hydrosulfite peut être diazoté et développé en rouge au β-naphtol.	16.	Primuline développée à l'acide phénique ou à la résorcine, Jaune Dianile G, Jaune pour coton G et R, Oriole, etc.
	Le produit de réduction ne peut être diazoté et développé.	17.	Jaune pur Dianile, Jaune Oxydianile, Jaune Chloramine, Jaune solide Diamine B ou FF, Jaune Thiazole, Thioflavine S.
Le coton blanc n'est pas teinté : Colorant à mordant ou colorant à cuve.	Stable à la réduction. Pas de Cr ou d'Al dans les cendres.	18.	Primuline traitée au chlorure de chaux.
	Le produit de réduction est jaune ou jaune brunâtre Al ou Cr dans les cendres.	19.	Graines de Perse sur mordant d'Al ou de Cr.
	Le produit de réduction est brun et devient orange au persulfate. Al dans les cendres.	20.	Orangé d'Alizarine sur mordant d'Al.
	Le produit de réduction est bleu ou brun et redevient jaune à l'eau.	21.	Flavanthrène, Antraflavone.

AVIS. — 1. Le jaune brillant est fortement démonté à l'ammoniaque étendu, mais si l'on travaille en présence de coton blanc, celui-ci est teinté.

2. Les jaunes soufrés du groupe du Thiazol tels que les jaunes - Katigène 2 G, le jaune Pyrogène et autres teintent légèrement le coton, en bain bouillant de savon.

3. La Flavine Diamant teinte le coton en bain bouillant de savon si ce colorant n'est pas complètement fixé.

IDENTIFICATION DES MATIÈRES COLORANTES SUR COTON

Tableau II. — Rouge.

Faire bouillir avec l'ammoniaque étendu 1:100.

Exemples de colorants	N°	Résultat du test	Test intermédiaire	Test initial
Eosine, Erythrosine, Phloxine, Rose Bengale, etc.	1	*N'est pas démontée:* dérivé du pyrone.	*La couleur est démontée: Colorant acide. Faire monter le colorant sur laine et faire bouillir avec l'hydrosulfite B.*	
Ecarlate, Crocéine, Crocéine brillante, Rouge solide, etc.	2	*La couleur est démontée et ne revient ni à l'air ni au persulfate:* Colorant azoïque.		
Rhodamine, Rhodine, Irisamine, Rouge Acridine, etc.	3	*La laine n'est pas décolorée:* dérivé du pyrone.	*Colorant basique (sur tanin ou sur un autre mordant). Transférer la couleur sur laine et faire bouillir la laine avec de l'hydrosulfite A.*	*La couleur n'est pas démontée. Faire bouillir ½ minute-une minute avec l'acide*
Safranine, Rouge et Rose Rhoduline, Ecarlate Azine, Ecarlate d'Induline, Rouge Neutre, etc.	4	*La laine est décolorée, la couleur revient à l'air.* Colorant azinique		
Fuchsine, Fuchsine poudre, Cerise, Grenadine, Marron, etc.	5	*La laine est décolorée, la couleur revient au persulfate, mais pas à l'air:* dérivé du triphénylméthane.		*La couleur est démontée complètement ou en grande partie. La solution acide est colorée et précipite au tanin.*
Rouge Janus	6	*La laine est décolorée et la couleur ne revient ni à l'air ni au persulfate:* Colorant azoïque.		
Rouge Dianile, Deltapurpurine, Rose Dianile, Ecarlate Dianile solide, Benzopurpurine, Rouge Diamine, Diazo Ecarlate brillant, Rosanthrène, etc.	7	Cr et Cu absents: Colorant substantif non traité.	*Le coton blanc est teinté: Colorant substantif. Rechercher le Cr et le Cu dans les cendres.*	*La couleur disparaît et se décolore au persulfate: Colorant … essayer l'échantillon frais avec peu de coton*
Rouge Dianile solide PH, Rouge solide Diamine F, etc.	8	Cr ou Cu présents: Colorant substantif traité aux sels métalliques.		

COLORANTES SUR COTON

— Rouge.

Faire bouillir avec l'ammoniaque étendu 1:100.

Exemples de colorants	N°	Résultat du test	Test intermédiaire	Test initial
Rouge de Paranitraniline, Rouge Azophore, Grenat d'α Naphtylamine, Rose Azophore, Azorose, Rouge Bleuâtre, etc.	9	*Est démonté:* Colorant azoïque insoluble.	*revient ni à l'air, ni au savon … mercerisé.*	*avec la solution de soude caustique et de sel, rincer et faire bouillir deux fois*
Rouge au chrome, Rouge brillant au chrome, Bordeaux au chrome etc.	10	*N'est pas démonté:* Colorant azoïque à mordant.		
Pourpre Thiogène, etc.	11	*Dégagement de* H_2S: Colorant soufré.	*Est décoloré, la couleur reparaît à l'air. Faire l'essai à l'acétate de plomb.*	*Faire bouillir avec l'acide formique étendu (1:100)*
Rouge Thioindigo, Ecarlate Thioindigo, Rouge Hélindone.	12	*Pas de dégagement de* H_2S. *Une épreuve de la teinture chauffée dans une éprouvette sèche dégage des vapeurs rouges:* dérivé de l'Indigo.		
Primuline développée au β — naphtol ou au sel R.	13	*La couleur devient jaune verdâtre et peut ensuite être diazotée et développée en rouge au β-naphtol:* dérivé de la Primuline	*Le coton blanc n'est pas teinté. Faire bouillir avec la pyridine.*	
Rouge Turc, Rose à l'Alizarine, Grenat d'Alizarine.	14	*Est démontée.* Al dans les cendres.	*La couleur reste inaltérée ou change seulement de nuance (brunit, etc.):* dérivé de l'Anthracène. *Faire bouillir avec l'acide formique à 90%.*	
Alizarine, Purpurine et Grenat d'Alizarine sur mordant de chrome.	15	*Est à peine démonté.* Cr dans les cendres.		

IDENTIFICATION DES MATIÈRES COLORANTES SUR COTON

Tableau III

(Page 600)

Faire bouillir avec

Colonne de gauche : La couleur est démontée. Colorant acide. Faire monter le colorant sur laine et faire bouillir celle-ci avec l'hydrosulfite A. La laine est décolorée et la couleur revient au persulfate : dérivé du triphénylméthane.

La couleur n'est pas démontée. Faire bouillir ½ minute avec la ... acide formique.

La couleur est démontée complètement ou en grande partie. La solution acide est colorée et précipite au tanin : Colorant basique sur mordant de tanin ou autre ou Colorant à mordant à fonction basique. Faire bouillir avec la solution de soude caustique et de sel, rincer à fond et faire bouillir avec de l'eau et de la laine.

- La laine se teint : Colorant basique. Faire bouillir la laine avec l'hydrosulfite A.
- La laine ne se teint pas. Cr dans les cendres : Colorant à mordant à fonction basique. Faire bouillir le coton avec l'hydrosulfite X.

La couleur n'est pas... La couleur disparaît persulfate : Colorant mordant de fer : Faire bouillir avec du coton.

Le coton blanc est teint : Colorant substantif. Rechercher le Cr, Cu dans les cendres.

N°	Critère	Colorant
1.	La solution ammoniacale est incolore et devient bleue si elle est acidifiée.	Bleus solubles et Bleus alcalins, marques rougeâtres.
2.	La solution ammoniacale est violette.	Violet à l'acide. Violet Formyle, etc.
3.	Pas décoloré : dérivé du pyrone.	Anisoline.
4.	Décoloré ; la couleur revient à l'air : Colorant azinique (oxazinique ou thiazinique).	Violet Méthylène, Violet Rhoduline, Héliotrope ou tanin.
5.	Décoloré ; la couleur revient au persulfate mais pas à l'air : dérivé du triphénylméthane.	Violet Méthyle, Babyle, Benzyle, etc. Violet cristallisé.
6.	Décoloré ; la couleur ne revient ni au persulfate, ni à l'air : Colorant azoïque.	Bordeaux Janus.
7.	Décoloré ; la couleur revient à l'air : Colorant oxazinique.	Chromoglaucine, Philochromine, Gallocyanine, Bleu Gallamine, Galléine, etc.
8.	Décoloré lentement. La couleur revient au persulfate mais pas à l'air : dérivé du triphénylméthane.	Violet au chrome.
9.	Cr et Cu absents : Colorant azoïque substantif non traité.	Violet Diamine, Diamine, etc.
10.	Cr ou Cu présent : Colorant azoïque substantif traité aux sels métalliques.	Les précédents traités aux sels métalliques.

AVIS : L'Alizarine sur mordant de chrome brunit légèrement avec l'hydrosulfite X.

Pourpre et violet. (Page 601)

ammoniaque étendu 1:100.

solution de soude caustique et de sel, rincer et faire bouillir deux fois une mi...mique dilué 1:100.

démontée ou la solution acide ne précipite pas avec le tanin. Réduire à l'hydrosulfite X.

Branche de gauche : ...ne revient ni à l'air, ni au ...ique ou Alizarine sur lentement décolorée). la solution de savon et mercerisé.

Le coton blanc n'est pas teint. Faire bouillir avec l'acide chlorhydrique dilué 1:20.

Branche du milieu : Décolorée, la couleur revient à l'air : Colorant azinique, oxazinique, thiazinique. Faire l'épreuve à l'acétate de plomb.

Branche de droite : La couleur est inaltérée ou change de nuance : Colorants dérivés du pyrone ou de l'Anthracène ainsi que quelques colorants soufrés.

La couleur devient brune. Faire l'épreuve à l'acétate de plomb.

Pas de dégagement de H$_2$S. Rechercher l'Al et le Cr dans les cendres.

Pas décolorée. Faire bouillir avec la pyridine.

N°	Critère	Colorant
11.	Décoloré, solution jaune, Fe dans les cendres : Alizarine sur mordant de Fe.	Lilas d'Alizarine :
12.	Démonté : Colorant azoïque insoluble.	Grenat d'α Naphtylamine, etc.
13.	Pas démonté, Cr dans les cendres : Colorant azoïque à mordant.	Bordeaux au chrome, Prune au chrome.
14.	Dégagement de H$_2$S : Colorant soufré.	Violet Thiogène, Violet Katigène, etc.
15.	Pas de dégagement de H$_2$S : Cr dans les cendres : Colorant oxazinique à mordant en tant qu'ils ne sont pas compris dans le groupe 7.	Bleu Gallamine, Gallocyanine, etc.
16.	La couleur est inaltérée. Al ou Cr dans les cendres : Colorant à mordant dérivé du pyrone ou de l'Anthracène.	Galléine, Grenat d'alizarine, Cyclamine d'Alizarine, Alizarine au Cr.
17.	Dégagement de H$_2$S : Colorant soufré.	Rouge foncé Thiogène, etc.
18.	Al ou Cr présent : Colorant d'Anthracène teint sur mordant.	Cyanine d'Alizarine 3R. Grenat d'Alizarine.
19.	Al et Cr absents : Colorant d'Anthracène teint sur cuve.	Violanthrène.

...nit légèrement avec l'hydrosulfite X.

IDENTIFICATION DES MATIÈRES COLORANTES SUR COTON

Tableau IV — Bleu.

Faire bouillir avec l'ammoniaque dilué 1:10.

[Faire bouillir avec] la solution de soude caustique et de sel, rincer et faire bouillir deux fois [avec l'acide for]mique dilué 1:100.

[La couleur n'est] pas démontée ou la solution acide ne précipite pas avec le tanin. Réduire avec Hydrosulfite X.

Le Tableau présente une clé dichotomique. Les branches aboutissent aux entrées numérotées 1 à 18 :

La couleur est démontée : Colorant acide ou Bleu de Prusse.

N°	Critère	Colorant / Nom
1	La solution ammoniacale est incolore et bleuit à l'acide. Faire monter le colorant sur laine. Celle-ci est décolorée à l'hydrosulfite A et la couleur revient au persulfate : dérivé du triphénylméthane.	Bleu soluble, Bleu alcalin
2	La solution ammoniacale est incolore et ne bleuit pas à l'acide. Le chlorure de fer donne un précipité bleu : Bleu de Prusse.	Bleu de Prusse

La couleur n'est pas démontée. Faire bouillir ½ minute avec l'acide formique.

La couleur est démontée complètement ou en grande partie. La solution acide est colorée et précipite avec le tanin : Colorant basique sur mordant de tanin ou autre ou Colorant à mordant à fonction basique. Faire bouillir avec la solution de soude caustique et de sel, rincer à fond et faire bouillir avec de l'eau et un peu de laine.

La laine se teint : Colorant basique. Faire bouillir avec l'hydrosulfite A.

N°	Critère	Colorant / Nom
3	Décoloré, la couleur revient à l'air : Colorant azinique, oxazinique ou thiazinique.	Bleu Méthylène, Bleu Méthylène nouveau, Bleu de Nil, Bleu Capri, Bleu Indamine, Bleu Meldola, Bleu solide, Bleu Crésyle, Bleu Éthyle nouveau, Bleu Rhoduline, Bleu Nitroso, etc.
4	Devient rouge avant d'être décoloré. Un bleu ou un violet reparaît à l'air : Colorant azoïque dérivé de la Safranine.	Bleu Janus, Bleu Indophénol, Bleu Indoïne, Bleu Naphtindone.
5	Décoloré. La couleur revient au persulfate mais pas à l'air : dérivé du triphénylméthane.	Bleu Victoria, Bleu Lumière, Bleu Turquoise, Sétocyanine, etc.
6	Décolorée, la couleur revient à l'air : Colorant oxazinique.	Gallocyanine, Bleu Céleste, Prune etc.

La laine ne se teint pas, Cr dans les cendres : Colorant à mordant à fonction basique. Faire bouillir le coton avec l'hydrosulfite X.

N°	Critère	Colorant / Nom
7	Lentement décoloré. La couleur revient seulement au persulfate : dérivé du triphénylméthane.	Bleu au chrome

La couleur n'est [pas démontée]. Décoloré, la couleur revient ni à l'air ni au [per]sulfate : Colorant. Faire bouillir avec [la solu]tion du savon et du coton mercerisé.

Le coton blanc est teinté : Colorant substantif. Rechercher le Cr et le Cu dans les cendres.

N°	Critère	Colorant / Nom
8	Cr et Cu absents : Colorant substantif non traité.	Bleu diamine, Diamine, Benzo, Congo, Columbia, Chlorazole, etc.
9	Cr ou Cu présent : Colorant substantif traité aux sels métalliques.	Les précédents traités aux sels métalliques

RECHERCHE DES COLORANTES SUR COTON

Le coton blanc n'est pas teinté, la couleur est démontée par la pyridine bouillante. Cu dans les cendres : Colorant azoïque insoluble.

N°	Critère	Colorant / Nom
10	(voir ci-dessus)	Bleu de Dianisidine.

Décoloré : La couleur revient à l'air. Faire l'épreuve à l'acétate de plomb.

N°	Critère	Colorant / Nom
11	Dégagement de H_2S : Colorant au soufre.	Bleu Thiogène, Immédial, Katigène, Pyrogène, au Soufre, etc.
12	Pas de dégagement de H_2S. Chauffer la fibre dans une éprouvette sèche. Vapeurs violettes : Indigo ou dérivé.	Indigo.
13	Pas de vapeurs colorées. Cr dans les cendres : Colorant à mordant, thiazinique ou oxazinique (quoiqu'ils ne soient pas compris dans le groupe 6).	Bleu brillant d'Alizarine, Bleu Dauphin, Gallophénine, etc.
14	Le produit de réduction est un jaune verdâtre qui peut être diazoté et développé en rouge au β-naphtol : dérivé de la Primuline.	Primuline diazotée ou développée à l'éther d'α-naphtylamine.
15	Dégagement de H_2S : Outremer.	Outremer.

Reste inaltéré ou change de nuance (se corse, brunit, etc.) Faire bouillir avec l'acide formique à 90 %.

La couleur est démontée. Al dans les cendres. Faire l'épreuve à l'acétate de plomb.

N°	Critère	Colorant / Nom
16	Pas de dégagement de H_2S : Colorant d'Alizarine sur Al.	Bleu Anthrole, Cyanine d'Alizarine, Bleu d'Anthracène surmordant d'alumine.

La couleur est peu attaquée. Chercher le Cr dans les cendres.

N°	Critère	Colorant / Nom
17	Cr présent : Colorant d'Anthracène sur mordant de Cr.	Bleu d'Alizarine, Bleu Anthrole Cyanine d'Alizarine ou Bleu d'Anthracène sur mordant de chrome.
18	Cr absent : Colorant d'Anthracène teint sur cuve.	Indanthrène, Cyananthrène.

IDENTIFICATION DES MATIÈRES COLORANTES SUR COTON

<table>
<tr>
<td>Vert naphtaline, Vert à l'acide.</td>
<td>1</td>
<td colspan="4">La couleur est démontée: colorant acide. Faire monter le colorant sur laine et faire bouillir celle-ci avec l'hydrosulfite A. La laine est décolorée et la couleur revient au persulfate: <u>dérivé du triphénylméthane.</u></td>
<td rowspan="9">Tableau
Faire bouillir avec […]</td>
</tr>
<tr>
<td>Vert Méthylène, Vert Azine, Vert Capri</td>
<td>2</td>
<td>Décoloré, la couleur revient à l'air: <u>Colorant azinique, oxazinique ou thiazinique.</u></td>
<td rowspan="3">La laine se teint: <u>Colorant basique.</u> Faire bouillir avec l'hydrosulfite A.</td>
<td rowspan="4">La couleur est démontée complètement ou en grande partie. La solution acide est colorée et précipite avec le tanin: <u>Colorant basique ou colorant à mordant à fonction basique.</u> Faire bouillir avec la solution de soude caustique et de sel, rincer à fond et faire bouillir avec de l'eau et de la laine.</td>
<td rowspan="8">La couleur n'est pas démontée. Faire bouillir ½ minute, bouillir deux fois avec l'ac[ide]</td>
</tr>
<tr>
<td>Vert Janus, Vert Diazine.</td>
<td>3</td>
<td>Devient rouge avant d'être décoloré. La reprise à l'air est un violet ou un vert: <u>Colorant azoïque dérivé de la Safranine.</u></td>
</tr>
<tr>
<td>Vert brillant, Vert Malachite, Vert Méthyle, Ver. Victoria, Sétoglaucine</td>
<td>4</td>
<td>Décoloré, la couleur revient au persulfate, mais pas à l'air: <u>dérivé du triphénylméthane.</u></td>
</tr>
<tr>
<td>Vert de chrome.</td>
<td>5</td>
<td><u>dérivé du triphénylméthane</u></td>
<td>La laine ne se teint pas. Cr dans les cendres. Le coton est décoloré à l'hydrosulfite X et la couleur reparaît au persulfate, mais pas à l'air:</td>
</tr>
<tr>
<td>Vert Dianile, Diamine, Benzo, Columbia, Chloramine, etc</td>
<td>6</td>
<td>Cr et Cu absents: <u>Colorant substantif non traité.</u></td>
<td rowspan="2">Le coton blanc est teint: <u>Colorant substantif.</u> Rechercher Cr et Cu dans les cendres</td>
<td rowspan="4">Décoloré, la couleur ne revient ni à l'air, ni au persulfate: <u>Colorant azoïque ou nitrosé.</u> Faire bouillir avec la solution de savon et de coton mercerisé.</td>
</tr>
<tr>
<td>Les précédents traités aux sels métalliques</td>
<td>7</td>
<td>Cr ou Cu présent: <u>Colorant substantif traité aux sels métalliques.</u></td>
</tr>
<tr>
<td>Vert solide, Vert Nitroso, Vert Russe, Vert solide-vapeur, Vert d'Alsace, Sambine</td>
<td>8</td>
<td>Démonté, Fe dans les cendres: <u>Colorant nitrosé.</u></td>
<td rowspan="2">Le coton blanc n'est pas teint. Faire bouillir avec l'acide chlorhydrique dilué 1:20</td>
</tr>
<tr>
<td>Vert Diamant.</td>
<td>9</td>
<td>Pas démonté, Cr dans les cendres: <u>Colorant azoïque à mordant.</u></td>
</tr>
</table>

V. — Vert.

<table>
<tr>
<td>Vert Thiogène, Immédial, Katigène, Pyrogène, au soufre, etc.</td>
<td>10</td>
<td colspan="3">Dégagement de H_2S: <u>Colorant soufré.</u></td>
<td rowspan="2">Décoloré, la couleur revient à l'air. Colorant azinique ou thiazinique. Faire l'épreuve à l'acétate de plomb.</td>
<td rowspan="10">V. — Vert.
l'ammoniaque dilué 1:100.
[…]te avec la solution de soude caustique et de sel, rincer et faire [… acide] formique dilué 1:100.
la solution acide ne précipite pas avec le tanin. Réduire avec l'hydrosulfite X.</td>
</tr>
<tr>
<td>Vert Gallamine, Indalizarine</td>
<td>11</td>
<td colspan="3">Pas de dégagement de H_2S: <u>Colorant oxazinique ou thiazinique à mordant.</u></td>
</tr>
<tr>
<td>Primuline développée à l'amidodiphénylamine.</td>
<td>12</td>
<td colspan="3">Le produit de réduction est un jaune verdâtre qui peut être diazoté et développé en rouge au β-naphtol: <u>Colorant azoïque dérivé de la Primuline.</u></td>
<td rowspan="8">la couleur reste verte ou devient rouge, brune, bleue, etc. Rechercher le Ni et le Cr dans les cendres.</td>
</tr>
<tr>
<td>Alizarine Viridine, Alizarine Viridine brillante.</td>
<td>13</td>
<td>Devient rouge brunâtre par réduction et redevient vert au persulfate mais pas à l'air. HCl (1:20) bouillant donne une solution verte vive.</td>
<td rowspan="4">Le produit de réduction est brun et verdit à l'air. Faire bouillir avec l'acide chlorhydrique dilué.</td>
<td rowspan="4">Cr ou Ni présent: <u>Colorant à mordant dérivé de l'Anthracène</u></td>
</tr>
<tr>
<td>Vert d'Alizarine sur mordant de Cr.</td>
<td>14</td>
<td>Couleur inaltérée, solution incolore, Cr dans les cendres.</td>
</tr>
<tr>
<td>Vert d'Alizarine sur mordant de Ni et de Mg.</td>
<td>15</td>
<td>Fibre grise solution rouge, Ni dans les cendres.</td>
</tr>
<tr>
<td>Céruléine, Vert d'Anthracène.</td>
<td>16</td>
<td>Fibre pâlit légèrement, solution jaune brunâtre.</td>
</tr>
<tr>
<td>Olivanthrène.</td>
<td>17</td>
<td colspan="2">Produit de réduction olive brunâtre. H_2S dégagé à l'épreuve à l'acétate de plomb.</td>
<td rowspan="3">Cr et Ni absents: <u>Colorant d'anthracène teint sur cuve.</u></td>
</tr>
<tr>
<td>Viridanthrène.</td>
<td>18</td>
<td colspan="2">Produit de réduction marron foncé, devient gris à l'air.</td>
</tr>
<tr>
<td>Vert Algol, mélange d'Indanthrène et de Flavanthrène.</td>
<td>19</td>
<td colspan="2">Produit de réduction bleu, devient vert à l'air.</td>
</tr>
</table>

IDENTIFICATION DES MATIÈRES [CO]LORANTES SUR COTON

Tableau VI — Brun.

Faire bouillir avec d'[am]moniaque dilué 1:100.

La couleur n'est pas démontée. Faire bouillir 1/2 minute avec la so[lution] de soude caustique et de sel, rincer et faire bouillir deux fois avec l'acide form[ique] dilué 1:100.

La couleur n'est pas démontée ou la solution ac[ide] ne précipite pas avec le tanin. Réduire avec l'hydrosulfite X.

- Décoloré, la couleur ne revient ni à l'air, ni au persulfate: Colorant azoïque ou Couleur minérale. Faire bouillir avec la solution de savon ou de coton mercerisé.
  - Le coton blanc est teint: Colorant substantif. Chercher le Cr et le Cu dans les cendres.
  - Le coton blanc n'est pas teint: Faire bouillir avec la pyridine.
    - La couleur est démontée: Colorant azoïque insoluble. Chercher le Cu dans les cendres.
    - La couleur n'est pas démontée: Couleur minérale. Traiter au bisulfite froid.
- Pas modifié ou change de nuance, devient plus foncé, plus clair, jauni, etc. Faire l'épreuve à l'acétate de plomb.
  - Pas de dégagement de H_2S. Chercher le Cr et le Cu dans les cendres.
    - Cr ou Cu, ou les deux présents: Colorant à mordant. Faire bouillir avec l'acide chlorhydrique dilué 1:20.
      - Pas ou seulement légèrement démonté. Faire bouillir avec la soude caustique diluée à 10 %.

Colorants	N°	Résultat
Brun solide, Brun Naphtylamine, Brun acide, etc.	1.	La couleur est démontée: Colorant acide. Faire monter le colorant sur laine et faire bouillir celle-ci avec l'hydrosulfite A. Décolorée et la couleur ne reparaît plus: Colorant azoïque.
Vésuvine, Chrysoïdine, Brun Bismarck, Brun janus.	2.	La couleur est démontée et la solution acide précipite avec le tanin: Colorant basique. Faire monter le colorant sur laine et faire bouillir celle-ci avec l'hydrosulfite A. La laine est décolorée et la couleur ne revient plus: Colorant azoïque
Brun Dianile, Diamine, Benzo, Congo, Columbia, Hesse, Oxamine, Toluylène, etc.	3.	Cr et Cu absents: Colorant substantif non traité.
Les précédents traités aux sels métalliques.	4.	Cr ou Cu présent: Colorant substantif traité aux sels métalliques.
Brun Para (Chrysoïdine diazo-p-nitraniline), Bistre de Benzidine ou de Tolidine.	5.	Cu absent.
Rouge Para traité au Cuivre.	6.	Cu présent.
Bistre de manganèse.	7.	Décoloré.
Chamois de fer, Khaki minéral.	8.	Pas décoloré.
[...]loppée à la m-phénylène diamine.	9.	[...]dtre qui peut être diazoté et développé en rouge au β-naphtol: dérivé azoïque de la Primuline.
Brun Thiogène, Immédial, Katigène, Pyrogène, etc.	10.	Dégagement de H_2S: Colorant soufré.
Brun d'Alizarine, Anthragallole, Brun d'Anthracène, etc.	11.	Complètement démontée.
Orangé d'Alizarine, Alizarine ou Purpurine sur Cr.	12.	Fibre et solution violet terne.
Cachou.	13.	Solution brune fibre inaltérée.
Fuscanthrène.	14.	Cr et Cu absents: Colorant d'Anthracène teint sur cuve.

AVIS: Le Chamois de fer et le Khaki minéral peuvent être noircis par l'h[ydrosulf]ite X si celui-ci n'est pas suffisamment acide.

IDENTIFICATION DES MATIÈRES COLORANTES SUR COTON

Tableau VII. — Noir et gris.

Faire bouillir avec l'ammoniaque dilué 1:100.

La couleur n'est pas démontée. Faire bouillir avec l'acide chlorhydrique dilué 1:5.

La couleur n'est pas ou est seulement peu démontée. Faire bouillir une minute avec la solution de soude caustique et de sel, rincer et faire bouillir avec l'acide chlorhydrique dilué 1:20.

La couleur est démontée en grande partie. La solution acide est colorée et précipite avec le tanin: __Colorant basique__. Faire monter la couleur sur laine et faire bouillir celle-ci avec l'hydrosulfite A.

La couleur n'est pas démontée ou la solution acide ne précipite pas avec le tanin. Réduire avec l'hydrosulfite X.

La couleur est inaltérée ou change de nuance (devient brun, marron etc.)

N°	Caractères	Colorant
1	La couleur est démontée: __Colorant acide__. On fait monter le colorant sur laine et on fait bouillir celle-ci avec l'hydrosulfite A. La laine est complètement décolorée et la couleur ne revient pas: __Colorant azoïque__.	Noir Carbone, Noir Amidonaphtol, Noir Naphtylamine, Noir Palatin, etc.
2	Fibre et solution incolores.	Tannate de fer.
3	Solution orangée, Fe dans les cendres.	Campêche sur mordant de fer.
4	Solution rouge, Cr dans les cendres.	Campêche sur mordant de chrome. Noir réduit.
5	Décoloré, la couleur revient à l'air: __Colorant azinique, oxazinique ou thiazinique__.	Gris Méthylène, Gris Méthylène nouveau, Gris solide nouveau, Nigrosine.
6	Devient rouge avant d'être décoloré et un violet ou bleu violacé revient à l'air: dérivé azoïque de la Safranine.	Noir Janus, Gris Janus Gris, Thiazine.
7	Cr et Cu absents. __Colorant substantif non traité__.	Noir Diamia, Dianile spécial, Diamine, Oxydiamine, Benzo, Columbia, Pluto, etc., y compris les noires diazotés et développés.
8	Fe et Cu ou Cu présent: __Colorant substantif traité aux sels métalliques__.	
9	Le coton blanc n'est pas teinté et la couleur est démontée par la pyridine bouillante: __Colorant azoïque insoluble__.	Noir Azophore, etc.
10	Dégagement de H_2S. Décoloré ou transformé en mode clair par la solution de chlorure de chaux à 3,5° Bé bouillante: __Noir soufré__.	Noir Thiogène, Immédial, Katigène, Sulfo, Pyrogène, Thional, Pyrol au Soufre, etc.
11	Pas de dégagement de R_2S, transformé en brun rougeâtre par la solution de chlorure de chaux à 3,5° Bé bouillante: __Noir d'oxydation__.	Noir d'Aniline, Noir Diphényle.
12	Le produit de réduction est brun et le noir ne revient que lentement et imparfaitement à l'air, mais rapidement au persulfate. __Colorant à mordant dérivé de la naphtaline__.	Naphtacitrine, Noir d'Alizarine, Noir bleu d'Alizarine, Naphtomélane.
13	Cr présent: __Colorant d'Anthracène surmordant__.	Noir d'Alizarinecyanine, Noir bleu d'Alizarine.
14	La couleur ne change pas ou seulement très légèrement par la réduction: dérivé de l'Anthracène. Chercher le Cr dans les cendres. Cr absent: __Colorant d'Anthracène sur cuve__.	Mélanthrène.

AVIS: Le Noir au chrome (By) donne un brun clair par réduction et devient brun foncé au lieu de noir avec le persulfate.

IDENTIFICATION DES MATIÈRES COLORANTES SUR LAINE

Tableau I.

Faire bouillir deux fois une minute

Démonté en grande partie: Colorant basique. Faire bouillir avec l'hydrosulfite B — *Pas ou peu démonté: Colorant acide, l'ammoniaque dilué 1:100 et un...*

Pas ou peu décoloré. Traiter à l'acide sulfurique concentré. — *Démonté en grande partie, coton reste blanc: Colorant acide: Faire bouillir avec l'hydrosulfite B.*

Solution incolore faire bouillir avec l'acide chlorhydrique 1:10. — *Décoloré, la couleur ne revient ni à l'air, ni au persulfate. Colorant azoïque ou nitro. Ajouter de l'acide chlorhydrique concentré à la solution ammoniacale.*

N°	Caractère	Colorants
1.	Solution dichroïque à reflet vert: dérivé de l'acridine.	Phosphine, Azophosphine, Benzoflavine, Rhéonine, Phosphine brevetée, Jaune d'acridine, Orangé d'acridine
2.	Complètement décoloré.	Auramine.
3.	Fibre et solution jaune clair	Jaune Méthylène H, Thioflavine T.
4.	Décoloré, ne revient ni à l'air, ni au persulfate: Colorant azoïque.	Chrysoïdine, Jaune Janus, Orangé au Tanin, Phosphine nouvelle.
5.	N'est pas attaqué, dérivé de quinoléine ou de pyrone.	Jaune Quinoléine, Uranine, Orangé d'Eosine.
6.	N'est pas modifié.	Tartrazine, Orangé G., 2 G., R etc., Flavazine S.L.
7.	Est décoloré.	Jaune Naphtol S, Jaune Martius.
8.	Vire au rouge.	Azoflavine, Jaune solide, Jaune indien, Orangé II.
9.	Vire au violet ou violet rougeâtre.	Jaune Métanile, Orangé IV.

Jaune & Orangé.

avec l'acide acétique dilué 1:5.

Substantif ou à mordant. Faire bouillir deux fois une minute avec peu de coton blanc. Conserver la solution ammoniacale.

Peu ou pas démonté. Le coton reste blanc (Colorant à mordant) ou est teint (Colorant substantif.) Faire bouillir 2-3 minutes avec l'acétate de soude 5% et du coton blanc.

Le coton se teint: Colorant substantif. Faire bouillir avec l'hydrosulfite B. — *Le coton reste blanc: Colorant à mordant. Chercher les mordants métalliques dans les cendres. Faire bouillir avec l'hydrosulfite B.*

N°	Caractère	Colorants
10	Pas ou peu attaqué: dérivé du thiazol.	Jaune pur Dianile H S, Thioflavine S, Chromine, Jaune Chloramine, Chlorophénine, Jaune Diamine solide B, FF, Jaune Oxydianine O, G, Jaune Thiazol, Jaune Claytonet, Curcuma.
11.	Décoloré, la couleur revient à l'air ou au persulfate: dérivé du Stilbène.	Jaune Dianile direct S, Curcumine S, Jaune direct, Jaune Micado, Orangé, Jaune Stilbène, Jaune Naphtylamine, Citronine Diphényle etc.
12.	Décoloré, la couleur ne revient ni à l'air ni au persulfate: Colorant azoïque.	Auophénine O, Chrysophénine, Jaune Krésotine, Chrysamine; Jaune Carbazol, Jaune au Orangé Dianile, Benzo, Congo, Diamine, Toluylène, etc.
13.	Non modifié: flavone ou cétone.	Fustique, Quercitron, Gaude, Jaune d'Alizarine A, Galloflavine etc.
14.	Devient brun jaunâtre: dérivé de l'Alizarine.	Orangé d'Alizarine.
15.	Décoloré, la couleur ne revient ni à l'air ni au persulfate: Colorant azoïque.	Jaune d'Alizarine S poudre, G, R Jaune Anthracène C, Orangé au chrome, Flavazol, Flavine Diamant Jaune d'Alizarine GGW.

IDENTIFICATION DES MATIÈRES COLORANTES SUR LAINE

Tableau II.

Faire bouillir deux fois une minu[te]…

Démonté : Colorant basique, bois rouge. Faire bouillir deux fois une minute avec de l'alcool dilué à ½.

Peu ou pas démonté : Colorant acide, minéral avec l'ammoniaque dilué 1:100.

En grande partie démonté : Colorant basique. Faire bouillir avec l'hydrosulfite A.

Démonté en grande partie ; le coton reste bleu : Colorant acide. Faire bouillir avec l'hydrosulfite A.

Couleur de la laine inaltérée : dérivé du pyrone. Aciduler la solution ammoniacale.

Décoloré, la couleur ne reparaît ni à l'air, ni au persulfate : Colorant azoïque. Faire bouillir avec une solution diluée de bichromate.

N°	Condition	Matières
1	Inaltéré : Colorant basique pyronique.	Rhodamine, Irisamine, Rhodine, Anisoline, Pyronine etc.
2	Décoloré, la couleur reparaît rapidement à l'air : Colorant basique azinique.	Safranine, Écarlate d'Induline, Rhoduline, Rose de Rhoduline etc.
3	Décoloré, la couleur revient au persulfate, mais pas à l'air : Colorant basique dérivé du triphénylméthane.	Fuchsine, Fuchsine poudre, Cerise, Grenadine etc.
4	Décoloré, la couleur ne revient ni à l'air, ni au persulfate : Colorant azoïque basique.	Rouge Janus.
5	Inaltéré. Al ou Cr dans les cendres. Bleuit sensiblement si l'on fait bouillir avec l'ammoniaque dilué.	Bois du Brésil, Lima et autres bois rouges solubles.
6	Précipité et le dichroïsme disparaît.	Éosine, Phloxine, Érythrosine, Rose bengale etc.
7	Pas de précipité, la solution reste dichroïque.	Éosine à l'acide solide, Phloxine à l'acide solide, Rosamine à l'acide A, Éosine à l'acide, Rhodamine à l'acide.
8	Décoloré, la couleur revient à l'air : Colorant azinique.	Azocarmin, Rosinduline.
9	Décoloré, la couleur reparaît au persulfate, mais pas à l'air ; dérivé du naphtylméthane.	Fuchsine à l'acide.
10	Inaltéré. Évaporer la solution ammoniacale et dissoudre le résidu dans l'acide sulfurique concentré. — Solution rouge.	Écarlate Xylidine, Écarlate Nassovia, Écarlate Palatin.
10	Solution violette.	Ponceau cristallisé, Rouge solide A.
10	Solution bleue.	Écarlate Crocéine, Rouge solide B.
10	Solution verte.	Écarlate de Biebrich.
10	Vire au marron foncé ou au noir violacé.	Chromotrope, Azofuchsine etc.

Rouge.

…la avec l'acide acétique dilué à 5%.

Colorant à mordant, Colorant substantif. Faire bouillir deux fois une [minute]… et du coton blanc. Conserver la solution ammoniacale.

Partiellement démonté ; laine devient plus bleutée. Faire bouillir avec l'hydrosulfite A.

Pas ou peu démonté, coton blanc (Colorant à mordant), ou teinté (Colorant substantif). Faire bouillir 2-3 minutes avec l'acétate de soude à 5% et du coton.

Le coton se teint : Colorant substantif. Chercher Cr dans les cendres.

Cr absent. Traiter la fibre avec l'acide sulfurique conc.

Le coton reste blanc : Colorant à mordant. Chercher le mordant dans les cendres. Faire bouillir avec l'hydrosulfite A.

N°	Condition	Matières
11	Vire lentement au jaune foncé, la couleur primitive ne revient pas à l'air.	Cochenille (écarlate).
12	Décoloré, la couleur revient rapidement à l'air.	Orseille, Persio.
13	Solution rouge cramoisi.	Dianthine, Rosophénine.
13	Solution violet rougeâtre.	Erica, Géranine.
13	Solution violette.	Écarlate Diamine.
13	Solution bleue.	Rouge Dianile solide PH, Rouge Diamine solide F.
13	Solution bleu verdâtre.	Pourpre de Hesse.
13	Cr présent. Solution rouge dans l'acide sulfurique conc.	Rouge d'Anthracène.
14	Inaltérée, Al dans les cendres.	Cochenille (cramoisine).
15	Vire lentement au jaune ou à l'orange. Al ou Cr dans les cendres.	Rouge d'Alizarine.
16	Décoloré, la couleur revient au persulfate. Al dans les cendres.	Camwood, Barwood.
17	Décoloré, la couleur ne revient pas au persulfate. Cr dans les cendres.	Rouge d'Alizarine à l'acide G, B.

IDENTIFICATION DES MATIÈRES

Tableau III

Faire bouillir deux fois une minute avec l'acide acétique à 5%.

- à peu près complètement démonté. Colorant basique. Faire bouillir avec l'hydrosulfite A.
- Pas démonté : Colorant acide. Juste avec l'ammoniaque.
- En grande partie démonté, mais le coton reste blanc : Colorant acide. Faire bouillir avec l'hydrosulfite A.

Colorant	N°	Réaction
Violet Méthylène, Violet neutre, Violet Rhoduline, Rosolane, Violet d'Iris, Héliotrope au tanin.	1	Décoloré, la couleur revient à l'air : Colorant azinique, oxazinique ou thiazinique.
Violet Méthyle, Violet cristallisé, Violet Hofman, Violet Benzyle etc.	2	Décoloré, la couleur revient au persulfate, mais pas à l'air : dérivé du triphénylméthane.
Violet à l'acide solide, Violamine.	3	Inaltéré ou éclairci, mais pas démonté : Colorant pyronique.
Violet acide, Violet Formyle	4	La solution ammoniacale est violette ou rouge violacé.
Violet alcalin	5	Vire au vert.
Marques rougeâtres de Bleu soluble.	6	Inaltéré.
Marques rougeâtres d'Induline ou de bleu solide.	7	Décoloré, la couleur revient à l'air : Colorant azinique, oxazinique ou thiazinique.
Violet Lanacyle, Violet Victoria etc.	8	Décoloré, la couleur ne revient ni à l'air, ni au persulfate : Colorant azoïque.

Pour les n° 4 à 6 — Décoloré, la couleur ne revient pas à l'air, mais au persulfate : dérivé du triphénylméthane.

Pour les n° 5 et 6 — La solution ammoniacale est incolore et devient violette si elle est acidifiée : Bleu de Rosaniline. Tacher la fibre avec l'acide chlorhydrique concentré.

COLORANTES SUR LAINE

Pourpre et violet.

Faire bouillir deux fois une minute avec l'acide acétique à 5%.

- Substantif ou à mordant. Faire bouillir deux fois une minute alcoolique et du coton blanc.
- Peu ou pas démonté. Le coton reste blanc : Colorant à mordant. Le coton est teinté : Colorant substantif. Faire bouillir deux à trois minutes avec la solution d'acétate de soude et du coton blanc.
- Le coton resté blanc : Colorant à mordant. Chercher le mordant dans les cendres ; Faire bouillir avec l'hydrosulfite A.

Colorant	N°	Réaction
Violet Dianile H ; Diamine de Hesse, Oxamine, Columbia, Oxydiamine, Chlorantine, Benzoviolet solide, Violet Oxydiamine, etc.	9	Le coton est teinté : Colorant substantif.
Galléine.	10	Inaltéré : Colorant pyronique.
Alizarine sur fer ou sur chrome.	11	Fibre et solution jaunes.
Grenat d'Alizarine R, Bordeaux d'Alizarine.	12	Fibre et solution brun rougeâtre ou rouges.
Gallocyanine, Prune, Bleu Célestin.	13	Décoloré, la couleur revient à l'air : Colorant oxazinique.
Violet au chrome.	14	Décoloré, la couleur revient au persulfate, mais pas à l'air : dérivé du triphénylméthane.
Grenat d'Alizarine à l'acide R, Violet d'Alizarine à l'acide N.	15	Décoloré, la couleur ne revient ni à l'air, ni au persulfate : Colorant azoïque à mordant.

Pour les n° 11 et 12 — Devient brun : dérivé d'Alizarine. Faire bouillir avec l'acide chlorhydrique dilué.

IDENTIFICATION DES MATIÈRES COLORANTES SUR LAINE

Tableau IV. — Bleu.

Faire bouillir deux fois une minute avec l'acide acétique à 5 %.

Instructions de marche (colonnes de regroupement du tableau, du tronc commun vers les embranchements) :

- *Fortement démonté. Faire bouillir deux fois une minute avec l'alcool dilué 1:1.* — *Fortement démonté : Colorant basique. Faire bouillir avec l'hydrosulfite A.*
- *Pas ou guère démonté : Colorant [...] avec l'ammoniaque dilué et un [...]* — *Fortement démonté, le coton reste bleu : Colorant acide. Faire bouillir avec l'hydro[sulfite].*
- *Décoloré, la couleur revient à l'air : Colorant azinique, oxazinique ou thiazinique, indigo sulfoconique, bleu de Prusse.* — *La solution ammoniacale est bleue par addition de soude caustique, elle devient :* (→ Incolore / Violet)
- *Décoloré, la couleur revient au persulfate, mais pas à l'air : dérivé du triphénylméthane.* — *Solution ammoniacale bleue, la faire bouillir avec de la soude caustique.*
- *… substantif ou à mordant. Faire bouillir deux fois une minute, pas de coton blanc. Conserver la solution ammoniacale.*
- *Peu ou pas démonté ; le coton reste bleu : Colorant à mordant, Indigo, ou est teinte : Colorant substantif. Faire bouillir 2-3 minutes avec l'acétate de soude à 5 % et du coton blanc.*
- *Le coton reste blanc, faire bouillir avec un peu d'huile d'aniline.*
- *L'huile d'aniline est incolore ou brune : Colorant à mordant. Chercher le mordant dans les cendres. Faire bouillir avec l'hydrosulfite A.*
- *Décoloré, la couleur revient à l'[air] : Colorant oxazinique ou thiazinique. Traiter à l'acide sulfurique concentré.*

N°	Colorant	Réaction
1.	Bleu Méthylène, Bleu de Nil, Bleu Meldola, Bleu Crésyle, Bleu Capri, etc.	Décoloré, la couleur primitive revient à l'air : Colorant azinique, oxazinique ou thiazinique.
2.	Bleu janus, Indoïne.	Décoloré, devient violet à l'air : Colorant azoïque dérivé de la Safranine.
3.	Bleu Victoria, Bleu lumière, Bleu foulon brillant, etc.	Décoloré la couleur revient au persulfate mais pas à l'air : dérivé de triphénylméthane.
4.	Bleu au Campêche.	Inaltéré, Al ou Cr, ou les deux dans les cendres, vire au rouge brique à l'acide chlorhydrique.
5.	Carmin d'indigo.	Immédiatement jaune.
6.	Thiocarmin, induline, Bleu solide.	Devient violet en chauffant.
7.	Bleu de Prusse.	Solution ammoniacale incolore, fer dans les cendres.
8.	Bleu neutre, Bleu pour laine.	Incolore.
9.	Bleu Carmin breveté V. A, etc. Cyanol, Cyanine B, Erioglaucine etc.	Violet.
10.	Bleu pour coton, Bleu alcalin, etc.	Solution ammoniacale incolore, mais bleuit si elle est acidulée : Bleu de rosaniline.
11.	Bleu Lanacyle, Azobleu à l'acide, Azo Mérino bleu, Azobleu marine, etc.	Décoloré, la couleur ne revient ni à l'air, ni au persulfate : Colorant azoïque.
12.	Bleu d'Alizarine direct E B, Alizarine Astrole, Alizarine Saphirol, Alizarine Irisol.	Pas décoloré, mais vire au rouge bleuté : dérivé de l'Alizarine.
13.	Bleu Dianile, Diamine, Benzo, Chicago, Sulfocyanine.	Le coton se teint. En décolorant à l'hydrosulfite A la couleur ne revient ni à l'air ni au persulfate : Colorant azoïque substantif.
14.	Indigo.	Solution bleue, évaporer à sec, le résidu se sublime en formant des vapeurs violettes.
15.	Cyanine d'Alizarine, Bleu d'Anthracène.	Couleur de la fibre inaltérée : dérivé de l'Alizarine.
16.	Bleu d'Alizarine.	Brun foncé, redevient bleu à l'air : dérivé de l'Alizarine.
17.	Bleu d'Alizarine brillant.	Solution verte.
18.	Gallocyanine, Bleu Célestine, Bleu Gallamine Prune etc.	Solution violette.
19.	Bleu au chrome.	Décoloré, la couleur revient au persulfate, mais pas à l'air : dérivé du triphénylméthane.
20.	Bleu Chromotrope, Chromotrope, Bleu Anthracène au chrome, Bleu Peri pour laine, Bleu de Chypre.	Décoloré, la couleur ne revient ni à l'air ni au persulfate : Colorant azoïque.

IDENTIFICATION DES MATIÈRES COLORANTES SUR LAINE

Tableau V. — Vert.

Faire bouillir deux fois une minute avec l'acide acétique à 5%.

Est démonté : Colorant basique. Faire bouillir avec l'hydrosulfite A.

N'est pas démonté : Colorant acide, substantif ou à mordant. Faire bouillir deux fois une minute avec de l'ammoniaque dilué et un peu de coton blanc.

- *En grande partie démonté, le coton reste blanc :* **Colorant acide.** Faire bouillir avec l'hydrosulfite A.
- *Peu ou pas démonté, le coton reste blanc :* **Colorant à mordant**, ou est teinté : **Colorant substantif.** Faire bouillir 2-3 minutes avec la solution d'acétate de soude à 5% et un peu de coton blanc.
  - *Le coton reste blanc :* **Colorant à mordant.** Chercher le mordant dans les cendres et faire bouillir avec l'hydrosulfite A.
    - *Vire au brun :* dérivé d'Alizarine.
    - *Décoloré ou transformé en un jauné clair rougeâtre.*
      - *Ne revient ni à l'air, ni au persulfate :* **Colorant nitrosé ou azoïque.** Faire bouillir avec l'acide chlorhydrique concentré.

N°	Critère	Colorants
1.	*Décoloré, devient violet foncé à l'air :* Colorant azoïque dérivé de la Safranine.	Vert Janus, Vert Diazine.
2.	*Décoloré, la couleur primitive revient à l'air :* Colorant azinique, oxazinique ou thiazinique.	Vert Méthylène, Vert solide M., Vert Azine, Vert Capri, etc.
3.	*Décoloré, la couleur revient au persulfate, mais pas à l'air :* dérivé du triphénylméthane.	Vert Malachite, Vert brillant, Sétoglaucine.
4.	*Décoloré, la couleur revient à l'air :* Colorant azinique, oxazinique ou thiazinique.	Vert Azine S.
5.	*Décoloré, la couleur revient au persulfate, mais pas à l'air :* dérivé du triphénylméthane.	Vert à l'acide, Vert Naphtaline V., Vert lumière, Vert Guinée, Vert pour laine, Vert Neptune, etc.
6.	*Décoloré, la couleur ne revient ni à l'air ni au persulfate :* Colorant azoïque.	Mélanges de bleus et de jaunes azoïques.
7.	*Le coton est fortement teinté :* Colorant substantif.	Vert dianile, Diamine, Columbia, Chloramine, Benzo, etc.
8.	*La couleur primitive revient à l'air.*	Céruléine, Vert d'Alizarine S.
9.	*La couleur primitive revient au persulfate, mais pas à l'air.*	Vert d'Alizarine direct G, Vert d'Alizarine Cyanine, Alizarine Viridine.
10.	*La couleur revient à l'air :* Colorant oxazinique ou thiazinique.	Vert d'Alizarine G.B.
11.	*Fibre et solution brun clair :* Colorant nitrosé à mordant.	Gambine, Dioxine, Vert foncé, Vert Naphtol, etc.
12.	*Fibre bleue, solution incolore :* Colorant azoïque à mordant.	Vert diamant, Vert au chrome breveté.

IDENTIFICATION DES MATIÈRES COLORANTES SUR LAINE

Tableau VI. — Brun.

Faire bouillir deux fois une minute avec l'acide acétique à 5%.

Pas ou peu démonté : Colorant acide, substantif ou à mordant. Faire bouillir deux fois une minute avec de l'ammoniaque dilué.

Pas ou peu démonté. Colorant substantif ou à mordant. Faire bouillir 2-3 minutes avec la solution d'acétate de soude à 5% et du coton blanc.

Le coton est teinté : Colorant substantif. Chercher le mordant dans les cendres et faire bouillir avec l'hydrosulfite A.

Le coton reste blanc : Colorant à mordant. Chercher le mordant. Faire bouillir avec l'hydrosulfite A.

Inaltéré. Faire bouillir avec l'acide chlorhydrique dilué.

Décoloré complètement ou en grande partie.

Observation	N°	Colorant
La couleur ne revient ni à l'air, ni au persulfate : Colorant azoïque	7	Brun d'Alizarine RR,B,BB, etc, Brun au chrome RO, Brun d'Anthracène à l'acide, Brun Palatin au chrome, Brun au chrome à l'acide, Brun diamant, Brun Métachrome, se Brunds manganèse, (Gris dans les cendres)
La couleur revient lentement à l'air et rapidement au persulfate.	—	Chromogène I.
Pas démonté	6	Cachou..
Démonté	5	Brun d'Alizarine, Anthragallole, Brun d'Anthracène.
Décoloré, la couleur revient lentement à l'air et rapidement au persulfate : dérivé du Stilbène.	4	Brun Mikado.
Décoloré, la couleur ne revient ni à l'air ni au persulfate : Colorant azoïque	3	Brun Dianile, Diamine, Benzo, Toluylène, Congo, Ducso, Columbia, Sulfone, etc.
En grande partie démonté : Colorant acide. Décoloré à l'hydrosulfite A, la couleur ne revient ni à l'air ni au persulfate : Colorant azoïque	2	Brun à l'acide R, Brun solide O, Brun de Résorcine, Brun Naphtylamine, etc.
En grande partie démonté : Colorant basique. Décoloré à l'hydrosulfite A, la couleur ne revient ni à l'air ni au persulfate : Colorant azoïque.	1	Vésuvine, G, Brun Bismarck.

Tableau VII. — Noir et gris.

Faire bouillir deux fois une minute avec l'acide acétique à 5%.

Pas démonté Colorant : acide, substantif ou à mordant. Faire bouillir deux fois une minute avec l'ammoniaque alcoolique ou un peu de coton.

Pas démonté : Colorant substantif ou à mordant. Faire bouillir avec l'acétate de sodium à 5% et un peu de coton.

Le coton n'est pas teinté : Colorant à mordant. Chercher le mordant. Faire bouillir avec l'acide chlorhydrique 1 : 10.

Le coton est teinté : Colorant substantif ou à mordant, manque substantif à même. Décoloré à l'hydrosulfite A et la couleur ne revient plus. Chercher le Cr dans les cendres.

Observation	N°	Colorant
Solution incolore.	11	Noir d'Aniline.
Solution bleue.	10	Noir d'Alizarine Cyanine.
Décolore, la couleur ne revient ni à l'air ni au persulfate	9	Noir Diamant.
Revient brun, la couleur primitive revient lentement à l'air.	8	Naphtazarine, Noir d'Alizarine, Noir bleu d'Alizarine SW.
Fibre et solution brundâc	7	Campêche sur fer.
Fibre et solution cramoisies	6	Campêche sur chrome.
Fibre bleue, solution cramoisie, remonter ébouillir avec l'huile d'aniline pour retrouver la présence d'Indigo. Après avoir évaporé à sec le résidu se sublime en donnant des vapeurs violettes	5	Indigo remonté au Campêche.
Cr présent : Colorant azoïque à mordant	4	Noir d'Alizarine à l'acide, Noir d'Anthracène au chrome, Noir Palatin au chrome, Chromotrope, Noir au chrome à l'acide, Noir au chromate, etc.
Cr absent : Colorant substantif.	3	Noir Dianile spécial, Noir pour mi-laine, Noir Columbia, Noir Dianile, Diamine, Carbide, etc.
En grande partie démonté, le coton reste blanc : Colorant acide. Décoloré à l'hydrosulfite A et ne revient ni à l'air, ni au persulfate.	2	Noir Amido, Noir Naphtol, Noir Naphtylamine, Noir Tissu Néol, laine à l'acide, Noir Merino, etc.
Colorant en grande partie démonté : Colorant basique. (N.B. le campêche sur fer éclaircit, mais la solution reste colorée quoique...)	1	Noir Jonus, Gris Méthylène, Noir Diazine etc.

APPENDICE

TABLES, Etc.

Masses atomiques de la Commission internationale.

NOMS DES ÉLÉMENTS	SYMBOLE	O = 16	NOMS DES ÉLÉMENTS	SYMBOLE	O = 16
Aluminium	Al	27,1	Mercure	Hg	200,6
Antimoine	Sb	120,2	Molybdène	Mo	96,0
Argent	Ag	107,88	Néodyme	Nd	144,3
Argon	A	39,9	Néon	Ne	20,2
Arsenic	As	74,96	Nickel	Ni	58,68
Azote	N	14,008	Niton	Nt	222,4
Baryum	Ba	137,37	Or	Au	197,2
Bismuth	Bi	208,0	Osmium	Os	190,9
Bore	B	10,9	Oxygène	O	16,00
Brome	Br	79,92	Palladium	Pd	106,7
Cadmium	Cd	112,40	Phosphore	P	31,04
Calcium	Ca	40,07	Platine	Pt	195,2
Carbone	C	12,005	Plomb	Pb	207,20
Cérium	Ce	140,25	Potassium	K	39,10
Césium	Cs	132,81	Praséodyme	Pr	140,9
Chlore	Cl	35,46	Radium	Ra	226,0
Chrome	Cr	52,0	Rhodium	Rh	102,9
Cobalt	Co	58,97	Rubidium	Rb	85,45
Colombium	Cb	93,1	Ruthénium	Ru	101,7
Cuivre	Cu	63,57	Samarium	Sa	150,4
Dysprosium	Dy	162,5	Scandium	Sc	44,1
Erbium	Er	167,7	Sélénium	Se	79,2
Étain	Sn	118,7	Silicium	Si	28,3
Europium	Eu	152,0	Sodium	Na	23,00
Fer	Fe	55,84	Soufre	S	32,06
Fluor	F	19,0	Strontium	Sr	87,63
Gadolinium	Gd	157,3	Tantale	Ta	181,5
Gallium	Ga	70,1	Tellure	Te	127,5
Germanium	Ge	72,5	Terbium	Tb	159,2
Glucinium	Be	9,1	Thallium	Tl	204,0
Hélium	He	4,00	Thorium	Th	232,15
Holmium	Ho	163,5	Thulium	Tm	168,5
Hydrogène	H	1,008	Titane	Ti	48,1
Indium	In	114,8	Tungstène	W	184,0
Iode	I	126,92	Uranium	U	238,2
Iridium	Ir	193,1	Vanadium	V	51,0
Krypton	Kr	82,92	Xénon	X	130,2
Lanthane	La	139,0	Ytterbium	Yb	173,5
Lithium	Li	6,94	Yttrium	Y	89,33
Lutécium	Lu	175,0	Zinc	Zn	65,37
Magnésium	Mg	24,32	Zirconium	Zr	90,6
Manganèse	Mn	54,93			

Acide acétique.

L'acide acétique (qu'il s'agisse d'acide dilué, d'acide à 30-40 %
ou d'acide acétique glacial) est dosé par titration au moyen d'une
solution normale de soude caustique avec la phénolphtaléine comme
indicateur.

Densité à 15°	Acide acétique %	Densité à 15°	Acide acétique %
1,0007	1	1,0746	75
1,0067	5	1,0748	80
1,0142	10	1,0739	85
1,0214	15	1,0713	90
1,0284	20	1,0705	91
1,0350	25	1,0696	92
1,0412	30	1,0680	93
1,0470	35	1,0674	94
1,0523	40	1,0660	95
1,0571	45	1,0644	96
1,0615	50	1,0625	97
1,0653	55	1,0604	98
1,0685	60	1,0580	99
1,0712	65	1,0553	100
1,0733	70		

Acide chlorhydrique..
Densité des solutions aux diverses concentrations.

Densité	Degrés Baumé	Degrés Twaddell	HCl %	Densité	Degrés Baumé	Degrés Twaddell	HCl %
1,000	0,0	0	0,016	1,105	13,6	21	20,97
1,005	0,7	1	0,15	1,110	14,2	22	21,92
1,010	1,4	2	2,14	1,115	14,9	23	22,86
1,015	2,1	3	3,12	1,120	15,4	24	23,82
1,020	2,7	4	4,13	1,125	16,0	25	24,78
1,025	3,4	5	5,15	1,130	16,5	26	25,75
1,030	4,1	6	6,15	1,135	17,1	27	26,70
1,035	4,7	7	7,15	1,140	17,7	28	27,66
1,040	5,4	8	8,16	1,145	18,3	29	28,61
1,045	6,0	9	9,16	1,150	18,8	30	29,57
1,050	6,7	10	10,17	1,155	19,3	31	30,55
1,055	7,4	11	11,18	1,160	19,8	32	31,52
1,060	8,0	12	12,19	1,165	20,3	33	32,49
1,065	8,7	13	13,19	1,170	20,9	34	33,46
1,070	9,4	14	14,17	1,175	21,4	35	34,42
1,075	10,0	15	15,16	1,180	22,0	36	35,39
1,080	10,6	16	16,15	1,185	22,5	37	36,31
1,085	11,2	17	17,13	1,190	23,0	38	37,23
1,090	11,9	18	18,11	1,195	23,5	89	38,16
1,095	12,4	19	19,06	1,200	24,0	40	39,11
1,100	13,0	20	20,01				

Acide nitrique.
Densité à 15° des solutions aux diverses concentrations.

Densité	Degrés Baumé	Degrés Twaddell	HNO_3 %	Densité	Degrés Baumé	Degrés Twaddell	HNO_3 %
1,000	0	0	0.10	1,265	30,2	53	42,10
1,005	0,7	1	1,00	1,270	30,6	54	42,87
1,010	1,4	2	1,90	1,275	31,1	55	43,64
1,015	2,1	3	2,80	1,280	31,5	56	44,41
1,020	2,7	4	3,70	1,285	32,0	57	45,18
1,025	3,4	5	4,60	1,290	32,4	58	45,95
1,030	4,1	6	5,50	1,295	32,8	59	46,72
1,035	4,7	7	6,38	1,300	33,3	60	47,49
1,040	5,4	8	7,26	1,305	33,7	61	48,26
1,045	6,0	9	8,13	1,310	34,2	62	49,07
1,050	6,7	10	8,99	1,315	34,6	63	49,89
1,055	7,4	11	9,84	1,320	35,0	64	50,71
1,060	8,0	12	10,68	1,325	35,4	65	51,53
1,065	8,7	13	11,51	1,330	35,8	66	52,37
1,070	9,4	14	12,33	1,335	36,2	67	53,22
1,075	10,0	15	13,15	1,340	36,6	68	54,07
1,080	10,6	16	13,95	1,345	37,0	69	54,93
1,085	11,2	17	14,74	1,350	37,4	70	55,79
1,090	11,9	18	15,53	1,355	37,8	71	56,66
1,095	12,4	19	16,32	1,360	38,2	72	57,57
1,100	13,0	20	17,11	1,365	38,6	73	58,48
1,105	13,6	21	17,89	1,370	39,0	74	59,39
1,110	14,2	22	18,67	1,375	39,4	75	60,30
1,115	14,9	23	19,45	1,380	39,8	76	61,27
1,120	15,4	24	20,28	1,385	40,1	77	62,24
1,125	16,0	25	21,00	1,390	40,5	78	63,23
1,130	16,5	26	21,77	1,395	40,8	79	64,25
1,135	17,1	27	22,54	1,400	41,2	80	65,30
1,140	17,7	28	23,31	1,405	41,6	81	66,40
1,145	18,3	29	24,08	1,410	42,0	82	67,50
1,150	18,8	30	24,84	1,415	42,3	83	68,63
1,155	19,3	31	25,60	1,420	42,7	84	69,80
1,160	19,8	32	26,36	1,425	43,1	85	70,98
1,165	20,3	33	27,12	1,430	43,4	86	72,17
1,170	20,9	34	27,88	1,435	43,8	87	73,39
1,175	21,4	35	28,63	1,440	44,1	88	74,68
1,180	22,0	36	29,38	1,445	44,4	89	75,98
1,185	22,5	37	30,13	1,450	44,8	90	77,28
1,190	23,0	38	30,88	1,455	45,1	91	78,60
1,195	23,5	39	31,62	1,460	45,4	92	79,98
1,200	24,0	40	32,36	1,465	45,8	93	81,42
1,205	24,5	41	33,09	1,470	46,1	94	82,90
1,210	25,0	42	33,82	1,475	46,4	95	84,45
1,215	25,5	43	34,55	1,480	46,8	96	86,05
1,220	26,0	44	35,28	1,485	47,1	97	87,70
1,225	26,4	45	36,03	1,490	47,4	98	89,60
1,230	26,9	46	36,78	1,495	47,8	99	91,60
1,235	27,4	47	37,53	1,500	48,1	100	94,09
1,240	27,9	48	38,29	1,505	48,4	101	96,39
1,245	28,4	49	39,05	1,510	48,7	102	98,10
1,250	28,8	50	39,82	1,515	49,0	103	99,07
1,255	29,3	51	40,58	1,520	49,4	104	99,67
1,260	29,7	52	41,34				

Soude caustique.

Densité des solutions aux diverses concentrations.

Densité	Degrés Baumé	Degrés Twaddell.	Na OH %
1,007	1	1,4	0,61
1,014	2	2,8	1,20
1,022	3	4,4	2,00
1,029	4	5,8	2,71
1,036	5	7,2	3,35
1,045	6	9,0	4,00
1,052	7	10,4	4,26
1,060	8	12,0	5,29
1,067	9	13,4	5,87
1,075	10	15,0	6,55
1,083	11	16,6	7,31
1,091	12	18,2	8,00
1,100	13	20,0	8,68
1,108	14	21,6	9,42
1,116	15	23,2	10,06
1,125	16	25,0	10,97
1,134	17	26,8	11,84
1,142	18	28,4	12,64
1,152	19	30,4	13,55
1,162	20	32,4	14,37
1,171	21	34,2	15,13
1,180	22	36,0	15,91
1,190	23	38,0	16,77
1,200	24	40,0	17,67
1,210	25	42,0	18,58
1,220	26	44,0	19,58
1,231	27	46,2	20,59
1,241	28	48,2	21,42
1,252	29	50,4	22,64
1,263	30	52,6	23,67
1,274	31	54,8	24,81
1,285	32	57,0	25,80
1,297	33	59,4	26,83
1,308	34	61,6	27,80
1,320	35	64,0	28,83
1,332	36	66,4	29,93
1,345	37	69,0	31,22
1,357	38	71,4	32,47
1,370	39	74,0	33,69
1,383	40	76,6	34,96
1,397	41	79,4	36,25
1,410	42	82,0	37,47
1,424	43	84,8	38,80
1,438	44	87,6	39,99
1,453	45	90,6	41,41
1,468	46	93,6	42,83
1,483	47	96,6	44,38
1,498	48	99,6	46,15
1,514	49	102,8	47,60
1,530	50	106,0	49,02

Acide sulfurique.

Densité à $15°/4°$	Degrés Baumé	H_2SO_4 %	Densité à $15°/4°$	Degrés Baumé	H_2SO_4 %
1,000	0	0,09	1,560	51,8	65,08
1,010	1,4	1,57	1,570	52,4	65,90
1,020	2,7	3,03	1,580	53,0	66,71
1,030	4,1	4,49	1,590	53,6	67,59
1,040	5,4	5,96	1,600	54,1	68,51
1,050	6,7	7,37	1,610	54,7	69,43
1,060	8,0	8,77	1,620	55,2	70,32
1,070	9,4	10,19	1,630	55,8	71,16
1,080	10,6	11,60	1,640	56,3	71,99
1,090	11,9	12,99	1,650	56,9	72,82
1,100	13,0	14,35	1,660	57,4	73,64
1,110	14,2	15,71	1,670	57,9	74,51
1,120	15,4	17,01	1,680	58,4	75,42
1,130	16,5	18,31	1,690	58,9	76,30
1,140	17,7	19,61	1,700	59,5	77,17
1,150	18,8	20,91	1,710	60,0	78,04
1,160	19,8	22,19	1,720	60,4	78,92
1,170	20,9	23,47	1,730	60,9	79,80
1,180	22,0	24,76	1,740	61,4	80,68
1,190	23,0	26,04	1,750	61,8	81,56
1,200	24,0	27,32	1,760	62,3	82,44
1,210	25,0	28,58	1,770	62,8	83,32
1,220	26,0	29,84	1,780	63,2	84,50
1,230	26,9	31,11	1,790	63,7	85,70
1,240	27,9	32,28	1,800	64,2	86,90
1,250	28,8	33,43	1,810	64,6	88,30
1,260	29,7	34,57	1,820	65,0	90,05
1,270	30,6	35,71	1,821	...	90,20
1,280	31,5	36,87	1,822	65,1	90,40
1,290	32,4	38,03	1,823	...	90,60
1,300	33,3	39,19	1,824	65,2	90,80
1,310	34,2	40,35	1,825	...	91,00
1,320	35,0	41,50	1,826	65,3	91,25
1,330	35,8	42,66	1,827	...	91,50
1,340	36,6	43,74	1,828	65,4	91,70
1,350	37,4	44,82	1,829	...	91,90
1,360	38,2	45,88	1,830	...	92,10
1,370	39,0	46,94	1,831	65,5	92,30
1,380	39,8	48,00	1,832	...	92,52
1,390	40,5	49,06	1,833	65,6	92,75
1,400	41,2	50,11	1,834	...	93,05
1,410	42,0	51,15	1,835	65,7	93,43
1,420	42,7	52,15	1,836	...	93,80
1,430	43,4	53,11	1,837	...	94,20
1,440	44,1	54,07	1,838	65,8	94,60
1,450	44,8	55,03	1,839	...	95,00
1,460	45,4	55,97	1,840	65,9	95,60
1,470	46,1	56,90	1,8405	...	95,95
1,480	46,8	57,83	1,8410	...	97,00
1,490	47,4	58,74	1,8415	...	97,70
1,500	48,1	59,70	1,8410	...	98,20
1,510	48,7	60,65	1,8405	...	98,70
1,520	49,4	61,59	1,8400	...	99,20
1,530	50,0	62,53	1,8395	...	99,45
1,540	50,6	63,43	1,8390	...	99,70
1,550	51,2	64,26	1,8385	...	99,95

Solutions aqueuses d'ammoniaque à 15°.
(*Lunge et Wiernik.*)

Les nombres figurant dans la troisième colonne indiquent les corrections à appliquer aux densités trouvées à des températures 2omprises dans l'intervalle 13°-17°. Si, par exemple, la densité trouvée à 13° est de 0,900, la densité à 15° est obtenue en soustrayant $c \times 0,00057 = 0,0001$ du chiffre trouvé. On obtient ainsi 0,899 et par conséquent la teneur en ammoniaque est de 1/3 pour 100 plus élevée.

Densité	NH_3 %	Correction par ± 1°.	Densité	NH_3 %	Correction par ± 1°.
1,000	0,00	0,00018	0,940	15,63	0,00039
0,998	0,45	0,00018	0,938	16,22	0,00040
0,996	0,91	0,00019	0,936	16,82	0,00041
0,994	1,37	0,00019	0,934	17,42	0,00041
0,992	1,84	0,00020	0,932	18,03	0,00042
0,990	2,31	0,00020	0,930	18,64	0,00042
0,988	2,80	0,00021	0,928	19,25	0,00043
0,986	3,30	0,00022	0,926	19,87	0,00044
0,984	3,80	0,00022	0,924	20,49	0,00045
0,982	4,30	0,00022	0,922	21,12	0,00046
0,980	4,80	0,00023	0,920	21,75	0,00047
0,978	5,30	0,00023	0,918	22,39	0,00048
0,976	5,80	0,00024	0,916	23,03	0,00049
0,974	6,30	0,00024	0,914	23,68	0,00050
0,972	6,80	0,00025	0,912	24,33	0,00051
0,970	7,31	0,00025	0,910	24,99	0,00052
0,968	7,82	0,00026	0,908	25,65	0,00053
0,966	8,33	0,00026	0,906	26,31	0,00054
0,964	8,84	0,00027	0,904	26,98	0,00055
0,962	9,35	0,00028	0,902	27,65	0,00056
0,960	9,91	0,00029	0,900	28,33	0,00057
0,958	10,47	0,00030	0,898	29,01	0,00058
0,956	11,03	0,00031	0,896	29,69	0,00059
0,954	11,60	0,00032	0,894	30,37	0,00060
0,952	12,17	0,00033	0,892	31,05	0,00060
0,950	12,74	0,00034	0,890	31,75	0,00061
0,948	13,31	0,00035	0,888	32,50	0,00062
0,946	13,88	0,00036	0,886	33,25	0,00063
0,944	14,46	0,00037	0,884	34,10	0,00064
0,942	15,04	0,00038	0,882	34,95	0,00065

Densité à 15° des solutions d'acide tannique.
(*Trammer.*)

Densité	Acide tannique %	Densité.	Acide tannique %	Densité	Acide tannique %
1,0040	1,0	1,0092	2,3	1,0144	3,6
1,0044	1,1	1,0096	2,4	1,0148	3,7
1,0048	1,2	1,0100	2,5	1,0152	3,8
1,0052	1,3	1,0104	2,6	1,0160	4,0
1,0056	1,4	1,0108	2,7	1,0164	4,1
1,0060	1,5	1,0112	2,8	1,0168	4,2
1,0064	1,6	1,0116	2,9	1,0172	4,3
1,0068	1,7	1,0120	3,0	1,0180	4,5
1,0072	1,8	1,0124	3,1	1,0184	4,6
1,0076	1,9	1,0128	3,2	1,0188	4,7
1,0080	2,0	1,0132	3,3	1,0192	4,8
1,0084	2,1	1,0136	3,4	1,0196	4,9
1,0088	2,2	1,0140	3,5	1,0200	5,0
1,0242	6	1,0489	12	1,0740	18
1,0324	8	1,0572	14	1,0824	20
1,0406	10	1,0656	16		

Densité à 15° des solutions de carbonate de soude.
(*Lunge.*)

Densité	Degrés Baumé.	Degrés Twaddell.	Pourcentage en poids $Na_2 CO_3$	Pourcentage en poids $Na_2CO_3+ 10Aq$
1,007	1	1,4	0,67	1,807
1,014	2	2,8	1,33	3,587
1,022	3	4,4	2,09	5,637
1,029	4	5,8	2,76	7,444
1,036	5	7,2	3,43	9,251
1,045	6	9,0	4,29	11,570
1,052	7	10,4	4,94	13,323
1,060	8	12,0	5,71	15,400
1,067	9	13,4	6,37	17,180
1,075	10	15,0	7,12	19,203
1,083	11	16,6	7,88	21,252
1,091	12	18,2	8,62	23,248
1,100	13	20,0	9,43	25,432
1,108	14	21,6	10,19	27,482
1,116	15	23,2	10,95	29,532
1,125	16	25,0	11,81	31,851
1,134	17	26,8	12,61	34,009
1,142	18	28,4	13,16	35,493
1,152	19	30,4	14,24	38,405

Densité à 15° des solutions de sel marin.
(Gerlach.)

Densité	$NaCl$ %	Densité	$NaCl$ %	Densité	$NaCl$ %
1,00725	1	1,07335	10	1,14315	19
1,01450	2	1,08097	11	1,15107	20
1,02174	3	1,08859	12	1,15931	21
1,02899	4	1,09622	13	1,16755	22
1,03624	5	1,10384	14	1,17580	23
1,04366	6	1,11146	15	1,18404	24
1,05108	7	1,11938	16	1,19228	25
1,05851	8	1,12730	17	1,20098	26
1,06593	9	1,13523	18	1,20433	26·395

Densité à 15° des solutions de sulfate de soude (Sel de Glauber.)
(Schiff.)

Densité	$Na_2SO_4 + 10Aq$ %	Na_2SO_4 %	Densité	$Na_2SO_4 + 10Aq$ %	Na_2SO_4 %
1,0040	1	0,441	1,0642	16	7,056
1,0079	2	0,881	1,0683	17	7,497
1,0118	3	1,323	1,0725	18	7,938
1,0158	4	1,764	1,0766	19	8,379
1,0198	5	2,205	1,0807	20	8,820
1,0238	6	2,645	1,0849	21	9,261
1,0278	7	3,087	1,0890	22	9,702
1,0318	8	3,528	1,0931	23	10,143
1,0358	9	3,969	1,0973	24	10,584
1,0398	10	4,410	1,1015	25	11,025
1,0439	11	4,851	1,1057	26	11,466
1,0479	12	5,292	1,1100	27	11,907
1,0520	13	5,373	1,1142	28	12,348
1,0560	14	6,174	1,1184	29	12,789
1,0601	15	6,615	1,1226	30	13,230

Densité à 15° des solutions de bisulfite de soude.

Densité	$NaHSO_3$ %	SO_2 %
1,008	1,6	0,4
1,022	2,1	1,3
1,038	3,6	2,2
1,052	5,1	3,1
1,068	6,5	3,9
1,084	8,0	4,8
1,100	9,5	5,7
1,116	11,2	6,8
1,134	12,8	7,8
1,152	14,6	9,0
1,171	16,5	10,2
1,190	18,5	11,5
1,210	20,9	12,9
1,230	23,5	14,5
1,252	25,9	15,9
1,275	28,9	17,8
1,298	31,7	19,6
1,321	34,7	22,5
1,345	38	23,6

Densitè à 15° des solutions d'acétate de soude.
(*Gerlach.*)

Densité	CH_3COONa %	$CH_3COONa+3H_2O$ %
1,015	3,015	5
1.031	6,030	10
1,047	9,045	15
1,063	12,060	20
1,0795	15,075	25
1,096	18,090	30
1,113	21,105	35
1,1305	24,120	40
1,1485	27,135	45
1,1670	30,150	50

Densité à 15° des solutions de chlorure de chaux.

Densité.	Chlore actif par litre (*en grammes*).
1,105	64
1,097	60
1,087	55
1,078	50
1,069	45
1,060	40
1,053	35
1,045	30
1,037	25
1,030	20
1,023	15
1,015	10
1,008	5

Densité à 15° des solutions de sulfate d'alumine.

Densité	$Al_2(SO_4)_3$ %	Densité	$Al_2(SO_4)_3$ %
1,0170	1	1,1467	14
1,0270	2	1,1574	15
1,0370	3	1,1668	16
1,0470	4	1,1770	17
1,0569	5	1,1876	18
1,0670	6	1,1971	19
1,0768	7	1,2074	20
1,0870	8	1,2168	21
1,0968	9	1,2274	22
1,1071	10	1,2375	23
1,1171	11	1,2473	24
1,1270	12	1,2573	25
1,1369	13		

Densité à 17° des solutions d'acétate d'alumine.

Densité	Al_2O_3 en gram. par litre
1,100	40,8
1,098	40
1,086	35
1,074	30
1,062	25
1,050	20
1,038	15
1,025	10
1,012	5

Densité à 17°,5 des solutions de tartre émétique.

(*Streit.*)

Densité	Tartre émétique %	Densité	Tartre émétique %	Densité	Tartre émétique %
1,005	0,5	1,015	2,5	1,031	4.5
1,007	1,0	1,018	3,0	1,035	5.0
1,009	1,5	1,022	3.5	1,038	5,5
1,012	2,0	1,027	4,0	1,044	6.0

Densité à 17° des solutions de sulfate de cuivre.

Densité.	$CuSO_4 + 5H_2O$ %	Densité.	$CuSO_4 + 5H_2O$ %
1,0126	2	1,0933	14
1,0254	4	1,1063	16
1,0384	6	1,1208	18
1,0516	8	1,1354	20
1,0649	10	1,1501	22
1,0785	12	1,1659	24

Densité à 15° des solutions d'acétate de chrome.

Densité	Cr_2O_3 en gr. par litre	Densité	Cr_2O_3 en gr. par litre
1,007	5	1,084	60
1,014	10	1,091	65
1,021	15	1,098	70
1,028	20	1,105	75
1,035	25	1,112	80
1,042	30	1,119	85
1,049	35	1,126	90
1,056	40	1,133	95
1,063	45	1,140	100
1,070	50	1,147	105
1,077	55	1,151	107

Densité à 18° des solutions de pyrolignite de fer (acétate de fer).

Densité	Fe_2O_3 en gr. par litre	Densité	Fe_2O_3 en gr. par litre
1,274	190	1,137	95
1,266	185	1,130	90
1,258	180	1,123	85
1,250	175	1,116	80
1,242	170	1,109	75
1,235	165	1,102	70
1,228	160	1,095	65
1,221	155	1,088	60
1,214	150	1,081	55
1,207	145	1,074	50
1,200	140	1,067	45
1,193	135	1,060	40
1,186	130	1,053	35
1,179	125	1,046	30
1,172	120	1,039	25
1,165	115	1,032	20
1,158	110	1,025	15
1,151	105	1,018	10
1,144	100	1,010	5

Densité à 15° des solutions de sulfate ferreux.

Densité	$FeSO_4+7H_2O$ %	Densité	$FeSO_4+7H_2O$ %
1,011	2	1,082	15
1,021	4	1,112	20
1,032	6	1,143	25
1,043	8	1,174	30
1,054	10	1,206	35
1,065	12	1,239	40

Table d'équivalence des densités, des degrés Twaddell et des degrés Baumé.

Twaddell	Baumé	Densité	Twaddell	Baumé	Densité
0	0	1,000	54	30,6	1,270
1	0,7	1,005	55	31,1	1,275
2	1,4	1,010	56	31,5	1,280
3	2,1	1,015	57	32,0	1,285
4	2,7	1,020	58	32,4	1,290
5	3,4	1,025	59	32,8	1,295
6	4,1	1,030	60	33,3	1,300
7	4,7	1,035	61	33,7	1,305
8	5,4	1,040	62	34,2	1,310
9	6,0	1,045	63	34,6	1,315
10	6,7	1,050	64	35,0	1,320
11	7,4	1,055	65	35,4	1,325
12	8,0	1,060	66	35,8	1,330
13	8,7	1,065	67	36,2	1,335
14	9,4	1,070	68	36,6	1,340
15	10,0	1,075	69	37,0	1,345
16	10,6	1,080	70	37,4	1,350
17	11,2	1,085	71	37,8	1,355
18	11,9	1,090	72	38,2	1,360
19	12,4	1,095	73	38,6	1,365
20	13,0	1,100	74	39,0	1,370
21	13,6	1,105	75	39,4	1,375
22	14,2	1,110	76	39,8	1,380
23	14,9	1,115	77	40,1	1,385
24	15,4	1,120	78	40,5	1,390
25	16,0	1,125	79	40,8	1,395
26	16,5	1,130	80	41,2	1,400
27	17,1	1,135	81	41,6	1,405
28	17,7	1,140	82	42,0	1,410
29	18,3	1,145	83	42,3	1,415
30	18,8	1,150	84	42,7	1,420
31	19,3	1,155	85	43,1	1,425
32	19,8	1,160	86	43,4	1,430
33	20,3	1,165	87	43,8	1,435
34	20,9	1,170	88	44,1	1,440
35	21,4	1,175	89	44,4	1,445
36	22,0	1,180	90	44,8	1,450
37	22,5	1,185	91	45,1	1,455
38	23,0	1,190	92	45,4	1,460
39	23,5	1,195	93	45,8	1,465
40	24,0	1,200	94	46,1	1,470
41	24,5	1,205	95	46,4	1,475
42	25,0	1,210	96	46,8	1,480
43	25,5	1,215	97	47,1	1,485
44	26,0	1,220	98	47,4	1,490
45	26,4	1,225	99	47,8	1,495
46	26,9	1,230	100	48,1	1,500
47	27,4	1,235	101	48,4	1,505
48	27,9	1,240	102	48,7	1,510
49	28,4	1,245	103	49,0	1,515
50	28,8	1,250	104	49,4	1,520
51	29,3	1,255	105	49,7	1,525
52	29,7	1,260	106	50,0	1,530
53	30,2	1,265			

Pour convertir les degrés Twaddell en densité, multiplier par 5, ajouter 1000 et diviser par 1000.

INDEX ALPHABÉTIQUE DES TERMES SPÉCIAUX

DUNOD, ÉDITEUR, 47 ET 49, QUAI DES GRANDS-AUGUSTINS, PARIS, VIᵉ.

La fabrication des matières intermédiaires pour les colorants, par John CANNEL CAÏN, docteur ès sciences de l'Université de Manchester, traduit de l'anglais par Pierre SALLES, licencié ès sciences, ingénieur chimiste. Volume 16 × 25 de xx-294 pages, avec 25 figures. 1920. . . . . **24 fr.**

Couleurs et colorants dans l'industrie textile, par l'abbé VASSART. Volume 14 × 23 de 168 pages, avec figures. . . . . **12 fr.**

Traité de la teinture moderne, par H. SPÉTEBROOT, licencié ès sciences, professeur à l'École d'industrie drapière et directeur du laboratoire municipal d'Elbeuf. Volume 16 × 25 de x-634 pages, avec 119 figures. 1917. **50 fr.**

La teinture du coton, par E. SERRE, ingénieur-chimiste, professeur à l'École pratique de commerce et d'industrie de Roanne. Préface de H. LAGACHE. Volume 13 × 21 de x-292 pages, avec 62 figures et 9 planches d'échantillons coloriés. 1912. . . . . **5 fr. 25**

Traité de la couleur au point de vue physique, physiologique et esthétique, *comprenant l'exposé de l'état actuel de la question de l'harmonie des couleurs*, par A. ROSENSTIEHL, docteur ès sciences, professeur au Conservatoire national des Arts et Métiers. Volume 16 × 25 de xvi-278 pages, avec 56 figures et 14 planches coloriées. 1913. . . . . **32 fr.**

Chimie générale et industrielle. Chimie inorganique, par le Dr Ettore MOLINARI, professeur de chimie technologique au Royal polytechnico de Milan, traduit de l'italien, par J.-A. MONTPELLIER, ingénieur-chimiste, 4ᵉ édition revue et augmentée.

    TOMES I et II. — *Introduction (Historique, Lois chimiques, Nomenclature).* *Métalloïdes.* 2 volumes 16 × 25 de xii-486 pages et 272 pages, avec 202 figures. 1920. . . . . **64 fr.**

    TOME III. — *Métaux.* Volume 16 × 25 de 560 pages, avec 328 figures. 1921. . . . . **48 fr.**

La chimie à la portée de tous. Notions de chimie générale et de chimie pure. — Les applications de la chimie, par L. HICKISCH, chimiste industriel. Volume 14 × 22 de 447 pages, avec 43 figures. 1920. . . . . . **24 fr.**

Les colloïdes. *Leurs gelées et leurs solutions*, par Paul BARY, ingénieur-conseil, ancien chef de travaux à l'École de physique et de chimie et au laboratoire d'électricité. Volume 16 × 25 de xii-508 pages, avec 85 figures. 1921. **50 fr.**

Dictionnaire anglais-français-allemand de mots et locutions intéressant la physique et la chimie, par R. CORNUBERT, ingénieur-chimiste, docteur ès sciences physiques. Volume 16 × 25 de xxxii-300 pages. Relié 47 francs. Broché. . . . . **42 fr.**

Memento du chimiste *(Ancien agenda du chimiste).* Iʳᵉ partie : Recueil de tables et de documents mathématiques, physiques et de chimie pure et appliquée, à l'usage des laboratoires, publié par MM CHARON, DUGOUJON, GÉNIN, A. de GRAMMONT, GRINIER, LOMBARD et MATIGNON. Volume 13 × 21 de 386 pages. 4ᵉ tirage, revu et mis à jour. 1921. . . . . **23 fr.**

Agenda Dunod : chimie, par E. JAVET, ingénieur-chimiste. Volume 10 × 15 de xxxv-425 pages. 41ᵉ édition. 1922. Relié toile souple. . . . . **9 fr.**

Les prix ci-dessus ne sont pas susceptibles de majoration.

CHARTRES. — IMPRIMERIE DURAND, RUE FULBERT.